U0332166

深海固体矿产资源开发

THE DEVELOPMENT OF DEEP SEAFLOOR SOLID MINERAL RESOURCES

王明和　编著
Wang Minghe

内容简介

Introduction

建立海洋强国已是我国在21世纪的紧迫任务，深海矿产资源开发是其中的重要方面，属于高新技术领域。迄今为止，国内尚无较为系统的深海海底固体矿产资源勘探和开采方面的专著。为了促进深海勘探技术的发展，整理20世纪国内的研究成果，在世界进入商业开采之前完成我国的技术储备，作者以组织深海采矿系统开发团队近20年的科学技术成果为基础，结合国内外部分公开资料，特编著了本书。本书的核心内容是深海固体矿产开采工艺和装备系统，以开发商业系统的实用性为基点，介绍了深海固体矿产资源开采的可行原理、基础理论、系统设计、工程算法及实用数据。其中有相当篇幅论述了大洋固体矿产资源概况，包括多金属结核、富钴结壳和硫化物可采矿床的特征和开采条件的确定，以及国内外开采技术的发展概况。为读者掌握矿床开采条件和充分借鉴国内外经验提供了较为详细的资料。对于深海采矿设备设计涉及的若干力学问题及其防海水腐蚀措施和浮力材料的选择列举了一些基本准则和经过实验验证的实用分析实例。最后一章较为详细地论述了深海采矿对环境可能产生的影响和监测方法，以及降低影响的有效措施。此外，还概述了深海固体矿产资源勘察方法及其技术装备，包括矿区圈定和资源评价等。这些基本知识对于全面了解深海矿产资源开发，特别是圈定矿区和确定开采条件都是必要的。作者期望本书对于从事深海矿产资源开发相关研究、设计、教学的工作者，以及高等院校学生和工程技术人员有所裨益。

作者简介

About the Authors

王明和，教授，研究生导师，原长沙矿山研究院副总工程师，现海洋所顾问，中国大洋协会北京先驱高技术开发公司技术总监，大洋协会海洋调查设备检查评估专家。1963 年担任机械部和冶金部露天钻进联合设计组总设计师，开发出大型露天矿潜孔钻机，获得 1975 年国务院嘉奖令和科学大会奖；新型钻具、新材料和新工艺研究获得国家科技进步一等奖，提出的球齿钻头齿数确定半经验公式被教科书和企业所采用；1970—1980 年在冶金部领导下组织实施的“一千万吨级大型露天矿成套设备研制”项目，获得国家科技进步特等奖。1980—1990 年担任中国有色金属工业总公司机械高级职称评委，曾连任 3 届湖南省机械设计学会理事长，历任中国有色金属学会采矿设备专业委员会组长、中国冶金学会采矿设备分会理事长，1980—1984 年兼任上海同济大学研究生导师等。1992 年获得国务院特殊津贴。

1990 年开始从事深海采矿设备研究，并担任采矿专家组专家。“九五”期间担任大洋协会采矿系统总设计师，于 2001 年完成了 1000 m 水深中试采矿系统的 150 m 水深湖试。2004 年进入北京先驱高技术开发公司，担任技术总监，组织开发电视抓斗、海底岩心钻机、生物取样器、电磁法探矿拖体等勘探设备，现已销至多艘科考船使用。同时为大洋一号船的绞车选择、配套、故障处理提供决策。其中，包括自行研究的储缆筒开裂修补工艺、配备绞车备用液压站、自制缆绳承重头等技术，攻克了国外厂家不愿提供修理部件的技术难关。编著出版《小型矿山运输》《挖掘机先进作业法》《潜孔凿岩机》《冶金百科全书》(采掘机械篇章)《海洋采矿十年进展》等书，发表采矿机械和海洋采矿论文 40 余篇。

学术委员会

Academic Committee

国家出版基金项目
有色金属理论与技术前沿丛书

编辑出版委员会

Editorial and Publishing Committee

国家出版基金项目
有色金属理论与技术前沿丛书

总序

Preface

当今有色金属已成为决定一个国家经济、科学技术、国防建设等发展的重要物质基础，是提升国家综合实力和保障国家安全的关键性战略资源。作为有色金属生产第一大国，我国在有色金属研究领域，特别是在复杂低品位有色金属资源的开发与利用上取得了长足进展。

我国有色金属工业近30年来发展迅速，产量连年来居世界首位，有色金属科技在国民经济建设和现代化国防建设中发挥着越来越重要的作用。与此同时，有色金属资源短缺与国民经济发展需求之间的矛盾也日益突出，对国外资源的依赖程度逐年增加，严重影响我国国民经济的健康发展。

随着经济的发展，已探明的优质矿产资源接近枯竭，不仅使我国面临有色金属材料总量供应严重短缺的危机，而且因为“难探、难采、难选、难冶”的复杂低品位矿石资源或二次资源逐步成为主体原料后，对传统的地质、采矿、选矿、冶金、材料、加工、环境等科学技术提出了巨大挑战。资源的低质化将会使我国有色金属工业及相关产业面临生存竞争的危机。我国有色金属工业的发展迫切需要适应我国资源特点的新理论、新技术。系统完整、水平领先和相互融合的有色金属科技图书的出版，对于提高我国有色金属工业的自主创新能力，促进高效、低耗、无污染、综合利用有色金属资源的新理论与新技术的应用，确保我国有色金属产业的可持续发展，具有重大的推动作用。

作为国家出版基金资助的国家重大出版项目，《有色金属理论与技术前沿丛书》计划出版100种图书，涵盖材料、冶金、矿业、地学和机电等学科。丛书的作者荟萃了有色金属研究领域的院士、国家重大科研计划项目的首席科学家、长江学者特聘教授、国家杰出青年科学基金获得者、全国优秀博士论文奖获得者、国家重大人才计划入选者、有色金属大型研究院所及骨干企业的顶尖专家。

国家出版基金由国家设立，用于鼓励和支持优秀公益性出版项目，代表我国学术出版的最高水平。《有色金属理论与技术前沿丛书》瞄准有色金属研究发展前沿，把握国内外有色金属学科的最新动态，全面、及时、准确地反映有色金属科学与工程技术方面的新理论、新技术和新应用，发掘与采集极富价值的研究成果，具有很高的学术价值。

中南大学出版社长期倾力服务有色金属的图书出版，在《有色金属理论与技术前沿丛书》的策划与出版过程中做了大量极富成效的工作，大力推动了我国有色金属行业优秀科技著作的出版，对高等院校、研究院所及大中型企业的有色金属学科人才培养具有直接而重大的促进作用。

王淀佐

2010年12月

前言

Foreword

地球表面71%的面积被海洋所覆盖，其中3/4为深海盆地。浩瀚的海洋中蕴藏着极其丰富的资源，主要有油气、矿产、生物、动力、化工原料、医药原料，特别是极端环境生物基因等资源。海洋是当今地球上尚未被人类充分认识和利用的潜在战略资源基地。

随着陆地资源的日益枯竭，海洋资源已成为世界各国瞩目的对象。西方各国从20世纪50年代末开始投资进行海洋资源调查活动，抢先占有颇具商业远景的多金属结核富矿区，并于70年代进行了深海采矿系统的海上试验，基本完成了开采前的技术储备。80年代以来，他们在海底富钴结壳、多金属硫化物、天然气体水合物和深海生物基因研究开发方面不断加大投资力度，采用现代化手段进行海上勘探，已具备了对富钴结壳、热液硫化物等新资源的矿区申请条件，深海生物资源利用已基本形成产业。韩国、印度等新兴工业国家，在成为多金属结核矿区先驱投资者之后，在进行开采技术研发的同时，也加大了对富钴结壳和天然气水合物的调查勘探力度。

这一形势引起了国际法律关系的调整，1967年联合国开始筹备《联合国海洋法公约》(以下简称《公约》)，1982年签字通过，1994年生效实施。《公约》做出了“专属经济区”和“国际海底区域”划定原则，明确规定“区域”及其资源是人类共同继承的财产。所有国家在“区域”内开展活动，必须遵守《公约》及其第十一部分协定所确定的法律制度和规则：每个想要在“区域”内获得矿区的国家都必须向国际海底管理局提出申请；在获得资源专属勘探权与优先开采权的同时，必须履行相应的国际义务；“区域”内勘探活动必须与国际海底管理局签订合同并接受监督；商业开采利润要与国际社会有必要的共享；保护海洋环境是必须遵循的原则。1994 年国际海底管理局成立，代表人类组织、控制“区域”内的活动和对资源进行管理。在其组织下，2000 年通过了“区域内多金属结核探矿和勘探规章”，开展了核准先驱投资者的多金属结核勘探计划，按勘探合同对承包者的勘探活动进行监督。

中国自 20 世纪 70 年代末开始大洋多金属结核资源的调研，1983—1990 年国家海洋局和原地质部组织进行了 9 个航次的调查，调查面积多达 200 万 km^2，在太平洋圈定远景矿区约 30 万 km^2，在此基础上于 1990 年 4 月以中国大洋矿产资源研究开发协会(以下简称中国大洋协会)名义向联合国海底管理筹委会申请矿区，1991 年 3 月获得先驱投资者资格，批准了中国在东北太平洋国际海域享有 15 万 km^2 的多金属结核资源开辟区。1991 年 4 月成立了中国大洋矿产资源研究开发协会，对外代表中国参与国际海底活动，对内组织协调大洋资源研究开发工作。并制订了《中国大洋多金属结核研究开发第一期(1991—2005)发展规划》，目标是：以资源勘探为主，圈定商业性开采矿址，为未来大规模商业开采做好物质准备；同时解决采矿、冶金的主要技术难题。经过 20 年的努力，2010 年 5 月中国大洋协会与国际海底管理局签订了《国际海底多金属结核资源勘探合同》，以法律形式明确了中国大洋协会对 7.5 万 km^2 合同区内的多金属结核资源具有专属勘探权和优先商业开采权。

截至 20 世纪末，已有 8 个国家的团体与国际海底管理局签订了国际海区域结核矿区勘探合同，其中 7 个在太平洋富结核区，印度则在中印度洋申请了矿区，此外以美国为首的 4 个跨国财团划定了各自的探采区，国际海底区域结核富矿区已基本瓜分完毕。根据俄罗斯的动议，20 世纪 90 年代末国际海底管理局着手制订“区域”其他资源的勘探规章。2010 年 5 月《“区域”内多金属硫化物探矿和勘探规程草案》在国际海底管理局第 16 届会议上获得通过。随即，我国根据“十一五”期间的大洋矿产资源调查资料，第一个向国际海底管理局提出了西太平洋 1 万 km^2 多金属硫化物矿区申请，并于 2011 年 7 月获得批准。按照勘探规章的要求，自签订勘探合同之日起，经 10 年勘探后将放弃 75% 的申请面积，保留 2 500 km^2 作为最终开采区域。这一规章与《“区域”内多金属结核探矿和勘探规章》的显著不同点是：无需进行任何海上调查工作，即可提出矿区申请。因此，目前多个国家已开始按规章要求向国际海底管理局提出国际海底区域富钴结壳和硫化物矿床勘探区域申请，从而拉开了国际海域新一轮跑马圈地活动。面对这一新态势，为维护我国在国际海底区域的权益，提高中国的海洋技术能力，加大国际海底区域资源勘查力度势在必行。随后，我国根据国际海底管理局理事会核准的《“区域”内富钴结壳探矿和勘探规章》，于 2012 年 7 月 27 日向国际海底管理局提交了位于西太平洋海山区的富钴结壳矿区勘探的申请书，并于 2013 年 7 月 19 日核准了中国大洋协会提出的富钴结壳矿区申请，申请面积约 3000 km^2，由 150 个 20 km^2 的区块构成，并局限在 500 km×500 km 范围内。我国将经过 15 年的勘探，分 2 次各放弃 1000 km^2，最终确定出 1000 km^2 的开采区。

深海固体矿产资源开发，面对高水压、无光、常规通讯困难、人员无法直接进入，以及恶劣海况的极大挑战。水下作业系统为大功率串并联遥控机械电子设备系统，需要有大吨位高精度定位的海面船支持，涉及地质学、气象学、矿物学、冶金学、物理和化学、机械学、电子学、控制论、声学、水力学、生物学等多学科，以及采矿、海洋工程、船舶、材料、机械制造、计算机、仪器等工程技术。因此，深海矿产资源开发属于高新技术领域。迄今为止，国内尚无该领域方面较为系统的专著。为了促进深海技术的发展，作者以组织深海采矿系统开发团队近 20 年的科学技术成果为基础，结合国外的部分公开资料，编著成本书。期望本书对从事深海矿产资源开发相关的研究、设计和工程技术人员、教学工作者，以及高等院校学生有所裨益。

本书的核心部分是深海多金属结核、富钴结壳及多金属硫化物矿床开采，包括原理、实用基础理论、系统设计、工程算法及可以解密的相关数据。其中有相当篇幅论述了3种矿床的特征，以及国外深海采矿海试系统，为读者掌握矿床开采条件和国外经验提供了较为详细的资料；对于深海采矿系统和设备设计涉及的若干力学问题列举了一些经过试验验证的实用分析实例；最后一章较为详细地论述了深海采矿对环境的影响、监测和降低影响的基本措施。此外，还概述了资源勘查和技术装备，这些基本知识对于全面了解深海矿产资源开发特别是圈定矿区也是必要的，而且采矿生产过程中也会用到。由于篇幅所限，在控制、声学测量等专门领域内的相关内容有大量专门书刊可参考，故本书只是点到为止。

在此，作者对于中国从事深海采矿技术开发工作同仁所做的贡献表示由衷的敬意，没有他们的工作成果，本书部分内容不可能如此充实。

最后，由于本人研究工作的深度和知识所限，书中不当之处在所难免，敬请读者指正。

王明和

2013年3月10日

目录

Contents

第 1 章　大洋固体金属矿产资源概述

深海底是地球上尚未被开发的最大矿产资源地。迄今为止，已发现有经济价值的深海金属矿产资源主要有：含镍、铜、钴和锰的多金属结核，富含钴、镍、铜、锰的结壳和富含铜、铅、锌、金和银的海底多金属硫化物矿床。

深海金属矿产资源分布区域特别有限。例如：①多金属结核主要发现于太平洋夏威夷岛东南克拉里昂－克里帕顿断裂带（简称 CC 区）和印度洋海域；②富钴结壳主要发现于太平洋西北海域；③海底块状多金属硫化物矿床主要发现于海底扩张轴附近，如东太平洋脊（EPR）和大西洋洋中脊或岛弧－海沟系统中弧后断裂带和火山前部等（如图 1.0－1 和图 1.0－2 所示）。

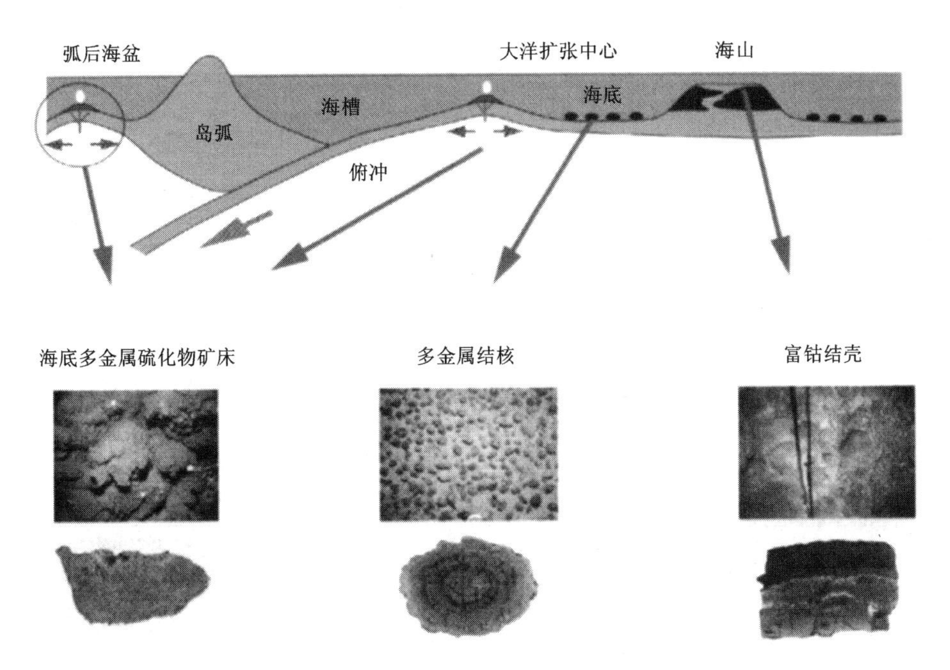

图 1.0－1　3 种深海固体金属矿产资源分布区位示意图

3 种主要深海固体金属矿产资源的基本特性见表 1.0－1。

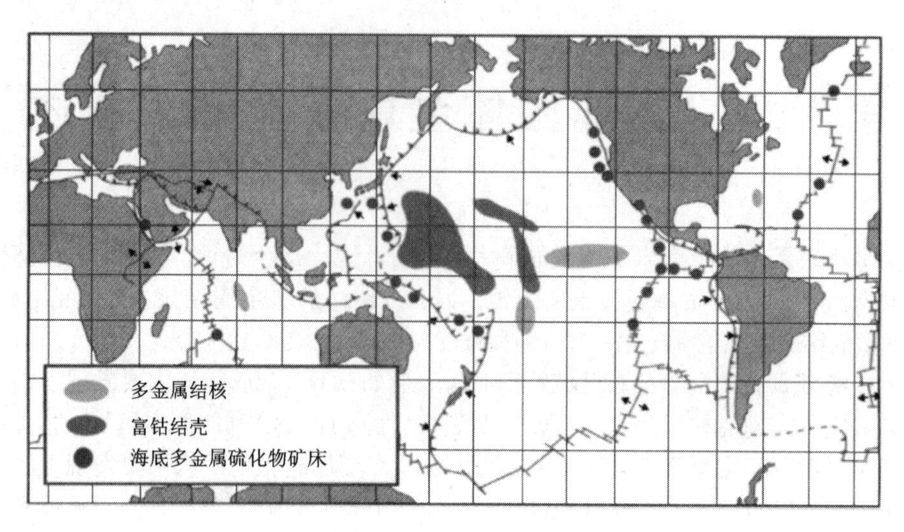

图 1.0-2 世界深海固体金属矿产资源分布地点示意图

表 1.0-1 深海固体金属矿产资源特点

矿产资源要素	块状多金属硫化物矿床	多金属结核	富钴结壳
矿产资源特征	散发到海底表面的热液中含有的金属元素沉积形成多金属硫化物矿床	球形或椭圆形、平均直径 2 ~ 15 cm；典型的半埋在海底表面以上的沉积物中	像沥青壳一样覆盖在基岩上，厚度几毫米到十厘米以上
赋存水深	500 ~ 3 700 m	4 000 ~ 6 000 m	1 000 ~ 2 400 m
地质特征	分布区域非常不平坦。裂谷中存在玄武岩，在火山前面和弧后分布有未受侵蚀的酸性火山岩	分布区域比较平坦。远洋沉积物普遍	分布区域包括斜坡和顶部区域的平地，比较平坦。 基岩包括玄武岩和石灰岩
含有的有用金属及品位实例（括号内为陆地资源品位实例）	Cu 1% ~3%（1% ~2%） Pb 0.1% ~0.3% （1% ~2%） Zn 30% ~55% （3% ~7%） 金、银、稀有金属	Mn 28.8%（40% ~50%） Cu 1.0%（0.5% ~1.0%） Ni 1.3%（0.4% ~1.0%） Co 0.3%（0.1%） 包括 30 多种稀有金属	Mn 24.7%（40% ~50%） Cu 0.1%（0.5% ~1.0%） Ni 0.5%（0.4% ~1.0%） Co 0.9%（0.1%） Pt 0.5 g/t 包括 30 多种稀有金属

到目前为止，这些矿产资源并非是商业上已开采的，然而某些矿床已表现出极大的商业价值。这些矿产商业开采之前，尚需确定采矿生产的收益率。其收益率取决于许多因素：矿床特征，合适的采矿工艺技术，提炼经济价值金属产品的

加工工艺，市场条件以及开采对环境的影响。要达到将潜在资源转变为具有足够储量的可采资源，从而进入可行的采矿生产，需要地质勘探程度的保证，以及难以确定的经济可行性，和必要的环境影响评价。

本章将对 3 种最有开采前景的深海固体金属矿产资源的探查概况、成矿机理、矿物组成和有用金属含量、分布区域和预测资源量分别进行阐述。

1.1　大洋多金属结核资源

1.1.1　多金属结核资源探查概况

1868 年在俄罗斯西伯利亚岸外的北冰洋喀拉海首次发现了锰铁结石，1873—1876 年英国皇家海军“挑战者号”考察船环球探险过程中，在大西洋和其他大洋中发现了许多土豆大小的深褐色小球，富含锰和铁，被称为锰结核。大约在 1900 年美国阿加西在东太平洋的多数拖网取样中发现有锰结核（中国称多金属结核，以下简称结核）。

第二次世界大战后，国外开始了大洋的广泛调查，几乎在全世界海洋的所有深度和地区都发现了结核。约在 1957 年，美国学者约翰梅罗（John Mero）提出开发多金属结核可以获得经济效益（未计勘探、回采和冶炼费用的原位矿石价值）。自 20 世纪 60 年代起，多金属结核被认为是从陆地上日益难以获得的镍、铜和锰的潜在接替资源，加之对这些金属的需求量增加，引起金属价格猛涨，从而使企业家们对开发多金属结核产生了极大的兴趣，掀起了对海洋矿物的淘金热。以美国公司为主体的一些跨国财团开始对大洋多金属结核进行大规模的海上调查，到 70 年代达到了高潮。基本确定了第一代最有商业潜力的多金属结核开采区集中在太平洋东北部，特别是 CC 区，其他大洋地区的品位和丰度不如太平洋地区。大西洋地区因地质因素不利于成矿，品位普遍偏低，不存在符合近期经济开采条件的多金属结核矿床。

美国于 1957 年才在中太平洋勘查中发现有工业价值的多金属结核。进入 20 世纪 60 年代，肯尼柯特财团（KCON）和新港造船公司（1962）开始进行取样航次，研究结核的地球化学特征与冶炼加工技术。从 1965 年起，以美国为首的 4 个跨国财团（有法国、日本、加拿大和欧洲发达国家参加）的海洋采矿公司（OMA）、海洋矿物公司（OMCO）和海洋经营有限公司（OMI）等新公司相继成立，进行了重要的资源调查、开采和冶炼加工研发工作。1972 年美国国家科学基金会制订了研究结核成因的 15 年科学实验计划。1974 年 OMA 向美国国务院提交了一份“发现已拥有采矿专属权及其要求对其投资进行外交保护”文件，1984 年底 4 大财团获得美国国家海洋和大气局（NOAA）颁发的东太平洋多块富矿区勘探执照。从事该项工作的主要机构还有美国地质调查局(USGS)、斯克里普兹海洋研究所(Scripts)和美国哥伦比亚大学拉蒙特地质观察所(Lamont - doherty)等。美国25所大学在1970—1980年开展了“大学间锰结核研究计划”，1975—1976年美国国家海洋和大气局开展了“深海采矿环境研究(DOMES)”计划，1978年美国哥伦比亚大学拉蒙特地质观察所编制了海底沉积物和多金属结核分布图。

苏联于20世纪40年代末利用“勇士号”科考船开始在太平洋进行大洋结核资源的调查，1956—1958年间在太平洋中部和北部进行调查，编制了太平洋多金属结核分布图，1977年起开展赤道以北太平洋多区块的调查，到70年代末完成了区域性调查。1980年开始在东太平洋开展网度为7.5′×7.5′测站调查，1981年完成了太平洋和印度洋结核区的评估。1982年集中在太平洋CC区进行探查，1983年向联合国海底管理局提出矿区申请，1987年取得了“先驱投资者”资格，获得7.5万km^2探采区。苏联解体后，俄罗斯成为法定继承者，于2001年与国际海底管理局签订了“勘探合同”。此外，俄罗斯还与东欧国家(保加利亚、波兰、捷克、斯洛伐克)和古巴于1987年组成“国际海洋金属联合组织”(IOM，简称“海金联”)，于1992年登记为先驱投资者，于2001年与国际海底管理局签订了7.5万km^2的“勘探合同”。为了弥补锰矿资源的不足，在2006年制定了为期15年的“海洋考察工作计划”，2005—2010年安排4个航次进行普查-勘探工作，并选择试采区块；计划2010—2014年安排4个航次，扩大勘探面积；计划2015—2020年安排4个航次，完成勘探，并进行试采。

德国于1971年开始在太平洋调查有经济价值的多金属结核，1973和1974年在印度洋进行了调查，对5个地区评价认为，只有中印度洋海盆有可能提供第一代采矿的矿区，评价标准为Co+Cu+Ni的平均品位为2.4%，边界品位为1.8%。1972年成立了德国矿物原料开发公司(AMR)，于1978、1979年在秘鲁海盆北部进行了普查，结果表明多金属结核平均丰度为7~14 kg/m^2，其中Ni平均品位为1.1%~1.2%，但Cu<1%，值得进一步调查。2006年与国际海底管理局签订了CC区两个区块的7.5万km^2的“勘探合同”。

印度于1981年起在印度洋进行调查，于1983年向联合国海底管理局筹委会提出了矿区申请，1987年成为第一个先驱投资者，在印度洋中央海盆获得了开辟区，于2002年签订了7.5万km^2的“勘探合同”。

法国在1970—1981年对南太平洋波利尼西亚海域和东太平洋进行了调查，在波利尼西亚海域未发现有可采矿区，1978年成为CC区申请矿区的先驱投资者，2001年签订了7.5万km^2的“勘探合同”，近年活动较少。南太平洋近海矿物资源联合探矿委员会(CCOP/SOPAC)自1972年起进行的调查发现，在南太平洋中东部地区有边界丰度5 kg/m^2、边界品位Ni+Cu+Co为2%的远景矿区。

日本自1968年开始进行多金属结核调查工作。1970—1971年实施“海洋矿物资源开发基础研究”计划，于1974—1978年在中太平洋北进行了调查，结果表明结核分布多变，不利于开采，从而重点转向CC区调查。1979—1983年实施了“深海矿物资源地质学研究”。为了促进深海资源勘探和开发，1982年9月成立了深海资源开发有限公司(DORD)，1984年提出了CC区矿区申请，1986年获得国际海底管理局批准，2001年签订了7.5万km^2的“勘探合同”。从事勘探的主要单位是日本金属矿业会社，现在为日本国营石油、天然气和金属公司(JOGMEC)等。目前主要利用已有资料进行分析研究，基本未开展航次调查。

韩国从1992年以来进行了大规模的多金属结核调查，通过从美国等国家购买资料的方式，在短时间内完成了在CC区申请开辟区的工作，于1994年获得了国际海底管理局批准，2001年签订了7.5万km^2的“勘探合同”。2007年利用已有资料圈定了4万km^2的优先开采区，2008年开展了海底摄像调查。

中国自20世纪70年代末启动大洋多金属结核资源调查。1978年4月“向阳红05”号考察船在太平洋进行综合性调查，首次从4784 m水深获取了多金属结核样品。1990年成立了中国大洋矿床资源研究开发协会，开始实施中国大洋矿床资源研究开发工作的国家计划。同时，在原地质矿产部和国家海洋局“七五(1986—1990)”期间航次调查和研究工作基础上，1990年向国际海底管理局筹委会提交了CC区结核矿区申请，并于1991年3月获得批准，成为继印度、日本、苏联和法国之后第五个先驱投资者，在CC区拥有了15万km^2的多金属结核开辟区。至此，“深海矿产资源勘查与评价研究”列入国家长远发展项目。经过十几年的调查，于1996年3月完成了国际海底区域7.5万km^2中国专属探采区的圈定和向国际海底管理局的申报。2001年5月中国大洋协会与国际海底管理局签订了7.5万km^2的“勘探合同”。合同区多金属结核总平均丰度为7.96 kg/m^2，总平均品位(Cu + Co + Ni)为2.52%，其中Mn 27.24%，Cu 1.03%，Co 0.23%，Ni 1.27%，镍当量丰度226.47 g/m^2，干结核总量42259.79万t。在履行合同的同时，对合同区选定的示范区进行了进一步的勘探，对结核的质量、数量、分布、经济价值进行了评价，基本圈定和评价了可供商业开采的矿址。

1.1.2　多金属结核的形成和地域分布

1.1.2.1　多金属结核性状

结核以散料形式单层分布在水深4 000～6 000 m深海底沉积物表层，以半埋状为主，其次为埋藏状和裸露状。

结核的大小不等，一般直径为0.5～10 cm，其中大多数为3～6 cm，最大达到24 cm。

结核形状多变，主要有菜花状、盘状、椭球状、杨梅状、碎屑状、连生体状。太平洋北赤道区以菜花状和盘状占优势，而南太平洋则以球状为主。不同形状反映了不同的形成过程。

结核的内部结构各异。有些显示出同心圆状，有些含有沉积物、岩屑、古结核碎片、有机物碎屑等核心，有些则没有明显的内核。核心外围是矿物，由锰铁氧化物和氢氧化物的交互同心圆层构成。见图1.1-1。

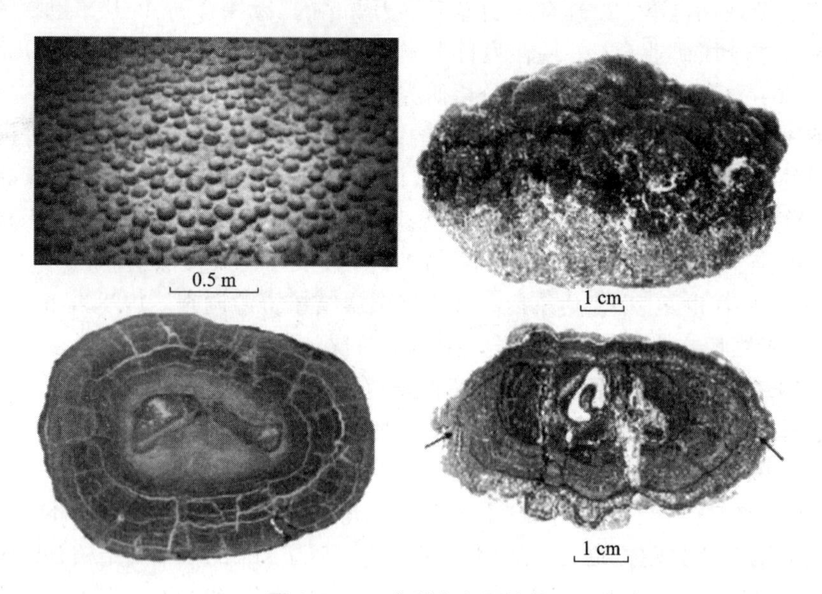

图1.1-1　大洋多金属结核

结核的特点是具有极高的多孔性和相当大的表面积。孔隙直径为0.1~0.001 μm，平均相对孔隙率为结核体积的60%。

1.1.2.2　多金属结核成矿

大多数结核产于中生代或新生代的洋底壳上。主要在底质为沉积速率低的大洋黏土、碳酸盐平衡深度以下和远离大陆的深水区域。

(1)成矿物质来源和成矿机理

多金属结核成矿物质来源具有多样性，不同来源的成矿物质以海水为介质，通过溶解、搬运、沉淀作用参与成矿。成矿金属有2个来源，主要来源被认为是陆地岩石溶解的金属，作为侵蚀的一部分通过河流传输到大洋；第二个来源是洋脊的温泉和热泉排放的富含金属的溶液。结核中富集的金属视离热泉的距离和中间过程而不同。

普遍认为的成矿机理是水沉积作用和岩化作用成矿。

◆ 水沉积作用成矿。海水中的金属缓慢沉积，贱金属镍、铜、钴高度富集。水沉积成矿生长受水合锰和铁氧化物控制，表面吸附过程积累了其他微量金属。Mn/Fe比值比岩化成矿低(0.5~5)，在海山坡面或顶部及大洋平原出现许多纯水沉积成结核。结核的生长速度很慢，估计每百万年生长 10 ~ 40 mm。

◆ 岩化作用成矿。深海盆地中结核主要由核心周围的锰（和铁）氧化物岩化累积形成，即从沉积物间隙水中沉淀而出。特点是最上面沉积物层与底部水接触产生氧化还原反应。核心可能是一块岩石、一片老结核、动物遗骸或其他固体。在有机质氧化过程中，由沉积物上部的金属早期岩化再活动向结核提供锰、镍、铜、锌和其他微量金属。间隙水中溶解的金属铜、锌和镍包含在氧化锰中，含量很低。对于这类结核，由间隙水作用提供的金属往往超过 95%。特点是 Mn/Fe 比高（≥4），结核粗糙、多孔，往往类似菜花结构，并以每百万年几厘米的速率生长。

其他成矿机理有：

◆ 热液作用成矿。来自火山活动产生的热液流携带的金属，富集铁和其他金属，Mn/Fe 比范围极广。

◆ 海解作用成矿。金属组分来自玄武岩碎片的海水分解。

◆ 生物作用成矿。微生物的活动促进金属氢氧化物的沉淀。微小的植物和动物从进入海底的海水中富集金属，溶解和释放金属到海底沉积物的间隙水中，被结核吸收而发育成长。

由于结核生长非常缓慢，按生长速率约为每几百万年生长 1 cm 推断，太平洋结核的年龄为 200 万 ~ 300 万年。然而，在第一次世界大战沉船旁发现了快速形成的锰结壳，这似乎是热液或水解作用形成的。只有缓慢形成的结核才可能是水沉积成矿或岩化成矿成因。

既然沉积物沉降速度比结核生长速度快，为什么结核还保持在海底表面，至今还不能作出满意的解释，可以设想是聚集深海底的有机物清除掉结核顶部最新沉积的颗粒物，并将其驱逐到结核侧面或下面所致。

（2）控矿条件

地形地貌。深海丘陵、平原，发育混合成因的菜花状结核和成岩成因的杨梅状结核；海山及其附近，发育水成因的球状、连体状结核。

沉积物类型。硅质黏土和硅质软泥有利于结核的生成。

区域构造。构造稳定区有利于结核的富集。

海域环境。在碳酸盐平衡界面和最低含氧层以下，有利于结核的形成。底层液流的周期变化及新生的液流，有利于结核的保存。

1.1.2.3 矿物组成

结核是铁锰氧化物，主要矿物组成为水锰矿，包括钙锰矿、钠水锰矿、钡镁锰矿和针铁矿、纤铁矿、赤铁矿等。

结核中存在的镍、钴、铜和其他金属未形成单独的物相，而是构成铁、锰氧化物和氢氧化物的组分。

结核中还含有非矿物类，主要由二氧化硅，黏土状矿物和生物成分构成。

1.1.2.4 结核化学成分和有用金属元素

在研究结核化学成分时注意到其性质，随锰矿物的类型、尺寸和核心特性不同而变化。在结核中已发现了60多种化学元素。目前被列为有工业价值的金属主要有镍、铜、钴(综合达到3%湿重)和锰，还含有微量的钼、铂和其他贱金属。铁和锰的品位范围分别为17% ~25%和7% ~15%。此外还包括许多稀土元素，如Ti、Zr、Hf、V、Nb、Ta、Te、Pt等。目前认为，优质结核金属最低品位为：镍1.25% ~1.5%，铜1% ~1.4%，锰27% ~30%，钴0.2% ~0.25%。

表1.1 -1列举了世界各大洋结核的主要成分的平均概值。

表1.1 -1 各大洋多金属结核的平均品位

元素		大西洋	太平洋	印度洋	世界大洋
锰	%（质量）	13.25	20.10	15.25	18.60
铁		16.79	11.40	14.23	12.40
镍		0.32	0.76	0.43	0.66
铜		0.13	0.54	0.25	0.45
钴		0.27	0.27	0.21	0.27
锌		0.12	0.16	0.15	0.12
铅		0.14	0.08	0.10	0.09
铱		9.32	6.64	3.48	—
铀		7.40	7.68	6.20	—
钯	g/t	5.11	72.00	8.76	—
钍		55.00	32.06	40.75	—
金	mg/t	14.82	3.27	3.59	—

1.1.2.5 分布地区

世界大洋多金属结核分布见图1.1 -2。综合可查到的各国和机构对大洋多金属结核调查勘探结果，按资源最低平均湿丰度5 kg/m^2、最低平均品位Cu + Ni为1.5%，基本可以确定具有商业价值的区域：

◆ 最具商业前景的结核赋存区域位于中偏东北太平洋CC区(5°N—25°N，270°E ~210°E)，面积达250万km^2，金属品位明显高于其他海域，且丰度相对稳定。平均丰度达11.5 kg/m^2。丰度≥5 kg/m^2的结核覆盖CC区面积的一半，目前已被各国瓜分完毕，并得到国际海底管理局认可，见图1.1 -3。

◆ 印度洋只有位于10°S—15°S之间的中印度洋海盆有可能提供第一代采矿区域。

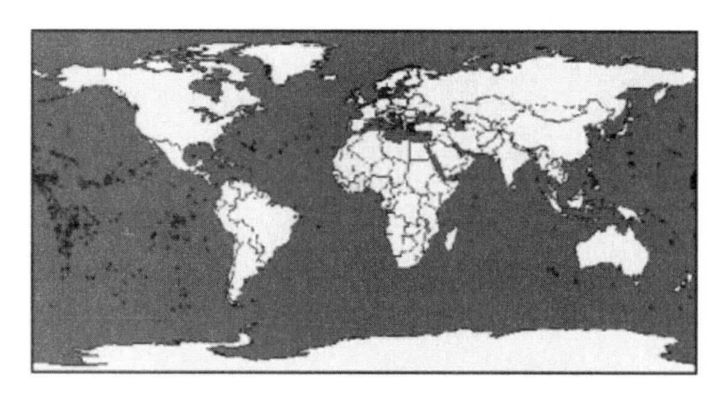

图 1.1－2　世界大洋多金属结核分布

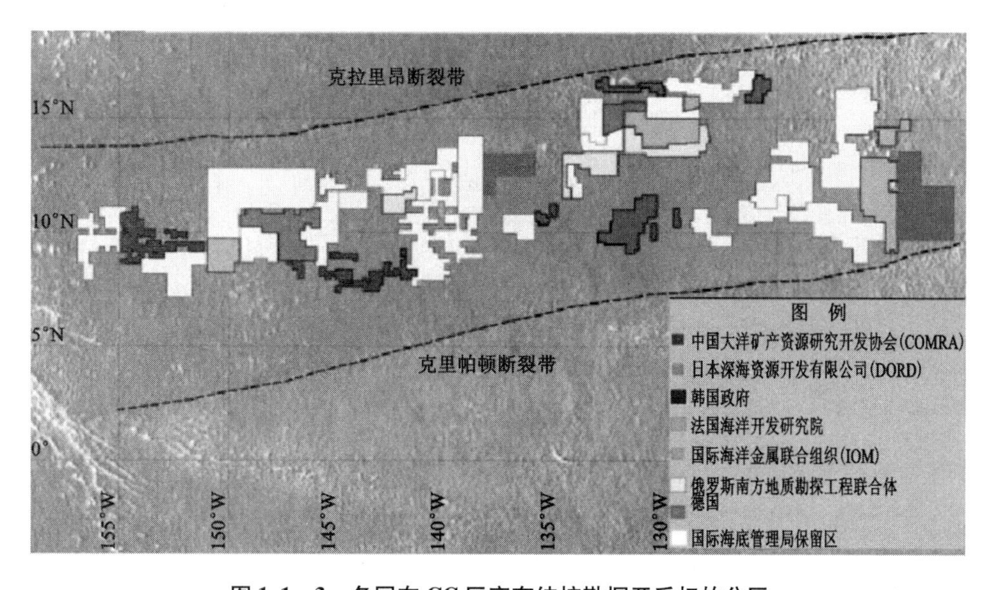

图 1.1－3　各国在 CC 区享有结核勘探开采权的分区

此外，几乎不可能找到可开采矿床。印度在中印度洋获得国际海底管理局批准的多金属结核勘探合同区位置见图 1.1－4。

◆ 南太平洋海域结核丰度高但品位很低，只有靠近大陆的秘鲁海盆，水深较浅，也许高丰度可补偿低品位的不足，尚需进一步评价。

◆ 值得考虑的区域还有西南太平洋库克和莱恩群岛的阿图塔基－贾维斯横断区；另外在西南赤道太平洋的菲尼克斯群岛专属经济区；更远的在图瓦卢专属经济区。

◆ 北中太平洋结核分布具有多变性，基本不适于开采。

◆ 澳大利亚西南（40°S—80°S 和 70°E—95°E）和西北（10°S—25°S 和 95°E—

105°E)区域分散分布丰度为 2 kg/m^{2}的结核。然而金属品位一般较低，镍、铜综合仅 2%，也不适于开采。

◆ 在 180°E—220°E 之间的克拉里昂区域边缘的太平洋赤道南地带发现的结核丰度达到 8 kg/m^2，其他地点很少见。在东太平洋海隆和南美之间区域例外，丰度达到 6 kg/m^2。

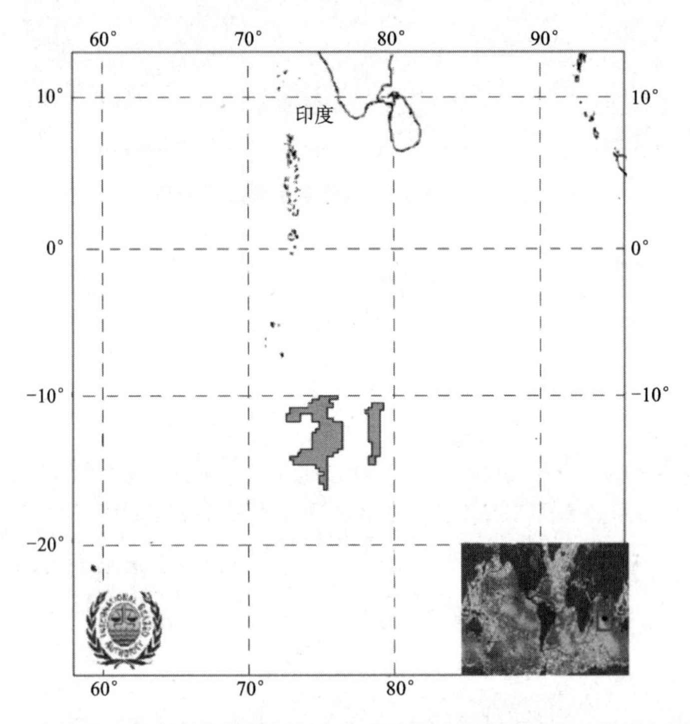

图 1.1－4　印度在中印度洋获得国际海底管理局批准的多金属结核勘探合同区位置图

地形分布：在 CC 区海底，地貌总体上是与洋壳断裂一致的南北向延伸的深海丘陵。这些断裂与玄武岩的断裂相关，由于洋壳扩展而离开洋中脊，地壳被日益增多的沉积物所覆盖，在北太平洋 120°W ~ 150°W 之间沉积物的厚度从 50 m 向西增加到 150 m。丘陵间隔为 2 ~ 5 km，最西部升起 100 ~ 300 m。在丘陵侧翼出现高达 40 m 的钙质层的垂直悬崖和大的深穴。总体平均坡度约 5°。据报道，针对赋存丰度 ≥10 kg/m^{2}的取样站位分析得到，赋存量最多的在起伏平原(约 54%)，其次是高地坡面(约 19%)，而海槽坡面(约 10%)和高低顶面(约 9%)相对较少。它们受到洋脊和洼地轮廓限制，形成南北向条带状矿床，长几十公里，宽 2 ~ 10 km。矿床为云斑形状，长 120 km，宽 70 km。以无结核区、火山丘作为边界，很少以海底突出地形构造作为边界。矿床内部相当复杂，包含被无结核带分隔的类似小溪的连续排列。

世界大洋多金属结核总量，1981 年(A. A. Archer)估计为 5 000 亿 t。已颁发 6 个“勘探合同”的 CC 区结核资源量约为 340 亿 t，结核中含锰 75 亿 t，镍 3.4 亿 t，铜 2.65 亿 t，钴 0.78 亿 t(Morgan，2000)。按回收率 20% 和含水率 30% 计算，可回收 21 亿 t 干结核矿石，其品位为：镍 1.3%，铜 1%，锰 23%，钴 0.22%，钼 0.05%。该矿量可保障 28 个总产量 7 500 万 t 的矿山生产。

表 1.1-2　多金属结核分布区域的资源指标

分布地区		中偏东北太平洋 CC 区	中太平洋	夏威夷西南	西太平洋	克拉里昂区边缘的太平洋赤道南地带
地理坐标		5°N ~ 25°N，270°E ~ 210°E	28°E 以北和 180°E ~ 200°E 之间	5°N ~ 10°N，180°E ~ 190°E	5°N 和赤道，160°E ~ 200°E 很多孤立矿点	
丰度	平均丰度	10 kg/cm^2	10 kg/m^2 大部分	10 kg/m^2 大部分	6 kg/m^2	8 kg/m^2
	局部区域	0 ~ 30 kg/m^2				
金属品位	锰	30%	20%	10%		
	铜	1.5%	1.0%	1.0%		
	钴	0.4%	0.4%	0.4%	8%	
	镍	1%	1%	0.5%		
	镍铜综合	3.5%	2.0%	2.0%	2% ~ 3%	2%
金属含量	锰	3 kg/m^2	1.5 kg/m^2	2.0 kg/m^2		
	铜	80 g/m^2	60 g/m^2	10 g/m^2	150 g/m^2	
	钴	25 mg/m^2	40 mg/m^2	10 mg/m^2	2.25 mg/m^2	
	镍	0.2 kg/m^2	0.75 kg/m^2	0.025 kg/m^2	0.05 kg/m^2	
说明		特有经济价值				

1.2　大洋富钴结壳资源

1.2.1　富钴结壳资源探查概况

20 世纪 50 年代初以来，研究人员发现了铁锰结壳与太平洋岛屿和海山有关，人们就已经认识到铁锰结壳中富含钴。在 60 年代末和 70 年代初，夏威夷地球物理研究所的科学家们对夏威夷群岛海域的结壳进行过调查。1981 年，德国科学家在“太阳”号科考船上用声呐在中太平洋莱恩群岛(基里巴斯)完成了第一次有计划的海上调查，发现中太平洋海域较大范围内赋存有经济价值的富钴结壳潜在资源。随后相继进行了一系列航次调查，对太平洋海域的富钴结壳资源分布、地球物理化学特性及矿床成因作了系统研究。研究表明，在水深小于 2 500 m 的海山坡面上存在大量的富钴结壳矿床，其所含金属的品位和价值，明显大于深海多金属结核，其中钴的品位(超过0.5%)比结核的高1.4~2.7倍，单位面积的赋存丰度高(干钴结壳>70 kg/m^2)，除了钴，还有钛、铈、镍、铂、锰、铊、碲及其他稀土元素的潜在资源也是非常重要的。

这一调查结果，立即引起美国的重视。美国地质调查所于1983—1984年对太平洋、大西洋等海域进行了一系列航次的调查研究，发现在太平洋岛国专属经济区(包括马绍尔群岛、密克罗尼西亚和基里巴斯群岛联邦)的赤道太平洋和美国专属经济区(夏威夷，约翰斯顿群岛)以及中太平洋国际海域800~2 400 m水深的海山处，存在许多有开采价值的富钴结壳矿床，仅夏威夷—约翰斯顿环礁专属经济区内5万km^{2}的目标区内富钴结壳的资源量就达3亿t，按当时的估计，这些资源开采出来可供美国消费数万年。法国则在法属波利尼西亚海域进行了调查。

苏联全苏大洋地质和矿产资源科学研究所勘察加考察队从1986年开始有计划地进行富钴结壳的地质勘探工作。参与这项工作的有俄罗斯南方地质勘探工程联合体、北方地质勘探工程联合体及中央地质勘探科学研究所等。1986—1993年间对西太平洋近赤道北部地带进行了23个航次的调查，调查面积达200万km^2，通过区域性调查，在麦哲伦海山、南马库斯-威克海山、马绍尔群岛海山、莱恩岛海山区域划出了富钴结壳矿带，并对前两个海山区域进行了普查，调查程度为：地震和磁力测量网度5 km×10 km；电视观测间隔5 km，详查为2.5 km×2.5 km；声学测量网度2.5 km×2.5 km；海底取样网度5 km×2 km。1994年提出了“麦哲伦海山带钴结壳普查勘探工作安排的技术经济方案”，计划于1999—2005年实施，主要任务是：圈定一些矿床的边界，计算详查区段和试验采区结壳的矿石储量以及整个矿床的预测资源量；制定勘探阶段的工作方法及规范；编制富钴结壳试验开采设计；查明水文、生态和环境条件等。观测网度为2.5 km×2.5 km(±50 m)，取样网度2.5 km×2 km，划出几个20~50 km^{2}的代表性区段进行详查，观测和取样网度均为1.25 km×1.25 km(±20 m)，地形图比例尺为1∶5万。并且于1998年9月率先向国际海底管理局提交了“富钴结壳开采先驱投资者”的报告。2000年对麦哲伦海山进行了10个航次的详查。2006年制定了15年考察工作计划：2006—2010年安排3个航次，进行扩大含矿区面积的地质调查；2011—2014年安排4个航次，开展勘探区详查和富矿区块的勘探；2015—2020年计划安排4个航次，完成富矿区块的勘探和试验性开采。

日本政府在20世纪80年代初以前对富钴结壳的调查持消极态度，认为日本专属经济区内没有富钴结壳。直到1986年“白令丸2号”在南鸟岛区域采集到了富钴结壳样品，证明了日本科学家进行研究的必要性，促使日本自然资源和能源方面的机构于1986年3月成立了富钴结壳调查委员会，并对美国进行了访问，研究其经验和了解工作情况。受通产省的委托，国营金属矿业会社(现在是日本国营石油、天然气和金属公司 - JOGMEC）于1987年7—8月在水深为550～3 700 m的南 - 威克群岛海域进行了调查，找到了一些平均厚度为3 cm的富钴结壳矿层，其钴含量为陆地矿的10倍以上。由于工作卓有成效，立即着手制定和开始实施大洋富钴结壳的调查与开采的10年地质研究计划。1991年对西太平洋的第5号Takuyou海山进行了调查，发现在水深不到1 500 m的地势平坦的3 000 km^2范围内存在丰度>40 kg/m^2的大量富钴结壳，总储量约0.96亿t。在海底沉积物下面还发现埋有大量的富钴结壳，因而富钴结壳的资源量远远超过之前的估计。日本还对东北太平洋海域富钴结壳储量情况进行了调查。此外，还在南太平洋诸岛国的专属经济区进行了调查。日本最感兴趣的调查区域同样是中、西太平洋海域，即威克 - 贝克、马绍尔群岛、麦哲伦、基里巴斯、夏威夷和莱恩群岛海域。

自20世纪80年代以来，中国、韩国也开始在中、西太平洋进行调查。韩国自1994年成为多金属结核先驱投资者后，重点在西南太平洋海域进行富钴结壳资源调查。

中国自1997年正式开始对中太平洋海山区（位于中太平洋海盆北缘，夏威夷—天皇海山链以西，美国威克专属经济区与夏威夷专署经济区之间的国际海域）和西太平洋海山区（包括麦哲伦海山区，马库斯海脊—威克海山区，马绍尔群岛海山区和莱恩海山链区）进行有计划的调查。截至2009年，中国大洋协会安排“海洋4号”（4个航次）和“大洋1号”调查船（11个航次）共15个航次的调查，调查面积超过30万km^2，25座海山。2005年确定了14座海山作为优选海山，调查程度较高区块控制网度为3～7 km。对五座海山勘查结果分析表明，富钴结壳主要分布在水深1 700～3 500 m之间的平顶海山顶面和山坡上，水深较浅站位结壳的Co品位在0.7%～0.9%之间，水深较大站位的Co品位在0.5%～0.6%之间，平均厚度3 cm，最厚可达13 cm，而且顶面边缘厚度最大，钴品位也较高。其中三座海山面积为15 396.5万km^2，钴金属量约241万t，镍当量1 413.31万t，接近我国多金属结核7.5万km^2合同区的资源量，经过15个航次的调查，基本圈定了满足商业开发规模所需资源量要求的富钴结壳区域，掌握了富钴结壳矿床的分布、矿物组成、大地构造、海底地形、结壳和基岩物理力学特性，以及水文气象状况，为向国际海底管理局申请矿区奠定了基础。

1.2.2　富钴结壳的形成和地域分布

1.2.2.1　富钴结壳性状

富钴结壳呈黑色块状或薄片状，厚度平均为4 cm，最大24 cm。它形成于水深400～4 000 m之间海底表层，最厚部位和大多数结壳形成于800～2 500 m的各种地貌（海山顶面、边缘、坡面，山脊，海岛岛坡）表面、各种基岩和底层水流速高的区域。

富钴结壳类型和表面结构通常取决于结壳的厚度和赋存深度。随着结壳厚度和深度的增加，表面变得较为平坦，但是常有例外。根据表面形态特征，富钴结壳可分为板状、砾石状和结核状3类：

①板状结壳。个体较大，平均长径>9 cm，最大接近1 m。主要为黑色、褐黑色。表面光滑，呈瘤状、鲕状，较平坦，底面粗糙。多呈连续分布，厚度变化不大。

②砾石状结壳。呈球状、椭球状，可见板砾状、不规则等外形。核心有玄武岩和磷酸盐化灰岩，按粒径可分为巨砾、粗砾和中砾。

③结核状结壳。结核粒径变化于1~5 cm之间。呈圆球状或近圆球状，表面光滑，致密坚硬。核心为磷灰石和老结壳等。

富钴结壳不同表面结构出现率按下列次序递减：粗糙的、粒状花纹的、平滑的、卷羊毛状的、葡萄状的和多孔状的。海山富钴结壳形态见图1.2-1。

结壳内部结构主要特点是平行带状结构和分层性，分层数与赋存水深无关，由形成年代所决定。结壳形成分为三个历史时期(早期、中期和晚期)，与其对应的分层为：早期形成的下部致密层(似无烟煤，厚度1.5~9.5 cm)，结构单一，层纹构造平直分布，脉石矿物很少；中期形成的中部疏松层(多孔隙，厚度2~10 cm)，结构杂乱，夹杂大量脉石矿物，强度最低；晚期形成的上层为“似褐煤”层(厚度0.5~5.0 cm)，夹杂的脉石矿物比疏松层少。此外，有时还有较晚的“硬质”层。这些分层按结构构造区分，只有一部分按物质成分区分。富钴结壳的剖面见图1.2-1。

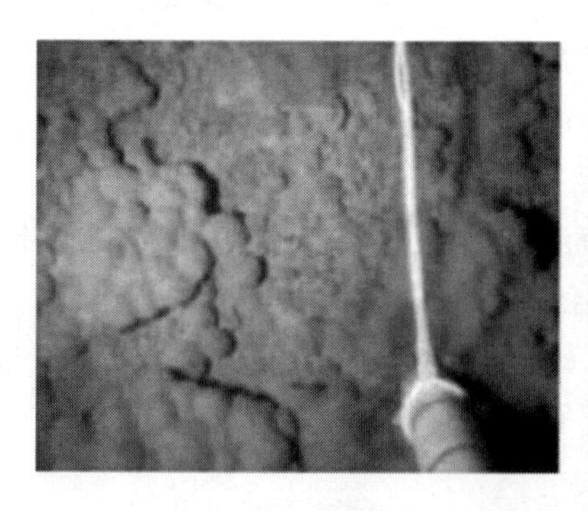

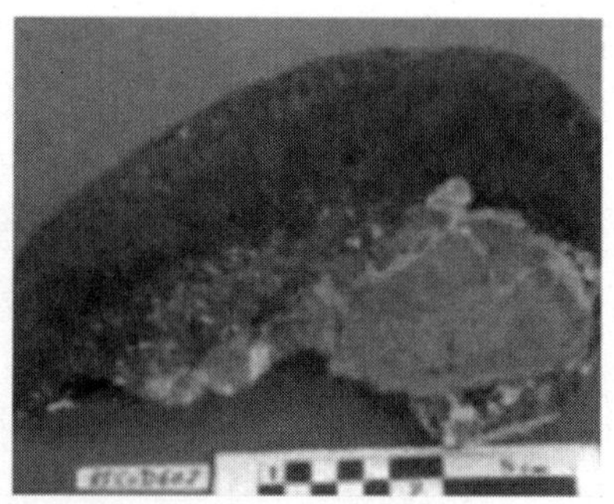

图1.2-1　海底山上的富钴结壳及剖面[CaRMC-H. Auki]

1.2.2.2　富钴结壳成矿

(1)成矿物质来源和成矿机理

富钴结壳成矿物质来源和成矿机理与多金属结核类似。矿物质从冷海水中缓慢沉淀进入海底山岩石表面，直接聚集成大范围薄岩层，而不是在广阔的深海平原沉积物表面聚集成结核。矿物质源自大陆岩石分解并由河流传输到大洋和深海富含金属的热泉，以及海底玄武岩的侵蚀、沉积物释放的金属等。铁和锰胶体与吸附的金属混合物沉淀到硬岩表面，呈贫结晶质或非结晶质的氢氧化合物，可能经过细菌降解反应过程。结壳生长极其缓慢，一般认为以1～3个月一个分子的速率生长，即每一百万年生长1～6 mm。因此，形成厚结壳可能需要6 000万年。一些结壳显示出过去2 000万年具有2个发展时期的迹象，为8百万～9百万年前的晚中新世铁锰生长中断的磷灰石沉积层夹层。磷化层的厚度可能高达12 cm，其中钙和磷的含量可能分别达到15%和5%，富集的金属元素主要有镍、铜、锌、钇、地球稀有元素锶、铂和钡。

(2)富钴结壳控矿条件

控制结壳分布的主要因素为：地形、水深、基岩、水动力、最低含氧层深度和厚度等。

地形地貌：海底山侧面和顶部、洋脊和海台。局部无新近的火山活动也是必要条件。在海山顶部平坦边缘和广泛的马鞍形构造处出现厚的富钴结壳，中部坡面梯田地带也有结壳覆盖。

沉积物：沉积物和环礁覆盖表面不形成富钴结壳。

区域构造：古老死火山[2百万年以上(一般老于2千万年)，从晚白垩纪到古近纪的历史时期内，经过从地盾火山到中央成层火山的演化]，有较稳定的构造特征，没有贯穿海山的构造带，特别是孤立平顶火山边缘有利于结壳生成。

海域环境：富钴结壳出现在含氧量最低的水深处、海底流强烈(冲刷沉积物)而稳定的海山区有利于结壳生成。微生物活动性高有助于有机物从海水中提取钴。铁、铜，水下控制元素随水深的增加而增加。

1.2.2.3　富钴结壳矿物组成

富钴结壳为铁锰氢氧化物($\delta-MnO_2$和非晶质FeOOH)的共生体，碳酸盐氟石磷灰石也很普遍，多数结壳含有少量细晶碎屑石英、长石和残余生物相。

富钴结壳含有多种矿物。其中包括：主要的锰相矿物——偏锰酸矿、铁偏锰酸矿；主要的铁矿物——针铁矿和非晶质氢氧化物；伴生矿物——赤铁矿、磁铁矿、水赤铁矿、白铁矿、钾硬锰矿、软锰矿；多种多样的非金属矿石部分——石英、方石英、蒙脱石、伊利水云母、方解石、氟磷灰石、长石、尖晶石、紫苏辉石，以及自生成因和沉积与生物成因的其他岩石；包含在锰和铁矿物中的不形成钴、镍、铜、锌、钼及其他固有矿物相的“微量元素”。

1.2.2.4　富钴结壳化学成分和有用金属元素

在中太平洋的勘探查明，结壳富含钴、铁、铈、钛、磷、铅、砷和铂族元素，可是与多金属结核相比，锰、镍、铜和锌的含量却相当低。不同的海山区结壳化学成分有一定程度的差异。

富钴结壳中的主要有用元素为钴、锰、镍和铁；伴生有用元素为铜、镍、铬和稀土元素；其特点是钴平均品位超过0.4%，铜和镍的总品位低于0.7%，锰的平均品位超过20%。伴生有用元素的品位：铂平均为0.38 g/t(0.16～0.64 g/t)，金≤0.07 g/t，银为3 g/t，钼平均为0.04%(0.03%～0.05%)，铬为0.003 4%，钡达到0.22%，锡达到0.001%，稀土元素高达1 500 g/t，其中主要为铈和镧。而有害物质氟的平均品位为0.164%，汞的品位为4.4×10^{-6}，砷的品位为0.016%。世界大洋结壳主要金属平均品位范围见表1.2－1。

可采矿区富钴结壳的边界品位一般定为：钴0.6%，镍0.45%，锰22%。

表1.2－1　太平洋、大西洋和印度洋富钴锰铁结壳平均品位范围(Hein, 2000)

金属元素		品位
铁	%(质量)	15.1～22.9
锰		13.5～26.3
镍	g/t(质量)	3 255～5 716
铜		713～1 075
钴		3 006～7 888
锌		512～864
钡		1 494～4 085
钼		334～569
锶		1 066～1 848
铈		696～1 684

1.2.2.5　富钴结壳分布地区

太平洋、印度洋和大西洋都有富钴结壳的积聚。最大的富钴结壳区域集中在西太平洋近赤道北部地带，特别是约翰斯顿、夏威夷、马绍尔群岛专属经济区，以及法属波利尼西亚、基里巴斯和密克罗里西亚联邦周围专属经济区(Hein, 2000)。其次在中太平洋地带。在赤道以北(皇帝海山、小笠群岛)和以南(菲尼克斯群岛、库克群岛等)分布一些较小的矿带，这些地区都已详细绘图和取样。在大西洋阿留申海沟北部和冰岛的海山和洋脊也发现了结壳(如图1.2－2所示)。

根据目前所掌握的资料，在西太平洋近赤道北部地带各国专属经济区以外的国际海域，富钴结壳的潜在资源量达18亿t以上，中太平洋国际海域富钴结壳的潜在资源量达5亿t(Commeau et al., 1984)，包括美国夏威夷专属经济区在内达

7.66 亿 t，分布面积达 4 万 km^2，其中 5 个地区发现了储量达 100 万 t 的大矿床。美国专属经济区的富钴结壳资源总量达 3 亿 t，钴、镍和锰分别为 270 万 t、150 万 t 和 7 410 万 t。按目前调查资料估计太平洋约有 50 000 座海山，其中 15 座已做了不同详细程度的绘图和取样。大西洋和印度洋海山少得多，其大多数结壳形成在延伸的海脊。对分布于独立海山和海脊的结壳了解得很少，且矿床的物理化学特性变化很大。因此，目前地质资料尚不足以确切地评价其储量及可采矿量。粗略估计全球海底约 1.7% 被结壳所覆盖，达 635 万 km^2，结壳资源量约 210 亿 t（Andree 和 Gramberg，2002），折算成钴约 10 亿 t。

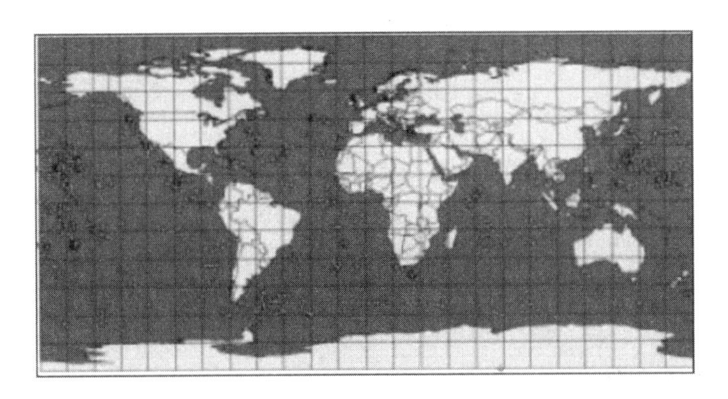

图 1.2－2　大洋富钴结壳分布

1.2.2.6　开采经济价值

按照 1999 年世界市场金属价格和回收钴、镍、钛、铈、碲、铂、钼和铜的价格计算，一吨矿石的价值为 452.45 美元。仅中、西太平洋初步探明的结壳资源量潜在价值就达 600 亿美元（表 1.2－2）。因此，人们越来越认识到富钴结壳已经成为未来金属资源的重要来源。

表 1.2－2　太平洋地区主要成矿地带富钴结壳潜在资源量

结壳成矿区域	干结壳潜在资源量/亿 t	平均丰度/($kg \cdot m^{-2}$)
麦哲伦海山	6.656	68.6
马库斯－威尔	3.117	45.1
威克－内克	8.034	47.9
马绍尔群岛	0.503	58.0
夏威夷群岛	7.660	19.0

1.3 大洋多金属硫化物资源

1.3.1 多金属硫化物资源探查概况

早在20世纪50年代，科学家们就发现了红海中海水的温度和盐度异常，60年代在红海海底进一步勘探，发现了金属软泥。70年代德国普鲁萨格(Preussag)公司做了仔细评估，在所调查的17个海渊中有10处软泥富含金属，最有潜在生产前景的亚特兰蒂斯Ⅱ海渊，水深2 000 m，软泥被60℃的热盐水层覆盖。这种软泥厚10~20 m、宽5 km、长13 km、面积约5 600万m^2，估计金属量为3 250万t，其中含铁29%、锌1.5%、铜0.8%和铅0.1%。此外，软泥中还含有约54 g/t的银和0.5 g/t的金。

1978年2月，法国载人潜水器“Cynna号”在一个区域发现了火山渣构成的高大圆锥堆。几个月后取样证明含有大量锌和铜的硫化物。一年后美国载人潜水器“Alvin号”在东太平洋北纬21°加利福尼亚的巴贾附近水深3 700 m海隆活动断裂带的上覆岩浆室内首次发现了高温黑烟囱、块状硫化物，它们含有潜在商业价值的金属元素铜、锌、铅、银、金和钡。随后引起许多发达国家的关注，不仅在5.5万km长的扩张脊，而且在22 000 km的火山岛弧和弧后俯冲区和板块内火山发现了许多黑烟囱和块状硫化物小丘。估计大洋海山总数超过1 000座，迄今已对100个以上的强烈热液活动区域进行了调查，已知和推断了350座海底块状多金属硫化物矿床。其中11个区域具有足够的可采品位和储量，8个位于专属经济区内[沙特阿拉伯和苏丹专属经济区内的亚特兰蒂斯Ⅱ；加拿大专属经济区内的中部海槽；汤加专属经济区内的劳(Lau)盆地；巴布亚新几内亚专属经济区内的北-斐济海盆、东-中心马纳斯海盆和中心海山；日本专属经济区内的冲绳岛和伊豆小笠原群岛；厄瓜多尔专属经济区内的加拉巴戈斯群岛]，只有3个区域在国际海底水域(EPR-13°；中大西洋TAG和罗加切夫)。

俄罗斯于1985年开始了大洋多金属硫化物的调查工作。初期在东太平洋海隆开展工作，自1987年起，在中大西洋海底山脉裂谷地带发现了硫化物构造，之后的调查工作集中到北纬24°~26°地区。探明和圈出了TAG(北纬26°)、马尔克(北纬23°)、布罗肯斯布尔(北纬29°)、拉基斯特拉依克(北纬37°)和北纬15°矿田。在普查勘探基础上，俄罗斯拟以北纬15°和TAG两个目标区作为优先开发的矿田。TAG矿田是1985年发现的死火山硫化物山丘。远东海洋地质研究所于1991年利用载人潜水器确定了3个含矿带，在1992—1993年间利用电视传真剖面和抓斗取样进一步研究，完成了绘图工作。在山丘南部主要是硅化热液聚积体，在山丘中心部分主要由锌硫化物构成，而在其北部多为铜硫化物。其有用矿物的平均含量分别为：锌3.3%，铜7.64%，金2.47 g/t和银129.08 g/t。这是俄罗斯已详查矿体中最大的。北纬15°矿田位于大西洋中部海山裂谷底部隆起带，热液山丘高度达20 m，最大的山丘尺寸为200 m×125 m。抓斗取样分析表明，矿物组成的特点是硫化铜含量极高，铜的品位为5.45%~40%（主要为辉铜矿），金的含量很高，最高达36 g/t，平均也有5.94 g/t，首次发现钴、镍、钒和铬的品位也很高。最大含矿构造的预测资源量有79.1万t。

原日本金属矿业会社于1985年开始对墨西哥外海东太平洋脊、冲绳主岛以北冲绳海沟和伊豆－小笠原群岛进行了海底热液矿床调查。利用自己研制的岩芯钻机（钻深20 m，作业水深6 000 m），于1999年12月8日至27日在伊豆－小笠原群岛父岛以西24 km的海底火山（140°35′~140°48′E，28°31′~28°38′N，有两个山峰，西峰水深860 m，东峰水深1310 m，火山口海盆水深1380~1390 m）用20天的时间钻出5个10 m深的岩芯孔，其中3个孔显示出具有黄铁矿、黄铜矿和闪锌矿特征，成为第一个可回采的海底现代多金属硫化物矿床。矿产资源量估计达900万t，其中金、银、铜、锌和铅金属量分别为0.01、0.109、49.86、197和20.43万t。金属品位为：铜1.66%、锌10.5%、铅2.45%、银1.4×10^{-6}和金113×10^{-6}。日本深海资源开发公司（DORD）在冲绳的伊是名海盆进行了矿区申请。

初期，多数块状硫化物发现于洋中脊和海山，在以美国科学基金会和22个国际合作者参加的大洋钻探计划（ODP）过去十多年钻探成果基础上，近年在岛弧中心和大陆边缘断裂带也发现有海底块状硫化物，部分达到上亿吨资源量。此外，还发现许多富含金银的低温热液硫化矿，如1994年发现并于1998年确认的巴布亚新几内亚利希尔（Lihir）岛附近的圆锥山，含金量高达14.2 g/t。

20世纪80年代中期，德国普鲁萨格公司对86°W的加拉帕戈斯（Galapagos）扩张中心进行了调查，未发现有可经济开采的足够大的连续硫化物矿床。

值得提出的是世界上两个商业勘探和开发海底块状硫化物矿床的公司：鹦鹉螺矿物公司在巴布亚新几内亚、斐济、汤加、所罗门群岛和新西兰领海内持有西太平洋火山环带30万km^2的勘探申请和许可证，并进行了Solwara 1矿床的详勘、资源和开采环境影响评价，以及收集编制采矿计划的数据，为即将进行的开采做准备；海王星矿物公司在新西兰、瓦努阿图、密克罗尼西亚联邦和巴布亚新几内亚已获得26.5万km^2的勘探许可证，正在向日本、巴布亚新几内亚、北马里亚纳群岛、帕劳和意大利提出另外36.2万km^2的硫化物矿床的勘探申请。

大洋硫化物矿已成为世界各国的关注热点。我国于1988年的中德合作大洋调查曾对马里亚纳海槽多金属硫化物的分布和形成机理进行了探索性调查研究。1992年对冲绳海槽热液活动区进行过调查采样。2003年中国大洋协会首次在东太平洋海隆（EPR）13°E附近取得少量硫化物样品。2005年“大洋一号”船全球航行考察中开始了海底多金属硫化物的调查，分别对东太平洋海隆、大西洋和印度洋一些洋脊进行调查，并取得了样品。2007 年在西南印度洋超慢速扩张洋中脊(49°39′E，37°46′S，水深 2825 m)首次发现热液活动区。目前，重点在西南印度洋 45.5°E～56.5°E，33.472°S～40.496°S 区间进行调查，作为中国向国际海底管理局申请矿区的目标区。中国目前仍处于调查初期阶段，尚不能确定可采矿区及对其进行资源量评价。

大洋勘探目前仍处于初期阶段，仅对 5% 的板块边缘进行了找矿的详细调查，对于远离板块边缘的海盆和老的海底下面岩石圈调查甚少。

1.3.2 多金属块状硫化物的形成和地域分布

1.3.2.1 多金属块状硫化物性状

多金属块状硫化物以烟囱、小丘、沉积层、块状、球状、角砾岩形态赋存在水深 100～2 000 m 的海底，露在海底表面并延伸至底面以下一百几十米。块状硫化物矿形态见图 1.3－1。

图 1.3－1 块状多金属硫化物

术语“块状”与含金属品位有关，而不是矿床的规模或形状。硫化物品位大于 50% 称为块状硫化物；硫化物品位 20%～50% 称为半块状硫化物；硫化物品位 5%～20% 称为硫酸盐硫化物。

矿床内部岩性随深度变化而变化，从表面延续至深部大致为：氧化矿物角砾岩，碎屑状硫化物，块状硫化物，细矿脉和接触交代基岩，未蚀变基岩中密集网状小矿脉和基岩内大矿脉。

硫化物的颗粒很细，强度很低。硫化物烟囱微粒为 10 μm～1 cm，黄铁矿、闪锌矿、黄铜矿的晶粒尺寸为 1～600 μm，抗压强度为 3.1～38 MPa，密度3.3 t/m^3。

一般矿床都不大，储量从 100 万 t 至 1 亿 t。

1.3.2.2 多金属硫化物成矿

(1)成矿物质来源和成矿机理

海底多金属硫化物矿床与海底板块扩张和火山活动形成新洋底壳紧密相关。主要的成矿过程为地热驱使海水在洋中脊或弧后海盆通过新生洋底壳对流热液循环。海水下降进入邻近地热源，导致 Mg^{2+} 和 OH^- 迁移到玄武岩的蚀变矿物中，随后产生酸，通过与氯离子配位作用使矿石内金属活化。具有低pH、低氧化还原电位的高温(高达350℃)热液流从火山基质岩石裂隙上升流向海底表面过程中溶解和输送金属和其他元素，以黑烟囱(水深超过2 500 m)形式冒出，热液与周围的冷海水混合时，水中的金属硫化物沉淀到烟囱和附近的海底上逐渐形成块状硫化物矿床(像山丘)或沉积在海底面以下。另外还有低温热液系统，产生经济潜力相当大的矿化作用，如在劳海盆以南首例活动构造中，喷发出白烟囱，冒出温度为150~200℃的热液流，形成的海底硫化物中存在明显的原生金。海底热液循环和硫化物成矿示意图见图1.3-2，黑烟囱及其剖面见图1.3-3。

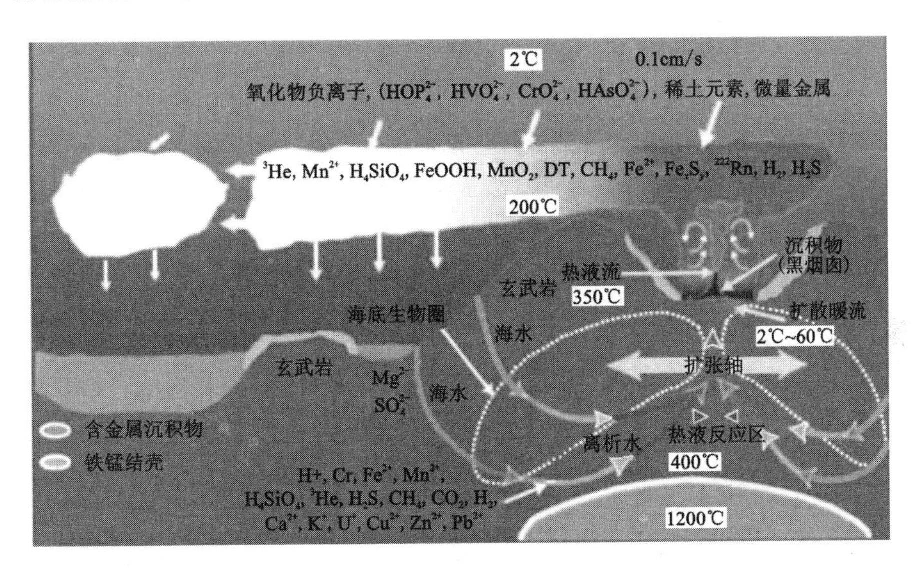

图1.3-2 海底热液系统和多金属硫化物矿的形成示意图

红海多金属软泥形成机理与上述基本相同，但红海的扩张速度很慢，周围又被大陆包围，河流带来大陆的泥沙堆积在海底而形成软泥。但软泥与海底含矿热液发生化学反应时，使卤水中的重金属离子与硫结合，从而形成金属硫化物。

(2)控矿条件

①区域构造。地球主要构造板块边界，板内火山和岛弧构造。

②地形地貌。不同扩张速度的洋中脊，火山和海山断裂带，岛弧扩张脊和裂谷。约60%的多金属硫化物矿床分布于洋中脊，22%在弧后盆地，17%位于海底

图 1.3-3　黑烟囱及其剖面[Peter Herzig]

火山弧地区，仅1%分布于板内火山。全球洋中脊总长约55 000 km，岛弧和邻近的弧后盆地总长约22 000 km，多金属硫化物紧邻这些弧的两侧分布。

③沉积物。没有或少量沉积物有利于成矿。

④海域环境。低pH、低氧化还原电位的高温(达到350℃)热液流，大陆边缘低温热液流(150～200℃)。在靠近或远离大陆水深<100 m到>4 000 m的所有海洋都有发现。

1.3.2.3　矿物组成

多金属硫化物矿为细结晶的复杂共生硫化物和脉石(硅石、重晶石、硬石膏)。多数海底多金属硫化物含有各种特性的磁铁矿、黄铁矿/白铁矿、闪锌矿/纤维锌矿、黄铁矿、斑铜矿和方铅矿。一些块状多金属硫化物位于海沟附近的扩张中心，还含有方铅矿(铅硫化物)和原生金。在不同地段海山也发现锡、镉、锑、汞等其他硫化矿物。参见表1.3-1。

表 1.3-1　海底多金属硫化物矿床的矿物组成

铁硫化物	海岛弧后矿床	洋中脊矿床
铁硫化物	黄铁矿、白铁矿、磁黄铁矿	黄铁矿、白铁矿、磁黄铁矿
锌硫化物	闪锌矿、纤维锌矿	闪锌矿、纤维锌矿
铜硫化物	黄铜矿、异构方黄铜矿	黄铜矿、异构方黄铜矿
硅酸盐	无定型硅石	无定型硅石
硫酸盐	硬石膏、重晶石	硬石膏、重晶石
铅硫化物	方铅矿、次硫酸盐	
砷硫化物	雌黄、雄黄(二硫化砷)	
铜砷锑硫化物	砷黝铜矿、黝铜矿	
天然金属	金	

(1)洋中脊矿物组成

洋中脊黑烟囱的高温流和硫化物堆积体内部一般由黄铁矿、与磁黄铁矿共生的黄铜矿、异构方黄铜矿和局部斑铜矿构成。外部一般由低温沉淀物构成，如闪锌矿/纤维锌矿、白铁矿和黄铁矿，这些也是低温白烟囱的主要硫化物矿物。硬石膏在高温集合物中是主要的，但是被后来的硫化物、无定形硅石或低温重晶石所取代。

(2)弧后扩张中心矿物组成

矿物组成与洋中脊的类似。一般是黄铁矿和闪锌矿占主导地位。重晶石和无定形硅石是最多的非硫化物。

(3)弧后裂谷矿物组成

与前两处的区别在于次要和微量矿物的多样性。如方铅矿、砷黝铜矿、黝铜矿、朱砂、雄黄、雌黄、杂岩、非常规组分铅－砷－锑(Pb－As－Sb)硫酸盐。第一个明显的例子是劳海盆南部低温(<350°)白烟囱样品证实了存在原生金和贫铁闪锌矿，原生金以粗粒状(18 μm)伴生沉淀物出现在块状硫化物中。

1.3.2.4 多金属硫化物化学成分和有用金属元素

近1 300个海底硫化物样品化学分析表明，不同火山和地壳结构构造的矿床，含有的金属元素比例是不同的。与火山列岛(朝海和朝陆地侧环境)相关的、在聚合板块边缘的海底块状硫化物矿床，相对于沿离散板块边缘海底火山范围的矿床，一般富含有价值的金属，特别是贵金属。

有用金属主要有金、银、铜、锌和铅，品位范围为：金2～20 g/t，银20～1 200 g/t，铜5%～15%，锌5%～50%，铅3%～23%；还有钴、镍、钒和铬等。高品位金和银，其含量为陆地经济可采矿床的10倍以上。洋中脊海底矿床特别是弧后扩张中心的样品中金的含量高，平均达0.2～2.6 g/t；火山主导的无沉积物矿床金的总平均达1.2 g/t(1259个样品)；由铜－铁－硫化物构成的高温黑烟囱代表性的硫化物含金<0.2 g/t；低温热液(<300℃)、闪锌矿为主导、与硫酸盐会聚和中轴海山后期重晶石及无定形石膏中出现原生金含量高，达到6.7 g/t；沉积物裂谷中代表性的硫化物含金<0.2 g/t；弧后扩张中心硫化物平均含金3～30 g/t。其经济价值可观。参见表1.3－2和表1.3－3。

表 1.3－2　大多数海底硫化物的化学组分(Herzig and Hannington, 1995)

元素		聚合板块边缘火山列岛		离散板块边缘洋中脊	
		大洋内弧后洋脊	陆壳内弧后洋脊		
铅(Pb)	%	0.4	11.8	0.1	
铁(Fe)	%	13.0	6.2	26.4	
锌(Zn)	%	16.5	20.2	8.5	1.1
铜(Cu)	%	4.0	3.3	4.8	4.7
钡(Ba)	%	12.6	7.2	1.8	1.3
砷(As)	%	0.084 5	17 500	0.023 5	
锑(Sb)	%	0.010 6	0.671 0	0.004 6	
银(Ag)	g/t	217	2 345	113	
金(Au)	g/t	4.5	3.1	1.2	
样品数	个	573	40	1259	57
矿址实例		马里亚纳海槽，马纳斯海盆，北斐济海盆，劳海盆	冲绳海槽	探险者、奋进洋脊，中轴海山，克莱福特，东太平洋海隆，加拉巴戈斯裂谷，TAG，蛇穴	埃斯卡纳巴海槽，瓜伊马斯海盆
特点		沉积物少，在安山岩环境中的玄武岩中生成	流纹岩和安山岩环境。富含铅锌，银、砷和锑品位高	无沉积物，在安山岩环境中的玄武岩上生成，硫化物大量沉淀在烟囱口周围，矿床小，金属含量高	多沉积物，出现品位低和不同特性的金属。方解石、硬石膏、重晶石和硅石是主要成分

表 1.3－3　现代海底块状多金属硫化物中金的品位

地　　区		品位/$(g \cdot t^{-1})$	平均品位/$(g \cdot t^{-1})$	样品数/个
圆锥海山岩浆浅温热液系统（巴布亚新几内亚）		0.01～230.0	26.0	40
未成熟弧后洋脊	劳海盆	0.01～28.7	2.8	103
	冲绳海槽	0.01～14.4	3.1	40
	中心马纳斯海盆	0.01～52.5	30.0	10
	东马纳斯海盆	1.30～54.9	15.0	26
	伍德拉克海盆	3.80～21.2	13.1	6
成熟弧后洋脊	马里亚纳海槽	0.14～1.7	0.8	11
	北斐济海盆	0.01～15.0	2.9	42
洋中脊		0.01～6.7	1.2	1 256

1.3.2.5　分布地区

环球长度约 5.5 万 km 的海底火山 80% 分布在国际海域的离散板块边缘，有 26 座海底火山的一部分延伸到沿海国家的 200 海里专属经济区内。迄今已对 350 个以上的强烈热液喷口进行了较详细的调查，其中至少有 150 个高温黑烟囱喷发物形成块状多金属硫化物矿址。其中 11 个区域具有足够的可采品位和储量，矿床分布地区见图 1.3－4。这些矿床范围多数很小，分布在太平洋(东太平洋，东南太平洋)、大西洋、印度洋和北冰洋的板块的洋中脊。32 个探矿区，有 12 个在国际海域(见表 1.3－4)。有开采前景的矿址见表 1.3－5。

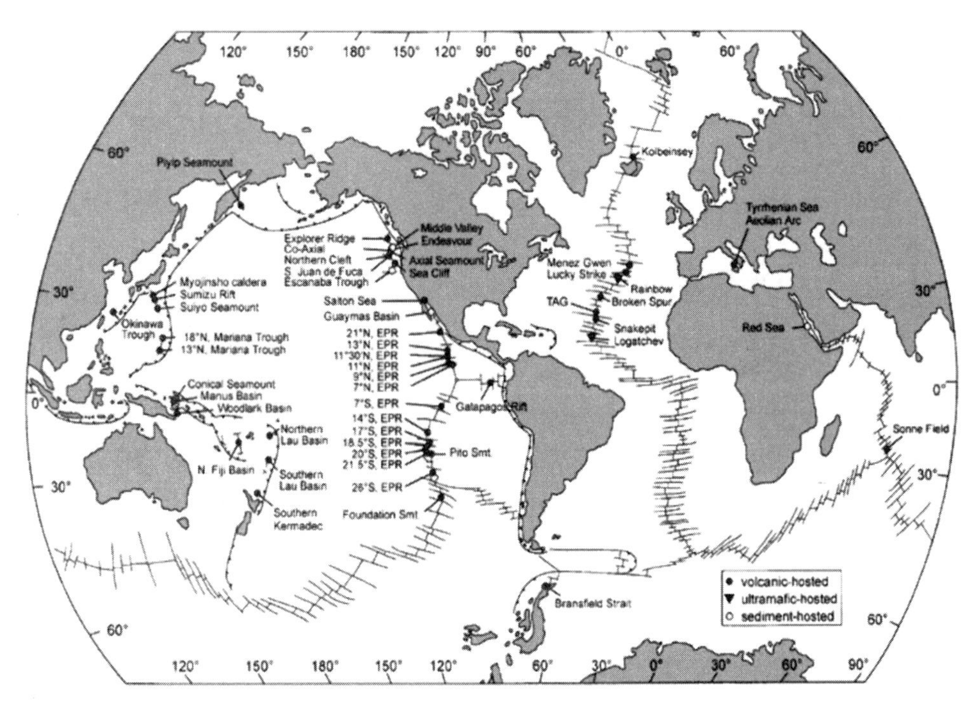

图 1.3－4　近代海底热液系统和多金属块状硫化物矿床的位置

1.3.2.6　海底多金属硫化物潜在资源

根据 20 世纪末国外对大洋硫化物矿潜在资源的评估，按铜、铅、锌、金和银五种主要金属计算，硫化物矿的潜在资源达 14 亿 t，价值达 3853 亿美元，见表 1.3－6。因此，世界大洋硫化物矿成为世界各国的关注热点。

表 1.3-4　已知多金属硫化物矿床的金属元素

地区	位置	Cu /%	Zn /%	Pb /%	Fe /%	SiO_2 /%	Au /10^{-6}	Ag /10^{-6}	As /10^{-6}	Nb /($mg \cdot t^{-1}$)
冲绳	整个冲绳	3. 10	24. 50	12. 10			3. 3	1 160		17
	美并	3. 70	20. 10	9. 30	4. 80	10. 20	4. 8	1 900	31 000	9
	伊是名	4. 70	26. 40	15. 30			4. 9	1 645		
日本	Myojin - sho	2. 10	36. 60	6. 08			1. 6	260		
	苏林	12. 60	28. 80	0. 80			28. 9	203		
马里亚纳	马里亚纳	1. 20	10. 00	7. 40	2. 40	1. 20	0. 8	184	126	11
巴布亚新几内亚	帕科马纳斯	10. 90	26. 90	1. 70	14. 90	0. 80	15. 0	230	11 000	26
	苏苏	15. 00	3. 00				21. 0	130		
北斐济	北斐济	7. 50	6. 60	0. 06	30. 10	16. 20	1. 0	151		24
劳海盆	瓦鲁法	4. 60	16. 10	0. 30	17. 40	12. 50	1. 4	256	2 213	47
	白奇奇	3. 32	11. 17	0. 23	7. 17	22. 12	2. 0	107		13
	威莉莉	7. 05	26. 27	0. 17	10. 46	10. 48	0. 6	143		11
	海因吉娜	3. 32	10. 87	0. 59	34. 57	1. 76	1. 7	517		5
北大西洋	TAG 米勒	3. 10	0. 14	0. 00	31. 00		0. 4	3		23
	TAG 汉宁顿	2. 70	0. 45	0. 01	23. 00	55. 00	0. 5	14	43	66
	TAG 斯科特	9. 20	7. 60	0. 05	24. 40	6. 00	2. 1	72		40
	蛇穴	2. 00	4. 80	0. 03	34. 00	1. 80	1. 5	50		
东北太平洋	探险者	3. 20	5. 30	0. 11	25. 90	9. 10	0. 63	97		66
	奋进	3. 00	4. 30					188		31
	胡安·德富卡	1. 40	34. 30				0. 1	169		11
	胡安·德富卡	0. 20	36. 70	0. 26	19. 70	5. 10	0. 1	178		
	埃斯卡诺巴	1. 00	11. 90					187		7
东太平洋海隆	里韦拉	1. 30	19. 50	0. 10			0. 1	157		
	EPR14°N	2. 80	4. 70				0. 5	48		
	EPR13°N	7. 80	8. 20	0. 05	26. 00	9. 20	0. 4	49		
	EPR11°N	1. 90	28. 00	0. 07	22. 40	1. 20	0. 2	38		
	EPR2°N	0. 60	19. 80	0. 21	12. 40	19. 00	0. 2	98		
	EPR17°S	10. 19	8. 54		31. 28	2. 05	0. 3	55	141	19
	EPR7°S	11. 14	2. 13		34. 63	3. 45	0. 05	23	122	14
	EPR20°S	6. 80	11. 40				0. 5	121		
加利福尼亚	瓜伊马斯	0. 20	0. 90	0. 40				78		
加拉帕戈斯		4. 10	2. 10				0. 2	35		
	平均	4. 71	14. 07	2. 41	21. 4	10. 40	3. 19	263	6 378	
	最小	0. 20	0. 14	0. 00	2. 40	0. 80	0. 05	3	43	
	最大	15. 00	36. 70	15. 30	34. 63	55. 00	28. 90	1 900	31 000	

表1.3-5 有开采前景的海底硫化物矿床矿址

矿床名称	海 域	水深/m	管辖权	国 家
亚特兰蒂斯深渊 Ⅱ	红海	2 000~2 200	专属经济区	沙特阿拉伯
中央海底山谷	东北太平洋	2 400~2 500	专属经济区	苏丹
探险者 洋脊	东北太平洋	1 750~2 600	专属经济区	加拿大，中部海槽
劳 海盆	西南太平洋	1 700~2 000	专属经济区	汤加
北斐济 海盆	西南太平洋	1 900~2 000	专属经济区	斐济
东马纳斯 海盆	西南太平洋	1 450~1 650	专属经济区	巴布亚新几内亚
中马纳斯 海盆	西南太平洋	2 450~2 500	专属经济区	巴布亚新几内亚
圆锥 海山	西南太平洋	1 050~1 650	专属经济区	巴布亚新几内亚
冲绳海沟	西太平洋	1 250~1 610	专属经济区	日本
加拉帕戈斯裂谷	东太平洋	2 600~2 850	专属经济区	厄瓜多尔，加拉巴哥群岛
EPR13°(东太平洋海隆)	东太平洋	2 500~2 600	国际海域	
TAG	中大西洋	3 650~3 700	国际海域	

表1.3-6 世界大洋硫化物矿的潜在资源及价值

区 域		矿石或金属资源量					
		矿石		铜		锌	
		资源量/kt	占比/%	资源量/kt	占比/%	资源量/kt	占比/%
太平洋	岛屿	650 000	61.3	14 430.0	27.4	99 970.0	79.1
	断裂山脊	245 540	8.0	5 371.92	10.2	9 173.8	7.3
	合计	895 540	69.3	1 980 192	37.6	109 143.8	86.4
大西洋		2 194 406	15.2	16 872.1	32.0	7 415.4	5.9
印度洋		245 204	11.7	11 821.7	22.4	7 892.2	6.2
北冰洋		54 982	3.8	4 228.1	8.0	1 858.4	1.5
世界大洋合计		1 415 132	100	52 723.02	100	126 309.8	100

区 域		矿石或金属资源量						矿石价值/(美元·t^{-1})
		铅		银		金		
		资源量/t	占比/%	资源量/t	占比/%	资源量/t	占比/%	
太平洋	岛屿	30 420.0	95.4	388 050.0	58.8	231.91	10.2	363.47
	断裂山脊	1 420.1	4.5	57 379.6	4.2	231.91	10.2	125.62
	合计	31 840.1	99.9	413 429.6	91	1 317.414	58	314.76
大西洋		—	—	14 919.5	3.3	509.21	22.4	267.12
印度洋		39.0	0.1	20 305.1	4.9	315.06	13.9	228.76
北冰洋		—	—	3 738.8	0.8	127.56	5.7	267.12
世界大洋合计		31 879.1	100	452 393.0	100	2 269.24	100	283.79

1.4 深海生物多样性

生物在深海中到处存在，包括水柱、海床和海底以下。生物是指肉眼可见的宏生物、肉眼不可见的微生物群和较小底栖生物(尺寸介于宏生物与微生物之间的动物)。生物多样性主要考虑3个方面：物种多样性，生态系统多样性和基因多样性。物种多样性是指地球上发现的各种截然不同的生物种类总和；生态系统多样性是指环绕生态系统的特定地理区域的物种总和；基因多样性是指物种中存在的基因差别。

大洋中存在的物种数量超过1 000万种(微生物除外)。微生物的物种多样性像热带雨林一样众多，是人们所未知的，如从大西洋百慕大离岸海面取样的微生物中辨别出120万种以上过去未知的基因(Venter et al.，2004)，在每平方米沉积物中采集的样品中都发现了新的物种(Grassle and Maciolek，1994)。海洋生物与海洋矿床的类型相关，生物的聚合随矿床类型和海底环境的不同而不相同。深海微生物和较大生物作为新兴产业的有用产品和医学用途(包括制药的源泉)具有巨大潜力。保护生物多样性和了解生物的进化及适应性具有巨大意义。

1.4.1 与海底多金属块状硫化物矿床相关的热泉生物多样性

多金属硫化物矿床独有热液喷泉系统，1977年在厄瓜多尔外海的加拉帕戈斯海隆首次发现了热液喷口生态系统。在热液系统热喷口、变冷喷口和冷喷口附近发现了过去科学上未知的、与地球上所有其他生命习俗完全不同的奇特生物群落，它们在无光、高压、高温和对其他动物致命的硫化氢热水浴环境下生存。栖息有长达2 m的巨型管状蠕虫，如图1.4－1所示，还生存有盲眼虾、蚌和蟹类动物等。它们没有消化系统，以细菌为主食物链维持生活。嗜冷、嗜温、嗜热和超嗜热细菌利用热液中的化学能合成制造碳水化合物(糖和淀粉)或通过异养过程利用多种有机和无机化学能量生长繁殖，而不是依靠来自太阳的光能(光合作用)。“化能合成”微生物是喷口生物生态系统食物链的基础。这些生物局限于特定地区，每个海底热液场的某些物种，在其他热液场没有出现(Tunnicliffe et al.，1998)。目前在性质不同的喷口区周围发现了500多种以前未知的生物群落。这些群落构成了世界上唯一完全化能合成的系统。热液口生物富集区见图1.4－2。

富含矿物质的上涌热液流，对喷口生态系统起决定性作用。一旦热液流停止，不再能得到食物源，则生态系统将没有再生的基础。这些生物必须通过迁移或幼虫转移开拓新区域。热液喷发可能间断、停止或堵塞，从而毁灭了生活环境，由于这种环境变化，喷口有机生物生态特性生长快而寿命短(Childress，2005)，寿命最短的仅为10～100 s(Van Dover，2004)。但是在不活动喷口发现有

图1.4-1　热液硫化物喷口周围的管状蠕虫等动物群

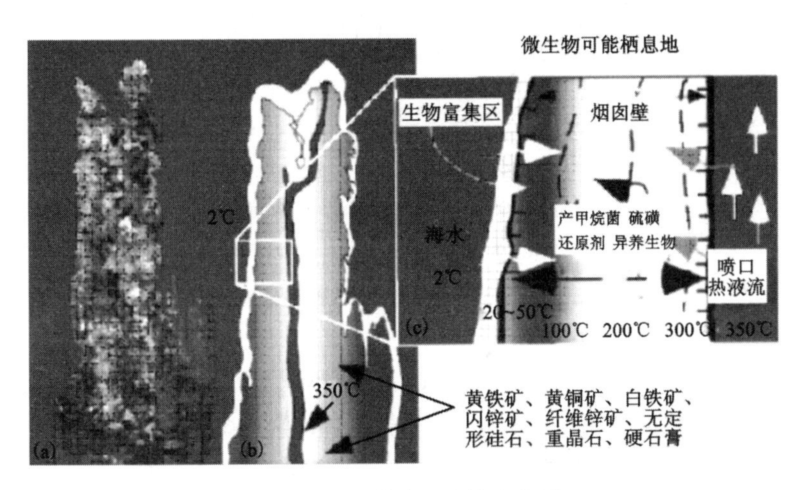

图1.4-2　热液口生物富集区

无脊椎大型动物如螃蟹和虾。多金属块状硫化物矿床赋存在火山活动已经停止的地方和被海底扩张过程搬运到远离火山活动的地方，不再与活动喷口及形成的生态系统相关。

热液喷口微生物对科学、工业和医学意义巨大。对其遗传物质的分析表明，某些嗜热微生物生活在温暖到热的热液中，将其放到地球生命世系图底部呈现遗传特性。在研究火山活动与生命之间关系中，这些微生物被认为可以说明地球生命的起源和对火星、太阳系及其他星系可能存在生命提供解释的钥匙。从某些微生物提取的酶已经用于法庭和其他鉴定用途、复制遗传物质(DNA“指纹”识别聚合酶链反应)、家庭去污剂和食物防腐剂。由某些微生物制造的耐热和耐压化学复合物适合于改进工业过程，如水压破裂改进深井中油的流动和回收率。医学上试验了喷口微生物制造的生物活性化合物，包括用于治疗癌症和其他疾病的药品。某些微生物本身具有作为生物反应器的可能性，在金属矿石选矿和精炼方面起重要作用。2000 年全世界销售的所有海洋生物技术相关产品就达 1 000 亿美元。

活动的海底热液场，包括多金属块状硫化物矿床，面积一般不大于大型运动场，极易受到取样、钻孔、开采和获取微生物的破坏。因此开始形成或酝酿了深海和喷口生态系统(海床、海底以下、水柱生物圈)生物多样性保护和维持的管理制度，如南太平洋应用地球科学委员会制定的马丹规定(SOPAC，1999)，加拿大选定的远离西北海岸的某些海底喷口生态系统作为海洋保护区，葡萄牙对亚苏尔群岛近海生态系统考虑制定保护制度，欧洲海洋保护区达到 24 个。目前国际上正在考虑制定喷口生态系统环境保护规范。

1.4.2 与深海底多金属结核相关的生物多样性

多金属结核出现在深海平原，由于动植物遗骸很少，从海洋表面下沉的有机碳粒子通量低而食物补给稀少，深海底的生物丰度很低。然而，海底沉积物含有特别高的无脊椎动物和微生物多样性(Smith，1999)。结核区沉积物内的宏动物区系属于许多不同的主要动物组(门)，海底呈现多样化生物迹象，如排泄物小球、管状尸体、洞穴口、给食足迹、运动轨迹、由蠕虫和其他类型海洋无脊椎动物和鱼构筑的土堆和锥体(Jauhari and Pattan，2000)。边长 0.25 m 的沉积物立方体样品很可能回收 30～40 个不同宏动物区系物种(多数为微小蠕虫：Smith，1999)。结核本身所赡养的独特小动物群落靠从水柱中拾取的微粒包括微生物为生(Gardner et al.，1984)。几百公里单一结核区(东赤道太平洋 CC 区)的纪实材料证明了相当数量的生物多样性。

太平洋结核区硬底质(结核)上的动物主要是海绵动物、海百合与羽毛海星、海扇与角珊瑚和黑珊瑚等。这些动物是由海绵动物、藤壶、端足目、等足目(有背腹无壳的甲壳动物)和蛇尾纲(蛇尾海星)成员移入繁衍的。此外还有管状蠕虫、地蟹、海鞘等。软底质类动物主要为海参、海胆、海星和螃蟹、龙虾和小虾。海底生物密度随结核的密度和大小变化。值得指出的是，在地形大规模变化区内，深海生物群落结构朝软底质类密度高方向变化。单位面积动物个数达 100～160 万/km^2。在 CC 区生物数量从东向西增加。这可能是靠近大陆架区域内食物密度高的结果。

1.4.3　与海底富钴结壳相关的生物多样性

在光线穿透带内的海山顶端(水深约 300 m)，深海珊瑚、无脊椎动物和鱼类方面呈现突出的生物多样性。已知深海珊瑚还出现在光线穿透带以外的海山上。对于出现富钴结壳的水深范围内(400 ~ 4 000 m)的较深海山侧翼的生物多样性的调查尚不充分。各海山的生物群落都有多样性，裸露岩石上的有机生物多数由附着动物构成，特点是密度和多样性相当低。这不难理解，因为最厚的结壳形成于含氧量最低区。鉴于目前对结壳海山上的生物群落基线了解甚少，难以评估开采对环境造成的可能影响。

第2章　资源勘查

2.1　地质勘查阶段

2.1.1　术语

表2.1－1　术语

术　语	定　　义	特　　征
成矿域	最大的分类单位，根据海底的区域性地貌构造划定	在成矿域范围内，在其他化学特性相对稳定的情况下，矿产资源的丰度可能在很大范围内变化
矿田	成矿域的一部分，根据明确的地形构造划定	地质发展史一致性、丰度及其地球化学特性稳定
矿结	矿田的一部分（富钴结壳在相近的平顶海山群，结核在深海平原或盆地）	地质地貌状况同一性（地质组合、地貌形态和成因、大洋深度）。在矿结范围内，干富钴结壳和结核的丰度应分别≥40 kg/m^2 和5 kg/m^2，钴的品位应分别＞0.4%和0.6%
矿区	单个平顶海山（富钴结壳）或海底山，深海底平原或盆地（结核），单个硫化物山丘	富钴结壳或结核丰度、当量钴品位及按当量钴计算的金属量是稳定的，主要金属含量高
矿床	矿区的一部分，它包含一个或几个矿体。如富钴结壳深度达3 000 m，结核深度达5 000 m	开采和加工技术可保证企业在最充分地综合回收主要及伴生有用成分基础上获得盈利
矿体	在矿区范围内存在大量矿物聚集体	矿体边界根据现行标准的参数要求确定
矿址	在一定的地质、技术和经济条件下，能单独进行开采作业并持续一定年限的矿区	具有满足开采质量要求的足够资源量和储量
申请矿区	向国际海底管理局（筹委会）提出登记为先驱投资者的结核矿区，或向国际海底管理局申请的结壳和海底块状硫化物的探矿区	1. 结核申请矿区为30万 km^2； 2. 结壳基本单元20 km^2，申请矿区最多100个区块，即2 000 km^2； 3. 海底硫化物单个区块面积10 km×10 km，申请矿区不超过100个区块，即10 000 km^2

续表 2.1－1

术　语	定　　义	特　　征
开辟区	获得国际海底管理局批准的申请矿区放弃 50% 的区域	开辟区为申请区放弃 50% 后的区域：结核开辟区为 15 万 km^2；结壳和海底块状硫化物申请批准后 5 年放弃 50% 区域，即结壳 1 000 km^2，硫化物区 5 000 km^2
放弃区	按“联合国海洋法公约”规定，在“深海采矿先驱投资者”申请矿区被批准之日起 8 年内必须将 50% 开辟区退回给国际海底管理局的区域	开辟区经 5 年勘探，将矿石质量相对差的部分放弃 50%（结核矿区应放弃 7.5 万 km^2）的区域
合同区	开辟区经勘探后放弃 50% 并与国际海底管理局签订“勘探合同”的区域	1. 结核合同区面积 7.5 万 km^2； 2. 结壳合同区面积 500 km^2； 3. 硫化物合同区 2 500 km^2
保留区	开辟区经勘探后放弃的 50% 留给国际海底管理局的区域	由国际海底管理局企业部开发或同发展中国家联合开发

2.1.2　地质勘查阶段

为了合理有序地进行海上作业，地质勘探过程一般分为 4 个阶段：区域性调查阶段、普查阶段、勘探阶段和详勘阶段。每个阶段的工作对象、目的和主要结果列于表 2.1－2 中。个别阶段的工作，在某些情况下可以取消或者与其他阶段工作合并。

表 2.1－2　地质勘查阶段

阶段划分	调查对象	工作目的	工作主要成果
区域性调查	成矿区域（矿田），申请区	进行地质－地球物理调查，发现和划分矿结，提出普查靶区	1. 提出所研究海底区域的地质构造总结报告，含有 P2 和 P3 级查明资源量的评价。 2. 组织普查、勘探（评价）工作的技术经济设想
普查	开辟区（富钴结壳矿结）	在开辟区发现和划出一些矿区，为申请国际海底区域矿区准备地质和地球物理资料	1. 提出矿结地质构造报告，含有勘探区 P2 级预测资源量的评价。 2. 安排勘探工作合理性的技术经济方案，附评价标准草案

续表 2.1-2

阶段划分	调查对象	工作目的	工作主要成果
勘探	矿区	圈定潜在的矿床，确定矿石的平均质量，综合评价矿物工艺特性和矿山开采地质条件	1. 提出矿区地质构造总结报告，含有详查区 P1 级查明资源量评价，及 C1 和 C2 级储量计算 2. 安排详查工作的技术经济方案，附暂行标准草案
详勘	矿床	矿床的全面地质经济评价及其工业开采准备，计算储量和进行查明资源量评价	1. 常规技术经济总结报告 2. 矿床地质构造总结报告，含有依据规范性文件进行的 C1 和 C2 级储量计算和 P1 级查明资源量评价

2.1.3 各勘探阶段的工作

各勘探阶段的工作是由其工作目标和地质任务规定的，概括列于表 2.1-3 中。

表 2.1-3 各勘探阶段的工作任务

调查阶段	工作任务
区域性调查	1. 查明调查区域内海底地质构造的一般特征、海底固体矿产的分布范围和特点 2. 利用采集的各种样品，研究矿物的物质组成和化学成分 3. 利用工艺矿物样品和少量工艺样品，进行矿物的工艺加工特性初步研究 4. 有选择地研究矿物、沉积物和基岩的物理力学性能 5. P3 级资源量评价，圈出进行普查的区域
普查	1. 调查矿田的地质构造，查明主要的地形类型及构造特征、矿床资源的范围和分布特征 2. 概括地研究矿物的质量及其组成和化学成分 3. 利用从不同天然矿石类型中选取的工艺矿物加工样品和实验室样品，确定勘查矿物的工艺特性，初步划分矿石工艺类型 4. 初步研究矿物、沉积物和基岩的物理力学性能及其可能开发的矿山地质条件 5. 研究已圈定矿区中各区段的水文和周围介质的基线参数 6. 进行 P 级资源量评价和详查区内 P1 级资源量评价 7. 收集原始资料，以论证评价标准和编写安排勘探工作及其技术经济方案

续表 2.1-3

调查阶段	工 作 任 务
勘探	1. 查明有关矿区和各潜在矿床所在海域的气象、海洋学、水文学及其他自然条件的各种信息资料 2. 研究矿区的地质-地貌构造，揭示矿物大量聚集体空间分布的基本规律 3. 按矿区走向、宽度和水深间隔，在平面图上圈定出面积最大的矿物发育高产区段，调查研究这些地区的主要地质勘探参数的变化特点 4. 在矿区范围内，对符合标准要求的矿物发育区域的分布进行统计和评价 5. 评价矿物的平均质量及其矿物组成和化学成分 6. 查明矿物的可能工艺类型和品种、典型的定量关系和加工工艺流程的主要特点，并按照主要生产产品编写伴生矿产组分和有害杂质的分布平衡表 7. 概括研究整个矿区和各矿床内矿物、沉积物和基岩的物理力学性能 8. 有选择地详细评价矿床条件和地质勘探参数的可变性，以便做好试验开采的准备工作 9. 继续进行生态研究和制定出自然环境保护的初步建议 10. 计算详查地段 C1 和 C2 级储量及其有工艺价值组分的含量，评价整个潜在矿床的 P1 级资源量
详勘	1. 评价矿床所在海域的气象、海洋学、水文学及其他自然条件，评价的充分程度应能保证进行采矿企业的设计和生产作业 2. 调查矿床所在海底的地形，调查研究的充分程度应达到开采设计和进行生产作业的要求 3. 确定地质构造、岩石学、地貌及确定矿体空间分布和定位条件的其他因素 4. 确定各矿体的边界、赋存条件、内部构造特点、地质勘探参数的可变特征和矿石质量 5. 充分研究各矿体中矿石的质量及其化学和矿物组成 6. 通过半工业化规模的工艺试验，按矿石的每种工艺类型或种类分布确定其工艺特性，以制定确保有用成分综合回收的加工处理流程 7. 详细研究开采各矿体的矿山地质和开采技术条件 8. 收集资料，编写常规技术经济报告 9. 根据规范计算 C1 和 C2 级储量及其中具有工业价值成分的含量和评价 P1 级资源量

此外，各阶段都要完成以下工作：

①根据《水文气象台站规范》要求，进行气象预测；

②进行方法试验，试验新仪器设备，明确完成地质勘探工作方法（占工作量的 30% 以下）；

③详查工作，明确下一阶段的地质勘探工作方法（占工作量的 10% 以下）；

④调查船航渡过程中进行新资源对象调查，以评价该区域各种矿产资源的前景（占工作量的 10% 以下）。

2.2 调查方法

2.2.1 区域性调查

区域性调查分三个步骤进行：调查工作设计和组织；海上作业；调查资料室内处理。

2.2.1.1 航次设计和组织要点

(1)在航次任务指南批准后进行海上工作计划设计和经费预算。

(2)组织工作分三个阶段进行：①出航前码头准备，完成航次计划的物资技术供应，配好调查设备，航次人员通过体格检查和安全技术考核；②调查船接近海上作业区时，检查全部调查仪器设备的性能，进行导航设备的校验，完成船员与科考人员之间协作关系的协调；③停靠码头补给，补充燃油、水和食物，配齐船员和科考人员。

(3)作业结束时，填好出航报表。

2.2.1.2 海上作业

(1)调查方法及要求

调查方法及要求见表2.2-1。

表2.2-1 调查方法及要求

调查阶段	导航均方根误差（绝对和相对）	观测网密度	调查方法
准备阶段	±300 m	每隔20 km一个剖面（各区段10 km）	地质回波测量，水文磁力测量，多道数字地震声学剖面测量，底质声学剖面测量
主要阶段	±300 m	地质站位网度40 km×40 km（平顶海山每100 km^2一个站位）	海底摄像和照相，电视抓斗海底取样，拖网取样，取样管取样
详查阶段（只在矿结范围内）	±(150~200) m	剖面间隔5 km	地质回波测量，水文磁力测量，多道数字地震声学剖面测量，电视抓斗、拖网海底取样，海底照相和电视摄像，钻取岩芯

(2)技术要求与保障要点

以结壳调查为例说明如下：

①声学高度计测量误差≤±1.3%。

②磁力仪测量的均方根误差≤ ±20 nT(毫微特斯拉)。

③电视抓斗取样抓取面积≥0.25 m^2。海底照片每幅覆盖面积≥1.0 m^2，每点≥3 幅。

④研究海底上层沉积层可采用直径 100 ~ 150 mm 重力取样管，长度视预计的沉积层厚度而定(可达 10 m，甚至 30 m)。

⑤用直径 600 ~ 800 mm 圆筒状拖网在平顶海山坡面拾取富钴结壳和基岩样品时，拖曳距离≥300 m。

⑥电视画面覆盖面积≤15 m^2。

⑦每个海山测量剖面≥2 个。

⑧样品的编录和整理：

a. 有代表性的样品和断面外形必须照相，描述表面结果时特别注意与层厚和基岩类型相关的特征，作为定量分析照片的判读特征。按 1 ~ 3、3 ~ 5、7 ~ 10 和 10m 以上厚度分级，确定厚度的平均值，并以表格形式记录到站位地质文献记录簿中。

b. 根据平均厚度及其密度确定矿层的丰度。

c. 根据取样点照片确定覆盖率。

d. 用水饱和状态样品测定富钴结壳和基岩的物理力学性能：自然湿度、密度、抗压强度(在船上)、抗弯与抗拉强度、抗压与剪切强度(10% 在地面实验室测定)，或原位测试沉积物剪切强度和贯入阻力。

e. 按矿物天然类型，以混合法挑选原始样品进行元素分析：主要元素、伴生元素、有害元素和废渣物质，并进行矿物学、古地磁等研究。样品量≥2 kg。

f. 样品材料现场处理工作包括：编制样品、切片、磨片和摄影底片总目；船上处理地质和地球化学信息；编制地球站位登录卡；判读海底照片；根据站位地质资料计算矿层丰度；编写资料总结报告。

2.2.1.3　室内工作

室内工作要点如下：

①陆地实验室进行船上无法完成的样品分析，对船上分析结果进行外部地质检验，完成矿石的工艺研究。

②按矿石天然类型进行资源量评价。

③选出进行普查的区域。

④编写调查工作最终总结报告。报告附图列于表 2.2 –2。

2.2.2　普查

2.2.2.1　普查准则和特点

普查应查明矿物形成过程中的因素和条件，这是缩短普查研究期及降低地质勘探过程费用的重要任务。对这些概念有明确认识，可以确定一系列成矿准则、先决条件和特征，进一步确定各个调查阶段所要采用的整套工作方法。

大洋铁锰矿是在内因、外因和水成因素相互作用下形成的。在全球范围内，外在因素起主导作用，在区域范围内三组因素同时起作用，在局部范围内主要是内在和水成因素起作用。三组成矿因素详见表 2.2－3。

根据铁锰矿物各相的形成模式，富钴结壳的成矿准则、先决条件和特征列于表 2.2－4 中。结核和海底块状硫化物的成矿准则参见第 1 章中成矿机理和控矿条件，这里不再赘述。

表 2.2－2　调查工作最终总结报告附图明细表

名　称	比　例　尺	
	调查区域	详查阶段
工作区域一览图	1∶2 000 000	—
海底地形图	1∶1 000 000	1∶200 000
实际资料图	1∶1 000 000	1∶200 000
磁力异常分区图	1∶2 000 000	1∶200 000
地质图	1∶1 000 000	1∶200 000
地貌图	1∶1 000 000	1∶200 000
大地构造简图	1∶1 000 000	—
钴结壳或结核分布图	1∶1 000 000	1∶200 000
预测资源量评价图	1∶1 000 000	1∶200 000
地震声学剖面图	根据具体条件确定	

表 2.2－3　大洋铁锰矿成矿控制因素

成因类别	影　响　因　素	作　　用
外在因素	1. 来自陆地的陆源物料的沉积 2. 低纬度气候的分带性 3. 环绕大陆的分带性 4. 生物效能	控制含矿物质移往大洋表面且限制于一定气候区域内
内在因素	1. 海洋底部的构造、年代和地球动力 2. 洋底结构构造和地貌构造特征 3. 火山作用、热液喷出活动和热质转移 4. 海洋底部热场和地化学场对海底组成、水文化学特点、海底水及浸润水温度的影响	促进从海洋外表供给原始物质，决定地球化学类型和成矿过程的地球动力，为成矿沉积地貌构造创造有利条件
水成因素	1. 大洋水层的水文化学结构及其垂直方向的分布性，重要的是水中溶解氧含量 2. 水层的流体动力特点，特别是海底水层 3. 沉积－成岩作用和水成过程	为铁锰矿物沉积和富集创造有利条件

表 2.2-4　富钴结壳的成矿准则

成矿准则		预　测	普　　查	勘　　探
评价对象		成矿区域，矿田	矿结，大矿区	矿区，潜在矿床
成矿先决条件	生物学	海洋生物高生产率区	在海底沉积层和基岩表面存在生物尸体集聚	—
	地质构造	沿古生带火山构造隆起	断裂区成为矿物元素和溶解氧进入近海底水层的可能路径	存在火山爆发后共生的环形和辐射状断裂
	岩浆学	晚侏罗纪至白垩纪层内火山作用显现	火山岩的巨大分化作用，古火山岩构造形成的完成相，火山岩生成物层	—
	地貌	共底独立平顶海山群或孤立平顶海山	大、中等面积的不规则平面轮廓孤立平顶海山。靠近平顶海山底部存在伴生矿物	由火山形成的平顶海山支脉。山顶边缘明显可见
	地质	最古老的火山构造	最古老火山构造，根据地震和声呐剖面测量数据，在平顶海山顶面和坡面不存在松散沉积物覆盖层	火山生成物发育
	水文	存在富集溶解氧的南极地带冷水	在平顶海山顶部上方存在环流。在周围显现太龙漩流的区段，山顶面松散沉积物表面有波纹征兆	在平顶海山顶面和近海底海流速度为 20 ~ 50 cm/s 的区段
	水文化学	—	在水层和海底沉积物中铁和锰含量异常。在近海底水层内氧含量增高	在近海底水层和海底沉积物中有有利的沿海还原环境
	岩石动力	沉积物沉积和成矿作用条件的有利结合	平顶海山顶面、边缘和坡面上无松散沉积物	松散沉积层厚度不大（几厘米）
成矿特征	直接的	—	存在火山岩橄玄玻璃化和岩土化显现	沿环形和反射状断裂的破碎带，热液矿化显现
	间接的	在深海盆地和火山构造隆起带范围有铁锰矿物生成显现	根据在深度 3 000 m 以内的遥测调查存在富钴结壳	平顶海山顶面和坡面存在厚度不小于 1 cm 的富钴结壳。第二、第三层结壳发育占主要地位

2.2.2.2 调查方法及网度

在确定综合调查工作方法及实施步骤时要遵循三个基本原则：渐进、类比和有选择的详查。为实施这些原则，应利用以前调查对象的构造模型，并随着探测的细化修订构造模型的表达法。

表 2.2-5 列出了普查阶段地质勘探工作的对象、面积、调查类型、方法和比例尺、观测网密度和导航保障精度。表 2.2-6 列出了普查工作最终总结报告附图明细表。

表 2.2-5 普查阶段地质勘探工作

普查阶段	对象面积	工作类型	调查方法	比例尺和网度	导航保障均分根误差	备注
准备阶段	矿结 2~5 万 km^2	遥测剖面测量	回声探测法，水文磁力测量，地震剖面法，电视摄像和声学剖面测量	1∶200 000，站位网度 5 km×5 km	< ±200 m	至深海结合部
主要阶段	潜在矿区 0.2~0.5 万 km^2	在观测站接触法测量	海底取样	站位网度 10 km×10 km	< ±200 m	沿电视剖面布置
			工程地质取样	—		在海底取样站
			工艺取样分析	工艺矿物样品		根据已划定的矿物类型的数量
			水文测量	沿等深线在平顶海山周边每隔 5~10 海里布设 1 个测站		在 4 000 m 等深线以内，对近海面和近海底水层进行水文化学测量
详查阶段	矿田区段 0.1~0.2 万 km^2	遥测剖面测量 在观测站接触法测量	多波束回声测量	1∶50 000	< ±50 m	在等深线 3 000 m 以内
			声呐和水声测量	站位网度 2.5 km×2.5 km		一定覆盖中间剖面空间
			电视摄像，海底取样	站位网度 2.5 km×2.5 km		同时用电视监视取样点海底
			工程地质取样分析	—		尽可能用原位测量
			工艺取样试验分析	样品量不少于 500 kg		—
			水文生态调查研究	在标准试验区，5 km×5 km		基准试验区位置应得到上级批准

表 2.2－6 普查工作最终总结报告附图明细表

名称	比例尺		
	调查区域	详查地段	导航保障
工作区域一览图	1∶1 000 000		
海底地形图	1∶2 000 000		
实际资料图	1∶200 000		
磁力异常分区图	1∶200 000		
地质图	1∶200 000		
地貌图	1∶200 000		
大地构造简图	1∶200 000	1∶50 000	±200 m（详查地段 ±50 m）
近表层和近底层海流简图	1∶200 000		
富钴结壳或结核分布图	1∶200 000		
P2 级资源量评价简图	1∶200 000		
矿山地质条件简图	1∶200 000		
详查地段附图	1∶50 000		
当量金属图	1∶200 000		

2.2.3 勘探

2.2.3.1 综合调查方法和基本要求

勘探阶段综合调查方法和基本要求及总结报告附图明细表分别列于表 2.2－7 和 2.2－8 中。

表 2.2－7 勘探阶段综合调查方法和基本要求

调查阶段	调查对象面积/km^2	作业类型	调查方法	绘图比例尺和网度	定位精度测深误差	附注
准备阶段	矿田，2 000～5 000	遥测剖面	多波束探测，声呐和水声测量，电视摄像	1∶5 000，站位网度 5 km × 5 km	< ±50 m 1.7%	在 3 000 m 等深线以内
主要阶段	潜在矿床，1 000～2 000	测站接触作业	海底取样	站位网度 5 km ×5 km	< ±50 m 1.7%	按电视摄像剖面布置海底取样站，同时用电视监视海底
			工程地质取样分析	在海底取样站和专门取样		包括矿物和基岩强度性能原位测定
			工艺取样分析	实验室和工艺加工		必要时修正矿物工艺流程
			在自然环境保护基准试验区进行水文生态研究	取样站网度 5 km×5 km		按专门计划执行

续表 2.2－7

调查阶段	调查对象面积/km²	作业类型	调查方法	绘图比例尺和网度	定位精度测深误差	附　注
详查阶段	矿床区段，20～50	遥测剖面	多波束探测	1∶10 000	<±20 m 1%	在等深线 3 000 m 以内，必须覆盖剖面之间的空间
			声呐和水声测量	站位网度 1.25 km×1.25 km		
			电视摄像			
			海底取样	站位网度 1.25 km×1.25 km		取样时电视监视海底
			工程地质取样分析	在海底取样站和专门挑选的样品		
			在自然环境保护基准试验区进行水文生态研究	测站网度 1 km×1 km		按专门计划执行
			由采矿冶金联合企业调查	沿矿体走向和倾斜的各个剖面		用照片和采集的样品
试验开采区段准备	矿床区段面积为 10～20	遥测剖面	多波束探测，声呐和水声测量，电视摄像	1∶50 000	<±10 m 1%	在矿体范围内
		在取样站用接触式作业	海底取样	取样站网度 0.1 km×(0.25～0.3)km		用电视监视海底
			工程地质取样分析	在海底取样站和专门采集的样品		按专门计划执行
			在自然环境保护基准试验区进行水文生态研究	测站网度 1 km×1 km		按专门计划执行
		剖面测量和接触作业	由采矿冶金联合企业调查	各个剖面		用照片和采集的样品
试验开采	矿床区段面积为 10～20	确定面积上连续回采	按采用的工艺方案从基岩上剥采富钴结壳并提升到采矿船上	连续开采	确定开采中矿石的损失和贫化，用 2 年时间	修正开采工艺和矿石加工方案
		在取样站接触式作业	综合生态调查	按专门计划执行		制定自然环境保护措施
			矿石的工艺加工研究	按相应计划确定试样的数量和重量	在结束阶段进行矿石半工业实验	

表 2.2-8　勘探工作最终总结报告附图明细表

名　　称	比　例　尺	
	调查区域	导航保障
矿区简图	1:200 000	
海底地形图	1:50 000	
实际资料图	1:50 000	
地质图	1:50 000	
地貌图	1:50 000	±50 m
近表层和近底层海流简图	1:50 000	(详查地段 ±50 m)
富钴结壳或结核分布图	1:50 000	
P1 级资源量评价平面图	1:50 000	
地质剖面图	1:50 000	
当量金属图	1:50 000	

2.2.4　关于海底块状硫化物找矿

(1)找矿方法

鉴于多年的探矿经验，海底多金属硫化物矿规模都很小，一个矿床长度不超过 200 m，因此比发现多金属结核和富钴结壳难度大。海底块状硫化物找矿主要分 3 个步骤：

第 1 步，寻找热液喷口，推断矿化区域。与硫化物矿床相关的热泉会排放溶解的金属及形成的微粒(通常为铁和锰)，以及溶解的气体(氦)，可能被海流携带离开喷口几百公里。利用传感器快速覆盖预计区域，探测水体中的化合物或元素如甲烷、锰、氦等异常，用跟踪浓度梯度寻找羽状流(Herzig 和 Petersen，2000)。羽状流远离源头 10 km 就可以检测到迹象，然后跟随羽状流找到热液喷口。活动热液区可能显示近代地质中活动和古老矿化区域，发育成熟的矿体可能在地质不稳定的大陆架“沿走向”或“邻近断层处”被发现。大陆架断层边界可用侧扫声呐追踪。

或者利用地球物理法如电磁法、自然电位法、重力法和电视摄像快速覆盖预计区域，查找地质异常区。如鹦鹉螺矿物公司利用专利产品有源可控海底电磁系统(OFEM)探测海底异常。以这些测量为基础，可以确定矿体分布范围，用重力法可以确定矿物质量或吨位。

勘探队还使用侧扫声呐、地震探测、深拖电视系统寻找块状硫化物小丘的迹象特征(Herzig 和 Petersen，2000)。

第 2 步，对地球物理异常区利用拖网和抓斗取样，证实硫化物矿的存在，确定矿化类型和表面品位。

第3步，对证实矿化地点的成矿规模和质量，进行钻孔取芯，检验矿化深度，确定矿体形状、平均品位、资源量和储量。

尽管岩芯钻进方法正在改进，仍然难以精确到陆地标准。如1994年海洋钻探计划(ODP)利用钻井船克服巨大困难花2个月时间从海面钻进了17个海底以下深度达125 m的岩芯孔，但岩芯回收率仅为12%。鹦鹉螺公司利用海底金刚石岩芯钻机在Solwara 1矿区钻进，由于海底面坡度大、矿体表面有很多松散的倒塌烟囱，钻机坐底不稳和孔壁塌落，多数钻孔难于钻进到预计孔深。

(2)探测网度

目前，广泛能做到的地质可靠程度的相应资源为指示资源和推断资源：

①指示资源的探测网度为岩芯钻孔间距在10~50 m，岩芯回收率>70%。

②推断资源的探测网度为岩芯钻孔间距≤100 m，岩芯回收率多变。烟囱资源划入推断资源探测的技术要求：

①测深分辨率为20 cm，外围部分用1 m×1 m水平分辨率。

②钻机在海底定位精度为±1~3 m。

③冶金样品钻孔间距<5 m。

2.3 资源评价

2.3.1 储量和资源量评价要求

2.3.1.1 海底固体矿产资源/储量分级

中国建议的国际海底固体矿产资源/储量分类方案列于表2.3-1中。国际海底固体矿产资源/储量按勘探程度分为查明资源和潜在资源；查明资源包括2个主要资源/储量类型：储量和资源量。储量分为：证实储量(C1级)，概略储量(C2级)；而资源量按论证程度分为：测定资源量(P1级)，指示资源量(P2级)，推断资源量(P3级)；潜在资源分为假设资源量和假想资源量。主要有用成分的储量和资源量也按同级别进行计算和统计。伴生有用成分的储量级别应根据其调查程度、分布特点和工艺特点予以确定。

储量分级要求列于表2.3-2。

资源量是矿田和矿区发展远景的评价标准，借以查明矿床、查明资源的数量和质量，是制定普查、勘探或详查工作选择初期对象时的地质经济评价的基础。查明资源量分级要求列于表2.3-3中，查明资源量评价依据的基本资料列于表2.3-4中。

表 2.3－1　中国建议的国际海底固体矿产资源/储量分类方案

(Proposed Resource/Reserve Clasification Sysyten for Seabed Minerals of the Area)

资源储量类型(Catcgory) \ 地质可靠程度(Geological identification) / 经济意义(Economic Significance)	查明矿产资源(Identified Resources)			潜在矿产资源(Undiscovered Resources)	
	测定的(Measured)	指示的(Indicated)	推断的(Inferred)	假设的(位于工作区)(Hypothetical, In known area)	假想的(位于未知区)(Speculative, In undiscovered area)
经济的(Economic)	☒ 证实储量(Proven reserves)	√ 概略储量(Probable reserves)			
↑ ↓	可行性/预可行性研究				
潜在经济的和/或内蕴经济的(Potential or Intrinsically Economic)	√ √ ☒ 测定的资源量(Measuered resources)	√ 指示的资源量(Indicated resources)	√ 推断的资源量(Inferred resources)	假设的资源量(Hypothetical resources)	√ 假想的资源量(Speculative resources)

☒ 表示在当前技术经济条件下尚难以获得该类型资源/储量；√ 表示在当前技术经济条件下有可能获得该类型资源/储量。经济意义须通过矿产资源储量可行性评价划分。只有经可行性研究或预可行性研究才能区分经济的或潜在经济的，经地质研究(概略研究)的只能是内蕴经济的。经济的为储量，潜在经济的和内蕴经济的均为资源量。

表 2.3－2　储量分级及要求

储量级别	基　本　要　求
证实储量(C1)	定义：测定资源量经可行性研究后的经济可采部分。包括开采过程中的贫化物质和扣除设计和开采过程中的损失物质。可行性研究结合现实的采矿、冶金、经济、市场、法律、环境、社会和政府因素对参数进行研究修改。基本要求： 1. 确定矿体的规模和特有形状、矿体赋存及其内部构造的基本特点，评价其厚度的多变性及其连续性，划出不符合评价参数标准的区段或统计确定各区段占矿体总面积的比例 2. 遥测剖面和取样点定位误差不超过 20 m，对于硫化物不超过 5 m 3. 根据半工业工艺试验结果确定矿物工艺特性 4. 矿体的自然条件(水深、地形特征)、矿物、沉积物和基岩的物理机械性能。应根据遥测和取样试验数据分析确定，充分程度应达到足以进行试验开采工艺设计 5. 储量边界按批准的标准或以遥测和取样资料为基础的可接受评价参数确定，而不用外推法

续表 2.3-2

储量级别	基本要求
概略储量（C2）	定义：指示资源量经预可行性研究后的经济可采部分。包括开采过程中的贫化物质和扣除设计和开采过程中的损失物质。预可行性研究结合现实的采矿、冶金、经济、市场、法律、环境、社会和政府因素对参数进行研究修改。基本要求： 1. 矿体的范围和形态、内部构造、在矿体边界内是否存在无矿地段，由遥测数据进行评价，并用取样予以验证 2. 遥测剖面和取样点定位误差不超过 50 m。对于硫化物不超过 10 m 3. 矿物的质量和工艺特性依据样品分析和实验室工艺研究的结果确定，或依据与调查研究程度高的区段类比进行确定 4. 确定矿物赋存条件的充分程度，要能预测采掘和提升的基本系统 5. 储量边界按批准的标准或以遥测和取样数据为基础，通过地质和地貌论证的外推法评价参数予以确定

表 2.3-3　资源量分级及要求

资源量级别	基本要求
测定资源量（P1）	定义：查明资源量的一部分。对矿体形态、产状、矿物含量、物理性质、品位和密度等已经查明，对矿石量等能以很高的地质可信度进行估计。这一类型资源量是通过使用合适的技术，对海底露头、岩芯钻孔和其他多种手段以及取样和测试所获信息进行详细而可靠的分析研究、圈定矿体、估算获得的。获得这一类型资源量要求有足够的勘查工程间距，以确定地质的和品位的连续性。基本要求： 1. 考虑了矿体扩大到储量计算边界以外或在普查（详查地段）、勘探和详勘工作过程中 P2 级资源量改变而 C2 级储量增加的可能性 2. 可作为在部分已探明的处于生产阶段、开发阶段或准备开发阶段矿床范围内获得储量增加量的备用储量。与这些资源量 C2 级储量之和，作为现实规划扩大或准备开采储量的地质勘探工作的基础 3. 预测的对象处于待开采或已探明矿床的勘探边界以外的矿体，即是按 C2 级统计的储量边界以外的矿体 4. 依据已探明矿体的数据预测矿化的数量和质量，并考虑这些矿体在空间上的变化规律性外推确定的

续表 2.3－3

资源量级别	基　　本　　要　　求
指示资源量（P2）	定义：查明资源量的一部分。对矿体形态、产状、矿物含量、物理性质、品位和体重等已经查明，对矿石量等能以合理的地质可信度进行估计。这一类型资源量是通过使用合适的技术，对海底露头、岩芯钻孔和其他多种手段以及取样和测试所获信息进行分析研究、圈定矿体、估算获得的。获得的这一类型资源量的勘查工程密度偏稀，不足以确认地质的和品位的连续性，但对于确定假设的连续性是足够的。基本要求： 1. 考虑了在矿结和矿区范围内发现新矿床的可能性，并根据普查结果获得良好技术经济方案情况下，作为在最有前景的矿区范围内安排勘探工作的依据。用于揭示潜在矿床的 P1 级资源量和 C2 储量 2. 在矿区范围内依据普查结果或依据在水深、地质和地貌先决条件方面有利于矿物形成的地带进行区域性调查过程中对详查地段调查结果进行评价 3. 利用评价标准参数进行资源量定量评价 4. 以遥测和取样数据及地质、地貌构造和与已调查或已查明矿体相关原则为基础，确定矿体平面形状、尺寸和构造、赋存条件及质量和物质组成 5. 既按整个矿区，也按形态要素和各矿体分别进行
推断资源量（P3）	定义：查明资源量的一部分，对矿体形态、产状、矿物含量、物理性质、品位和体重等已经查明，对矿石量等，能以较低的地质可信度进行估计。这一类资源量是据地质证据推断的，其地质的和品位的连续性是推断的，并未经证实。这一类型资源量是通过使用合适的技术，对海底露头和其他多种手段所获信息进行分析研究、圈定矿体、估算获得的。但工程数量很少，勘查结果的质量和可靠性的不确定程度高。基本要求： 1. 以区域性调查所查明的有利水深、地质和地貌先决条件为基础，只考虑形成具有工业价值矿体和矿床的可能性 2. 定量评价是以与较多调查的矿结和矿区（具有 P1 和 P2 级预先评价的储量或资源量）进行类比为基础，依据预定参数及遥测数据、单个样品资料和理论上的先决条件进行

表 2.3-4　查明资源量评价依据的基本资料

资源量级别		预测图比例尺	基　本　资　料
P1	已知矿床	1:10 000 ~ 1:25 000	1. 已定矿床的边界、形状、规模和面积 2. 矿体在各矿层和整个矿床范围内的分布、矿床内部构造、圈定矿体因素和控制矿体因素的特点及其显现程度 3. 矿石与基岩的关系，微观地形 4. 矿体形态、规模和数量，及其地形、水深 5. 共生矿物相的空间分布特征 6. 各矿体的矿物和化学成分、主要和伴生有用矿物的平均品位和临界品位、有害杂质和火山杂质，以及矿石工艺加工特性 7. 矿体赋存的矿山地质条件，矿体的宏观和微观地形、海底障碍及其空间位置数量关系 8. 矿床开采、开发和勘探程度
	新矿床	1:25 000 ~ 1:50 000	1. 所评价矿床的预期和已定边界、矿床在地形中的面积和位置 2. 矿床面积上矿体的个数、规模、形状和在空间位置上的其他特点、矿体圈定和控制因素的显现特征及显现程度 3. 矿物与基岩的关系、矿物天然类型的数量关系、矿物和基岩表面的微观地形级别特点 4. 共生矿物相的空间分布特征 5. 各矿体的矿物和化学成分，主要有用矿物和伴生有用矿物的平均品位和极限品位、有害杂质和火山渣杂质、矿石的工艺加工特性 6. 矿体赋存的矿山地质条件，矿体的宏观和微观地形，海底障碍及其空间位置数量关系
P2		1:200 000	1. 按遥测结果和地质及地貌先决条件，直接和间接按普查和勘探的发展标志显示出所勘查区段的矿物边界 2. 所评价矿段的地形及可能做到的各种宏观和微观地形关系的定量评价 3. 各矿段或矿体的空间位置和形态、它们在平面图上的形态特点、矿化连续性及显现比例的总体概念 4. 矿物内部结构、结构构造特征、物质组成、资料和可能的工艺特性。 5. 伴生有用矿物及其主要加工产品中分布的初步概念 6. 共生矿物各相分布的一般规律

续表 2.3-4

资源量级别	预测图比例尺	基　本　资　料
P3	1∶500 000 ~ 1∶1 000 000	1. 存在矿物和其他相的实有量及其分布特点 2. 在成矿省范围内各矿田预测面积的组成部分 3. 潜在含矿的综合预测和普查的适用准则，并将其划分为先决条件和标志(直接或间接) 4. 预测面积与预期具有已知的矿区或潜在矿床的类似级别面积，并在地质地貌构造方面相吻合 5. 潜在矿床和各大型矿体的规模、在平面图山大致可能的形状特征、内部构造和赋存条件特点、质量特征和工艺特性

2.3.1.2　勘探阶段与储量和资源量级别的关系

结核和结壳矿产资源勘探阶段与储量和查明资源量级别的关系见表 2.3-5。

表 2.3-5　勘探阶段与储量和查明资源量级别的关系

调查阶段	调查对象	调查面积/km²		储量和资源量级别	
		初期	后期	主要对象	详查地段
区域性调查	成矿区域、矿田	400 000 ~ 1 000 000	20 000 ~ 50 000	潜在资源量，P3	P2
普查	矿结	20 000 ~ 50 000	2 000 ~ 5 000	P3，P2	P2 + C2
勘探	矿区	2 000 ~ 5 000	1 000 ~ 2 000	P2 + C2	P1 + C2
详勘	矿床，矿体			P1 + C1 + C2	P1 + C1
试验	矿床区段	10 ~ 20	—	P1 + C1 + C2	P1 + C1
开采勘探	矿床、矿体	1 000 ~ 2 000	400 ~ 500	(C1 + C2 + P1)	(C1 + C2 + P1)

2.3.1.3　评价标准

评价标准是工业对矿物储量和查明资源量的数量、质量及其工艺特性的最低要求。随着调查程度的提高，标准参数量会有所增加，对参数的要求也会更加严格。

可以认为，当生产成本很高、矿床服务年限相对较短(20 年)和矿体圈定总资源量(储量)又很大时，参数的边界指标等于最小工业指标。

矿田或各个矿结范围内查明资源量，是根据区域性调查结果，以考虑矿物质量和数量的极限参数资料最少的检验标准为基础进行评价的。

根据普查结果编写技术经济方案和进行评价标准的设计，经国家矿产资源储量委员会批准后，在普查过程中圈定的潜在矿区范围内做出资源量评价，以及安排勘探阶段工作。

(1)在钴结壳评价标准中应当反应以下各项参数

- 在企业年生产能力(如25～100万t矿石)、服务年限(20年)条件下，矿床最低储量(如500～2 000万t)；
- 已圈定站位和整个矿段(矿块)中干矿的最小工业丰度；
- 镍和锰的品位换算为钴品位的换算系数值(金属价格变化时应当修正)；
- 已圈定站位和整个矿段(矿块)中当量钴的最低工业品位。

钴结壳当量钴品位可按下式计算：

$$Co_{min}=100(F-G)/(JNP) \tag{2.3-1}$$

式中：F 为开采和加工1 t矿石的生产费用，元；G 为1 t矿石获得的附加价值，元；J 为1 t矿石的价格，元；N 为金属的总回收率，%；P 为开采矿石时的贫化率，%。

当量钴的总回收率利用各种金属的回收率乘以1 t矿石可回收的各种金属总价值加以确定。

- 按当量钴计算矿石最低金属含量；
- 矿体边界内无矿段的最大尺寸，在区域性调查阶段对矿体内部结构研究不充分时，用最小含矿覆盖率进行计算。

(2)在多金属结核评价标准中应当反映的各项参数

在多金属结核评价标准中的参数与钴结壳评价标准中的参数主要区别是：

- 联合国海洋法公约规定，先驱投资者的保留矿区面积为7.5万km^2；
- 边界品位 $Cu+Ni=1.8\%$，边界丰度5 kg/m^2，地形满足采矿系统要求(目前坡度≤5°)。
- 储量可以满足开采20年，年回收矿石300万吨，总回收率≥20%。
- 金属含量换算为当量镍品位。中国目前采用镍当量综合指标品位，计算式如下：

$$Ne=M_{Ne}+K_{Mn}M_{Mn}+K_{Cu}M_{Cu}+K_{Co}M_{Co} \tag{2.3-2}$$

式中：M_i分别为锰、铜、钴、镍的金属含量，kg/m^2；K_i分别为锰、铜、钴的换算为镍的系数。中国矿区资源量计算时根据当前国际市场可比价分别取为0.07、0.3和3。

(3)块状硫化物评价标准中应反映的各项参数

鉴于海底块状硫化物矿床种类不同，目前还没有统一的或分类的评价标准。

鹦鹉螺公司评价 Solwara 1 矿床则采用铜边界品位 4%、年产 200 万 t、开采 10 年为基本评价参数。

(4)评价步骤

勘探阶段分两步进行评价。第一步修正潜在矿床的地质构造特征，完成 P1 级资源量评价和划定最有利矿物发育区。此阶段用评价标准参数进行资源量评价。

第二步评价已探明矿床的工业价值和在各矿段更详细调查的基础上论证进一步勘探的合理性，并论证试验开采和采出矿石半工业规模工艺研究的合理性。根据试验开采结果，编写技术经济报告，论证矿床的工业价值、勘探合理性和储量计算的暂行标准参数。结壳和结核矿床暂行标准中考虑的参数见表 2.3-6。

在勘探阶段，要收集制定长期标准的技术经济论证资料。

表 2.3-6　结壳和结核矿床评价标准参数

标准参数		单位
镍、锰品位折算为当量钴的换算系数		%
在计算矿块中	干矿的最低工业赋存丰度	kg/m^2
	当量钴的最低工业品位	%
	当量钴的最低工业金属含量	kg/m^2
	最低含矿覆盖率	%
	有害杂质的最大允许含量	%
在圈定边界站位范围内	当量钴的最低品位	%
	最低赋存丰度	kg/m^2
	当量钴的最低金属含量	kg/m^2

标准参数	单位
含矿边界内无矿的或金属含量低的“窗口”最大范围	m
计算矿块的最大矿石量	kt
孤立矿体中矿物的最小储量	kt
对划分矿石类型和品种的要求	—
伴生有用矿物成分清单，计算和统计其储量和资源量	—
储量计算(预测资源量评价)区内海洋最大深度	m
根据矿山地质条件从储量中剔除矿体区段的要求	—
矿物资源和储量对投产企业的保障程度(考虑回收率)	年

2.3.2 评价原始材料的要求

评价原始材料的基本要求列于表 2.3-7 中。

表 2.3-7 评价原始材料的要求

类型	主要内容
地质资料	1. 原始地质资料与实际情况(充分程度和可靠性)的核对记录、综合地质图(图表、平面图、剖面图)与原始数据相符合的检验报告 2. 海底取样站位地质资料(含照片)记录 3. 遥测剖面、海底取样站、水文生态站和工艺样品采集点的地理坐标及深度一览表和说明
取样资料	1. 取样站位记录卡、样品记录和工艺样品登记卡、检验样品取样记录、样品取样质量检验结果 2. 原始样品的处理记录、处理质量检验结果、分组样品的编目记录
矿物物理力学性能	1. 矿物和基岩物理力学性能测定用样品取样记录 2. 矿物和基岩物理力学性能测定结果
矿物成分分析	1. 原始样品主要有用矿物成分定量分析结果、分组样品伴生有用成分和有害成分及火山渣杂质定量分析结果 2. 原始样品和分组样品进行主要有用矿物成分及伴生有用成分定量分析的内部地质检验、外部地质检验和仲裁地质检验结果 3. 原始样品和分组样品定量分析的地质检验结果的处理材料
评价资料	1. 参与预测资源量评价的各站位报表 2. 预测资源量评价矿段(矿块)的矿床平均参数(厚度、丰度、密度、自然湿度、主要有用成分和伴生有用组分品位)计算结果报表 3. 预测资源量评价矿段(矿块)面积和含矿覆盖率计算报表 4. 矿段(矿块)整个调查对象的C1和C2级矿量、主要有用矿物和伴生有用矿物成分、储量及P1和P2级预测资源量的计算结果报表。并按顶面、坡面、基岩和坡度划分
图表附件	1. 按调查类型的实际质量图表 2. 声呐和电视测量的判读简图 3. 海底地形图、地质图、地貌图、矿山地质条件图 4. 矿物分布图、当量钴、铜、镍、锰等金属含量图; 5. 储量计算平面图和预测资源量评价简图

2.3.3 资源量评价矿段划分和储量计算

2.3.3.1 矿体圈定

(1)结核矿体圈定

结核矿体圈定应遵守下列原则:

①边界指标同一标准；

②以地质采样数据为主，克立金估值为辅，多频探测和海底照相数据作参考；

③充分利用深拖、多波束等探测结果和基础性研究成果；

④以实际调查数据为准，文献资料为借鉴；

⑤尽可能使保留区内资源质量高和资源量大；

⑥不利地形和丰度低地段尽可能放弃；

⑦减少拐点数、矿区个数，保持矿区完整性。

（2）富钴结壳矿体圈定

富钴结壳矿体圈定应遵守下列原则：

①矿体外部边界应穿过3 000 m和以下等深线；

②不存在海底取样站位时，在顶部表面上的矿体外部边界应穿过松散的沉积物层的下部边界；

③无论按取样分析剖面，还是按这些剖面之间圈定矿体时，有限外推法和无限外推法都可使用。

富钴结壳矿区圈定方法和步骤举例如下：

①按标准参数划分出若干个单独的矿体。上部边界为平顶海山顶面松散沉积物发育的下部边界，下部边界为3 000 m等深线。

②区域性调查阶段评价时，海底取样站位很少，富钴结壳发育边界或矿体边界根据地质、地貌和水文资料来确定。

③普查和勘探阶段评价时，根据海底取样结果完成矿体边界的圈定。电视剖面、地貌、地质和水文资料作为辅助准则，主要用在取样站位之间的矿体边界的圈定。

④圈定矿体边界时应当考虑矿体的如下特点：在富钴结壳上可能有很薄一层（几厘米）松散沉积物在照片上无影像或有影像但厚度不到1 cm.。因此，矿体最终边界只能根据海底取样资料确定，而电视剖面测量结果只能用于计算已圈定矿体范围内的含矿覆盖率。

⑤矿体边界的圈定在于用外推法确定矿体边界的位置。有两种外推法：有限外推法和无限外推法。有限外推法是在符合与不符合标准的取样站位之间确定矿体边界位置，符合标准与不符合标准站位毗连时，考虑富钴结壳参数的稳定性及其有用组分的均匀分布，用图表法或分析法确定矿体边界所通过的点。符合标准站位与无矿段毗连时，矿体边界通过取样站之间距离的中线；无限外推法是将符合标准的取样站的数据用到相邻的面积上，根据地质建议书在此可能预测到矿体的连续性。矿体外部边界位置的确定应当用各种方法检验，可用地质（岩性）法、地貌（有利的构造）法、几何（根据观测网密度）法、统计（只适用于所勘探的矿

床)法、和水文(根据近底层海水的流体动力状况)法。

⑥如果符合标准的取样站处于3 000 m或以下等深线，矿体的外部边界穿过此等深线。若无取样站，在顶部表面上的矿体外部边界穿过松散沉积层的下部边界。

2.3.3.2 评价矿段和储量计算矿块的划分

矿段(矿块)是地质工业分类的基本单元，资源量和储量划分块段应满足下列基本要求：

①矿段(矿块)在地质上应是同类的，具有相近的工艺特性和处在相同的采矿技术条件下；

②矿段(矿块)应具有一定的规模，而矿段中的产量应当超过某一最低限额；

③矿段(矿块)的最小边长按绘图(平面图)的比例尺不小于50 m。

④矿区划分为若干个矿段(矿块)，面积一般为10～50 km^2，宽度为1～10 km。

以钴结壳为例，说明矿段划分要点：

①普查阶段评价资源量时，按两个基本原则划分矿段(矿块)：按平顶海山对一定地貌要素的从属性和按已划定的矿块中结壳平均参数与评价标准要求一致性。为达到准确性，矿块内的取样站位个数应不少于3个。所划分的矿段边界常常完全与矿体边界相重合，也可按深度间隔、基岩类型和坡面角划分。

②当量钴金属含量是衡量取样站是否符合评价标准的决定性参数。当一个取样站的赋存丰度(厚度)很大时，当量钴的最低工业品位可有所降低；在当量钴的品位很高时，允许最低工业丰度有所降低。但是，取样站的平均金属含量不得小于最低工业值。

③勘探阶段划分矿段的主要原则为：资源对平顶海山的各种地貌形态要素、基岩类型和丰度的从属性。这时矿块内矿石资源的数量应当接近所设计的采矿企业的生产能力。

④取样站矿物参数只能根据原始样品的检验分析数据加以确定。伴生有用矿物资源量评价应以分组样品的分析数据为依据，其有用矿物成分的平均品位应以矿块内的样品分析的算术平均值进行计算。

⑤矿体范围内划分的资源量评价矿段和储量计算矿块的边界位置，是用取样站之间的含矿覆盖率参数数据内推确定的。

⑥划分矿段和定量评价资源量(计算储量)是在具有等深线和海山顶面与坡面之间边界的矿体在海底水平投影图上进行的。图上应反映出用于评价资源量的所有信息。

2.3.3.3 评价区段和储量计算矿块中含矿平均参数的计算

海底取样站、资源量评价矿段和储量计算矿块及整个对象含矿平均参数的计算公式、平均参数和资源量评价的明细表分别列于表 2.3－8 至表 2.3－10。

表 2.3－8　用地质块段法评价钴结壳资源量(储量计算)时含矿参数的计算公式

参数		单位	公式
取样站结壳的赋存丰度	湿	kg/m^2	$P_w = 10h\rho$。h、ρ 为结壳厚度(cm)和密度(g/cm^3)
	干		$P_C = P_w(100 - W)/100$。W 为结壳自然湿度，包含孔隙水矿化修正值(%)
矿块内结壳的平均厚度		cm	$H_{cp} = \sum h/n$。n 为矿段内的取样站个数。
矿块内结壳的赋存丰度	湿	kg/m^2	$P_{wcp} = \sum P_w/n$
	干		$P_{cyxcp} = \sum P_{cyx}/n$
矿段内的结壳平均自然湿度		%	$W_{cp} = 100(P_{wcp} - P_{cyxcp})/P_{wcp}$
矿段内任何金属的平均品位			$C_{mcp} = (\sum P_{cyx} \times C_m)$。$P_{cyx}$ 为取样站干结壳赋存丰度；C_m 为取样站测定的全金属平均品位。
覆盖率	沿剖面的线性含矿		$K = \sum l/L$。l 为矿体边界内根据照相、电视剖面的连续含矿长度，km；L 为矿体范围内剖面的总长度，km
	平均含矿		$K_{cp} = \sum K \times l/\sum L$
资源量	矿块内湿矿石	kg	$Q_{cyx} = Q_w \times W_{cp} = P_{cyxcp} \times S \times K_{cp}$
	矿块内任何一种金属		$Q_m = Q_{cyx} \times C_{mcp}/100$
平均对象的平均赋存丰度	湿	kg/m^2	$P_{wcp} = \sum Q_w/\sum S$
	干		$P_{cyxcp} = \sum Q_{cyx}/\sum S$
调查对象的平均自然湿度		%	$W_{cp} = 100(\sum Q_w - \sum Q_{cyx})/\sum Q_w$
调查对象任何一种金属的平均品位			$C_{mcp} = 100\sum Q_w/\sum Q_{cyx}$

表 2.3－9　用邻近区域法评价资源量在(储量计算)时含矿覆盖率参数的计算公式

参数		公式
取样区域内资源量/kg	一个取样站，湿矿石	$Q_w = P_w \times S \times K$。$S$ 为取样站区域面积，m^2
	两个或多个取样站，湿矿石	$Q_w = P_{wcp} \times S \times K$
	任何一种金属	$Q_m = Q_{cyx} \times C_{mcp}/100$
	干矿石	$Q_{cyx} = P_{cyxcp} \times S \times K$
	两个或多个取样站，干矿石	$Q_{cyx} = P_{cyxcp} \times S \times K$
	两个或多个取样站，任何一种金属	$Q_m = Q_{cyx} \times C_{mcp}/100$

表 2.3-10　按地质块段评价资源量时矿物平均参数的计算细目(以钴结壳为例)

站位编号	矿物平均厚度 h/m	湿丰度 P_w /(kg·m^{-2})	矿物湿度 W /%	干丰度 P_{cyx} /(kg·m^{-2})	金属平均品位/%，质量/hm				单位面积金属相对含量/% (kg/m^2)×%($P_{cyx}\times h_{cp}$)			
					Co	Ni	Mn	Co_y	P_{cyx}×Co	P_{cyx}×Ni	P_{cyx}×Mn	$P_{cyx}\times Co_y$
45												
46												
合计	Σ	Σ		Σ					Σ	Σ	Σ	Σ
宽度	Σ	Σ		Σ					Σ	Σ	Σ	Σ
走向	Σ	Σ		Σ					Σ	Σ	Σ	Σ
平均	h_{cp}	P_{wcp}	W_{cp}	P_{cyxcp}	Co_{cp}	Ni_{cp}	Mn_{cp}	Co_{ycp}				
宽度	h_{cp}	P_{wcp}	W_{cp}	P_{cyxcp}	Co_{cp}	Ni_{cp}	Mn_{cp}	Co_{ycp}				
走向	h_{cp}	P_{wcp}	W_{cp}	P_{cyxcp}	Co_{cp}	Ni_{cp}	Mn_{cp}	Co_{ycp}				

2.3.3.4　含矿覆盖率

在结壳和结核矿体范围内，可观测到有矿段和无矿段交替出现，其比值称为含矿覆盖率。可利用海底照片数据进行内插确定。含矿覆盖率可分为线性覆盖率(按剖面)，面积覆盖率(按矿体或整个矿块)。

线性覆盖率：对矿体边界内的每个剖面划分出有矿和无矿的海底照片，进行分组，区分出剖面内的有矿和无矿段。利用各矿段的照片量与矿段间平均距离的乘积确定各矿段的长度，于是，每个剖面的线性含矿覆盖率按下式计算：

$$K=(l_1+l_2+\cdots+l_n)/L \tag{2.3-3}$$

面积覆盖率：对矿体或矿块用平均加权法按下式计算面积覆盖率：

$$K_c=(K_1L_1+K_2L_2+\cdots+K_n)/\sum L \tag{2.3-4}$$

式中：K_1、K_2为矿体(矿块)内各个剖面的线性含矿率系数值；L_1、L_2为在矿体(矿块)范围内电视剖面的长度。

各个矿体(矿块)的含矿覆盖率应当不小于0.5。

2.3.3.5　矿区面积计算

矿区面积采用地球椭圆体表面积公式计算：

$$S=a^2(1-e^2)(\lambda_2-\lambda_1)\left[\frac{\sin\varphi}{2(1-e^2\sin^2\varphi)}+\frac{1}{4e}\ln\frac{1+e\sin\varphi}{1-e\sin\varphi}\right]_{\varphi_1}^{\varphi_2} \tag{2.3-5}$$

式中：a 为地球赤道半径，为 6378137 m；e^2 为地球第一偏心率，为 0.006694369372；λ_1、λ_2为地球经度值，rad；φ_1、φ_2为地球纬度值，(°)。

2.3.4　资源量计算

资源量计算方法很多，用在深海固体矿床资源量计算的主要有 4 种方法：即算术平均法，，加权平均法，标准差法和克立金法。

(1)算术平均法

算术平均法是以区块面积乘以区块矿石(结核或结壳)平均丰度得出的平均湿结核资源量，再乘以某种元素的平均品位，得出该元素的资源量，减去含水量后得到矿石的干资源量：

$$P = S \times \overline{F} \tag{2.3-6}$$

$$Q = P \times (1 - \overline{W}) \tag{2.3-7}$$

$$M_i = Q \times \overline{C}_i, \tag{2.3-8}$$

$$R = M_{Ni} + 0.07M_{Mn} + 0.30M_{Cu} + 3.00M_{Co} \tag{2.3-9}$$

式中：P 为矿区湿矿量；S 为矿区面积；$\overline{F}$ 为矿区平均矿石丰度；Q 为矿区干矿量；$\overline{W}$ 为矿区矿石平均含水量；M_i 和 $\overline{C}_i$ 分别为 Mn、Cu、Co、Ni 金属量和评价品位；R 为镍当量金属，M_{Ni}、M_{Mn}、M_{Cu}、M_{Co}分别为矿区镍、锰、铜、钴金属量。

(2)加权平均法

加权平均法与算术平均法的区别在于加权平均法是采用加权平均丰度和加权平均品位计算矿石资源量。加权平均丰度和加权评价品位计算如下：

$$\overline{F} = \left(\sum_{i=1}^{n} F_i \times S_i\right) / \sum_{i=1}^{n} S_i \tag{2.3-10}$$

$$\overline{C} = \left(\sum_{i=1}^{n} F_i \times C_i\right) / \sum_{i=1}^{n} F_i \tag{2.3-11}$$

式中：$\overline{F}$ 为矿区加权平均丰度；F_i 为各测站丰度值；S_i 为各测站控制的面积；$\overline{C}$ 为矿区加权平均品位；C_i 为各测站金属品位值；n 为测站数。

(3)标准差法

以矿石(如结核)平均资源量，加/减两倍标准差除以测站数的平方根，得出 95% 可信度的区块估计资源量最大值和最小值。结核平均资源量同平均法。最大、最小资源量按下式计算：

$$Q_S(最大) = \overline{Q}_S + 2\sigma/\sqrt{N} \tag{2.3-12}$$

$$Q_S(最小) = \overline{Q}_S - 2\sigma/\sqrt{N} \tag{2.3-13}$$

当 $N < 50$ 时

$$\sigma = \sqrt{\frac{\sum_{i=1}^{n}(\overline{X} - X_i)^2}{N-1}} \tag{2.3-14}$$

当 $N \geqslant 50$ 时

$$\sigma = \sqrt{\frac{\sum_{i=1}^{n}(\overline{X} - X_i)^2}{N}} \tag{2.3-15}$$

式中：σ 为标准差；N 为矿块内总测站数；X_i 为矿块内测站矿石(如结核或结壳)某要素值(根据技术目标不同，可为丰度或品位)；$\overline{X}$ 为矿块内某要素平均值。

(4)克立金法

克立金法是建立在地质统计学基础上的资源量/储量计算方法。该法充分考虑到地质变量(样品的形状、大小及其与待评估块段相互间的空间分布位置等几何特征)的随机性以及品位的空间结构，将矿床和矿体的地质参数看成是与空间位置相关的一种随机变量即区域化变量，运用变差函数(变异函数和半变异函数)和变差图描述区域化变量的变化及其规律，为了达到线性、无偏和估计方差最小，对每一样品值分别赋予一定的权系数，最后进行加权平均估计块段的平均品位，即

$$Z_V^* = \sum_{i=1}^{n} \lambda_i Z \tag{2.3-16}$$

式中：λ_i 为权系数。该系数影响估计 Z_V^* 的大小，因此估计方法的好坏取决于 λ_i 值的计算和选择，应使待估计块段 V 和用来进行估计的一组信息 $Z_i(i=1, 2, \cdots, n)$ 的估计值 Z_V^* 与其真实值 Z_v 的方差最小，即 $\delta_E^2 = E[Z_v - Z_V^*]^2$ 最小。该法弥补了传统内插法的不足，不仅能提高资源量估计的精度，而且在给出单元块估计值的同时，还可提供单元块估计方差，这一点是其他方法办不到的。

克立金法的计算过程是列出并求解克立金方程组；求出权系数 λ_i；计算估计方差。最常用和简单的方法是普通克立金法。该法对区域化变量做了二阶平稳假设和内蕴假设，于是变差函数即为区域化变量 $Z(x)$ 在空间两点处$(x, x+h)$的值之差的方差的一半，即

$$\gamma(x, h) = \frac{1}{2}V_{ar}\{Z(x) - Z(x+h)\} \tag{2.3-17}$$

协方差表示的求解 λ_i 的克立金方程组为

$$\left.\begin{aligned} &\sum_{i=1}^{n} \lambda_i C(x_i, x_j) + \mu = \overline{C}(x, V), \ i = 1, 2, \cdots, n \\ &\sum_{i=1}^{n} \lambda_i = 1 \end{aligned}\right\} \tag{2.3-18}$$

和方差公式为:

$$\delta_k^2 = \overline{C}(V, V) - \sum_{i=1}^{n} \lambda_i \overline{C}(x_i, V) + \mu \tag{2.3-19}$$

上式用变差函数形式表示为:

$$\left.\begin{aligned} &\sum_{j=1}^{n} \lambda_j \gamma(x_i, x_j) + \mu = \overline{\gamma}(x_i, V), \ i = 1, 2, \cdots, n \\ &\sum_{i=1}^{n} \lambda_i = 1 \end{aligned}\right\} \tag{2.3-20}$$

$$\delta_k^2 = \sum_{i=1}^{n} \lambda_i \overline{\gamma}(x_i, V) - \overline{\gamma}(V, V) + \mu \tag{2.3-21}$$

式中: μ 为拉格朗日值; V 为待估块段; x 为区域化函数; λ 为为克立金内插权系数; γ 为变差函数; C 为协方差函数。

2.3.5　地质经济评价

2.3.5.1　评价的目的、任务和基本原则

(1)矿床地质经济评价的总目的是:在采用最有效的工业开发方案情况下,确定作为矿物原料的价值。

(2)地质经济评价可能解决的经济问题是:首先确定优化的储量(预测资源)边界,以便接着进行勘探和转入工业开发;其次确定要进行勘探和工业开发的最迫切项目(按勘探工作结果)。应当把开采矿床的头 5 年内基建投资的经济效益最高作为优化标准。

(3)地质经济评价的原则是:获取最大综合经济效益。同时,要遵守联合国海洋法公约规定的国际海底区域普查、勘探和开采定额、权力和程序;随着地质和技术经济资料的积累,资料的可靠性和经济计算精确度尽可能提高;根据运输、能源、社会和生态等因素的评价,选择卸矿港口和矿石加工企业位置,优化获取和销售商品的费用。

(4)地质经济评价分两个阶段:第一阶段,根据各个地质勘探工作阶段的完成情况进行评价,以便确定安排详查的项目,完成划分和圈定矿田范围内的潜在矿床边界。用专家鉴定法确定该阶段划分矿床进行工业开发的经济指标;第二阶段,对完成勘探工作以后的矿床进行地质评价,以便确定其工业价值和选择优化的开采方案。用直接计算法或利用开采、运输和冶金加工的计算设计方案的数学模拟法,确定矿床工业开发的经济指标。

值得注意的是,各个勘探阶段,应当用同样精度的数学模型确定各评价环节的所有评价参数(企业生产能力、矿石损失率和贫化率、金属回收率、基本建设投

资等)。

(5)进行地质经济评价时应考虑的主要因素：国家对钴、锰和镍储量的需求和保障程度，进出口的可能性，矿物的实际和可能应用范围，用其他种类原料代替的可能性及其他因素；地质勘探和开采期间采取环境保护措施的必要性。

2.3.5.2 评价采用的技术经济指标

评价所采用的技术经济指标分别列于表2.3－11 和2.3－12 中。

表2.3－11 论证评价标准时采用的技术经济指标(以钴结壳为例)

指标类型	指标名称	
地质指标	结壳平均厚度/cm	
	平均丰度(干、湿)/($\mathrm{kg\cdot m^{-2}}$)	
	P1 和 P2 级矿物预测资源量(干、湿)/M · t	
	金属平均品位(钴、锰、镍、当量钴)/%	
	P1 和 P2 级金属预测资源量/t	
	按当量钴的含矿量/($\mathrm{kg\cdot m^{-2}}$)	
采矿技术和工艺指标	赋存深度/m	
	矿物资源回采率% <1	
	开采时贫化率/%	
	开采时矿物(干、湿)资源量/百万 t	
	开采资源的金属品位/%	
	开采的金属资源量/万 t	
	企业生产能力/万 t	干矿石
		最终商品产量
	企业存在年限/年	
	选冶时金属的总回收率/%	
	矿区至卸矿港口的运输距离/km	

指标类型	指标名称	
技术经济指标	天然价值/元	1 t 矿石
		1 $\mathrm{m^2}$评价面积
	基本建设投资/M 元	自然环境保护
		普查和勘探
		开采
		运输
		冶炼加工
		合计
	1 t 矿石经营费用/元	自然环境保护
		普查和勘探
		开采
		运输
		冶炼加工
		合计
	商品价格/(元·$\mathrm{t^{-1}}$)	
	年产价值/百万元	
	年经营费用/百万元	
	年利润/百万元	
	投资偿还期/年	
	利润率/%	
	项目潜在价值/百万元	

表 2.3-12　论证长期标准设计时采用的技术经济指标

指标类型	指　标　名　称	
地质指标	结壳平均厚度/cm	
	平均丰度(干、湿)/(kg·m^{-2})	
	论证(干、湿)条件时确定的 C1、C2 级储量和 P1 级预测资源量/百万 t	
	矿石储量和预测资源量的金属平均品位(钴、锰、镍、当量钴)/%	
	金属储量和预测资源量/t	
	按当量钴的含矿量/(kg·m^{-2})	
采矿技术和工艺指标	赋存深度/m	
	矿物资源回采率/%	
	开采时贫化率/%	
	开采时矿物(干、湿)储量和资源量/百万 t	
	开采矿石储量和资源量平均金属品位/%	
	开采矿石监视储量和资源量/万 t	
	企业生产能力/万 t	干矿石
		最终商品产量
	企业存在年限/年	
	选冶时金属的总回收率/%	
	矿区至卸矿港口的运输距离/km	

指标类型	指　标　名　称	
技术经济指标	工业建设(改建)基本建设投资/百万元	海底管理局缴费
		普查和勘探
		开采
		运输
		冶炼加工
		自然环境保护
		合计
	1 t 矿石的基建投资/元	
	1 t 矿石经营费用/元	海底管理局缴费
		普查和勘探
		开采
		运输
		冶炼加工
		自然环境保护
		合计
	商品价格/(元·t^{-1})	
	年产价值/百万元	
	年经营费用/百万元	
	年利润/百万元	
	投资偿还期/年	
	利润率/%	
	项目潜在价值/百万元	

2.3.5.3　地质经济评价的对象和目标

(1)不同探查阶段查明矿物的地质评价对象

①国际海底区域(P2 和 P3 级预测资源量);

②申请区域(P1 和 P2 级预测资源量);

③开辟区(C1 和 C2 级储量, P1 级预测资源量);

④矿区(C1 和 C2 级储量, P1 级预测资源量)。

(2)地质经济评价目标

将各种调查资料(文字说明、表格、直方图、变化曲线、对比图、地图、剖面图、平面图、框图等)结合起来得到矿物储量和资源量质量和数量的充分和必要的认识。

国际海底区域矿物的地质经济评价目标的质量特征和充分性，有如下内容需进行调整：

①国际法律地位和标准定额。大洋矿产资源国际法律地位和条约规定定额如下：矿床面积，商品产量，开采年限；

②提交给国家矿产资源储量委员会准备工业开发的矿床条件；

③进行地质探查、开采、运输和冶炼加工所达到的工艺和水平。

(3)矿床工业开发的条件的准备

①对海底地形、水深、水文物理化学和其他条件，以及决定开采、提升和运输工艺的矿石和基岩物理力学性质进行了充分研究，足以保证进行矿床开采设计和制定自然环境保护措施计划；

②对矿物物质组成和工艺性质进行调查，获得了原始资料，足以能设计加工工艺流程，综合回收由批准标准时所通过的技术经济计算所确定的工业价值的各种组分；

③进行了试验开采，其开采量足以能确定开采工艺和获得制定自然保护措施的资料；

④具有工业价值的矿物及其中所含组分的储量，得到国家矿床资源储量委员会的批准。

批准的 C1 和 C2 级储量，可保证企业最近 5 年的生产作业。

2.3.5.4 地质经济评价的基本方案

(1)基本方案的依据

地质经济评价方案的依据：

①暂行条例规定的最少可以安排任何阶段勘探工作的地质经济资料；

②按项目评价和计算的预测资源量或储量，在客观上和可靠性方面有明确的划分；

③综合地质勘探工作时遵守联合国海洋法公约规定的普查、勘探和准备工业开发的国际海底区域矿物的标准、规程、法律和手续。

(2)评价的 6 个阶段及其目的和内容

阶段 1——分析所有综合地质勘探工作结果，旨在准备预测资源量的数量和质量，规模和地貌，被评价项目气候、海洋、水文和地质地貌条件的资料，用于分类单位评价。分析矿层主要产生改变化的程度，以及所有地质勘探工作方法、基岩组分和机械性质、对采矿机械造成障碍的性质；分析和评价取样代表性、可靠性和误差、地质站和遥测剖面标测精度；评价遥测方法效果，分析工艺样品体积和数量数据及其代表性。分析的基本文件是规定工作阶段结束后分类单位地质构造报告。

阶段 2——分析区域气候条件，旨在评价有利于开采的年内可能工作天数、水文和生态条件；选择卸矿港口和矿石冶炼加工厂址方案、采出矿石运输船只数量及其载重量。

阶段 3——按方案圈定不同区域赋存丰度、钴和当量钴金属边界品位，计算储量和评价预测资源量，在储量计算的每个范围内划分采矿地质条件（基岩类型——沉积岩或火成岩），地貌状态——顶面或不同坡度坡面；间距小于 200 m 水深区间；存在采矿机械障碍物，覆盖率值相同的区段。圈定参数间的“间距”大小：确定该间距必须根据矿层地质构造一个方案一个方案按百分率增长的储量数量，不小于按给定的地质资料误差确定的地质站位间隔。圈定方式为：在第一边界内包含最大可能的储量（预测资源）数量，而在第二边界内包括的数量（由最高赋存丰度或最高当量钴确定的含矿量），根据联合国海洋法公约对企业在技术上和经济上的评价是必不可少的。

阶段 4——按各圈定方案确定可能的开采工艺、企业生产能力、回采率、贫化率和相应的技术经济指标。选择的开采工艺不仅取决于对开采设备的基建投资，而且还取决于设备本身的可靠性和海洋环境保护措施。利用试验性开采资料和考虑“联合国海洋法公约”对加工的限制，多方案计算是必不可少的。

阶段 5——确定在船上初选的可能方法、冶炼加工工艺、金属总回收率和按各圈定方案计算相应的经济指标。考虑卸矿港口和加工厂的可能位置附加方案，针对每种圈定方案的可能加工工艺附加方案。

阶段 6——计算各方案的预期经济效益，选择最优方案。

（3）决定矿物原料价值的政治法律、经济、工艺、矿区地质和地理等因素

矿物原料的价值取决于政治法律、经济、工艺、矿区地质和地理等因素，见表 2.3－13。

表 2.3－13　决定矿物原料价值的政治法律、经济、工艺、矿区地质和地理因素

影响因素		影响因素	
政治法律	1. 国家对于开发大洋矿产资源的考虑 2. 从大洋矿产资源中获取战略意义的金属 3. 不依赖世界金属市场的经济独立性 4. 与其他国家共同开发的可能性 5. 对联合国海底管理局承担的财务和其他义务	矿区地质	1. 储量计算区段的水深和地貌 2. 赋存丰度 3. 含矿覆盖率 4. 矿石和基岩的物理力学性能 5. 近底层流状态 6. 开采的损失率和贫化率
经济	1. 国家对钴、镍和锰的预计需求量和大洋矿产资源在满足需求量中的作用 2. 钴、镍和锰的价格动态，获取这些金属的成本 3. 国家对开发投入资金的可能性	地理	1. 矿床离港口的距离 2. 开采和运输船只获得补给和加工企业获得电能的可能性 3. 由气候条件决定的年工作天数 4. 劳动报酬
工艺	1. 大洋矿产资源地质勘探、开采、运输和冶炼加工的技术发展水平和前景 2. 开发矿床生产过程组织		

2.3.5.5 矿物资源开发地质经济评价的经济标准和指标

开采矿床的总体经济效益，按当前市场价格的金属储量、预测资源量总回收价值和经营费(不考虑创新提成)与整个开发期间总投资之差计算：

$$E_e = \sum_{n=T_H}^{T_0} A_n(\mu_n M_n P_n N_n - C_n) - \sum_{n=1}^{T_c} K_n \tag{2.3-22}$$

式中：A_n为第n年企业开采矿床的年生产能力，kt；μ_n为第n年1 t金属价格，元；M_n为第n年海底矿物的金属品位，%；P_n为开采矿石的资料改变系数，用第n年采出矿石金属品位与海底矿物金属品位之比表示，小数；N_n为第n年的金属总回收率，小数；C_n为第n年加工(普查、勘探、开采、运输和冶炼加工，包括自然环境保护费)1 t矿石的成本(扣除更新提成)，元；K_n为第n年对普查、勘探、开采、运输和加工冶炼矿物(包括自然环境保护费)的投资总额，百万元；T_k为矿床开采年限，$T_k = T_0 - T_H + 1$，年；T_0为矿床开采结束年(从工程建设开始年计算)；T_c为工程建设结束年度；T_H为矿床开采开始年度。

当采用整个矿层或特征相同的个别矿层的平均指标评价每种圈定方案时，公式具有如下形式；

$$E_e = E(\mu MNC) - K \tag{2.3-23}$$

式中：$E = Q(1-l)/(1-P)$；Q为针对确定的圈定方案计算的矿层或个别矿层的储量，百万 t；l为开采时矿物损失系数(小数)；P为矿物贫化率(小数)；K为对普查、勘探、开采、运输和冶炼加工、环境保护的投资总额，百万元。

在选择勘探最佳方向，论证普查、勘探、开采、运输和冶炼加工的各种方法及评价矿物原料不同来源时，利用如下基建投资(折算费用)比较经济效益指标：

$$C + E_H K \rightarrow \min \tag{2.3-24}$$

式中：K为方案的基建投资总额，元；C为同一方案的经营费用(成本)，元；E_H为基本建设经济效益定额(标准)系数(小数)。

开采大洋矿物的折算费用最低，是提高生产能力的经济合理界限，与优化准则一致。

开采大洋矿物中经济效益指标与其他指标配合进行经济评价。矿床开发总经济效益(盈利率)，取决于年利润与基建投资总额之比：

$$R_0 = S/K \tag{2.3-25}$$

式中：S为年利润，百万元；K为基建投资，百万元。

基建投资回收期(T)为总经济效益系数(盈利率)的倒数：

$$T = K/S \tag{2.3-26}$$

地质经济评价考虑的技术经济指标和地质特征都是概率值。因此，必须考虑以下风险因素：

①主要矿化参数的可能误差；

②研究工作和试验性开采结果确定的开采工艺指标(生产能力、回采系数、贫化率)的可能偏差；

③实验室工作和半工业试验获得的冶炼加工工艺指标的可能偏差。

可能的经济风险值按下式计算：

$$R_p = 100T_H(T_H - T_{Hg})/(T_{Bg} - T_{Hg}),\ \% \tag{2.3-27}$$

式中：T_{Bg}为具有产生偏差上限方案的投资回收期(考虑赋存丰度、金属品位、回采系数)，a；T_{Hg}为具有产生偏差下限方案的投资回收期(考虑赋存丰度、金属品位、回采系数)，a；T_H为投资定额回收期限，a。

这一公式用于优化方案投资回收期(T_{OB})等于或小于定额期限($T_{OB} \leqslant T_H$)。

2.3.5.6　不同地质探查阶段储量计算和预测资源量评价标准要求

以富钴结壳资源为例，地质探查阶段与标准要求的关系见表 2.3－10。主要标准参数与工作阶段的关系列于表 2.3－14。

计算说明：

①镍和锰品位换算为钴品位的换算系数按下式计算：

$$K_{金属} = (\mu_{金属} N_{金属})/(\mu_{钴} N_{钴}) \tag{2.3-28}$$

式中：μ 为金属批发价格，元/t；N 为从矿石变成金属产品全过程的总回收率，%。

②富钴结壳当量钴品位按下式计算：

$$C_{当量钴} = C_{钴} K_{钴} + C_{镍} K_{镍} + C_{锰} K_{锰},\ \% \tag{2.3-29}$$

式中：C 为矿石金属品位，%；K 为钴、镍和锰品位换算成当量钴品位的换算系数，小于 1。

③无盈亏时当量钴最低工业品位按下式计算：

$$C_{最低品位} = 100Z/(\mu K_{伴生组分} NP) \tag{2.3-30}$$

式中：Z 为勘探、开采、运输、加工、自然环境保护费用和向联合国海底管理局缴纳的管理费，元/t；μ 为 1 t 钴的价格，元；N 为当量钴的总回收率，小于 1；P 为开采时矿石贫化系数，小于 1；$K_{伴生组分} = 1 + R/\mu$ 为未考虑换算系数的伴生组分系数(R 为出售伴生组分的预期利润)。

④按 1 t 矿石的钴、镍和锰回收价值，用可回收性加权法确定当量钴的总回收率：

$$\mu_{当量钴} = (N_{钴} \mu_{钴} + N_{镍} \mu_{镍} + N_{锰} \mu_{锰})/\mu_{金属} \tag{2.3-31}$$

根据市场经济要求和资源利用法律条款，用 2 种标准计算矿产储量(探明储量和开采储量)都是合理的。勘探标准应当用于计算矿床储量、确定矿床规模和工业价值，标准制定时应当充分考虑长期预测市场价格情况的参数。按勘探标准计算的储量在国家鉴定后，必须用矿床平衡表加以计算。

在矿床设计和开采过程要编制开采标准。

表 2.3－14　地质探查阶段与标准要求的关系

主要标准参数	地质探查阶段		
	区域性调查（检验标准）	普查（评价标准）	勘探（暂行标准）详查/生产勘探（长期标准）
项目矿物预测资源最小量/10^2万 t	+		
项目矿物最低赋存丰度/$(kg \cdot m^{-2})$	+		
镍和锰品位的当量钴换算系数，<1	+	1.0 钴，0.021 镍，0.046 锰	
计算（评价）矿区内干矿石最低工业赋存丰度/$(kg \cdot m^{-2})$		+(55)	
项目矿石当量钴最低工业品位/%	+		
计算（评价）区段当量钴最低工业品位/%		+(1.5)	
项目矿石当量钴最低含量/$(kg \cdot m^{-2})$	+		
计算（评价）区段当量钴最低含量/$(kg \cdot m^{-2})$		+(0.825)	
圈定边界站当量钴最低品位/%		+(1.4)	
圈定边界站当量钴最低赋存丰度/$(kg \cdot m^{-2})$		+(50)	
确定边界站当量钴最低含量/$(kg \cdot m^{-2})$		+(0.825)	
计算（评价）区段最小含矿系数，<1		+(0.5)	+
矿床边界内无矿或少矿窗口最小尺寸/m			
计算矿区的最大储量值/万 t			
单独矿层最小储量/万 t			
计算（评价）矿区有害 组分最高允许品位/%			
划分矿石类型和品级的要求		+	
储量和资源量应计算和统计的伴生有用组分项目		+	
换算成当量钴的镍与锰的最低品位/%			
储量计算（预测资源量）范围内海洋最大深度/m	+	+(3 000)	
对不在按开采矿山技术条件计算之列的矿层区段的要求			
经营企业的资源和储量保证程度（考虑回采率）/a		+(20)	

2.3.5.7 矿物资源开发地质经济评价的特点

(1)评价中有用组分的最低品位是根据样品工艺试验结果确定的，有害组分的最高允许含量是根据计算条件加以限定的。

(2)在工艺研究中确定提取伴生有用组分的技术可行性和经济合理性。同时考虑自然环境保护费用。

(3)如果考虑指定组分，其总经济效益有所提高或不下降，则提取该组分是合理的，否则随后的计算不予考虑。

(4)矿床边界圈定和储量计算(评价预测资源量)是按用换算系数确定的当量钴品位进行的。并应按每个圈定边界方案分别计算。

(5)确定当量钴换算系数的原则是，必须保证评价结果与不换算的评价结果相等。

(6)地质经济评价结果应随着成品销售市场、产品价格、支付方式等的改变经常修正。

第3章　资源勘查技术装备概述

深海资源探测的主要目标是收集和分析有关海底矿物、沉积物、基岩或生长环境的资料。其中矿床品位和丰度特征、海底宏观和微观地形特征是关键性的要素。它们是圈定技术经济可采矿床和确定开采技术的基础。关于海底、水柱和水面的信息与目标的关系参见表3.0－1。

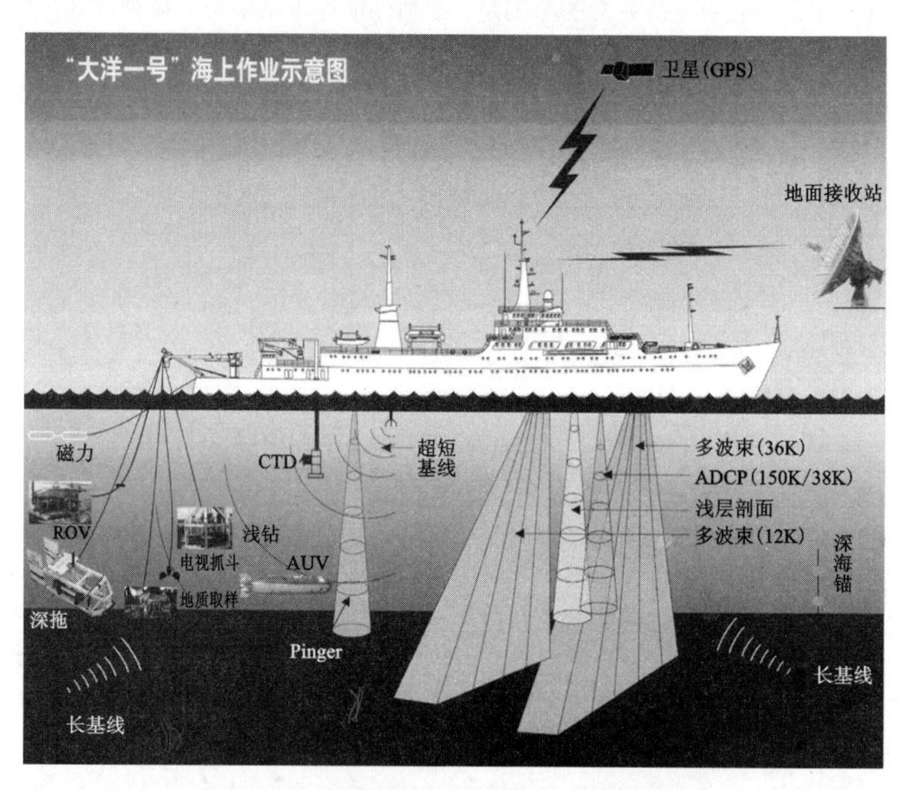

图3.0－1　各种深海探查设备在海上使用概念图

所有探测均需要现代化探测仪器的支持。深海探测仪器设备与陆地所使用的设备有极大区别，主要有水面支持调查船、取样设备、光学视像设备、声学测深与地形探测设备和多种物理、化学、生物探测仪器设备，以及水下机械人和海底长期观测系统。这些设备在海上使用概况参见图3.0－1。

表 3.0－1　圈定经济矿床和开采技术开发的自然因素

<table>
<tr><th colspan="3">自然因素</th><th>对开采技术的影响</th></tr>
<tr><td rowspan="9">水面</td><td rowspan="5">气象</td><td>大气温度</td><td>影响机电设备运转和船员的舒适</td></tr>
<tr><td>大气湿度</td><td>引起金属材料腐蚀，影响机电设备运转和船员的舒适</td></tr>
<tr><td>风</td><td>影响船体运动的作用力和动力定位，飓风要躲避，在设计海底矿物提升管道控制系统中尤为重要</td></tr>
<tr><td>降水</td><td>影响作业</td></tr>
<tr><td>云、能见度</td><td>对导航和雷达有要求</td></tr>
<tr><td rowspan="4">水文</td><td>波浪与涌浪</td><td>在设计收放与吊挂系统、制定作业计划和估计系统的适应性和存活性时非常重要</td></tr>
<tr><td>海潮</td><td>对系统设计影响不大，因为它所引起的垂向位移较小，但在估计航行误差中有用</td></tr>
<tr><td>海流</td><td>在估计管道受力、船的推进要求和制定作业计划时有重要影响</td></tr>
<tr><td>海水性质（密度、温度、盐度和含氧量）</td><td>在估计系统拉力、腐蚀环境和泵功率要求时相当重要</td></tr>
<tr><td colspan="2" rowspan="5">水体</td><td>海流</td><td>引起管道震荡，对管道受力有非常重要的影响；底流影响采矿车牵引力和方向控制</td></tr>
<tr><td>盐度</td><td>影响机件腐蚀，对选材很重要</td></tr>
<tr><td>温度</td><td>温度对采矿车液压系统设计和估计矿浆运至水面有用</td></tr>
<tr><td>密度</td><td>在估计泵功率要求和对系统的浮力时重要，而且其值的变化可引起系统载荷的次生效应</td></tr>
<tr><td>浊度</td><td>其值对光学扫描设备的设计与作业很重要</td></tr>
<tr><td colspan="2" rowspan="4">海底</td><td>宏观地貌/等深线</td><td>在确定系统管道长度、制定与其相适应的开采计划（路径）时至关重要；影响采矿车的爬坡、越沟、侧滑和行驶稳定性与控制。</td></tr>
<tr><td>微地形</td><td>极大地影响采矿头和行走机构及其控制装置，在确定采矿车的动力（影响采矿速度）时至关重要。由于结壳厚度仅几厘米，极大地影响采掘的损失贫化率</td></tr>
<tr><td>障碍物</td><td>影响采矿车的导航、行驶控制；在评价可采区和制定采矿计划时是一关键因素</td></tr>
<tr><td>沉积物与基岩物理性质</td><td>沉积物的厚度、剪切强度及基岩与结壳的结合强度对设计切割头和行走机构是至关重要的</td></tr>
</table>

续表 3.1

自然因素		对开采技术的影响
矿石	结核粒径或结壳厚度、硫化物深度及其分布	决定着采矿头的结构设计及其控制，以及开采工艺
	覆盖率及其空间分布	是估计产量、剥离破碎规模与采掘推进速度时至关重要的变量。其变化在确定最大功率和矿浆浓度时很重要
	品位	在制定开采计划和配置船上处理设备时的一个重要因素
	密度	在确定输送系统泵功率和系统流量时重要
	强度	是确定切割、破碎机构及其功率的重要因素
	脆性	与机件磨损有重要关系。对采矿头和船上分离装置、泵功率大小有较大的影响
	含水率	计算实际生产能力的重要系数

3.1 调查船

调查船是深海调查的水面支持系统和管理中心。

目前世界上使用的海洋调查船(不含极地调查船)有60多艘。其中美国拥有近20艘，其次是加拿大有近14艘，德国和日本各有7艘以上。这些船只50%以上是20世纪90年代以后建造的，船的吨位从400 t至11 000 t。现役海洋调查船中3 200～3 500 t级的约占40%；5 000 t级的约占30%；8 000～11 000 t级的约占10%。这些调查船绝大多数为综合调查船，经济航速达15节(1节=1.82 km/h)，续航力达15 000海里，自持力90天，抗风力12级，能够进行全海域调查，调查船的外观参见图3.1－1。

图3.1－1　深海调查船

调查船装备有完备的导航定位系统与通讯系统，功能齐全的实验室，适用多种资源调查和海洋科学研究的探测系统、仪器设备及配套的甲板起吊设备与作业空间。参见表3.1－1。

表3.1-1 调查船的基本装备

装备类型	基 本 配 置
导航	GPS和DGPS、罗兰脉冲时差双曲线远程导航系统(Loran C)、陀螺罗经、多普勒速度仪、X/S波段雷达、回声测深仪、计算机控制的精确动力定位系统等
通讯	单波段和高频无线电通讯、卫星通讯系统、气象传真，电报和电子信函等
永久调查设备	深水多波束测深系统、声学多普勒海流剖面仪，重力仪、磁力仪、地震仪、浅地层剖面仪、常规回声测深器，长基线和超短基线导航定位系统，水文气象仪器，后甲板的可扩展闭路电视监视系统，网络系统等
甲板设备	1. 液压悬臂吊，船舶起重机，移动式可折叠多用途起重机 2. 10 000 m水文地理绞车(牵引/储缆绞车)，配有0.680″光缆、同轴缆和9/16″免扭钢缆 3. 23～26 t吊放能力的船艉A型架及绞车吊放系统。如美国Atlantis号调查船、日本Yokosaka号调查船、法国LAtalante号调查船。用于吊放载人潜水器及ROV 4. 大通过空间的船艉A型架及配套铠装光纤动力缆绞车吊放系统。如日本白岭丸2号、德国Sonne号调查船。A型架宽5.6 m，内高8.3 m，起吊能力15 t，光纤动力缆外径24.6 mm，长12 000 m。用于吊放钻深30～100 m岩芯钻机 5. 可在恶劣海况下作业的A型架—升沉补偿—牵引绞车吊放系统。如日本Yokosuka号调查船，用于吊放世界上唯一的潜深11 000 m的海沟号ROV 6. 装备大吨位液压悬臂吊船侧吊放系统。如俄罗斯Keldvshk号调查船，用于吊放MNP号6 000 m载人潜水器 7. 另外，在船中部设置通过船体下放调查设备的月池、设置直升机坪、大吨位外伸吊架、配带遥控工作艇等都在未来考虑之中
科学实验室	重力、磁力、声学实验室，综合性干式(地质样品分析、土工测试)、湿式(水文、化学、常规生物)实验室，生物基因实验室，计算机室等

下面以2005年下水的目前世界上最新的法国Pourquoi pas调查船为实例，阐述深海综合调查船的性能、基本配置、结构和整体布局。

(1)概况和基本参数

Pourquoi pas调查船于2005年建成下水，船东和运营者为法国海洋开发研究院(IFREMER)，基本参数见表3.1-2。

表3.1-2 Pourquoi pas调查船基本参数

参 数	参 数 和 说 明
类型与级别	法国船舶协会分级：Ⅰ级，远洋，高海况
主尺度	长度107.6 m，宽度20 m，吃水深6.9 m，干舷高(甲板至水面)3 m
质量	船重7 854 t，载重1 055 t，排水量6 600 t，压舱水505 t

续表 3.1-2

参　数	参 数 和 说 明
航速	11 节，最大 14.5 节
最大巡航时间	64 天(11 节时)
人员	船员 18 ~33 人 +2 名气象员或 1 名医生，根据任务类型而定；科学家 30 或 33 人(包括集装箱铺位)
淡水	淡水容量 328 m^3，饮用水容量 25 m^3，淡水生产能力 45 t/d

(2)基本配置

基本配置分 8 个部分：

①动力和推进系统。动力和推进系统配置见表 3.1-3。

表 3.1-3　Pourquoi pas 调查船动力和推进系统基本参数与配置

动力系统配置		规　　格
柴油电动推进系统		与 DP Ⅱ 动力定位一起实现定位和航线跟踪
发电系统	主发电机	4 ×1 460 kW 柴油交流发电机组 Wartsila 8L20；Leroy Somar 交流发电机(4 ×1 837 kVA、690V、50 Hz)
	备用发动机	300 kW
推进器系统	主推进器	2 直流 APC 电动机，Wartsila 固定浆叶推进器(5 浆叶)，2 ×1 650 kW 换流器
	辅助推进器	4 Brunwoll 调速横向推进器，4 ×735 kW -3 个船艏，1 个船尾
	航行舵	Becker 型
船舶电网		380 V，50 Hz，经由变压器
稳定电网		380/220 V，50 Hz，100 kVA，75 kW 电源与船上电源系统分开的
燃料舱		柴油 1 233 m^3，润滑油 95.4 m^3(含液压油 11.5 m^3)

②通讯系统。

- 全计算机化，带自动操作，能源控制，警报台，绞车和门架控制，以及科学计算机设备；导航台，数据采集和实时与事后处理站。
- 在船上任何地方都可得到电视和网络的所有数据。
- 卫星通讯设备。
- 2 套 INMARSAT 标准 C Thrane & Thrane；2 套 INMARSAT 标准 B ABB Nera；Itineris 8 W 和 2W。

- GPS：2套 CIS Aquarium Aphtech。

③导航定位系统。导航定位系统配置见表3.1－4。

表3.1－4　Pourquoi pas 调查船通讯系统配置

1. 一体化导航控制单元 CINNA	14. Kelvin Hughes Manta 2000 一体化导航系统
2. Kelvin Hughes 自动识别系统（AIS NIS 2002 Mk2）	15. Kelvin Hughes GS720 MK 2000 磁罗盘
3. C－Plath AD2 自动驾驶仪	16. APC DP 2 级动力定位，雷达
4. Kelvin Hughes BWAS B129 警戒系统	17. 雷达：Kelvin Hughes Manta 2000/2300 S 波段模块，Kelvin Hughes Manta 2000/2300 X 波段模块，Oceanstar RTCM 3 000L 接收器，Kockums S900 外部收听系统，Taiyo TD－L 1620A VHF 无线电测向仪
5. Leica MX420/2 DGPS 接收器（导航）	
6. Thales Aquarius2 22 DGPS 接收器（科学用）	
7. RDI WHN 1200－1 多普勒船速仪（动力定位用）	
8. Skipper DL850 多普勒船速仪（导航）	
9. Kelvin Hughes ECDIS VDR－A20（Manta ECDIS 系统）	18. Kelvin Hughes NDR 2002 model VDR 录像机
10. Skipper GSD101U 50 和 200 kHz 导航探测器	19. Gill Instruments Wind Observer Ⅱ model 风速计
11. Gonio400 P IESM Argos 天线	20. SERPE－LESM EPIRB 406S 和 406HW Kannad
12. Ixsea Octans 陀螺罗盘	21. NERA FLEET 77 Inmarsat
13. Ixsea Phins 姿态控制单元	22. Furuno Fax－210 气象传真

④水声设备。水声设备配置如下：

- 多波束回声测深仪 dual EM 12 Simrad；
- 回声探测仪 200 kHz－Furuno；
- 多波束回声测深仪 EM 1 000 Simrad；
- 沉积物穿透仪 3.5 kHz；
- 声学基站 Oceano－Mors；
- 声学带宽遥控装置 TT301－Mors。

⑤科学设备。科学仪器设备配置见表3.1－5。

表 3.1－5　Pourquoi pas 调查船科学设备配置

1. RDI ADCP 38 kHz BB Osean Surveyor	11. Sercel Sepia 声波发生器(Pinger)
2. RDI ADCP 150 kHz BB Osean Surveyor	12. Ifremer Sabrina 噪声与振动测量控制单元
3. SIPPICAN MK21 Win 深海温度测量器	13. Seabird SBE 6 数字温度传感器
4. Ixsea Posidonia USBL, Reson SVP－C 速度计	14. Simrad EA600 12, 38, 200 kHz 单波束探测器
5. Bodenseewerk KSS 31 重力仪	15. Reson 7111 100 kHz 多波束探测器
6. ACEB Sofy M90 EXP 320j 进度管理单元	16. Reson 8150 12 kHz 多波束探测器
7. Thomson SMM Ⅱ 磁力仪	17. Reson 8150 24 kHz 多波束探测器
8. Ixsea VM 300D 矢量磁力仪	18. Ixsea TT801 声学遥控器
9. Meteo France Batos 气象中心	19. Seabird SBE 21 Seacat 温度及盐度测量仪
10. Ixsea Echoes 3.5 沉积物穿透仪	20. Seabird CTD SBE 19 插头

⑥其他科学设备。其他科学仪器设备配置如下：

• L′Atalante(与 IFREMER La Thalassa 船一起)是为 VICTOR 6 000 水下 ROV 作业装备的，从船尾 A 型架下放，VICTOR 工作深度 6 000 m，装备有摄像机、传感器、样品收集臂。

• L′Atalante 还为 6 000 m 鹦鹉螺载人潜水器作业用。

• L′Atalante 有 3 个月池，用于科学仪器装置通过船体下水作业。

• 船载 CTD 设备 SBE 19，使用侧舷 A 型架和绞车吊放。

⑦甲板空间与布置。甲板工作间布置 21 个房间，总面积 425 m^2。详见表 3.1－6。

⑧甲板吊放设备。甲板吊放设备配置详见表 3.1－7。

(3)结构和布置

Pourquoi pas 调查船的外貌和后甲板、起重机、A 型架、机棚、绞车控制室等分别见图 3.1－2 至图 3.1－9。

表 3.1－6　Pourquoi pas 调查船甲板空间和布置

试验室名称		面　积	试验室名称	面　积
科学试验室	工作甲板湿式实验室(A)	17 m^2	科学控制室	60 m^2
	工作甲板干式实验室(B)	11 m^2	电子测量室	50 m^2
	无污染实验室	15 和 11 m^2	后处理室	17 m^2
	湿式实验室	30 m^2	多用途室	26 m^2
	多用途实验室	23 m^2	绘图室	23 m^2
	低温实验室	16 m^2	设备集装箱空间	8 个 20 英尺
	照片室	7 m^2		

表3.1-7 Pourquoi pas 调查船甲板吊放设备配置

类 型	规 格 和 用 途
船尾摆动A型架（右舷和中心部位2个吊放界面）	1. 鹦鹉螺载人潜水器和无人潜水器布放回收作业联合绞车 2. ALM在海上吊放能力10 t（中心或右舷），吊放ROV、Penfeld、水文装置吊放 3. ALS在海上吊放能力22 t（重型部件） 4. 4个深水滑轮吊挂点，有或无悬挂装置
船中部起重机（吊架，右舷）	1. 由TTL提供，ALM型 2. 15 t，15 m，横靠码头-ALP 3. 在海上3 t，15 m-ALM 4. 在海上伸缩部位0.5 t，22 m-ALM
左舷船尾起重机	1. 由TTL提供，ALM型 2. 15 t，12 m，横靠码头-ALP 3. 在海上3 t，12 m-ALM
海洋学起重机	1. 由TTL提供，ALM型 2. 1台绞车，8 t、13 m或5 t、15 m 3. 1台绞车，2 t、15 m
侧弦伸缩吊机	1. 由TTL提供，ALM型 2. 深海滑轮吊挂点：离右舷板外侧4 m，缆绳强度15 t（吊放取岩芯器，Penfeld，Victor） 3. 8 t和2 t绞车各1台
水文学/测深仪A型架	1. SML海上4 t，与右舷侧交搭3.5 m 2. 2台绞车均绕8 000 m缆
移动绞车	ALM型，安全工作载荷5 t
深海绞车	1. 由Mac Artney提供 2. 成对起锚机，安全工作载荷15 t 3. 4个10 000 m缆滚轮，包括2个与EOP缆兼容的
吊架桥起重机	安全工作载荷2 t，在海上使用
流体实验室伸缩横梁	安全工作载荷1 t-ALM
右舷声学吊舱起重臂	安全工作载荷1 t，在海上范围4 m
备用起重机	安全工作载荷1.5 t，范围10 m
水听器管	2个500 mm直径，1个800 mm直径

图 3.1-2　Pourquoi pas 调查船吊放设备布置外观图

图 3.1-3　Pourquoi pas 调查船后甲板起重机

图 3.1-4　Pourquoi pas 调查船后甲板概貌

图 3.1-5　Pourquoi pas 调查船后船尾 A 型架

图 3.1-6　Pourquoi pas 调查船机棚（可见 Nautile 载人潜水器和 Penfeld）

图 3.1-7　Pourquoi pas 调查船取芯器通道

图 3.1－8　绞车控制室及控制台

图 3.1－9　柴油交流发动机组

3.2　探测技术装备主要类型

探测技术装备主要类型见表 3.2－1。地球物理探矿基本方法见表 3.2－2。

表 3.2－1　探查技术设备主要类型

装备类型	主要用途	主要设备、仪器和传感器
综合深拖	资源探测 环境监测 海洋突发活动观测	照相、摄像、微地形声呐、CTD、海流计、磁力计、重力计、浊度计、光谱分析仪、浅地层剖面仪、地球化学实时探测器等探测拖体

续表 3.2－1

装备类型		主 要 用 途	主要设备、仪器和传感器
物理力学特性原位测试	沉积物	剪切、承压强度等	剪切仪、贯入阻力传感器
	岩石	动静态强度，破碎阻力	岩石静动态特性测试装置
海底长期观测站/网	海底固定	地球科学：地震海潮、洋壳运动、海底扩张等 资源探测：矿产、生物 环境监测：水文、气象	海底地震仪、倾斜仪、应力位移计、间隙水压力、激光和γ射线光谱仪、浅剖、高保真(水、热液、生物)取样器及其他物化传感器等
	海底移动		
	海底埋设		
	锚系		
取样设备	海底表层取样	海底表层沉积物和矿岩物理化学性能分析	电视抓斗，拖网，箱式取样器，沉积物多管取样器，重力活塞取样器，沉积物保压取样器，浅层岩芯钻机
	海底浅层取样	硫化物、气体水合物、浅层地质构造资源评价	海底岩芯钻机
	海底深层取样	洋壳构造、矿产探测评价	大洋钻井船
	生物取样	物种分析，热液口生态系统分析	宏生物捕获网，微生物过滤浓缩保真取样器
	水体取样	海水和热液物理化学性能分析	采水器，热液保真取样器，
潜水器与机器人	载人潜水器(HOV)	深海观测、取样、绘图	摄像、照相、声呐、机械手、取样器及其他传感器
	有缆遥控潜水器(ROV)	深海观测、取样、绘图	摄像、照相、声呐、机械手、取样器及其他探测传感器
	无缆自治潜水器(AUV)	热液口寻找，环境探测	摄像、照相、声呐及其他探测传感器
	光纤遥控与自治潜水器(HROV)	潜入最深海底、冰层下和海洋突发事件的快速反应探测，携带各种测量、取样仪器进行海洋资源勘查与环境监测、地球科学研究	摄像、照相、声呐、取样器及其他探测传感器
	底行式遥控车	海底移动探测，钻孔埋设探测仪表，岩土动态特性测试，开采工作机构试验	探测和作业机械臂、机械手，钻孔装置，取样器，摄像机，照相机，声呐探测和定位装置，各种物化传感器等

表3.2-2 地球物理探矿基本方法

方法名称	观测参数	起作用的物理性质
重力	重力场强度的空间变化	重力
磁力	地磁场强度的空间变化	磁化率
地震	地震波反射和折射的传播时间	海水和地层的重力与弹性
电阻率	地球电阻	电导率
感应极化	极化电压或大地电阻	电容
自然电位	电位	电导率
电磁法	电磁场的响应	电导率或电感

3.3 探测仪器设备

3.3.1 拖网

拖网是箱式、管式或袋式装置的加长，在船慢速航行中利用船上牵引绞车拖曳进行水体或海底采样作业。典型的海底拖网和水体中多层生物拖网分别见图3.3-1和图3.3-2。多层生物拖网配置的传感器见表3.3-1。

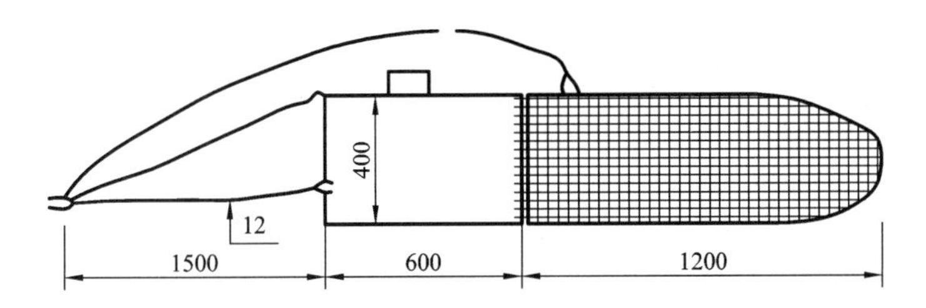

图3.3-1 链式袋状海底拖网取样器

图3.3-2 多层生物拖网取样器(网口面积1 m^2，10层网)

表 3.3－1　多层生物拖网配置的传感器及规格

传感器	制　造	类　型	测量范围	精　度
温度	Guidline P/N 87401	铜导线阻抗	+30～－2℃	±0.01℃
电导率	Viatran P/N 87410	玻璃比色槽		±0.005PPT
压力	Viatran	应变测量计	0～750 psi(5.2 MPa) 0～1 500 psi(10.3 MPa) 0～3 000 psi(20.7 MPa)	0.25%
	Parescientific Digiquartz	石英晶体	0～900 psi(6.2 MPa)	0.01%
姿态角	Spection P/N L210	电导率单元	±45°	1%
流量计	TSK	叶轮及霍尔效应接近开关		1%
	March－McBirney P/N 512	电磁式，2 轴	0～3 m/s	±3%
浮游植物	Variosens 荧光计	光激发叶绿素－α	0～0.30 mg/m^3	±15%
氧	Beckman	氧电极		0.1%
浮游动物		光学计数器	0.1～20 mm^3	±10%

3.3.2　沉积物取样器

沉积物取样器按结构形式分为箱式和柱状两大类。

(1)箱式取样器

用绞车吊放到海底的无底金属盒，利用其重力插入沉积物后，金属铲刀自动闭合箱底。作业过程见图 3.3－3。箱式取样器大小不等，获取样品的高度一般为 0.5～1 m，宽度 0.2～0.4 m。大型箱式取样器如法国 Calypso 型，取芯器尺寸为 0.25 m×0.25 m，岩芯长度达 12 m，下放重量 12 t，如图 3.3－4 所示。

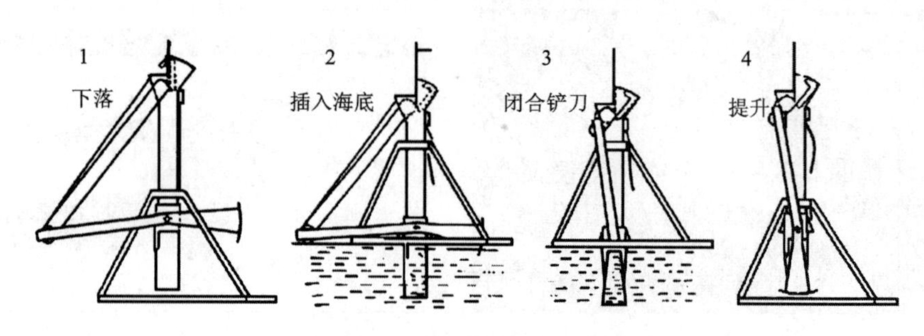

图 3.3－3　箱式取样器作业过程

图3.3-4　Calypso方形取芯器在船侧弦吊放

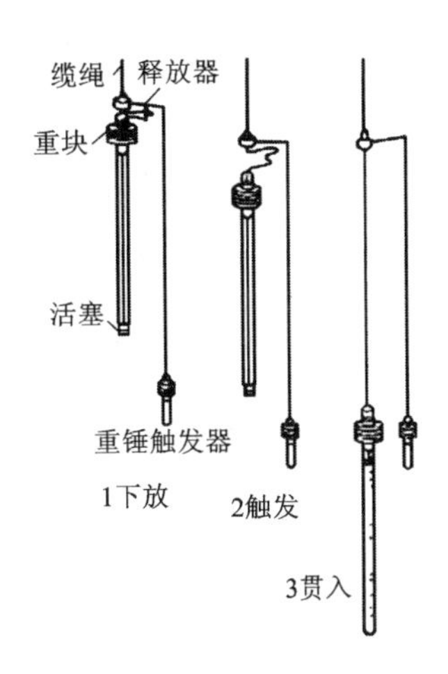

图3.3-5　重力活塞取样器作业过程

(2)柱状取样器

为一长中空管，直径一般为2~10 cm，管长1~30 m，用于穿入海底获取沉积物样品。最简单的为重力取样器，利用自重将取样管压入沉积物中。活塞取样管则利用静水压力和管内活塞获取样品。活塞取样管通过重力取样器作为触发装置，使两种取样器几乎同时采到样品，如图3.3-5所示。世界上最大的长活塞沉积物取芯器为法国的Calypso系统，取芯管长可达75 m，下放重量为7 t，拔出力为取芯器重量加岩芯管中沉积物重量的2倍。这种取样器对于研究全球气候变化、大陆边缘潜没、地震、地表下沉等自然现象极为重要，因为这些现象都会在海洋沉积物沉积序列数据中留下重要信息。

图3.3-6　多管沉积物取样器

(3)多管取样器

大型的有8~12个或更多直径10 cm的取样管，一次取样面积达0.06~0.09 m^2，如图3.3-6所示。此外，还有取样管上部加振动器的振动取样器。

3.3.3　采水器和生物取样器

采水器一般为花瓣状多瓶取样系统，如图3.3-7和3.3-8所示。取样瓶多达24个，每个瓶可遥控在一定水深取水，并配备温度、盐度、深度探测器

(CTD)。主要用于水体环境参数测量，特别是热液黑烟囱化学信号(甲烷、锰、氦同位素等)，以及分析水中颗粒物、微生物。

浮游生物采用组合式捕获网，操作者控制其在不同水层开合，一次下放采集多个水层浮游生物；专用微生物取样器有不同网度的捕获网，目前最小微生物用 4 μm 过滤膜浓缩保压取样器采集。

图 3.3-7　多瓶采水器

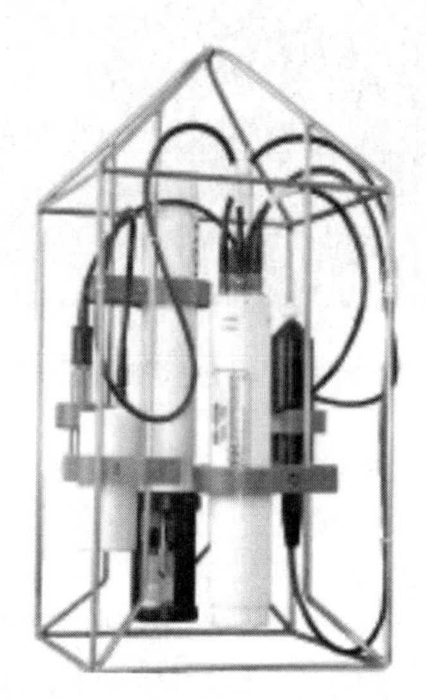

图 3.3-8　多参数水质剖面仪

3.3.4　电视抓斗

电视抓斗利用绞车吊放，高分辨率电视观察海底，同轴缆或光缆传输图像，精确选点后由液压缸控制 2 个扇形斗开合抓取样品。主要用于沉积物、软岩、块状硫化物或结壳取样，还可用于小范围海底地形测量。见图 3.3-9。大型电视抓斗重量达 3 t，斗容达 1 m^3 以上。

图 3.3-9　电视抓斗

3.3.5　遥控深海底岩芯钻机

遥控深海底岩芯钻机是重要的现代化取样设备，对于确认海底硫化物矿床埋藏深度和矿体空间形态，以及研究海底地质构造是不可缺少的设备。主要分为2大类：专用钻井船和海底岩芯钻机。对于钻进200 m以下的浅岩芯孔，用钻井船是非常不经济的，而遥控海底岩芯钻机可以使用常规调查船，钻进过程中钻杆不从海面穿过海水，不会受到因风、浪产生的船运动影响，钻头轴压可优化控制，这对于要求高质量岩芯特别是上部10～100 m孔是先决条件，而且工时利用更加有效。因此，这里主要介绍遥控海底岩芯钻机。

遥控海底取芯钻机是近二十多年以陆地金刚石钻进技术为基础研发的新型海底取样设备。自1989年开始，美国在海军和海洋基金会资助下，率先于1990年研制出3 m钻深的遥控深海底岩芯钻机，1996年威廉姆逊跨国公司(Williamson and Associates, Inc)为日本矿业事业团研制出钻深30 m、作业水深6 000 m的遥控深海底取芯钻机，澳大利亚深海土工有限公司(Benthic Geotech Pty, Ltd)与美国威廉姆逊联合有限公司合作研制出钻深100 m的PROD(Portable Remotely Operated Drill)遥控深海底岩芯钻机，德国不莱梅大学也于2005年制造出钻深达50 m的MeBO型深海岩芯钻机。佩里斯林拜系统公司(Perry Slingsby system Ltd)于2007年制造出钻深5 m和15 m的遥控深海底取芯钻机，俄罗斯于1994年研制出6 m钻深的遥控深海底岩芯钻机。中国于2003年研制成功第一台样机，钻孔深度0.5 m，2 m以下钻深的海底岩芯钻机已用于深海底资源调查，目前正在进行5 m以上钻深的接杆岩芯钻机原型机试验。2011年美国格雷格海洋公司(Gregg Marine, Inc)开发出GSFD钻机，可在水深4 000 m的海底钻岩芯孔进行沉积物取样。值得注意的是，到目前为止，国外仅有不足10台钻机在正常运行，而且只有佩里斯林拜系统公司制造的ROVdrill钻机在商业探矿实际钻进几百个岩芯孔，最深达到18 m。随着绳索取芯技术的应用，第二、三代海底岩芯钻机已有可能实际生产钻进100～200 m深岩芯孔。但是，受到脐带缆能力的限制，作业水深达到4 000 m的只有2～3种。

3.3.5.1 结构特点和发展趋势

遥控深海底岩芯钻机主要由钻具(岩芯管，钻头，钻杆，套管)、推进旋转机构(动力头，滑架，推进缸)、储管架与接卸机械手(包括底部接卸卡盘)、液压动力站和控制系统(水下压力补偿液压阀箱，检测传感器，耐压电子舱)以及水面操纵台组成，结构特点和发展趋势概括如下。

①工作水深达3 500 m，根据需要未来将延伸到4 500 m。主要取决于脐带缆尺寸/质量、供电功率，以及系统质量等因素。

②钻孔取样深度，目前实际能力不超过30 m，未来将达到100 m，甚至200 m。主要影响因素是吊放和供电能力。

③岩芯直径，通常大于52 mm，最小44 mm。主要取决于钻头钻进产生扭矩所需的功率，取芯钻具和岩芯样品的质量，冲洗液流量，以及储管架和接卸机械手尺寸及质量。

④金刚石取芯和活塞推压取芯可在海底或甲板上切换。未来应能具备对于所有类型底质(从裸露玄武岩到很软的沉积物)取样的机具。

⑤目前钻机可在不大于15°坡度、不平地形稳定作业。影响因素主要是机重、底座尺寸、重心及支腿类型。常用垂直伸缩支腿、外摆支腿和拐杖支腿。最近出现沉箱式底座，以及模块化可更换底座，可用于所有海底底质和地形稳定作业，坡度可达到35°。

⑥取芯方式与陆地金刚石取芯相同，有传统取芯和绳索取芯2种方式。

传统取芯方式每钻进一次推进行程，都要卸下钻杆，回收取芯钻具，存放到储管架中，再从管架上取出新取芯钻具，用动力头放入孔内，重新接上钻杆，进行下一次取芯钻进。这种取芯方式的优点是接卸动作简单，容易自动化；缺点是接卸钻杆次数随孔深的增加呈抛物线增加，同时可能出现钻杆堵塞，孔底钻具松扣、丝扣咬死，误操作及钻具丢失等事故。一般在孔深30 m以内采用这种取芯方式。

绳索取芯方式每钻进一次推进行程，无需卸下钻杆，利用绳索打捞钩取出内岩芯管，再放入新内岩芯管，然后接上一根钻杆，继续钻进。对于钻进深孔取芯，节省大量工时，显著提高工效。2种取芯方式接卸钻杆次数与钻孔深度关系比较如图3.3－10所示。

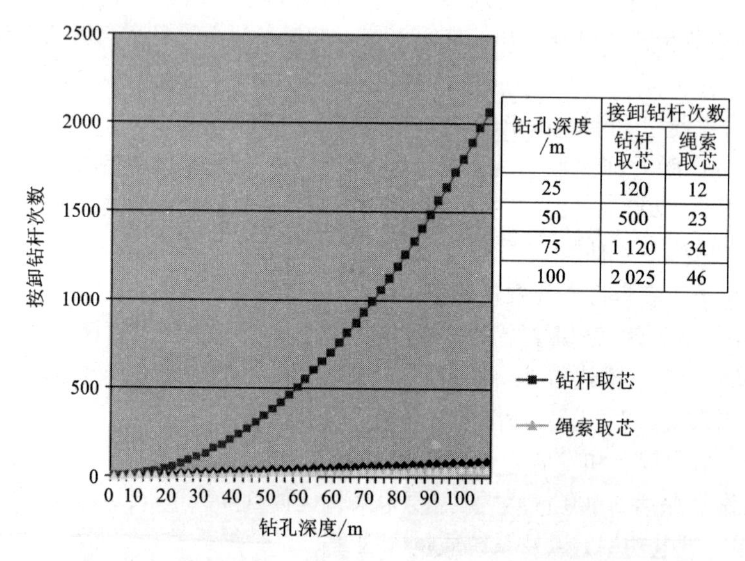

钻孔深度/m	接卸钻杆次数	
	钻杆取芯	绳索取芯
25	120	12
50	500	23
75	1 120	34
100	2 025	46

图3.3－10　2种取芯方式接卸钻杆次数与钻孔深度关系比较

⑦储管架有转盘式和平移排列式2种。孔深超过50 m采用后者更加有效。

⑧配备必要的测控传感器。主要有离底高度计、离海面深度计、动力头转数与扭矩传感器、钻压及冲洗液压力传感器、管架及机械手位置传感器、支腿位置

传感器、寻址和机械部件运行状态摄像系统、监听机械运行状态的听音器，以及长基线或超短基线定位声呐换能器、机动螺旋推进器等。

⑨近年来出现了利用 ROV 提供动力和控制的分体式钻机，海底对接，使钻孔深度有可能达到 200 m。

3.3.5.2　几种典型的遥控海底岩芯钻机

(1) PROD 钻机

PROD 设备外貌、运输和吊放见图 3.3－11 至图 3.3－14。主要技术规格列于表 3.3－2 中。

PROD 钻机通过脐带缆向海底钻机供电和控制。在同一孔中可根据海底地质或用户要求在金刚石取芯钻头旋转钻进、活塞沉积物取样、土工原位试验装置(CPT、BPT、地震探针、十字板剪切仪、永久压力计)及碳氢化合物分析系统之间切换。

图 3.3－11　PROD 钻机外貌

图 3.3－12　PROD 钻机装入无顶盖集装箱

图 3.3－13　钻机设备安装在 Woodside's Lady Christinesan 船上

图 3.3－14　PROD 用 A 型架垂直吊放实况

①钻机的结构特点。配置 2 个旋转储管架，装着岩芯管、钻杆、套管和土工力学特性原位测试装置，储管架能装 260 m 钻具，40 m 保护孔壁的套管；钻具用一对液压机械手在动力头与储管架之间传送；采用传统取芯方式，实现钻进 100 m 岩芯孔，必要时可通过注入聚合物泥浆帮助清除孔内碎片；采用 3 个单独可调外翻伸出支腿，确保钻机稳固放在不平坦海底；采用云台摄像机观察钻机的所有动作。布放回收过程中的位置和方向采用高度计、罗盘、姿态传感器和螺旋推进器精确测控。所有作业参数均实时监测和存储；钻机部件可装进顶部开口的 20 ft 标准船运集装箱内，从集装箱卸下设备和装船，由钻机操作人员进行，只需 3 ~ 4 天时间。

套管以类似普通钻进程序推进，其作用是使 CPT 试验和沉积物取样可在大深度的各种类型土质中进行。

②硬岩取芯钻进。岩石和坚固沉积物采用公司专利薄壁岩芯管和其他专用岩芯钻头钻进取芯。每个岩芯管配有钻头，只使用 1 次。钻头相对底架的深度监测精度 2 mm 以内。机架位置相对泥水分界线的测量精度为 25 mm。

表3.3－2　PROD钻机主要技术规格

<table>
<tr><th colspan="2" rowspan="2">参　数</th><th colspan="2">指　　标</th></tr>
<tr><th>PROD 1</th><th>PROD 2和PROD 3</th></tr>
<tr><td colspan="2">高度(除主滑轮)</td><td>5.8 m</td><td>5.8 m</td></tr>
<tr><td colspan="2">甲板底座(支腿收起)</td><td>2.3 m×2.3 m</td><td>2.4 m×2.4 m</td></tr>
<tr><td colspan="2">质量/水中重力</td><td>11 t/85 kN</td><td>14 t/100 kN</td></tr>
<tr><td colspan="2">钻机装船</td><td>1个20 ft标准集装箱</td><td>1个20 ft标准集装箱</td></tr>
<tr><td colspan="2">最大作业水深</td><td>2 000 m</td><td>3 000 m</td></tr>
<tr><td colspan="2">最大取样钻进深度</td><td>125 m</td><td>85 m</td></tr>
<tr><td colspan="2">最大套管深度</td><td>40 m</td><td>40 m</td></tr>
<tr><td colspan="2">钻具尺寸</td><td>60 mm</td><td>88 mm</td></tr>
<tr><td rowspan="3">沉积物活塞取样管</td><td>直径</td><td>44 mm</td><td>75 mm</td></tr>
<tr><td>长度</td><td>2.7 m/单根管</td><td>2.75 m/单根管</td></tr>
<tr><td>推压力</td><td>60 kN</td><td>80 kN</td></tr>
<tr><td rowspan="2">金刚石钻进岩芯管</td><td>直径</td><td>44 mm</td><td>72 mm</td></tr>
<tr><td>长度</td><td>2.75 m/单根管</td><td>2.75 m/单根管</td></tr>
<tr><td colspan="2">最大推进力</td><td>60 kN＋抽吸压力</td><td>80 kN</td></tr>
<tr><td colspan="2">钻进旋转功率</td><td>75 kW</td><td>97 kW</td></tr>
<tr><td rowspan="7">配套原位测量装置</td><td>仪器贯入能力</td><td>海底以下100 m</td><td>海底以下85 m</td></tr>
<tr><td>圆锥贯入器(CPT)</td><td colspan="2">36 mm直径×2 m长度(由钻杆而定)标准杆，锥顶面积10 cm²，最大压力50 MPa；摩擦套面积150 cm²，最大压力1 MPa；间隙压力最大25 MPa；电池寿命12 h；每秒1个读数</td></tr>
<tr><td>球头贯入器(BPT)</td><td colspan="2">20 mm直径×200 mm长度推杆，端头带60 mm直径钢球，支承面积28 cm²，最大压力5 MPa，原位剪切强度分辨率小于0.6 kPa(实时数据)和小于0.1 kPa(存储数据)，球最大拔出力100 kN，耐水压25 MPa，贯入速度20 mm/s</td></tr>
<tr><td>孔底剪切板</td><td colspan="2">100 mm×50 mm十字板，测量剪切强度达200 kPa</td></tr>
<tr><td>孔内地震探针</td><td colspan="2">2个单独液压冲击锤震源，相反水平冲击能各为100 J，冲击频率约为400 Hz；2个3轴地震检波器阵，间隔1 m安装；采样速率4 kHz(最大16 kHz)；数据传输每个通道速率为16 bit；电池寿命12 h</td></tr>
<tr><td>碳氢化合物分析系统</td><td colspan="2">1. 低测量范围传感器：工作水深0～2 000 m；温度范围2～20℃；甲烷灵敏度300 n mol/L～1 μ mol/L。
2. 高测量范围传感器：工作水深0～2 000 m；温度范围－2～60℃；甲烷灵敏度10 μ mol/L～1 m mol/L</td></tr>
<tr><td>数据传输</td><td colspan="2">经钻杆声学传输(最长100 m)到脐带缆内光纤，速率12字节</td></tr>
</table>

③沉积物取样。采用活塞取样管，利用周围静水压力克服沉积物进入取样管的摩擦力，获取样品。实践证明，来自泥水分界线的极脆弱沉积物样品质量高且扰动最小。

④压电圆锥和球头贯入器原位测量。PROD钻机采用锥顶面积10 cm^2的压电圆锥，配备有单独的锥顶阻力、滑套摩擦力、间隙压力、倾斜角和温度传感器。取位于海底以上约700 mm的探针顶参考读数为0。以20 mm/s标准速度行进探测，贯入深度通过接长钻杆和连续施加推力来达到。海底探测过程中，12字节实时数据通过声学传输到钻杆上，经光缆传到船上计算机。钻机回收到甲板时，下载17字节存储数据。

球头贯入器可提供很软到结实细颗粒土壤的连续和精确的原位非排水剪切强度和残余剪切强度剖面，在管线和锚定设计方面十分有益。它由60 mm直径的淬火光滑球和球内配备的单独球阻力以及间隙压力传感器组成。球头装在直径20 mm、长度200 mm的高张力推杆上，以降低外套的摩擦力，另一端连接到标准的36 mm直径圆锥杆上，再接到88 mm直径的钻机钻杆上。圆锥和球头贯入器如图3.3－15所示。

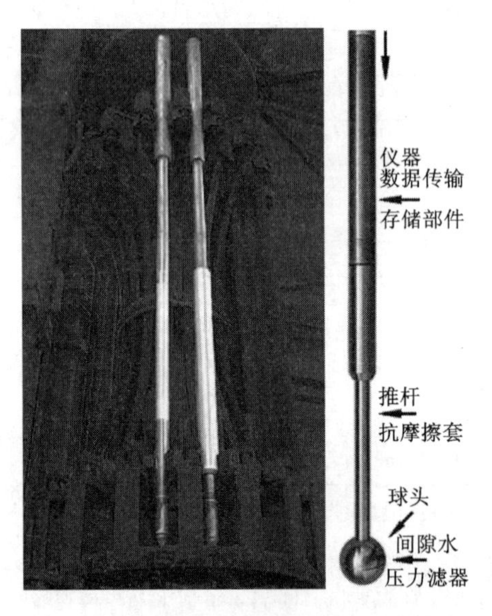

图3.3－15　存放在储管架上的压电圆锥贯入器和球头贯入器

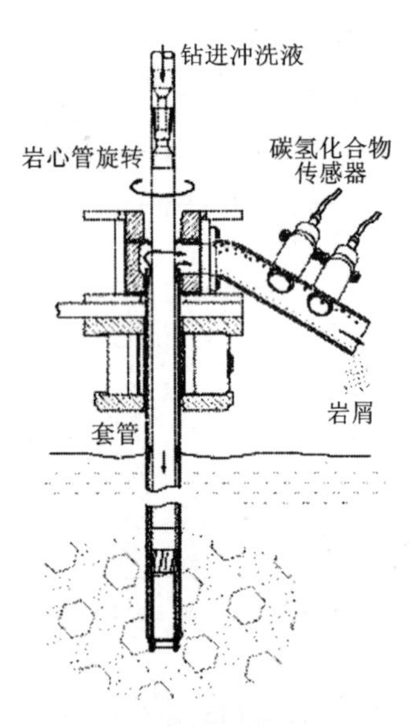

图3.3－16　实时甲烷检测系统示意图

⑥碳氢化合物检测系统。当前的碳氢化合物分析系统的2个碳氢化合物传感器安装在孔口导流罩出口管处，如图3.3－16所示，实时检测和记录了与实时钻孔深度对应的返回孔口钻液所含的沉积物颗粒之间的任何气体或溶解碳氢化合物的含量，利用钻具的尺寸、钻液流速、钻孔速度、测量的碳氢化合物相对浓度，可

以确定所钻材料原位碳氢化合物的成分，还可根据设定时间间隔内的冲洗水和测定的气体浓度确定气体渗入钻孔的速率。该系统提供可能的浅层气体危险预警和识别甲烷水合物的存在。

⑤海底孔内地震探针原位测量系统。系统由海底震源和探针组成，如图3.3－17所示。海底震源为安装在钻机支腿脚上的2个独立的液压冲击锤提供相反水平脉冲，探针由36 mm直径杆内间隔1 m分开安装的2个3轴地震检波器阵组成，利用钻进系统推到目标深度，检测来自海底水平相反冲击锤产生的到达波，得到剪切波和压缩波速度，用于推导基础设计重要的弹性土壤参数（小应变剪切模量，杨氏模量和泊松比）。还可用于土壤分类和稳定性评估（地震土壤流体化分析）、土样扰动分析（即原位测量剪切波速与试验室测量值的比较）以及其他地球物理测量的标定。

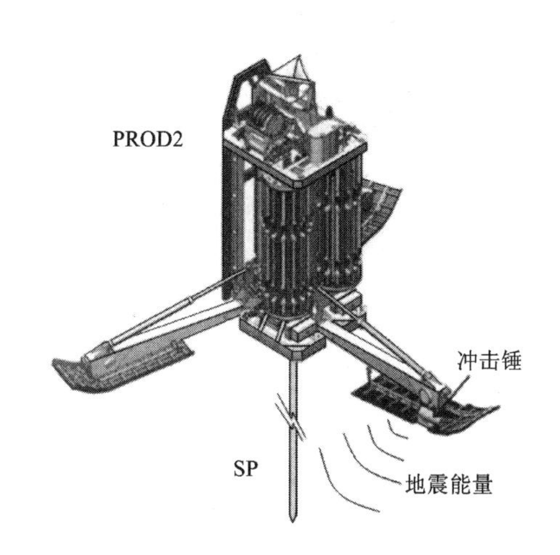

图3.3－17　海底地震探测系统

圆锥、球头贯入器、甲烷和地震原位测量的数据曲线分别见图3.3－18至图3.3－20。

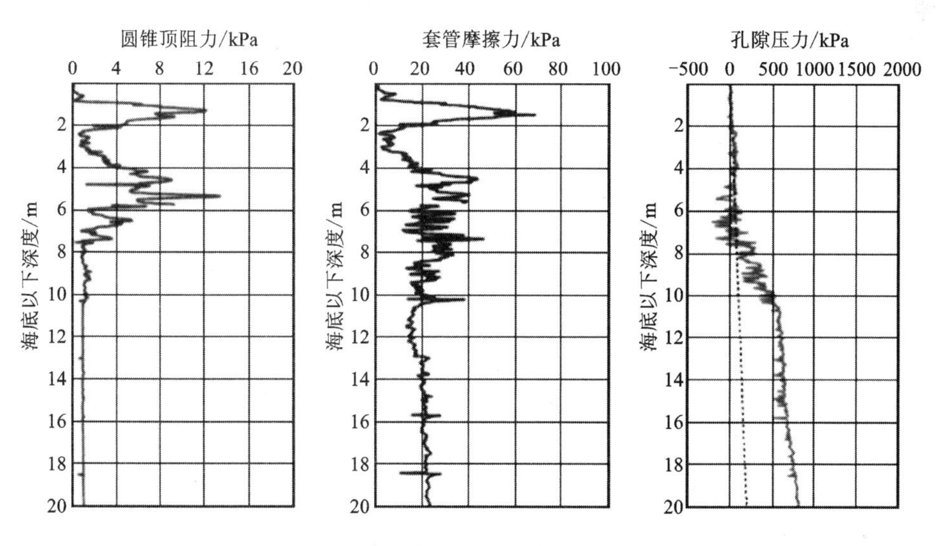

图3.3－18　压电圆锥原位测量的实时数据曲线实例

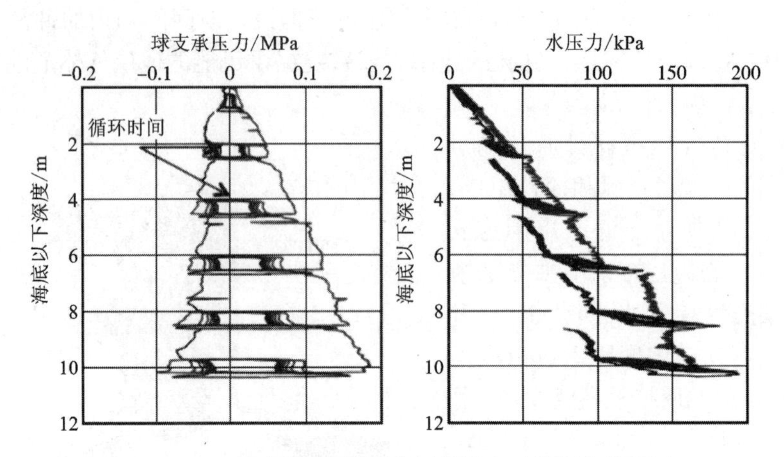

图 3.3-19 球头贯入器原位测量的实时数据曲线实例

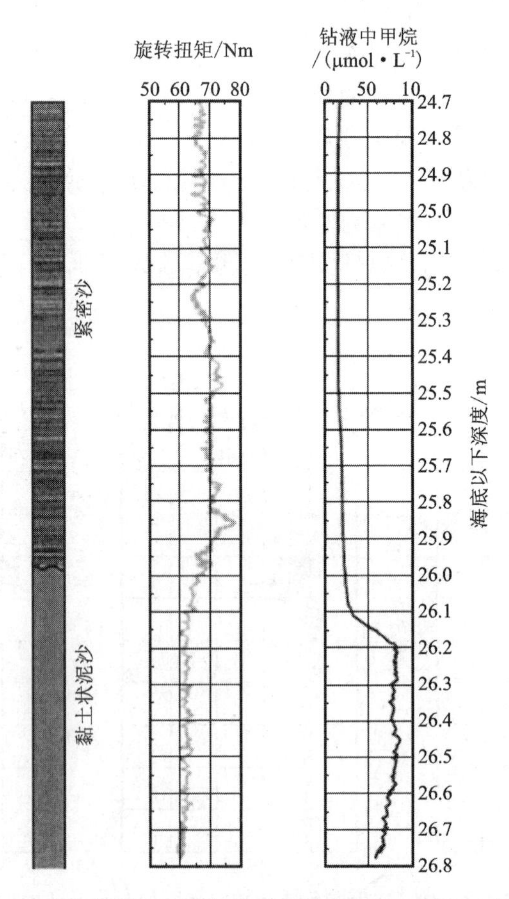

图 3.3-20 碳氢化合物原位检测系统测量的实时数据曲线实例

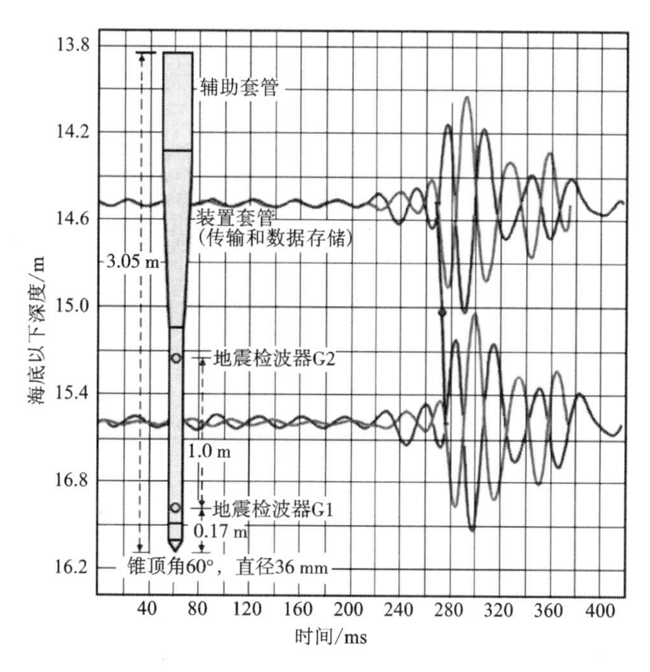

图 3.3－21　海底地震探针测量的实时数据曲线实例

（2）BMS 钻机

BMS 深海接杆钻进取芯钻机是威廉姆逊联合有限公司于 1996 和 2005 年为日本金属矿业事业团建造的。第二代钻机具有金刚石钻进硬岩和土壤取样工具，利用计算机进行自动控制作业。BMS－2 与 BMS－1 相比，还采用多模光缆，电视通道由原 4 路增加到 8 路，RS－232 接口由原 8 个增加到 16 个。

①钻机结构。BMS 型深海底岩芯钻机系统，由水下钻机本体、船上控制子系统和供电子系统组成。水下部分与船上部分通过 9 000 m（原 12 000 m）长的铠装光纤—动力复合缆连接，钻进等动作由船上操作系统控制。水下部分配置了各种传感器，在船上可通过电视图像等监视水下部分的动作情况和海底状况。钻进作业系统示意见图 3.3－22。钻机本体主要组件装于铝合金机架内侧。机架中心部位有升降动力头的滑架，滑架后方设置 2 个容纳钻具的旋转储管架，前方设置了从管架取出钻具并连接到动力头的机械手。机架下端装有 3 个伸缩支腿，以便在斜坡或凸凹不平的海底调平钻机。钻机结构参见图 3.3－23。

此外，钻机还配备有：钻进中卡钻抛弃钻杆和钻机被海底障碍物缠住或恶劣天气不能继续钻进的紧急情况下抛弃钻机的声呐控制弃钻装置；引导钻机到适当位置着底的 4 台螺旋推进器；在距离电缆下端约 50 m 处配置 22 个浮子，使电缆在海底附近呈“S”形状进行钻进作业，避免电缆被海底突起物等挂住；在钻机本体上方约 50 m 处呈“S”形电缆的谷底部位装有声波发射器，在“S”形顶部装有声波转发器，监视电缆形态，脉冲转发器同时用作着底位置测量。

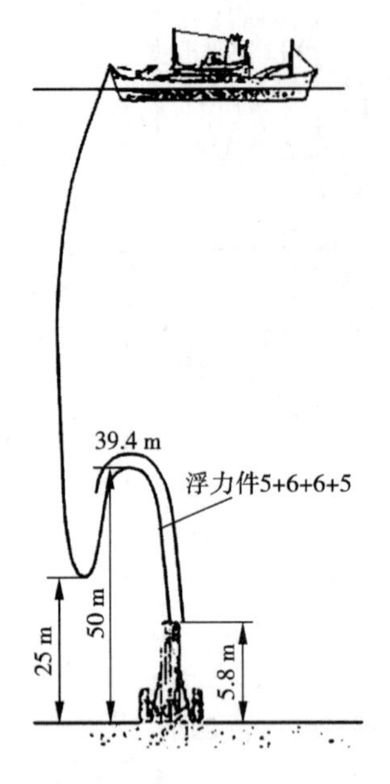

图 3.3－22　BMS 钻进作业系统示意图

图 3.3－23　BMS 钻机在船尾

②钻机的主要技术规格。日本 BMS 型深海底岩芯钻机规格性能见表 3.3－3。

③水面支持船及吊放系统配置。

- 调查船。白岭丸 2 号(Haurei Maru No2)，见图 3.3－24。

图 3.3－24　白令丸 2 号调查船

- 导航定位。全球定位系统(GPS)；声呐测位系统(SPS)；动力定位系统(DPS)。

- 吊放系统。A 型架：最大载荷 35 t，通过断面（宽×高）=5.6 m×8.23 m；起重能力 5 t 的折臂吊。
- 光纤－动力复合缆。主要技术规格见表 3.3－4。

表 3.3－3　日本 BMS 型深海底岩芯钻机规格性能

基本参数	规格	配置	规格	
作业水深	设计 6 000 m	监控仪表	船上计算机控制台；水深、离底高度、推进力、扭矩、冲洗水压力、转数、钻机姿态、钻进速度和深度、漏水检测器，5 台电视摄像机监视支腿接地、动力头运转、孔口和钻具的接卸等；监听钻进声音的听音器	
地形	坡度≤25°，高差≈1 m			
钻孔深度	20～30 m			
钻孔直径	60 mm			
岩芯尺寸	直径 44 mm，长度 20 m			
钻杆尺寸	长度 3 m，9 根，套管长 1.5 m，15 根	船上配套设备	测位装置	全球定位系统（GPS） 声呐测位系统（SPS）
钻具仓	33 个储槽		电缆绞车	最大载荷 23 t，提升速度 120 mm/min
钻进功率	24 kW		光动力缆	直径 24，6 mm，最大工作载荷 15 t，重量 2.1 t/km（水中 1.6 t/km），缆长度 9 000 m
螺旋推进器	推进力 1.3 kN，4 台（垂直和水平）			
外形尺寸	4.22 m×3.6 m×5.5 m		“A”型架	最大载荷 35 t，宽×高=5.6 m×8.23 m
质量	4.8 t（水中重力 34 kN）		折臂吊	起重能力 5 t

表 3.3－4　日本 BMS 型深海底岩芯钻机光动力缆主要技术规格

基本参数		性能指标	基本参数		性能指标
使用水深		6 000 m	线芯结构		3 芯电力线，双层铠装；3 芯光缆。对称排列
外径		24.6 mm			
总长		12 000 m	线芯特性	电力线	铜铰线
铠装钢丝	内层钢丝	直径 2.8 mm，18 股		导体电阻	6.0 Ω/km
	外层钢丝	直径 2.0 mm，32 股		输电电压	最大 3 000VAC，3 相，60 Hz 常用 1 750VAC，3 相，60 Hz
断裂载荷		35 t			
最大安全工作载荷		15 t	光纤		密封套
质量		2.1 t/km（水中重力 16 kN/km）	光传输损失		0.7 dB/km（λ=1.3 μm） 0.4 dB/km（λ=1.3 μm）
			护套		SUS 保护套

(3)BGS 钻机

①BGS RD2 15 钻机

a. 基本结构。这是英国地质调查局开发的深海底岩芯钻机。不锈钢制，拐杖式自动调平支腿和螺旋推进器导航，开放式机架，内装电动液压动力站，冲洗液泵和海底微处理器，2 个旋转储管架及配套机械手，可存储 24 根管(岩芯管，钻杆和套管)，装有 5 台摄像机，具有 60 个液压功能，包括导航推进器和支腿伸缩调平控制杆，钻进参数(钻头推力、旋转速度、钻进速度、冲洗液流量)监控，钻进过程自动控制(开孔、下套管、钻进、拔断和取回岩芯、存取及接卸钻杆等)。基本结构见图 3. 3 – 25。

b. 钻机基本性能规格。BGS RD2 15 钻机基本性能规格见表 3. 3 – 5。

c. 设备装运。全系统总重约 20 t，使用船用集装箱运输和装船。钻机本体用 20 ft 集装箱，修理和控制用 2 个 10 ft 集装箱。消耗品也需要一个单独的 20 ft 集装箱。绞车系统详见下文。

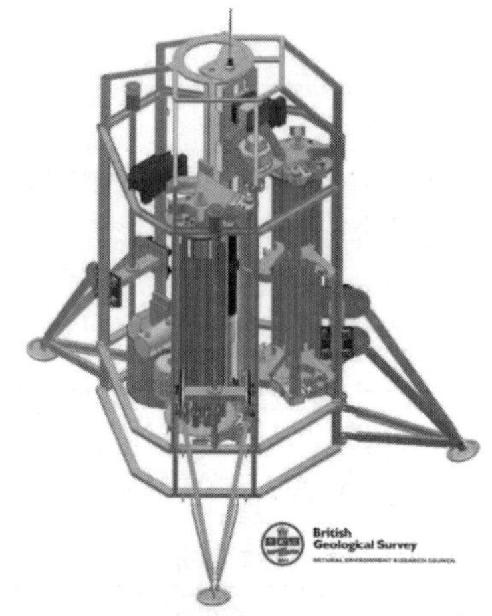

图 3. 3 – 25　BGS RD2 15 钻机结构图

表 3. 3 – 5　BGS RD2 15 钻机基本性能规格

参　数	指　标	参　数	指　标
最大作业水深	3 500 m	岩芯直径	49 mm
钻进深度	15 m	岩芯管	标准岩芯管 10 × 1. 5 m
外形尺寸	4. 5 m 高，支腿间距 3 m	钻头转数	0 ~ 500 r/min
质量	5 t/40 kN(水中重力)	电力	415 VAC，63 A，3 相，50 Hz，63 A

d. 对船的要求。

- 具有良好定位的稳定平台，装有空间高度足够（设备高4.5 m）和安全工作载荷不小于10 t的A型架或起重机。

- 甲板具有足够空间，用于存放2×20 ft集装箱（钻机和消耗品）和2×10 ft集装箱（维修间和控制室），以及一些作业区域。装船总重量约20 t。

- 对于浅水（2 000 m）可采用单独电缆和提升缆绳。对于深水或海流大、海况高等条件，要求具有复合缆的专用绞车，作为系统的一部分提供。

e. 吊放系统配置。不用辅助缆可在3 000 m水深作业，BGS提供了适合复合缆要求的专用滑轮。钻机下放状态见图3.3－26。

图3.3－26　英国BGS RD2 15钻机下放状态

绞车为电动液压驱动，由自备动力站提供能源。可在动力站操作或用遥控盒操作，配备缆绳张力、速度、放出长度测量传感器。吊放绞车见图3.3－27。绞车和动力站性能规格如下：

绞车底座尺寸	3 m×3.2 m×2.2 m
绞车质量	17 t
动力站底座尺寸	2 m×1 m×1.7 m
动力站质量	2 t
电源	415 VAC，3相，50 Hz，100 A

②BGS RD1钻机

a. 基本结构。该钻机为钢制，开式机架，电动液压驱动，配备冲洗液泵、振动马达、海底微处理器控制系统，取芯深度达5 m。钻机结构见图3.3－28。

可选振动模式作业。使用互换岩芯管和不同的作业控制处理器，同一台设备可在软和非黏性沉积物中取样，深度达5 m。最大作业水深2 000 m。仅5 m钻机可选用振动模式作业。

b. 钻机基本性能规格。BGS RD1钻机基本性能规格见表3.3－6。

c. 设备装运。整套系统重16 t。用一个40′软顶集装箱装运。

d. 对船的要求。

- 具有良好定位的稳定平台，配备空间高度足够（设备高4.5 m）和安全工作

图 3.3－27　英国 BGS RD2 15 钻机吊放绞车

载荷不小于 10 t 的 A 型架或相应能力的起重机。

• 甲板具有足够空间：放置钻机控制室（约 2.5 m×2 m×2 m），7 m×1.2 m×1 m 岩芯摆放台和各种备件及消耗品包括 6 m 长衬管。

• 对于浅水（350 m）可采用单独电缆和提升缆绳。对于深水或海流大、海况高等条件，要求具有复合缆的专用绞车，可由 BGS 提供。

e. 吊放系统配置。允许不依靠附加缆可在 2 000 m 水深作业，BGS 提供了专用滑轮和要求的复合缆，和吊放系统中要求的 1 m 的净空高度。钻机吊放见图 3.3－29。

图 3.3－28　英国 BGS RD1 钻机

图 3.3－29　BGS RD1 钻机处于吊放位置

表 3.3－6　BGS RD1 钻机基本性能规格

参　数	指　标	参　数	指　标
作业水深	2 000 m	岩芯直径	49 mm
钻进深度	5 m, 3 m	钻具旋转速度	0～600 r/min, 无级调速
外形尺寸	高 7.7 m, 支腿末端间距 5.5 m	电力	415 VAC, 3 相, 50 Hz, 30 A
质量	4.5 t		

绞车是电动液压驱动，由自备动力站提供能源。可在动力站操作或用遥控盒操作。在 2 个位置安装了放出缆绳长度计和收放缆绳速度计。吊放绞车参见图 3.3－27。绞车和动力站性能规格：

绞车底座尺寸	3 m×3.2 m×2.2 m
绞车质量	17 t
动力站底座尺寸	2 m×1 m×1.7 m
动力站质量	2 t
动力	415 VAC, 3 相, 50 Hz, 100 A

③BGS BRIDGE 定向钻机

这种钻机是为英国全国环境委员会(NERC)BRIDGE 项目开发的。作业水深 4 500 m，钻进深度 0.8 m。定向是以沿岩芯长度画一条单一基准线，然后利用钻机上的 2 台罗盘对这个基准标记赋予方向值达到的。可使方向成为世界坐标，从而完成详细的古地磁分析。

a. 基本结构。钻机为开式机架，由海底计算机监控，钻机成套传感器数据发送到海面计算机并显示，同时接收水面指令，对钻进和取样过程进行实时控制。一台黑白电视摄像机将海底图形发回到海面，便于选址或放弃已开钻孔，并提供现场视像记录。

钻进配备的传感器有：钻具转速，钻进深度，水深，钻机方位(钻机上不同高度的 2 台罗盘)，冲洗液流量，海水、计算机、马达控制器温度，海底供电电压，马达电流，姿态等。结构见图 3.3－30。

图 3.3－30　BGS BRIDGE 定向岩芯钻机

b. 钻机基本性能规格。列于表 3.3－7 中。

c. 对船的要求。具有动力定位、配备适当 A 型架或龙门起重机。“NFS”型同轴铠装缆，或 17.5 mm 直径 CTD 缆及相应绞车。缆必须是专用端接头，完成工作后再切掉。

表 3.3-7　BGS BRIDGE 定向钻机基本性能规格

参　数	指　标	参　数	指　标
作业水深	4 500 m	岩芯尺寸	直径 35 mm，长度 0.8m
钻进深度	0.8 m	钻具旋转速度	300 r/min
外形尺寸	高 2.4 m，支腿末端间距	电力	3 kVA；典型 240 VAC，3 相，50 Hz，13 A
质量	1 t		

(4) ROV Drill 型遥控海底岩芯钻机

ROVdrill 海底岩芯钻机是佩里斯林拜系统公司(Perry Slingsby System Ltd)利用金刚石钻进技术于 2007 年设计开发出的与重型工作级 ROV 本体对接并提供动力和控制的地质取样岩芯钻机，并考虑加装辅助机具如活塞取样器、贯入阻力试验装置、反循环钻进、孔底传感器和绳索取芯器等。到目前为止，已开发出第三代产品，成为世界上真正的商业海底岩芯钻机。鹦鹉螺公司利用 ROVdrill 1 于 2007 年在巴布亚新几内亚海域钻进了 111 个岩芯孔，平均深度 9.8 m，最大深度达到 18.2 m，取芯率约 40%。ROVdrill 3 已于 2010 年用在巴布亚新几内亚俾斯麦海的海底硫化物矿床钻探计划。

①ROVdrill 1 - 第一代 ROV 海底岩芯钻机

该钻机系统由船上部分和水面控制部分组成。海底部分由常规金刚石岩芯钻机本体、ROV 本体、机架三大部分组成，并由重型工作级 ROV 提供液压动力、通讯与控制，基本结构和外貌如图 3.3-31 所示。钻机的主要性能参数列于表 3.3-8 中。

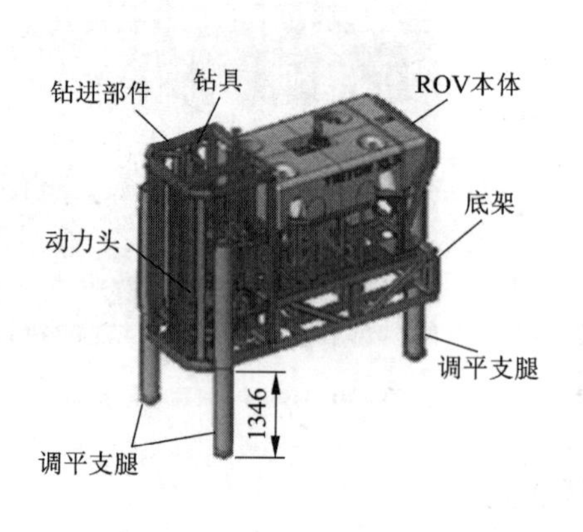

图 3.3-31　ROVdrill 1 外貌和基本结构

表 3.3-8 ROVdrill 1 型海底岩芯钻机

参　数	指　标	参　数	指　标
作业水深	3 000 m	钻具扭矩	15～250 kN
钻进深度	20 m	液压动力（来自 ROV）	68 L/min，20.7 MPa
外形尺寸	约 4.0 m×1，65 m×3.3 m		
本体质量	3 t（不含 ROV）	通讯缆	ROV 脐带缆单模光纤或双绞线
岩芯尺寸	直径 51.8 mm，长度 1.75 m		
推进/退回力	0～40 kN	电力	3 kVA；典型 240 VAC，3 相，50 Hz，13 A
钻具转速	0～900 r/min		

钻机本体由旋转钻进机构、转盘式管架、接卸杆机械手与卸扣卡盘、钻具、供水系统等部分构成。

a. 旋转钻进机构。旋转钻进机构如图 3.3-32 和图 3.3-33 所示。动力头提供钻进所需的垂直和旋转运动、钻杆和岩芯管接卸的动力，并通过钻杆实现向钻头供水功能。动力头由安装在铝制横梁上的液压马达、传动主轴构成，通过 2 个液压缸沿 2 个垂直立柱上下滑动实现钻具的旋转推进，并由船上控制台遥控海底液压阀进行转数、扭矩和钻压调节。该机构具有如下特点：

• 主轴下端有可更换螺纹接头，以便因磨损或采用不同规格钻具时更换。

• 马达到传动主轴的扭矩，由支承在主轴外径上凹槽内的不锈钢球传递。这些凹槽可使主轴在垂直平面方向自由移动约 75 mm 距离，确保快速、可靠地接卸钻具接头螺纹。

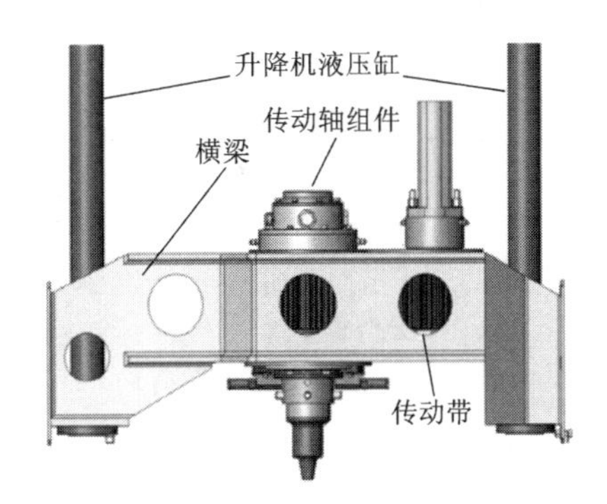

图 3.3-32 动力头外貌图

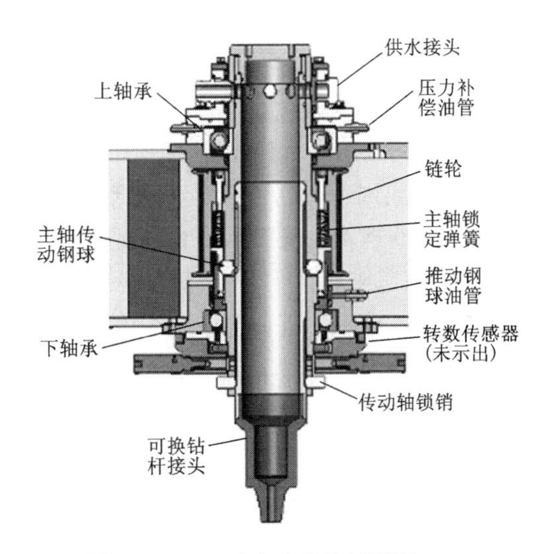

图 3.3-33 动力头结构剖面图

● 液压套筒推动钢球与主轴分离，当卡钻时可抛弃钻具。

● 主轴液压锁销，可产生 1 355 N·m 扭矩，代替下部卡盘回转器接卸钻杆接头。

b. 转盘储管架。转盘储管架是专门为海底使用设计的，如图 3.3－34 所示，包括上下 2 个 12 槽口夹持板，每个单独槽口可存放 2 根 2 m 长钻具，1 个槽口空置，11 个槽口共存放 22 根钻具。每个钻具由上下夹持环的弹性夹牢固地保持在转盘中，并有抵抗布放回收产生的 3 g 冲击力，可用机械手取出和放回。钻具在转盘中的位置由液压马达驱动星轮装置决定。

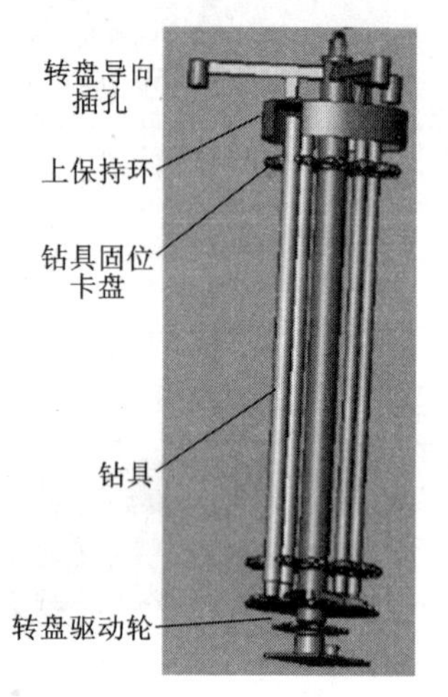

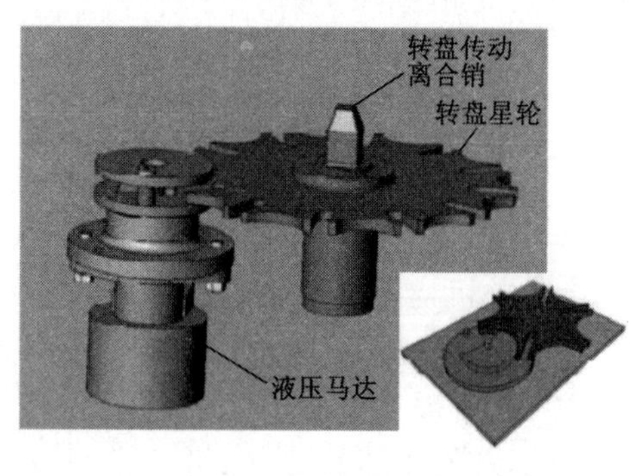

图 3.3－34　转盘储管架总布置图

c. 机械手。2 个独立的机械手，用于接卸钻具时将其从主轴下方转运、排列和定位到转盘储管架，或反之从储管架取出转运到主轴下方。上方机械臂或夹钳，用于克服动力头产生的最大扭矩，也用于拧紧和松开主轴与钻具接头螺纹。下方机械臂或夹钳为直线运动对准，用于将钻具定位到底部卡盘中心，如图 3.3－35 所示。夹钳和底部卡盘可一起或单独工作。

d. 底部卡盘。底部卡盘为安装在推进架下端的 2 个相叠加的液压卡盘，如图 3.3－36 所示。下面卡盘夹紧孔内钻杆，上面卡盘夹紧上节钻杆并旋转，实现拧紧或松开接头螺纹。扭矩达到 1 355 N·m。

e. 机架。为框架结构，承受钻机和 ROV 的全部重量。机架上安装的其他设备有：

● 大流量、低压力海水泵。由液压马达驱动，泵出的海水经直径 25 mm 的软管输送到动力头的旋转给水接头处，经主轴放射状孔进入钻杆，直达钻头，冲洗岩屑和冷却钻头。

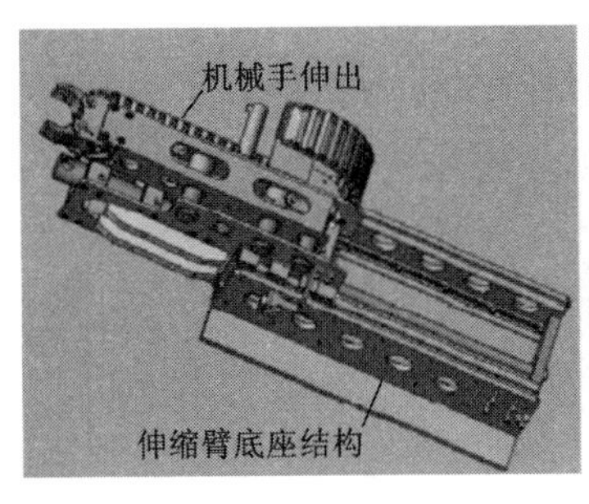

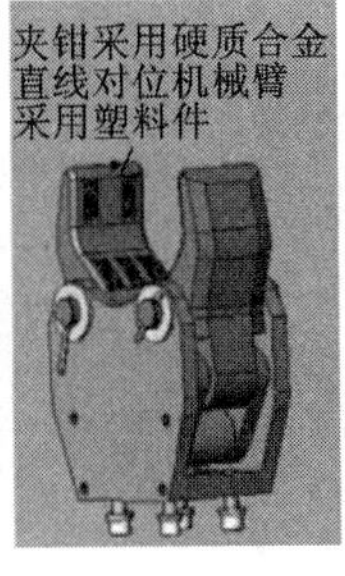

图3.3-35　直线运动对位机械臂和夹钳

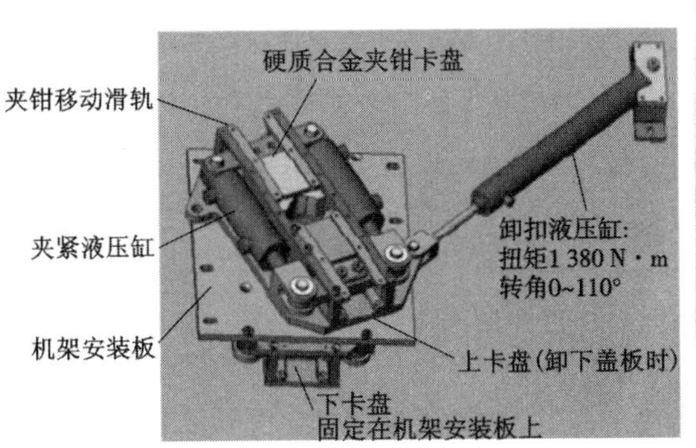

图3.3-36　底部接卸钻杆卡盘

- 调平支腿。有3个支腿，液压缸推动，可在20°坡度海底着底和调平。
- ROV连接机械接口。
- ROV液压接口。用于向钻机提供68 L/min、20.7 MPa的液压动力。包括3个充油压力平衡阀箱(电磁换向阀，比例阀，阀板和集流管等)。
- ROV电气接口。用于向钻机提供125 VAC、5A电力。
- 压力补偿器。

f. 仪器和控制装置。液压阀组控制系统装在充油阀箱内，额定工作水深4 000 m。检测仪器包括钻机姿态角、钻具转数与扭矩、钻压、钻进深度、储管架槽口位置，以及水泵流量与压力等。

水面控制部分。主要包括19 ft机柜、触摸屏显示器、计算机和具有2个钻进操作手柄的斜面操纵台，如图3.3-37所示。海面指令及海底数据传输通过ROV

脐带缆中备用光纤或双绞线实现。

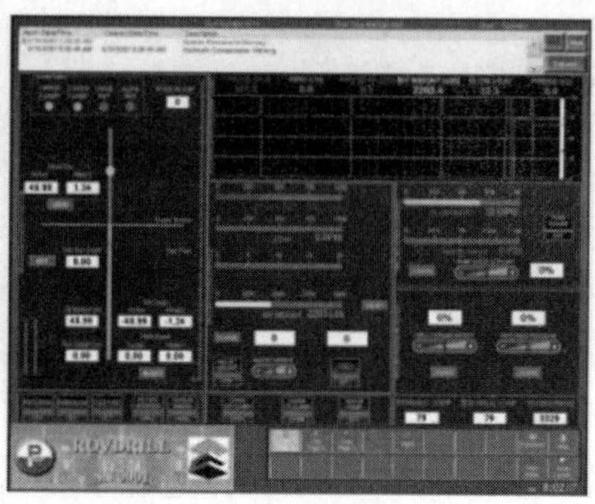

图 3.3-37　海面操纵台

用户图形界面在 Windows XP 操作系统下运行，有若干页面，能有效控制钻进过程。包括下水前常规检查和监视，钻机着底和调平程序与诊断，钻机参数设定与监测，钻具接卸程序和钻进记录。

②ROVdrill M50——第二代 ROV 海底岩芯钻机

第二代 ROV 海底岩芯钻机由于采用陆地绳索取芯技术，使最大取芯深度达到 55 m，岩芯直径为 70 mm，并且将沉积物取样管和圆锥贯入器作为标准配置。但是，由于 ROV 脐带缆提升能力所限，作业水深只能达到 2 200 m。钻机外貌和绳索取芯绞车如图 3.3-38 所示。钻机的主要性能参数列于表 3.3-9 中。

图 3.3-38　ROVdrill M50 海底岩芯钻机外貌和绳索取芯绞车图

③ROVdrill 3——第三代 ROV 海底岩芯钻机

ROVdrill 3 是在 ROVdrill 1 和 ROVdrill 2 基础上于 2009 年开发出的第三代海底岩芯钻机。该机工作深度取决于 ROV 支持的深度，最大达到 4 000 m。绳索取芯，标准岩芯直径 75 mm，取芯深度 90 m，可延深到 200 m。首次开发出独立的可换底座，对于软到中硬底土/岩石配备抽吸沉箱/裙形泥浆罩，硬岩时换用自动调平 4 支腿，可在坡度达 35°的地形工作，如图 3.3－39 所示。

表 3.3－9　ROVdrill M50 型海底岩芯钻机性能规格

参　数	指　标	参　数	指　标
作业水深	2200 m	动力头快速升降速度	下降 15.2 m/min； 上升 10.7 m/min
钻进深度	>50 m，绳索取芯		
取芯管长度	3 m/每根	钻具转速（对于基于安装 1∶1.1 链轮比和 75 L/min 流量的每种马达高或低排量）	65/130 马达： 0～450 到 0～900 r/min 80/160 马达： 0～390 到 0～780 r/min 95/195 马达： 0～318 到 0～636 r/min 120/245 马达： 0～255 到 0～509 r/min 155/305 马达： 0～204 到 0～409 r/min
岩芯直径和长度	ROV 275： 55.3 mm×1.75 m ROV 350： 63.5 mm×3 m		
钻杆尺寸			
钻杆接卸能力	每分钟接或卸一个接头		
给进力	0～133 kN	钻具扭矩（在流量为 7.5～75 L/min 和马达压力降 20.7 MPa）	65/130 马达：30～385 N·m 80/160 马达：30～455 N·m 95/195 马达：30～540 N·m 120/245 马达：30～660 N·m 155/305 马达：30～765 N·m
退回力	0～40 kN		
给进速度	0～150 mm/s， 133 kN 给进力时		
退回速度	0～100 mm/s， 40 kN 退回力时		
贯入速度	20 mm/s		
液压动力 （来自 ROV）	75 L/min， 20.7 MPa，	通讯缆	ROV 脐带缆单模光纤或双绞线

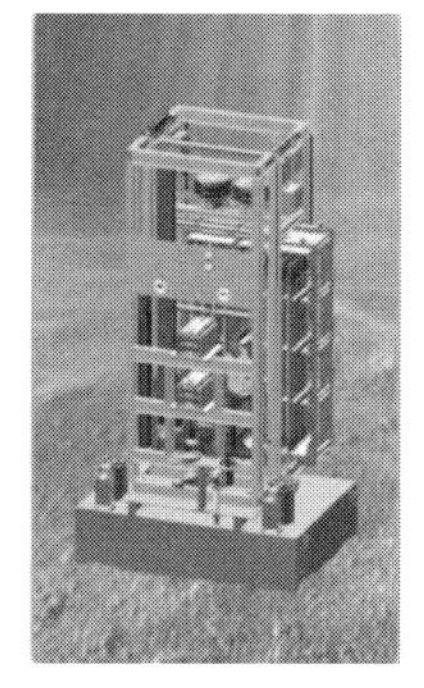

图 3.3－39　ROVdrill 3 型钻机在海底

该机工作基本支持设备为支持母船，ROV及其与钻机本体对接插接件：

支持母船可在最低6级海况工作。包括：甲板安装的海洋起重机或A型架，钓钩以下净空高度10 m，安全工作载荷60 t；快速下放钢缆绞车（最后有升沉补偿）；甲板空间46.5 m^2。

工作级ROV。功率98 kW，辅助泵为钻机提供流量68 L/min、压力20.7 MPa的液压动力，并提供5 A、120 V的单相电源，经ROV脐带缆中单模光纤或双绞线的数据传输系统。

ROV与钻机本体插接件。包括插入篮，液压和电子热插拔件，对接锁销和电子/液压接口件。

ROVdrill 3海底岩芯钻机的外形尺寸和系统部件海运尺寸与质量分别见图3.3－40和表3.3－10。

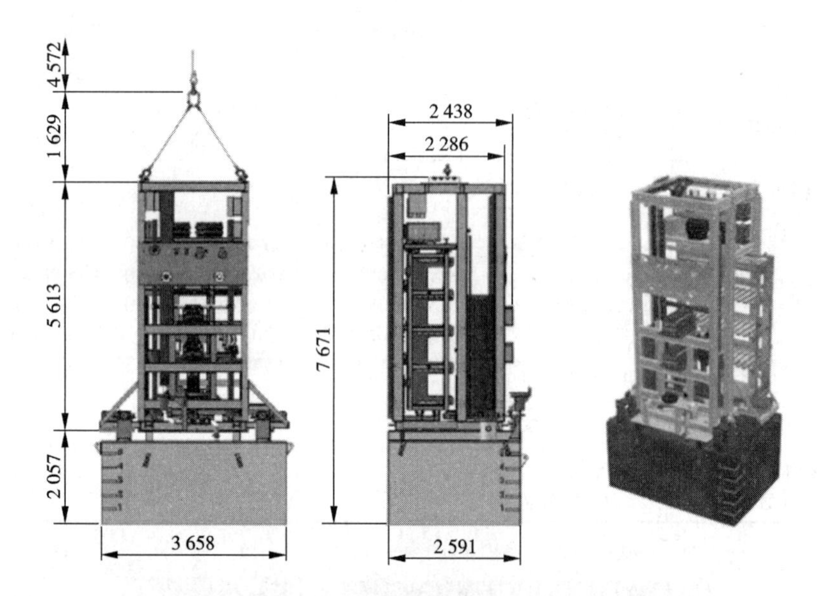

图3.3－40　ROVdrill 3型沉箱底座钻机外形尺寸

表3.3－10　ROVdrill 3组件海运尺寸

组　件	宽度/m	深度/m	高度/m	质量/kg
钻机本体	2.2	2.4	5.6	8 890
沉箱	3.7	2.6	2.5	9 525
底土实验室	6.0	2.4	2.6	6 800
备件与修配间集装箱	6.0	2.4	2.6	8 160

(5)华盛顿大学3 m钻机

这台钻机是保罗约翰逊(Paul Johnson)与威廉姆逊联合有限公司于1989年签约，于1990年制造，1991年在Melvill调查船上试验，由于动力定位系统故障钻机在海底拖曳，电缆被撕断而丢失。因资金困难未再制造。图3.3－41为钻机外貌。主要技术规格见表3.3－11。美国近年研制的装在ROV和HOV上的轻型钻机如图3.3－42所示，可钻深度不大于1 m的水平至垂直孔。

图3.3－41　华盛顿大学3 m深海底岩芯钻机

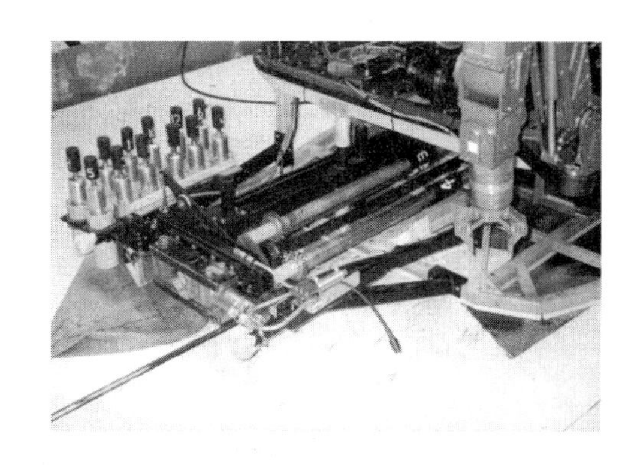

图3.3－42　MBARI轻型岩芯钻机

表3.3－11　华盛顿大学海底岩芯钻机规格性能

<table>
<tr><th>参　数</th><th>规　格</th><th>参　数</th><th>规　格</th></tr>
<tr><td>作业水深</td><td>5 000 m</td><td>钻头转数</td><td>0～2 000 r/min</td></tr>
<tr><td>地形坡度</td><td>≤15°</td><td>外形尺寸</td><td>三角底座，宽度3 m，高5 m</td></tr>
<tr><td>钻孔深度</td><td>3 m</td><td>机械质量</td><td>1.8 t</td></tr>
<tr><td>钻孔直径</td><td>60 mm</td><td>吊放</td><td>ϕ17.3 mm铠装同轴缆绞车</td></tr>
<tr><td>岩芯直径</td><td>33 mm</td><td rowspan="4">监控仪表</td><td rowspan="4">船上计算机控制台，水深、离底高度、推进力、扭矩、冲洗水压力、转数、钻机姿态、钻进速度和深度传感器、云台摄像机</td></tr>
<tr><td>钻头类型</td><td>孕镶金刚石</td></tr>
<tr><td>钻进推力</td><td>0～9 kN</td></tr>
<tr><td>拔芯力</td><td>31.9 kN</td></tr>
</table>

(6) MeBo 钻机

德国不莱梅大学 2004—2005 年研制的钻深 50 m 钻机，作业水深 2 000 m，每根钻杆长 3 m，一次钻进取芯 2.25 m，双储管架内装 16 根钻杆、17 根岩芯管，4 个外翻支腿，钻进时稳定性高。功率 45 kW，机重达 10 t。图 3.3－43 示出 MeBo 钻机的外貌和结构，详细技术规格列于表 3.3－12。

2006—2007 年升级为绳索取芯。一次钻进行程 2.25 m，钢绳端卡爪装置(打捞筒)通过钻杆内孔下放钩住内岩芯管，提升到钻杆外，用机械手夹住岩芯管，松开卡爪，将其存放到储管架，再用机械手从管架上取出空内岩芯管，钢绳卡爪钩住内岩芯管，放到钻杆内。

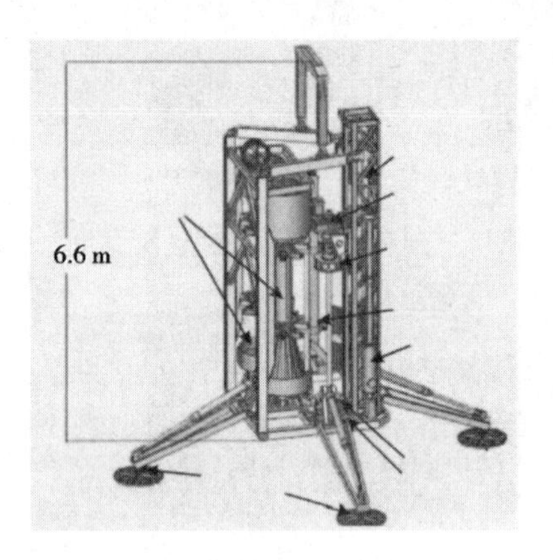

图 3.3－43　MeBo 钻机外貌和结构

表 3.3－12　MeBo 钻机技术规格

<table>
<tr><th colspan="2">参数</th><th>规格</th><th colspan="2">参数</th><th>规格</th></tr>
<tr><td colspan="2">高度(支腿收起)</td><td>5.6 m(运输)，6.6 m(工作)</td><td rowspan="2">钻具尺寸</td><td>传统钻进</td><td>T2－101</td></tr>
<tr><td colspan="2" rowspan="2">底座</td><td>2.3 m×2.6 m 支腿收起</td><td>绳索取芯</td><td>HQ(96 mm)</td></tr>
<tr><td>7.0 m×7.3 m 支腿伸出</td><td rowspan="2">行程长度</td><td>传统钻进</td><td>3 m</td></tr>
<tr><td colspan="2" rowspan="2">质量</td><td>10 t</td><td>绳索取芯</td><td>2.35 m</td></tr>
<tr><td>75 kN(水中重力)</td><td rowspan="2">岩芯直径</td><td>传统钻进</td><td>74～84 mm</td></tr>
<tr><td colspan="2">最大工作水深</td><td>2 000 m</td><td>绳索取芯</td><td>57～63 mm</td></tr>
<tr><td rowspan="2">最大取样深度</td><td>传统钻进</td><td>50 m</td><td colspan="2">最大推力</td><td>50 kN</td></tr>
<tr><td>绳索取芯</td><td>70 m</td><td colspan="2">最高旋转速度</td><td>400 r/min</td></tr>
<tr><td colspan="2">最大套管深度</td><td>40 m</td><td colspan="2">液压功率</td><td>130 kW</td></tr>
</table>

收放系统技术规格见表 3. 3 – 13。

表 3. 3 – 13　MeBo 钻机收放系统技术规格

参　数	规　　格
绞车质量	28 t(包括脐带缆)
绞车尺寸	6 058 mm × 2 438 mm × 2 591 mm
绞车功率	121 kW
最大提升力	120 ~ 170 kN
脐带缆	直径 32 mm，长 2 500 m，3 层铠装，破断载荷 550 kN，8 根单模光纤，6 × 3 000 V，6 × 1 200 V
A 型架	净空高度 8 ~ 10 m，安全工作载荷 > 200 kN
装箱	钻机本体、绞车、控制、维修间、钻具和钻机收放系统运输分别用 20 ft 标准集装箱运输
收放系统总质量	约 75 t

(7) GSFD 钻机

美国格雷格海洋公司(Gregg Marine，Inc)最新开发的 GSFD 钻机的主要技术规格列于表 3. 3 – 14。钻架外貌如图 3. 3 – 44。

图 3. 3 – 44　GSFD 钻机外貌

表 3.3-14　GSFD 钻机主要技术规格

机架外形尺寸	5.4 m×3.8 m×6.6 m	钻进参数	动力头转速	双向 0~500 r/min
质量	10 t		钻杆长度	1.5 m
作业水深	4 000 m		最大钻深	150 m
功率	98 kW		取芯尺寸	最大岩芯达到 85 mm

①钻进系统。HG 尺寸外套管具有适当的刃脚，微小切口(16 mm)，以降低套管对钻孔的摩擦力。孔底部件有连接第一根套管接头的锁销系统、岩芯和测量装置的座环。测量装置能通过绳索升降(Marshall Pardy 肘杆锁销专利)。岩芯管能装适应软沉积物到坚硬岩石的取样装置。动力头上方球阀允许通过岩芯钻具，无需卸下顶部套管接头，还可关断泵送泥浆进入装置。为了提高效率，卡盘上的一组卡抓可夹住套管顶部，无需攻丝。后续套管用 T4 机械手(参见图 3.3-45)对准动力头，与岩芯管一样，这是迄今为止唯一采用这类机械手的钻机。钻机平台底座的“V”形槽引导每个新套管，使其螺纹进入前次套管内。3 个单独的夹钳可快速拆卸、回收钻杆和内外套管。

②布放回收系统。采用配备伸缩式 A 型架、被动式升沉补偿器和 Linksyn 对接头的 Dynacon Model 521XL 普通 ROV 绞车收放系统，如图 3.3-46 所示。伸缩式 A 型架可在完全控制下将钻机放入水中。

机械手主要性能

最大作用距离	1.9 m
最大举升力	4.5 kN
额定抓取力	4.4 kN
额定手腕扭矩	170 Nm
手腕连续旋转	360°，6~35 r/min
方位角旋转	240°
肩关节俯仰	直线120°
肘关节俯仰旋转	270°
手腕俯仰	旋转180°
手腕左右摇摆	旋转180°
手腕旋转连续	360°
夹爪张开	直线97 mm
质量	97 kg
水中重力	760 N
作业水深	4 000 m
工作温度	-10~50℃

图 3.3-45　T4 机械手

图3.3-46 钻机吊放系统

表3.3-15 Dynacon Model 521XL 普通 ROV 绞车基本参数

额定能力	安全工作载荷	117.694 kN(满筒时)
	最大牵引力	147.118 kN(=1.25倍安全载荷)
	收放缆速度	0.5 m/s(30 m/min),满筒时,60 Hz
	卷筒能力	2760 m,脐带缆直径46 mm(1.81 in)
卷筒尺寸	卷筒直径	1.880 mm
	卷筒宽度	2.324 mm
	卷筒法兰直径	2.732 mm
外形尺寸		5.04 m×3.15 m×4.039 m
质量		14.875 t

③脐带缆。GSFD钻机采用OYO Geospace公司制造的Vectran脐带缆,水中密度391 g/m,供电能力200 kVA,3.3 kVAC,三相,50/60 Hz,钻机马达功率150马力。95%强度为850 kN。

④通讯和控制。利用ROV技术。钻机有8个监测摄像头。软件有报警、诊断能力。系统有9个显示器,监视海底情况,如图3.3-47所示。脐带缆与钻机连接处设有声学脱离装置,用于应急时抛弃钻机。

⑤绳索取芯。三管岩芯管,可以取硬土到硬岩。软土可用绳索、传统薄壁推压取样器取样,很软的沉积物则用薄壁活塞取样器取样。岩芯管为专利和特许的中心声速取芯工具,采用轻质铝合金岩芯管回收系统,减轻重量。

⑥绳索CPT。原位测试如圆锥贯入试验,可采用第二专利的绳索实时监测系统进行。CPT贯入孔内深度1.5 m。CPT数据实时传输到甲板控制台的显示屏加以显示。绳索系统提供了兼容其他原位测试(T棒和+字板剪切试验)范围的适应

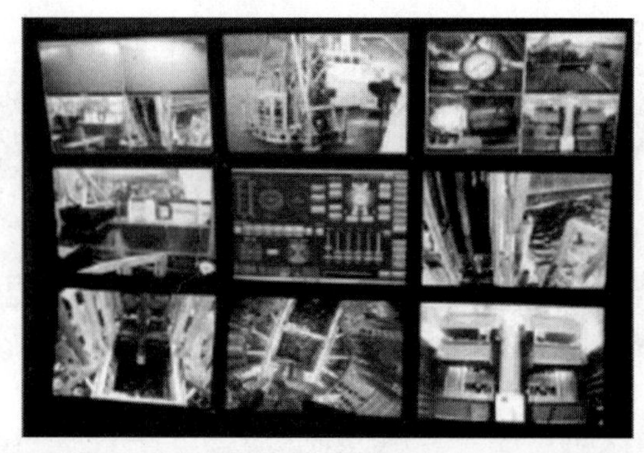

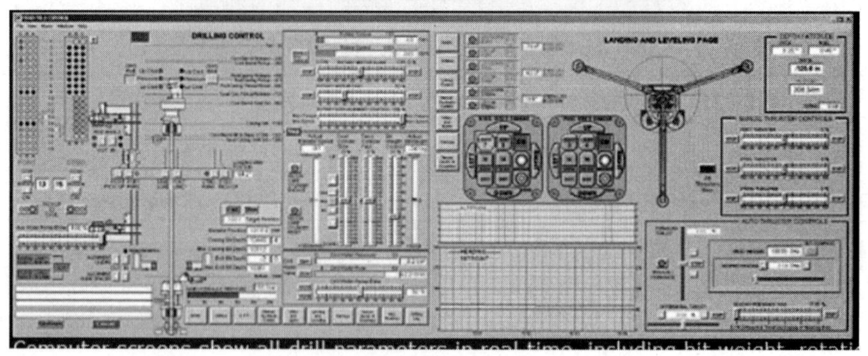

图 3.3－47　GSFD 钻机监控显示屏及显示的钻进实时参数

（包括钻压、转速、扭矩、推进器位置、钻进速度、水压、和流量、孔深）

性。GSFD 钻机提供了灵活的海底系统，硬地层可用钻孔，而在软土中用 CPT 实时取样。另外的优点是使用海底系统可极好地控制深度。

绳索 CPT 还可合并一种为改进深水精度设计的新的圆锥。为深水设计的 Gregg 专利圆锥的详述是由 Boggess 和 Robertson(2010)提供的。GSFD 适于进行循环 T 棒和球锥试验以及深水地球物理剖面。精确深度控制还为安装专门仪器(压力计)提供了稳定的海底平台。

⑦深水 CPT(DCPT)。Gregg 还设计制造了海底深水 CPT 系统。该系统可推压全尺寸(10 和 15 cm^2)圆锥和 T 棒试验，水深达到 4 000 m。还可组装 Schilling 测距器和机械人部件，确保在海底有效作业和精确布放。控制系统包括 4 个水下摄像机，监测所有动作。DCPT 系统潜水重量为 10 t，而使用吸锚基座反作用力可达到 200 kN。

DCPT 使用半循环夹钳板连续推压，与推压杆接触面积大，使杆上的应力最小。DCPT 海底系统的详细说明由 Boggess 和 Robertson(2010)提供。

⑧海上试验和应用。在 2011 年夏季于加拿大温哥华西北 250 m 水深现场进

行了钻机和DCPT的海试。完成了从坚硬的花岗岩到很软的沉积物的钻进。在岩石和硬土中得到高质量的岩芯。在软沉积物中获得了薄壁管样品。

在2011年10月—2012年5月期间，使用GSFD和DCPT在澳大利亚西部海域110~1 100 m水深的几个现场进行了5个海底土工调查。完成了海底以下50 m的钻孔和取样。样品是用直径60.3 mm、长度762 mm的薄壁(壁厚1.6 mm)Hvorslev型改进的为绳索作业的活塞取样器获得的，在软沉积物中许多孔为连续活塞取样。样品回收率取决于土质状态。在软黏土中回收率达到100%。

使用DCPT海底系统在澳大利亚西部进行了现场调查，深度根据客户要求，一般小于25 m。潜孔实时绳索CPT完成的最大深度为50 m。

一般，现场的沉积物主要是松散和软的碳酸盐砂和淤泥。为了产生接近连续的CPT剖面，改进了潜孔绳索CPT的程序。在先前CPT推压终止深度以上钻孔深度达到300 m。绳索圆锥则放入孔底。钻进套管提升约1.5 m，以便销住圆锥，然后用BHA套管推压圆锥。当到达先前试验深度开始采集数据，由于海底钻机有极好的深度控制，可以产生近似连续剖面。

3.3.6 光学图像系统

光学图像系统主要包括配有闪光灯的静态照相机和通过光缆或同轴缆实时传输图像的电视摄像系统。这些系统均配有声学定位系统，同时提供大地坐标。由于灯光在水中衰减很快，照相或摄像距离一般不超过15 m，镜头画面只能覆盖15 m^2 左右。最近出现2~3台摄像机组成的立体摄像系统，可以确定地形或物体三维尺寸，生成立体地形图。主要用于对海底微地形、结核分布、大型生物等观察和测量。

3.3.7 声学探测系统

光波为高频波，在水中传播衰减很快，传播距离很短，不适于海洋探测。声波频率较低，在海水中传播距离远，在海洋探测中得到广泛应用。不同频率声波穿透海水的能力也不同，大致范围见表3.3-16。下面概述四种主要声学探测系统。

表3.3-16 不同频率声波穿透海水的能力

声波频率/kHz	500	100	50	20	12
测量最大水深/m	150	500	4 000	6 000	11 000

(1)单波束测深仪/声学高度计

换能器将声波从海面发射至海底，接收反射回波，通过声速和传播时间计算出水深。由于声波速度随水温和盐度不同而变化，精确计算需要通过声速剖面仪对不同深度水层探测取得的数据进行修正。单波束测深仪/声学高度计一般为双频单波束声呐，波束锥角≤30°，只能描述海底宏观地貌，不能确定微观地形和小坡度。按测试范围分为浅水型(≤600 m)，中深水型(600 m～3 000 m)和深水型(3 000 ～6 000 m)。装在水下设备上测量离底高度的称为高度计，测量离底高度的范围一般不大于150 m。工作频率12～200 kHz，深度分辨率1 cm。

(2)多波束声呐系统

多波束声呐系统是利用多个小锥角波束分别测量记录呈扇形的声波从发射器到海底的往返时间，输出深度数据(而不是回波强度)，构成海底地形。波束锥角大致为1.0°～2.2°，波束多达20～200个不等，整体波束的最大扇面角达150°，从而达到提高分辨率和较大覆盖面积目标。覆盖海底面积取决于水深，典型系统为水深的2～4倍，最大6倍，测量精度为水深的0.2%。一般装在船底部，具有对船纵横摇动和升沉的实时修正，同时可输入GPS和声学定位系统数据给出大地坐标。参见图3.3－48～图3.3－50。

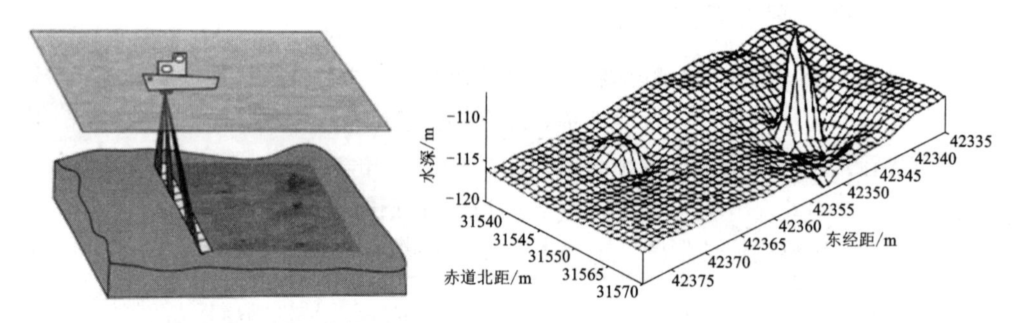

图3.3－48　多波束声呐系统探测示意图　　**图3.3－49　多波束声呐探测网格深度图**

(3)侧扫声呐系统

侧扫声呐是由拖体、海底设备上的声波发射器对海底或目标侧向扫描发射窄锥角扇形脉冲声波，连续接收和记录回波时间及强度，经计算机处理绘出以灰度表示的地形图像，不仅显示微地貌，还可显示障碍物、海底岩土层大致分类等。常用拖体离底100 m，拖航速度2节，最大16节。系统配备声学导航定位系统，给出大地坐标，并根据姿态、船速和声波在水中的衰减数据进行实时修正处理。侧扫声呐系统扫描探测示意图见图3.3－51，侧扫声呐拖体和船上处理器测得的海底图像见图3.3－52和3.3－53，右图为侧扫声呐测绘的火山图像，每幅图宽达3 km，左图为测深图，具有等深线。

最主要用途是海底地形或目标物成像。大多数侧扫声呐不能提供深度信息。

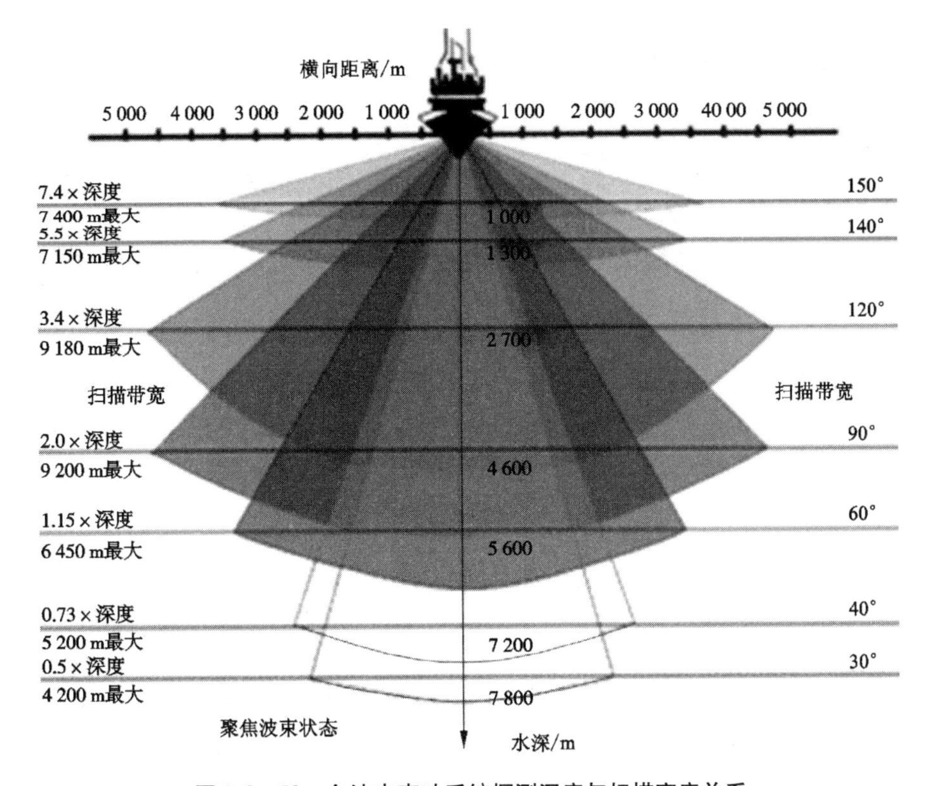

图 3.3－50　多波束声呐系统探测深度与扫描宽度关系

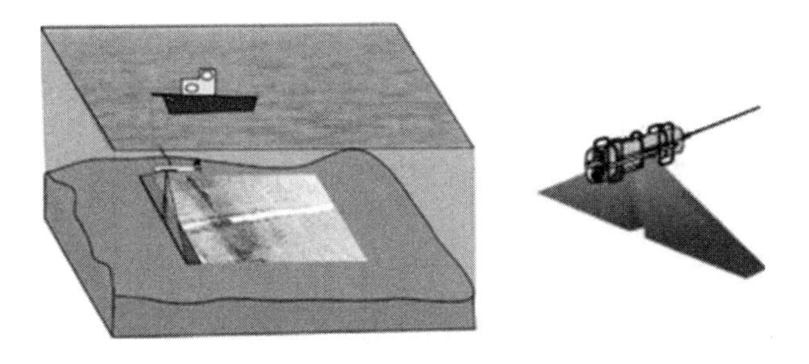

图 3.3－51　侧扫声呐系统扫描探测示意图

(4)浅地层剖面探测系统

利用声波在介质中传播时遇到不同声学特性的分界面发生反射，按回波时间，用灰度等级或色彩表示回波强度，经计算机处理绘制出海底以下浅地层地质构造图，见图 3.3－54 和 3.3－55。低频率穿透能力强，但分辨率低，较高的频率可得到清晰的海底顶层数据，声波频率一般为 2～20 kHz，最大穿透海底深度可达 150 m(与地层软硬有关)，分辨率达 2～3 cm。

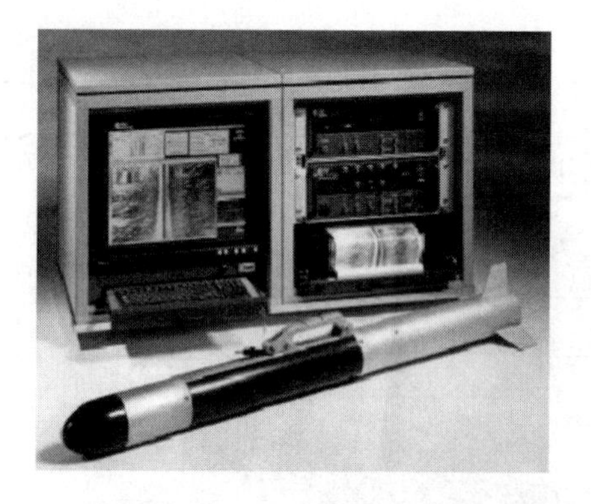

图 3.3-52　侧扫声呐拖体和船上处理器

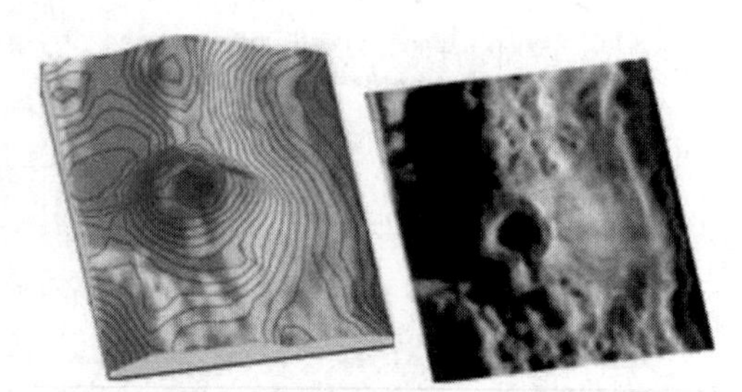

图 3.3-53　侧扫声呐测得的海底图像

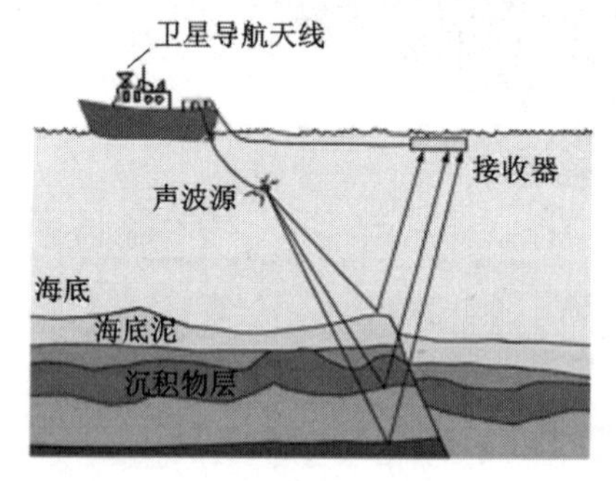

图 3.3-54　浅地层剖面探测示意图

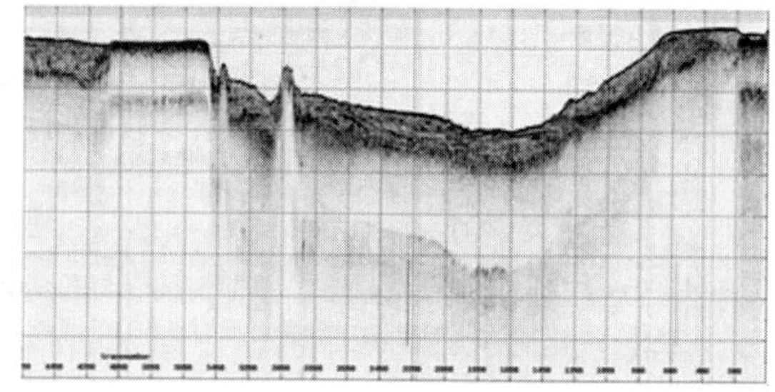

图 3.3-55　浅地层剖面图

3.3.8　综合探测拖体

为了快速精确地确定海底特征特别是矿床特征，使用一种集成多种仪器设备的综合探测拖体，由船上绞车放入水中离海底一定高度(离底最近达 30 m)拖曳，同时或按顺序获取若干种资料，通过光缆或同轴缆实时向船上传输数据。根据需要可以装备照相、摄像、侧扫声呐、多波束声呐、浅地层剖面仪、高精度磁力仪、CTD、ADCP、X 光快速分析仪、各种化学传感器等仪器设备。光学和声学深拖实例见图 3.3-56、图 3.3-57 和表 3.3-17、表 3.3-18。

表 3.3-17　光学深拖性能实例

系统型号	4KC	6KC
最大作业水深	4 000 m	6 000 m
外形尺寸	3.5 m×1.0 m×1.5 m	3.5 m×1.0 m×1.5 m
质量/水中重力	1 t/7 kN	1.2 t/8.5 kN

续表 3.3 – 17

系统型号	4KC	6KC
特　点	实时观测系统，照相机画面面积约 5 m 宽	
拖曳速度	≈1 节	
观测设备	Super – HARP 照相机 1 台，水下照明灯 4 盏，黑白和彩色摄像系统，CTD、高度计、释放器、声学转发器各 1 台	Super – HARP 照相机 1 台（可装 3 台），水下照明灯 8 盏，黑白和彩色摄像系统，CTD、高度计、声学转发器各 1 台，释放器 2 个
配套设备	4 000 m 同轴缆绞车 1 台，液压站 1 套，万向滑轮 1 个，控制集装箱 1 个	8 000 m 光缆绞车（含储缆卷筒）1 套，液压站 1 套，万向滑轮 1 个，控制集装箱 2 个
主要用途	观测海底地形、热液活动、海洋资源，大洋中层和底栖生物，载人潜水器和 ROV 作业地点事前观测，人为目标侦查和观测设备布放选址	

表 3.3 – 18　声学深拖性能实例

配置和参数		技　术　规　格
工作水深		6 000 m
水下设备	拖体	质量 2.4 t，圆柱体直径 1 m、长 5 m。包括支架 3.4 t，尺寸 5.5 m × 12 m × 2.2 m
	压载物	质量 2 t，包括支架 2.8 t，尺寸 2.4 m × 1.7 m × 0.75 m
	侧扫声呐	频率：左舷 170 kHz，右舷 190 kHz； 孔径：每侧 0.5° × 80°；声脉冲长：20 ms，重复 1.5 s； 范围：每侧 750 m； 分辨率：0.25 m
	沉积物穿透声呐	频率：3.5 kHz，孔径 50°圆锥；声脉冲长：10 ms，重复 1.5 s；范围：80 m，分辨率 0.75 m
	深水地震成像系统	频率：20 Hz ~ 2 kHz；双通道接收：低频中心 70 Hz，高频中心 250 Hz； 遥控增强 0 ~ 84 dB，每级 6 dB； 三轴磁通门磁力计：测量范围 ± 75 000 nT，分辨率 0.1 nT
船上设备	牵引绞车	9 km 同轴缆，质量 25 t；绞车尺寸：直径 3.12 m，宽度 13.3 m，高度 2.15 m
	A 型架	滑轮承载能力 150RN，直径 1.2 m
	控制室	采集、处理、存储、导航
	维修间	机械、电气维修
航测参数		离底 70 ~ 100 m，拖体与压载物间距 30 m，航速 2 节
操作人员		3 ~ 5 人，包括 2 名电气工程师，1 名机械工程师
主要用途		深海底地质特征和构造探测，也可探测海底非自然目标

图 3.3－56　光学深拖

图 3.3－57　声学深拖

3.3.9　海洋地震探测系统

地震法测量是向海底输入地震波，测量波进入海底以下的固体和岩石边界折射或反射的响应。震源通常是对地面上金属板的强烈爆发气流、较大重量落锤或气体爆炸。用测量地面运动的地震检波器测量地球的响应。地震勘探的方法有 2 种：折射法和反射法。

折射法：测量沿海底表面以下地质构造折射的波头。脉冲源产生地震波向海底面以下传播，当波前到达岩层时，一部分能量被折射，由于波头沿折射物传播，速度由岩床成分确定。在第一地震波到达在海面排成一行的一系列地震检波器的时间图中给出地质层位的深度和位置信息。根据该信息绘制成表示水深和第一岩层深度的剖面图，确定覆盖层厚度和基岩深度。

反射法：与折射法类似。用反射波代替折射波。在这种情况下，地震检波器靠近震源布置，以消除折射波。反射法测量声脉冲从震源传播到地质边界和返回到海面地震检波器所需的时间，还可给出反射层的深度信息。

地震作业非常复杂。主要有 2 维和 3 维探测。2 维探测是基本的、便宜的方法，尽管简单，但用于发现石油天然气很有效。3 维测量较为复杂，投资大，设备更复杂，但精确。目前以 3 维探测为主。

2 维方法采用单独的地震信号缆将单独的震源仪器拖曳在船后。2 维测线获取间隔几公里的数据。当今一般用于钻探前对未知区域边缘地带的探测，对区域地质构造进行一般性的了解。

3 维方法覆盖以前 2 维探测形成的地质目标特定区域。3 维航线间距一般为 200 ~ 400 m。利用一个以上的震源，地震船拖曳许多根平行缆，单航线可以获取许多密集间隔的海底以下 2 维测线数据，因此 3 维测量比 2 维测量的数据精度高很多倍。小规模 3 维测量面积为 300 km^2 或 1 000 km 航线。

3 维测量典型的是采用跑道式航路，允许毗连航线以同方向记录，同时减少了船反向调头的时间，从而提高了获取数据的效率，使工艺过程中断最少。3 维测量可能要历时数月才能完成。获取数据的测量路线极大地影响采集效率。同时，测量的范围和形状、障碍物、潮汐、风、天气、渔船和用户其他指明事项明显影响作业效率和设计。

3 维测量现在已经成为提供海底以下地质解释的首选方法，占海洋地震数据的 95%。3 维测量用于碳氢化合物开发的所有阶段，从确定可能含矿的地质构造到确定生产区域内含有的碳氢化合物，确定储油部位。在确定生产油田的过程中有规律地反复监测储油层特征和剩余量。

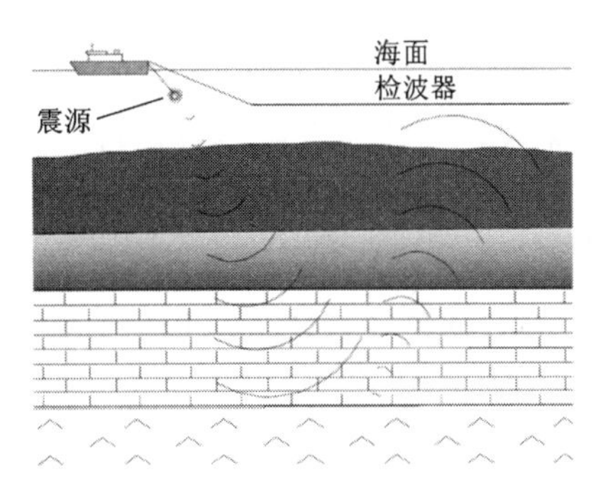

图 3.3－58　地震探测拖曳系统概念图

海面拖曳地震探测系统概念图和海面俯视图分别见图 3.3－58 和图 3.3－59。测量的高分辨率地震反射图见图 3.3－60。

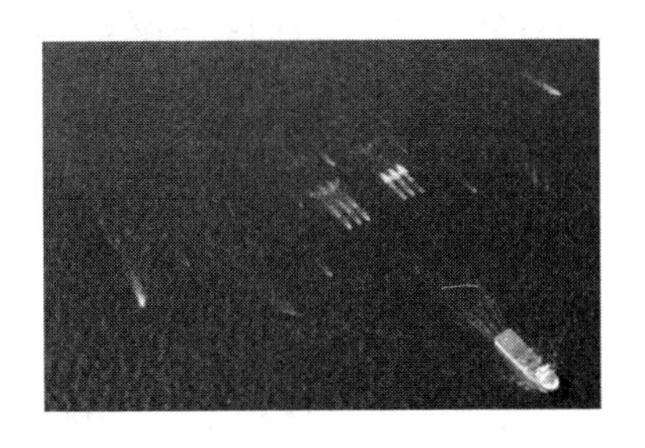

图 3.3－59　地震探测拖曳系统海面俯视图

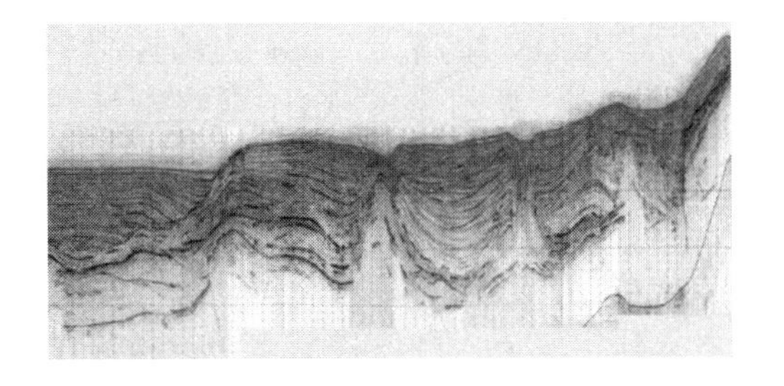

图 3.3－60　海底构造高分辨率地震反射图

(1) 地震测量船

地震测量船是专门制造的，具有许多特点，包括仪器、直升机甲板、低噪声发动机和推进器。船长对地震船的安全负责，对地震船如何的运行和操纵具有决定权。

典型的地震测量船规格如下：

参数名称	长度	船幅	吃水深度	排水量	航速	舱位	海上续航时间
参数值	84 m	18.5 m	6.2 m	5 600 t	13.5 节	50 个	50 天

(2) 地震拖曳缆

地震拖曳缆采用压力传感装置的水听器检测从地震源经水层到地层反射的较

低能量。水听器将反射的压力信号转换为电能，沿地震拖曳缆传输到地震测量船上的记录系统。

拖曳缆由5个部件构成：每间隔1 m连成12.5或25 m长的成组的水听器；传输地震数据的数字化电子模块；受力构件，每个拖曳缆可承受几吨拖曳力；供电和数据传输系统；拖曳缆外套。拖曳缆分成50～100 m长度的分段，以便部件损坏时更换组件。

拖曳缆的长度取决于探测目标的深度和类型，目前一般长为5 000～6 000 m，某些详细探测达到12 000 m。

拖曳深度取决于传感装置远离海面的天气和波浪噪声（限制记录数据的可用性）以及其他技术要求。拖曳深度越大，拖曳缆越稳定，可降低天气噪声影响，但是数据带宽较窄。较浅拖曳深度一般为4～5 m，对于低频目标，天气好时，高分辨率较大，穿透深度采用8～10 m拖曳深度。

拖曳缆外挂深度控制单元、磁罗经和声学定位单元。

（3）地震源

尽管现在有3种地震源：气枪、水枪和震动器，但世界上仍广泛使用气枪。

气枪有2个高压气室：上部控制室和排气室，见图3.3－61。船载空气压缩机向控制室提供14～17.5 MPa高压空气，并经往返移动杆的气孔进入下部发射室，气枪用电磁阀操作，使气室内的高压空气流入触发柱塞下侧，通过气枪口喷射到海水中，形成气泡，气泡的震荡取决于工作压力、作业深度、喷射到海水中的空气温度和体积。随后，往返柱塞在控制室内，在高压空气作用下返回到原始位置，一旦排气室充满高压气体就再次发射。

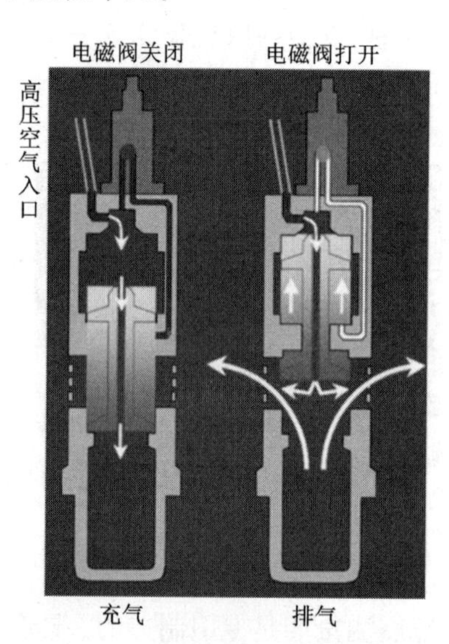

图3.3－61　气枪工作原理图

气枪阵排成一行，一般为25 m宽、15～20 m长。典型震源输出约为220 dB（每米条件下1 μPa/Hz时），气枪阵零峰值输出为4 MPa·m。

（4）海底地震系统

海底地震系统有3种基本形式：海底地震检波器系统（OBS）；拖曳阵（DA）；海底缆（OBC）。OBS和DA用于多分量探测，而OBC用于双分量和多分量数据探测。多分量探测：对于每个地震接收器位置除一个水听器外使用3分量地震检波器；双分量探测，除一个水听器外仅使用一个单独水听器。水听器测量与水听器检测的压力形成对应的质点位移速度。采用与海底接触的地震检波器检测沿 3 个轴正交的质点运动，地球物理学家根据产生的反射推断海底以下地层及更多的信息。这特别用于探测海底储油层。

3 种方法中，OBC 是迄今为止全世界海洋探测的最普遍的方法。

①海底检波器。

除记录系统外，还包含 3 分量地震检波器和水听器，有独立电池单元。电子装置放在耐压舱内，还包括安全环状浮力件和导航声波发生器。具有锚定系统的单元放到海底，该单元用于记录来自海面工作的地震源的数据，工作结束后释放着地重块，单元浮到海面回收。内部记录数据装置从浮标上卸下，进一步处理和分析，更换电池或充电，重复使用。新一代小型低成本海底地震检波器见图 3. 3 -62，本体质量 20 kg，配重块质量 17 kg。

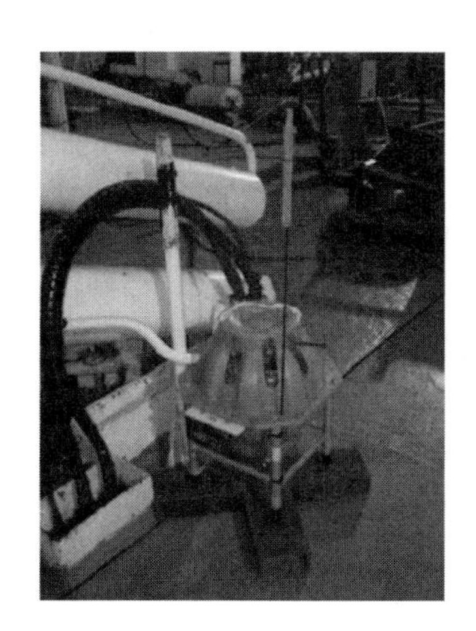

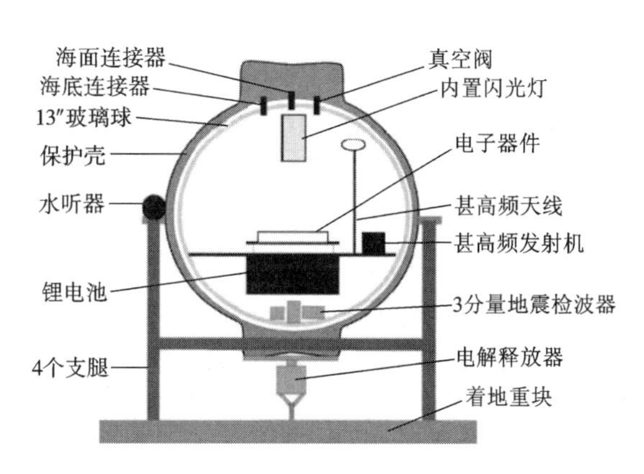

图 3. 3 -62　新一代小型低成本海底地震检波器

地壳调查浮标间隔几公里布放，而现代更多用于类似亚特兰蒂斯边缘区域石油项目。这里关心 OBS 法是否有助于地球物理学家“看穿”大量玄武岩覆盖和传统拖曳缆地震法不能穿透的海底以下区域。

浮标分离和定位不十分精确，特别是深水中，这种方法不大可能有很大的商业使用价值。

②拖曳阵。

这种系统是将许多多分量传感器用短拖曳缆连在一起，并连接到船上记录装置。由不超过 16 ~24 个独立传感器测点构成的设备放入海底，分开的地震源发射船在布放传感器的海底上方产生 2 维发射测线。数据传输到记录船上，通常该船动力定位离开测线一侧。测量完毕，记录船在线重新布置，携带布放的海底设备沿该测线向前移动，因此称为拖曳作业。这种系统向前移动提供海底以下连续覆盖，震源船重新发射地震波。这种系统具有下放到 2 000 m 水深的作业能力。

③双分量/多分量海底缆。

双分量或多分量海底缆法，在组合缆中利用地震检波器和水听器，由测量船用缆下放到海底。与拖曳阵不同，该设备布放或降落到海底，采用分离的震源船记录数据。

OBC 与拖曳阵作业的主要区别是可将差不多 72 km 的海底缆放到海底，而拖曳阵则小于 1 km。这样，OBC 法可用于 3 维探测。

震源和记录船分开，允许不同探测方法用于海底缆 3 维探测。使用的 2 种典型方法为：震源和海底接收测线同一方向，探测狭长条带；路径以合适的角度定方位。

3.3.10 专用拖曳式快速探矿系统

大洋结核和结壳成矿带由于分布面积大，绝大部分在海底表面，用常规探测设备容易发现，但是对于海底块状硫化物矿化带(特别是热液活动停止区)，由于分布面积小，最大也不过露天体育场大小，快速发现非常困难。利用侧扫声呐和高频地震反射法只能探测地形和地质构造，不能直接识别矿床。抓斗或取样器只能取得点上数据，劳动强度大，花费高。近年来，海洋电法和电磁法探矿逐渐成熟，已由布放在海底探测，通过改进发展到近底拖曳探测。目前可用于海底块状硫化物找矿的拖曳式地球物理探矿系统主要有：激发极化法(IP)，自然电位法(SP)，可控源电磁法(CSEM)。所有拖曳系统均配备水声应答器进行定位。

(1)拖曳式激发极化法探矿系统

典型的拖曳式激发极化法探矿系统如图 3.3 - 63 所示。该系统由拖缆上安装的发射极，2 组接收极(1 - 3 和 2 - 4)和前置放大器，以及船上的发射控制和接收数据与处理计算机系统构成。这种方法的发射极很简单，为绕在拖缆外表面上的不锈钢或钛金属丝。两组接收极分别用于海底以下浅深度探测和较深探测。当对发射极施加的短促交流电流突然中断，仍有小电流连续流动很短的时间，这一效应与地球内部发生的电化学作用有关，采用非极化电极测量极化电压值，就可绘出地表以下地质的定性资料图。这种方法可以探测微量($<0.1\% \sim 0.2\%$)硫化物(如黄铁矿)，以及探测高导电覆盖沉积物层(100 m 厚)下的良导电矿体。激发极化法分时间域和频率域两种。时间域法控制通过 2 个电极流进海底的电流，测量极间电压；而频率域法进入海底的交流电取决于频率，用低频比用高频效果好。

美国地质调查局及合作者威廉姆逊联合公司合作研发的海洋激发极化拖曳探测系统，于2007 年在俾斯麦海进行了大规模的商业性海底矿床探测试验，证实这种系统可以探测到深度 3 500 m 的海底块状硫化物周围的硫化物矿晕，用深度达 20 m 的微小异常信号确定了矿物的垂直分布。

(2) 拖曳式自然电位法探矿系统

自然电位探测法基于海底表层沉积物或硫化物的氧化还原反应产生的电位机理，检测两点间电位差即电场，判断硫化物矿、石墨矿等的存在。自然电位可能由 3 种不同的物理过程形成：①由于间隙水压力梯度，渗水介质中液体流动时的动电效应产生电位，海洋流出的液流可能产生可测出的电场，特别是基岩电动势很大时；②具有温度梯度区域，由于热电子而产生电位；③扩散电位，这是地球物理勘探中最重要的，跨接不同电化学成分边缘产生的电流引起电位增加。

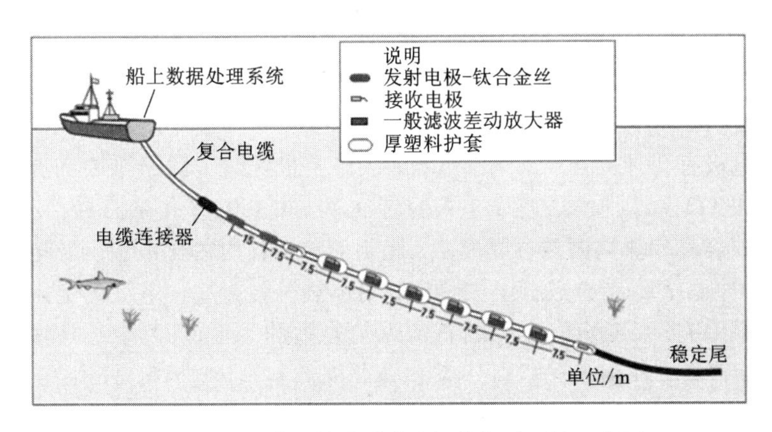

图 3.3-63　海洋拖缆试激发极化探矿系统示意图

海水氧化还原电位 φ 为 +200 ~ +400 mV，而海洋沉积物氧化还原电位为 -100 ~ -200 mV：海底是一明显的沿海还原界面；在金属硫化物矿体和石墨中 φ 可高达几百毫伏，电场梯度达 1 μV/m。海洋自然电位异常的幅度和宽度可提供矿体的大小和深度的概值。因此，自然电位法可以发现没有磁性的海洋矿化带，是勘探硫化物矿化带的快速而有效的搜寻方法。自然电位的电场与磁场相关性很小，表明具有高磁化系数的矿化带在海洋环境中不产生自然电位源。

典型的拖曳式自然电位法探矿系统如图 3.3-64 所示。系统极为简单，船上绞车同轴缆或光纤动力缆拖曳压载器，压载器后部连接拖缆，拖缆上挂一系列电极对，电极用非极化的银-氯化银材料制成，为了形成水平偶极，电极水平间距为 10 ~ 100 m，拖曳速度为 5 ~ 10 节。实际使用中只需用高精度电压表测量电极间的电位差，从而绘制出 2 维海底异常区，为进一步取样确认矿体提供了基础。一般使用 25 Hz 采样速率，最低测量分辨力为 0.3 μV/m。为了降低海水对信号的衰减，拖曳缆一般离底高度不超过 20 m，否则难以测到电位梯度，或者探测深度很浅。

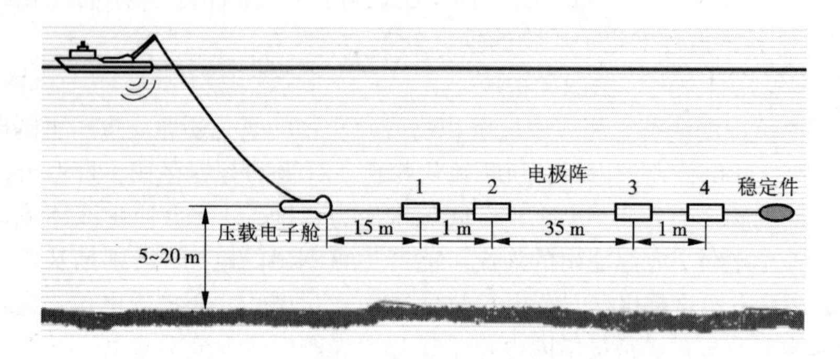

图 3.3－64　海洋拖曳式自然电位法探矿系统示意图

俄罗斯已用这种方法进行了硫化物矿床的探测，取得了明显的效果。为了探测矿体深度，将拖缆垂直。目前，正在探索3维探测和解释技术。

常用电极有2种：银－氯化银电极；碳棒电极。欧美国家采用的典型银－氯化银电极如3.3－65所示。整个电极封装在20 cm长的多孔聚乙烯管内，用6∶1体积比的硅藻土和氯化银混合物充填，涂银的塑料杆用氯化银包围。电缆接头焊接到中心银杆端部，结合点盖上塑料帽，用环氧树脂封装。电极的电阻约为1Ω，与频率几乎无关，一对电极之间的直流电位典型的为1 mV。中心杆银的分解用粉状氯化银降低，并用多孔塑料外壳和硅藻土抑制水流过中心杆所产生的噪声。这种碳棒非极化电解电极具有噪声低、温度稳定性好和随时间极化小等优点。俄罗斯则采用碳棒电极，直径约60 mm，长度约120 mm，中心阳极为铜棒，两端用环氧树脂封住，防止海水腐蚀，整体装入塑料外壳内。这种碳棒电极便宜。

每个电极对海水均有基准特性电位，随着使用时间的延长，由于海水的污染和本身的老化，电极对之间的电位差不为零，经过几天甚至几小时就会发生漂移。可以通过及时标定，用简单函数加以消除。

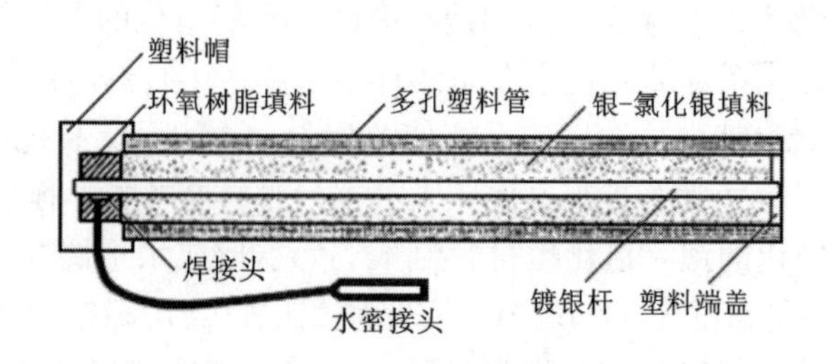

图 3.3－65　银－氯化银电极结构

(3)拖曳式可控源电磁法探矿系统

可控源电磁法探矿系统，利用埋藏深度一般为 0 ~ 100 m 的海底块状硫化物矿电导率(约为 5 S/m)约为海水的 1.5 倍(约 3.5 S/m)以上，是围岩的 10 倍以上(沉积物、碎玄武岩和完整玄武岩分别为 0.75 ~ 2.0 S/m、0.1 ~ 0.5 S/m 和 0.001 ~ 0.03 S/m)的物理特性差别，采用发射线圈瞬间发送一次脉冲磁场，然后切断一次场，由于硫化物良导电体上磁通变化，矿体中激起感应涡流，从而激起随时间变化的二次感应电磁场，采集二次磁场响应信息，达到探测海底块状硫化物的形状、大小和位置的目的。目前，最有应用前景的三种可控源电磁法探矿系统概述如下。

①发射极为近海底拖曳接收极的固定式可控源电磁法探矿系统。

这种系统如图 3.3 - 66 所示。发射极为近海底拖曳的水平电偶极，拖缆长达 300 m。通过拖缆用高压向发射极供电，在拖体上变压，向海水传入的电流可达 1 000 A。拖体外形见图 3.3 - 67。海底电场接收器为独立的记录器，见图 3.3 - 67，测量水平电场(2 个正交方向)的时间变化。电极为银 - 氯化银，放在塑料支架端部(10 m 偶极)。为了提高信号对噪声的比值采用数据多层叠加，若干分钟就可以测量很弱的电场，典型的噪声水平为每个发射极单位偶极矩 10^{-15} V/m。早期探测采用少量接收极(4 ~ 6 个)，而商业化则采用大量接收极，如 100 个以上。较高频率(1 Hz)对海底的电导率更加敏感，然而高频时会由于衰减增大而导致海底电场信号减弱。

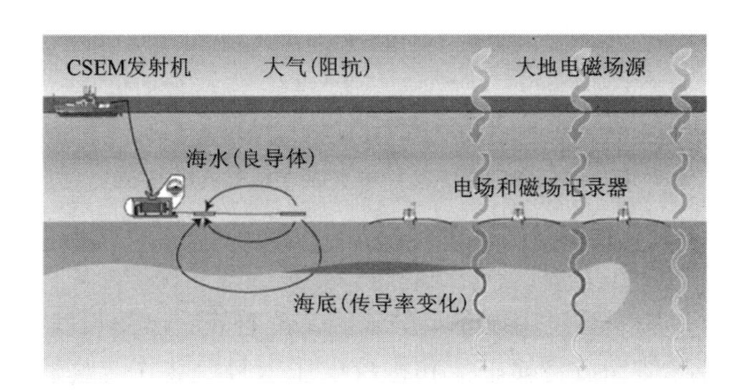

图 3.3 - 66　发射极近海底拖曳式可控源电磁法探矿系统

这种系统需先将接收极放到海底，然后发射极沿测线近底拖曳，周期为几天到几周。探测结束，通过声学控制释放坐底配重，借助浮力返回海面。

②海底面拖曳式瞬变电磁探矿系统。

这种已经试用于海底块状硫化物矿的探测系统(图 3.3 - 68)，由水下拖曳发射极和接收极构成。磁偶极发射器是一个长 2 m、直径 1 m 的玻璃纤维圆筒，内壁均匀缠绕 100 匝金属线圈。圆筒端部开口，有 3 个全长连续径向的翅片用于增加强度和保持流体动力学的流线型。前端是微锥形，以防止向前拖曳时挖起海底

图 3.3-67　发射极近海底拖曳式可控源电磁法探矿系统的接收极和拖体

沉积物。发射器线圈由船上一对汽车蓄电池供电。电流极性为每 5 s 反向一次。

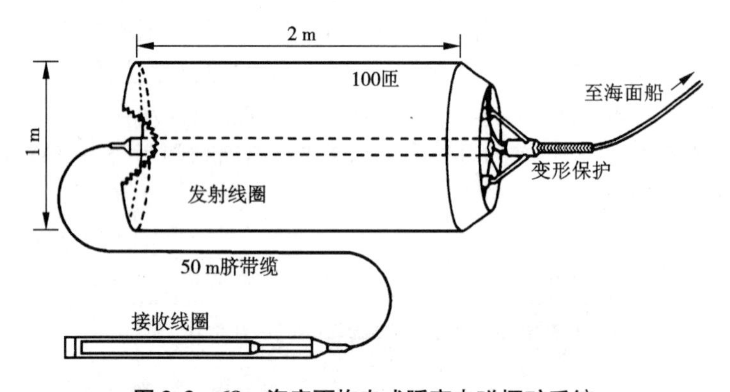

图 3.3-68　海底面拖曳式瞬变电磁探矿系统

改进的铁心线圈作为接收器，铁心封装在聚碳酸酯保护管内，用50 m 长的缆绳与发射器连接。整个系统用绞车上的缆沿海底拖曳，以便长度可随深度改变。电缆内的非铠装导体完成传输电流和接收电压信号。装在接收器内的类似延迟线，在发射信号中断 2 ms 后接收信号。

③近底拖曳式瞬变电磁探矿系统。

这是正在研发的一种海底块状硫化物矿探测系统，系统构成简图如图 3.3-69 所示：由船上绞车通过同轴缆或光动力缆拖曳起压载作用的仪器舱，仪器舱后缆绳牵引发射极和接收极的重叠线框，以及船上控制和数据处理系统构成。基本原理是利用硫化物矿电导率(约为 5 S/m)约为海水的 1.5 倍(约 3.5 S/m)以上，是周围岩石的 10 倍以上(沉积物、碎玄武岩和完整玄武岩分别为 0.75 ~2.0 S/m、0.1 ~0.5 S/m 和 0.001 ~0.03 S/m)的物理特性差别，发射线圈瞬间发送一次脉冲磁场，然后切断一次场，由于硫化物良导电体上磁通变化，矿体中激起感应涡流，从而激起随时间变化的二次感应电磁场，采集二次磁场响应信息，达到探测海底块状硫化物形状、大小和位置的目的。

探测深度可按 B. R. Spies 经验公式，描述如下：

$$H_D = 0.55(M\rho/\sigma)^{1/5} - H_T \tag{3.3-1}$$

式中：M 为发射磁矩；σ 为海水电阻率；H_T为拖曳体离海底的高度。

由上式得到最小发射磁矩为：

$$M_{min} \approx 298\eta\sigma(H_D + H_T) \tag{3.3-2}$$

式中 η 为最小单位面积可分辨电压，设定探测深度和拖曳高度，即可求出最小发射磁矩。设计线圈必须使设计发射磁矩 $M = NIS > M_{min}$。式中 N 为线圈匝数；I 为线圈发射电流；S 为发射线框面积。

线圈设计，一般根据最小分辨电压必须不小于 0.5 μV，当确定单位最小分辨电压时即可求出要求的线圈有效面积，如取单位最小分辨电压为 1 nV，则总有效面积应为 500 m^2，根据布放条件确定单线圈尺寸后，配备增益 $k = 10$ 的前置放大器，假设发射电流为 30 A，即可得到线圈匝数大于 35。试验表明，1 ~ 100 ms 实测可清楚地分辨低阻异常，因此发射频率为 2.5 Hz。

这种系统体积小，重量轻，收放简单。例如探测海底深度≤50 m 系统的外形尺寸：压载仪器舱约 2 m × 0.6 m × 0.8 m，发射和接收拖体约 2.8 m × 1 m × 0.8 m；线圈 40 匝，发射电流约 30 A，质量 0.4 t；发射频率 2.5 Hz，拖曳速度 2 ~ 4 节，为了减少海水对磁场的衰减，拖曳离底高度一般不超过 30 m，发射系统供直流电为 120 Ah。

这种拖曳探测系统尚处于研发阶段，有待于通过实际使用加以完善。

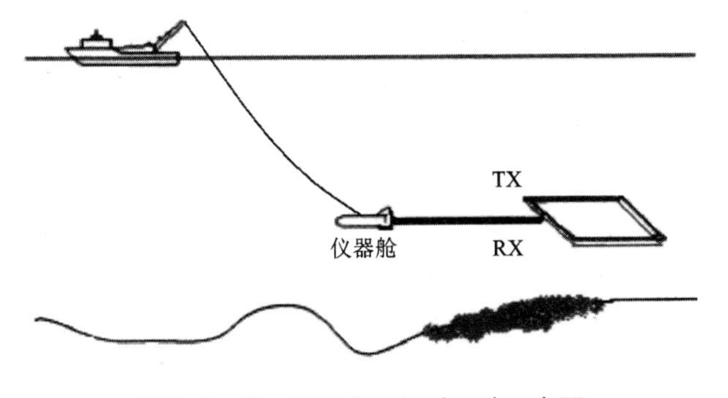

图 3.3 – 69　瞬变电磁探矿系统示意图

3.4 水下机器人

水下机器人自20世纪50年代出现以来，历经50多年，取得了引人注目的发展，先后出现了载人潜水器(HOV)、有缆遥控潜水器(ROV)和无缆自治潜水器(AUV)。近年来，出现了ROV与AUV复合潜水器(AROV)，以及有缆遥控海底作业车。HOV技术总体上已经成熟，仅在少数必须直接观察的任务中应用；ROV的性能得到显著提高和扩展，在海洋科学和资源调查中得到了广泛应用，大量地取代了HOV；AUV已具备了完成复杂和精确探测与取样任务的可能性。深海机器人与卫星遥感、海面船及各种拖体、锚系、浮标、水下长期观测站相结合形成海洋立体探测体系。因此，水下机器人已成为海洋作业和研究方面国家能力的重要体现。

3.4.1 载人潜水器

载人潜水器实际上是一种小型深海潜水艇。主要用于水下直接观察、探测和取样。

(1)发展概况

①20世纪50年代冷战时期，随着与苏联第一台核潜艇环球潜水航行对抗，1959年美国核潜艇Nautilus和Skate首次穿过北极。美国海军还于1958年购买了瑞士和意大利的私人公司于20年代首次设计制造的世界最深的潜水器Trieste(服役到1982年)。

②20世纪60~70年代是世界上研发HOV的鼎盛时期，美国处于领先地位，主要掌握在海军方面。1960年Trieste下潜到世界海洋最深地点马里亚纳海沟11 000 m处。估计这一历史时期共建造了各种类型的HOV达100多台。最著名的HOV是Alvin号，已工作几十年，连续用于海军和海洋科学调查，最大深度达到4 495 m，可探测约50%的海底，目前已退役。到70年代初，美国海军没有再制造HOV，民用部门的兴趣也大减。军用和民用水下机器人开发分离，军用着重反潜作战需求。

③为了满足科学和军事要求，20世纪80年代法、日、俄分别建造了深海HOV，法国海洋开发研究院建造了6 000 m潜深的Nautile号；俄罗斯科学院购买了2台芬兰制造的MIR号；日本1989年下水了Shinkai号，可潜深6 500 m，是目前世界上最深的HOV。这些HOV至今还在运行，技术上比美国先进。80年代美国海军开发了5台较大潜深的HOV，Sea-Cliff号是其中之一。

④自20世纪70年代末以来，大多数探测工作被ROV取代，90年代以来仅制造了4台HOV。但是，必须要人亲临现场直接观测的重大探测项目仍需使用HOV，如Alvin号HOV潜到大洋扩张中心的热液喷口进行观测和取样、海底搜寻，取得了许多重大科学发现。目前美国海军拥有的Turtle和Sea-Cliff号

(潜深 6 000 m)HOV 每年有 60 天可用于民用目的，Alvin 和 Medea - Jason 号 HOV 已完全用于民用科学调查。目前，在美国 HOV 已不作为工业产品生产。

到 20 世纪末，Sea - Cliff 号 HOV 退役时，美国已达到 6 100 m 潜深能力，可探测 98% 的海底。目前世界上共建造了 200 多台 HOV，估计当今有 40 多台在运行。一般续航时间不超过 16 h，多数为 4 ~ 5 h，潜水深度从几百米到几千米，每年下潜 60 ~ 180 次，载人球体容积为 4 ~ 4.8 m^3。中国目前已建造了 7 000 m 潜深的 HOV，现已开始在深海矿产资源勘探中试用。

⑤未来技术发展主要集中在燃料电池、声学通讯、更精确导航系统方面的升级或改造。包括：高效率推进器和高强度壳体材料；汽车工业开发的新电池或燃料电池技术移植到 HOV；已经开始研发陶瓷耐压舱；探讨类似将螺旋桨变革为喷气推进的极高推进速度的革命性推进技术。

(2) 几种典型民用载人潜水器

几种典型民用载人潜水器见图 3.4 - 1 至图 3.4 - 4。基本配置和主要技术性能列于表 3.4 - 1。潜水器内部结构和吊放方式参见图 3.4 - 5 和图 3.4 - 6。

图 3.4 - 1　SHINKAI 6500 载人潜水器外形

图 3.4 - 2　MIR 1&2 载人潜水器外形

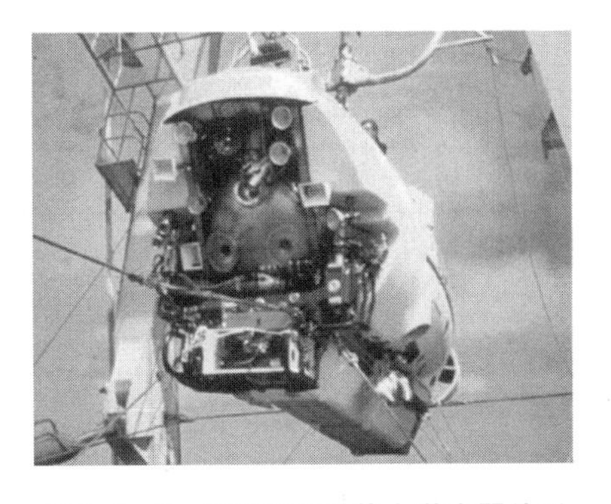

图 3.4 - 3　NAUTILE 载人潜水器外形

图 3.4－4　ALVIN 载人潜水器外形

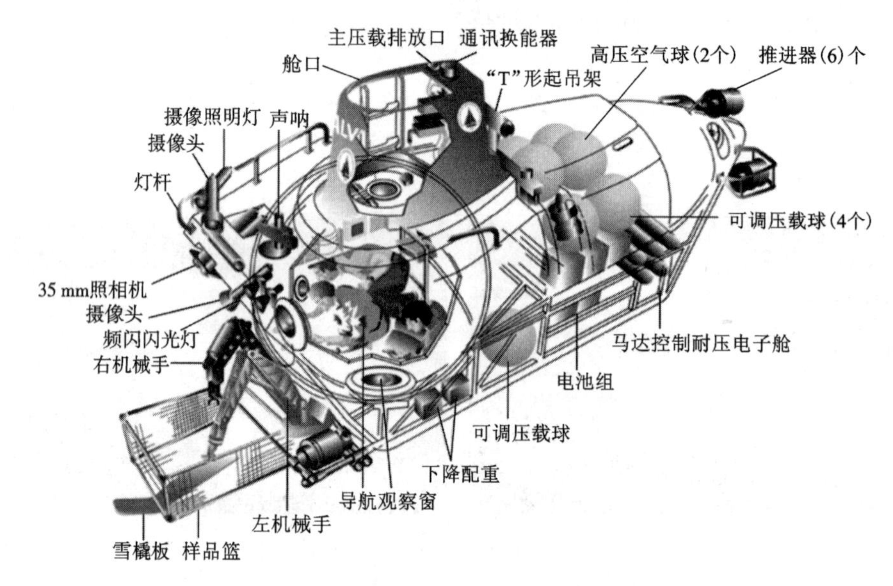

图 3.4－5　ALVIN 号载人潜水器内部结构

表 3.4－1　几种典型民用载人潜水器主要技术性能

型　号	SHINKAI 6500	NAUTILE	MIR 1&2	ALVIN
国　家	日本	法国	俄罗斯	美国
使用单位	日本海洋 技术研究中心	法国海洋 开发研究院	斯西尔斯霍夫 海洋资源研究所	伍兹霍尔 海洋研究所
作业水深	6 500 m	6 000 m	6 000 m	4 500 m
载人舱	内径 2 m，容纳驾驶 2 人，科学家 1 人	内径 2.1 m，容纳 3 人	内径 2.1 m，容纳 3 人	内径 2.1 m，驾驶 1 人，科学家 2 人

续表 3.4－1

型　号	SHINKAI 6500	NAUTILE	MIR 1&2	ALVIN
推进系统	最大航速2.5节	航速1.7节	最大航速5节，主液压尾推进器9 kW，侧推2.5 kW×2	巡航0.8 km/h 全速3.4 km/h
潜　航	9 h	7.5 km	17～20 h	6～10 h，距离5 km
生命支持时间	129 h	120 h	246 h 人	72 h×3 人
观察窗口		直径 12 cm，3个	中心直径20 cm，侧面2个直径12 cm	最大直径48.2 cm，3个
有效载荷		200 kg	250 kg	680 kg
压载物重		每次1 t	1.5 t 海水－充气箱，可调海水1 t	
通　讯	水下电话，海面特高频无线电收放机			
探测仪器设备	彩色摄像头2台，CTD、照相机、海水温度计各1台，	沉积物探测器，全景回声探测器，2台彩色摄像头，2台照相机与闪光灯，2台650 W碘弧灯，5台400 W的卤碘灯，海底剖面仪	250 m范围图像声呐，摄像头，35～70 mm照相机，4个1 200 W的卤碘灯，12个外部传感器，CTD，温度探针，海流计，磁力仪，pH计，声速仪，采水器，岩芯钻机，放射性探针	3台摄像头，2台照相机，12盏灯，声呐系统，沉积物取芯器，温度探针，磁力计
导航设备	导航装置	高度计，深度计，多普勒测速仪，数据采集与导航单元，	长基线声学定位系统，陀螺仪，1 000 m长距离回声测深仪，测速仪	
作业设备	7自由度机械手2个，可拆卸样品篮2个	4和6自由度机械手各1个，可卸样品篮	2台7自由度液压机械手	2个长臂液压机械手，样品篮
吊　放	30 t船尾A型架	20 t船尾A型架	侧舷折臂吊	20 t船尾A型架

续表 3.4-1

型　号	SHINKAI 6500	NAUTILE	MIR 1&2	ALVIN
总功率		230 V 的 37 kWh 28 V 的 6.5 kWh	100 kWh 镍镉电池	最大 57.6 kWh 可用 43.2 kWh
外形尺寸	9.5 m×2.7 m×3.2 m	8.0 m×2.7 m×3.8 m	7.8 m×3.6 m×3.0 m	7.1 m×2.6 m×3.7 m
质　量	25.8 t	19.5 t	18.6 t	17 t
建造时间	1989 年	1984 年	1987 年	1964 年，多次改造
工作母船	Yokosuka 号考察船	LAtalante 号考察船	Keldshk 号考察船	Atlantis 号考察船

3.4.2 ROV

ROV 主要用于水下可控探测(包括地球物理、化学、生物、海洋学等方面，如地形、地质构造、水体和沉积物内生物与颗粒物、海底矿物等)、取样和作业(包括钻孔、埋设仪器和水下设备维修)。

(1)发展概况

①1953 年首次开发出 ROV 雏形 Poodle 号。美国海军实验室和政府承包商开发出第一台实用 ROV，用于从海底回收鱼雷，1966 年从西班牙帕洛马外海回收了核弹。

②自 20 世纪 60 年代军事用途研发出 ROV 以来，到 70 年代初由于海上石油工业的需要，私营公司进一步发展了 ROV，从而得到迅猛发展，70 年代末，实际上几乎所有的 HOV 都被 ROV 所取代，只有少数 HOV 用于必须直接观测的海洋科学调查。这一时期，ROV 技术从海军计划进入到工业部门，开发耐用和多种系统，以满足海上石油和其他用户不断增长的需求。有许多作业型 ROV 在全世界工作，并以每年 10 台以上的速度增长，可完成绝大部分的海洋调查任务。

③20 世纪 80 年代，商业用户的注意力则转向工作能力强、成本低和没有人员生命危险的 ROV。从而 ROV 在水下作业方面占主导地位。80 年代初，出现大量不同种类的专用小型 ROV(质量≤50 kg)。

④20 世纪 90 年代，ROV 在海上作业的利用率和可靠性不断提高，从而被广泛使用。ROV 及其维护一般由海洋石油服务机构而不是石油公司提供。日本海洋科学技术中心执行一项使用机器人的海洋探测国家计划，为了解地壳构造和探测海底资源，研制成功了 11 000 m 潜深的海沟(Kaiko)号 ROV，是当今世界上唯一全海深水下机器人。该 ROV 于 1995 年 3 月潜入到世界海洋最深处马里亚纳海沟，共下潜 296 次，于 2003 年 5 月由于脐带缆破损而丢失。20 世纪 70 年代以来，

图 3.4－6　载人潜水器吊放方式

除美国外其他发达国家在机器人许多技术方面出现领先。

⑤目前世界上已建造并投入使用了约 1 000 多台 ROV，作业深度从几米到 11 000 m，ROV 已成为最通用的水下探测设备。民用 ROV 总数不超过 500 台，其中作业型达 430 多台，集中在 7 大商业集团，小公司仅拥有 30 多台，形成的总资产达 15 亿美元。

⑥轻型、中型 ROV 趋向于电动推进，功率消耗较低。作业型 ROV 功率为 38～76 kW，质量为 1～2.2 t，搭载质量为 100～270 kg，机架起吊能力达 450 kg；具有 7 功能机械手和 5 功能爪钩；用于钻孔、轻型构筑物、管线铺设、取样等作业。重型 ROV 质量达 4.5 t 以上，功率为 76～190 kW，装备液压推进器和机械手；还制造了机架起吊能力达 7 t 的重型 ROV。铺管机功率达 760 kW，主要用于海上油气管、通讯和电缆埋设与检查、海底长期观测站的布设和维护。一些 ROV 配有下放与回收保护笼或中继器。

⑦有相当多 3 000 m 以上潜深的 ROV，但是尚未达到完备程度，丢失情况时有发生。

⑧精巧部件的应用，使标准型 ROV 成为执行特殊任务设备的标准水下支持平台。可用的精巧部件有推进、遥测、传输、成像和浮力件等。

⑨未来技术发展主要集中在以下几方面：

• 推进：进一步研制用于 10 000 m 水深的配有整体电子控制装置的小型大功率直流无刷电动机。

• 遥控：研发耐高压电子部件，特别是光纤数据通讯、接收器、晶体检波器。

• 浮力件：研发低密度浮力件，研制泡沫芯中的编织合成物是发展途径之一。

• 动力：探讨有效的较高频率电力输送，降低机重；研发 LED 阵列照明，进一步减小机器外形尺寸和能耗。

• 插接件标准化。

(2)几种典型的深水 ROV

几种主要深水 ROV 见图 3.4－7 至图 3.4－12，机械手参见图 3.4－13，吊放方式见图 3.4－14，基本配置和主要技术性能列于表 3.4－2 和 3.4－3。

法国在导航、材料和精致的试验装置方面在世界上是最强项，其中包括源于太空船的一些先进壳体材料。

图 3.4－7　UROV7K 型 ROV

图 3.4－8　ROPOS 5000 型 ROV

Jason本体

MEdea中继器

图 3.4－9　JasonⅡ/Medea 型 ROV

图 3.4－10 ISIS 6500 型 ROV

图 3.4－11 Victor 6000 型 ROV

图 3.4－12 10 000 m 海沟(Kaiko)号 ROV

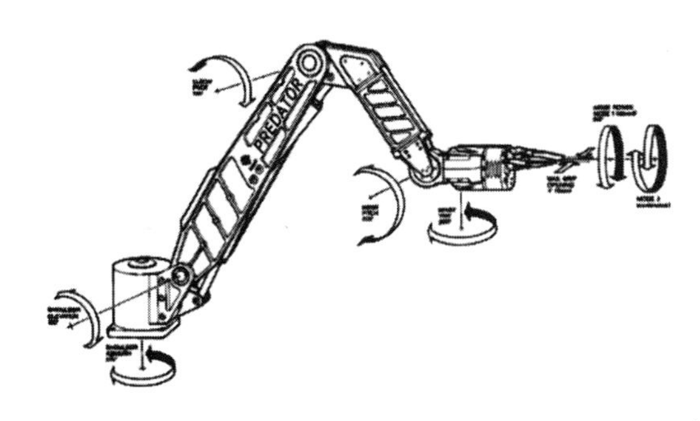

图 3.4－13 ROV 机械手

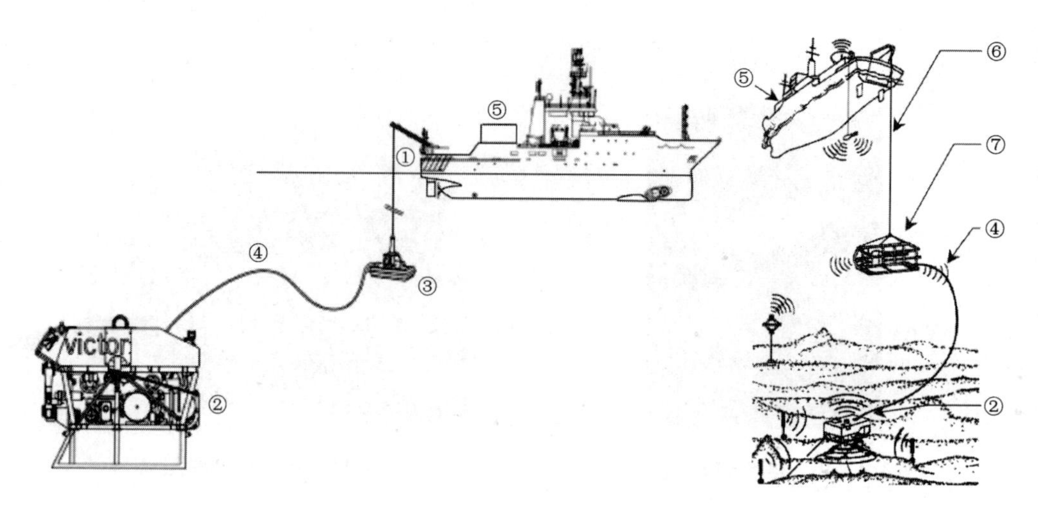

图 3.4－14　ROV 吊放后作业示意图

①吊放 A 型架；②ROV 本体；③吊盘式中继器；④脐带缆；⑤支持母船；⑥吊放缆绳；⑦吊笼式中继器

表 3.4－2　几种主要深水 ROV 基本配置和主要技术性能

型号		UROV7K	JasonⅡ/Medea	ISIS 6500
国家		日本	美国	英国
使用单位		日本海洋技术研究中心	伍兹霍尔海洋研究所	南安普敦海洋中心
作业水深		7 000 m	6 500 m	6 500 m
本体	尺寸	2.8 m×1.8 m×2 m	3.4 m×2.2 m×2.4 m	2.7 m×1.5 m×2 m
	质量	2.7 t	3.7 t	3 t
	承载	<30 kg		190 kg
	航速	<1.5 kn	1.5 kn，升降 30 m/min	1.5 kn
	动力	108V、60Ah 锂铁电池（充油压力补偿）		供电 18 kW
	推进	水平、垂直推进器各 2 台，800 W 直流无刷电动机（充油压力补偿）	6 台直流电动推进器，各方向推进力 1.14 kN	6 台 3.7 kW 电动液压推进器，各方向推进力 2.22 kN，3.7 kW、10.6 L/min 液压站
	控制		闭环动力定位	自动定深 ±1 m，自动定高 ±0.5 m，自动定向 ±5°

续表 3.4－2

型号		UROV7K	Jason Ⅱ/Medea	ISIS 6500
本体	观测设备	CTD、彩色摄像头、5百万像素数码照相机各1台，广角摄像头2台，照明灯，导航装置	2×250 W白炽灯，5×400 W灯。 前取样篮(98 cm×1.52 m，载荷90 kg，液压移动)，取芯器，沉积物采水器，抽吸采样器，温度探针。钻孔装置(4个25 mm岩芯或76 mm钻孔，深度0.5 m)	10～20个直径5 cm、长50 cm取芯器，10个3.5升抽吸采样器，10个1升液体/气体取样器，微型采水器，蝶形捕获网，2个激光比例尺，0～400℃温度探针。14倍变焦云台摄像头、照相机和1 200 W照明灯。400 m范围200 kHz多波束
	导航设备	黑白摄像头，高度计，深度计，激光陀螺，紧急闪光器，前视声呐，GPS，ARGOS，发射机	高度计(30 m，300 kHz)，深度计，光纤陀螺和磁通门罗盘，前视图像避障声呐。7～12 kHz长基线应答器，300 kHz多普勒速度仪(300 m范围)	1～30 m高度计，0～6 500 m深度计，光纤陀螺(1°)和磁通门罗盘，100、400 m前视避障声呐
	工作机构	6自由度机械手1套	7功能6自由度和7功能6自由度力反馈液压机械手各1个，举升力1.40 kN	2个机械手，取样箱载荷0.7 kN，容积0.7 m^3，侧储样箱载荷220 N，容积0.4 m^3
吊放	绞车系统	主光纤动力缆ϕ45 mm×12 000 m，脐带缆ϕ29.5 mm×250 m		9 t液压牵引绞车，缆长10 km、直径17.2 mm，速度60 m/min，功率149 kW。150 kN的A型架(3.21 m宽、7 m高)
	中继器		用545 kg重的Mader降低来自海面运动的波振。用直径21 mm、长35 m零浮力缆与Jason Ⅱ连接，缆绳破断力186 kN。Mader由船的动力定位控制机动。配备彩色和黑白摄像头观测地形与Jason Ⅱ的位置	双速(15、30 m/min)液压绞车，200 m零浮力缆，直径21.3 mm。 磁通门罗盘，高度计，压力传感器，海底定位声学应答器，2×250W灯，2台摄像头，3.7 kW液压站

续表 3.4－2

主要参数		Victor 6000	ROPOS5000
国　家		法国	加拿大
使用单位		法国海洋开发研究院	
作业水深		6 000 m	5 000 m，5 级海况
本体	尺寸	1.75 m×2.6 m×1.45 m	1.75 m×2.6 m×1.45 m
	质量	2.1 t	2.1 t
	承载		
	航速	1.5 节	<1.5 节
	动力	本体 50 kVA，绞车 2×160 kVA，其他设备 60 kW	40 马力
	推进	所有方向推进力 2 kN	水平、垂直推进器各 2 台，800W 直流无刷电动机（充油压力补偿）
	控制	20′集装箱控制室	
	观测设备	3 个温度探针，8 个抽吸生物取样器，采水泵（19×200 mL），钛合金取样管（4×270 mL），沉积物取芯器（直径 53 mm，长 400 mm），抓斗取样器，样品盒，0.6 m 可卸篮。1 台定向主变焦摄像头，2 台云台摄像头，5 台辅助彩色摄像头，8 台探照灯（5 kW），声呐系统	8 通道视频，广角微光主摄像头，16 倍变焦彩色摄像头，5 百万像素 10 倍变焦数码照相机，固定焦距辅助照相机；3×250 W 白质灯，4×250 W 石英晶体灯；80 cm×30 cm×30 cm 生物盒，26 cm×37 cm×17 cm 储物箱，300 L/min 抽吸能力的取样器，8 个 2 升样品筒，3 个 0～400℃温度探针，激光比例尺
	导航设备	高度计，深度计，姿态传感器，航速仪，超短基线定位系统。	高度计，深度计，光纤陀螺（0.1°）和磁通门罗盘，1 200 kHz 浅水导航仪，675 kHz 数字式声呐
	工作机构	5、7 功能机械手各 1 个，举升力 100 kg	7 功能力反馈机械手（举升力 90 kg）、7 功能机械手（举升力 270 kg）各 1 个
吊放	绞车系统	直接缠绕液压绞车，缆长 8 500 m、直径 20 mm、总重 30 t	主光纤动力缆 5 500 m
	中继器	尺寸 1.5 m×0.8 m×0.5 m，重 1.2 t，300 m 零浮力脐带缆，直径 35 mm	吊笼式，260 m 零浮力脐带缆，功率 7.6 kW

表 3.4－3　日本 10 000 m“Kaiko”号全海深 ROV 基本配置和主要技术性能

组件名称	本体	吊放中继器
作业水深	11 000 m	
外形尺寸	3.1 m×2.0 m×2.3 m	5.2 m×2.6 m×2.0 m
质量	5.5 t(水中重力 100 N)	5.3 t(水中重力 32 kN)
有效载荷	100 kg(水中)	—
推进	4.9 kW×4 水平推进器，5.1 kW×3 垂直推进器，前进速度 2 kn，横向、垂直速度 1 kn	拖曳 1.5 kn
仪器设备	摄像头：3－CCD 彩色摄像 1 台，1－CCD 彩色摄像 3 台，1－CCD 单色摄像 1 台，照相机：35 mm，800 张	
导航设备	200 m 范围避障声呐，300 m 范围高度计(精度 10 cm)，30 m 范围高度计(精度 1 cm)，0～13 000 m 深度计(0.025%)，±1°罗盘，±30°姿态传感器(±0.1°精度)，7.7 kHz 接收器	200 m 范围避障声呐，20～500 m 范围高度计，CTD 深度计，±1°罗盘，±30°姿态传感器(±0.1°精度)，6.6/8.0 kHz 应答器，6.9/7.2/7.5/7.7 kHz 长基线和超短基线接收器
作业设备	6 自由度液压机械手 2 台，举升力 300 N	—
吊　放		脐带缆长度 250 m

3.4.3　AUV

AUV 主要用于水下按预置程序自治航行探测。

(1)发展概况

①20 世纪 50 年代末出现第一台真正的 AUV。

②20 世纪 70 年代 AUV 开始得到发展，第一台深潜 AUV 是法国的 Epaulard 号，装备有摄像机，用声学数据传输器与海面船通讯，完成了 500 多次下潜(许多次达到 6 000 m 水深)。发展 AUV 是美国政府计划的关注点，美国华盛顿大学研制的 2 台 AUV(Spurv 和 Uars 号)成功地搜集了海洋学数据(包括从冰层以下)。70 年代研发的几台作为试验平台还在运行。

③20 世纪 80 年代，美国继续关注反潜作战，海军拨款支持几种军事用途 AUV 的开发。而商业用户的注意力则转向工作能力强、成本低和没有人员生命危险的 ROV。80 年代建造的几台 AUV 是试验机型。1988 年开始的海军计划是验证 AUV 实现海军特殊使命技术条件，目标包括提升水下作战，特别是布雷和绘制地形图功能的关键技术，重点是燃料电池、声学通讯和更精确的导航系统。

④20 世纪 90 年代 AUV 在科学调查方面的应用再次得到关注。初期马萨诸塞工业大学开发出 6 台 Odyssey，能以 1.5 m/s 速度航行 6 h，航程达 6 km，可搬移 160 kg 物品。ABE 号 AUV 于 1994 年首次进行科学调查，能以 0.75 m/s 速度在 5 000 m 水下航行 34 h，航程达 5 km，可搬移 680 kg 物品。

⑤苏联开发出 20 多台 AUV，大部分是军用产品，夫拉迪沃斯托克海洋研究所已经开发出小型快速高能力 6 000 m 潜深 AUV，用于深海科学调查和回收作业。现在，俄罗斯继续进行军工技术产品的销售。俄罗斯和乌克兰具有在生产 HOV、ROV 和 AUV 的熟练人力和控制的局域传感器数据融合方面居于世界领先地位。英国重点开发先进传感器和提供用于调查和海洋油气工业的 AUV 和 ROV。欧盟每年投资 1 百万美元资助 Autosub 计划设计 AUV，目标是建立和验证一种机器人概念，并制造 2 台 AUV：Dolphin 型可横过北大西洋，进行测深和取样，在海面漂移过程中通过卫星传输数据；Doggie 型能覆盖海底并从高频设备获得高分辨率数据，并支持配备海底剖面仪、磁力仪和化学传感器。现在，Autosub 计划集中在技术开发，而不是整机集成。挪威与英国一样，面向北海监视和检查深水管线的需要，还对爱琴海中来自俄罗斯废弃核潜艇污染监测予以高度重视。加拿大海岸线长，一年有 2 ~3 个月被冰封，政府支持水下平台的开发，重点在继续开发 AUV 的应用方面。在温哥华、英国哥伦比亚不冻海湾区域设有良好的机器人试验场。

⑥AUV 研发历经几十年，其技术进展和应用仍比 ROV 缓慢。直到 20 世纪 80 年代，随着微处理器及软件的发展，这些系统才开始接近真实的自治运行，从而得到较大发展。近 20 年来，全世界已实施约 60 项 AUV 计划，其中 20 多项计划是美国参与开发的，约建造了近 180 台原型机。但是，AUV 目前仍然处于初期发展阶段，具有有限的自治决策和续航能力，典型的商业 AUV 续航能力为 8 ~50 h，航速范围 0.5 ~2.5 m/s，多数为 1.5 m/s。作为一种有重要发展潜力的尚不十分成熟的技术，目前缺乏打开海洋市场的使用经验。即使能够执行大量明确的任务，也缺乏被了解或被潜在用户所认可。

⑦AUV 系统复杂，需要专门技术操作和维护。还需进一步降低成本。

⑧未来技术发展主要集中在以下几方面：

- 改进储能技术，进一步延长续航时间，提高航速，降低成本，发展作业能力。
- 利用组合传感器和现有电子元件，开发简单、便宜的小型专用 AUV。
- 改进导航定位技术。

(2) 几种典型的深水 AUV

几种典型的深水 AUV 的技术性能和外形分别见表 3.4 –4 和图 3.4 –15 至图 3.4 –19。

表3.4-4　几种典型的深水AUV的技术性能

型号	潜深	主要技术规格	所有者	制造
Auss	6 000 m	长2.2 m、直径0.8 m，质量1 230 kg，最大速度6节，巡航10 h，20 kWh银锌电池，搭载侧扫、前视声呐，摄像装置	美国 海军海洋系统中心	
Odyssey	6 000 m	长5.2 m，直径0.6 m，质量1 230 kg，速度3节，巡航6 h，1.1 kWh银锌电池，搭载摄像、CTD、OBS、ADCP、机械扫描声呐、侧扫声呐、测高声呐。船载长基线导航，航位推算，超短基线用于北极自引导	美国 麻省理工学院 AUV实验室	1992
ABE	6 000 m	长2.2 m，质量550 kg，速度1 m/s，巡航13~190 km，铅酸、碱性电池或锂电池。搭载TV、CTD、磁力仪、高度计	伍兹霍尔海洋研究所	1992
Urashima	3 500 m	尺寸10 m×1.5 m×1.5 m，质量7 t。巡航速度3节，燃料电池和锂充电电池。惯性导航配合激光罗经和多普勒声呐，声学导航，避障声呐，一次性光纤遥控。配备CTD、多波束，采水器，数码相机。具有自动导航、声学遥控、光缆控制模式	日本	1988
MT-88	6 000 m	尺寸3.8 m×1.15 m×1.1 m，ϕ700 mm，质量1 t。巡航速度1 m/s。铅酸电池100 Ah。长基线声学定位系统，船载自治导航系统。CTD、侧扫声呐、照相机、γ射线仪、磁力仪	俄罗斯 海洋技术问题研究所	1987年
CR-02	6 000 m	最大工作深度6 000 m，最大速度2节，最大续航力10 h，主尺寸0.8 m×4.5 m×5 m，质量1.4 t；自动定深、定高精度±0.5 m，定向精度±1°；测深和侧扫覆盖面积100 m×2 m和200 m×2 m(高度60 m时)，测深精度1%，浅剖作用深度50 m(软泥)，分辨率0.3 m，声学定位精度≤20 m	中国大洋协会	2 000

图 3.4－15　AUSS 型 AUV

图 3.4－16　Urashima 型 AUV

图 3.4－17　ABE 型 AUV

图 3.4－18　Odyssey 型 AUV

图 3.4－19　MT－88 型 AUV

3.4.4　AROV

美国伍兹霍尔海洋研究所开发了一种微光缆控制的具备可转换 ROV 和 AUV 功能的低成本的潜深 11 000 m 的复合水下机器人(AROV)，用于直接进入全球深渊及海洋勘查。如图 3.4－20 所示。系统由铠装光缆、铠装光缆压载器、潜器本体、坠落锚组件及微光缆(直径为 0.8 mm，断裂强度 454 N，水中质量 0.454 kg/km)组成。这种潜水器用地质绞车铠装光缆和压载器下放。约在 1 000 m 深度放出压载器，利用坠落锚组件自由降落到海底。降落过程中从分别装在压载器和坠落锚组件上的两个小卷筒中放出微光缆。AROV 一旦到达海底，就脱离坠落锚组件，自主航行达20 km，进行探测工作。这时的微光缆是从装在本体上的第三个卷筒内放出的，详见图3.4－21。

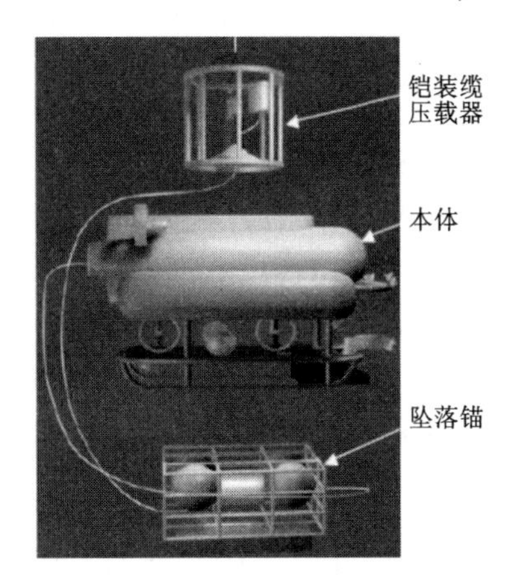

图3.4－20 AROV 系统

系统可搭载沉积物推压取芯、热液流测量(用机械手插入海底沉积物内的探针，记录从地球内部涌出的热液流量)、地质构造/地球化学传感器(研究沉积物内孔隙压力、不同温度下流体特性和海洋基础化学)、小型取芯钻具、小型抽吸深海生物取样器、捕捉网和存储与转运传统的生物样品箱、海水取样、高分辨率海底地形精确测绘声呐、光学照相和电视摄像。

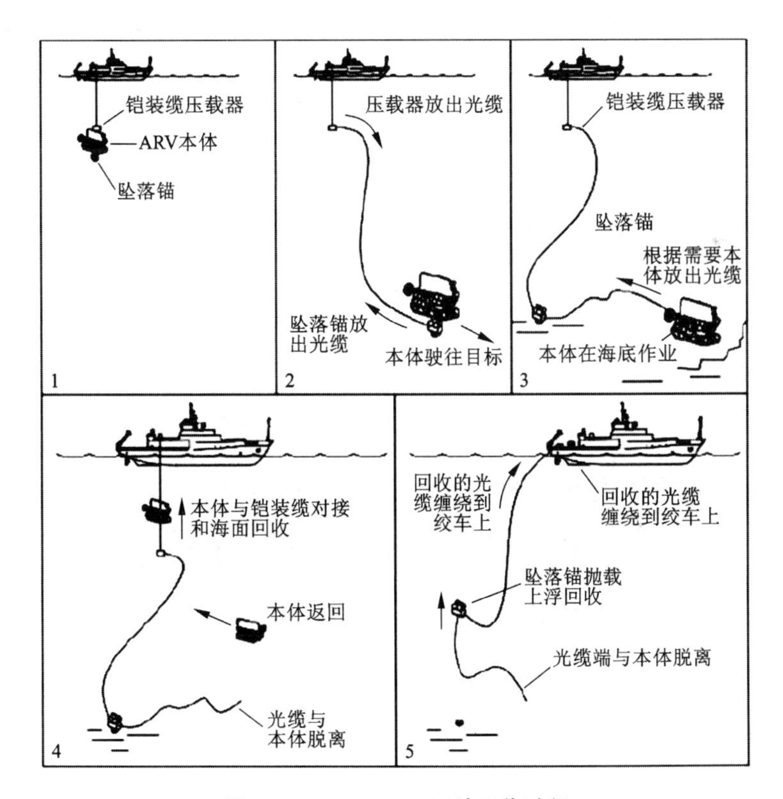

图3.4－21 AROV 下放回收过程

这种系统具有如下特殊能力：①潜入位于海沟的地球表面最大深度区域；②适于冰层下作业，解决了用破冰船工作时船不能保持住站位，或者像传统 ROV 或深拖作业那样跟随准确的航迹线工作的难题；③对海洋突发活动快速科学调查支援是最理想的应用；④是进入变形、断裂扩展环境中大洋岩石圈绘制地形图和取样的理想设备；⑤具有体积小、重量轻、机动性好、携带方便、无需庞大的水面支持系统，极适合复杂海底环境的调查。

法国自动控制公司与海洋开发研究院合作研发一种无人无缆下潜和上浮，水下定点后放出有缆 ROV 进行观测与作业的复合水下机器人。因此成为最具商业应用前景的一类水下机器人。

3.4.5 底行式遥控作业车

底行式遥控作业车由 ROV 与行走底盘组合而成，可以根据需要搭载探测传感器、取样器、工作机具，作为海底移动观测站和各种机构试验平台，进行海底下埋设探测仪器、底质土工力学特性原位动态测试，以及其他辅助作业。按供电和功能分，主要有两大类：海底光动力缆供电 - 通讯的小型机动探测用履带车；海面船动力缆供电的大型作业用履带车。

(1)小型海底机动探测履带车

这种由 IRCCM 组织开发的首台小型海底机动探测用履带车为橡胶履带，外形尺寸约为 1.5 m×1 m×1 m，驱动功率不超过 15 kW，质量在 1 t 以下，由节点光动力缆供电。行走控制采用电视引导手动操作。可以携带几种小型多功能探测仪器。基本结构见图 3.4 - 22。

图 3.4 - 22　小型海底机动探测履带车

(2)大型海底作业履带车

大型海底作业履带车，是在海底铺设电缆、石油管线及水下设施维修需要的基础上发展起来的。按技术基础分，主要有两类：以 ROV 为基础的海底作业履带车；以陆地工程车辆下海为基础的海底作业履带车。目前，两种类型已相互渗透，对于轻型车已没有明显区别。

①ROV 式海底作业履带车。

这种海底作业履带车是在 ROV 底部加装履带底盘构成的。目前，作业水深达到3 000 m。根据用途不同，种类繁多，规格各异。基本规格如表3.4－5。

表3.4－5 ROV 式海底作业用履带车基本规格

类　型	轻　型	中　型	重　型
功　率	11～56 kW	75～200 kW	200～750 kW
质　量	6～12 t	15～25 t	30～40 t
外形尺寸	2.5 m×2.0 m×2.0 m	3 m×2.2 m×2 m	～5.7 m×3.2 m×3.0 m
牵 引 力	20～40 kN	50～120 kN	150～230 kN
推 进 器	水平4个，垂直4个，功率约为总功率的一半		
适用对地比压	3～250 kPa 或 1～40 kPa		

这些履带车除具有一般 ROV 的功能外，可以换装如机械手、长工作臂、铲斗、钻孔机具、海底底质特性原位探测系统等各种工作机构和各种物理、化学、生物传感器与取样器，进行取样、埋设仪器、环境参数探测，以及进行观测站网络系统的安装与维修。典型的 ROV 式海底作业用履带车见图3.4－23和图3.4－24。

图3.4－23 英国 ROV 式海底作业履带车

②工程车辆式海底作业履带车。

这种海底作业履带车是以陆地液压挖掘机、拖拉机、牵引车等履带车为基础发展起来的。具有强大的承载力、牵引力、钻进力、挖掘与抓取力，能够适应从1 kPa 剪切强度的软泥到坚硬的底质和凸凹不平的各种地形。车上配备有导航定位系统、电视和声呐系统，通过更换不同的工作机构，可以完成各种水下工程作业；可以根据需要搭载各种探测传感器，实现相应的移动探测工作。

海底作业履带车一般由船上控制中心、吊放系统及通讯动力缆、水下履带车

图 3.4-24　美国宋沙公司的 ROV 式海底作业履带车

三部分组成。采用长基线/短基线定位系统进行定位，激光陀螺导航。

根据用途不同，履带车的结构有很大差别，质量和尺寸也不同。

下面列举几种海底作业履带车实例。

a. 意大利海洋技术公司开发的海底履带车。

这种 PIOVRA 型履带车外形见图 3.4-25。基本性能参数列入表 3.4-6。

图 3.4-25　PIOVRA 型海底作业履带车外形图

表 3.4-6　PIOVRA 型海底作业履带车基本性能参数

参　数	指　标	参　数	指　标
外形尺寸	5.2 m×4.7 m×3.3 m	行驶速度	0～1 km/h
底盘质量	13 t	最大牵引力	140 kN
安装重型装备质量	20 t	吊放绞车能力	400 kN
功　率	150×2 kW	推进器	3×2 kN
适应底质强度	5 kPa		

履带车上装备有导航定位声呐、摄像机、高度声呐、避障声呐、深度计、陀螺及姿态传感器、水下照明灯。行驶机构具有自动、半自动和手动控制功能。可以配备反铲斗、起重臂、挖泥机具、螺旋钻、推土板、贯入头等作业机具从事各种工程作业。

b. 英国 AT&T 公司 STB 履带车。

这种海底作业履带车有坚固的履带底盘，装有 5 台摄像机、避障声呐、水声应答器、磁性电力跟踪器、机械手和挖掘机具，可在海底挖深沟和埋设光缆。外形见图 3.4－26。主要技术性能参数见表 3.4－7。

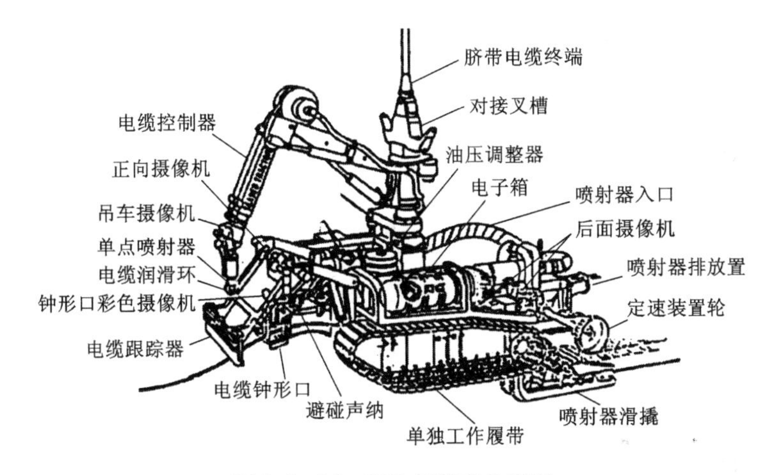

图 3.4－26　STB 履带车外形图

表 3.4－7　STB 履带车主要技术性能参数

参　数	指　标	参　数	指　标
载体外形尺寸	4.0 m×2.8 m×3.0 m	行驶速度	0～6 km/h
底盘重量	8 t，水中重力 60 kN	最大牵引力	40 kN
安装重型装备重量	10.4 t，水中重力 83 kN	转弯半径	<10 m
功　率	150×2 kW	推进器	3×2 kN
适应底质强度	≥4 kPa	爬坡能力	30°

3.4.6　水下机器人的比较

水下机器人性能和作业能力的比较分别见表 3.4－8 和表 3.4－9。

表 3.4－8　现有水下机器人性能比较

<table>
<tr><th colspan="2">类型</th><th>HOV</th><th>ROV</th><th>AUV</th></tr>
<tr><td colspan="2">工作原理</td><td>无缆，有人，自由浮游</td><td>有缆，直接实时控制本体航行</td><td>无缆，可以完全预置程序和设置决策目标自治航行，或者根据控制仪表监测和修正作业</td></tr>
<tr><td colspan="2">深度</td><td>多数达到 1 000 m
少数达到 3 000 m
极少数达到 6 000 m
一台达到 6 500 m</td><td>大多达到 500 m
许多达到 2 000 m
少数达到 3 000 m
少数达到 6 000 m
一台达到 11 000 m</td><td>几台达到 1 000 m
少数达到 3 000 m
很少达到 6 000 m</td></tr>
<tr><td rowspan="2">续航能力</td><td>时间</td><td>一般 8 h
最大 24～70 h</td><td>不确定，取决于可靠性和操作者耐力</td><td>6～48 h
可以长期栖息在海底</td></tr>
<tr><td>范围</td><td>>50 km</td><td>离母船距离受缆长限制</td><td>实验了 350 km；近期项目可能达到 1 500 km</td></tr>
<tr><td colspan="2">有效载荷</td><td>1～3 人，45～450 kg；
可搭载工具和传感器</td><td>45～1 590 kg；
可搭载工具和传感器</td><td>11～45 kg；可搭载测量装置、工具和传感器</td></tr>
<tr><td rowspan="3">支持系统</td><td>母船</td><td>多数需要大型母船支持；船的大小视 HOV 尺寸不同</td><td>取决于 ROV 尺寸和任务要求</td><td>中型船—取决于 AUV 尺寸和任务要求</td></tr>
<tr><td>吊放系统</td><td>取决于 HOV 尺寸</td><td>取决于 ROV 尺寸</td><td>与 ROV 相似，取决于 AUV 尺寸</td></tr>
<tr><td>导航系统</td><td>与海底和海面船有关</td><td>与海底和海面有关</td><td>海底和惯性导航</td></tr>
<tr><td colspan="2">操控</td><td>人直接观测和操纵</td><td>实时反馈给操作者，长时间作业耐力，每作业小时成本低</td><td>可自主作业；具有人发指令或无人发指令和无缆作业能力；需要海面支持</td></tr>
<tr><td colspan="2">局限性</td><td>尺寸和重量大，成本高；作业时间有限；人员有生命危险</td><td>缆可能限制机动性和工作范围</td><td>局限性最少；能量供应、宽带数据链、内置记录器的能力、复杂作业功能等受到限制</td></tr>
</table>

表 3.4－9　水下机器人探测和作业能力比较

作业类型	必须的性能和能力	HOV	ROV	AUV
探测	前视观察，搜索，测量	良好	良好	良好
局部观测	小面积观察和测量，精确导航	良好	良好	—
大范围观测	大面积(达 300 km^2)观察和测量，中等测量或导航精度	有限	有限	—
废弃现场监测	特殊现场观察，传感，取水样	良好	良好	—
地形测绘	地形特征测量，精确测量导航，覆盖面积较大	差	有限	良好
搜索	相当大覆盖面积,声学和光学传感,目标识别,良好导航	良好	有限	—
检查	仔细观测,光学和其他传感器,良好的本体定位和稳定性	良好	良好	—
观察	与检查类似，但必须具备动态活动的实时目击	良好	良好	差
作业	一般作业包括视像、目标处理和使用工具	良好	良好	—
沉积物取样	特殊工作任务包括采集物料，含钻取岩芯	良好	有限	有限
安装和回收	在特定地点放置和回收物体和仪器设备	良好	良好	良好，有限
意外事故调查	观察，局部调查，搜集证物材料	良好	良好	有限
废弃物处理	向规定地点运送和放置有毒材料，可能数量大或地点深	差	良好	差
水质测量	在不同深度和地点原位取样与分析	良好	良好	—

3.5　海洋长期观测站网络系统

海洋布放长期观测系统的主要目的是为海洋物理、化学、生物及地质过程随时间(从若干秒到长达十年)变化特征研究提供长期观测公共平台。主要功能为：生物学描述；海洋对气候的作用；洋壳中的流场，化学与生命；地球内部成像和海洋岩石圈的动力学；海底扩张和潜没；有机碳变迁；生物物理交互作用；成矿机理和过程；海啸和地震等突发事件的预报等。

海洋长期观测站系统已成为 21 世纪海洋科学研究和探测的重要手段。目前，在世界上已布放各种海底长期观测系统 65 个(其中大西洋 28 个，太平洋 17 个，印度洋 11 个，南大洋 9 个)。

3.5.1　观测站基本类型

海洋长期观测站系统形式多样，主要分为 4 类：锚系；单个观测站(根据需要装备不同传感器或仪器装置)；浮标锚系观测站网络系统；光动力缆观测站网络系统。

(1)锚系

锚系由探测传感器与数据存储器、浮球、锚链、缆绳、声学释放器和重块组成。可在海底工作1年以上，由船上声控释放海底重块，借助浮力上浮到海面回收，然后从存储器取出探测数据。典型的海流计锚系如图3.5－1所示。

(2)单个海洋长期观测站

这是针对某一具体目标，在一个非常小的区域建立的原位观测站系统。通常由观测器件、通讯单元、供电单元和采集单元等组成，数据采集多为自容式，将数日乃至数月的数据存储在海底数据存储单元，完成任务后，利用声学释放器抛弃压载物，借助浮力上浮到海面回收整个观测站，或利用ROV下潜到海底通过近距离电磁感应装置获取观测数据。

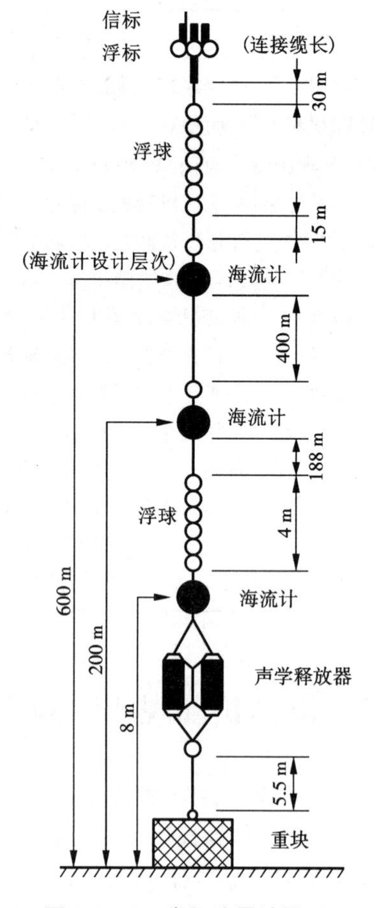

图3.5－1　常规流量计锚系

(3)浮标锚系－海面卫星通讯海洋观测站网络系统

这种观测系统主要用于深海、远海长期探测，特别是海底热液区、洋中脊等长期科学观测。其优点是可以布放到远离海岸的海域(但光缆费用过高)、轻便、能快速移动到反映特殊事件(如火山爆发)的地点。

这种海底观测站是在单纯浮标基础上增加实时传输数据功能的探测系统。海面浮标与海底主观测站机械连接，子站与主系统可有线或无线通讯连接，将数据信息传到海面船或浮标，再通过卫星发回到岸上基站，如图3.5－2和图3.5－3所示。

锚系可向或不向仪器装置供电。海面浮标分为圆盘式和桅杆式两种，圆盘式直径达3～5 m，高10 m，大型的重约50 t，配备功率高达20 kW的柴油发动机，如图3.5－4所示；桅杆式高度达到40 m，如图3.5－5所示。浮标与海底锚系连接分为拉紧式和“S”形，如图3.5－6所示。这种系统的安装费低，但通讯带宽窄，数据传输速率为1～100 kb/s。为了防止数据丢失，系统具有备份通讯系统和自备数据存储器。

单个锚系不能满足所有科学探测的要求，由多个锚系组成阵列才能覆盖一定区域，可达500 m～10 km范围。小型锚系可重复布设用于快速探测，一般为一周或一个月。用AUV布放时功率约为100 W，不用时约为50 W。大型锚系提供

100 W 以上的充足电能，100 Mb/d 以上的较高数据传输速率。

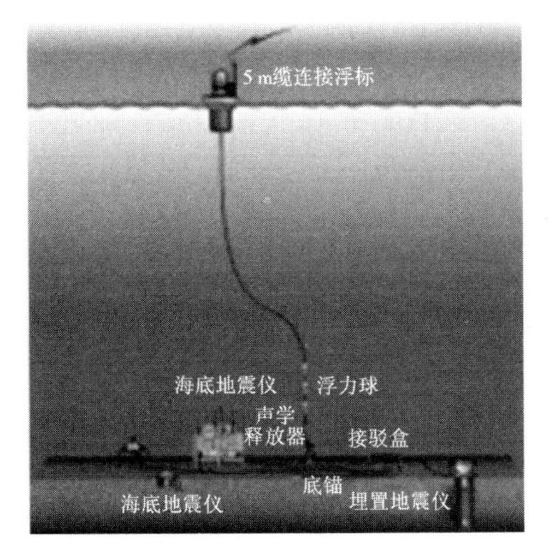

图 3.5－2　缆连接浮标锚系海洋观测站系统

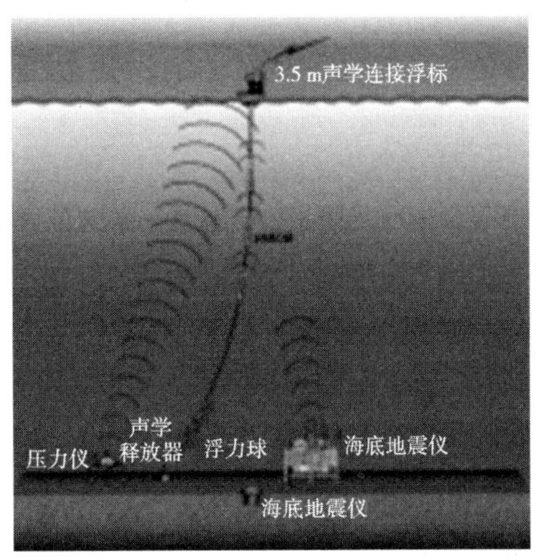

图 3.5－3　水声连接浮标锚系海洋观测站系统

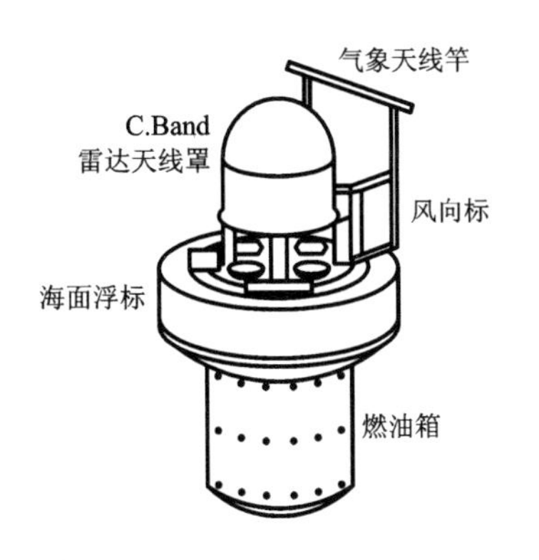

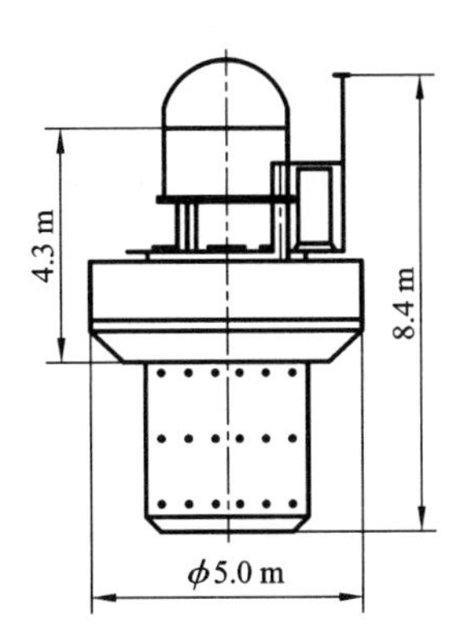

图 3.5－4　圆盘式浮标

观测站主系统集成有物理传感器（海底地震仪、浊度计、海底地热仪和磁力仪等）、化学传感器（测量 pH、H_2S、H_2、CH_4、溶解氧等）、水文观测仪器（ADCP、CTD 等）和声学通讯装置，并具有电池电源和水下高精度 GPS 定位，以及声学释放器。

（4）光动力缆观测站网络系统

这是面向地震监测、海啸预报、全球气候、热液现象及其他海洋环境研究，在近海建立的通过光缆网与岸上基站实时通讯的观测网络系统。如图 3.5－7 所示，将一组不同功能传感器组成子站，通过光缆接到节点盒上，构成一个个局部

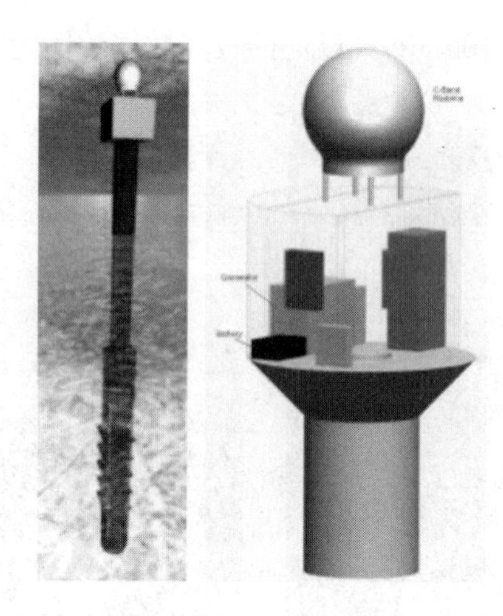

图 3.5-5　桅杆式浮标

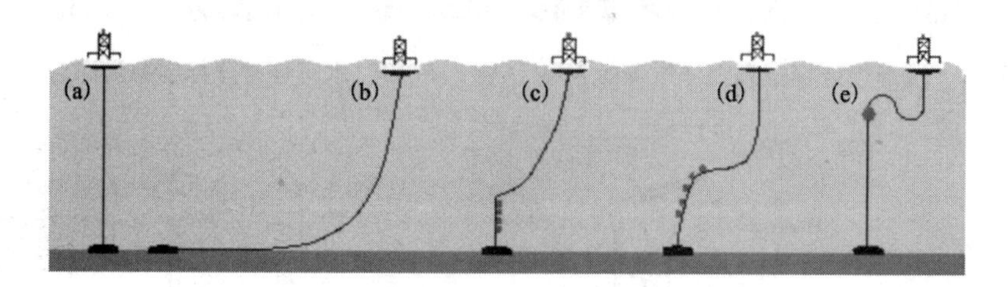

图 3.5-6　浮标与海底锚系连接方式

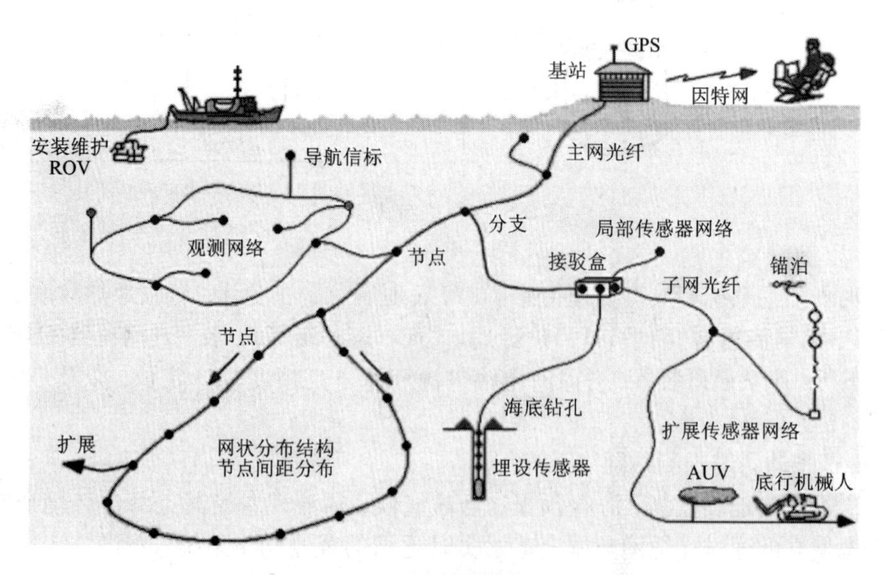

图 3.5-7　光动力缆观测站网络系统

观测子系统，节点盒从主光缆向测量仪器供电和发送基站传来的指令，并将测量仪器采集的数据经主光缆传送到基站。根据观测需要，可通过子网节点扩展局部观测系统。整个观测网络系统由岸上基站进行实时监控，实施供电和传输信号，以及进行数据分析与处理。光缆布网，海底仪器投放、安装和维护由ROV、HOV帮助实施。这种系统耗电很大，每个节点一般需2～20 kW。通讯主要取决于电视图像传输，多数情况下传输能力为1 Gb/s，而最新光缆每对光纤传输能力可达到500 Mb/s，距离达到300 km以上。这种观测系统对于海底资源特别是热液作用与极端生态系统的研究十分重要。

3.5.2 海底观测网络系统支持技术设备

(1)吊放方式和技术设备

单个海底仪器装置吊放方式主要有4种，如表3.5-1所示。典型的电视引导机动吊放器吊放海底观测站概况如图3.5-8所示。机动吊放器结构和性能分别见图3.5-9和表3.5-2。

图3.5-8 电视引导机动吊放器吊放海底观测站实例

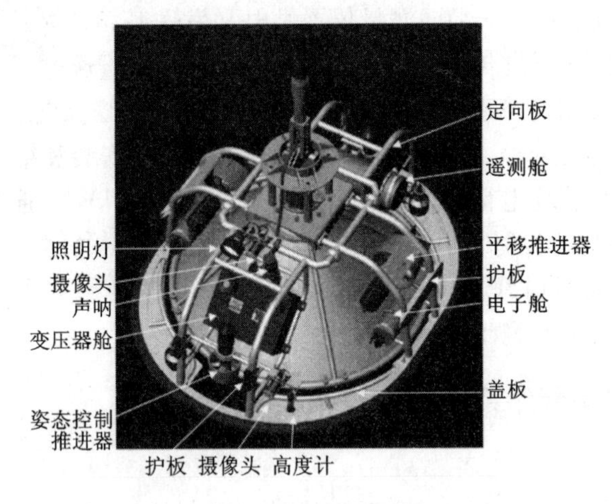

图 3.5－9　机动吊放器

表 3.5－1　单个海底仪器装置吊放方式

序号	吊放方式	说　　明
1	自由落体	声学控制释放压载物，借助浮力返回海面
2	普通吊放架 电视引导吊放	海底仪器装置由缆绳上的吊放架放入海底，吊放器上的电视实时观测海底，由船移动寻找合适地点后适时释放，回收方法同自由落体
3	机动吊放架 电视引导吊放	具有推进器的吊放器、电视引导移动寻找合适地点后离底约 10 m 适时释放，利用推进器精确定位对接回收
4	ROV 吊放	在有限的电能和举升能力范围布放和回收仪器装置

表 3.5－2　海底观测站吊放系统(MODUS)构成和基本性能

组成部分	主要配置和性能参数
机动吊放器	1. 3 个摄像头：2 个黑白，1 个彩色； 2. 3 盏照明灯：24 V/250 W； 3. 声呐：双频 325、675 kHz，360°，范围 100 m； 4. 高度计：200 kHz，20°锥角波束，范围 100 m； 5. 电罗经：方位和姿态； 6. 螺旋推进器：2 个水平，2 个垂直，每个推力 700 N； 7. 遥测单元
吊放绞车系统	1. 机械动力缆：外径 25.4 mm，3 根动力线，3 根光纤，工作载荷 89 kN，破断强度 378 kN； 2. 绞车和液压单元； 3. 测量滑轮

续表 3.5-2

组成部分	主要配置和性能参数
船上供电控制设备	1. 供电：包括变压器、整流器，吊放器用电功率25 kW，用脐带缆供电，3相3 000 V传输，船上发动机用标准电压向甲板设备供电；海面变压器配有安全装置，海底变压器为封闭结构，充油和压力补偿；电力经过整流配送到若干舱内和吊放器设备。 2. 控制单元：监视和操纵系统单独放在甲板控制室的19 ft机柜内。机柜包括：电视图像机柜(2个监视器，2个录像机)，操作与控制机柜(2台计算机及2台显示器)，遥测海面单元，操纵台和键盘，声呐机柜(17 ft图像监视器，CPU开关)

(2)ROV工程服务

ROV在海底长期观测站安装、服务和维修中起重要作用。其主要作用如表3.5-3。

表3.5-3 ROV在海底观测站网络系统中的重要作用

序号	用　途	说　　明
1	高分辨率现场绘图	安装观测站现场的地形观测，很重要
2	海底仪器安装	将自由降落到海底的仪器装置移动到位，连接到中心节点；埋置地震仪及其他小型仪器
3	维护仪器装置	清除仪器上的生物污垢、覆盖的沉积物，更换具有标准接口的仪器
4	下载数据	利用对接器锁定连接，通过电磁感应或激光交换数据
5	埋　缆	在一定范围内填埋光动力缆，避免其在大陆架区域受泊锚或渔网损害

(3)AUV工程服务

由于其特殊能力，AUV在海底观测站的作用越来越重要。它不仅有可能承担测绘海底地形、取样、下载数据和取回仪器任务，更重要的是能探测水体特性，延伸了海底观测站空间探测能力，并能快速到达偶然出现的海洋学变化地点(如洋中脊喷发或快速扩张点)，大大扩展了探测覆盖区域，目前已成为海底观测站的重要组成部分。

观测站配套工作的AUV，一般质量<1 t，航速5 km/h，最大能耗40 W/h，总能量约为200 W，续航时间1天。具有对接能力，航行到中心节点充电、下载数据和栖息。一般每10 h读一次数据，单浮点精度为10 kb/h。如果考虑侧扫声呐等能耗大，总能量达300 W，数据量为1 Mb/h。

观测站配套工作AUV，一般采用海底布放声学信标的长基线和本身的激光陀螺进行导航定位。

对接是 AUV 进入海底观测站的基本能力，要达到常规化似乎需要若干年的努力。对接的主要技术见表 3.5－4。

表 3.5－4　AUV 对接能力

序号	用途	说　　明
1	自引导	找到对接路径
2	捕获	观测站锁定
3	连接	对接头与 AUV 之间实体连接，以便实现充电和通讯
4	下载数据	至少将若干组数据传输到岸站，为下一次采集和存储数据做好准备
5	电池充电	对接充电，大大提高 AUV 在海底的续航能力
6	加载任务	由岸站发出指令，改变航行路线，完成新的探测任务
7	脱开连接	AUV 离开观测站，开始新任务
8	声学通讯	AUV 与若干用途和类型的观测站之间连续通讯

目前，正在开发试验的小型观测履带车通过光动力缆连接到中心节点，从网络获取电能并与岸站通讯。如图 3.5－10 和图 3.5－11 所示，大陆边缘国际协会(IRCCM)于 2005 年组织实施的蒙特里峡谷海底观测系统，包括一个通过光动力缆连接到岸上基站的海底中心站和 3 台连到仪器中心系统(Lander)的电视引导作业的小型多功能履带车(IOVs)，可离开光缆连接点 100 m 进行机动探测。该履带车正在波罗的海进行浅海试验。履带车上装备有传感器和实验装置，见表 3.5－5。

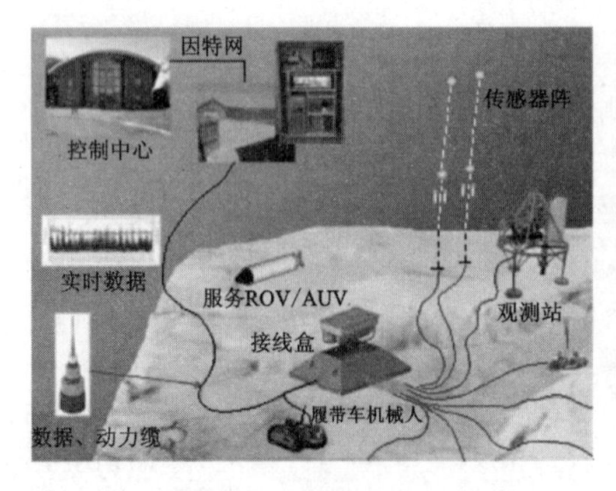

图 3.5－10　ESONET 观测站区域网系统概念图

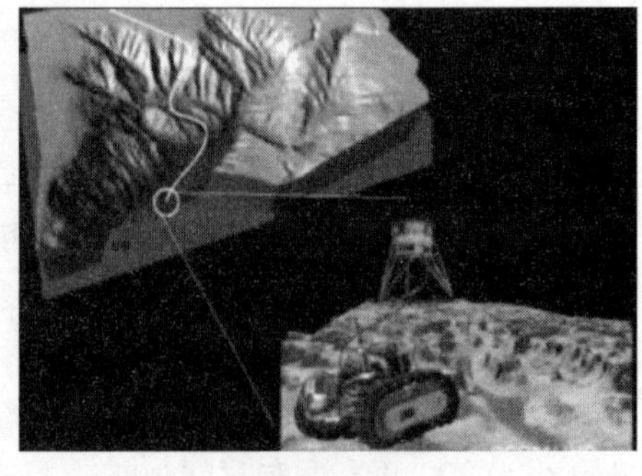

图 3.5－11　蒙特里峡谷具有履带车的海底观测系统示意图

(4)底行式履带车

近年来，国外海底长期观测站网络系统，提出了海底移动观测平台－履带车，以期达到快速反应探测和实现固定观测站周围环境探测，与 AUV、ROV 一起构成真正的4维空间立体探测系统。底行式履带车在海底观测系统中的主要用途见表3.5－6。

即使在复杂地形的热液喷口，也在考虑采用具有长机械臂的履带车进行取样和探测。图3.5－12所示为 NEPTUNE 观测网络中未来海底实验室，用电缆对海底仪器设备提供连续电力和高速宽带通讯，主要仪器设备包括高清晰度电视摄像机、热液口海底探测与取样遥控履带车(Bottom rover/robot)、原位化学和生物分析实验室。

表3.5－5 小型观测履带车装备的传感器

名　称	数量	名　称	数量
CTD	1	剪应力传感器	3
甲烷传感器	2	探测气泡传感器	1
新开发的流场探测和定量的流层光学装置	1	引导履带车运动的云台变焦电视摄像机	3～4
微型氧剖面仪	8	高分辨率流体流动路径参量回声应答器(用于分米比例尺描绘上部沉积物中矿床)	1
测量微粒动态的深海流模拟容器	1		

表3.5－6 底行式履带车在海底观测系统中的主要用途

序号	主要用途	说　明
1	热液喷口取样与探测	利用机械手进行取样和携带传感器进行必要的探测
2	海底移动式探测平台	根据需要在一定范围内可定时到达不同地点完成海底时空相关参数长时间原位测量，对突发事件地点作出快速反应
3	海底钻孔埋设探测仪器	埋设地震仪、地热探针、间隙水压力、位移和倾斜仪等
4	海底仪器装置就位和连接	利用海底履带车的机动性，将海底仪器单元移动到指定地点，并连接到中心节点上；也可作为小型探测仪器单元布放设备
5	仪器装置维修	利用水射流清除海底仪器的生物污垢、覆盖的沉积物；更换具有标准接口的节点部件或添加必要的新型探测传感器
6	底质特性原位测量	如剪切强度、贯入阻力等

3.5.3 观测站技术

(1)传感器技术

①现有观测站探测传感器。可为观测站配置的现有传感器类型及测量参量见表3.5－7。

图3.5－12 NEPTUNE网络未来海底实验室概念图

表3.5－7 现有观测站探测传感器

序号	测量类别	测量参量和传感器
1	基本物理量	基本气象：风速，气温，气压 海面状况：海流速度，浪高，紊流
2	水特性	温度，透光度，流速，传导率，氧，硝酸盐，pH，Eh或φ，营养物，溶解气体，悬浮颗粒分析，采水器，水听器
3	生物	荧光性，浮游生物电视记录，环境噪声水听器，生物群落区域声学剖面探测，基因，保压取样，有机物成像扫描仪
4	海底构造测量	回声测深，地形测量扫描声呐，沉积物声学剖面，三分量宽带地震仪，声学，磁力，重力，绝对压力，海底倾斜和变形
5	火山口、钻孔和渗出	温度，流速，流量和压力；化学和生物原位测量；渗透泵取样，气密取样，颗粒取样分析

②需完善和开发的传感器。尽管很多传感器可以在市场上买到，但是通常只用在实验室条件下，为了在海底观测站高温、高压、腐蚀、生物污垢和极端环境下长期稳定有效，有必要改进现有的传感器和开发新型传感器，特别是化学和生物传感器落后于物理传感器。应优先考虑开发下列传感器：

- 高温流场流速传感器；
- 放入钻孔中的先进传感器(测井仪)；

- 长期采水器(渗透取样器);
- 改进大地测量仪器;
- 埋置或钻孔放置宽带地震传感仪器;
- 水听器阵(探测火山爆发和构造活动),可移位水听器系统;
- 观测站节点、仪器和传感器接口:标准化直流电压和功率控制协议,使传统的标准网络通讯协议分层设置;标准连接器和插脚结构。

③几种典型观测站。海洋长期观测站网络系统中已使用的典型观测站见表3.5-8和图3.5-13至图3.5-18。图3.5-19和图3.5-20为放在热液口附近生物区和扩散区的传感器及其测得的温度曲线实例。

表3.5-8　典型观测站的配置

观测站类型	结构特性		搭载传感器	使　用	外形图
地球物理、海洋学、地球化学监测	质量/水中重力	2.54 t/14.2 kN	地震仪,标量磁力仪,磁通门磁力仪,ADCP,视距测量仪,单点海流计,采水器,化学探头组件通讯:水声多路调制解调器。4Gb能力	2000年连续6个月	图3.3-13
	外形尺寸	3.5 m×3.5 m ×3.3 m			
	作业水深	4 000 m			
海底边界层海流和沉积物动力学监测	质量/水中重力	1.05 t/1.5 kN	标准设备:沉积物收集器,CTD,ADCP,黑白立体照相机,间隔摄像头	1998年连续1年	图3.3-14
	外形尺寸	三角底座边长4 m,高3.5 m			
	作业水深	4 000 m			
近海底气体监测	质量/水中重力	1.5 t/7 kN	3个甲烷传感器,1个H_2S传感器通讯:有缆网络,512Mb	2004年连续6个月	图3.3-15
	外形尺寸	ϕ1.5 m×1.5 m			
	作业水深	4 000 m			
气体水合物、沉积物物理特性监测	质量/水中重力	1.32 t/2.2 kN	3个平行探针缓慢插入沉积物1 m(1个加热,2个带传感器),23个温度和电阻率传感器,每个间隔4 cm。可配剪切强度、间隙水压力传感器	2002年连续2天	图3.3-16
	外形尺寸	方形边长2.62 m、高2.65 m			
	作业水深	4 000 m			
液体流动和环境控制参数监测	质量/水中重力	1.56 t/3.3 kN	CTD,ADCP,数字摄像机,自容式,可配双向通讯	2002年连续1个月	图3.3-17
	外形尺寸	方形边长2.62 m、高2.65 m			
	作业水深	6 000 m			
动物区系和环境监测	质量/水中重力	264 kg/1 670 N	照相机及闪光灯,诱饵系统,ADCP,控制器,声学释放器	2001年连续9个月	图3.3-18
	外形尺寸	2.0 m×2.0 m ×2.7 m			
	作业水深	6 000 m			

图 3.5－13　地球物理、化学和海洋学观测站

图 3.5－14　海底边界层海流和沉积物动力学观测站

图 3.5－15　近海底气体监测站

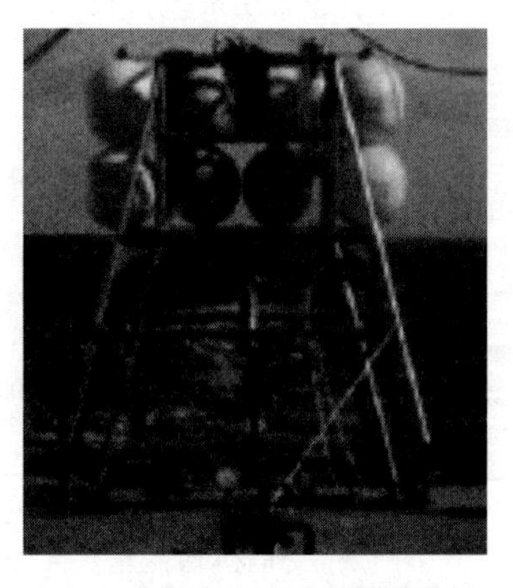

图 3.5－16　液体流动和环境控制参数监测站

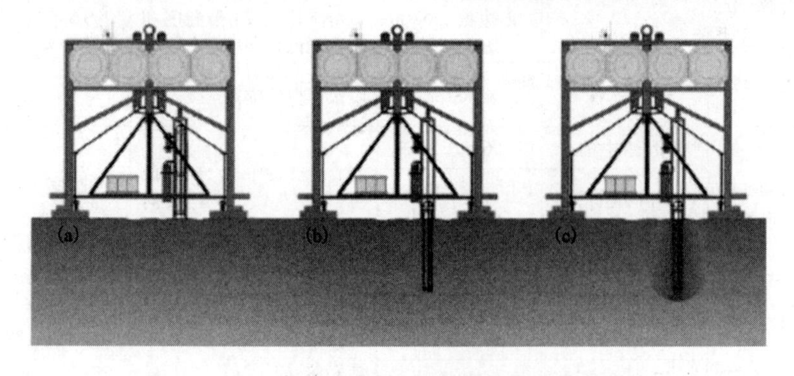

图 3.5－17　气体水合物、沉积物物理特性监测站

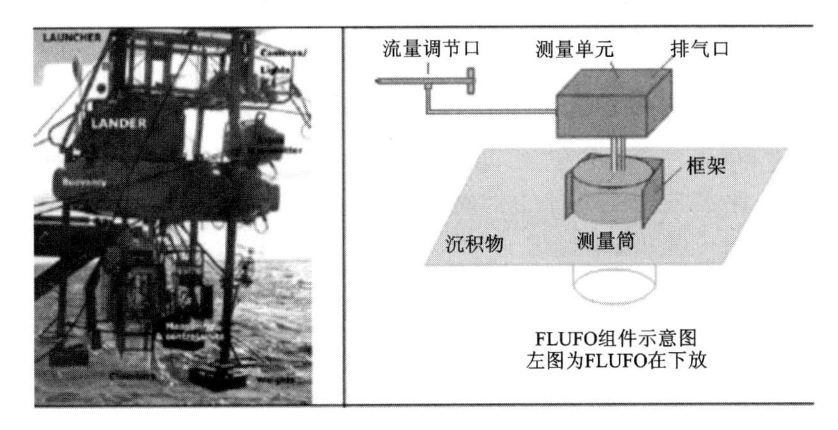

图 3.5－18　动物区系和环境监测站

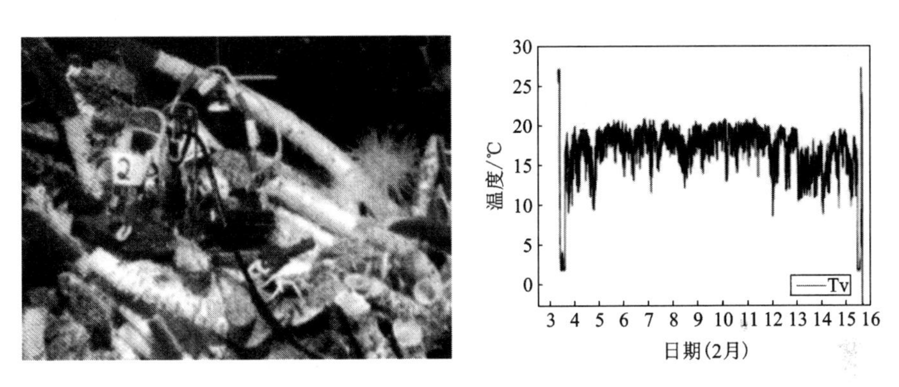

图 3.5－19　放在热液口附近生物区的传感器及其测得的温度

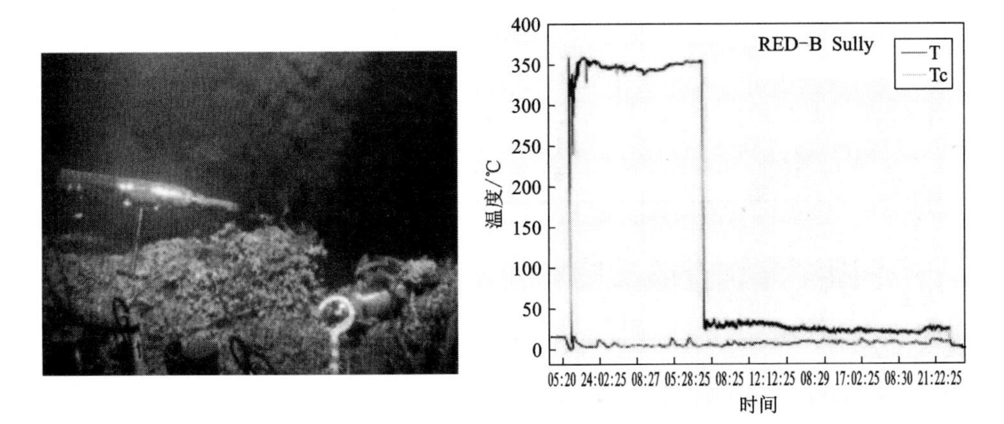

图 3.5－20　放在热液口热液扩散区的传感器及其测得的温度

(2)供电技术

锚系浮标观测站供电要求为10 W以上到几kW。50 W可由太阳能或风力发电或者两者同时提供。近海大型航标则可以采用柴油发动机供电，但需周期加油。

有缆观测站每个节点需要2~20 kW电力，目前使用10 kW直流发动机提供。大于10 kW的发动机需单独订货，而且必须解决如下技术问题：防止急放电结构，从电子到海水的热路径物理工程设计等。

(3)数据通讯技术

锚系浮标观测站从浮体至岸站的通讯取决于商业人造卫星通讯系统。主要有全球卫星通讯系统和区域性卫星通讯系统。满足高带宽连续数据传输的全球卫星通讯系统和低带宽低功耗卫星通讯系统的参考通讯速率和价格见表3.5-9和表3.5-10。对于ARGO或锚系浮标的备用系统不需要高通讯速率。随着卫星技术的迅猛发展，低功耗、全方位天线和更高传输速率系统的出现，将使设计小型、轻型、低成本锚系浮标观测站成为切实可行。

表3.5-9　高带宽全球通讯卫星的参考传输速率和价格

系　统	INMARST-B	TELEDESIC	GLOBALSTAR	C-Band
服务类型	声音，传真，数据	声音，传真，数据	声音，传真，数据	数据
传输速率	64 kb/s	64 kb/s~2 Mb/s	9.6 kb/s	19.2 kb/s~2 Mb/s
价格	7美元/min 15美元/Mb	— —	1.5~3美元/min 20~40美元/Mb	5 000美元/月(128 kb/s) 15美元/Mb

表3.5-10　低带宽全球通讯卫星的参考传输速率和价格

系　统	INMARST-M	ORBCOMM
服务类型	数据	数据
传输速率	2.4 kb/s	2.4 kb/s
价　格	3美元/min 167美元/Mb	每kb/s速度10美元 10 000美元/Mb

3.6　中国深海调查船及技术装备

3.6.1　“大洋一号”调查船

“大洋一号”船是中国最先进的深海调查船，见图3.6-1。

(1)船舶主要参数

表3.6-1　“大洋一号”船主要参数

长度/m	宽度/m	吃水/m	排水量/t	全速/节	巡航速度/节	定员/人	主推进器/马力	动力定位	发电机/kW
104.5	16.0	5.6	5 600	16	12	75	3 500×2	750 kW 艏部全回转 550 kW 艉部槽道	1 600×2

(2)导航通讯

导航通讯设备包括卫通B站、卫通F站、卫通C站、卫通互联网、广域差分GPS、高精度光纤罗经运动参考系统(Phins, Octons, 提供高精度的罗经和船的纵横摇和升沉运动姿态信号)、电罗经和雷达。

(3)甲板绞车和吊放设备

主要有10/25 t艉部A型架, 1.5 t右舷侧A型架, 1 t、4 t液压折臂吊车, 9 t液压减张力拖曳绞车, 10 000 m液压光缆、同轴缆、钢缆绞车及CTD绞车, 电动磁力仪绞车。

(4)调查实验室

主要有多波束及浅剖、ADCP和重力、地震、磁力、生物及化学、地质(土工)、水文、深拖和水下定位等实验室。

(5)主要调查设备

“大洋一号”船配备的主要调查设备参见表3.6-2。

3.6.2　“向阳红九号”调查船及“蛟龙号”7 000 m载人潜水器

中国正在试验的“蛟龙号”7 000 m载人潜水器及其支持母船“向阳红九号”调查船外貌见图3.6-3。潜水器的基本性能和技术规格列于表3.6-3中。

表3.6-2　“大洋一号”船配备的主要调查设备

名　称	性　　能	用　　途
多波束测深系统(EM120)	191个波束, 每个波束最窄1°, 频率12 kHz, 最大覆盖扇面角150°, 覆盖宽度6倍水深, 测量精度50 cm或0.2%量程	全海深地形测绘
浅地层剖面仪(Simrad Topas-018)	最大穿透深度>150 m, 分辨率30 cm	浅地层剖面构造
超短基线定位系统(Posidonia 6000)	工作深度6 000 m	为深拖、ROV和各种水下设备提供位置数据
多普勒流速剖面仪	38和150 kHz, 测深达800和380 m	测量海流流速和方向
铯光泵海洋磁力梯度仪	可消除日变影响	

续表 3.6-2

名　称	性　　能	用　　途
海洋重力仪	Lacost/Kss2-2 型	反演推断海底地质构造背景和资源分布
地震仪	48 道，可多次覆盖作业	地质、地球物理、地形学和海洋深度测量
声学深拖系统	由侧扫声呐、浅地层剖面仪和水深多波束组成，工作深度 6 000 m	高精度探测深海底地形、地貌和浅地层结构
光学深拖系统	由海底电视、照相系统组成，实时传输电视图像，工作水深 6 000 m	现场观察海底地形、矿藏和生物
CTD	工作深度 7 000 m，可搭载其他传感器	提供海洋温、盐和深度剖面资料等
锚系	由海流计、浮球、声学释放器、锚链、缆绳和重块组成，可搭载其他传感器和设备，在 6 000 m 海底工作 1 年	测量海流剖面、水体剖面取样等
多管取样器	8 管，管长 0.5 m	获取无扰动沉积物样品
电视抓斗	工作水深 4 000 m，质量 2 t	热液硫化物和其他地质样品取样
浅地层岩芯钻机	工作水深 3 000 m，质量 3 t，钻深 1.5 m	钻取岩石样品
深海沉积物保真取样器	搭载海底电视、照相、侧扫声呐、浅地层剖面仪和长基线定位设备，工作水深 6 000 m	根据搭载仪器设备进行相关测量
ROV(海龙号)	工作水深 3 500 m。主尺寸 3.17 m×1.81 m×2.24 m。本体总质量 3.45 t，中继器质量 2.5 t。功率 125 马力。前后、横向及垂直运动速度分别为 3.5、2.5 和 2 节。配带海底电视、照相、温度传感器、和 2 个机械手，可携带载荷 250 kg。以及配套绞车	海底取岩石、沉积物和生物样品，或利用传感器原位探测环境要素
AUV(CR-02)	工作水深 6 000 m，最大速度 2 kn，续航力 10 h，主尺度 0.8 m×4.5 m×5 m，质量 1.4 t，自动定深和定高精度 ±0.5 m，自动定向精度 ±1°。测深覆盖宽度 100 m×2 m(高度 60 m 时)，测深精度 1%，声学定位精度 ≤20 m，浅剖作用距离软泥 50 m，浅剖分辨率 0.3 m，照片量 3 000 张。银锌电池能量 4.3 kWh	海底地形观测、矿床特征和生物资源观察等

图 3.6－1　“大洋一号”调查船

图 3.6－2　“海龙号”3 500 m ROV

图 3.6－3　“蛟龙号”7 000 m 载人潜水器及其支持母船“向阳红九号”调查船

表 3.6－3　“蛟龙号”7 000 m 载人潜水器基本性能和技术规格

参　数	指　标	配套仪器	配　置
最大潜水深度	7 000 m	基本探测仪器	7 功能机械手 2 只
质量	<25 t		图像声呐 1 套
外形尺寸	8.2 m×3 m×3.4 m		侧扫声呐 1 套
密封耐压球	内径 2.1 m，乘员 3 人		3CCD 和 1CCD 摄像各 1 套
推进器	尾推 4 个，尾槽道 1 个，可回转 2 个		照明灯：HMI 2 盏，HID 2 盏，石英卤素灯 4 盏
航速	2.5 kn		水声通讯机 2 套
生命支持时间	3 人×12 h		远程短基线定位系统

第4章　大洋金属矿床

4.1　多金属结核矿床

本节以大洋多金属结核主要产地太平洋CC区的中国矿区为实例，论述可开采的大洋多金属结核矿床特征。

4.1.1　中国矿区资源概况

4.1.1.1　位置

中国大洋多金属结核矿区位于东太平洋海盆，克拉里昂和克里帕顿两大断裂带之间(CC区)，分为东、西2个区，东区有3块，地理坐标在141°~148°W、7°~10°N范围内，西区有两块，在151°~155°W、8°~11°N范围内。东、西区中心点距夏威夷火努鲁鲁港分别为2 050 km和1 800 km，至上海航线距离约为8 000 km。如图4.1-1所示。

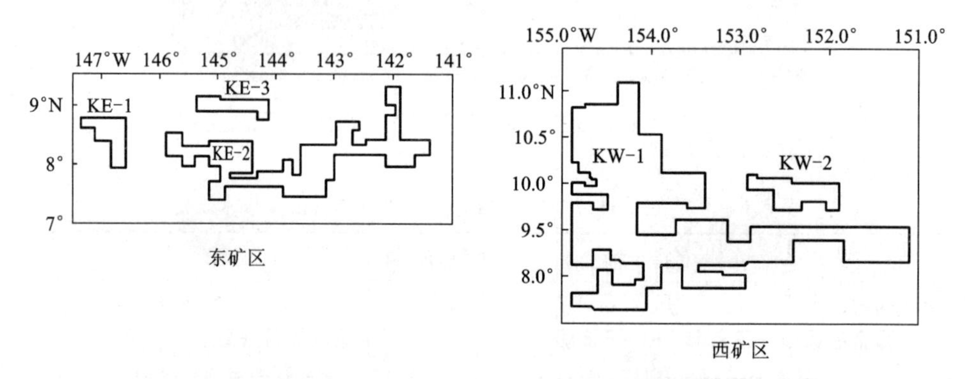

图4.1-1　中国大洋多金属结核矿区位置

4.1.1.2　面积、平均丰度和品位

中国大洋协会与国际海底管理局签订的勘探合同矿区面积合计为7.5万km^2，总平均丰度7.96%，总平均铜钴镍品位2.56%。详见表4.1-1。

表4.1－1 中国结核矿区面积、平均丰度和品位

合同矿区	面积/km^2	丰度/($kg\cdot m^{-3}$)	品位/%					
			Mn	Cu	Co	Ni	Cu + Co + Ni	Ni 当量
东区	35 521.47	5.54	29.64	1.23	0.20	1.43	2.86	4.46
西区	39 478.29	10.31	24.91	0.83	0.25	1.11	2.20	3.85
合计	74 999.76	7.96	27.24	1.03	0.23	1.27	2.56	4.15

4.1.1.3 资源量

矿区干结核量4.2亿t，铜钴镍金属总量1千万t。详见表4.1－2。

表4.1－2 中国结核矿区多金属结核资源量/万t

矿区	湿结核	干结核	锰金属	铜金属	钴金属	镍金属	铜钴镍	镍当量
东区	19 681.71	13 777.19	4 079.61	168.83	26.91	197.09	392.83	614.05
西区	40 689.42	28 482.60	7 095.91	237.57	71.58	317.33	626.48	1 100.06
合计	60 371.13	42 259.79	11 175.52	406.40	98.49	514.42	1 019.31	1 714.11

4.1.2 矿区水文气象

4.1.2.1 气象

矿区地处东太平洋海盆低纬度热带海域，一年分为冬(11—5月)、夏(6—10月)两季。冬季受太平洋副热带高压南侧的东北信风带控制，风力大，海况较差，但能见度好，具有信风带气候特征。夏季受热带复合带控制，风浪小，气温高，湿度大，降水多，热带低压和气旋频繁出现，但气旋都从我国矿区以北通过，具有典型的热带海洋性气候特征。6—9月份东北太平洋热带气旋发生路径如图4.1－2所示。矿区气象的基本参数见表4.1－3。

通过对气象数据分析可以看出，商业开采系统设计时，平均风速应定为16 m/s，而海上中试系统不宜进行最恶劣气候和水下部分解脱试验，因此平均风速定为8 m/s是适宜的。同时，应考虑每年因大风影响约有30～40天不能进行海上作业。

4.1.2.2 矿区海况

(1)海浪

矿区海浪，特别是风浪主要受风场的作用和影响，其分布和变化与风场相似。盛行浪向以东北和东向为主，该向风浪和涌浪的出现频率分别为55.8%和62.9%，而西向最少，分别只占2.9%和0.8%。浪高平均为1.7 m，冬季为3～4 m，

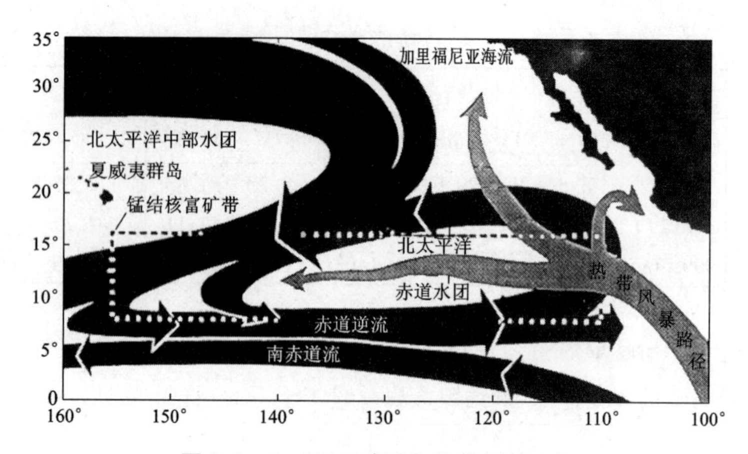

图 4.1-2　CC 区海流与热带风暴路径

表 4.1-3　中国大洋矿区气象

<table>
<tr><th colspan="2">参　数</th><th>特点与指标</th></tr>
<tr><td rowspan="4">云</td><td>特　点</td><td>一条呈东西带状多积云区</td></tr>
<tr><td>阴　天</td><td>52.0%</td></tr>
<tr><td>多　云</td><td>24.3%</td></tr>
<tr><td>晴天到多云</td><td>23.6%</td></tr>
<tr><td rowspan="2">雾</td><td>特　点</td><td>常年无雾</td></tr>
<tr><td>能见度</td><td>小于 10 km 的占 8%</td></tr>
<tr><td rowspan="4">降水</td><td>特　点</td><td>常见，范围小、时间短、强度大，间有短时大风。持续时间一般在半小时之内，个别达到十余小时</td></tr>
<tr><td>频　率</td><td>44.2%</td></tr>
<tr><td>日数频率</td><td>74.4%</td></tr>
<tr><td>年降水量</td><td>4 000 mm</td></tr>
<tr><td rowspan="5">气温</td><td>特　点</td><td>低纬度热带海洋性气候，太阳辐射强，气温高</td></tr>
<tr><td>平均温度</td><td>26.7℃</td></tr>
<tr><td rowspan="3">变化范围</td><td>8 月最高达 31.5℃，
4 月最低为 22.7℃</td></tr>
<tr><td>25 ~ 28℃的约占 84.6%</td></tr>
<tr><td>日气温变化仅为 1 ~ 2℃</td></tr>
</table>

<table>
<tr><th colspan="3">参　数</th><th>特点与指标</th></tr>
<tr><td rowspan="4">相对湿度</td><td colspan="2">特　点</td><td>空气湿度较大</td></tr>
<tr><td colspan="2">平　均</td><td>81%</td></tr>
<tr><td colspan="2" rowspan="2">变化范围</td><td>67% ~ 98%</td></tr>
<tr><td>低于 75% 的仅占 3.4%</td></tr>
<tr><td rowspan="8">风</td><td rowspan="3">风向</td><td colspan="2">特　点</td><td>处于东北信风带控制下，风力稳定，风向集中，以东北和东向风为主</td></tr>
<tr><td rowspan="2">频率</td><td>东北和东向风</td><td>占 52.4%</td></tr>
<tr><td>西北向风</td><td>仅占 3.4%</td></tr>
<tr><td rowspan="5">风力</td><td rowspan="2">特点</td><td>冬　季</td><td>东北信风为主向，风力强，5 ~ 6 级大风为主</td></tr>
<tr><td>夏　季</td><td>风力小，一般为 3 ~ 4 级</td></tr>
<tr><td rowspan="3">出现频率</td><td>5 级</td><td>26.0%</td></tr>
<tr><td>4 级</td><td>23.4%</td></tr>
<tr><td>≥7 级（7 月）</td><td>1.5%，最大风速达 16 m/s，平均 7.8 m/s</td></tr>
<tr><td rowspan="3">热带气旋</td><td colspan="3">6—10 月份，年平均 16 次，每次 1 ~ 2 天</td></tr>
<tr><td colspan="3">中心风力高达 50 ~ 70 m/s</td></tr>
<tr><td colspan="3">生成于 120° W 以西洋面的一路，以西移为主，从中国矿区北边缘擦过</td></tr>
</table>

夏季为1～2 m，低于2 m的浪最多，占71.4%，高于2.5 m的大浪占10%，高于3 m的仅占2%。1.5～2.4 m的中浪为56.2%。

不难看出，商业开采系统设计时浪高应定为4 m，即6级海况，而中试系统不拟进行最恶劣海况条件下试验，因此浪高定为2.5 m即以4级海况设计较为适宜。但需考虑出现短时6级海况条件。

(2)海流

上层海流包括漂流、地转流、潮流、热盐环流等总体运动。一般潮流和热盐环流量级很小，如潮流约为1 cm/s。因此，漂流和地转流为海流的主体。矿区海流都在赤道逆流控制下，流向自西向东，在东矿区附近偏向东北，流速为0.4～0.6 m/s，最大达1.5 m/s。流速自海面向下层呈递减分布，并且随时间和位置不同而不断变化。

海底流以南极为起点，东部流向基本上为东北——东，西部为东北方向，流速一般为0.01～0.1 m/s，有时能达到0.14～0.15 m/s，局部地区流动状态受地形和海潮的影响。

可见，海底流对集矿机的运行影响不大。

(3)海水的物理性质

海水温度、盐度、密度和声波速度变化规律分别见图4.1-3～图4.1-6。海水物理性质基本参数值列入表4.1-4。

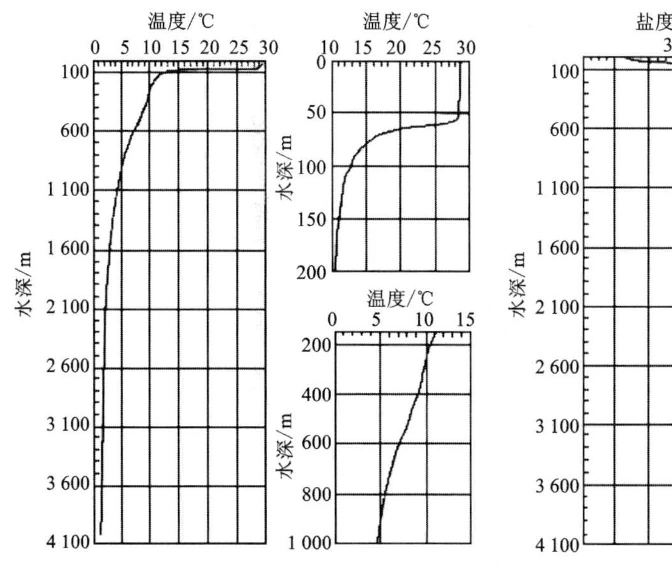

图4.1-3　海水温度的垂直分布

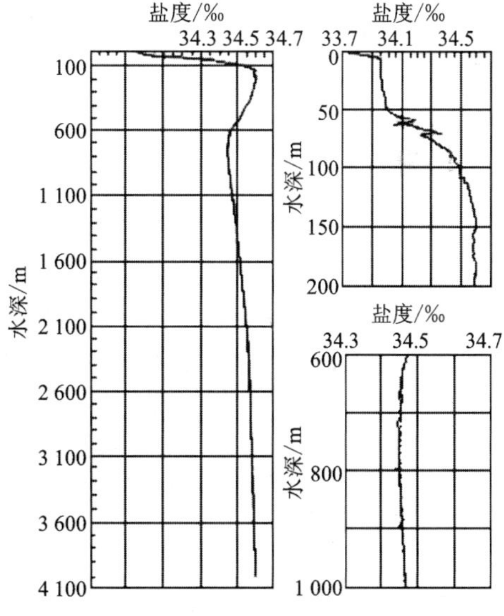

图4.1-4　海水盐度的垂直分布

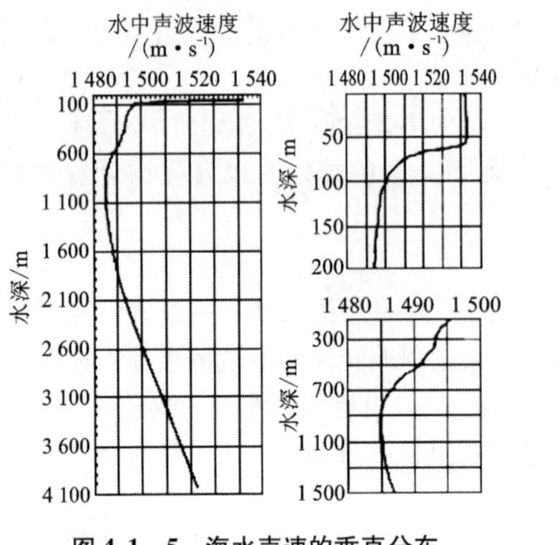

图 4.1-5 海水声速的垂直分布

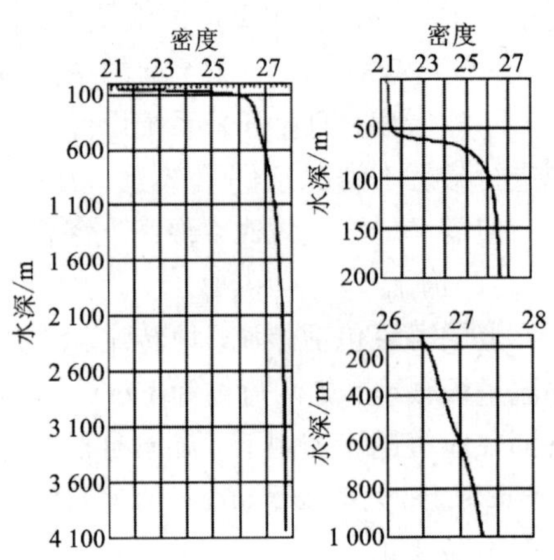

图 4.1-6 海水密度的垂直分布

表 4.1-4 海水的物理性质

参数			特点和指标
水温	特点	全深	温度随水深的增加而降低
		上层	水面至 40 ~ 50 m 深为均温层
		跃层	60 ~ 70 m 深
		深层	温度下降缓慢，不受季节影响
	海面		平均 28.2℃，最高 30.2℃
			东区低于西区约 0.5℃
	海底		1.14 ~ 1.41℃
盐度	特点		垂直分布随水深而增加
	表层		33.5
	底层		约为 34.6

参数		特点和指标
密度	特点	垂直分布与温度分布相似，跃层位置与温度跃层在同一范围，跃层以下随深度均匀增加
	表层密度	约为 1.028 kg/m³
	5 000 m 海底	约为 1.051 kg/m³
声波速度	特点	随着压力、温度和盐度的增加而增加
	最小值	约 1 000 m 深处
	表层	1 543 m/s
	跃层下沿	减至 1 494 m/s
	5 000 m 深处	为 1 525 m/s
	公认的平均值	1 500 m/s

4.1.3 海底地质

3.1.3.1 海底地形

矿区水深一般为 4 800 ~ 5 400 m，西区比东区平均深 70 m，水深分布见图 4.1-7 和图 4.1-8。因此采矿系统设备必须承受 60 MPa 压力。

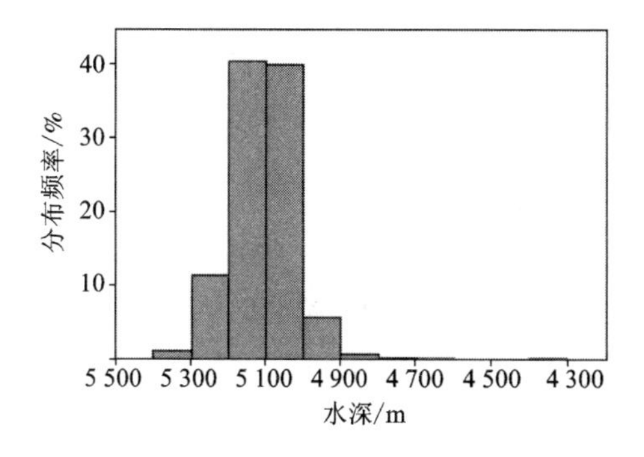

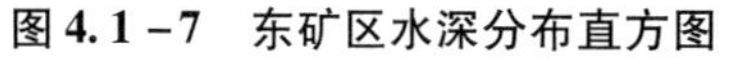
图4.1-7 东矿区水深分布直方图

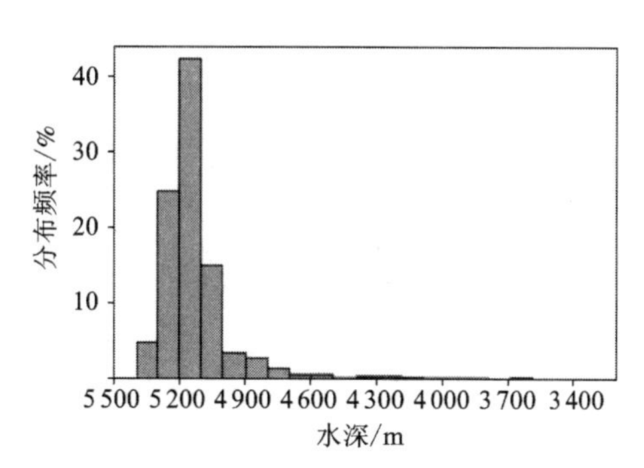

图4.1-8 西矿区水深分布直方图

矿区地形为典型的深海丘陵区，近东西和近南北向延伸的2组断裂带控制了全区的地形特征。东区海底地形由一系列近南北向展布的海脊-海谷、海丘-丘间盆地相间构成，有一条断裂带横贯全区中央。东区北部以沟槽丘陵为主要地形特征，沟槽丘陵宽度为5~10 km，相对高差达200~300 m。丘陵顶部和沟槽肩部地形较平坦，但槽坡较陡，一般大于5°，坡度大于5°的地区占东区总面积的18.7%，是东区主要不利开采区。东区南部和东北部为低缓丘陵区，起伏一般为100 m，坡度为1°~3°。若干孤立海山和高海丘成串珠状分布于东区中部，面积约占3%。

西区海底地形由一系列近东西向的海山链和近南北向的低缓丘陵构成。区内中部和南部有2条近东西向延伸的海山链，海山链之间为山间盆地，其中部、北部和南部为海山丘陵区，起伏约100~200 m，南部海山链西侧为水深大于5 200 m的宽阔深水盆地，最大水深达5 423 m。坡度大于5°的海山区约占总面积的5.67%，为西区的主要不利开采区。

矿区地貌分布图见4.1-9和图4.1-10。

矿区内部不同地段存在断层、悬崖、高达10 m的礁石和能陷入机器的坑穴，以及新构造活动形成的断陷沟槽等微地形。

海底地形在采矿系统设计中是很重要的，对某些地貌特征如断层、陡坡和基岩露头、沟槽等障碍，在开采过程中要避开，为此应设计一种适应小地貌特征而避开大地貌特征的采矿系统。可采区地形坡度一般设计≤5°。但集矿机应能越过未被事先测出的小障碍物和小堑沟等。

4.1.3.2 海底沉积物

海底表层沉积物的性质对于采矿系统集矿机采集和行走机构的设计至关重要。

(1)表层沉积物的类型和组分

根据取样测试分析，海底沉积物类型主要有硅质软泥、硅质黏土、深海黏土

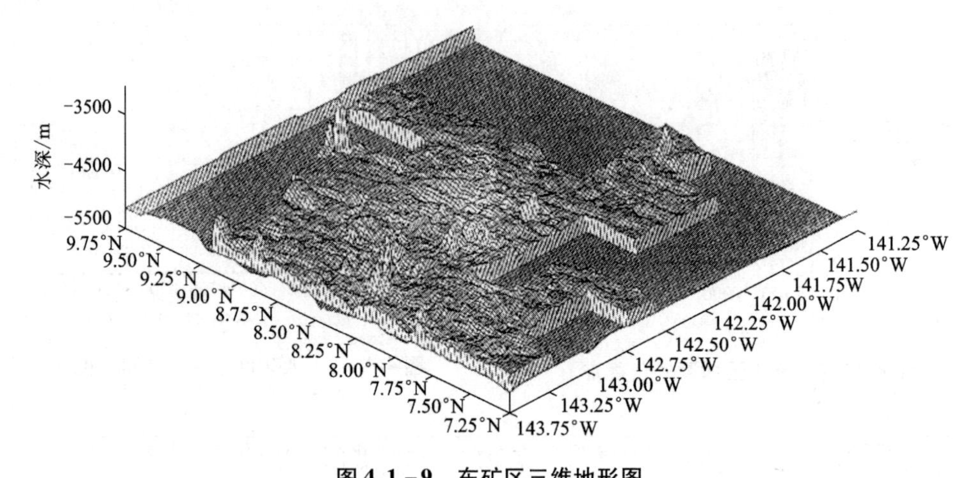

图 4.1－9　东矿区三维地形图

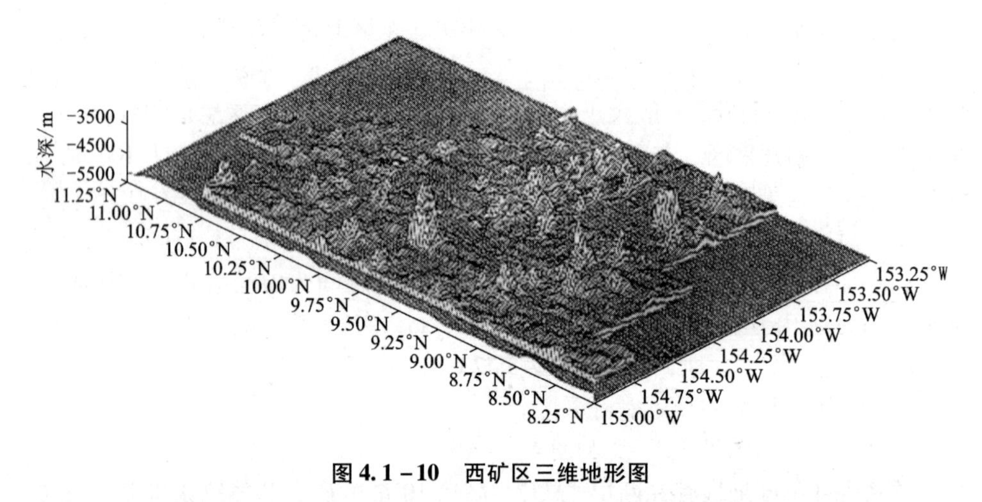

图 4.1－10　西矿区三维地形图

和钙质黏土四类，分别占矿区面积的 21%、74%、4% 和 1%，前 3 种分布在水深 4 900 m 以下的海盆区、丘陵区，后一种分布在较浅的海山区。东西区表层沉积物类型分布见图 4.1－11。由图可见，东、西两区沉积物的分布有一定的差别，东区 4 种沉积物占本区面积分别为 26%、70%、4% 和 1%，而西区则为 16%、79%、4% 和 1%。可见矿区最主要的沉积物为硅质黏土，其次为硅质软泥。

沉积物的组成和粒级见表 4.1－5。

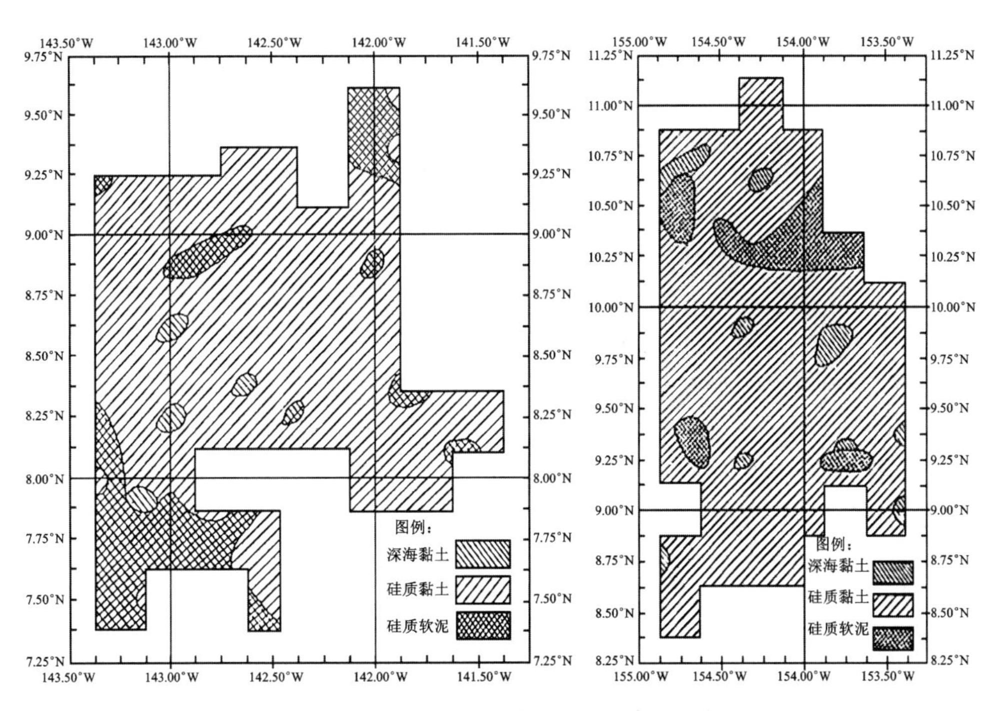

图 4.1-11　东西矿区表层沉积物类型分布

表 4.1-5　沉积物的组分和粒度

组分和粒径			硅质软泥	硅质黏土	深海黏土	钙质黏土
组分/%	硅质生物壳		37	17.2	5～10	
	其中：放射虫			60.0	60	
	硅藻			35～40	35～40	
	黏土矿		～60	>70	85	84
	其中：伊利石			58	59	
	蒙脱石			24	23	
	绿泥石			10	9（绿泥石+高岭石）	
	高岭石			8		
	$CaCO_3$					16
粒径	平均/μm		8.5～8.8	8.5～8.6	8.0～8.8	8.1
	其中/%	砂级（500～63 μm）	0.20～0.46	0.15～3.25	0.43～0.59	87
		粉砂级（63～4 μm）	35.61～38.39	36.05～46.34	39.34～41.7	48.35
		粉土（<4 μm）	61.45～64.69	50.44～63.84	58.34～60.25	49.18

(2)沉积物的深度分布

根据柱状样测试分析可以看出，海底表面沉积物呈流动状态，随深度的增加海底沉积物的性状呈流动状→流塑状→可塑状变化。

东区：0～8 cm深为黄褐色硅质软泥，呈流动状，质地均一，表面有气孔状构造；8～25 cm为浅黄色与黄褐色混合粉质土，呈流塑状，质地不均，夹有团块或条带。

西区：0～10 cm深为浅褐色(比东区略深)，表面也有气孔状构造；10～25 cm深为粉质土软泥，呈流塑状，以浅褐色为主，间有淡黄色团块或小斑点存在。粉质土软泥，呈流塑状，质地均一。

(3)沉积物的物理性质

根据柱状样分析，海底沉积物的物理性质随深度不同而有所变化，其中含水率自上而下减少，表层含水率在73.8%～81.8%之间，东区高西区低，到60 cm深处基本上稳定在65%。详见图4.1－12。其他物理性质见表4.1－6。

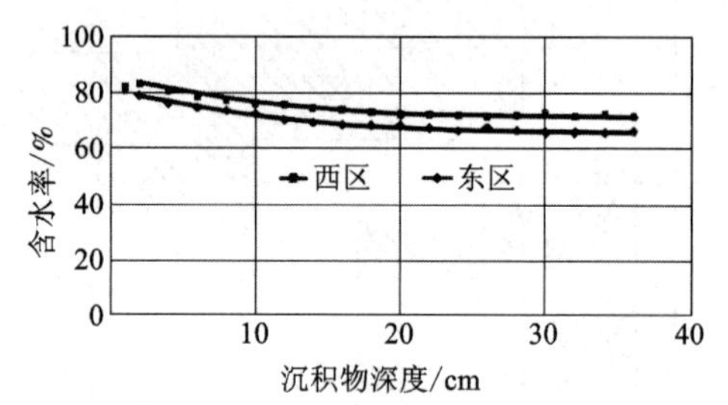

图4.1－12　沉积物含水率分布

表4.1－6　沉积物的物理性质

深度/cm		含水率/%	湿密度/(t·m^{-3})	干密度/(t·m^{-3})	孔隙比	液限含水量/%	塑限含水量/%
5	东区	81.8	1.20	3.1	7.0		
	西区	73.8	1.19	3.17	7.0		
20	东区	72.1	1.23	3.6	6.5	56.7	46.9
	西区	68.3	1.24	3.7	6.4	55.5	44.4
60	东区	64.9	1.25	3.8	6.1	55.8	46.5
	西区	65.4	1.25	3.8	6.2	56.3	44.8
平均范围		70～82	1.20～1.25	3.1～3.8	6.1～7.9	55.5～57	44～47

(4)沉积物的土工力学性质

沉积物的颗粒极细，内摩擦角非常之小，为4.5°～5.6°。因此，自行式集矿机根本不可能依靠摩擦力产生牵引力，而只能借助剪切力产生牵引力，从而沉积物的剪切强度和承载能力成为设计集矿头特别是行走机构的最重要土工力学参数。

沉积物剪切强度取样测试统计结果示于图4.1-13中。由图可以看出，东矿区沉积物的剪切强度比西区的低1.5~2.5 kPa。在15 cm深处的剪切强度约为3~6 kPa，25 cm深处约为4~8 kPa，西区的比东区的约高1.5 kPa。贯入阻力和剪切强度原位测试结果示于图4.1-14和图4.1-15中。结果显示，在15~25 cm深处东区沉积物的剪切强度比取样测试结果高1.3~1.9 kPa，差值随深度增加而加大，西区沉积物的剪切强度却比东区的小0.8~1.5 kPa。因此，设计行走机构时压陷深度一般不超过15~20 cm，故剪切强度定为2.5~3 kPa是适宜的。

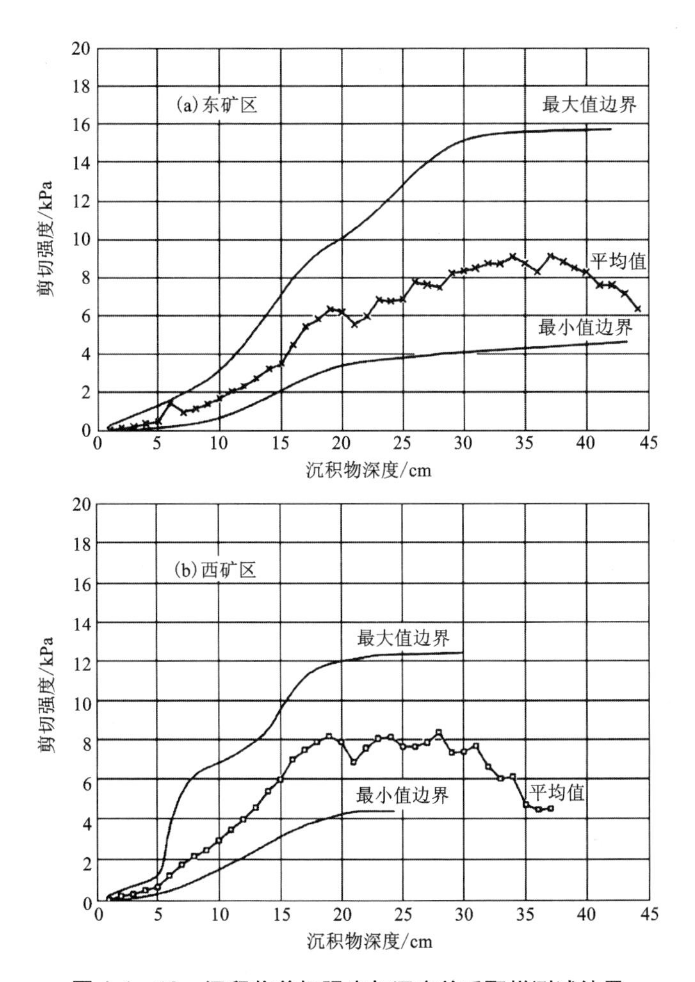

图4.1-13　沉积物剪切强度与深度关系取样测试结果

值得指出的是沉积物具有扰动流体化特性，扰动后其剪切强度有可能降低2/3，即敏感系数达到5~6。如果沉积物被完全扰动，其强度只有原始状态值的17%~20%。

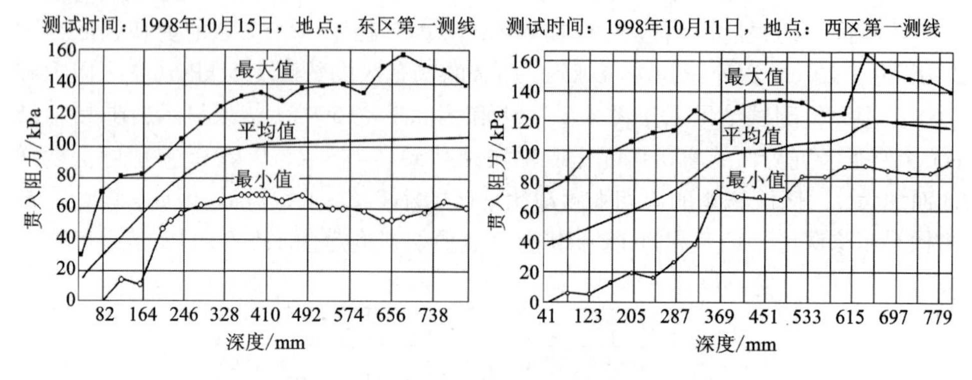

图 4.1-14　沉积物贯入阻力与深度关系原位测试结果

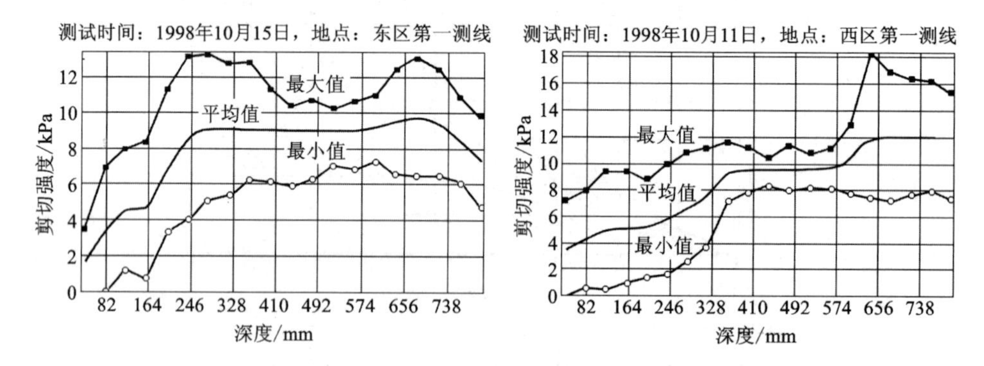

图 4.1-15　沉积物剪切强度与深度关系原位测试结果

贯入阻力一般都大于 10 kPa，褐色粉质土较大，在 25 kPa 以上。在 20 cm 处东西区沉积物的无侧限抗压强度分别为 4.7 kPa 和 5.0 kPa，褐色粉质土在 15 cm 深处达 12.4 kPa。用渐开线履带齿做静载承压试验表明，承压强度为 8.2 kPa 时，齿尖下陷 8.4 cm。

4.1.4　结核矿床特征

4.1.4.1　结核矿的赋存状况

结核矿石赋存在海底沉积物—海水分界面处，以半埋状为主，其次为埋藏状和裸露状。约 90% 以上的结核分布在海底 10 cm 浅的表层沉积物以内或其上。大中粒径结核以椭圆形、菜花形为主，多为半埋状，而中小粒径结核以偏平体、杨梅形为主，多为埋藏状，丰度很低。因此，采集结核矿的挖掘深度达到沉积物内 10 cm 就可以了。

4.1.4.2　结核丰度分布特征

结核丰度是评价矿区质量的重要指标之一，对采矿系统设计的影响极大。为了达到产量要求，若矿区结核丰度低，由于采矿设备运行速度的限制，必然要加宽集矿头尺寸，因而机器重、功率高，反之则机器尺寸小、功率低、重量轻。

东矿区丰度低，大于 5 kg/m^2（未注明的均指湿丰度）的区域占总面积的 52.74%，5～10 kg/m^{2}的占 39.85%，大于 12 kg/m^{2}的仅占 3.10%，平均丰度为 5.54 kg/m^2；西矿区丰度高，大于 5 kg/m^{2}的区域占总面积的 81.48%，5～10 kg/m^{2}的占 27.31%，大于 17.5 kg/m^{2}的占 6.94%，平均丰度为 10.31 kg/m^2，最高达 21 kg/m^2。结核丰度分布见表 4.1－7。

表 4.1－7　结核丰度分布

丰度 /(kg·m^{-2})		0～2.5	2.5～5.0	5.0～7.5	5.0～10.5	10.0～12.5	12.5～15.0	15.0～17.5	17.5～20.5	>20
分布频率 /%	东区	23.15	24.11	26.01	13.84	9.79	1.67	1.43		
	西区	7.41	11.11	12.73	14.58	18.98	16.44	11.81	6.01	0.93

因此，设计采矿系统集矿机时，应满足 5～20 kg/m^{2}的结核丰度条件。为中试采矿系统选择丰度达 10 kg/m^{2}的试采区毫无问题。

4.1.4.3　结核金属品位分布特征

结核品位是以 Cu + Ni + Co 的重量百分比来定义的。东西区结核品位分布见表 4.1－8。由表可见，东区结核品位大于 1.8% 的占 98.57%，大于 2% 的约占 95.44%，平均品位为 2.86%；而西区品位大于 1.8% 的占 76.85%，大于 2% 的约占 63.05%，平均品位为 2.20%。因此，两矿区的品位均能满足圈定矿区品位 1.8% 的要求。

表 4.1－8　结核金属品位分布

品位 /%		0～1.8	1.8～2.0	2.0～2.2	2.2～2.4	2.4～2.6	2.6～2.8	2.8～3.0	3.0～3.2	>3.2
分布频率 /%	东区	1.43	0.48	1.91	3.10	5.49	17.66	39.14	27.21	3.58
	西区	23.15	13.19	13.66	12.73	16.90	13.19	5.33	1.85	

4.1.4.4　结核粒径分布

分析结核粒径的目的在于确定最大限度地回收海底资源的采集粒径，从而确定采矿系统集矿机的参数和结构。

根据在东矿区 146°15′~147°00′W、8°52.5′~9°22.5′N 区域内取样详细分析的结果，如图 4.1-16 所示，2~10 cm 的累计达 99.4%。因此采集结核的粒径定为 2~10 cm 是适宜的。

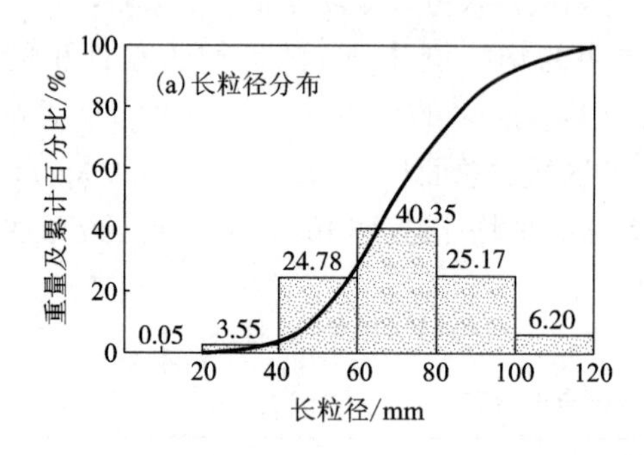

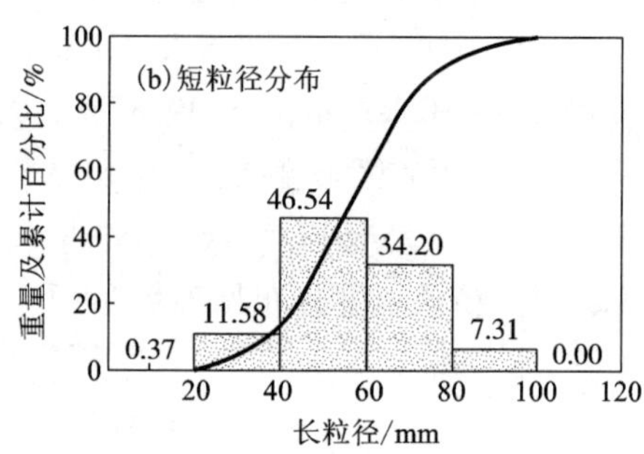

图 4.1-16　结核粒径分布

4.1.4.5　结核覆盖率及分布连续性特征

结核覆盖率是指在海底表面单位面积内结核覆盖面积的百分比。东西区结核覆盖率示于图 4.1-17。由图可以看出，东区覆盖率较小，平均仅 11.1%，分布不均匀，反映出东区结核丰度低、变化大；西区结核覆盖率高，平均为 41.6%，分布均匀稳定。

结核在海底呈斑块状分布，块间过渡往往是突变的，没有从低到高的渐变分布规律。东区结核连续分布较差，平均连续分布长度 418 m，覆盖率大于 35% 的平均连续分布最长，为 630 m，覆盖率 0~5% 的长度最短，为 322 m，不同覆盖率的连续分布状况基本一致。西区连续分布较好，平均连续分布长度为 798 m，覆盖率大于 50% 的平均分布长度最长，为 2 315 m，覆盖率为 0 的平均分布长度最短，为 335 m，覆盖率越高，连续分布越好。连续分布性见图 4.1-18。

因此，设计采矿系统时，为保持生产能力稳定，集矿机行驶速度可调是非常必要的。

4.1.4.6　结核的物理力学性质

结核矿石的物理力学性质见表 4.1-9，抗压强度见图 4.1-19。由表可以看出，结核强度很低，极易破碎。

表 4.1-9　结核矿石的物理力学性质

颜色	湿密度	孔隙度	合水率	莫氏硬度	抗压强度
黑褐色	2 g/cm³	50%	30%	大于 1	3~5 MPa

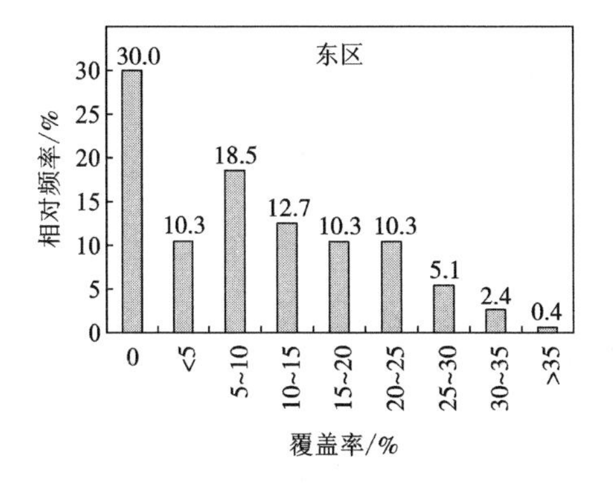

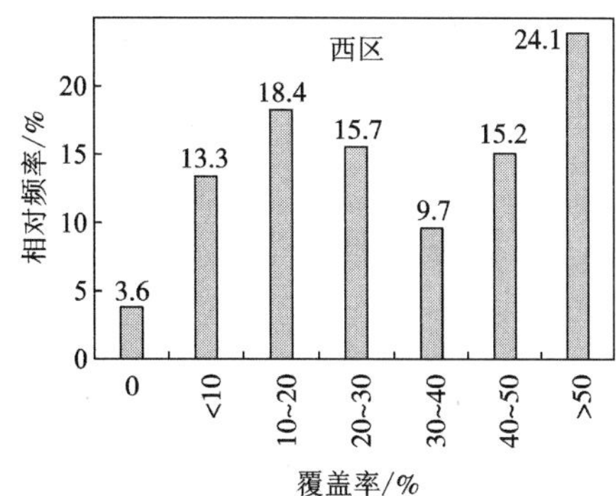

图 4.1－17　东西矿区结核覆盖率总长度相对频率分布

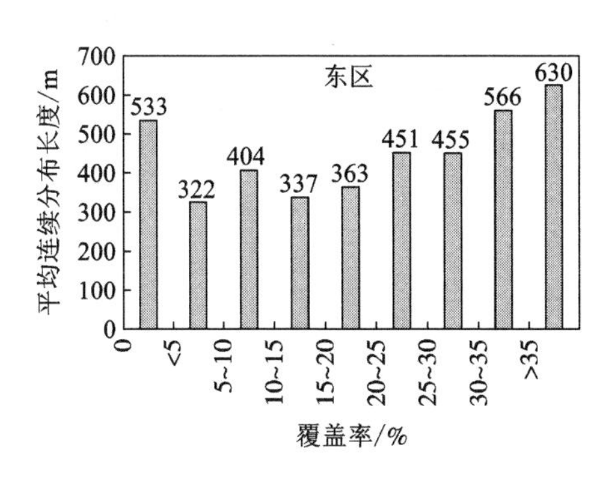

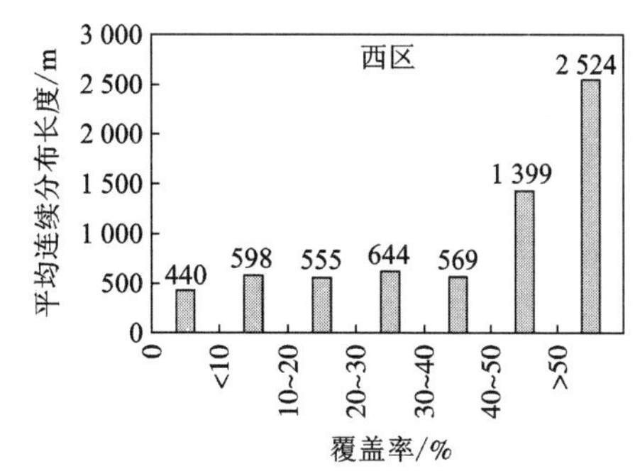

图 4.1－18　东西矿区结核分布连续性

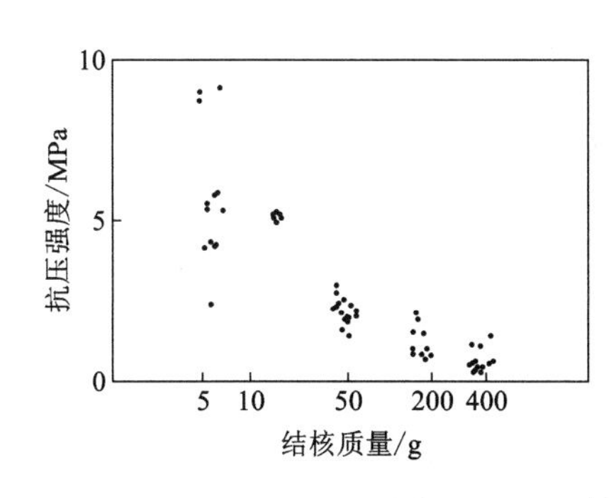

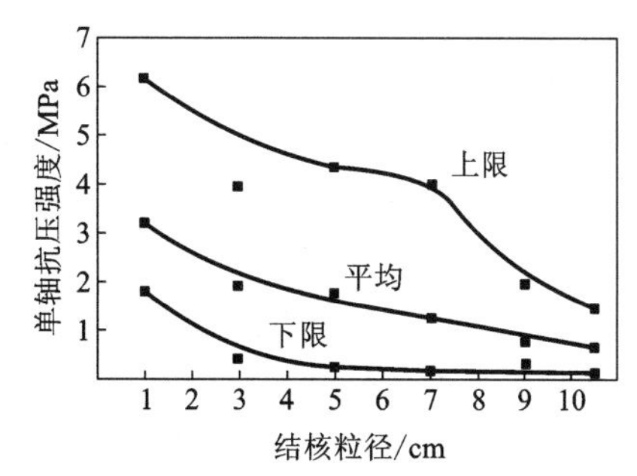

图 4.1－19　结核抗压强度分布

4.2　富钴结壳矿床

现根据 2013 年国际海底管理局核准的中国大洋协会提出的位于西太平洋海山区的富钴壳专属勘探矿区资料，以及最有开采前景的结壳富集区域中、西太平洋海山区(包括麦哲伦海山区，马库斯海脊－威克海山区，马绍尔海山链和恩莱海山链)的矿点普查资料，特别是俄罗斯在太平洋麦哲伦海山区评价的 MA-15 和 MЖ-35 平顶海山富钴结壳矿床资料为基础，结合相关资料，阐述富钴结壳矿床的基本特性。

4.2.1 区域海洋环境

(1)气象

太平洋富钴结壳海山区，大多时间位于北太平洋副高压带的南侧，盛行东北信风，平均风速以 5~6 级为主，当位于副热带高压中心附近南侧时，由于副高压带与赤道低压带之间梯度较大，会出现 6~7 级风，5~9 月有热带风暴出现。

4 月份受位于 8°N 地带的低压活动影响，麦哲伦海山区波浪较大，阵风经常达 7 级。5 月副热带高压强度低，有时副热带高压西北侧有气旋挤压，使区域内气压梯度加大，风浪加大。从 6 月开始，北太平洋副热带高压逐渐加强，使很强的北太平洋低压逐渐减弱直至消失，而副热带高压强盛，几乎控制了整个北太平洋，风浪较小。

(2)海流

矿区上层海流(150 m 以上)，同时受到北太平洋副热带环流和赤道流系的影响。在 170°N 以西流速最大，达到 65 cm/s，而 180°W 以东区域流速最小，最大流速只有 30 cm/s。

底层海流(离底 200 m)流速变化很大，最大达 13.4 cm/s，最小只有 1.2 cm/s。12 月份流速最高，平均 5.0 cm/s，最低在 5 月份，平均为 2.1 cm/s。

4.2.2 地质构造和基岩特征

调查表明，中、西太平洋海域的大洋底约在 1.3 亿年前就已形成，从上白垩世到古近纪，经过了从地盾火山到中央成层火山的演化。最有代表性的平顶海山的构造可分为对应于成层火山形成阶段的三个构造层系。下层和中层是由 4 个形成连续层的玄武岩系构成，沿剖面往上连续层总碱量增加；上层由沉积岩和最新(中新世)火山活动爆发的碱性似玄武岩构成。

下层是构成 3 000~5 000 m 等深线之间古火山基盘的拉斑玄武岩，主要有橄榄斜长玄武岩、橄榄亚透辉石玄武岩、大洋岩。存在玄武岩和粗玄岩的岩床和岩墙。所有变质岩石都受到强烈绿土化和橙玄化。

第二构造层系的岩石有弱碱性和碱性橄榄玄武岩、粗面玄武岩、碱玄岩和响岩，其中变质熔岩占多数。到处都有被薄层橙玄玻璃化的发泡玻质碎屑岩外皮覆盖的熔岩流。很少遇到亚火山体和玄武岩、粗面玄武岩和粗面安山岩的岩墙和岩床。

上层石化沉积岩中包括石灰石礁石、有孔虫粒辉石、角砾扇砾石、石化黏土、火山碎屑浊流岩。沉积层是从阿亚尔俾斯麦到中新世生成的。

富钴结壳矿床地质构造实例参见图4.2－1。

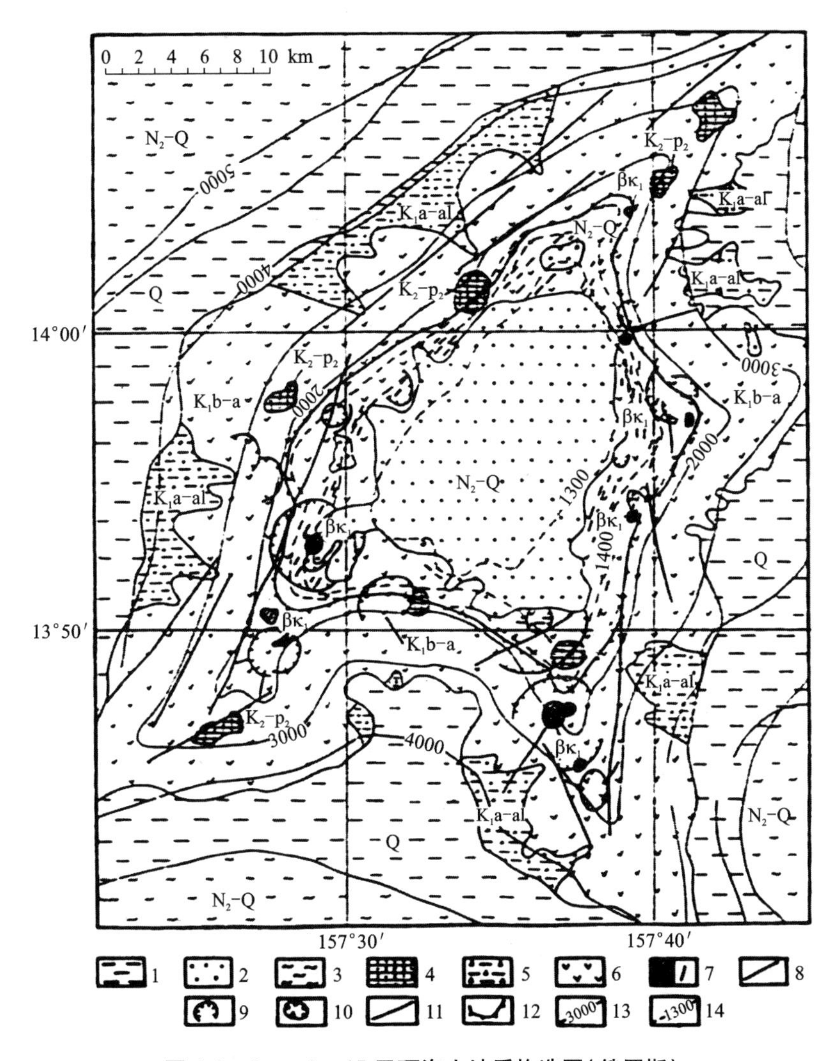

图4.2－1 MA－15平顶海山地质构造图(俄罗斯)

1—第四纪沉积屋(Q)：淤泥、砂、碎石、石块；2～3—上新世－第四纪沉积物(N_2-Q)；2—平顶海山上部台地淤泥、砂、粒辉石－有孔虫相；3—山前平原和深海黏土质淤泥、脱石－水云母、硅质相；4—上白垩系始新世(K_2-P_2)：有碳酸盐－磷酸盐胶结物的火山碎屑扇砾岩；5—下白垩系、亚普第一亚尔卑层系(K_1a-al)：火山碎屑角砾岩、砾岩、砂岩、粉砂岩；6—下白垩系，巴列姆－亚普第层系(Klb－al)：拉斑玄武岩、大洋岩、玄武岩、斜长辉石岩、粗面玄武岩、粗面安山岩；7—上白垩系粗玄岩盖、粗粒玄武岩的岩株和岩脉；8～10—结构断裂；8—直线断层；9—环状断层；10—崩落的破火山口、凹陷；11—不同时代形成物之间的边界；12—平顶海山顶面边缘；13—主要等深线；14—辅助等深线(1500、1400、1300)

海山上矿体的上部边界贯穿有孔虫发育场，而下部边界由黏土和粉沙发育场界定。因此，结壳的基岩主要为玄武岩、火山碎屑岩和石灰岩，少部分为角砾岩和黏土与粉沙。由表 4.2－1 可见，50% ～65% 的富钴结壳资源赋存在玄武岩和火山碎屑基岩上。

表 4.2－1　麦哲伦海山代表性富钴结壳矿床的基岩及分布频率/%

矿　床	玄武岩	火山碎屑岩	石灰岩	沉积角砾岩	黏土与粉沙
MA－15	56.0	8.2	14.4	11	9.5
MЖ－35	40.9	8.2	38.8	12	<2

4.2.3　矿区地形

富钴结壳赋存的海底地形特征，不仅是采矿系统设计的最重要参数，而且是选择可采矿区的最重要参数。

结壳矿床分布在水深 800 ～3 200 m、各种地貌（顶面、边缘、坡面、山脊、卫星山顶）、各种基岩和不同流体动力学的区域，形成一个连续的矿体，既包括顶面边缘部分，又包括坡面部分。

根据调查测线数据，结壳的地形分布为：坡度在 0° ～4°的区域为贫结壳区，4° ～7°为结壳与结核共生区，7° ～10°区域为过渡区，当坡度在 15°以上时结壳覆盖率很大。详查进一步证明了浅埋结壳的存在。日本“白令丸 2 号”在马库斯附近 5 座海底山沉积物较少区域的山顶和边缘利用大直径重力管取样，10 个站位中 5 个有浅埋结壳。坡度为 0 ～15°的浅埋结壳区、贫结壳区、结壳结核共生区、过渡区，都是潜在的采矿区域。

顶面结壳。集中在平顶海山边缘 2 ～3 km 狭窄地带，地形平坦，亚水平。结壳覆盖层是连续的，实际上未发生过结壳破碎过程。

坡面结壳。坡面角介于 30°（顶部附近）到 10° ～15°（3 000 m 水深等深线）之间。坡面构造复杂，存在着悬崖、峭壁、高达 100 m 的海蚀平台，受熔岩流影响形成的横向皱折地形，小山脊、山谷和台地等。

坡底结壳。通常沿基岩节理分裂成单个结壳块。在缓平区段有分开聚集的结核和结壳富集。在近海底的海流速度最高的支脉脊峰处，矿体厚度最大。

美国研究机构的一种海底地形分类法见表 4.2－2。结壳矿床地形实例参见图 4.2－2。开采富钴结壳时，采集和提升矿石可能遇到不同种类的地形障碍，见表 4.2－3。

平坦和缓坡（坡度 <5°）并且较少沉积物的区域是有利于采矿机行走的区域，但坡度更大的富结壳区域对采矿机行走机构的设计是一个挑战。目前技术水平设

计采矿机的坡度一般定为小于15°较为适宜。

表4.2-2 美国研究机构采用的海底地形分类

类别	特　征	类别	特　征
A	熔岩流——矿床起伏度达50 cm，有裂隙	D	沉积物，海底沉积层
B	一般概念海底——具有所有类型的开采障碍	E	覆盖卵石、结核体构造
C	有巨砾地带——不同尺寸鹅卵石覆盖的坡地	F	结壳覆盖层——结壳表面不平度为5 cm以下

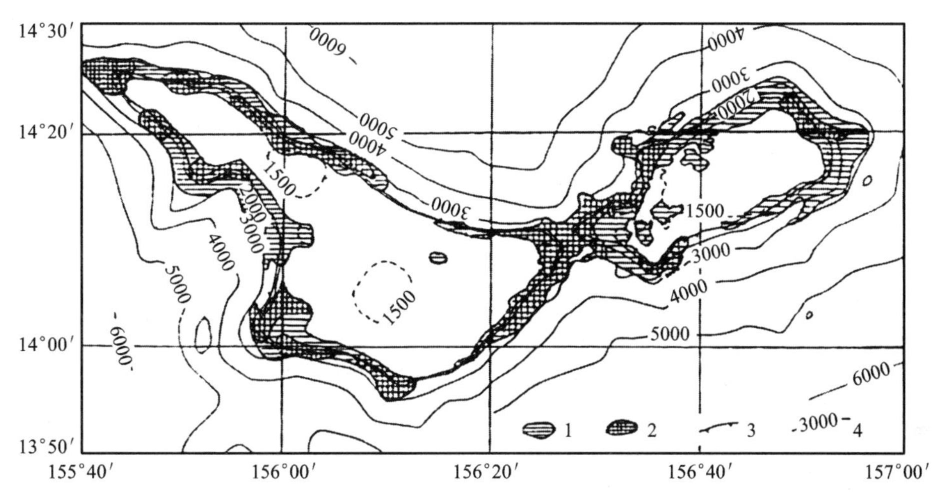

图4.2-2 西太平洋麦哲伦海山区МЖ-35结壳矿床及地形图(俄罗斯)

1—矿体；2—矿体富矿区段；3—平顶海山上缘；4—等深线，m

表4.2-3 开采富钴结壳时矿区内可能遇到的障碍类型

障碍类型	高度/m	宽度/m	间隔/m
锥形地形	100~300	100~500	—
提升区内障碍	50	50	2~3
断裂	3~5	3~5	不连续
峡谷	15~150	500~3 000	500~3 000
不平表面	5~15	5~15	1~50

4.2.4 微地形特征

结壳区域微地形的波动情况是采矿设备行走机构和采掘机构设计的另一个必须考虑的重要因素。

结壳的微地形介于平板状和起伏不平之间，基本上取决于基岩类型（复制基岩表面形状），其表面构造取决于赋存深度和厚度。玄武岩上面结壳的特点是多瘤地形；火山碎屑上面的结壳，由于熔岩的枕状节理而呈小丘地形，很少有平坦地形；石灰岩和扇砾岩上面结壳的特点是平坦的板状微地形；石化沉积岩上面的结壳为锐角和丘陵起伏微地形。而结壳表面结构则随着赋存深度和厚度的增大，变得较为平坦，但也有例外，结壳表面主要有粗糙的、粒状花纹的、平滑的、卷羊毛状的、葡萄状的、多孔状的。当厚度小于 1.5 ~2 cm 时，结壳表面为葡萄状或卷羊毛状，多孔上层表面为波浪状和粗糙葡萄状。

立体摄影技术观测的结果表明，摄影距离在 3 ~4 m 时，测得的地形波动从几厘米到几米不等。在海山的顶部和边缘，地形波动从几厘米到不足 1 米，除一些梯田地形外，这种地形占区域的绝大部分。在海山的斜坡上，总的趋势是阶梯式的，而斜坡上地形波动总是非常大的。典型的结壳微地形见图 4.2－3 所示。

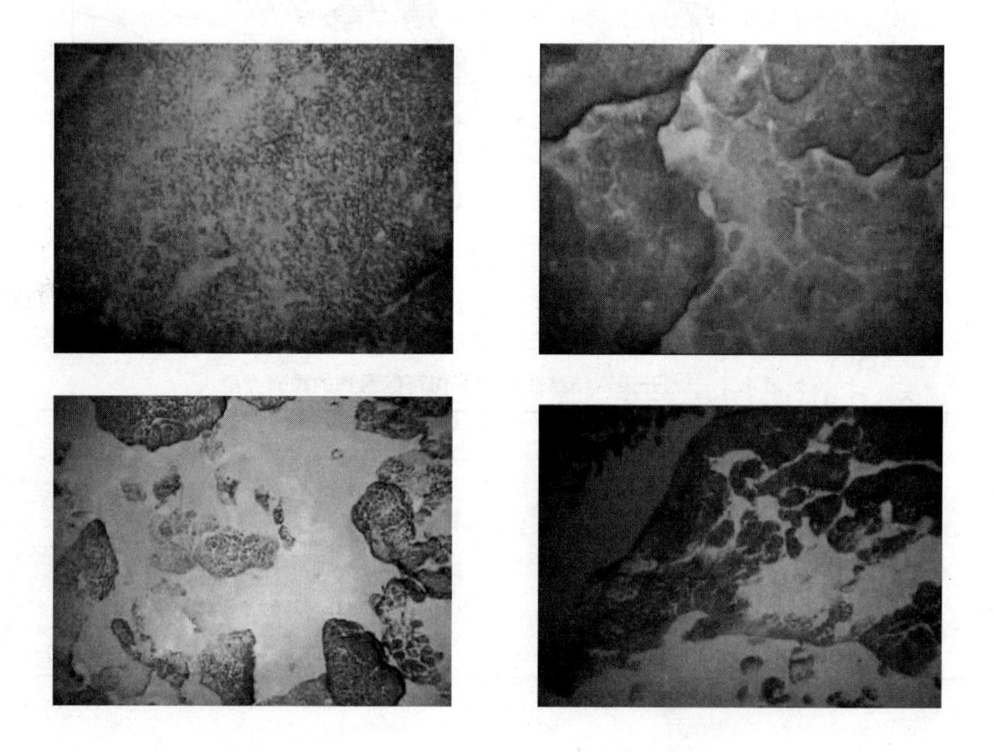

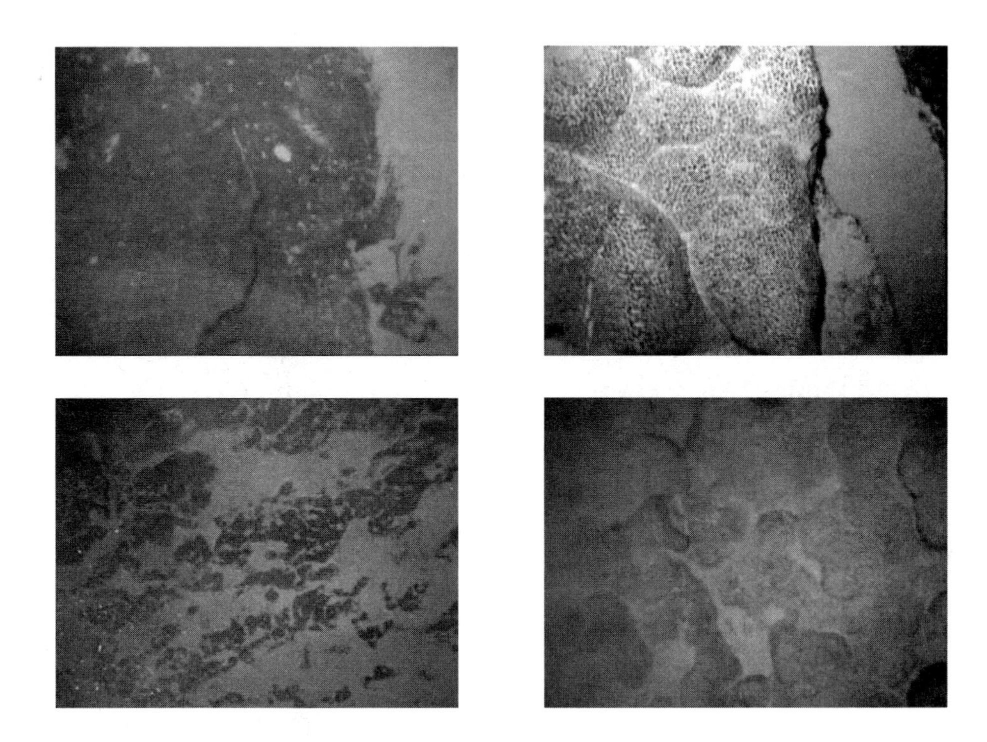

图 4.2-3　典型的富钴结壳矿床微地形

4.2.5　富钴结壳矿床特征

4.2.5.1　富钴结壳类型和表面结构

富钴结壳类型和表面结构通常取决于厚度和赋存深度，随着厚度和深度的增加，表面变得较为平坦，但是常有例外。根据表面形态特征，富钴结壳可分为板状、砾状和结核状三类。

板状结壳个体较大，长径平均大于 9 cm，最大接近 1 m。主要为黑色、褐黑色。表面光滑，呈瘤状、鲕状，较平坦，底面粗糙。多呈连续分布，厚度变化不大；砾状结壳呈球状、椭球状，可见板砾状、不规则等外形。核心有玄武岩和磷酸盐化灰岩；结核状结壳粒径变化于 1 ~5 cm 之间。呈圆球形或近圆球状，表面光滑，致密坚硬。核心为磷块石和老结壳等。

富钴结壳不同表面结构的出现率按下列次序递减：粗糙的、粒状花纹的、平滑的、卷羊毛状的、葡萄状的和多孔状的。富钴结壳结构和表面形态见图 4.2-4。

图 4.2-4 富钴结壳结构

4.2.5.2 富钴结壳矿床分布特征

(1)矿带分布

富钴结壳矿床内矿带的分布比较复杂，含矿段和无矿段交替。从表4.2-4～表4.2-8所列太平洋麦哲伦海山代表性富钴结壳矿床矿带分布可以看出一般概况。

表4.2-4 麦哲伦海山代表性富钴结壳矿床沿水深分布

水深/m	1 400～2 000	2 000～2 500	2 500～3 000
MA-15矿床/%	31.2	17.3	34.8
MЖ-35矿床/%	50.0	23.9	26.1

表4.2-5 麦哲伦海山代表性富钴结壳矿床沿海山坡面分布

海山坡面角	0°～7°	7°～12°	12°～20°	>20°
MA-15矿床/%	20.8	19.4	16.6	43.1
MЖ-35矿床/%	33.2	14.6	13.2	39.1

表4.2-6 麦哲伦海山代表性富钴结壳矿床矿体宽度分布

矿体宽度/km	<2	2～4	4～6	6～8	8～10	10～12	12～14	14～16
分布频率/%	5.6	27.8	24.1	20.4	3.7	11.0	5.6	1.8

表4.2-7 麦哲伦海山代表性富钴结壳矿床矿段长度沿走向分布

矿段沿走向长度/m		<100	100～200	200～300	300～400	400～500	>500
分布频率/%	含矿段	36.5	20.8	15.4	7.1	2.7	17.5
	无矿段	46.3	24.1	13.3	10.3	2.5	3.3

表4.2-8 麦哲伦海山代表性富钴结壳矿床矿段长度垂直走向分布

矿段沿走向长度/m		<100	100～200	200～300	300～400	400～500	>500
分布频率/%	含矿段	49.6	18.1	10.9	6.4	2.2	12.8
	无矿段	60.1	22.7	6.6	3.4	2.8	4.4

(2)矿体厚度及其分布特征

结壳厚度实际上与基岩类型无关，取决于结壳的年龄和分层数。在整个矿区内，结壳的厚度分布具有明显的斑点特征，只有在平顶海山支脉和卫星平顶海山范围内才形成厚度超过 8 cm 的结壳，这里的近底层水的流速高。结壳厚度变化范围一般为 2 ~ 12 cm，4 ~ 6 cm 厚度的矿体占多数。MA – 15 和 MЖ – 35 矿床矿体厚度分布见图 4. 2 – 5，平均厚度分别为 4. 3 cm 和 5. 9 cm，而超过 12 cm 厚的仅占 5% 左右。因此，设计时采掘厚度确定为 4 ~ 12 cm 是适宜的。

(3) 结壳丰度分布

常见的结壳丰度为 30 ~ 90 kg/m^2，占总量的 58. 7% ~ 59. 1%，丰度大于 50 kg/m^2 的占 36. 7% ~53. 1%，大于 90 kg/m^2 的占 13. 5% ~29. 4%。高丰度区段都出现在近底层水流速高和多层结壳发育场。MA – 15 和 MЖ – 35 矿床矿体丰度分布见图 4. 2 – 6，平均丰度分别为 54. 4 kg/m^2 和 79. 6 kg/m^2。因此，国外考虑采矿系统方案时，干结壳丰度一般取不低于 50 kg/m^2，优先开采区丰度取为 75 kg/m^2。

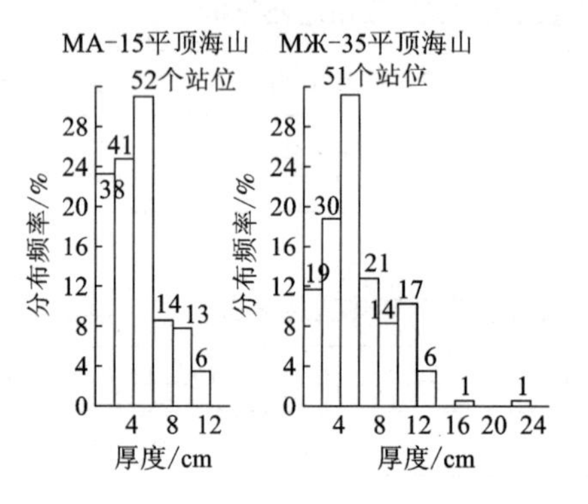

图 4. 2 – 5　矿体厚度分布

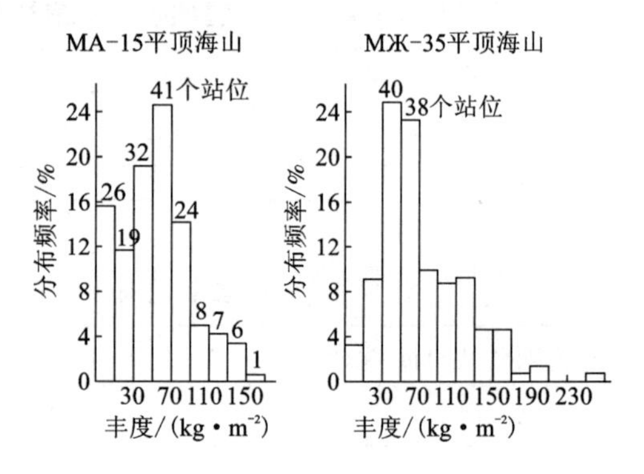

图 4. 2 – 6　矿体丰度分布

4. 2. 5. 3　富钴结壳的结构和金属品位

(1) 内部结构

主要特点是平行带状结构和分层性，分层数与赋存水深无关，形成年代是决定因素。结壳形成分为三个历史时期(早期、中期和晚期)，与其对应的分层为：最坚固的“似无烟煤”下层(厚度 1. 5 ~9. 5 cm)、强度最低的“多孔隙”中层(厚度 2 ~10 cm)、上层为“褐煤”层(厚度 0. 5 ~ 5. 0 cm)。此外，有时还有较晚的“硬质”层。这些分层按结构构造分开，只有一部分按物质成分分开的。富钴结壳的断面见图 4. 2 – 4。

(2) 矿物成分

富钴结壳含有多种矿物。其中包括：主要锰矿物——偏锰酸矿、铁偏锰酸矿；主要铁矿物——针铁矿和非晶质氢氧化物。伴生矿物——赤铁矿、磁铁矿、水赤铁矿、白铁矿、钾硬锰矿、软锰矿、(Cu、Zn)12H 化合物；多种多样的非金属矿石部分——石英、方石英、蒙脱石、伊利水云母、方解石、氟磷灰石、长石、尖晶石、紫苏辉石，以及自生成因和沉积及生物成因的其他岩石；包含在锰和铁矿物中的不形成钴、镍、铜、锌、钼及其他固有矿物相的“少量元素”。

(3)主要有用元素

富钴结壳中含有的主要有用元素为钴、锰、镍和铁；伴生有用元素为铜、镍、铬和稀土元素；其特点是钴平均品位超过0.4%，铜和镍的总品位低于0.7%，锰的平均品位超过20%。伴生有用元素的品位：铂平均为0.38 g/t(0.16 ~ 0.64 g/t)，金为≤0.07 g/t，银为3 g/t，钼平均为0.04%(0.03% ~0.05%)，铬为0.0034%，钡达到0.22%，锡达到0.001%，稀土元素高达1 500 g/t，其中主要为铜和镧。而有害物质氟的平均品位为0.164%，汞的品位为4.4×10^{-6}%，砷的品位为0.016%。

可采矿区富钴结壳的边界品位可以定为：钴0.6%，镍0.45%，锰22%。

(4)金属品位及分布

富钴结壳的化学成分十分稳定，所有平顶海山的富钴结壳主要金属品位实际上相同。如约有62%的取样站位显示钴平均品位为0.4% ~0.6%，30% ~35%的取样站钴平均品位超过0.6%，最高达到1.1%(参见图4.2－7)；约85%取样站显示镍平均品位为0.3% ~0.5%，7% ~13%取样站显示镍平均品位超过0.5%，最高达到0.7%；约83%取样站显示锰平均品位为18% ~24%(参见图4.2－8)；4% ~10%取样站显示锰平均品位超过24%，最高达到28%(参见图4.2－9)；约有66%取样站显示当量钴平均品位为1.4% ~1.8%，18% ~20%取样站显示当量钴平均品位为1.8%，最高达到2.4%(参见图4.2－10)[5]。

钴和锰品位高是火山岩基岩富钴结壳的特有现象，基岩为粉砂岩和黏土时品位则最低。在有实际意义的结壳中，厚度为3 ~8 cm结壳金属品位最高。处于2 000 ~2 500 m甚至3 000 m水深区间，结壳中钴和锰的平均品位最高。

不同分层品位变化很大，“硬质”层和“孔隙”层的钴、锰和镍品位最高，“似无烟煤”层则最低。伴生有用组分(铜、铂族元素、钼)的平均品位稳定。

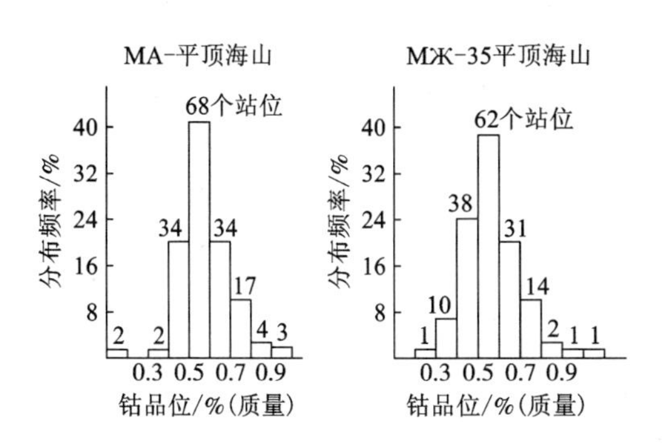

图4.2－7 钴品位分布

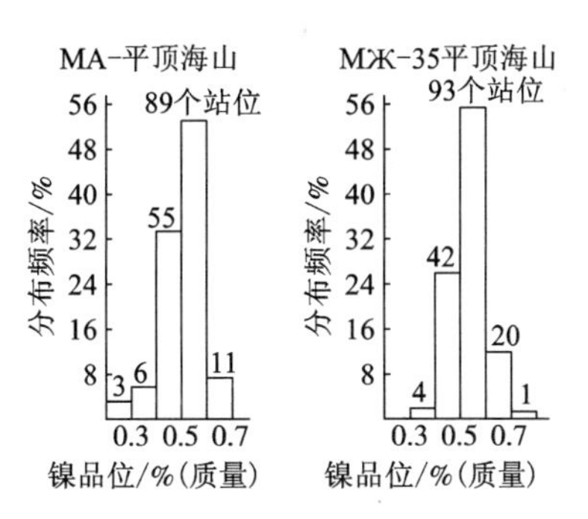

图4.2－8 镍品位分布

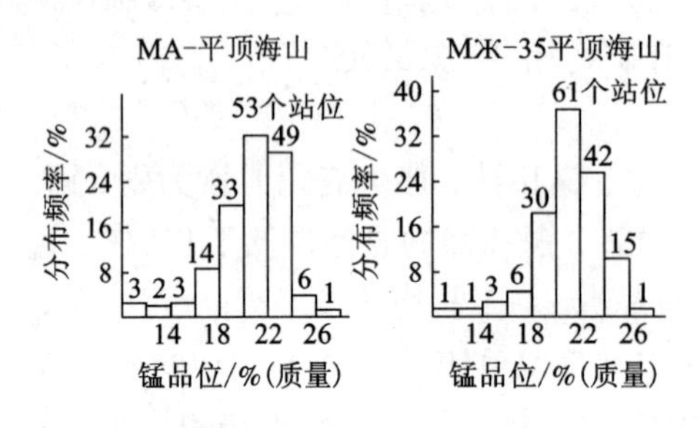

图 4.2-9　锰品位分布

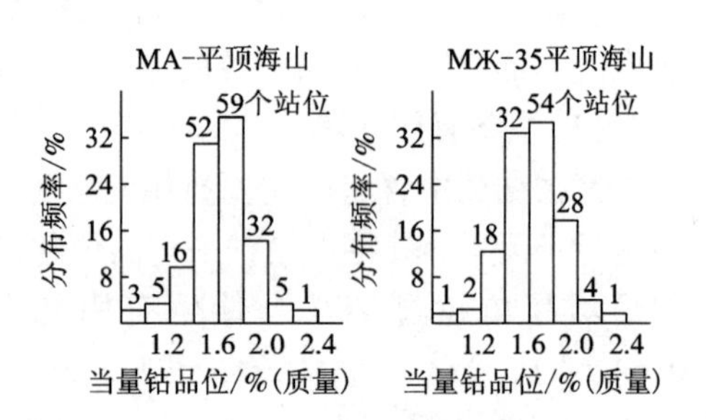

图 4.2-10　当量钴品位分布

(5)金属含量及分布

富钴结壳当量钴的金属含量波动很大。如约有 35% 的取样站测定的金属含量为 0.8 ~ 1.4 kg/m^2，17% ~ 31% 的取样站为 1.4 kg/m^2 以上，最高达到 4.4 kg/m^2。参见图 4.2-11。

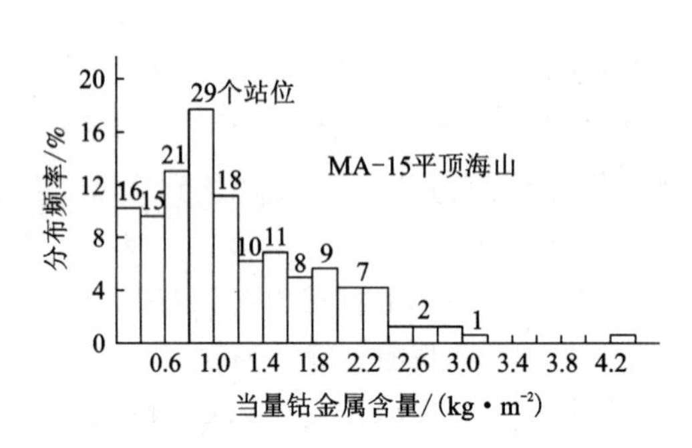

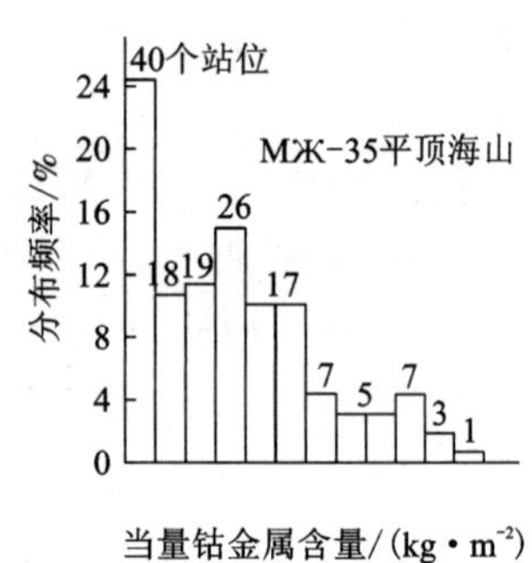

图 4.2-11　当量钴金属含量分布

4.2.5.4　富钴结壳和基岩的物理力学特性

富钴结壳的物理力学特性变化很大，这是由其构造特性决定的。已经证实富钴结壳的强度性能视分层数量、类型和厚度的不同变动很大。俄罗斯测定的富钴结壳和基岩的物理力学性能见表 4.2-10，富钴结壳强度与煤层强度的比较见表 4.2-11。美国和日本测定的抗压强度的变化分布为：90% 富钴结壳的抗压强度 ≤8 MPa，10% 富钴结壳的抗压强度 ≤18 MPa；50% 基岩的抗压强度 ≤8 MPa，15% 基岩的抗压强度 ≥30 MPa，其余在 8 ~ 30 MPa 之间，详见图 4.2-12。

可以得出结论，富钴结壳的物理力学特性与煤类似，且比煤脆性稍大一些。由于多孔性，其强度十分低，很容易破裂与粉碎。

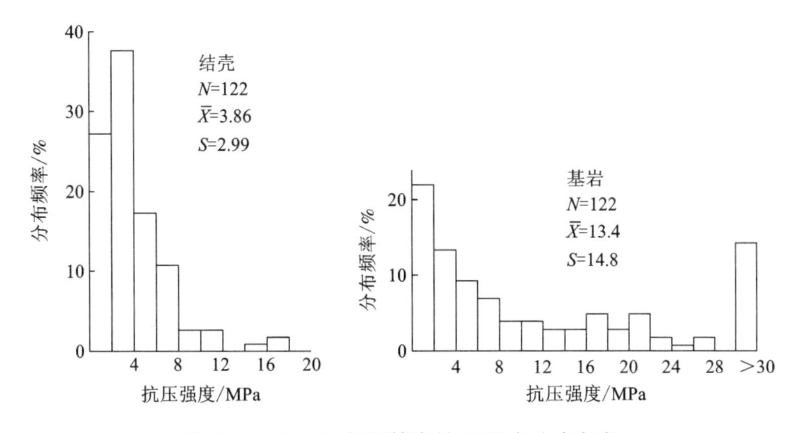

图4.2－12　结壳和基岩抗压强度分布频数

表4.2－10　富钴结壳和基岩的物理力学特性

参　数	结　壳	基　岩			
		玄武岩	火山碎屑	石灰岩	凝灰岩
密度(湿)/(g·cm^{-3})	1.5～2.15	2.75	1.8	2.16	1.76
天然湿度(湿)/%	32.9～40.5	4	29	13	37
孔隙度(干)/%	38.3～61.0			—	—
抗拉强度/MPa	0.05～0.66	1.69～3.449	0.04～0.13	—	—
抗压强度/MPa	0.6～7.9	42.3～87.3	0.5～1.6	32.4/33.0	—
内摩擦角(湿/干)/(°)	76/42	76	—	52/76.5	—
内聚力(湿/干)/MPa	1.5/2.9		—	2.3/7.6	—
永久变形模量/MPa	100～1 410	620～13 330	—	—	—
弹性模量/MPa	2 300～15 500	8 200～53 400	—	—	—
硬度/MPa	790(430～1 500)	880～2 120	—	930	76～100
耐磨性	0.30(0.12～0.48)	0.20～0.38	—	0.29	0.12
可塑性等级	5	0～4		—	—

表4.2－11　富钴结壳强度与煤层强度的比较

强度类型	结　壳		煤　层	
	强度变化范围/MPa	强度变化倍数	强度变化范围/MPa	强度变化倍数
抗拉	0.05～0.66	13	0.05～3	60
抗压	0.6～18	30	3～60	20
抗剪	0.2～5.6	28	1.5～18	12
永久变形模量	100～1 400	14	40～600	15
脆性度	2～3	1.5	1～2.5	2.5

4.2.5.5 海山沉积物物理力学特性

采矿机必须在沉积物上行走，并且在采掘浅埋结壳之前要先剥离沉积物或直接剥采，因此沉积物的黏性给采矿机的设计增加了很多困难，成为开采系统设计的重要参数之一。

沉积物具有高黏性(表面剪切强度 14 ~ 40 kPa)和小的呐摩擦角(3.1° ~ 18.5°)，沉积物的剪切强度随深度的增加略有增加，因为切向摩擦角随内部压力的增加而增加，而黏度即表面剪切强度则取决于沉积物本身的粒度分布。粉质沙泥的黏性小、内摩擦角大，在 1 m 深处剪切强度最大只有 10 kPa，因此对设计不会产生困难。

黏性沉积物在结壳上的覆盖程度及沉积物的扰动敏感性也是采矿机设计的重要参数。沉积物的扰动敏感性系数为原始剪切强度与扰动后剪切强度的比值。大量研究结果表明，具有类似粒度分布的沉积物敏感性系数为 5 ~ 10。如此高的敏感性系数将缓解沉积物黏性引起的问题。敏感性系数的原位测量仍有待继续深化。

静摩擦系数则作为估计沉积物对采矿机行驶阻力的重要参数，对于沙泥和亚黏土沉积物均为 0.35。

4.2.6 中国申请的富钴结壳勘探矿区概况

(1)位置

中国申请的结壳矿区位置见图 4.2 - 13 ~ 图 4.2 - 15，在 154.6°E ~ 156.9°，12.5°N ~ 16.0°N 区间。由 A - Ⅰ和 A - Ⅱ两区(海山)组成。

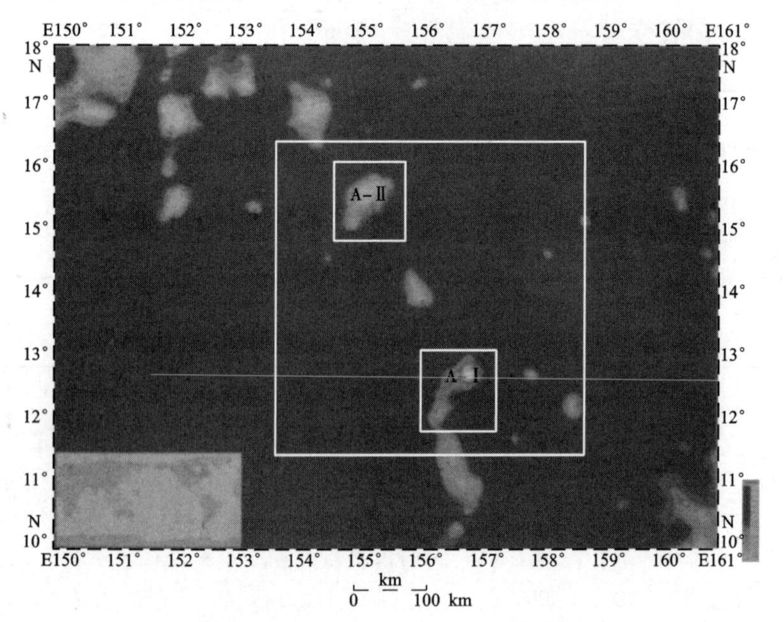

图 4.2 - 13 A - Ⅰ和 A - Ⅱ区位置图

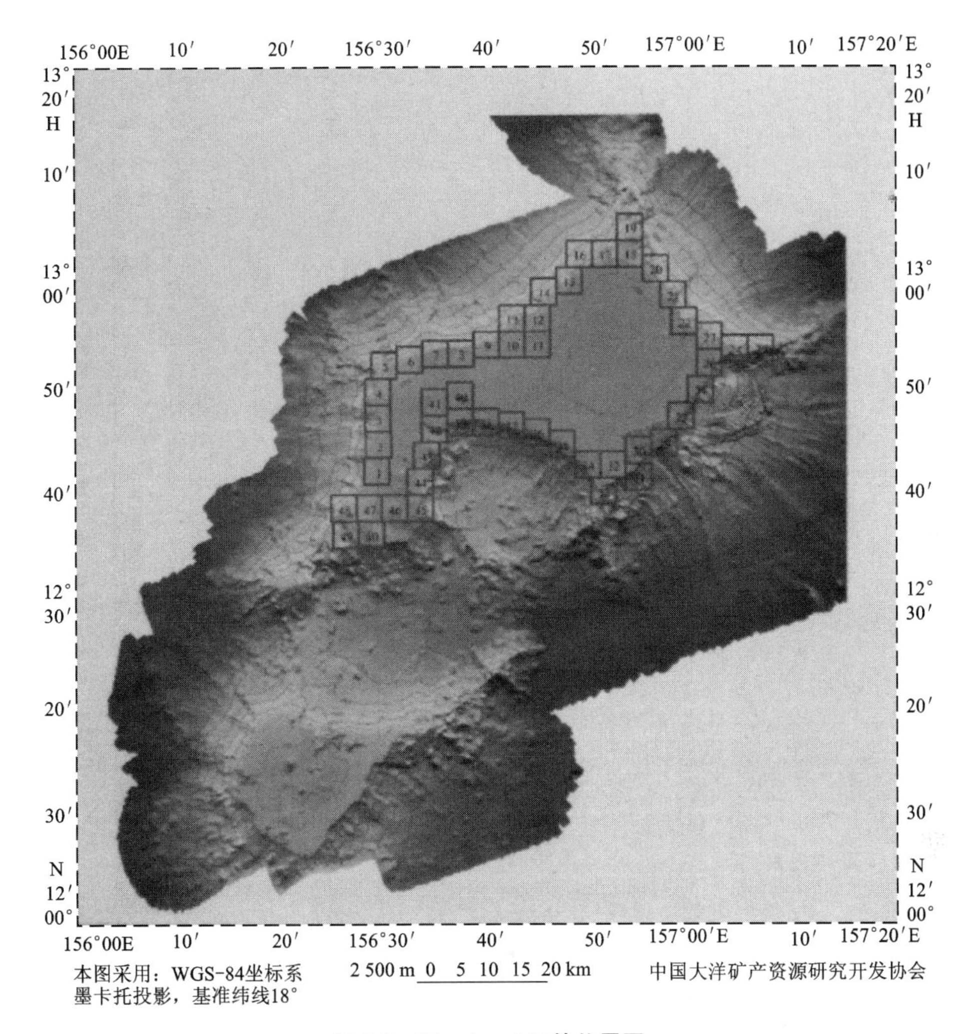

图 4. 2 – 14 A – Ⅰ区块位置图

(2)面积和资源量

A – Ⅰ和 A – Ⅱ两区各 50 区块，共计 100 个区块，申请区面积为 2 000 km^2。两区位于 550 km × 550 km 区域范围内。经过勘探放弃 75%，最后保留矿区面积为 500 km^2。

目前圈定矿区的金属边界品位为：钴 0. 5%，镍 0. 4%，锰 21%，铜约 0. 1%。平均厚度 4 cm，丰度为 55 kg/m^2。则总资源量约为 2 750 万 t。

当采矿系统回采率达到乐观值 70% 时可保证年产 100 万 t 开采 20 年。按目前技术水平估计，初期采矿系统回采率有可能仅达到 50%，这种情况下只能保证

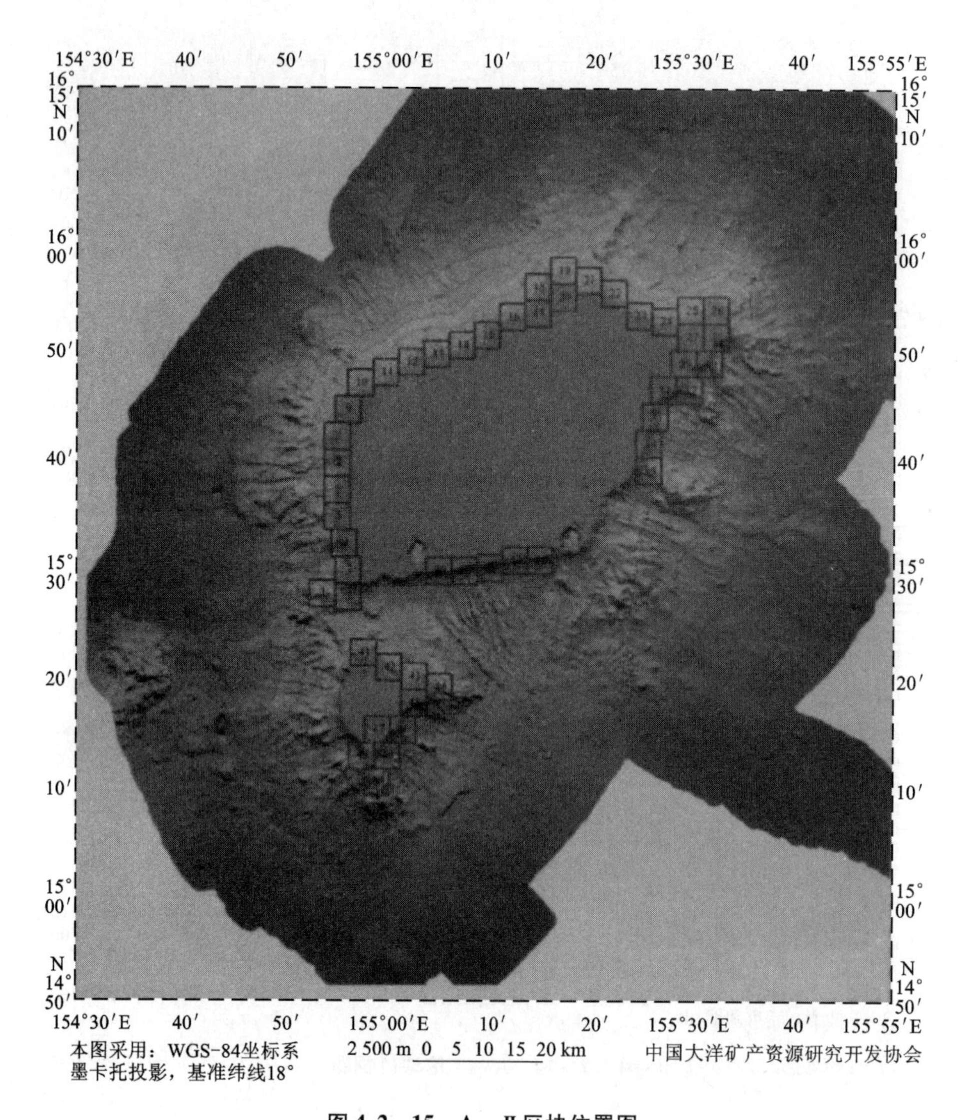

图 4.2－15　A－Ⅱ区块位置图

开采 14 年或年产 70 万 t 开采 20 年。如果矿区丰度达到 70 kg/m^2，这时 500 km^2 矿区才有可能确实保证年产 100 t 开采 20 年。

(3)金属品位

根据初步勘探结果，中国预选矿区金属品位概值见图 4.2－16。

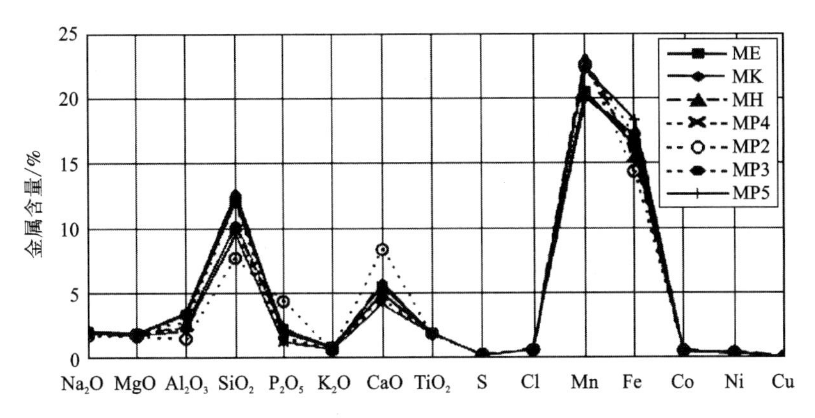

图4.2-16 中国申请的富钴结壳矿区的金属品位概值

4.3 多金属块状硫化物矿床

4.3.1 海底块状硫化物矿床类型

海底块状硫化物矿床被认为是远古陆地火山基质硫化物矿床类似物的现代海底硫化物矿床。

按地质构造环境可分为3种主要类型：

①分离板块边缘型。如洋中脊扩张中心或扩张的弧后海盆(Solwara 1 矿床)

②聚合板块边缘型。矿床出现在火山岛链及这些群岛领海的潜没火山范围附属部分(即岛弧或大陆边缘)。

③板块内海岛型。

按地球动力学区域和基岩成分，海底块状硫化物矿床可分为5种主要类型：

①洋壳型。洋中脊+玄武岩。

②地幔型。慢扩张脊+超基性岩。

③弧后型。岛弧或发育不完全的弧后+长英质火山岩。

④洋脊沉积物型。洋中脊+沉积物+玄武岩。

⑤弧后沉积物型。弧后+大陆沉积物+长英质火山岩。

按矿床形态分类为：

①扁平矿体和表层矿床。矿床高宽比小，富锌块状硫化物的扁平矿体占优势。

②小丘矿体。高宽比大，细脉区发育狭长的块状硫化物良好。

③管状和细脉矿床。横切块状黄铁矿－黄铜矿管状脉或细脉区，具有少许或没有层状富锌硫化物扁平矿体。

按热液成矿温度分为：

①高温热液块状硫化物矿床。富含金属的溶液在高温（到达400℃）下从海底喷出，形成的块状硫化物矿床。由于溶液中金属矿物沉淀，形成微小硫化物颗粒羽状流，被称为“黑烟囱”。

②低温热液块状硫化物矿床。富含金属的溶液在低温（150～250℃）下从海底喷出，形成的块状硫化物矿床。由于溶液中金属矿物沉淀，形成微小硫化物颗粒羽状流，呈白色，被称为“白烟囱”。

4.3.2 海底块状硫化物矿田的主要特征

总体来说，海底硫化物矿床以不同形态如烟囱、山丘、沉积层、岩块、角砾岩、密集体等出现。由不同金属硫化物薄层或角砾岩构成，如黄铜矿或黄铁矿化合物（Fe），黄铜矿（Fe－Cu），闪锌矿（Zn）和方铅矿（Pb），与硫酸盐（重晶石，硬石膏，石膏）、硅石（石英，蛋白石，燧石）和黏土材料相关物质。块状硫化物矿床的形态变化强烈，通常类似大地构造的山丘，一般不大于大型露天运动场，类似天体观测馆（直径200 m，高度40 m），这就是为什么找矿会面临极大的挑战。

鉴于目前发现的矿床绝大多数尚未做精细的空间勘探，不能进行准确的描述。这里仅对代表性矿田的特征做一般性描述。

4.3.2.1 大西洋脊块状硫化物主要矿田特征

大西洋中部洋中脊扩张中心的块状硫化物矿床为洋脊轴向和板块边缘两种类型。轴向型矿床与裂谷中心新火山岩喷发相关，为玄武岩基质。边缘型矿床位于裂谷山脉的水平台阶（如TAG区）和谷底（如Ashadze区）坡面上，为玄武岩（如TAG、Krasnov区）或辉长岩－橄榄岩（如Logatchev，Ashadze区）基质。边缘矿床有某些特殊形态构造：Krasnov矿点位于轴向高地与断裂坡面凹陷连接处，而2007年发现的“13°31′N”矿点位于纬度方向延伸的海山坡面上，基质为玄武岩和超基性岩，是目前最大的块状硫化物矿床群。一般而言，大西洋这些矿点的海底地形不像弧后矿点那样复杂。

（1）TAG矿田

TAG矿田山丘位于大西洋洋中脊26°N，水深3 650 m，山丘直径达250～300 m，高40 m。主要由2部分组成（见图4.3－1和图4.3－2）：

①扁豆状矿体，在海底向上凸起和在海底向下凹陷，大多数有价值金属（铜，锌，金，银）富集在山丘上部10 m，构成其余土丘的主要是铁硫化物（黄铁矿）。硫化物年代已久，达到5万年。各种迹象表明，连续活动时间不超过间断时间，

喷发几十年，然后停息几千年。

②底层支脉带，构成破碎的网状结构，成为富含金属的热溶液穿过洋壳火山岩上涌的路径。在网状脉带内石英－黄铁矿脉从40 m深延伸到95 m深。

根据ODP1994年钻探125 m发现有硫化物，估计山丘资源可达270万t，海底以下网状脉约120万t。TAG矿田的主要矿物组成和金属品位及估计资源量分别见表4.3－1和4.3－2。

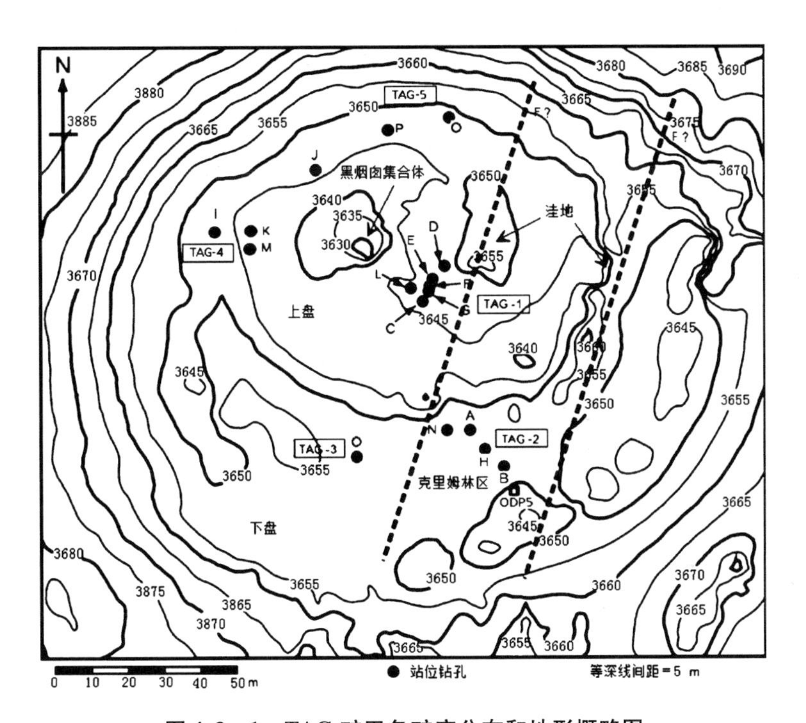

图4.3－1　TAG矿田各矿床分布和地形概略图

表4.3－1　TAG矿田主要矿物组成

表面以下深度/m	推断资源量/万t	主要矿物	Fe/%	Cu/%	Zn/%	Pb/(g·t^{-1})
0～10	70	Py＋An＋Cp	35	8.2	＜1	32
10～32	150	Py＋An＋Qu	35	1.4	＜1	50
32～45	100	Py＋Si＋An	32	2.4	＜1	50

注：Py—黄铁矿；An—硬石膏；Cp—黄铜矿；Si—硅石；Qu—石英。

表 4.3-2　TAG 矿田金属品位和估计资源量

金属元素	平均品位/%	估计资源量/万 t
Fe	26.2	78.6 ~ 131
Cu	2.2	6.6 ~ 11
Zn	0.6	1.8 ~ 3
Ag	0.000 9	0.002 7 ~ 0.004 5
Au	0.000 05	0.000 15 ~ 0.000 25

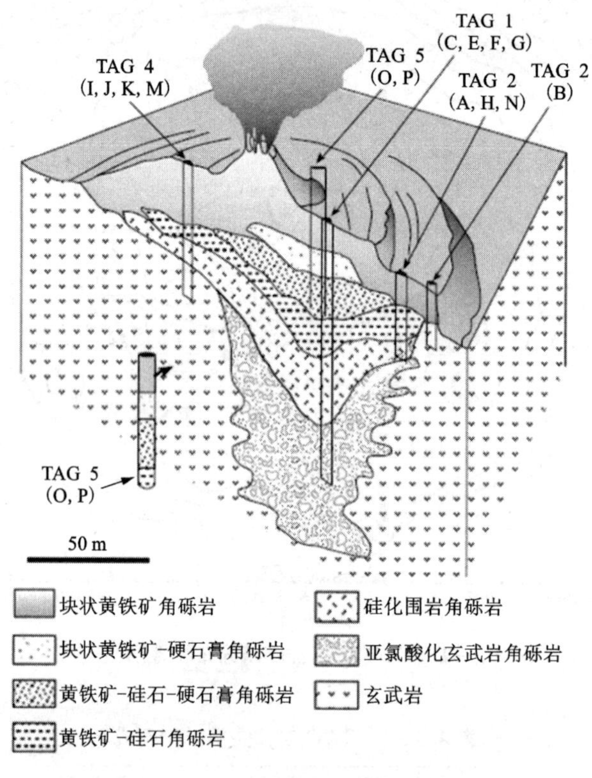

图 4.3-2　TAG 矿田岩相分布剖面图

（根据 Herzing, Miller et al., 1996; Humphris, 1995 修改）

（2）其他矿田

罗加切夫（Logatchev）1 和 2 矿点的小山丘直径有 10 ~ 20 m，高几米。阿萨德兹 1（Ashadze1）矿点块状硫化物上面有 0.5 ~ 1.0 m 高的小烟囱群。在 Ashadze2 和罗加切夫 1 矿点有直径 15 ~ 20 m 和深几米的“烟囱坑”构造。克拉斯诺夫（Krasnov）矿点不活动的大型主山丘尺寸为 500 m × 300 m，在西部沿陡坡面有 70 ~ 100 m 高的巨大块状硫化物露头，是半圆形火山口的一部分。近年新发现的

13°31′N 和 20°08′N 矿点，尽管矿体形态未确定，但是不寻常的长度(长达1 km)是相当难得的。

13°30′N 和 13°31′N 洋脊之间裂谷块状硫化物矿床群，坐落在水深2 500～2 800 m的台地上，尺寸约为10 km×4.5 km，高850 m(见图4.3－3)。地质构造复杂，由蛇纹岩化橄榄岩、蚀变玄武岩、辉长岩和斜长花岗岩组成(见图4.3－4)。分为西部、西北部、东部和东北部4个矿点：西部矿床水深2 570～2 620 m，为海山或海山链，主要为重晶石－黄铁矿和黄铁矿－白铁矿；西北矿床水深2 480～2 750 m，主要矿物为硅土－黄铜矿－闪锌矿；东北矿床水深240～2 600 m，主要矿物为大量蛋白石脉石的硫化物角砾岩；东部矿床，水深2 560～2 950 m，呈现大厦式硫化物。这些矿床按埋藏深度分为：①海底热液矿床。由黑烟囱、扩散体、碎片和沉积层积聚在喷口附近形成；②海底以下矿床。由海底热液岩石、类似烟囱的矿石脉络形成；③热液生物群矿床。具有硫化物生物群；④碎屑群矿床。具有残积和塌积碎屑，近侧和远侧混浊碎屑；⑤水下浅生矿床。具有氧化矿；⑥热液再生矿床。经过新近活动产生的矿物。

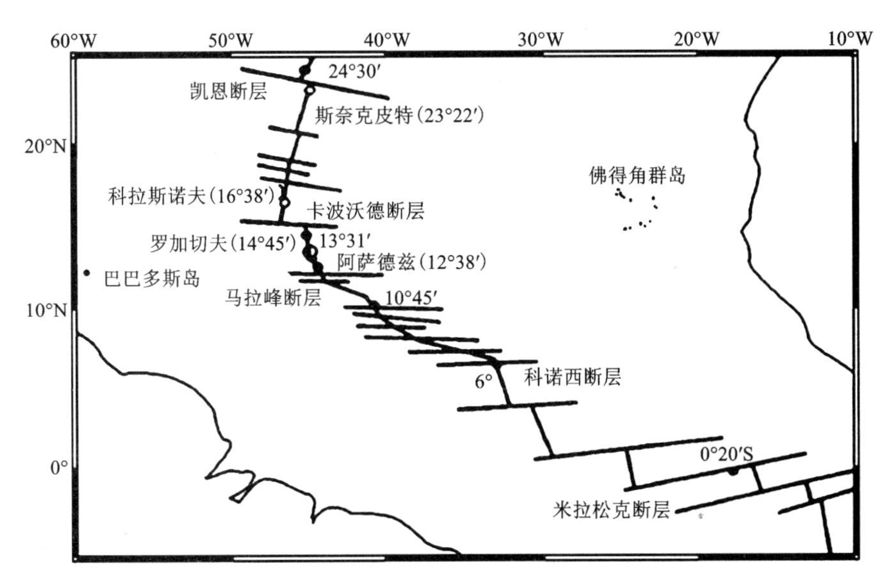

图4.3－3 13°31′N的热液矿田(黑白点)和其他一些块状硫化物区(白点与玄武岩有关，黑点与超基性岩石有关)及大西洋洋中脊中部一些矿化点(小黑点)

(Beltenev at al., 2007)

4.3.2.2 东太平洋主要矿田特征

(1)胡安德福卡矿田

北胡安德福卡洋脊发现的中央谷(Middle Valley)大型矿田，有沉积物覆盖，

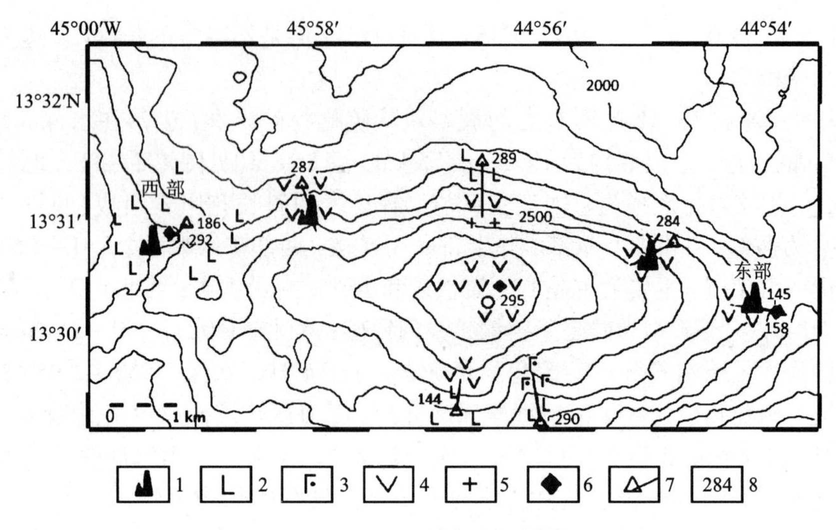

图 4.3－4　13°31′N 热液矿田地形和基岩类型

（Beltenev et al.，2007 和 Ivanov et al.，2008）

1—热液矿床；2—蛇纹岩化橄榄岩；3—辉长岩；4—玄武岩和变性玄武岩；5—斜长花岗岩；6—电视抓斗地质站位；7—拖网地质站位（用三角形表示拖网起点）；8—站位编号

埋藏深度达 100 多米，估计约有 1 000～1 500 万 t 硫化物。在本特山丘矿点有约 100 m 深的块状硫化物和 100 m 深的网状脉。海底网状脉区下覆层状含铜岩层，铜品位达 18% 湿重，其矿物组成和品位见表 4.3－3。本体山丘的位置和矿床形态剖面图分别见图 4.3－5 和图 4.3－6。

表 4.3－3　本特山丘多金属块状硫化物主要矿物组成

表面以下深度 /m	推断资源量 /万 t	主要矿物	Fe /%	Cu /%	Zn /%	Pb /%
0～20	150	Py + Po + Mgt + Sp	45	<1	8	<1
20～50	225	Po + Py + Hm + Mgt	48	<1	3	<1
50～85	260	Py + Po + Mgt + ＋Cp	40	3	<1	<1
85～110	180	Py + Po + Cp + Iso + Mar	30	5	<1	<1
110～200	675	Cp + Iso + Po	25	18	<1	<1

注：Py—黄铁矿；Cp—黄铜矿；Po—磁黄铁矿；Mgt—磁铁矿；Sp—闪锌矿；Hm—赤铁矿；Mar—白铁矿；Iso—异构方黄铜矿。

4.3.2.3　西、西南太平洋海盆边缘、岛弧和弧后矿田特征

西、西南太平洋专属经济区边界范围见图 4.3－7。在聚合板块边缘形成的西太平洋火山岛链，洋壳向下弯曲，进入地球内部尖灭，通过再熔化在离散板块边

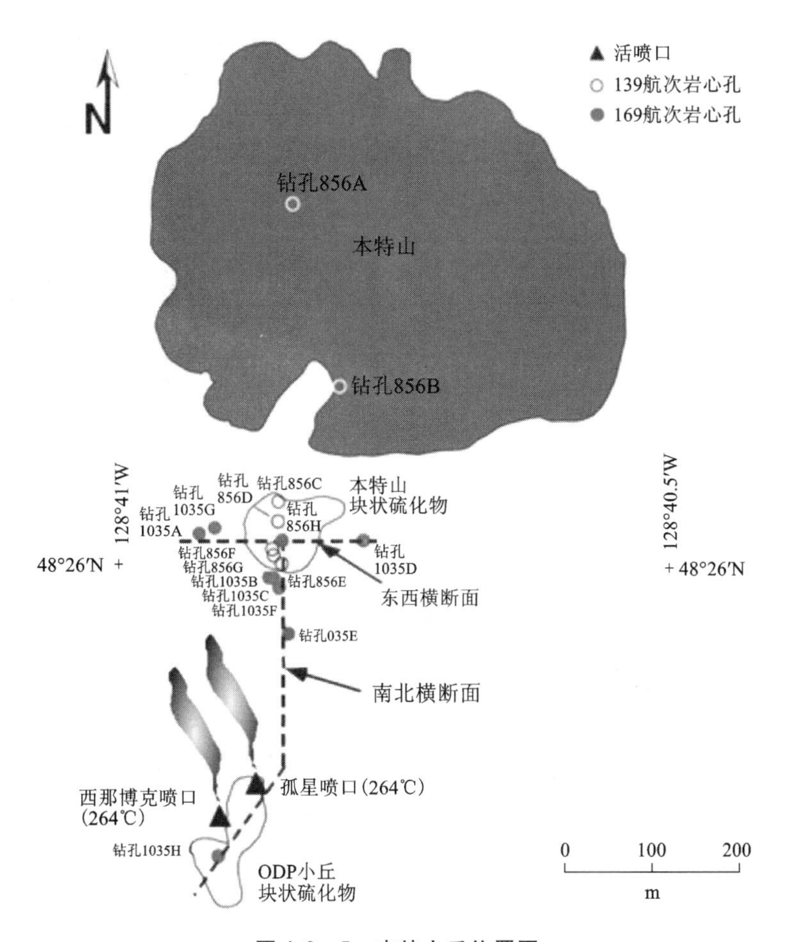

图4.3-5 本特山丘位置图

缘补充产生新洋壳。成矿系统由海底下面的热岩石作为热源、呈循环流动的海水和穿过含金属的火山岩的有渗透性路径构成，出现在这些火山岛链朝海侧和朝陆地侧的局部地点。而块状硫化物矿床主要位于朝海侧的倒塌海底火山中心和火山列岛朝陆地侧领海范围的潜没火山次要部分。现在发现的火山岛链朝海和朝陆地两种环境的块状硫化物矿床例子为：a)Sunrise 矿床；b)PACMANUS 及相邻矿田。

(1)Sunrise 矿床

Sunrise(黎明)矿床位于日本专属经济区内，在东京南 474 km，32°06′N，139°52′E 伊豆小笠原岛弧 Mvolin 海底火山上，见图 4.3-8。水深：1 400 m。金属品位：1.66% Cu，10.5% Zn，2.45% Pb，1.4 g/t Au，113 g/t Ag(干重)。矿体资源量估计为：900 万 t。矿石密度 3.2(湿体积)，含水量 12.8%(质量百分比)矿石抗压强度 3.1~38 MPa，矿石抗拉强度 0.14~5.2 MPa。

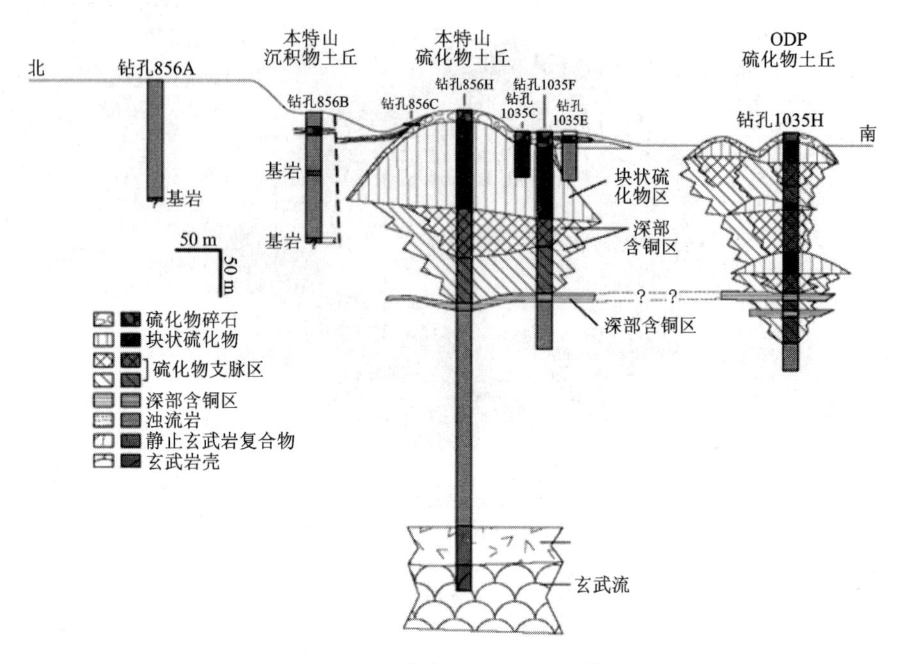

图 4.3-6 本特山丘矿床剖面图

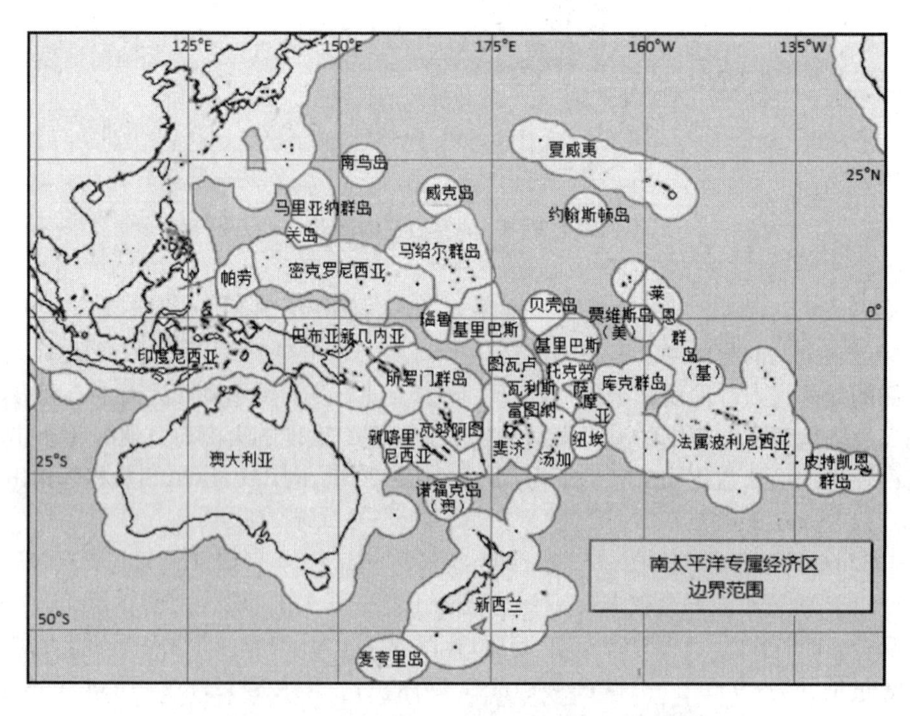

图 4.3-7 西、西南太平洋专属经济区边界范围图

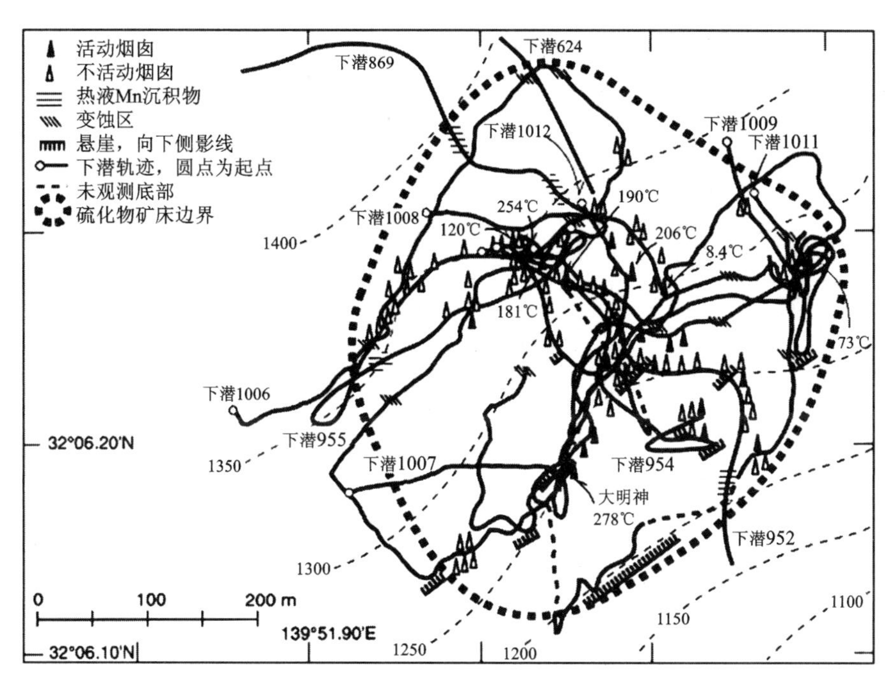

图4.3-8 Sunrise海底块状硫化物矿床

（Iizasa et al.，1999）

（2）PACMARNUS及相邻矿田

PACMARNUS矿田位于6°~7°S、151°~153°E区域的巴布亚新几内亚专属经济区内马纳斯海盆东部裂谷（新爱尔兰岛西南海岸外），见图4.3-9。该矿田的主要矿物组成和金属品位见表4.3-4。

表4.3-4 PACMARNUS矿田主要矿物组成

表面以下深度/m	推断资源量/万t	主要矿物	Fe/%	Cu/%	Zn/%	Pb/%
0~30	18	Py+Cp+Sp	28	16	16	<1
30~90	36	Py	45	<1	<1	<1
90~130	25	Py+Cp+Sp	25	15	15	<1
130~150	13	Py+Sp+Ga	20	11	<1	38
150~160	10	Cp+Sp	20	22	23	<1

注：Py—黄铁矿；Cp—黄铜矿；Sp—闪锌矿；Pb—方铅矿。

在PACMANUS矿田主要发现2个矿床，即Solwara 1和4。Solwara 1已成为鹦鹉螺公司即将商业开采的矿床(详见下节)。在马纳斯扩张中心北端东南侧发现了Solwara 2和3。2009年鹦鹉螺公司又在东马纳斯海盆、马纳斯扩张中心和Willaumez扩张中心发现了5个高品位海底块状硫化物热液矿床，即Solwara 12、13、14、16和18，平均品位见表4.3-5。Solwara 1~Solwara 18位置见图4.3-10。

表4.3-5 Solwara 12、13、14、16和18矿床平均品位和水深

品位		Cu/%	Zn/%	Pb/%	Au/($g \cdot t^{-1}$)	Ag/($g \cdot t^{-1}$)	水深/m
Solwara 12	平均	6.998	22.617	3.543	13.69	425	1 920
	最高	32.400	52.000	12.700	39.700	682	
Solwara 13	平均	9.136	30.726	3.267	4.720	546	2 006
	最高	28.000	52.600	11.450	9.230	1 550	
Solwara 14	平均	1.399	19.194	0.039	3.32	97	2 246
	最高	17.700	41.500	0.200	—	—	
Solwara 16	平均	0.7	17.2	0.000	—	—	2 160
	最高	5.700	24. 300	0.100	—	—	
Solwara 18	平均	0.304	19.550	1.208	0.19	1.10	1 310
	最高	1.100	14.100	0.600	—	—	

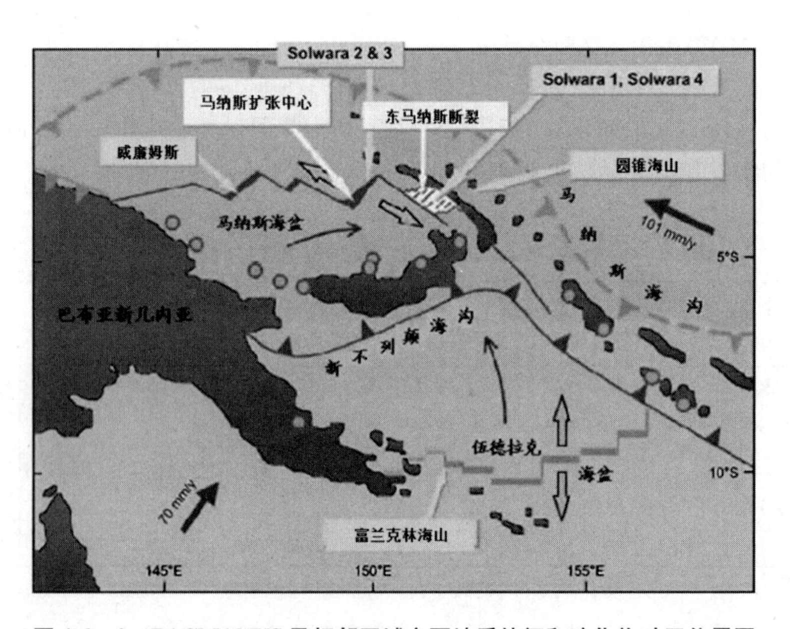

图4.3-9 PACMANUS及相邻区域主要地质特征和硫化物矿田位置图

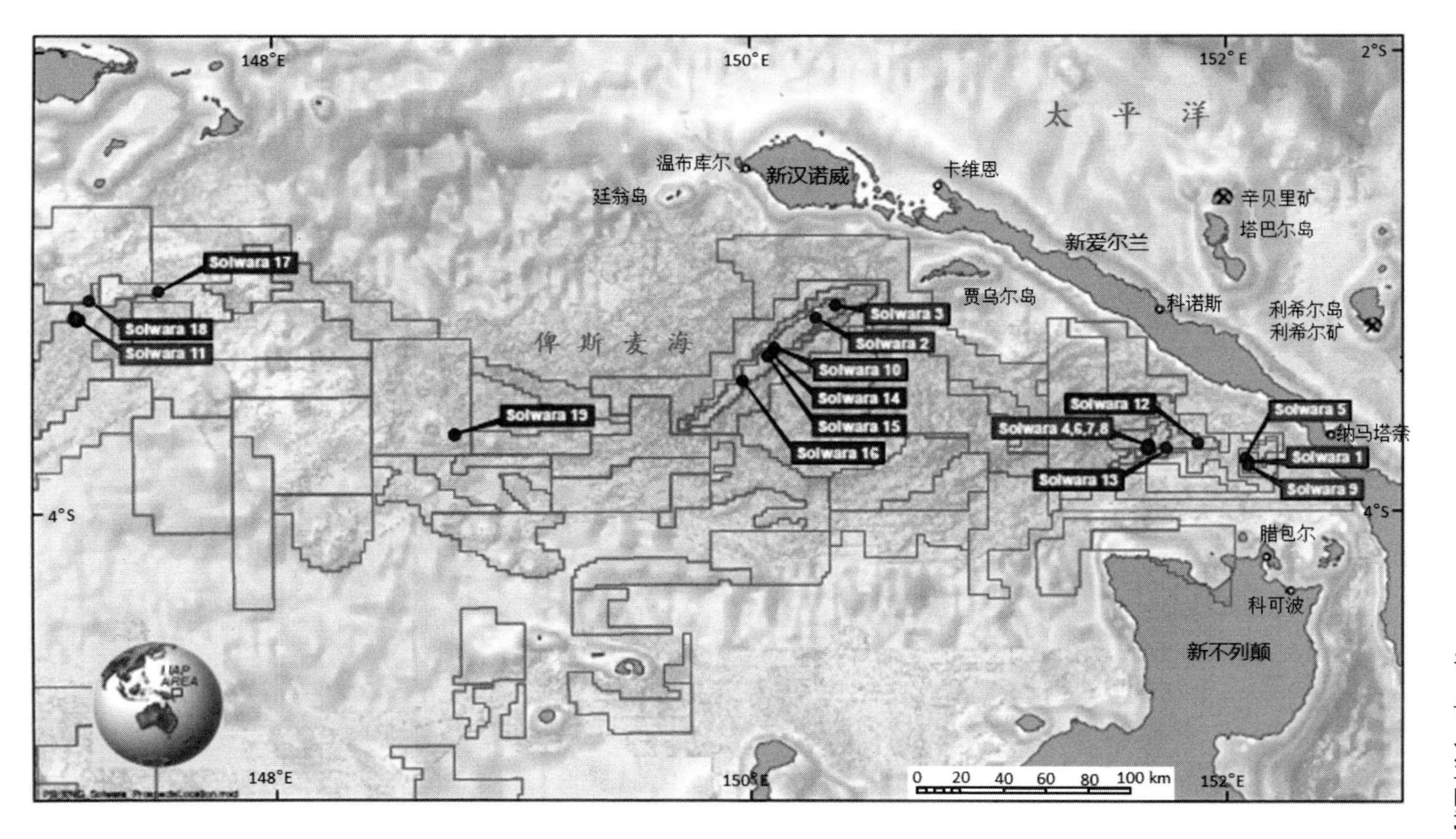

图 4.3－10 Solwara 12、13、14、16、18 矿床位置图

4.3.2.4 鹦鹉螺和海王星矿业公司商业目标的块状硫化物矿床勘探许可证区域

鹦鹉螺和海王星矿业公司以寻找商业开采铜、锌、金和银矿为目标，主要在西南太平洋岛国专属经济区申请勘探许可证区域，并已获得一定数量的许可证，分别完成了一个矿区的开采技术经济评价，为2013年后进行商业试采做好了充分准备。

(1)鹦鹉螺公司勘探许可证区域

鹦鹉螺公司以大量调查资料为基础，向西南太平洋巴布亚新几内亚、斐济和汤加等政府提出了多个勘探许可证的申请，截至2010年12月31日止的已获得和在申请许可证区域见表3.4－6。这些申请区的位置分别见图4.3－11～图4.3－18。金属品位见表4.3－7和表4.3－8。

表3.4－6 鹦鹉螺公司在西南太平洋岛国专属经济区申请的勘探许可证区域

区域	数量	总面积/km^2	获得许可证	许可证面积/km^2	正在申请区	申请区面积/km^2
巴新－俾斯麦海	90	113 380	45	48 824	45	64 556
巴新－伍德拉克区	17	20 889	13	14 571	4	6 318
巴新－新爱尔兰岛弧	6	15 345	0	0	6	15 345
所罗门群岛	86	46 696	25	10 580	61	36 116
汤加	46	210 867	16	78 977	30	131 890
斐济	17	63 086	0	0	17	63 086
新西兰	1	52 818	0	0	1	52 818
瓦努阿图	55	4 876	19	1 685	36	3 191
合计	318	527 957	118	154 637	200	373 320

表4.3－7 鹦鹉螺矿物公司向斐济政府申请的勘探执照区内前人采样分析的金属品位

位置	样品数	铜/%	锌/%	铅/%	金/($g\cdot t^{-1}$)	银/%
Pere Lachaise	30	17.85	5.85	0.03	4.05	216
SO99 Fieid	28	0.58	12.83	0.15	3.59	306
White Lady	16	7.99	4.69	0.04		
Yogi mound	27	0.60	15.13		1.14	68.4

表 4.3-8　鹦鹉螺矿物公司向汤加王国申请的勘探执照区内前人采样分析的金属品位

位　置	样品数	铜/%	锌/%	金/($g \cdot t^{-1}$)	银/%
White Chuch	44	0.41	6.51	2.59	83.4
Northern Valu Fa Ridge Site2	12	9.53	13.91	2.34	86.3
Northern Valu Fa Ridge Site2	7	4.42	24.34	1.91	88.6
Vai Lili	89	5.35	26.88	3.32	123.6
Hine Hina	26	1.63	10.96	1.43	405.2
King's Triple Junction	78	5.59	28.20		17.5

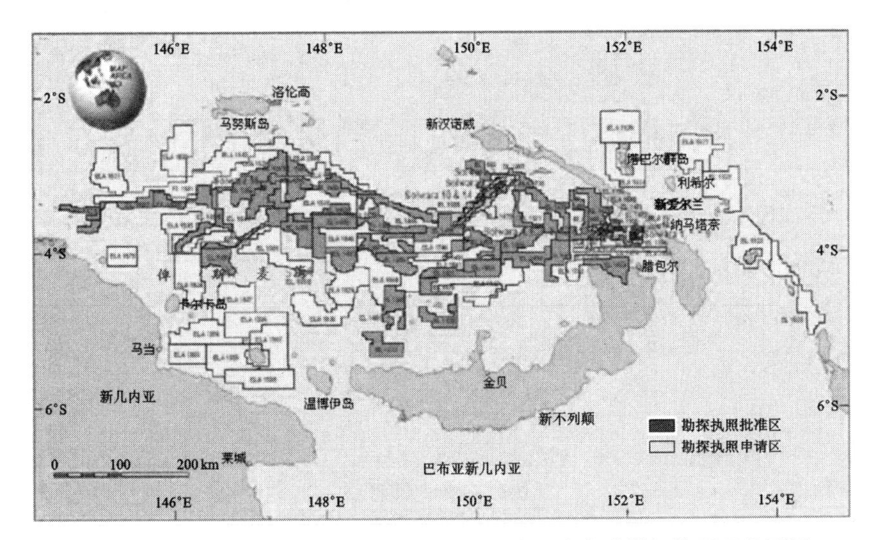

图 4.3-11　鹦鹉螺公司在巴布亚新几内亚俾斯麦海域勘探执照区位置图

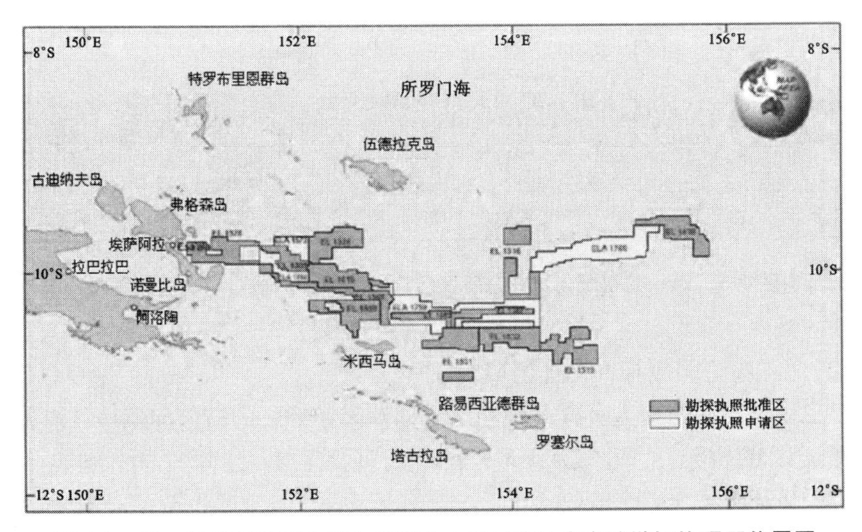

图 4.3-12　鹦鹉螺公司在巴布亚新几内亚伍德拉克海域勘探执照区位置图

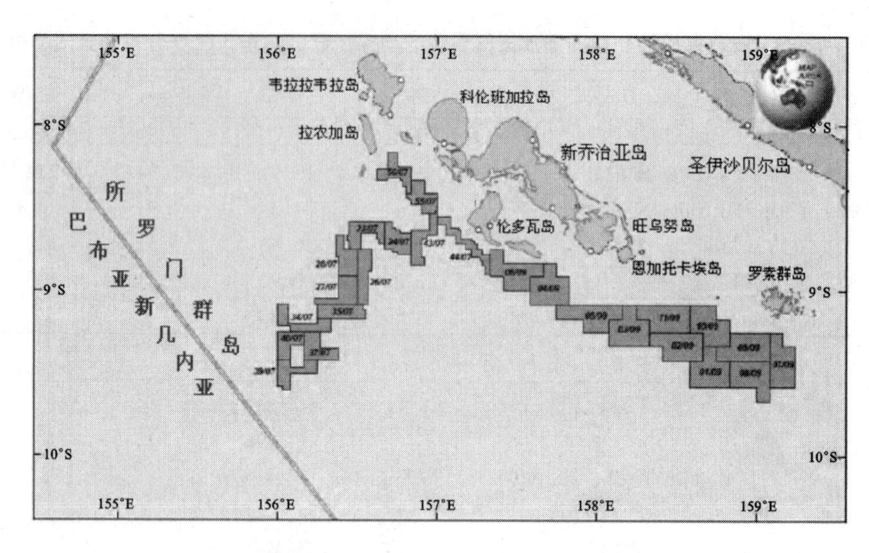

图 4.3－13　鹦鹉螺公司在所罗门群岛海域勘探执照申请区位置图

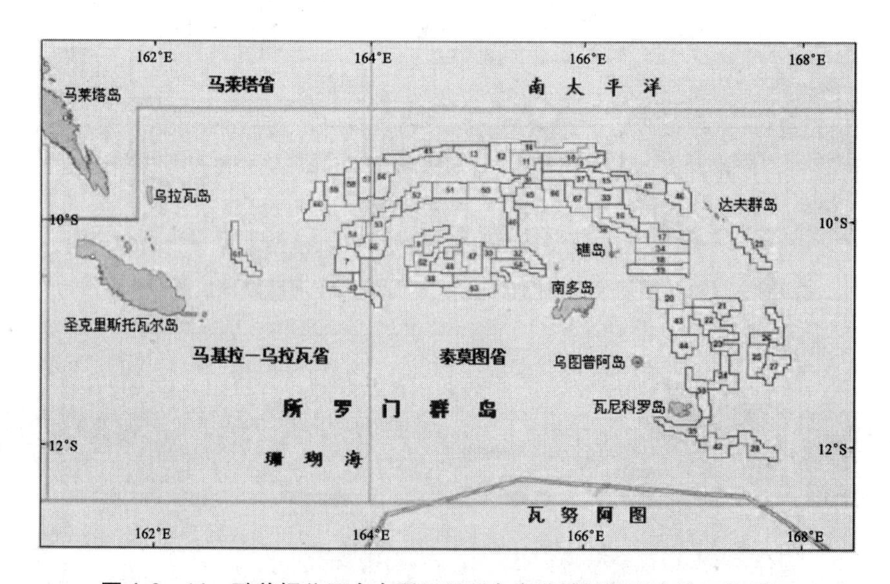

图 4.3－14　鹦鹉螺公司在东所罗门群岛海域勘探执照申请区位置图

(2)海王星公司勘探许可证区域

海王星公司在西南太平洋岛国和意大利专属经济区的岛弧和弧后盆地取得勘探许可证区域面积达 27.8 万 km^2，在申请区域面积达 43.4 万 km^2，分别见图 4.3－19 至图 4.3－25。

①在新西兰专属经济区已获得约 5.06 万 km^2 勘探许可证区域，正在申请区域

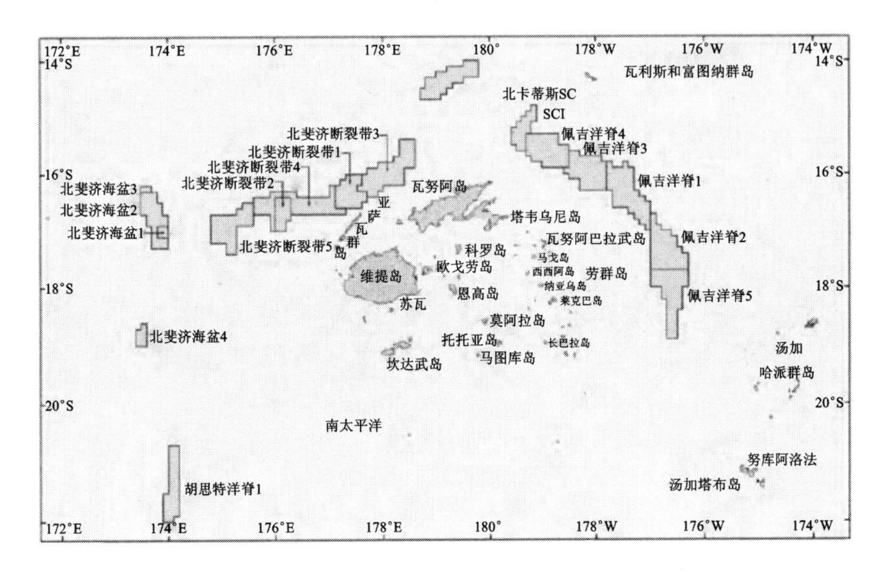

图 4.3－15　鹦鹉螺公司在斐济的勘探执照申请区位置图

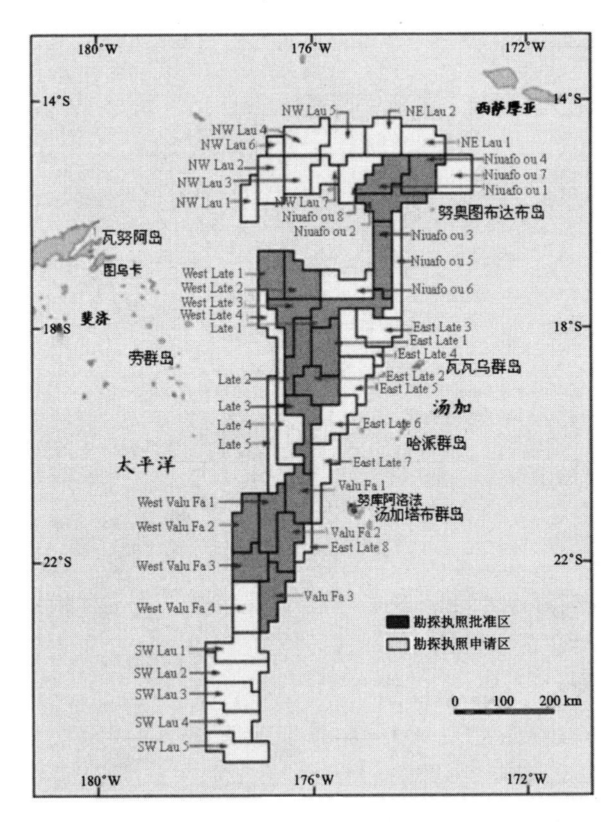

图 4.3－16　鹦鹉螺矿物公司向汤加王国申请的劳海盆勘探执照区位置图

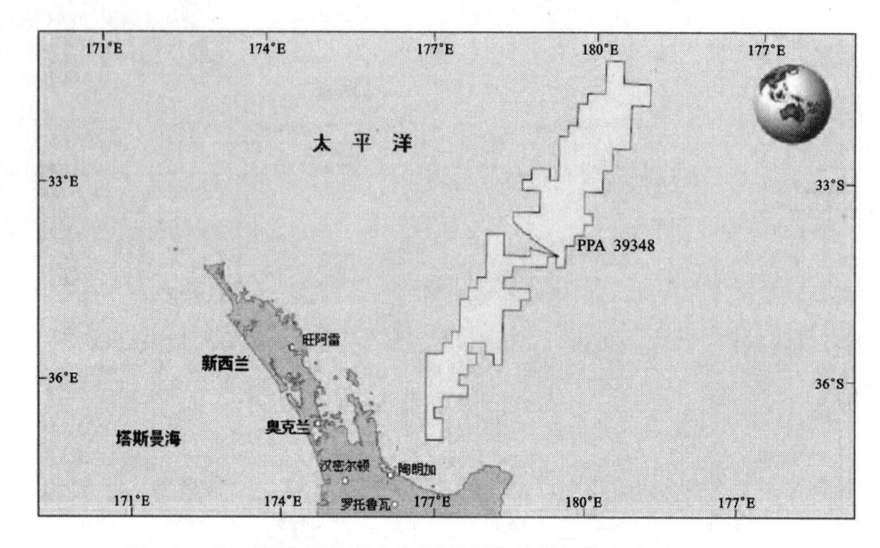

图 4.3－17　鹦鹉螺公司在新西兰领海的勘探执照申请区位置图

图 4.3－18　鹦鹉螺公司在瓦努阿图领海的勘探执照申请区位置图

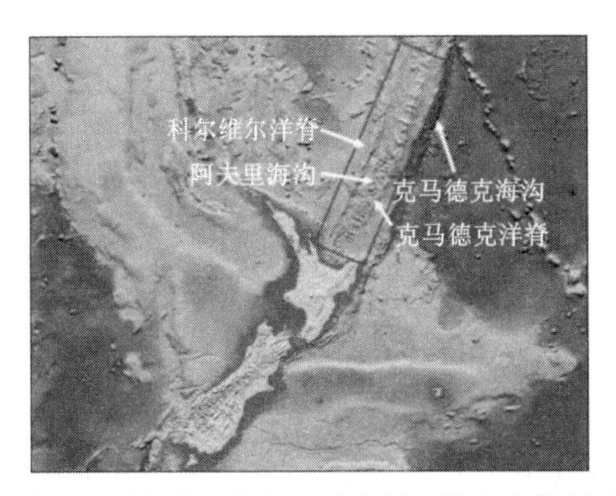

图4.3-19　海王星矿业公司在新西兰专属经济区内勘探目标区位置图

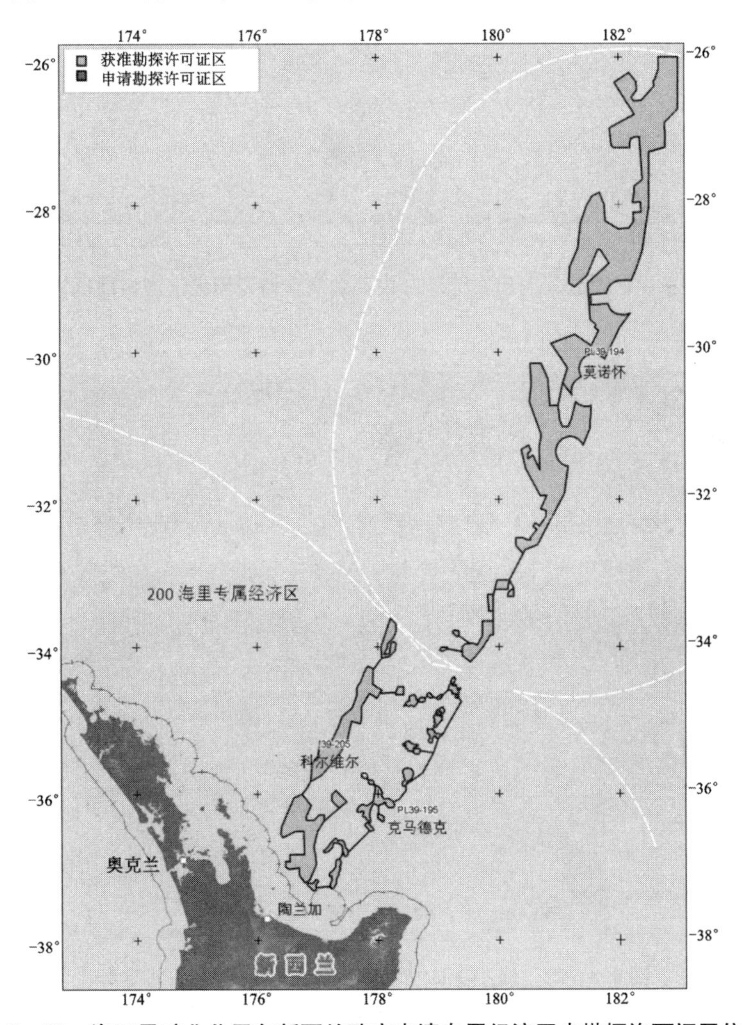

图4.3-20　海王星矿业公司向新西兰政府申请专属经济区内勘探许可证区位置图

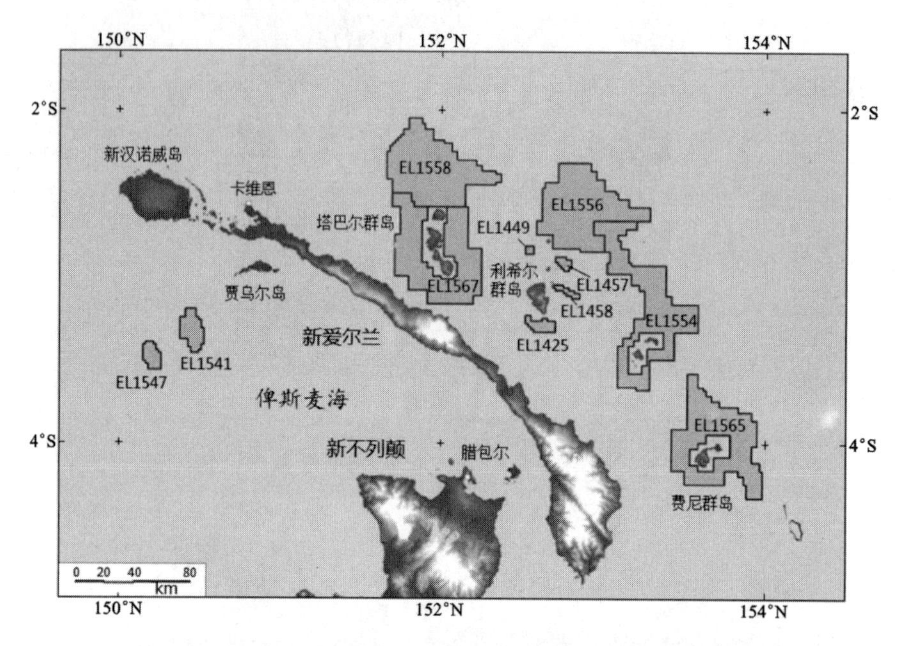

图 4.3－21　海王星矿业公司向巴布亚新几内亚政府申请专属经济区内勘探许可证区位置图

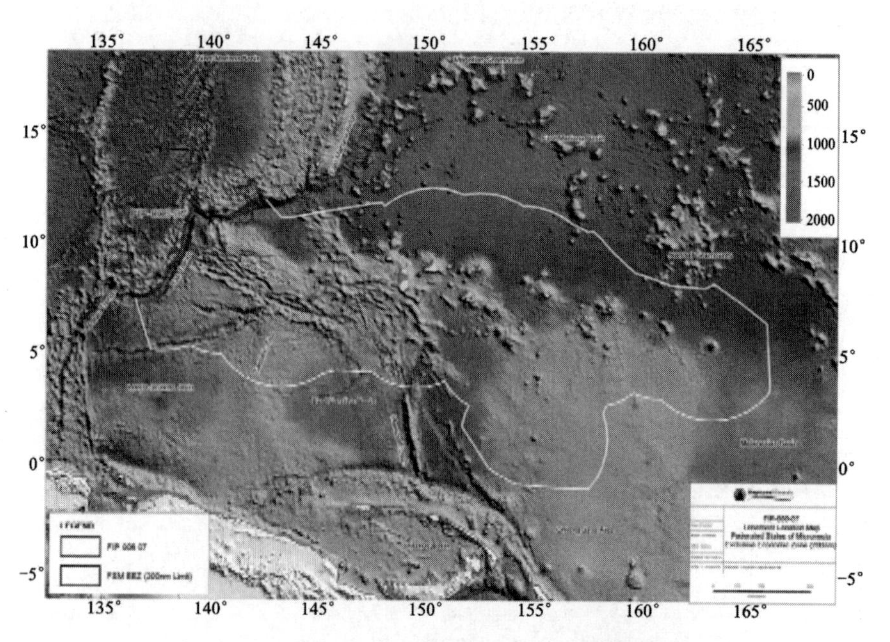

图 4.3－22　海王星矿业公司向密克罗尼西亚联邦政府
申请专属经济区内勘探许可证区位置图

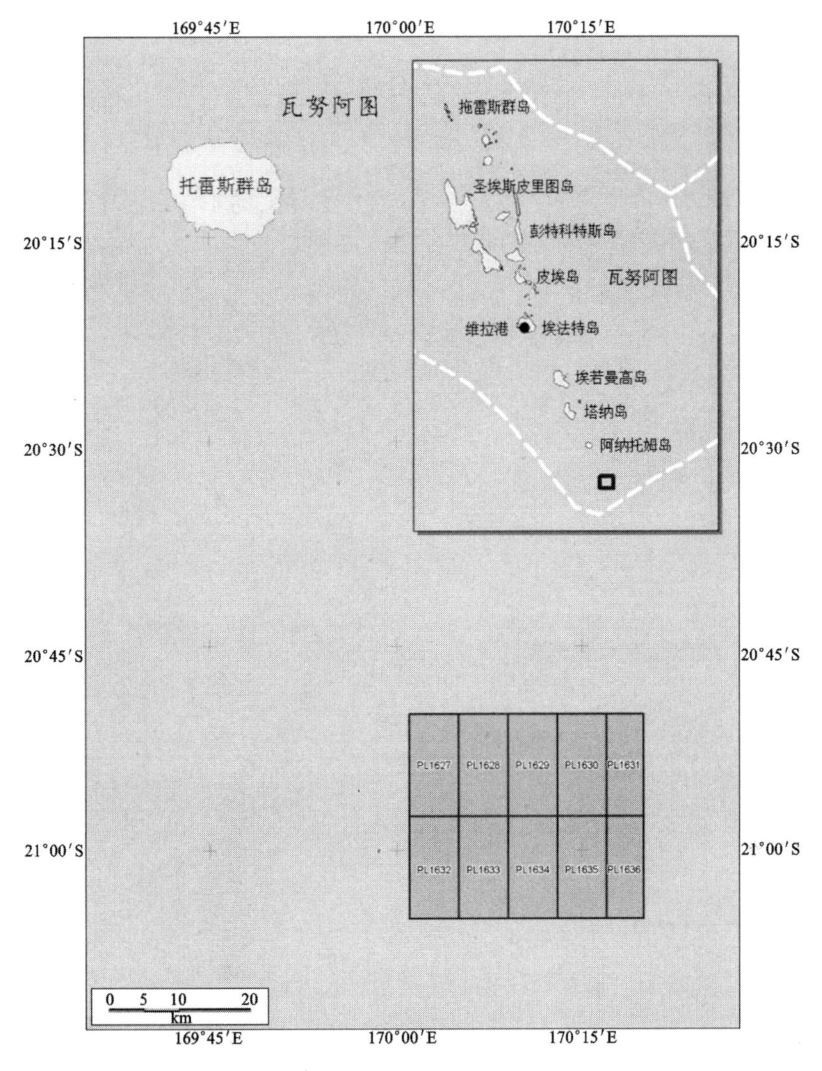

图4.3－23 海王星矿业公司向瓦努阿图政府申请专属经济区内勘探许可证区位置图

面积达8.5万km^2。该区域包括已确定预计2010年后进行试采的矿区Kermadec 07矿床。

②在巴布亚新几内亚专属经济区Lihir岛周围已获得1.37万km^2勘探许可证区，包括已知的Conical海山矿床，经39个岩芯钻孔分析证实，其金的平均品位达到14.2 g/t，赋存深度≥4.5 m。

③在密克罗尼西亚联邦已获得20万km^2勘探许可证区，覆盖区域的东部与雅浦(Yap)海槽和马里亚纳海沟相邻，西部和北部与密克罗尼西亚专属经济区边界相邻。

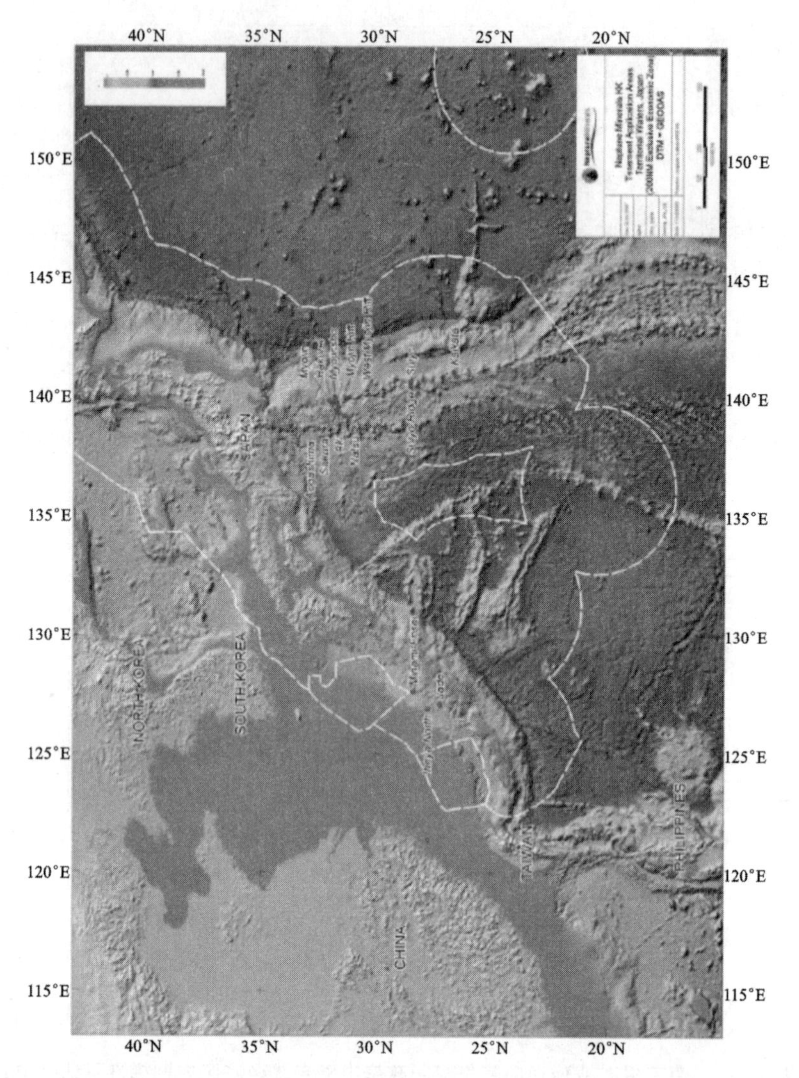

图 4.3－24　海王星矿业公司向日本政府申请专属经济区内勘探许可证区位置图

④在瓦努阿图专属经济区已获得 10 个毗连区块共 914 km^2 勘探许可证区域，包括新赫布里底（New Hebrides）岛弧内的 Gemini－Oscostar 火山复合体。

⑤在马里亚纳专属经济区，正在申请勘探许可证区域，面积达 14.7 万 km^2。覆盖区域为北马里亚纳岛弧和弧后盆地。该地区在 20 年前已由美国和日本完成了科学调查。

⑥在秘鲁共和国专属经济区，正在申请勘探许可证区域，面积达 20 万 km^2。

⑦在日本专属经济区，正在申请勘探许可证区域，面积为 459 km^2。其中包

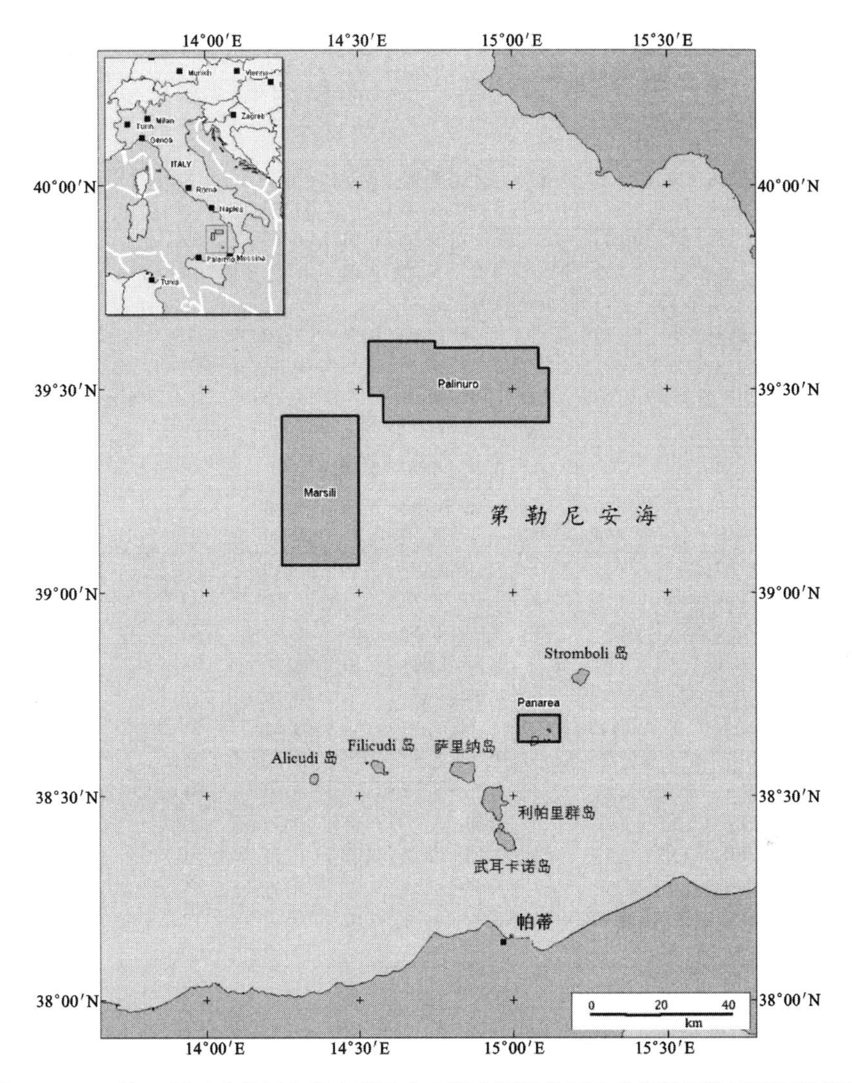

图4.3-25　海王星矿业公司向意大利政府申请专属经济区内勘探勘探许可证区位置图

括已知的sunrise矿床，如前所述，这是一座高品位矿床，块状硫化物矿资源量达900万t，金属品位为：铜5.5%，锌21.9%，金20 g/t，银1 212 g/t。

⑧在意大利专属经济区正在申请勘探许可证区域，面积为1 483 km^2。

4.3.2.5　现有大洋海底块状硫化物主要矿田特征汇总

过去二十几年发现的海底块状硫化物矿点及其主要特征列于表4.3-9和表4.3-10中。

表4.3-9　洋脊和年轻大洋块状硫化物矿床的主要特性

类型	名称	参考文献	深度/m	Cu/%	Zn/%	Pb/%	Au/(g·t⁻¹)	Ag/(g·t⁻¹)	T/t	岩石类型
快速洋脊										
东北太平洋	南探险者	(3)	1 800	3.32	4.85	0.11	.80	122	3	玄武岩
	探险者	(1)	1 800	3.60	6.10		1.00	132	3	
	探险者	(4)		3.20	5.30	0.11	0.63	97		
	中夹谷	(3)	2 500	2.55	5.90	0.01			8	玄武岩/沉积物
	尽力	(1)	2 100	3.00	4.30			188		
	轴向海山	(3)		0.40	18.31	0.35	4.70	175		
	圣胡安德富卡	(3)	3 300	0.16	36.72	0.26	0.10	178	5	玄武岩/沉积物
	胡安德富卡	(1)	2 200	1.40	34.30		0.10	169	4.8	
	伊士卡巴纳	(1)	3 200	1.00	11.90			187		
加利福尼亚		(1)	2 000	0.20	0.90	0.40		78	23	
加拉帕戈斯		(3)	2 850	4.48	4.02	0.04	0.30	46		玄武岩
		(1)	2 700	4.10	2.10		0.20	35	10	
东太平洋	EPR21°河边	(1)	2 600	1.30	19.50	0.10	0.10	157		
	EPR14°N	(1)	2 500	2.80	4.70		0.50	48		
	EPR13°N	(3)	2 650	7.83	8.17	0.05	0.30	49	7	玄武岩
	EPR11°N	(3)		1.92	28.00	0.07	0.10	38		
	EPR2°N	(3)		0.58	19.76	0.21	0.10	98		
	EPR7°S	(11)	2 750	11.14	2.13		0.05	23		
	EPR16°S	(11)	2 650	10.19	8.54		0.32	55		
	EPR17°27′S	(3)		1.25	5.55	0.03	0.10	31		
	EPR21°50′S	(3)		2.39	21.74	0.05	0.40	120		
	EPR17°30′S	(3)		2.75	12.49	0.06	0.50	51		
	EPR18°15′S	(3)		8.96	4.56	0.02	0.40	46		
	EPR18°26′S	(3)		1.22	4.94	0.02	0.20	12		
	EPR20°S	(1)	2 750	6.80	11.40		0.50	121		
慢速洋脊										
中间大西洋	幸运发现	(3)	1 650	1.13	6.73	0.08		102		玄武岩
	彩虹	(3)	2 400	10.92	17.74	0.04	4.00	221		覆盖岩
	TAG	(3)	3 650	6.21	11.71	0.05	2.20	80	30	覆盖岩
	TAG957	(7)		3.10	0.14	0.00	0.44	3		
	TAG	(8)		2.70	0.45	0.01	0.49	14		
	TAG	(4)	3 600	9.20	7.60	0.05	2.10	72		
	蛇穴	(3)	3 465	12.42	7.00	0.07	2.10	111	3	玄武岩
	爱迪	(4)	3 400	2.00	4.80	0.03	1.50	50	2.4	
	罗加切夫	(9)	3 000	24.98	2.58	0.04	7.70	27	2.5	超铁镁质
		(12)	3 000	20.63	1.37	0.04	9.00	64		
早期阶段大洋	亚特兰蒂斯Ⅱ	(1)		0.50	2.00		0.50	39	90	
红海	亚特兰蒂斯Ⅱ	(10)	2 000	0.54	2.40		0.50	65	92	沉积物

来源：(1) Kotlinski, 1999；(2) Fouquet, 1991；(3) Fouquet, 2002；(4) Scott, 1983；(7) Miller, 1998；(8) Hannigton, 1998；(9) Krasnov, 1995；(10) Oebius, 1997；(12) mozgova, 1999。

表4.3-10　弧后海盆块状硫化物矿床的主要特性

类型	名称	参考文献	深度/m	Cu/%	Zn/%	Pb/%	Au/(g·t^{-1})	Ag/(g·t^{-1})	T/t	岩石类型
弧后海盆										
日本	Myojin-sho	(1.6)		2.10	36.60	6.08	1.6	260	5.7	
	Suiyo	(1)		12.60	28.80	0.80	28.9	203		
Pacmanus	Pacmanus	(5)	1 673	10.90	26.90	1.70	15.0	230		英安岩
	Susu	(5)		15.00	3.00		21.0	130		
马里亚纳		(3)		1.15	9.96	7.40	0.8	184		
冲绳		(3)	1 610	1.77	22.00	14.27	4.6	2 100		流纹岩/沉积物
	冲绳	(4)		3.10	24.50	12.10	3.3	1 160		英安岩流纹岩
	Minami-Ensei	(1)	1 400	3.70	20.10	9.30	4.8	1 900		
	Izana	(1)		4.70	26.40	15.30	4.9	1 645		
北斐济		(3)		7.45	6.64	0.06	1.10	151		玄武岩
劳海盆		(3)	1 710	4.56	16.10	0.33	1.40	256		安山岩
	白丘奇	(2)		3.32	11.17	0.23	2.00	107		
	Vai Lili	(2)		7.05	26.27	0.17	0.60	143		
	Hina Hina	(2)		3.32	10.87	0.59	1.70	517		

来源：(1)Kotlinski，1999；(2)Fouquet，1991；(3)Fouquet，2002；(4)Scott，1983；(5)Kia，1999；(6)Iizasa，1999。

4.3.3　块状多金属硫化物矿物理力学特性

由于海底块状多金属硫化物矿床类型多，其地质构造各不相同，矿石的物理和力学特性受其矿物学和化学及其蚀变程度控制，变化很大。高温过程蚀变(再结晶等)导致孔隙度降低和密度增加，低温侵蚀时(包括硫化物矿物的氧化和分解)导致物理特性反向变化，即孔隙度增加和密度降低。一般而言，新矿化带更加多孔渗水，而年代已久的块状硫化物密度高。

根据鹦鹉螺矿物公司对巴布亚新几内亚附近的 Solwara 1 矿床块状硫化物矿化带试验结果，其平均干体积密度为 3.4 t/m^3，半块状硫化物则为 3.1 t/m^3。在表4.3-11中概括了岩芯样品干体积密度的结果。

日本测定的专属经济区海底块状硫化物物理力学特性见表4.3-12。海底块状硫化物湿体积密度与金属品位的关系、抗压强度与孔隙度的关系以及块状硫化物矿湿体积密度、抗压强度和抗拉强度分别见图4.3-26~图4.3-27。

从图和表中可以看出，尽管块状硫化物的强度变化大(3~38 MPa)，却仍然与煤相近，具有易于破碎挖掘的特性。

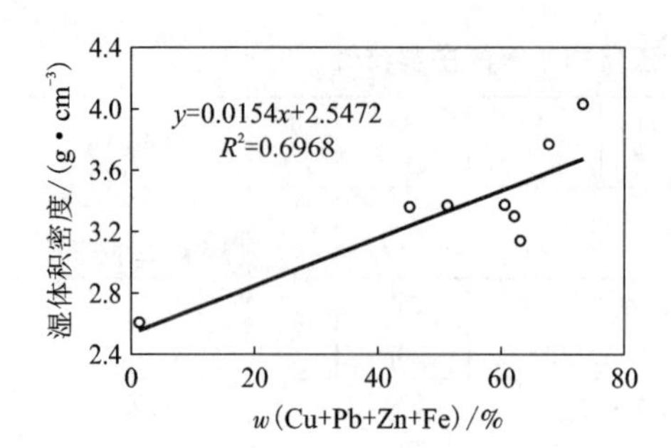

图 4.3-26 海底块状硫化物湿体积密度与金属品位的关系
(Yamazaki and Park, 2003)

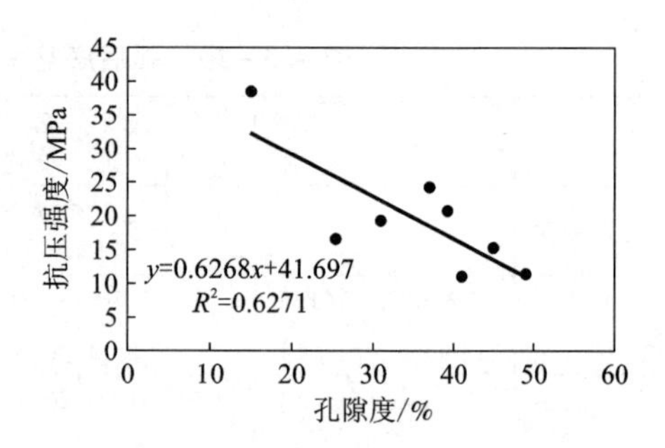

图 4.3-27 海底块状硫化物抗压强度与孔隙度的关系
(Yamazaki and Park, 2003)

表 4.3-11 Solwara 1 矿床岩芯样品干体积密度结果汇总

岩石类型	岩化沉积岩	硫化物岩石				火山岩		非岩化沉积物
		块状硫化物	半块状硫化物	硫酸盐硫化物	硬石膏重晶石	充分蚀变	新生	
代号	SLI	HMS	HSM	HSS	HAB	HSI	VF	SLT
数量	26	163	81	12	4	13	19	7
平均	2.43	3.36	3.07	2.69	2.29	2.37	2.14	1.21
标准差	0.62	0.40	0.41	0.47	0.07	0.79	0.24	0.32
最大	3.38	4.39	3.85	3.39	2.36	3.70	2.97	1.85
最小	1.49	2.42	1.61	2.02	2.21	1.40	1.85	1.02

表 4.3-12 日本专属经济区内块状硫化物矿床的物理力学特性(Yamazaki and Park, 2003)

特性	A	B	C	D	E	F
湿体积密度/($g \cdot cm^{-3}$)	3.298	4.022	3.140 6	2.801	2.914	2.387
含水量/%	11.55	3.84	14.67	16.5	14.1	20.7
固体密度/($g \cdot cm^{-3}$)	4.63	4.55	4.49	4.25	4.17	3.64
孔隙度/%	37	15	39	45	40	48
P 波速度/($km \cdot s^{-1}$)	3.4	3.5	3.1	1.9	2.3	1.8
抗压强度/MPa	24	38.2	21	3.45	6.37	3.13
抗拉强度/MPa	2.23	4.09	3.04	0.61	0.8	0.14
杨氏模数/GPa	21.9	35.2	18.5	5.7	7.8	22.5
泊松比	0.15	0.28	0.47	0.31	0.27	0.31
邵氏硬度	10.2	18.3	14.6	1.6	9.4	5.2
显微维氏硬度	162	218	154	0	59	0

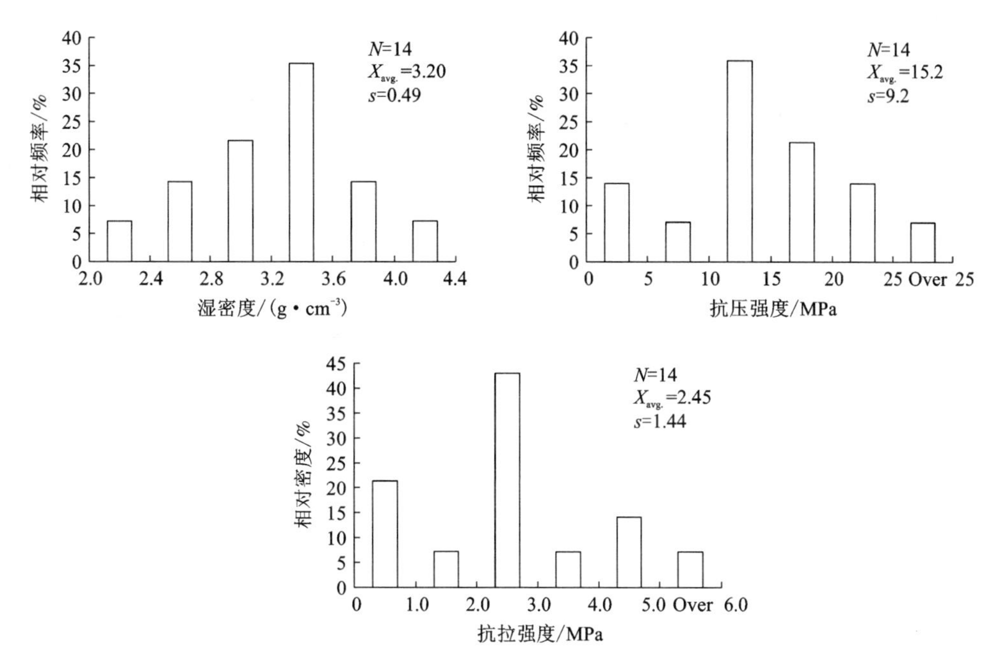

图4.3-28 块状硫化物矿湿体积密度、抗压强度和抗拉强度的分布频率

(Yamazaki and Park, 2003)

4.3.4 商业开采矿床实例-Solwara 1海底块状硫化物矿床

Solwara 1矿床是目前世界上唯一进行了矿产资源评价并且鹦鹉螺矿物公司预计在2013以后合适时期进行开采的大洋多金属硫化物矿床。

4.3.4.1 矿区资源概况

(1)矿床位置

Solwara 1海底块状硫化物矿床位于巴布亚新几内亚领海内新爱尔兰省，新不列颠与新爱尔兰岛之间的俾斯麦海，纬度3°789′S，经度152°094′E，在腊包尔以北35海里(图4.3-29)，属于巴布亚新几内亚政府于1997年11月27日颁发的世界上第一个勘探许可证EL 1196区域的东段。该矿藏含有丰富的块状贱金属硫化物、金和银资源。

(2)矿床的发现和勘探

Solwara 1矿区是澳大利亚公共健康与工业研究机构于1996年Franklin调查船的“PACMANAS 3”航次中在东马纳斯海盆东段首次发现的。该区域成为Placer Dome有限公司2005和2006年勘探工作的靶区。

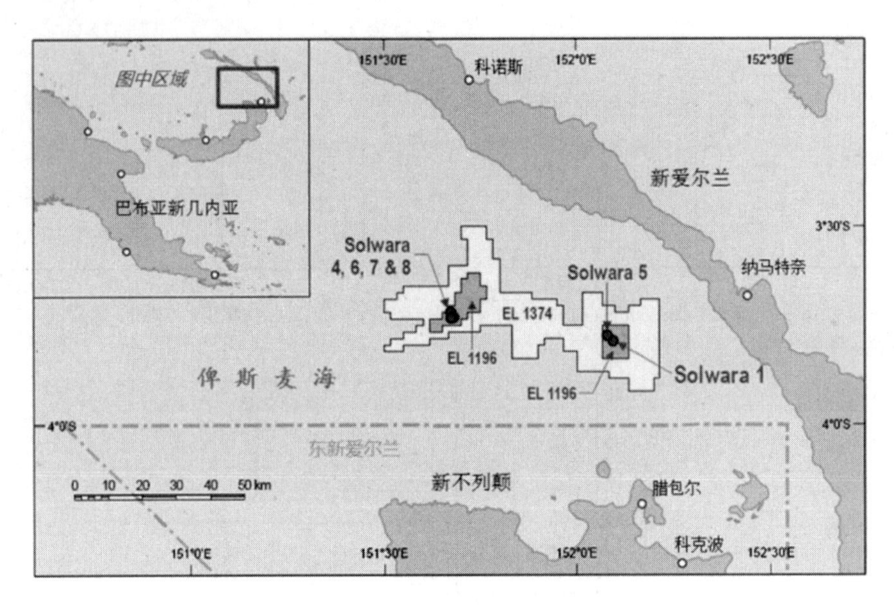

图 4.3－29　Solwara 1 矿区位置图

2005 年 Placer Dome 有限公司用拖网取样，初步分析金属品位为：金 15.5 g/t，铜 12.2%，银 256 g/t，锌 4.2%。

2006 年公司采集了 49 个硫化物样品，钻进 34 个岩芯孔，孔深 18 m 存在硫化物矿段，11.6 m 段最好，金属品位为：金 9.1 g/t，铜 13.1%，银 13.6 g/t。2006 年鹦鹉螺矿物公司接管了勘探工作。

2007 年鹦鹉螺公司对 Solwara 1 进行了 6 个月的勘探，采集了更多的烟囱样品和使用装在 ROV 上的坐底岩芯钻机完成了广泛的岩芯钻孔计划，共钻 111 个钻孔，累计 1 084 m，岩芯总回收率为 59%。此外，还采集了 127 个烟囱样品，总共采取 1 430 个样品进行化验。在船上对岩芯进行了 362 次试验及 680 次密度测量。水深分辨率为 20 cm×20 cm，并采用了世界上首台可控源海底电磁探测系统补充探测数据，试验证明测量的电导率异常与钻孔数据相关性极好。

(3)资源量

鹦鹉螺公司依据抓斗取样、岩芯钻孔和海底电磁探测数据，按 10 m×10 m×0.5 m 划分矿块，以铜边界品位 4% 为准则，于 2008 年 1 月 30 日用常规克立金法评价做出的 Solwara 1 矿床的资源量如表 4.3－13 所示。

这里资源分为探明资源和推断资源。探明资源是以岩芯钻孔间距低于 10 m，最大约 50 m，岩芯回收率一般大于 70% 取得的金属品位数据为基础计算的资源量。当岩芯钻孔间距达到 200 m 时为推断资源量，但是一般小于 100 m，且岩芯回收率变化不定。鉴于烟囱取样局限于截取部分样品，内部品位未作恰当的化验，目前所有烟囱材料均被列为推断资源。

Solwara 1 矿床评价依据是：2007 年使用 ROV 岩芯钻机取得的 111 个岩芯分析结果；海底详细绘图和取样（133 个）分析结果；2008 年 35 个岩芯验证分析结果；52 km 电磁测量的矿体表面轮廓。

表 4.3－13　Solwara 1 矿产资源（铜边界品位 4%）

资源分类	矿物类型	资源量/kt	Cu/%	Au/($g \cdot t^{-1}$)	Ag/($g \cdot t^{-1}$)	Zn/%
探明资源	块状硫化物	870	6.8	4.8	170	0.4
推断资源	烟囱	80	11.0	17.0	23	6.0
	岩化沉积物	2	4.5	5.2	36	0.6
	块状硫化物	1 200	7.3	6.5	28	0.4
	推断资源合计	1 300	7.5	7.2	37	0.8

注：根据表中显示的单个成分合计时，取整可能引起误差。

钻孔控制网度为：在 200 m×200 m×18 m 的名义矿床内，初次勘探时钻孔间距为 60 m，孔径 70 mm，9 个 18 m 深孔，并包括 1～2 个 300 mm 直径冶金试验大样品；在确定预采矿区时，依据地质和品位的可变性加密钻孔，孔间距缩小到 30 m，孔数达到 27 个。

鉴于一些区域内硫化物深度超过 18 m，少数钻孔岩芯无规律及其品位相关性不清楚，没有钻孔位于表面烟囱丘上则按邻近钻孔推断品位，电磁异常推断的资源没有用钻孔岩芯检验，远离钻孔区域硫化物厚度置信度低等因素，这些资源量尚不能成为可采矿量。

4.3.4.2　矿区水文气象

巴布亚新几内亚沿岸水域气候属热带海洋性气候，全年气温高，在 25～32℃之间。区域内的降雨量高达 3 048 mm/a。该区域位于赤道南 4°，南赤道流的流速约为 15 cm/s，盛行东风或东南风，海区风速 1 月约为 5 m/s，7 月为 5～7 m/s，在热带气旋以外，海面比较平静，是良好的避海浪地带。因此可全年进行采矿作业。

4.3.4.3　矿区地质构造和地形

Solwara 1 位于俾斯麦海盆内，这是由澳大利亚板块向南和太平洋板块向北之间潜没区形成的，以新不列颠海沟活动潜没区向南和马纳斯海沟不活动潜没区向北为边界的弧后海盆（参见图 4.3－9）。海盆的主要构造包括快速扩张的（约 10 cm/a）马纳斯扩张中心，以西到西北 2 个主要的转换断层（Djaul 和 Weitin

断层如图4.3－30）为边界的东马纳斯海盆断裂带，以玄武岩到英安岩的火山作用为特点。这些断层使马纳斯海盆进一步潜没到被称为东、中央和西马纳斯海盆的3个子海盆内。

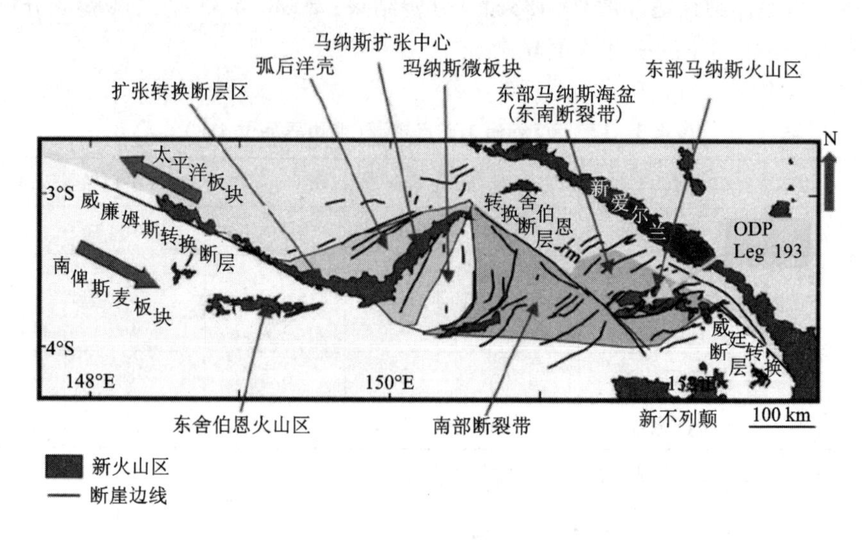

图4.3－30　中央和东部马纳斯海盆构造特征简图

在EL1196许可证区域中，海底为一系列突出的海洋火山构造，阶梯横过断裂走向延伸。这些构造是活动热液喷口和相关的海底块状硫化物矿床沉积物的地址。

包括Solwara 1的热液场向北－西北延伸5 km，穿过在安山岩熔岩上方喷出的2个圆丘（原先称为北苏和南苏），并与低的小山丘（Solwara 1）一起进入洋脊。Solwara 1矿床出现在海平面以下约1 520 m，延伸约150～200 m。高的小山丘顶部火山岩大多成为角砾岩和变质岩，孕育着广泛散布和网脉状的黄铁矿和蓝铜矿，以及局部烟囱、土丘和硫化物角砾岩。Solwara 1有新生和变质火山岩2个露头（图4.3－29），紧靠矿床附近的变质火山岩分级为远离矿床和热液场影响的新生火山岩，以及一些富集黄铜矿的块状硫化物烟囱区段的新生火山岩。后者与底层中的块状到半块状硫化物相关。岩相分析表明，Solwara 1火山岩由安山岩和英安岩构成。

Solwara 1矿床所在山丘的斜坡相当陡峭，粗略的数字地形图解表明，坡度一般在15°～30°范围内，局部较陡。洋脊顶部附近有一些平坦区域，这里发现许多矿床。

烟囱高度一般约为2～10 m，但是一些烟囱高度达15 m。2007年用20 cm×20 cm网度得到了一批新的深测数据集，清楚地勾画出了单个烟囱和烟囱小丘的轮廓。并根据水下电磁测量确定了烟囱周围硫化物的范围(图 4.3－32)。

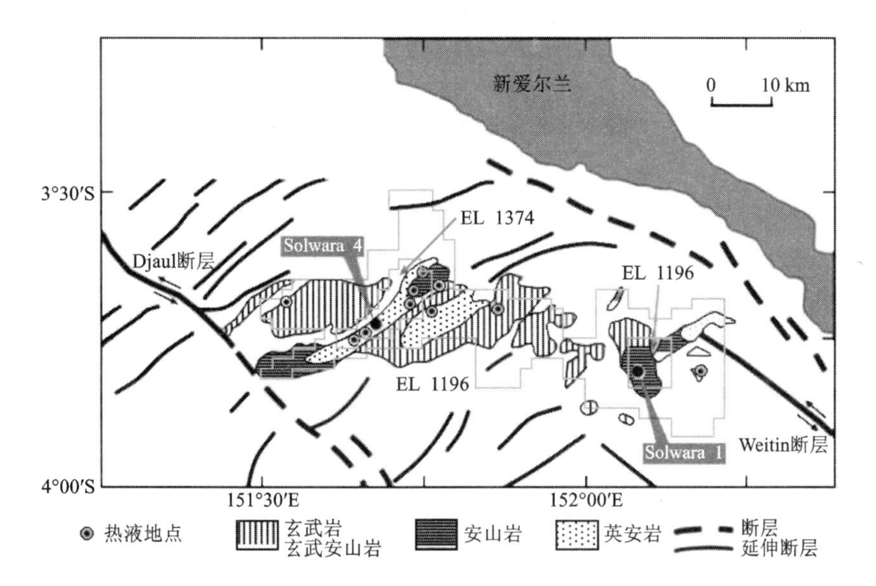

图 4.3－31　东俾斯麦海盆海底地质概况

［图取自 Jankowski(2006，根据 Binns(2004)修改］

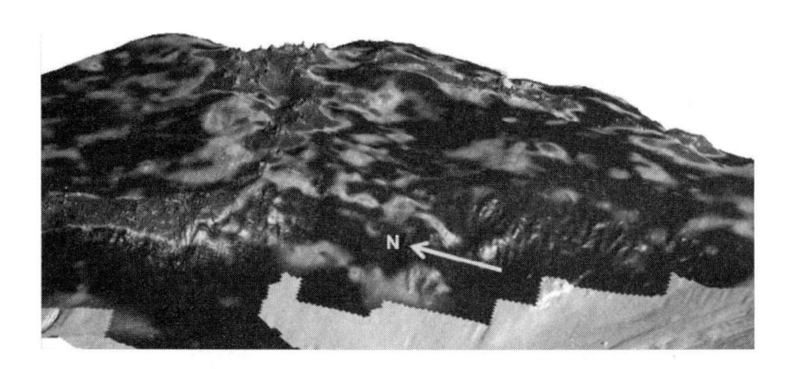

图 4.3－32　根据显示烟囱的 2007 年测深模型绘制的 Solwara 1 透视图

Solwara 1 海底面以下地质构造层顺序，从顶部向下可以概括为：

①松散的沉积物。典型的由深灰色黏土和淤泥组成，厚度为 0～2.7 m，2007 年钻进的岩芯孔中平均约为 1.4 m。这种材料松软，黏结性低，岩芯回收率一般较低。

②岩化沉积岩。典型的由一层灰白到深灰色岩化的细到中颗粒火山砂岩构成，厚度为 0～5.4 m，2007 年钻进的岩芯孔中平均厚度 0.5 m。此层下面局部岩化微弱。

③块状和半块状硫化物岩石。这是主要的矿石层，根据钻孔数据，厚度为0~18 m，在某些地点块状硫化物区厚度大于18 m。这些块状和半块状硫化物主要由黄铁矿和黄铜矿组成。黄铜矿一般靠近表面，并趋向于随深度增大而减少，而黄铁矿占优势。矿床东南也发现黄铁矿占优势。有数量不定的硬石膏和重晶石分散穿过硫化物或存在于矿脉中，特别是靠近底部。局部区间可能包括小片富含黏土的变质火山物质，该区域岩石可能多孔隙。

④变质火山岩。下盘到矿化带一般由变质火山岩构成，多数原生物质已蚀变成黏土，或者与硬石膏及散布黄铁矿置换或呈脉络分布。这些岩石一般脆弱，在该区域岩芯回收率低。

这一地质顺序在局部有变化，而总体地质顺序是非常一致的。钻孔表明，块状硫化物区比主要烟囱小丘横向范围广泛得多。另外，矿床横向由相对新生的火山岩区划界，或局部覆在小面积的矿化区上。

4.3.4.4 矿床形态特征

Solwara 1 矿物资源轮廓图和矿床表面深度等高线图、探明的资源区和中心区横断面形态示意图分别见图4.3－33至图4.3－35。

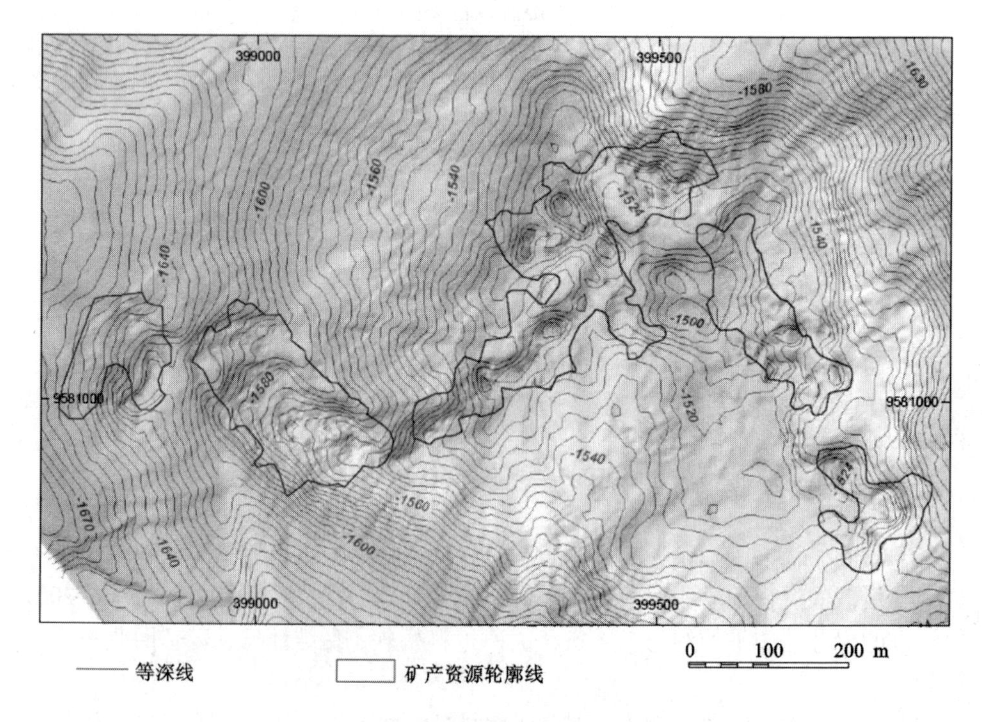

图4.3－33 测深等高线和矿物资源轮廓图

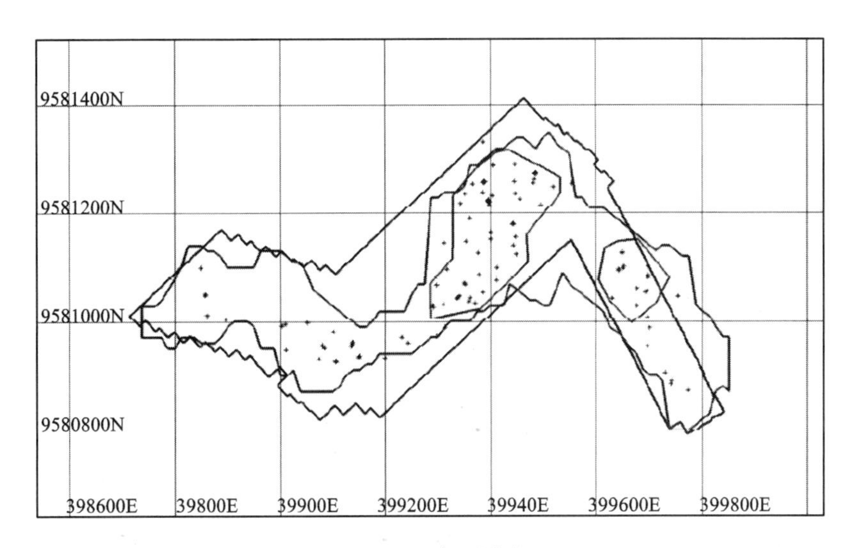

图 4.3-34 探明资源区

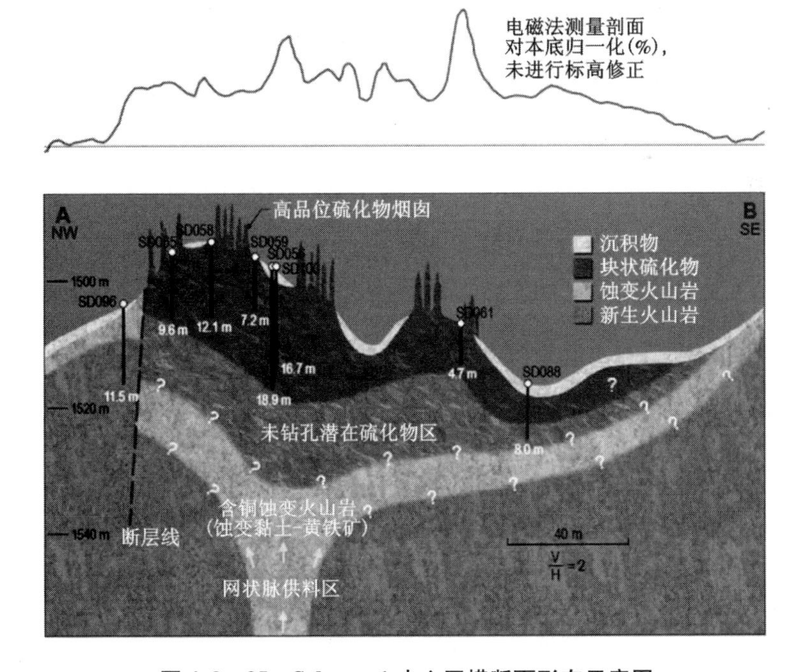

图 4.3-35 Solwara 1 中心区横断面形态示意图

4.3.5 中国申请的海底多金属块状硫化物勘探矿区

(1)矿区位置

中国申请的首个海底多金属硫化物探采区位于西南印度洋洋脊，在四个坐标点为：46°10.83′E，39°46.21′S；45°17.40′E，37°9.27′S；55°26.71′E，33°32.76′S；56°20.98′E，36°10.87′S。在30万km^2长方形区域内申请勘探合同区总面积1万km^2，包括100个区块，12个毗连区(参见图4.3－36)。按照《规章》要求，经过勘探后，将在2019年以前和2021年以前分别放弃50%和75%合同区面积，保留2500km作为中国专属开采区。

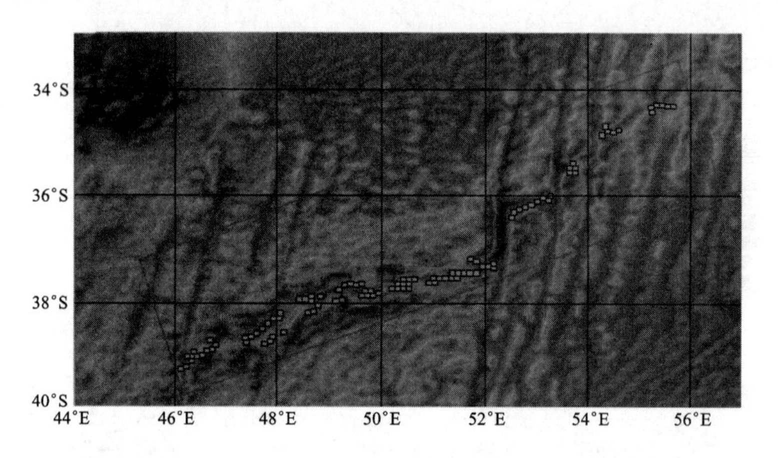

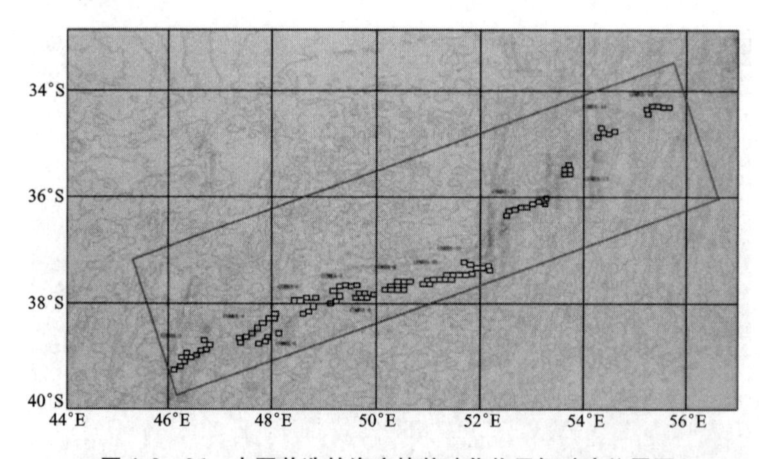

图4.3－36 中国首选的海底块状硫化物目标矿床位置图

(2)矿区水文气象

合同区处于南半球西风带。1950—1995年风速统计数据见表4.3－14。全年以5、6级风为主，分别占38%和34%。区域内生成和出现热带气旋的频率极低。

表4.3-14 矿区风速(m/s)统计表

月份	1	2	3	4	5	6	7	8	9	10	11	12
30°~40°S, 40°~50°E 区域												
平均风速	6.5	7.1	7.2	7.5	7.7	8.0	7.5	7.9	7.6	7.8	7.2	6.8
最大风速	23.1	22.6	24.7	23.7	24.7	29.8	23.7	24.7	28.0	28.0	23.1	21.6
风向	220°	169°	240°	20°	150°	240°	220°	360°	100°	320°	200°	140°
40°~50°S, 40°~50°E 区域												
平均风速	8.9	9.9	10.4	10.2	10.4	9.7	9.8	9.3	10.1	10.3	9.6	9.6
最大风速	26.0	28.3	29.3	26.2	25.7	26.8	25.2	24.2	28.3	30.0	23.0	25.2
风向	250°	230°	270°	220°	220°	240°	180°	310°	30°	350°	150°	270°

(3)海况

区域内有较明显的西南向涌浪，平均浪高1.0 m，最大涌浪高2.3m，出现在12月。区域内南端离西风带大风中心接近，引起的涌浪更加明显。

风浪多为5~2.0 m，夏季风浪高达2.5 m。

多数海况为3级，较强时达到5级。南端以4级(1.3~1.9 m)为主，较强时为5~6级。

表层海流流速为30~50 mm/s，流向为西南、西北向，底层流流速为15~25 mm/s。

从上述数据可以看出，10月至次年2月是最佳作业时期。

(4)地质构造和地形

合同区位于西南印度洋的慢速到超慢速扩张脊，呈北东走向，水深在1 300~3 900 m之间。海底地形总体表现为与走向线平行的隆洼相间，显示出与洋脊走向垂直的周期扩张运动。洋脊被一系列N-S向转换断层(如亚特兰蒂斯Ⅱ和梅尔维尔转换断层)切割，造成洋脊扭转。洋脊中段和东段地形相对平缓，裂谷浅而窄，而西段中轴裂谷宽而深，水深变化大，裂谷宽约6 km，谷深超过1 000 m，地形复杂，裂谷两壁发育有小的地形突起，谷底发育有海丘。邻近这些断层显露蛇纹岩化橄榄岩，在两个断层之间有几十到几百米高的小海山。

(5)矿物组成

主要矿物为黄铁矿、黄铜矿和白铁矿，不同样品的矿物含量相差很大。对烟囱体分析表明，内部以黄铁矿为主，含少量黄铁矿和闪锌矿；中间以黄铁矿为主，依次为闪锌矿和黄铜矿；外部以黄铜矿和黄铁矿为主，黄铜矿较少。烟囱体从内到外，矿物晶粒变小，晶形变差，矿物间空隙逐渐发育。

(6)有用金属品位

经过对含矿带 22 个样品的概略分析，主要有用金属品位：铜 1.72% ~ 2.47%，铅 0.10% ~ 0.12%，锌 2.4% ~ 15.95%，金 1.07 ~ 1.17 g/t，银 192.10 ~ 239.70 g/t。与世界典型热液区矿床平均品位的比较见表 4.3 – 15。

从表可见，中国预选区铜的平均品位高于太平洋热液区，但明显低于大西洋 TAG 和罗加切夫热液区和 Solwara 1 矿床；锌的品位高于大多数其他区域；金的品位与其他区域相当，而银的品位明显高于其他区域。

由于目前中国预选区尚处于初期调查阶段，这些数据不足以圈定矿区，需通过今后的详查，才能进行资源评价。

表 4.3 – 15　世界大洋海底硫化物中主要金属元素平均品位

区域	Au		Ag		Cu		Zn	
	/(g·t⁻¹)	样本数	/(g·t⁻¹)	样本数	/%	样本数	/%	样本数
太平洋	0.37	199	68.13	171	4.94	189	6.87	203
大西洋	3.93	128	31.92	91	14.66	118	2.81	110
印度洋	1.96	31	203.14	32	11.03	43	5.72	11
红海	2.55	39	210.37	63	1.10	75	6.49	75
陆地	0.75	253	38.21	253	1.17	253	3.39	253

4.4　深海多金属沉积物(软泥)矿床

多金属沉积物早于 1948 年在红海被发现，主要分布在含卤水的盆地。多金属沉积物由未固结的泥、黏土质粉砂等沉积物组成，呈黑、白、蓝、黄、红等颜色。在红海水深 1 900 ~ 2 000 m 的中央裂谷地带发现了 18 个多金属沉积物盆地(见图 4.4 – 1)，整个盆地的金属总量约 8 000 万 t(2 000 万 km^2)。其中“亚特兰蒂斯Ⅱ深渊”、“发现深渊”和“钱恩深渊”三个盆地的面积就达 85 万 km^2[2]，“亚特兰蒂斯Ⅱ深渊”是迄今为止发现的这类矿床中最大的。下面简介“亚特兰蒂斯Ⅱ深渊”矿床。

4.4.1　位置

亚特兰蒂斯Ⅱ深渊位于沙特阿拉伯与苏丹海岸之间红海近似中轴线(21°23′N.，38°04′E.)，几乎在吉达港正西。深海底有含金属软泥，最大水深 2 149 m(见图 4.4 – 2)。

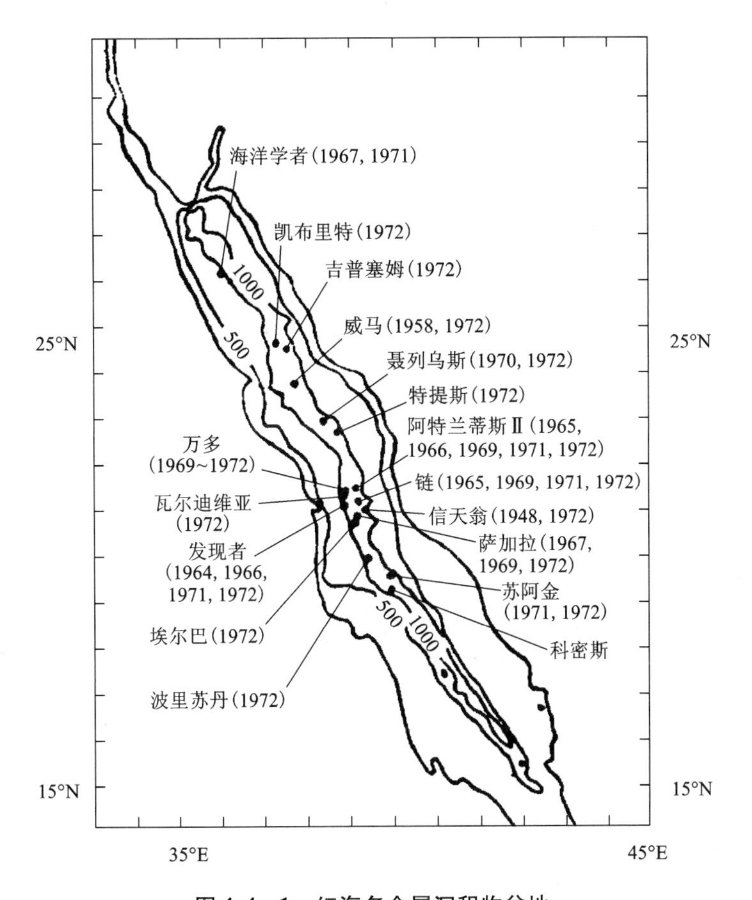

图4.4-1 红海多金属沉积物盆地

4.4.2 勘探概况

1965年在巴黎国际海洋学委员会会议上宣布了在“亚特兰蒂斯Ⅱ深渊”发现多金属沉积物，引起了关于含金属价值的夸大推测，增强了红海接壤国家对这种近海资源潜在经济的重要性的意识，促进了进一步勘探(表4.4-1)。

鉴于沿沙特阿拉伯王国和苏丹民主共和国之间红海中轴深海槽发现的多金属沉积物可采矿床变得显而易见，1973年年中两国开始商议建立区域非生物资源联合调查的法律框架，于1974年签订了“红海自然资源联合勘探协定”，1975年建立了苏丹-沙特阿拉伯红海联合委员会，承担公共区域的勘探任务，并对回采金属软泥的经济和技术可行性进行必要的研究。该委员会委托Preussag公司作为主要承包商和BRGM作为技术顾问。

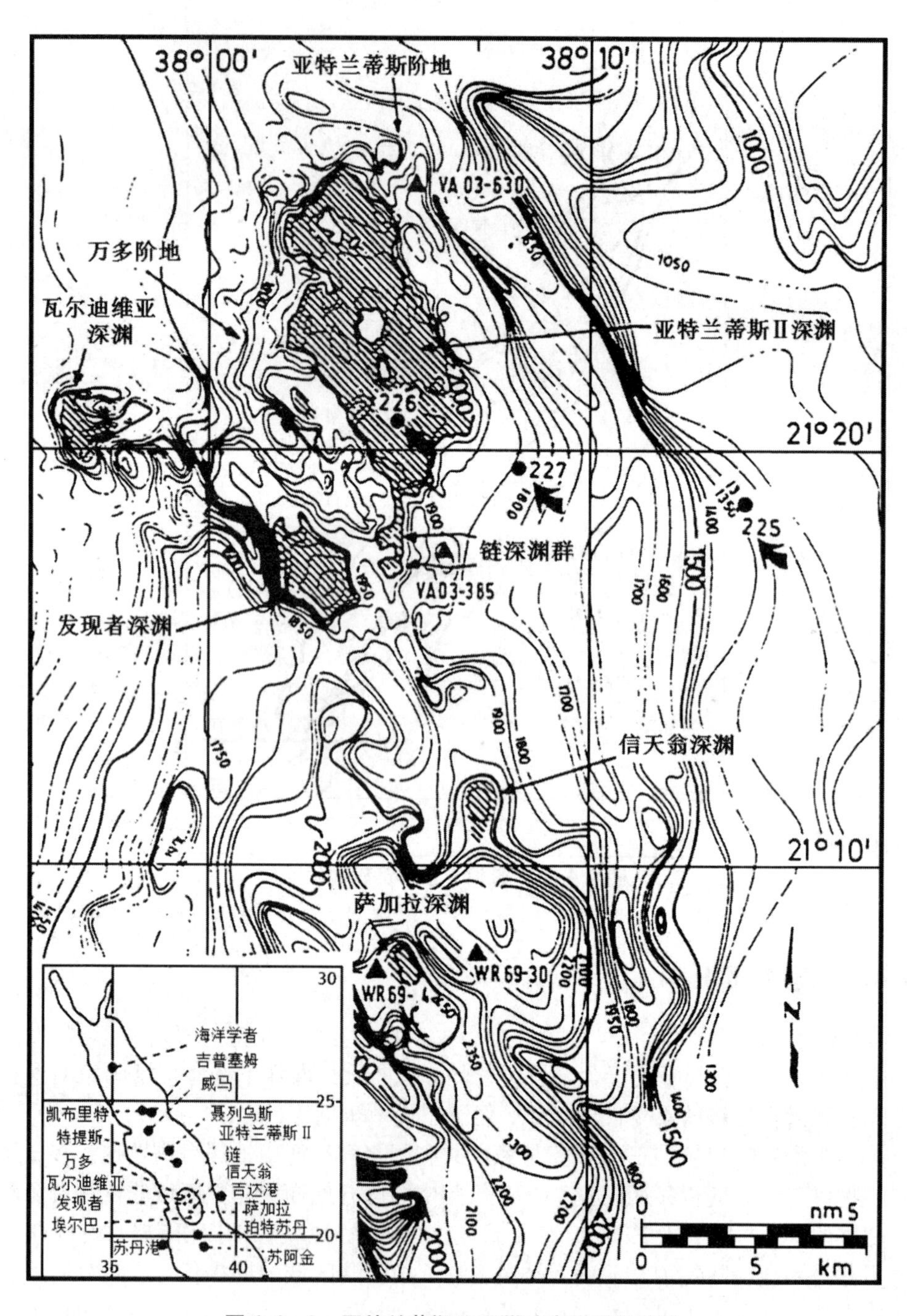

图 4.4－2　亚特兰蒂斯Ⅱ深渊矿床位置和地形

表 4.4-1 “亚特兰蒂斯Ⅱ深渊”勘探概况

1965 年	伍兹霍尔海洋研究所亚特兰蒂斯Ⅱ调查船航行中发现了深渊
1966 年	Chain 调查船取得的样品表明，“亚特兰蒂斯Ⅱ深渊”潜在经济价值超过25 亿美元
1974 年	沙特阿拉伯和苏丹之间协议进行联合勘探和开发
1975 年	沙特阿拉伯-苏丹红海联合委员会成立
1976 年	沙特阿拉伯和苏丹海底区域联合委员会进行地球物理勘探
1976—1978 年	联合委员会对开采亚特兰蒂斯Ⅱ深渊软泥和提炼所含金属进行内部研究
1979 年	试采设备试验

在沙特阿拉伯和苏丹海岸之间区域的地球物理探测(机载地磁仪，海洋重力仪，深水地震反射剖面法和回声测深技术)，精确解释了红海深海槽地区构造。3个系统的取芯计划提供了确定亚特兰蒂斯Ⅱ矿床地质学数据，为评估其资源奠定了基础，证实了是已知最有前途的成矿软泥产地。同时进行了环境研究，包括海洋调查和生物调查，以便得到确定海洋采矿对安定生态系统影响的数据。

4.4.3 地质环境

红海作为一个中新世海洋区域，其蒸发盐和沉积层沉积在阿拉伯和努比亚屏蔽块之间。专家对红海的形成持有2种观点：一种观点为2个板块由中新世初期开始的海底扩张变得分开，导致新洋壳的形成；另一种观点是海底盆地是由当时板块之间原生代岩石翘曲和断裂形成的。一种折中解释是两种机制促成红海的形成和大陆基岩包围在中新世地层之下的新洋壳。(图 4.4-3)。

约在中上新世，轴向深海槽开始沿红海中心扩张，在新洋壳下面形成深1 000 m、宽 15~40 km 的凹陷。后来，可能在全新世，沿轴向深海槽张开形成许多深渊。

亚特兰蒂斯Ⅱ是这些深渊之一，包括金属软泥上面的热盐水。软泥厚度范围从中心岩床和边坡的几米到西部海盆区的约 30 m。

金属软泥是由流入的热盐水的化学沉淀和随后的沉积作用形成的。盐水活动和成矿作用与海面冰的变化有关。在冰河时期结束时(更新世晚期)海平面上升，很可能促进海水沿断层带运动，并导致轴向海槽内盐水排出。

4.4.4 矿床特征概述

在 1 990 m 等深线处的深渊略图，近似平行四边形，边长 12 km，与红海轴向海槽平行，而宽 5 km，与横穿海槽的转换断层平行。深渊底充满了金属软泥，最

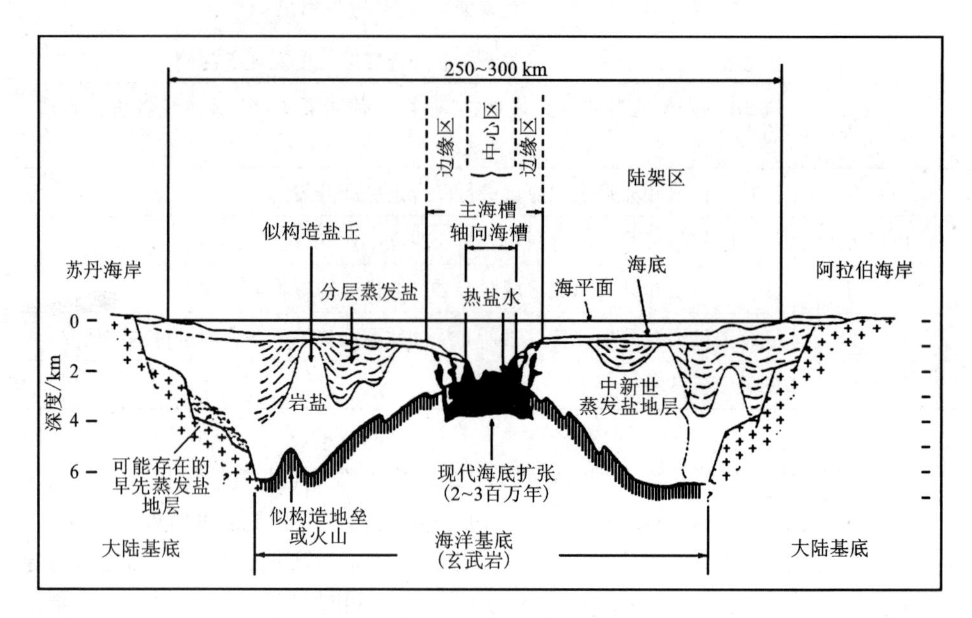

图 4.4-3　中央红海地质断面示意图

大厚度 30 m，由超细颗粒(80% 低于 2 μm)矿物微粒和盐水构成，含水率在 60% ~95% 之间。软泥成分显示横向和垂直变化显著，可以区分出 5 个岩石层位学带，见表 4.4-2。盐水含量随深度降低，软泥呈近似固体状态，从矿床顶部的半液体到矿床底部附近的鞋油膏状。

覆盖在软泥上面的 200 m 厚热盐水(40 ~ 62℃)层是分层的，性质随时间变化。沉积物内温度和外观变化表明，盐水是通过深渊西南部的沉积物蒸发的。盐水通过从轴向海槽侧面中新世沉积物释放出的再循环海水，携带从这些沉积物或构成轴向海槽底的玄武岩溶解的金属。

表 4.4-2　“亚特兰蒂斯 II 深渊”岩石层位学分带

区　　域	厚度/m	注　　释
无定形硅酸盐区	3 ~ 4	半液体，呈绿色到棕色
上部硫化物区	约 4	含锌、铜、铅、银硫化物，浅灰紫色
中部氧化物区	1 ~ 11	大部分为褐铁矿，鲜红色和橙色
下部硫化物区	2.5 ~ 4	类似上部硫化物区
碎屑 - 氧化物黄铁矿区	1.3 ~ 6	硫化物和氧化物夹层

5 个分层的厚度和成分不同。上部硫化物区和下部硫化物区富集的贱金属比

其他区高，但是中部氧化物区几乎没有锌和铜。横向和垂直的金属含量变化相当大，但是总体上从南到北减少很多。

金属软泥的极细颗粒特性，使矿物分级极其困难。从商业观点考量，最主要的金属是闪锌矿和黄铜矿，但是分析的数据显示还有相当多银和少量钴，金含量低。这不是用岩芯样品系统测定的，而是在块状硫化物浮选中回收的。

根据可回收金属的价值，最好的矿床是锌－银－铜与少量钴和金联系在一起出现。钼、钒和铅含量低，但或许商业上不可回收。脉石矿物包括黄铜矿，氢氧化铁，氧化锰，硬石膏和蒙脱石族硅酸盐。另外还有来自盐水沉淀的矿物、海泥及含有细颗粒碎石。

“亚特兰蒂斯Ⅱ深渊”多金属沉积物品位和资源量列于表4.4－3中。

表4.4－3 “亚特兰蒂斯Ⅱ深渊”多金属沉积物品位和资源量(Nawab，2000)

金属	品位/%(干燥无盐)	探明资源量/万t(干燥无盐)
多金属沉积物		8 950
Zn	2.06	183.8
Cu	0.45	40.2
Ag	38.4 g/t	0.343 2
Au	0.5 g/t	0.004 5

第5章 深海固体金属矿产资源开采技术发展概况

5.1 国际上深海固体矿产资源开采技术发展概况

5.1.1 20世纪60年代起步

从20世纪60年代开始，人们对深海多金属结核的开采方法进行了广泛研究。1960年美国Mero教授提出拖斗采矿法。1967年日本人孟田善雄提出了连续索斗采矿法(CLB)，并于1970年在南太平洋塔希里提岛海域(水深3 760 m)进行了1∶10比例的开采试验，取得成功后随即成立了CLB采矿法国际协会，成员单位有日本、美国、澳大利亚、德国和法国等多家公司。

5.1.2 20世纪70年代达到高潮

20世纪70年代，全球经济的增长对深海矿产资源开发活动产生了较大的刺激作用，形成了多金属结核开发研究的高潮。70年代初期，开始了深海结核采集的初步试验，70年代中后期进入工业采矿系统初步设计和验证试验，深海采矿技术取得突破性进展。

1970年美国深海冒险公司在佛罗里达外海大西洋布莱克海台1 000 m水深进行了首次结核采矿系统原型试验。试验系统为拖曳集矿机和气力提升系统。气力提升系统事先在250 m矿井中进行了试验。利用6 500 t货船改装成试验船“深海采矿者”号，装备25 m高塔架，设置9 m×6 m中央月池。

1972年8月，CLB采矿法国际协会在夏威夷西南海域进行了日产几百吨结核能力的采矿试验，但是仅从海底采集上来十余吨结核，由于拖缆缠绕而暂停。随后法国提出了双船作业系统，两船间距达1 000～2 000 m，以0.01～0.5节速度拖曳着相当于水深至少3倍的环行缆索，以解决拖缆缠绕问题和提高作业效率，计划1975年继续试验。由于经费等问题而被放弃。

到1974年，以美国为首的加拿大、英国、前西德、比利时、荷兰、意大利和日本等数家公司参加的4大国际采矿财团肯尼科特(KCON)、海洋采矿协会(OMA)、海洋管理公司(OMI)、海洋矿业公司(OMCO)以及法国大洋研究开发协会(Ifremer)和日本深海矿物协会(DOMA)相继成立，还有苏联南方地质勘探研究所和印度海洋开发部等许多国家和单位参与了海底矿物开采活动。

在1977—1979年间，国际上共进行了3项多金属结核半工业开采试验：

（1）OMI于1978年春季，利用“SEDCO 445”号动力定位钻井船改装成采矿船，在夏威夷檀香山东南800海里海域，在世界上首次成功地进行了五分之一比例拖曳式集矿机-矿浆泵水力提升和气力提升采矿系统试验，集矿机有2种采集装置：射流负压抽吸水力采集装置，具有输送带的机械挖齿采集装置。矿浆泵为离心-轴流式混流泵，设置在水下1 000 m处的提升管道中，气力提升压缩空气在1 500～2 500 m水深处注入提升管内。该系统共进行了三次深水试验，试验了8台集矿机，第一台在下放时意外丢失。第二次试验最成功，40 h从水深5 200 m海底采集结核约800 t，系统最大能力为40 t/h。

（2）OMA利用20 000 t“Wesser Ore”运矿船改装成采矿船“深海采矿者Ⅱ（Deepsea MinerⅡ）”号。于1977年，在加利福尼亚圣地戈西南1 900 km海域进行了第一次试验，试验系统为雪橇拖曳式水力抽吸集矿机-气力提升采矿系统。由于沿管线的电缆接头漏水而停止；1978年初进行第二次试验，遇到了新的困难，由于集矿机陷入沉积物中和出现飓风而终止；最后，1978年10月进行了第三次试验，18 h采出500 t结核，系统最大生产能力为50 t/h。这次试验由于抽吸泵叶片破断引起电动机损坏而停止。

（3）OMCO，租用美国海军打捞俄罗斯核潜艇的“Glomar Explorer”号打捞船改装成采矿船。这艘长188 m、排水量达33 000 t的动力定位船，具有61 m×22 m月池用于下放集矿机，利用先进系统吊放提升管和电缆。该公司研制出阿基米德螺旋自行式机械链齿挖取集矿机-矿浆泵水力提升采矿系统，与众不同的还有集矿机采集的结核经软管输送到中继舱，再由矿浆泵通过硬管提升到海面。这套系统在远离加利福尼亚海岸的1 800 m水深处经过几次试验后，于1978年末在夏威夷南部海域进行首次深水试验，由于月池底门打不开试验未果。最后，于1979年3月试验才获得成功，从5 000 m海底采集结核约1 000 t。

这些海上试验充分证明了采矿系统的可行性，可以转入工业样机试制。因此，日本于20世纪70年代末转向拖曳式水力集矿机-水力提升采矿系统研究。

法国自1972—1976年间对流体提升系统进行了技术分析，提出水力提升比气力提升更可行。同时，于1972年开始提出一种集矿和提升为一体的无人往返潜水采运车新概念。

德国于1972年开始进行深海采矿技术研究，成立了以普鲁萨格公司（Preussag）为首的海洋矿物资源开发协会（ARM），参加了以美国公司为首的OMI财团（占24%股份）的试验研究工作，并为海试提供了扬矿管道、多级矿浆泵和拖曳式机械采集集矿机（海试下放时丢失）。随后，德国在2 200 m水深的红海进行了金属软泥的试采，取得了成功。

5.1.3 20 世纪 80 年代进入低潮

由于世界新经济危机特别是金属价格下跌，投资大、风险高以及采矿法律地位的不确定，商业开采期预计远在几十年以后，国际财团于 20 世纪 80 年代基本退出深海采矿这一活动，仅一些研究单位和大学在进行相关理论及采矿对环境影响的研究。

法国工程师基于海底地形障碍如大块、台阶、断崖和坑洼，认为应使海底集矿机具有更大的自由行驶能力，于 1980—1984 年完成了无人往返潜水采运车模型机(1/10 比例，PLA 型)的试验研究。经可行性研究认为，每台车重 1 200 t，8 h只能采运 250 t 矿石，还需从陆地运送大量压载废石，并考虑到电池重，浮力材料性能不佳，控制难度很大，造价和运营成本高，用于商业的前景渺茫，于 1984 年被放弃。法国工程师又重新回到水力提升采矿系统研究上来，成立了 DEMONOD 组织，研究了水力、气力和浓矿浆三种提升系统，提出了由海面半潜双体船平台、4 800 t 提升钢管、600 m 长、内径 380 mm 软管和长 18 m、宽 15 m、高 5 m、重 330 t 的履带自行集矿机组成的采矿系统。由于金属市场、政治和国际法律等因素，商业开采期遥远，法国工程师于 1988 年停止了深海采矿系统的实质性研究开发。

期间，德国开展了履带自行复合式集矿机的研制、流体提升系统以及设备有效遥控和可靠性的深入研究，取得了重大进展。

俄罗斯自 1980 年开始深海采矿技术的研发，以海洋地质技术股份公司中央设计局为首的 50 多个单位参加，同时与芬兰合作研发结核采矿系统，于 1991 年完成了系统设计，并在黑海 100 ~ 1 000 m 水深进行了 1∶10 模型样机试验，集矿机重 15 t，生产能力为 20 ~ 30 t/h，之后未再继续。与其他国家不同的是，俄罗斯除了进行水力管道提升试验，还提出了吊桶式提升系统。

日本于 20 世纪 80 年代转入拖曳水力集矿机 – 矿浆泵水力提升/气力提升采矿系统的研究开发，进行了大量的实验室模拟试验和理论分析，研制出海上试验的拖曳式柯恩达效应水射流集矿机、潜水矿浆电泵等系统配套设备，由于经费和试验船等因素，海上中试一直拖延，直到 1997 年才在北太平洋马库斯海山区进行了 2 200 m 水深的集矿机海上试验。

5.1.4 20 世纪 90 年代转入多种资源开发研究，亚洲新兴国家积极介入

鉴于 20 世纪 80 年代发达国家对深海富钴结壳进行了大量调查，到 90 年代已初步圈定了预期的矿区，以及多金属硫化物矿床调查取得了很大进展，特别是专属经济区内低温热液富金银矿床的发现，刺激了人们转向大洋多种资源的开发。从而相应地进行了一些富钴结壳、多金属硫化物、海洋气体水合物开采方法的探索及其生物基因的研究开发。美国、日本、俄罗斯等国相继提出了富钴结壳的开采方

案，主要有类似露天采煤机的滚筒截割采矿机 - 水力提升法、绞车牵引挠性螺旋滚筒截割采矿机 - 水力提升法、振动或射流破碎采矿机 - 管道链斗挖掘提升法等。

1997 年 12 月 27 日纽约时报头版登出巴布亚新几内亚政府在世界上首次向澳大利亚的鹦鹉螺矿业公司颁发了 2 个海底硫化物矿床的海洋勘探许可证。这一消息立即引起世界许多公司的震撼。鹦鹉螺公司目前已拥有 7 块探采区，总面积为 1.5×10^4 km^2，计划在未来 5 ~ 10 年内进行开采，该公司已制造出一种硫化物采矿机原理样机。

这一时期，在多金属结核采矿系统技术方面没有更多的新进展。多数进展是在提升管线动力学、控制仿真、整体系统虚拟等方面。

亚洲新兴国家韩国、印度，利用商业开采前的有利契机，制订发展规划，以掌握发达国家先进技术为起点，通过试验研究逐步形成了本国的采矿系统。印度 1990 年开始筹资开发结核集矿机，与德国济根大学合作，于 2000 年在 Tuticorn 海滨外水深 410 m 海底进行了小比例抽吸头采集—软管输送采矿系统采泥沙试验，该系统采用德国济根大学的履带车，但集矿机陷入软泥 0.75 m，无法行驶。改进后于 2006 年在印度成功地进行了 500 m 水深的海试。韩国自 20 世纪 80 年代开始深海资源调查，90 年代才开始资源开发研究，按国家计划进行各子系统的理论分析和模拟试验。于 2009 年和 2010 年分别进行了矿浆泵和集矿机的 100 m 浅海试验。在模型机试验的基础上，韩国海洋科学技术研究院于 2011—2012 年间开发出 1/5 商业生产能力的 MineRO Ⅱ型多金属结核中试采矿系统的集矿机。外形尺寸为 6 m × 5 m × 4 m，整机质量 28 t。结构特点是采用 2 个具有完全相同机械和液压系统的模块，以便自由调节采集宽度，基本集矿宽度为 4 m。每个模块都有 2 条履带，2 个采集结核系统，2 台破碎机和 1 台提升泵。每个模块配备 250 kW 的双液压动力站。该机于 2013 年在庆尚北道浦项东南 130 km 的 1 370 m 水深海域进行了采集模拟结核海试验证。

此外，日本由于政府和工业界近期看不到深海采矿的前景，放弃了采矿整体系统试验。仅于 1997 年，在北太平洋马库斯海山海域 2 km × 0.5 km 区段对 20 世纪 80 年代研制的拖曳式水力集矿机进行了试验。试验区水深 2 200 m，结核丰度到达 15.6 kg/m^2，结核直径 15 cm，集矿密度 1 m，拖曳速度为 0.15 ~ 0.41 m/s，据称试验采集率达到 87%。至此，大洋结核采矿项目研究结束。但是，日本学术界对于富钴结壳、多金属硫化物和海洋气体水合物的开发方案进行了许多概念性研究。

5.1.5　21 世纪海底块状硫化物矿床将进入商业试采阶段

国外一些采矿公司通过对 20 世纪末海底块状硫化物矿床部分勘探资料的分析研究认为，目前已知或推断了 350 座海底块状硫化物矿床，尽管大多数矿床较小(25 ~ 1 000 万 t)，但通常成群出现，这就意味着在一个小区域内可能有足够数量的资源供开发，并且海洋采矿比陆地采矿有 5 个方面的优点：

①硫化物矿赋存水深较浅，仅为结核矿水深的一半，而所含金属品位高。海底块状硫化物中主要金属品位范围为：金 2% ~20 g/t，银高达 1 200 g/t，铜 5% ~15%，锌高达 50%，铅 3% ~23%。在浅水低温热液喷口附近发现了高品位的金和银，其含量为陆地经济可采矿床的 10 倍以上，经济价值可观。

②采矿基础设施少，具有成本优势。不需陆地矿山采尽时废弃的基建工程[昂贵的竖井掘进费(约 1 万美元/m)和巷道费(1 000 ~2 000 美元/m)以及大量综合建筑]。大型采矿船或运输船可从一个矿点移动到另一个矿点，较小的矿体都便于开采。

③社会干扰有限。大部分硫化物矿床位于专属经济区内(如巴布亚新几内亚、日本、所罗门群岛和斐济等)，不受国际海底管理局的约束。而太平洋区域政治环境稳定，政府支持对海底热液活动停止的硫化物区的勘探开发。

④覆盖层剥离量少，采矿废料少。

⑤开采对环境的影响小。酸性矿水可被碱性海水中和。

此外，随着遥控观测、定位和水下技术的不断提高，深海采油技术和设备的发展，在几千米水深开采海底硫化物已有成熟设备和系统可以借鉴。在上述情况下，初步估算，年产 200 万 t、开采 10 年即可盈利。因此。进入 21 世纪海底块状硫化物矿床的商业化试采将成为可能。

世界上第一家从事深海采矿的私人商业公司鹦鹉螺矿物公司，经过对巴布亚新几内亚专属经济区内东马纳斯弧后海盆的 Solwala 1 矿址海底热液块状硫化物的详细勘探后，于 2008 年 2 月完成了经济评价和环境评价，2008 年 3 季度向巴布亚新几内亚政府提交了采矿许可证申请书，期望于 2010 年进行开采。为此，确定了由采矿船、海底采矿机和矿浆泵管道提升系统组成的生产系统，以及签订关键设备合同。于 2007 年 12 月与英国 SMD 公司签订了海底采矿机设计制造合同；2008 年 4 月将立管和提升系统总承包给美国 Technip 工程、采购和建造监理公司，其中海底矿浆泵分包给美国 GE Hydril 石油天然气公司，提升管分包给 GE Vetco 油气公司，提升管收放设备分包给 LE Tourment 制造厂；2008 年 6 月，将 1.25 亿美元的采矿船合同承包给挪威北海海运控股公司。由于世界性经济危机，并考虑到 2009 年底难以完成系统设备制造，鹦鹉螺公司为了保持 2.666 亿美元的现金，于 2008 年 12 月宣布 Solwala 1 采矿系统设备建造暂停，所有设备订单将延期，并且公司裁员 30%。而此时，采矿船建造已近结束。但是，公司声称，将继续致力于世界上第一个海底块状硫化物的回采，许可证和工程与试验工作将继续，具体生产开采时间延后。

海王星公司充分利用了新西兰地质与原子能科学研究所以及德国、美国、法国、日本和其他海洋与地球科学机构过去 20 年在新西兰和其他地区的海底块状硫化物矿床资料，于 2007 年投资 500 万美元对新西兰北岛东北 900 km 的称为克马德克(Kermadec)的区域进行勘探，以确定开采的可行性。这里主要金属为铜，品位达8.1%。

海王星(新西兰)公司于2008年4月完成了海底硫化物切割破碎、提升、脱水等采矿技术的评价，在此基础上，提出了年产200万t矿石的海底块状硫化物采矿系统的概念。2008年5月已开始寻求采矿系统制造和运营的承包商，为2010年以后进行试采做准备。

5.2　中国开采技术发展概况

5.2.1　研究开发准备阶段

1979年长沙矿山研究院开始了深海采矿技术的调研，20世纪80年代初，北京有色冶金设计研究总院、长沙矿冶研究院先后开展了大洋多金属结核采矿技术的研究。

1991年4月1日中国大洋矿产资源研究开发协会(简称中国大洋协会)成立，继之于7月22—25日在青岛组织召开了“深海采矿政策研讨会”，为制订中国大洋多金属结核研究开发规划奠定了基础。同年9月编制出中国《大洋多金属结核资源研究开发第一期(1991—2005年)发展规划》和《大洋多金属结核资源研究开发“八五”计划》，从1991年起，充分利用国际上多金属结核商业开采推迟的有利契机，开始了这一处于海洋高技术前沿的国家长远发展项目的组织实施。同年11月3日中国大洋协会第一届理事会第四次理事长会议审议确定了“八五”期间大洋专项任务，设立了5个项目：开辟区勘探项目、基础地质研究项目、开采技术与设备研究项目、选冶试验研究项目、综合性项目。1992年3月中旬大洋协会与开采技术开发承担单位签订了3个课题方向的9个专题合同。至此，正式开始了中国深海采矿技术与装备的研究开发。

5.2.2　1991—2005年实施深海采矿技术的第一期发展规划

5.2.2.1　《大洋多金属结核资源研究开发第一期(1991—2005年)发展规划》深海采矿技术的总体目标

第一期发展规划中规定深海采矿技术研究开发的总体目标为：以矿址结核平均丰度≥6 kg/m^2(干重)为条件，采矿系统净采矿率25%(或20%)为参照指标，通过室内试验、扩大试验及浅海或深海试验，基本解决深海多金属结核采矿技术与设备研制的关键问题，为中国第二期开发深海多金属结核进行工业性试采提供技术先进、经济效益高、适合国情的开采技术方案。第一期发展规划分三个五年计划执行：

“八五”期间的阶段目标是，通过实验室基础研究与试验，确定中国采矿技术的发展方向，设计或研制出1~2种集矿机的模型样机，提出优化的扬矿工艺和合理参数，研究开发出集矿模型机室内水下试验和扬矿试验系统的测控装置。

“九五”期间，通过扩大试验研究，进一步优选出技术先进、经济效益高、适合中国国情的开采技术方案，完成海上试验系统的设计，并进行主要设备的研制。1998年5月大洋协会根据专家建议，确定增加《大洋多金属结核中试采矿系统湖试任务》，对采矿系统工艺技术和设备进行验证，提高工作的显示度。

“十五”期间，确定海上试验区，完成海上试验设备的制造与安装，在“十五”末期进行海上采矿试验。

5.2.2.2 “八五(1991—1995年)”期间基础研究

(1)研制出水力式和复合式两种集矿机的模型样机

“八五”期间，中国进行了水力式、机械式、水力机械复合式3种集矿机总体方案和采集、输送、行驶机构的工作原理、合理结构及工作参数的实验研究，解决了采集率高、含泥率低的集矿方法和车辆在稀软海底可行驶性等关键技术，研制成功了具有国际先进水平的水力式和水力机械复合式2种集矿模型机。参见图5.2-1至图5.2-4。

图5.2-1　集矿机试验大水池

图5.2-2　集矿头试验小水池

(2)优选出矿浆泵或清水泵水力管道提升两种扬矿方法

进行了大洋多金属结核物理力学特性研究及模拟结核试样的制作，矿浆管道提升(射流泵、潜水矿浆泵、清水泵、气力、轻介质)方法与机理、系统工艺参数试验及计算机仿真研究，扩大试验，筛选出潜水矿浆泵、清水泵2种提升系统方案。

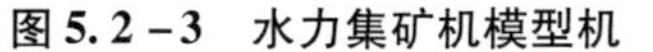

图5.2-3　水力集矿机模型机

图5.2-4　水力-机械复合集矿机模型机

(3)研究开发出两套分别用于水力和复合集矿模型机专用遥测遥控系统

(4)确定了中国采矿技术发展方向

确定了以"履带自行水力或复合式集矿机和矿浆泵或清水泵水力提升系统"为中国采矿技术的发展方向，制定出年产15万t的《大洋多金属结核采矿系统海上中试方案(指南)》和实施路线图。

(5)建立了大型集矿实验水池和30 m高的扬矿试验系统

建立的集矿机试验水池和30 m高扬矿试验系统如图5.2-5和图5.2-6所示。

图5.2-5　长沙矿山研究院集矿试验水池和扬矿试验塔架

5.2.2.3　"九五(1996—2000年)"期间扩大试验研究

(1)采矿系统关键技术的扩大试验研究取得突破性进展

①集矿子系统。

- 根据海底沉积物的土工力学特性，扩大了取样测试和原位测试的研究，取得了中国矿区沉积物的剪切强度和贯入阻力方面可贵的实用设计数据。
- 利用能量平衡原理，优化水力集矿头喷嘴的水力特性与水泵特性的匹配关系，提高了水力采集系统的能量利用率。
- 通过阿基米德螺旋行走机构(参见图5.2-7)与履带车模型机比较试验，验证了履带车在稀软海底沉积物上行驶的优越性。
- 对不同齿距、齿高和齿形的履带进行了牵引力和压陷深度的试验(参见图5.2-8)，为履带车的设计提供了可靠依据，并建立了履带车行驶动力学模型。
- 研制出破碎机排放大块或过硬物的机构，解决了系统卡塞难题，并研究了

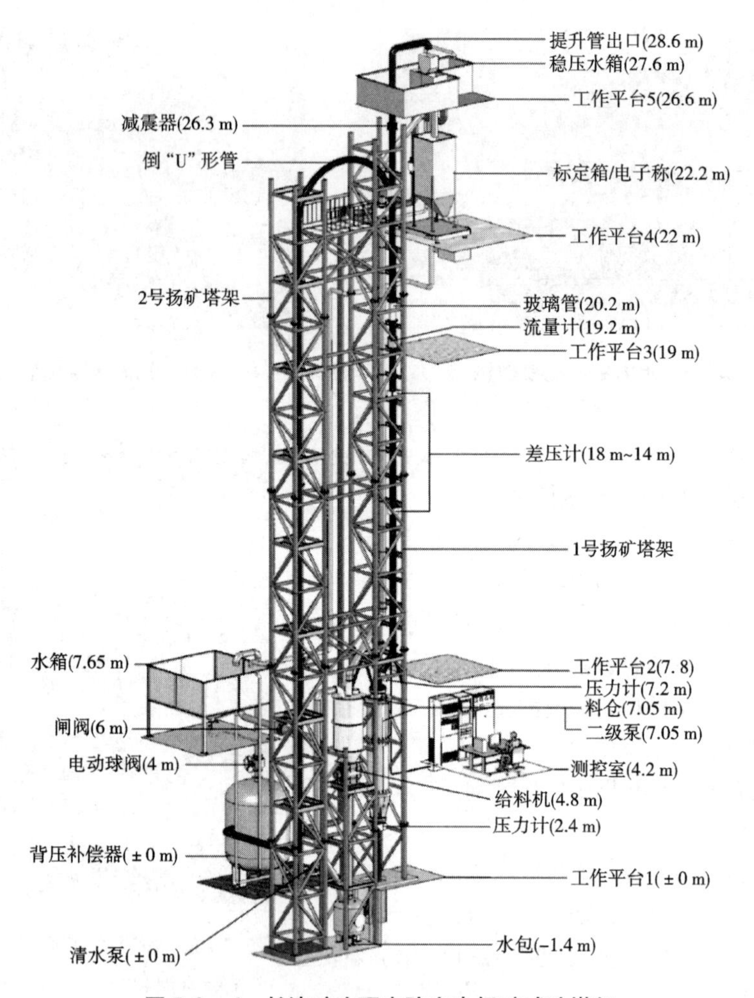

图 5.2-6　长沙矿冶研究院室内扬矿试验塔架

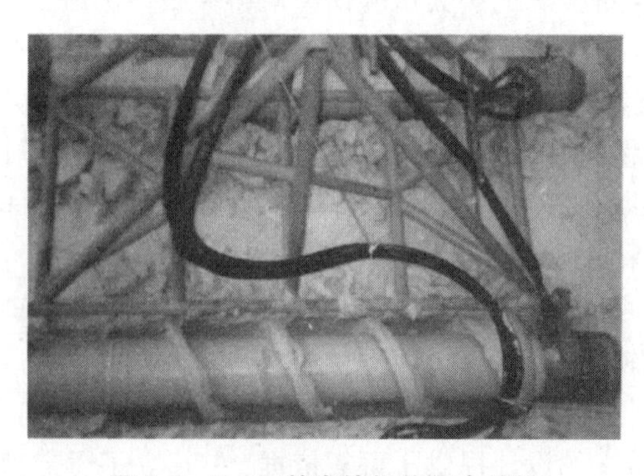

图 5.2-7　阿基米德螺旋行走机构

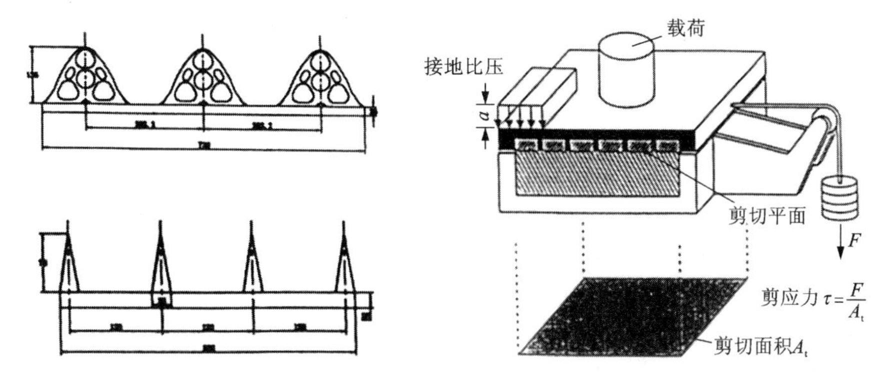

图5.2-8 不同履带齿压陷深度与牵引力试验

破碎机振动对车辆行驶的影响。

- 研究提出了把软管作为“梁”处理，考虑软管的拉、弯、扭和剪切力，建立了非线性大变形的空间“梁”数学模型，解决了软管对集矿机和中继舱的作用力和软管空间形态，以及集矿机相对中继舱的安全行驶区域的分析方法，这一方法得到了计算实例、模型实验和湖试验证，比过去采用“索”单元更符合实际。

②提升子系统。

- 硬管系统进行了垂直管、倾斜管水力提升参数扩大试验和提升管道升沉与摇摆对扬矿参数影响的试验研究，取得了系统工艺设计参数的依据，并修正了硬管二相流矿浆水力提升的总阻力坡降计算公式。

- 为中继舱研制出弹性叶片轮给料机，解决了给料卡堵、矿仓结拱、紧急排料等技术。

- 进行了实际尺寸软管对水平 -90° ~ +90°的倾斜输送试验和驼峰空间形态大曲率180°回转弯管输送试验，取得了不同倾角、输送速度和体积浓度的摩阻坡度值，并利用积分计算推演方法获得了空间曲线管路输送压力损失，有效地解决了管路运动状态下的输送参数计算问题。并研究建立了软管系统液-固耦合非线性动力学模型，为软管空间形态和受力分析奠定了基础。

- 建立了系统在各种实际采矿条件下的运动和受力状态及其变化的深海采矿中试系统数学、力学模型。基于非线性、大位移、小应变有限元技术，采用CR法(随体旋转法)，作非线性大位移和大旋转结构分析计算，给出整个管道系统形态的变化、管道系统任一点或任一单元处的作用力、运动轨迹和应力的变化历程。并在拖曳水池中对圆柱加1~3根不同分布角度的小圆管在定常流和振荡流条件下进行了流体动力系数试验，获得了各种组态定常流中圆柱加小圆管的阻力系数C_D、升力系数C_L、扭矩系数C_{MY}与雷诺数Re的关系曲线及振荡流中阻力系数C_D、质量系数C_m与K_C数的关系曲线。

③测控与动力系统。

• 研究确定了以罗盘导航和声学定位修正进行按预定开采路径行驶，电视和图像声呐辅助搜寻相邻轨迹与监测障碍的作业车行驶控制方式，并具有手动、半自动和自动控制功能，可根据观测的海底结核丰度和坡度调节车速。

• 研究开发出以模糊控制、神经元网络控制和专家智能决策相结合(包括速度环、方位环等)的自动直线行驶控制模型及算法，实验验证误差在5%左右。

• 研究确定了采用开放式集散系统(DCS)，分层数据总线和高速公路结构。系统最顶层以个人计算机为核心、intellution FIX模件为基础的船上控制中心，具有记录、显示和实时图像分析处理功能，实施信息的输入/输出、控制与水下设备的通讯；水下工作站为一具有数字量、模拟量处理能力的计算机控制系统，执行向车上测控设备提供低压交、直流电，采集水下传感器的信号，进行履带车行走速度的闭环控制，驱动所有传动装置，与船上控制系统通讯等功能。

• 研究确立了水下高压供电、水面低压侧软启动和控制的动力系统方案。解决了水下大功率设备体积大、费用高、可靠性低、维修不便等技术难题。

(2)优化了我国"海底履带自行水力集矿机采集—水力管道矿浆泵提升—海面采矿船支持"的深海采矿技术方案，完成了《中试采矿系统总体设计》(1999年1月)和《中试采矿系统技术设计》(2001年4月)

(3)水面支持系统及其水下设备收放系统完成了方案设计

提出了用排水量2万t的旧货船，加装首尾侧推动力定位系统，船中央设井架和月池，利用具有升沉补偿摇摆架的液压升降机吊放水下设备的方案。

(4)圆满完成了中试采矿系统的湖试

①1999年5月完成了"采矿系统湖试方案"的设计。

确定由中试集矿机及其控制系统、软管矿浆泵提升及其配套测控系统和满足试验要求的简易水面支持系统组成湖试系统。

②开展实质性国际技术合作，完成了海上中试集矿机样机的加工制造及湖试配套设备的研制。

以中方负责集矿机及其控制系统总体方案的设计、采矿专有技术装备的设计制造、监控软件的开发、发电与配电设备的设计和配套，外方负责液压系统、控制系统与检测仪表及通用配套软件平台的施工设计与制造、整机的集成调试为原则，与法国自动控制公司合作，历经一年时间，于2000年10月完成了整机制造和码头试验。同期，完成了湖试软管、浮力球与悬挂件的设计制造，以及矿浆泵的选型改造。

③2001年4—6月在长沙矿山研究院海洋采矿实验室进行了"湖试系统"的联调实验，打通了采矿工艺流程，系统运行正常，为湖试奠定了基础。

④2001年6月完成了湖试现场准备。

根据对扶仙湖底质剪切强度和承载能力的测试结果，选定了近似于深海底沉积物特性的试验区域。利用 750 试验场已有的船只进行了配套及改造，制订了试验大纲、操作规程和实施程序。7 月完成了试验区模拟结核(300 t)的铺撒。

⑤2001 年 8～9 月完成了湖试。达到了打通采矿系统工艺流程、考核设备运转情况、系统能从湖底采集模拟结核并输送到水面船上的目的，并进行了采矿试验对环境影响的调查和模拟结核铺撒效果的取样分析，以及水下机器人在采前与采后对湖底的观测。深海采矿技术取得了突破性进展，为“十五”浅海试验积累了宝贵经验、奠定了技术基础。

5. 2. 2. 4　“十五(2001—2005 年)”期间中试采矿系统 1 000 m 水深试验系统的制造、集成和海试

①完成了 1 000 m 海试系统的技术设计，制订了试验方案。

②进行了集矿机的改进和完善。

③完成了四级硬管提升泵和电动机的设计，制造出两级泵样机，通过了实验室试验。泵的外貌和特性曲线见图 5. 2 -9。

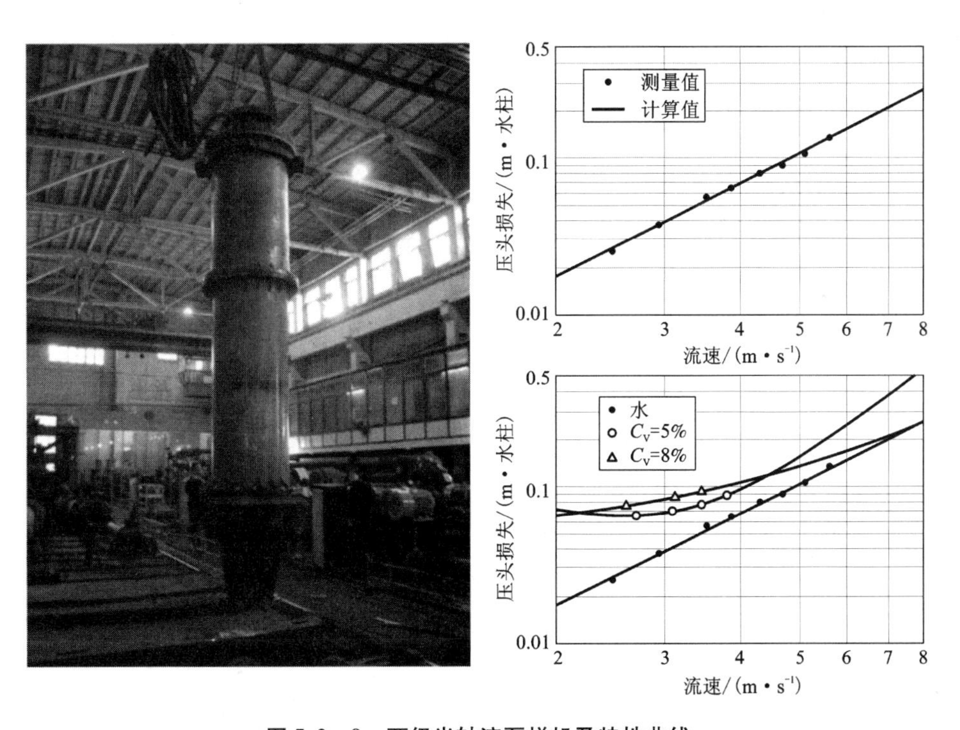

图 5. 2 -9　两级半轴流泵样机及特性曲线

④进行了海试采矿船的选型调研。

⑤进行了采矿系统虚拟现实的探索研究。

⑥富钴结壳剥离破碎方式的基础研究，特别是微地形变化探测和自适应技

术，研制出截齿滚筒切削机构模型，取得了一些结壳破碎方面的经验和数据。同时建立了各种行走方式的力学仿真模型，进行了可行驶性分析。

5.2.2.5 “十一五(2006—2010 年)”期间多金属结核、富钴结壳采矿系统转入关键技术基础研究和海底块状硫化物矿床开采概念研究

鉴于市场和经济分析，多金属结核和富钴结壳的开采遥遥无期，“十一五”期间多金属结核采矿系统海上中试停止，转入深海多种矿产资源开采技术的基础研究。重点进行了海底块状硫化物矿床开采系统的概念研究，包括滚筒式采掘头和步行式行驶装置原理试验，以及仿真模型研究。

5.3 多金属结核开采系统主要类型

多金属结核开采技术需解决的最基本问题是：如何把矿石从海底采集起来，然后将其运至海面。归纳起来，主要有 4 类基本采矿技术系统：拖斗采矿系统，连续索斗采矿系统(CLB)，往返潜水采运车系统，集矿机—流体提升采矿系统。到目前为止，后一种被世界公认为是最有应用前景的第一代采矿系统。

5.3.1 拖斗采矿系统

拖斗采矿系统由 3 个部分组成：采矿船，拖缆和拖斗，见图 5.3－1。拖斗上装有听音器和摄像机，监测拖斗工况。

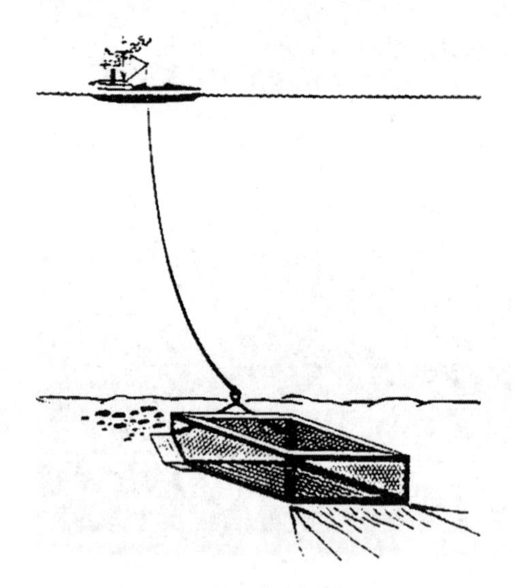

图 5.3－1　拖斗采矿系统

一般采用 2 000 t 级船，拖斗尺寸为 6 m × 3.7 m × 0.9 m，斗重 ≈ 3 t。若装满系数为 65%，物料密度 0.9 t/m^3，扣除 25% 废石，每斗可采集 10 t 结核。拖斗升降速度较慢(下降 3 m/s，提升 3.8 m/s)，若水深 1 500 m，提升速度为 7.6 m/s，需功率 2 900 kW，生产成本为每吨 18.4 美元。水深 3 000 m 时，提升速度一般为 3.8 m/s，生产成本达到每吨 30.6～41.2 美元。因此，这种方法不经济，加之拖斗在海底无法控制，资源大量丢失，没有商业开采应用价值。

5.3.2　连续索斗采矿系统(CLB)

该系统是日本人益田善雄于 1967 年提出的，工作原理是：在一根约 20 km 长的无极绳圈上，间隔一定距离固定铲斗，穿过一艘或两艘海面船上的滑轮，用摩擦传动循环运动，铲斗拖过海底采集结核矿石带到船上，见图 5.3－2。法国提出双船方式，两船间距达 1 000～2 000 m，以 0.01～0.3 节(18.5～92.5 m/n)速度拖曳相当于水深至少 3 倍的环行缆索，以解决拖缆缠绕问题和提高作业效率。试验证明，尽管这种系统具有结构简单、投资少、运转费低等优点，但是具有致命的缺点：铲斗和绳索易相互缠绕，而且铲斗在海底采集轨迹几乎无法控制，难以避开海底悬崖和障碍，造成采集率低(20%)，资源损失大，对海洋环境影响非常大等。因此，无法满足大洋采矿要求，已被世人所放弃。

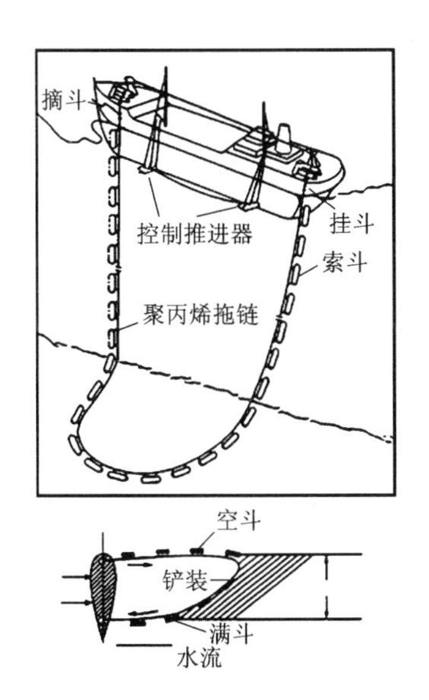

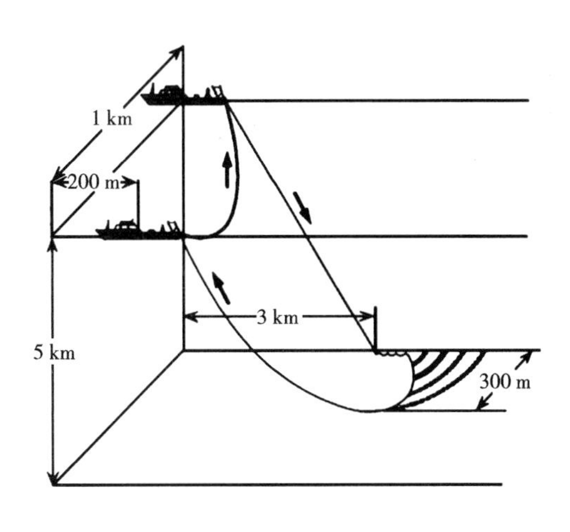

图 5.3－2　CLB 采矿系统

5.3.3　往返潜水采运车采矿系统

该系统是由法国大洋结核调查研究协会主持，于 1972 年开始研究的一种集矿和提升为一体的水下机器人采矿设备，见图 5.3－3。

5.3.3.1　工作原理

用浮力材料使水中自重为零的采运车，潜入海底时携带压载物，其水中重力等于即将采集的结核在水中的重力。由螺旋推进器产生的动力克服水动力阻力下潜，到达海底由阿基米德螺旋推进器驱动，前进集矿，同时抛弃等重量的压载物，在压载物全部抛弃前，停止采集，然后抛弃其余压载物，直至机体在水中的重量为零或略具浮力。在螺旋推进器的作用下，采运车升至海面，靠近海面半潜平台码头卸下结核，补充压载物再开始新一轮的采矿循环。

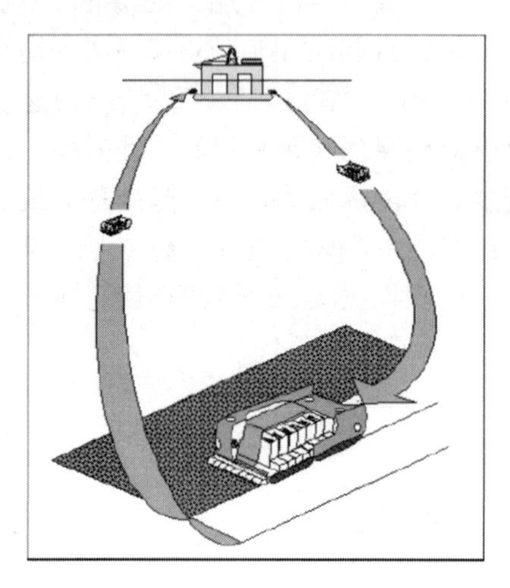

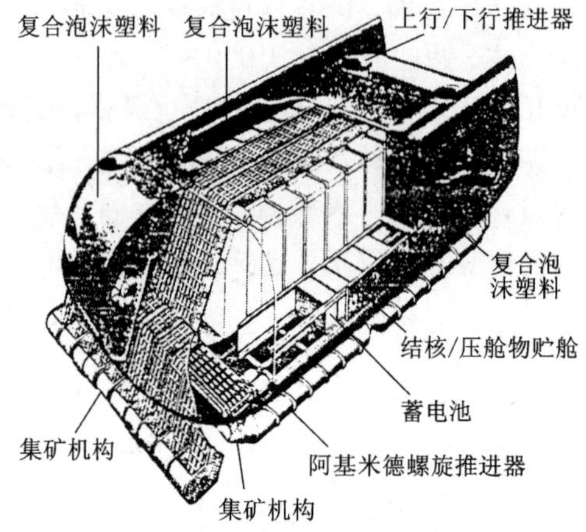

图 5.3-3　往返潜水采运车采矿系统

5.3.3.2　系统组成

系统由海面半潜平台和多台往返潜水采运车组成。每台采运车由海面平台通过声学系统控制。

(1)往返潜水采运车

主要组成部分：

- 结核/压载物存储仓。用于放置压载物和结核；
- 海底采矿行走机构。4 个独立驱动的阿基米德螺旋推进器，底盘每侧 2 个；
- 浮力件。用于平衡水中自重为零；
- 上升、下降和停泊推进器。用于提供上升、下降动力，控制高度和轨迹，实现起伏、摇摆和旋转，以及对补偿负载误差产生的水力不平衡进行调节；
- 集矿机构与分矿传送带；
- 电池动力源，安装在车的两侧；
- 导航、定位和遥测遥控单元。

设计采运能力为每天 3 次往返，每次采运结核 250 t。外形尺寸为 24 m × 12 m × 7.5 m，自重为 550 t。

(2)半潜海面平台

平台面积 100 m × 100 m，作业吃水深度 56 m，平台上有 6 万 t 结核或压载物容量，提供150～180人的服务设施。采运车在水面以下40 m的4个码头上停泊与下潜。卸矿、装载压载物和换电池均在水下进行。平台上配备有对采运车导航、定位和遥测遥控的系统。

5.3.3.3　试验和应用前景

这种系统只进行了小比例模型机实验室试验，未进行采集试验。其特点是机动灵活，对海底地形适应性好，回采损失小，一台机器出故障对系统生产能力影响甚小。但是，每台车8小时只能采运250 t结核矿石，还需从陆地运送大量压载废石，单机有可能丢失，必须具有回收失灵单机的方法，电池重量太重，技术难度很大，制造和运行费用高，用于商业的前景渺茫，在进行了第二代模型机PLA－2试验后，这一系统的研究被放弃。

5.3.4　集矿机－流体提升采矿系统

流体提升采矿系统是通过一根垂直提升管道借助流体上升动力将海底集矿机采集的结核提升到海面采矿船上。

5.3.4.1　流体提升系统

按提升动力可分为水力提升、气力提升、轻介质或重介质提升、链斗提升等。目前，国际上公认水力和气力管道提升最有应用前景。

(1)气力管道提升。

是将压缩空气在水下一定深度处注入提升管内，依靠海水与空气的比例变化，使管内上部混合物的比重变小，由管内、外的压差驱使提升管内流体运动，带动结核矿石克服三相流的摩擦阻力向上运动而将其提升到海面采矿船上，见图5.3－4。气力管道提升具有水下无运动部件、工艺简单可靠、空压机位于船上、维修和控制容易、寿命长等显著优点，因此国外海试最初都采用气力管道提升方式，如美国OMI和OMA海试采矿提升系统。但是，海试和实验室研究证明，其扬矿效率低，最大不超过20%，能耗(27 kW/h·t)比水力式(20 kW/h·t)高35%，而输送结核矿石的体积浓度最大只能达到10%左右，三相流控制困难，由于受空气注入管内产生的压力下降影响，管外作用着相当大的径向压力，从而使管壁厚、直径大、质量重，因此国际上提出的商业采矿系统设计中基本不采用此种方式。

(2)水力管道提升。

利用不同深度上的矿浆泵/清水泵/射流泵将海底集矿机采集的结核矿石与海水混合通过扬矿管提升到海面采矿船上，见图5.3－5。射流泵具有与气力泵提升同样的优点，但其扬矿效率更低，不到10%，而且需要多级射流泵串联运行，无实用价值；清水泵提升具有结核不通过泵、减少了泵的磨损、扬矿效率较高等优点，但海底给料装置复杂，可靠性相对较差，用于实践有相当大困难；矿浆泵提升具有工艺简单、工作相对可靠、扬矿效率高达50%以上等优点。因此，20 世纪 70 年代海试时，OMI、OMCO 公司均进行了矿浆泵提升系统试验，取得了较好效果。70 年代末日本也由 CLB 法转向矿浆泵提升系统的实验研究，80 年代末法国、德国、俄罗斯提出的商业采矿系统方案均采用矿浆泵方式。

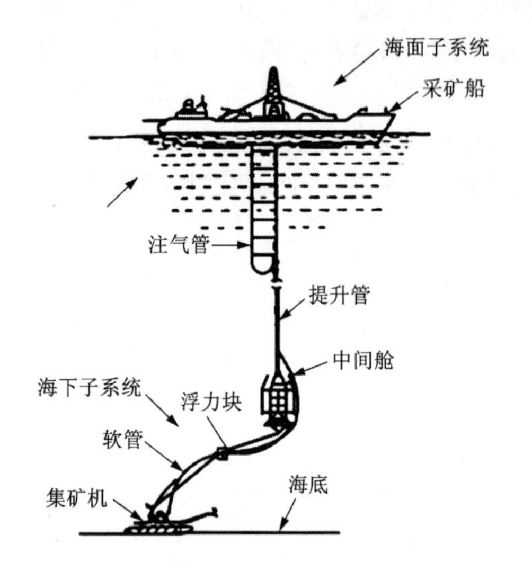

图 5.3－4　自行集矿机－气力提升采矿系统

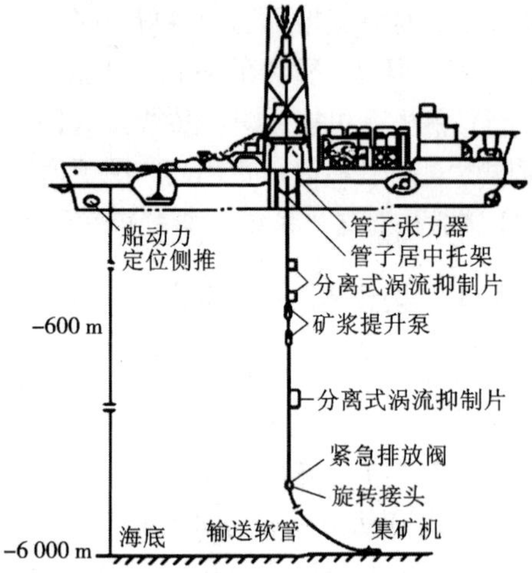

图 5.3－5　拖曳集矿机－矿浆泵水力提升

5.3.4.2　集矿机系统

采矿系统按集矿机行走方式分，主要有拖曳式和自行式两大类。

(1)拖曳式集矿机。由海面采矿船通过扬矿管牵引海底集矿机行驶来采集结核矿石。这种集矿机具有结构简单、对海底扰动和破坏小等显著优点，因此20 世纪 70 年代海试时，OMI、OMA 公司均采用拖曳式行走方式，见图 5.3－4。试验表明，拖曳式控制不便，不能准确地按预定开采路线行走，采集效率低，回采损失大，避障更困难。因此，几乎不可能用于工业试采，OMI 海上试验后也认为有必要转向遥控自行式集矿机。

(2)自行式集矿机。具有机动性好、避障容易、采集路径控制准确(±0.5 m)、回采率高、结核丰度变化时利用变速行驶保持产量相对恒定等突出优点。20 世纪 70 年代末海试时，OMCO 公司就采用了阿基米德螺旋自行式集矿机采矿系统，见图 5.3－5，这是一种较完备的海底采矿系统。尽管这种行走方式的设备特别是控制系统相对复杂，但随着现代微电子和航天、航海等相关技术的高速发展，其系统可靠性已不再是影响选用的决定因素了。因此，80 年代末法国、德国、俄罗斯提出的采矿系统均采用自行式行走方式，见图 5.3－6 和图 5.3－7。

综合分析国外的试验室研究、海试和方案设计可以得出结论，未来第一代商业采矿系统将是自行式集矿机水力管道提升采矿系统。

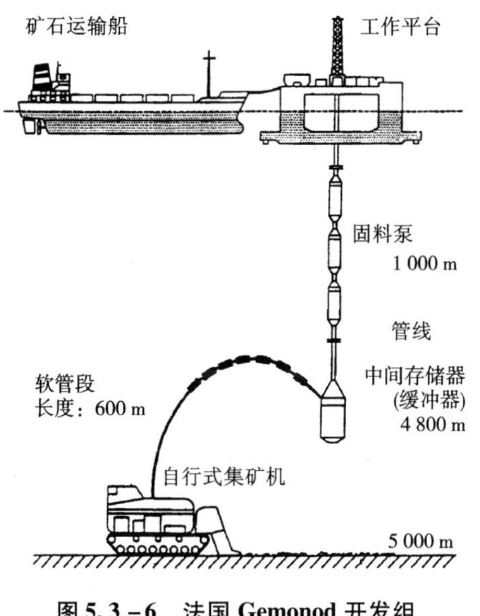

图 5.3－6　法国 Gemonod 开发组采矿系统概念图

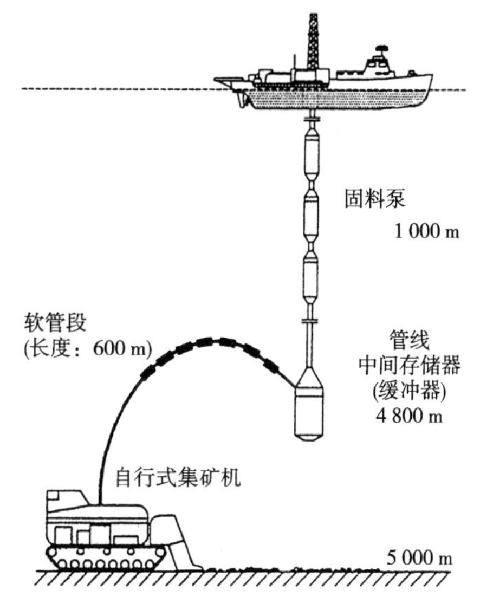

图 5.3－7　德国 Preussag 公司采矿系统概念图

5.4　国外 20 世纪 70 年代末多金属结核海试采矿系统实例

5.4.1　OMA 海试采矿系统

OMA 海试系统生产能力为商业生产系统的 1∶4～1∶5，由集矿机、提升系统、采矿船、测控系统和矿石转运与运输五部分组成。系统简图见图 5.4－1。

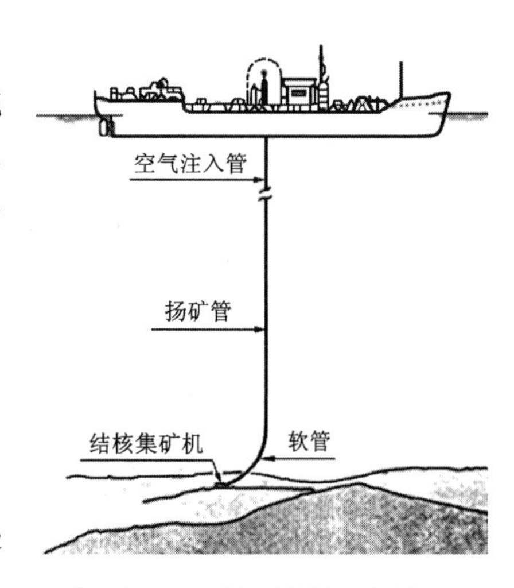

图 5.4－1　OMA 海试采矿系统

5.4.1.1　集矿机

该机的设计使用条件为：

作业水深　5 000 m

结核丰度　0～20 kg/m^2，平均 6.6 kg/m^2

结核粒径　约 14 cm

沉积物剪切强度　0.3～0.6 m，深处较高

攀过大块　1.2 m

越过台阶　1.8 m

回采能力　45 t/h

商业系统　连续运转60天无故障

集矿原理为利用轴流叶片泵、管道和扁吸口抽吸结核，如图5.4－2所示。样机是宽1.12 m的两组吸头结构，外形和结构分别见图5.4－3和图5.4－4。

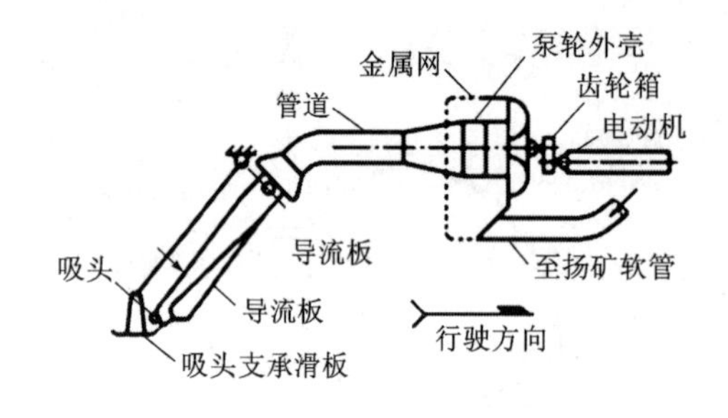

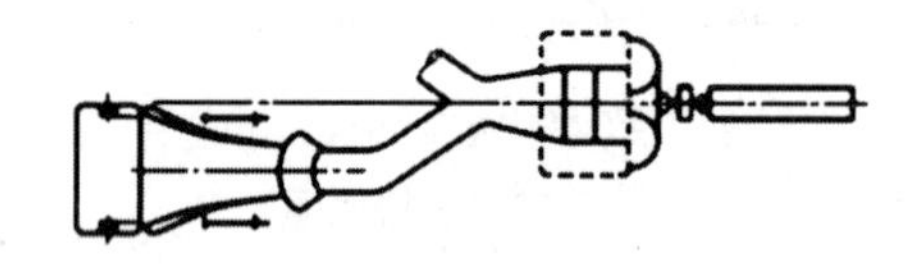

图5.4－2　OMA集矿机原理图

图5.4－3　OMA集矿机外形图

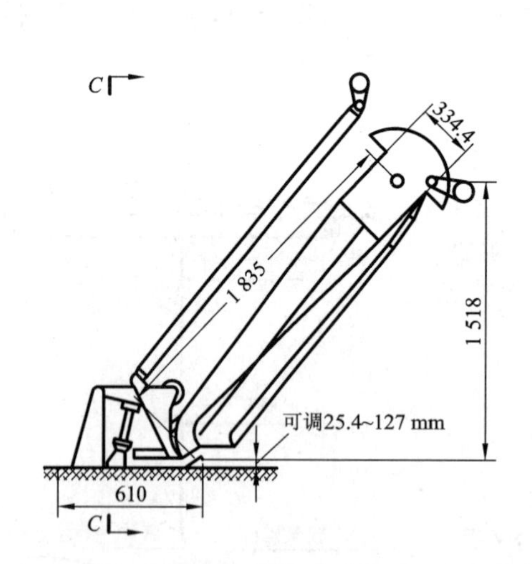

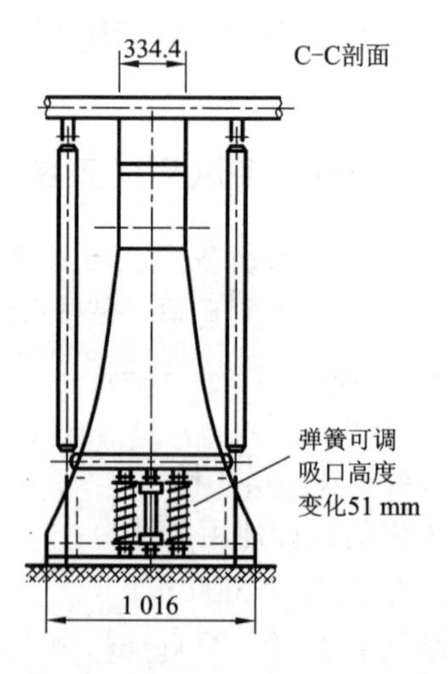

图5.4－4　OMA集矿头结构示意图

集矿机的外形尺寸为13.7 m×14.3 m×5.3 m(包括稳定翼7.6 m)，质量15.6 t。

5.4.1.2　提升系统

提升系统为气力提升，包括气泵、注气管、牵引钢管、软管及附件。提升系统参数为：最大生产能力 70 t/h，矿浆最低流速 3 m/s，最大滑移速度 0.84 m/s，最高期望浓度 20%，管底端内径 157.5 mm。

(1)气泵

空气通过一根内径 51 mm(2 英寸)钢管在约 2 316.5 m 处注入牵引提升管，用管卡每隔 2.5 m(8 英尺)卡在提升管上。使用双壁圆管向主管供气，在内筒壁上环形钻 300 个 4.8 mm 进气孔，目的是产生小气泡，形成和改善系统提升能力。最大供气量 118 m^3/min，空气压缩机排气压力 21 MPa，功率 895 kW(1 200 马力)。管线下部水流速度超过 5.2 m/s(仅气 - 水二相流时)。提升结核能力达到 25 t/h(设计能力为 45 t/h)。

(2)牵引扬矿管

牵引扬矿管尺寸和静拉应力分布见表 5.4 - 1。管道每节长 11 m，材料为 P110 号高强度钢，管底端内径根据生产能力、载体速度、结核滑移速度、体积浓度确定。

管体内表面有塑料衬里，外表面有锌氧化物涂层，分别防止结核磨损和海水腐蚀。

在管线上铰接有分流板，以消除流体动力引起的激振，参见前节图 5.3 -5。

表 5.4 -1　牵引扬矿管尺寸和静拉应力

序号	长度范围/m	内径/mm	外径/mm	节点号	深度/m	最大轴向拉力/MPa
1	44	241	298	1	0	107
2	154	243	273	2	44	206
3	112	213	244	3	198	206
4	176	214	244	4	318	204
5	220	217	244	5	494	204
6	241	191	219	6	713	202
7	296	194	219	7	955	199
8	318	168	194	8	1 251	196
9	307	172	194	9	1 569	193
10	230	157	178	10	1 876	192
11	208	159	178	11	2 107	192
12	205	159	178	12	2 315	173
13	33	1 592	232	13	4 367	-40
	合计 4 422			14	4 422	-45

(3)管接头

接头总数为 403 个，牵引扬矿管为卡箍型，材料为4300钢。空气管总长2 370

m，每节 10.4 m，内径 50 mm，螺纹连接，空气管接头见图 5.4－5。

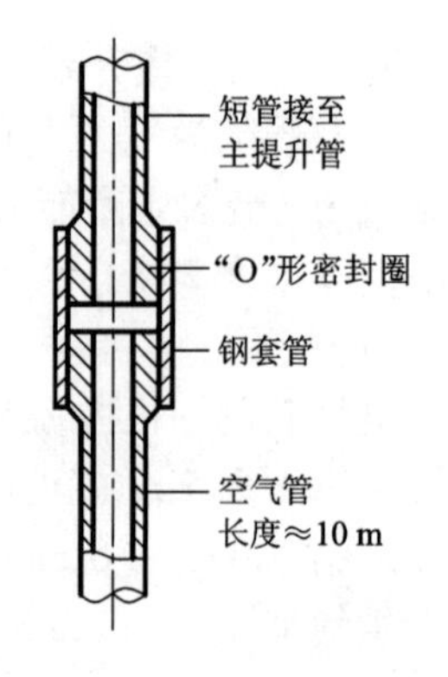

图 5.4－5　空气管接头

(4)牵引扬矿管的支承和接卸

为使船的升沉摇摆对提升管产生的弯矩和动载拉力降到最低，牵引扬矿管升降架中部铰接在甲板平面上的万向节座上。两个升降液压缸固定在万向架平台上，活塞杆向下与提升滑架下端的沿其滑移的卡管器相连，滑架底端设有固定导向卡管器，利用两个卡管器和液压缸的交替动作实现牵引扬矿管的升降，具有半自动和手动控制模式。同时利用主提升液压缸、储能器和设在甲板上的高压空气瓶实现牵引扬矿管的升沉补偿，系统承载能力 680 t，升沉补偿幅度 ±2.3 m，横摇 15°，纵摇 10°。这种补偿系统仅在拖曳时使用，牵引扬矿管升降作业时不能同时使用，见图 5.4－6。排管架见图 5.4－7。

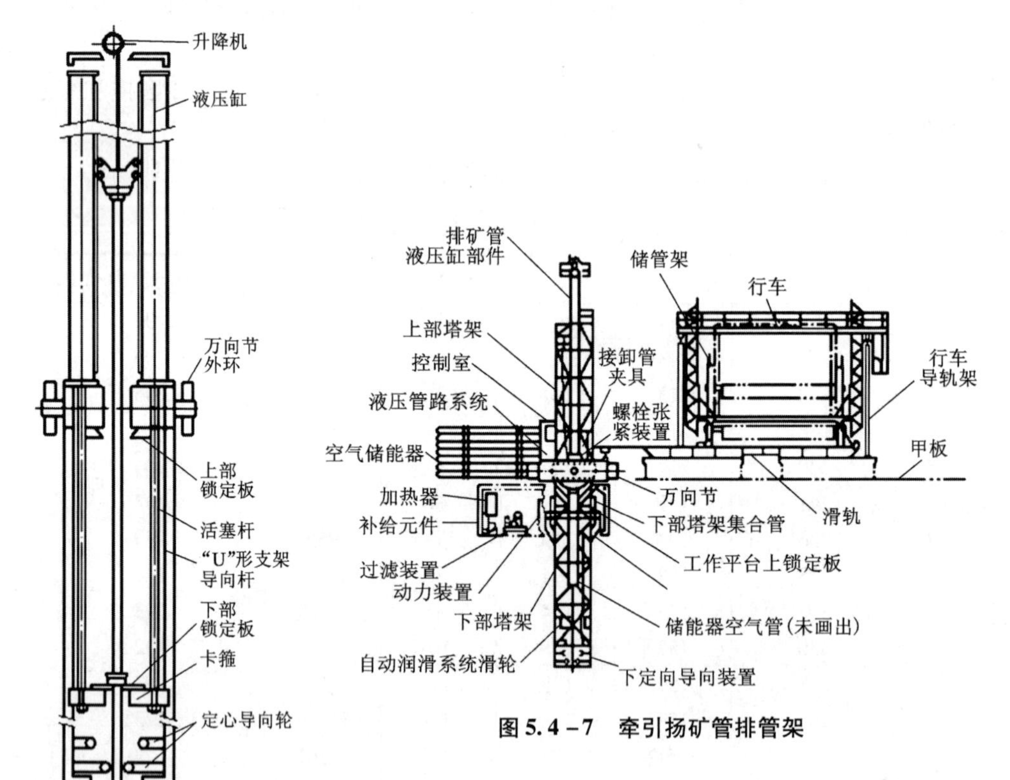

图 5.4－6　牵引扬矿管接卸和悬吊架

图 5.4－7　牵引扬矿管排管架

5.4.1.3　采矿船

OMA海试采矿船为深海采矿者Ⅱ号（R/V deepsea Minner Ⅱ），用长度170.7 m的2万t运矿船改造而成，见图5.4－8。改造前有3个货舱和9个舱口，基本配置为：双船底的单一甲板和海水压载舱，船中部的桥楼，船尾生活区。7缸柴油机直接传动固定螺距推进器，额定功率6 400 kW（8 570马力）。主要改造项目如下：

• 在主甲板前部安装2台970 kW（1 300马力）柴油机传动的6级往复空气压缩机（65 m^3/min，24.6 MPa），为气力提升泵提供高压空气。

• 在船中部开设下放采矿设备的井筒（亦称月池，长10.4 m，宽8.2 m），井筒内和上方安装承载能力454 t的提升管线的悬吊与接卸系统，并用万向节铰接在甲板面。上部吊架周围设有球形顶网格防风屏（直径16.8 m，高度21.3 m）。在领航室与井筒之间安装提升管存放架和搬运系统。见图5.4－7。

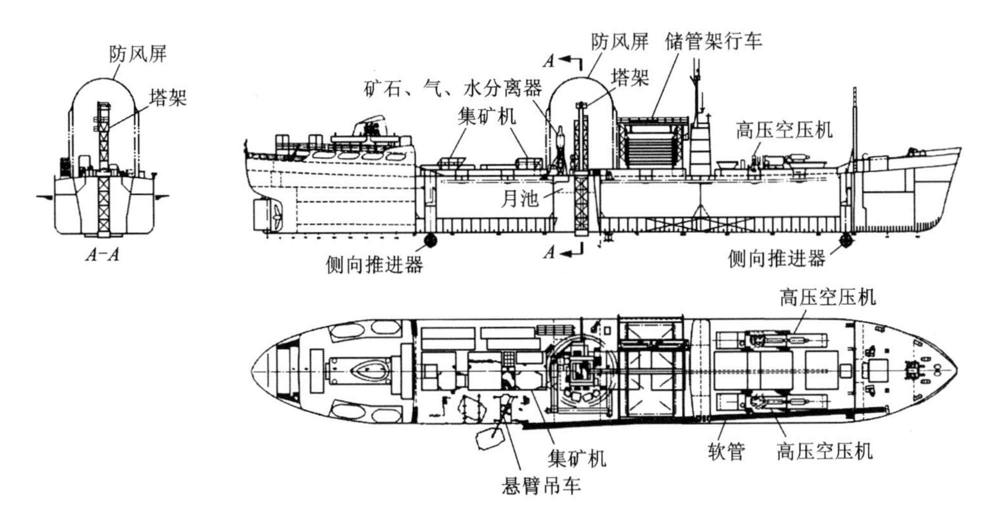

图5.4－8（a）　R/V deepsea Minner Ⅱ号采矿船甲板布置

• 拆除井筒右侧的原压舱水箱，改装成液压站，左舷设置维修间。在主甲板右舷安装布放与回收集矿机的液压起重机。

• 软管有3段，每段长76.2 m，储存在主甲板右舷的倾斜管架上，第一根与集矿机相连，另一端与钢管相连，用前甲板的系泊绞车下放。

• 在井筒后部设置结核－空气－水分离装置。

• 增设动力定位推进系统。包括2台950 kW（1 250马力）电动全回转可伸缩推进器，一台在前货舱前部，另一台在后货舱的后部。

图 5.4-8(b)　R/V deepsea Minner Ⅱ号采矿船外形

• 新系统由装在主甲板左舷的 3 台柴油发电机供电。2 台供推进器，1 台供采矿设备。

• 水下设备控制中心设在甲板上的集装箱内。配有导航、拖曳控制，数据采集与处理，信息显示系统。控制中心后面有一小型电子维修间。

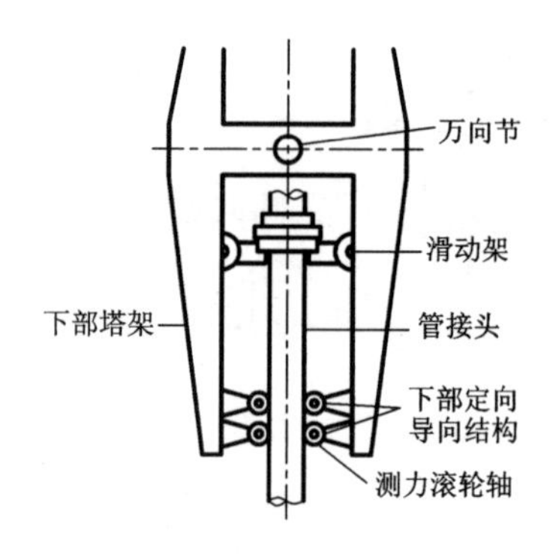

图 5.4-9　扬矿管应力监测系统

5.4.1.4　测控和仪表

测控和仪表主要包括集矿机控制，气力提升、牵引扬矿管线特性、悬吊系统和采矿船运动参数监测。

(1)集矿机

①供电。用两条电缆供电。主电缆向抽吸泵供 2 300 VAC 三相电，降压到 208 VAC 向液压站供电。主电缆中的 2 根导线传输 440 VAC 辅助电。集矿机上有 1 台 2 300/208 VAC、2 台 440/110 VAC 充油变压器和充油分电箱，满足所有用电需要。

②控制。根据海面控制指令选择仪器的所有开关均装在控制耐压密封筒内，主要有 5 个液压动作；集矿机与采矿船之间的控制指令和数据传输的编码与解码器则装在遥测耐压密封筒内。

③主要测量仪器见表 5.4-2。

表5.4-2 集矿机配置的主要测量仪器

名 称	用 途
高度声呐	精确测量集矿机着底时的离底高度
声发射器	测量集矿机对海底或船的相对位置
导航发射应答器	测定集矿机相对声学导航网络的位置
光学编码罗经	提供集矿机航向信息
角度传感器	测定拖缆对水平的倾斜角
测力传感器	测定拖曳力
摄像机	提供海底和拖曳状态图像。1台由海面控制的云台摄像机，另1台包括6盏深水电视照明灯和配重

(2)提升系统

提升系统配置的主要监测仪器见表5.4-3。

表5.4-3 提升系统设置的主要监测仪器

测量参数	仪 器 配 置
牵引扬矿管线应力	在9个位置设置应力测量系统，监测轴向、圆周、弯曲、扭转应力
管端应力	管顶端弯曲应力连续监测，见图5.4-9
扬矿管内流量和压力	在应力计位置布置压力计。管底和空气注入点各装1台多普勒流量计
管底位置	在管底端第一根管接头处安装12 kHz声发射器
牵引扬矿管线倾角	电位计倾角仪

5.4.2 OMCO海试采矿系统

OMCO海试采矿系统为自行集矿机-气力提升采矿系统，由水下系统和水面系统两大部分组成。水下部分包括集矿机、中继舱、连接集矿机与中继舱的柔性管；水面部分包括采矿船和水力或气力提升系统，参见图5.3-5和图5.4-10。该采矿系统为当时最先进的，采矿船迄今为止也是最好的，特别是水下设备的万向节悬吊与支承装置，以及具有升沉补偿装置的吊放系统能力强大，功能齐备。因此，将稍加详细介绍，以便读者能够借此了解采矿系统与采矿船的接口工程技术。

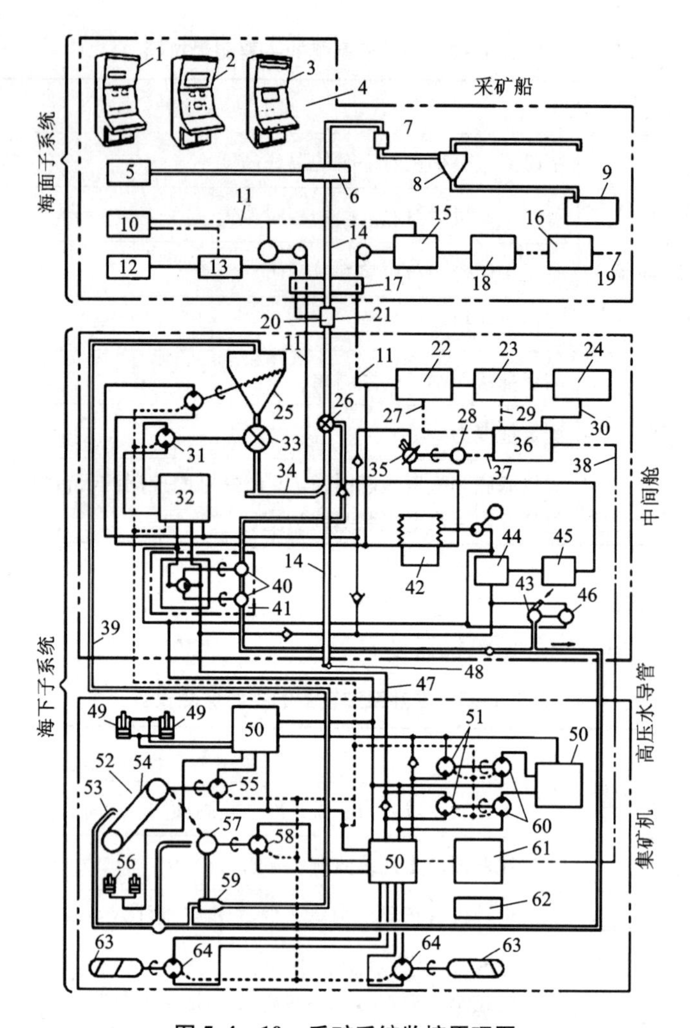

图 5.4－10　采矿系统监控原理图

1、2、3—控制台；4—集矿机控制中心；5—海水泵；6—高压水连接器；7—空气分离器；8—海水分离器；9—储矿舱；10—集矿机控制计算机系统；11—动力、控制和数据传输缆；12—空气压缩机；13—节气歧管；14—垂直提升管；15—电气滑环；16—断路器；17—滑环；18—变压器；19—电源母线；20—提升管接头；21—注气管；22—分电箱；23—低压变压器；24—高压变压器；25—锥形储矿料仓；26—转换阀；27—数据与指令缆；28—电动机；29—110V 单相电缆；30—440V 三相电缆；31—液压马达；32—液压阀箱；33—星型叶片给料机；34—给料机出矿管；35—液压泵（备用压力海水）；36—401 动力、控制和数据分接箱；37—电动机供电缆；38—脐带缆；39—集矿机送矿软管；40—水轮机；41—海水泵；42—充油压力补偿器；43—多极泵；44—液压泵；45—电动机；46—液压马达或电动机；47—软管连接系；48—挡板卸荷阀；49—起吊梁摆角液压缸；50—液压阀箱；51—液压马达；52—结核冲洗装置；53—冲洗水管；54—输送机；55—液压马达；56—输送机调角液压缸；57—破碎机；58—液压马达；59—射流泵；60—液压马达；61—配电箱；62—集矿机上电子控制耐压舱；63—阿基米德行走螺旋；64—单级齿轮传动行走液压马达

5. 4. 2. 1　集矿机

OMCO 海试集矿机外形见图 5. 4 – 11，结构见图 5. 4 – 12。

图 5. 4 – 11　OMCO 集矿机外形图

(1) 采集机构

采用可控角度和挖取深度的无极链带耙齿采集机构，见图 5. 4 – 13 至图 5. 4 – 15。主要结构特点：用支柱 155 调节耙取机构 132 插入海泥的深度；耙齿 163 和 165 之间的侧向间隙取决于采集结核的最小尺寸；利用液压缸 143 和固定在输送机架上的浮动滑板跟随地形保持插入深度在一定范围内；耙取的结核由链齿 185 向上输送，输送过程中用来自中继舱海水泵 326 的高压水冲洗脱泥；在输送带末端设有刮脱机构，使绝大部分结核掉入锤击式破碎机，破碎到选定的尺寸；然后由射流泵 142 输送到中间舱。

(2) 行驶机构

采用 2 个长阿基米德螺旋体行驶机构，见图 5. 4 – 16。每个螺旋由 2 台液压马达驱动(后部的备用)。为了控制集矿机对地比压，浮力材料装在螺旋筒内。附加浮力块用于调节浮力和机器重心。

(3) 集矿机的基本参数

集矿机的基本参数见表 5. 4 – 4。

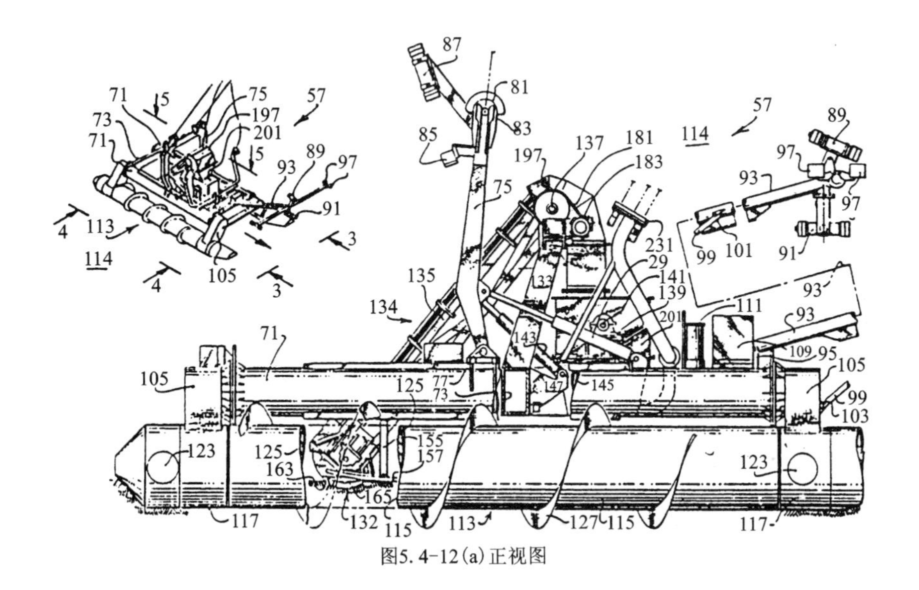

图5. 4-12(a)正视图

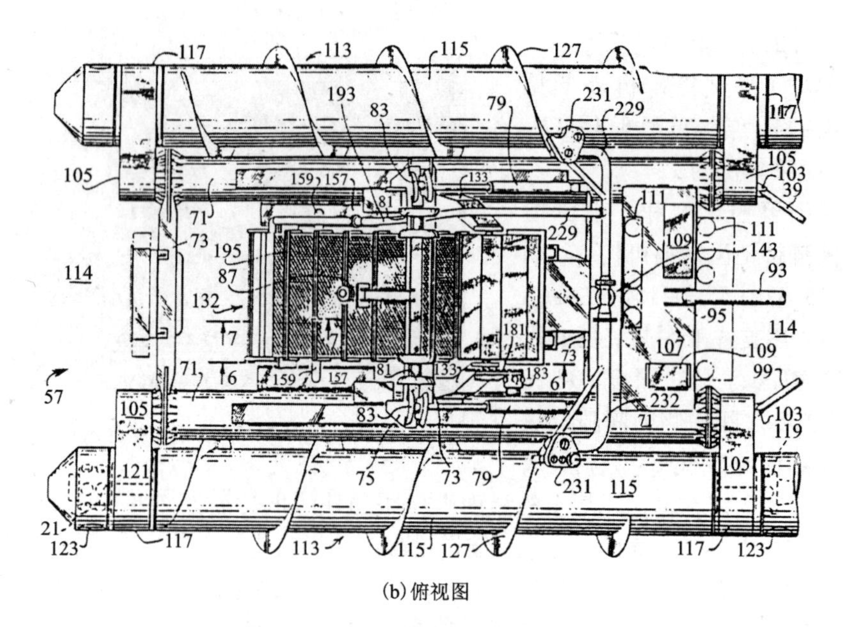

(b)俯视图

图 5.4－12　OMCO 集矿机结构图

87—后视摄像头；85、97—照明灯；135—输送机架；134—输送机；71—主纵梁；105—螺旋支撑架；123—检查孔盖板；117—行驶螺旋轴承箱；125—浮力材；163—耙齿；165—导入齿条；132—耙式采集机构；115—螺旋筒；157—采集头浮动滑板；155—纵向调整支柱；73—横梁；77—接头；113—行驶螺旋；143—液压缸；133—支架；75—摆动起吊架；197—导管；83—起吊孔；81—吊环；181—传动带；137—集矿头上铰接支点；183—输送带液压马达；147—凸缘；145—铰接轴；127—螺旋板；201—破碎机壳体；139—耳轴；141—破碎机主轴；79—起吊架摆动液压缸；231—出矿管接头；93—前伸臂；99—前伸臂撑杆；103、101—撑杆下铰支点；111—充油压力补偿缸；89、91—前视摄像头；109—液压阀箱；95—前伸臂铰支点 193、159—密封件；142—喷射泵；195—防护网罩；107—设备安装底板；232—管系；119—单级齿轮液压马达；121—直接传动液压马达

表 5.4－4　集矿机的基本参数

参　数		指　标	参　数	指　标
作业条件	作业水深	5 500 m	行驶速度	1～1.5 m/s，无极调节
	生产能力	300～400 万 t	轨迹误差	±0.5 m
	最低平均结核丰度	5 kg/m^2，变化	阿基米德螺旋尺寸	长度 9.14 m，外径 1.52 m
	结核粒径	—	越障能力	长度 3 m，高度 1 m 大块
采集宽度		10 m	总功率	—
采集方式		对船横向折反采集	外形尺寸	15.32 m×10.36 m×5.79 m
采集率		95%	质量	25 t

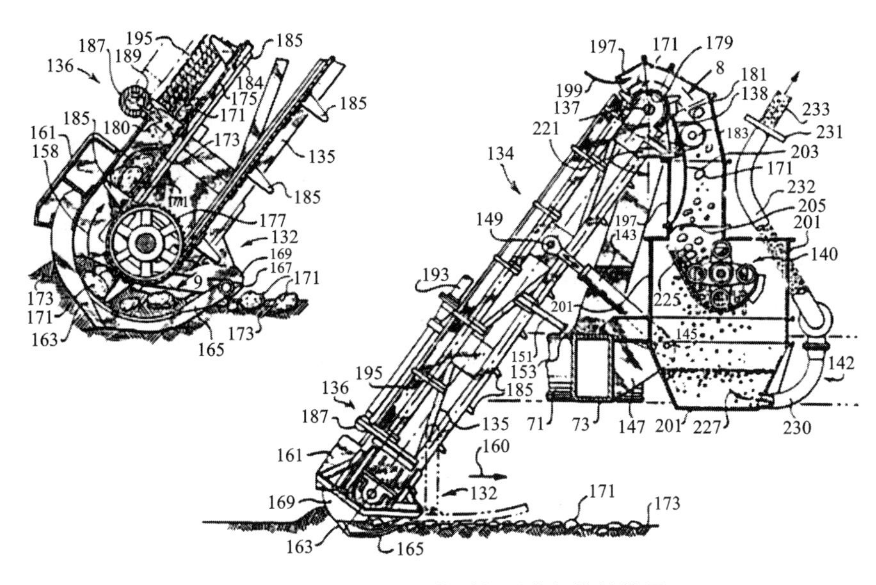

图 5.4-13　OMCO 集矿机采集机构结构图

197—结核导管；171—结核；179—上链轮；199—水流；181—传动带；137—上铰接支点；138—刮离装置；233—出矿管；221—输送带传动装置安装架；181—输送带驱动液压马达；231—出矿管接头；134—输送机；203、205—挠性件；232—管系；149、145—摆角缸上、下铰接点；201—破碎机壳体；143—摆角液压缸；140—破碎机；193—高压水管；225—孔板；151、153—摆角限位件；142—喷射泵；195—防护网罩；185—输送带齿；136—洗矿装置；187—歧管；135—输送机架；71—主纵梁；73—横梁；147—凸缘；227—结核回收方向；230—输送管；161—封闭盖板；169—侧挡板；132—耙式采集机构；173—海泥；189—喷嘴；175—输送带；180—冲洗水方向；158—输送机转动方向；163—耙齿；165—导入齿条；169—侧面连接板

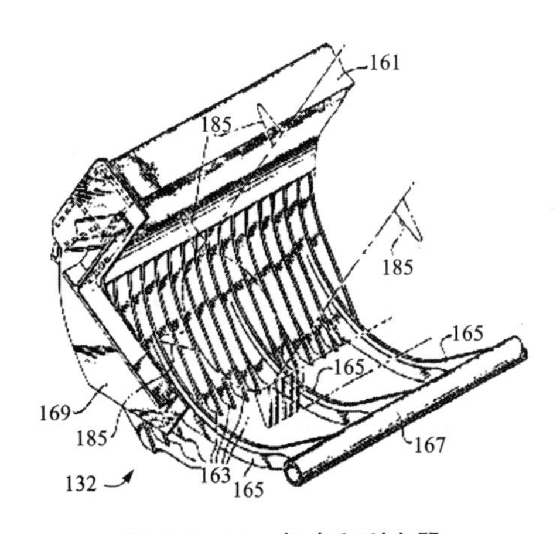

图 5.4-14　耙齿和刮离器

161—封闭框架；185—输送链带齿；169—侧面连接板；163—耙齿；167—管状杆；132—耙取机构

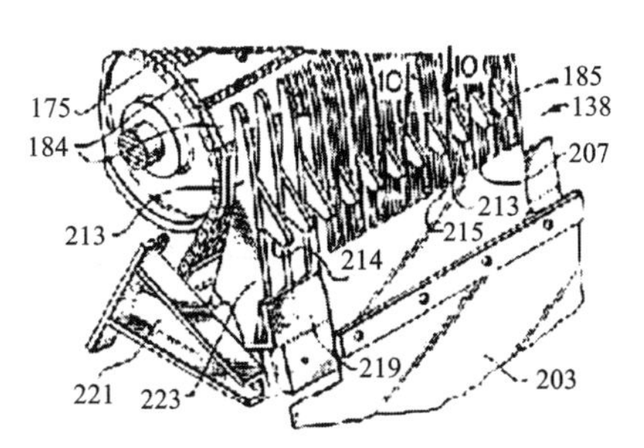

图 5.4-15　输送链带刮脱器

175—输送链带；184—横板条；185—链带输送齿；207—刮板；213—耙齿清洁齿；215—挡板；234—链带输送齿尖；219—间隔固定板；221—托架；223—支架外缘；203—挠性件

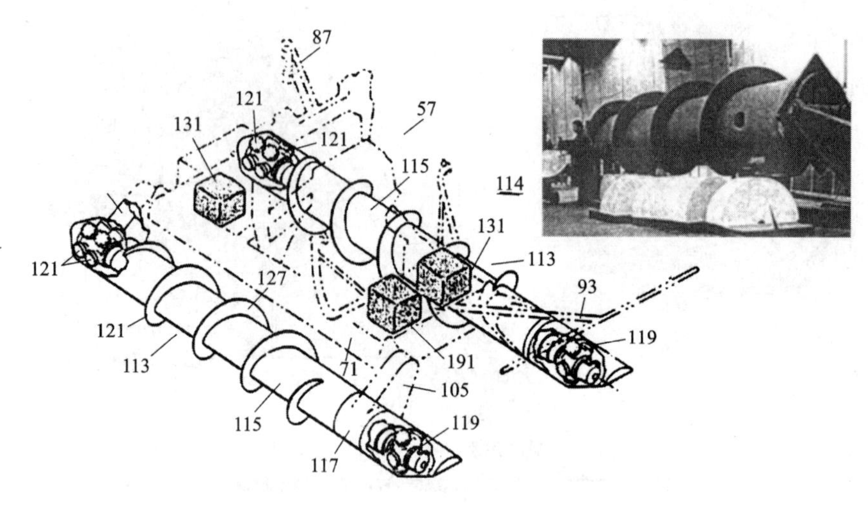

图 5.4-16 OMCO 集矿机行驶机构结构图

105—行驶螺旋支撑架；131—浮力件；121—直接传动液压马达；87—摄像头；127—螺旋板；113—行驶螺旋；115—螺旋筒体；71—主纵梁；117—螺旋轴承箱；93—前伸臂；119—单级齿轮液压马达

5.4.2.2 中继舱

中继舱主要功能：提供所有不必装在集矿机上的设备安装位置，使集矿机承载和牵引力最小，机动性好；储存来自集矿机的结核，以均匀速度向提升系统供矿，避免提升系统出现堵塞或流量波动。中继舱由储矿仓、可控速率叶片给料机、海水和液压泵站、电力与测控单元及其附件和机架等组成。结构见图 5.4-17。

主要结构特点：中继舱用万向节与垂直提升管相连，允许摆动 ±20°；通过过度段与软管连接系相连；机电设备位于下部，包括海水液压单元 315、油压单元（包括 760 kW 液压泵 313、过滤器 319、液压阀箱、充油压力补偿器 317）、2 台电力变压器和分电箱、电子部件耐压舱；给矿料斗，配有防结拱搅动装置；在导管 287 下面配有弹簧加载的卸荷阀 289，用于管内过压或提升系统故障时排放提升管内结核，避免堵管；中继舱外面设有围栏，用于回收时防撞。

5.4.2.3 软管连接系

软管连接系主要功能是隔离集矿机与中继舱之间的动载影响，缓冲地形变化和保证集矿机偏离中继舱中心一定范围自由行驶。主要由 2 条 127 mm 承载尼龙绳、浮力块、1 条脐带缆、1 条高压海水管、2 条液压油管及泄油管组成。结构特点是：浮力块保持软管系成“S”形；用分离杆固定管线，并有多个扎带；靠近集矿机的管线包有浮力环，避免缠绕到集矿机上。结构见图 5.4-18。

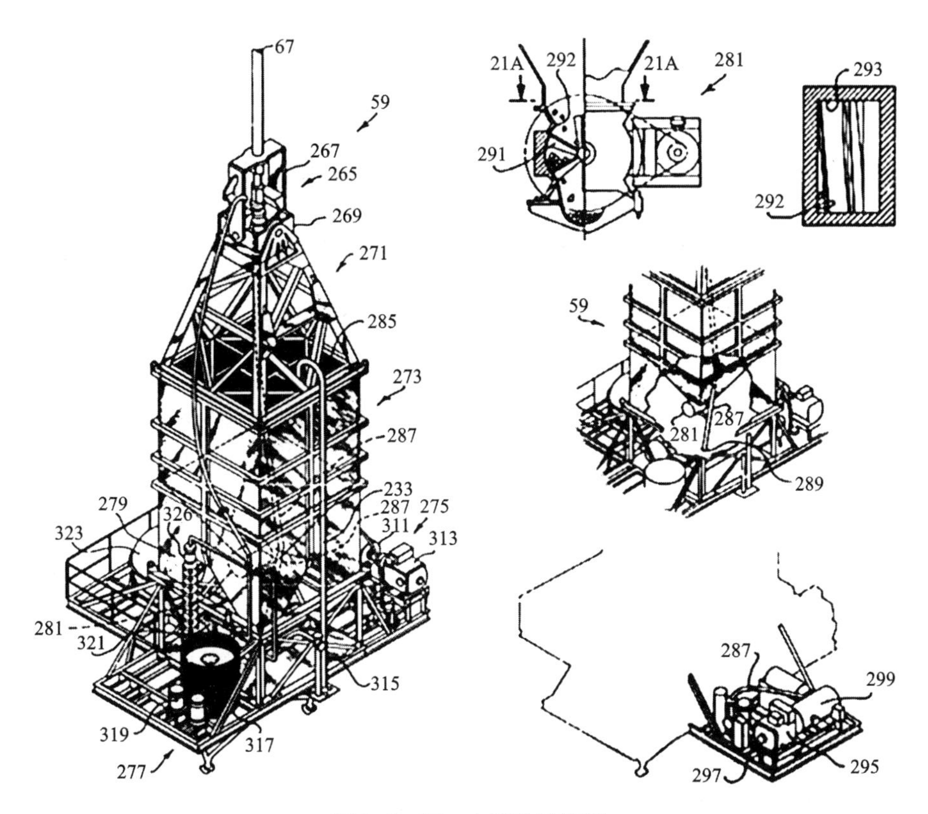

图 5.4-17　中继舱结构图

67—提升硬管；265—万向节；267—"U"形件；269—万向环；271—方锥吊架；285—金属网；273—储矿仓；287—离心泵出料管；233—储矿仓进料管；275—机电设备；311—液压泵电动机；313—液压泵；315—底架；317—充油压力补偿器；277—尼龙绳连接件；319—过滤器；321—护网；281—星轮叶片给料机；323—球形耐压舱；279—锥形给料斗；326—分级皮尔勒斯泵；291—星轮叶片；292—给料机圆筒壁；293—给料机筒侧壁；299—泵电动机；295—离心泵；297—离心泵吸入口

5.4.2.4　结核提升系统

气力提升系统及基本结构见图5.4-19。

(1)提升管线

管线总长5 182 m，每段长9.1 m，共有570个接头。管段内径为152 mm，为了使管线重量降到最低和满足强度要求，6个管体外径为39.4～32.4 cm，3个夹持接头直径为71.1～64.8 cm。每个夹持接头母螺纹端有一个平面支承肩台，作业时支承在升降"U"形支座上。管段两端夹持接头外圆径向有9条开槽，以便扭矩装置与上部升降"U"形支座啮合/分离，提升管及接头见图5.4-20。一般情况下，储存、搬运和接卸管以18.3 m长的双管段进行，每段重10.9～18.1 t，管线总重3 628 t，吊放5 182 m管线的全部端部载荷约为3 855 t。管材为锻钢，屈服

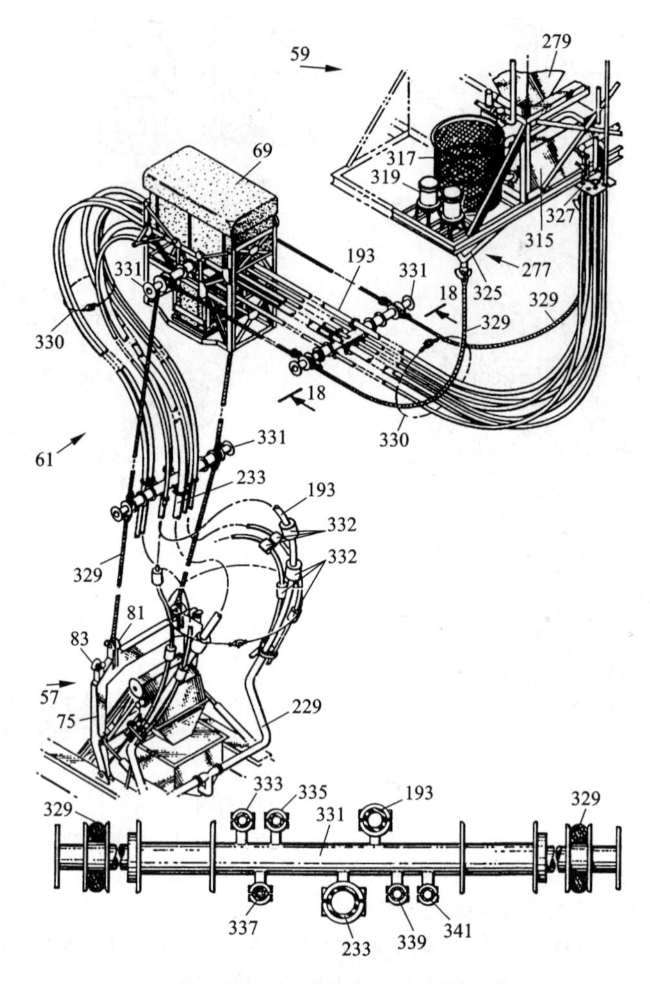

图 5.4－18　软管连接系结构图

279—锥形给料斗；317—充油压力补偿器；319—过滤器；315—海水液压泵组；327—管线托架；277—尼龙绳连接件；325—尼龙绳连接件；329—直径 127 mm 尼龙绳；331—管线分隔撑杆；193—高压水管；330—扎带；69—浮力块；233—结核输送管；332—浮力环；83—起吊孔；75—摆动起吊架；333—脐带缆；335、337、339、341—液压管

强度极限为 1 034 ~ 1 138 MPa，许用拉应力为 731 MPa，按海军大孔和短炮筒规范加工处理。选用大锥度锯齿螺纹，加工后在 10 884 t 专用试验机上以 88% 材料最低屈服强度进行拉伸试验。

(2)供气管线

压缩空气经压气管 301、分气管 310、进气连接装置 307 的进气通路 309 送入提升管内。进气管用管架 320 和夹紧件 324 固定在提升管接头 303 上。

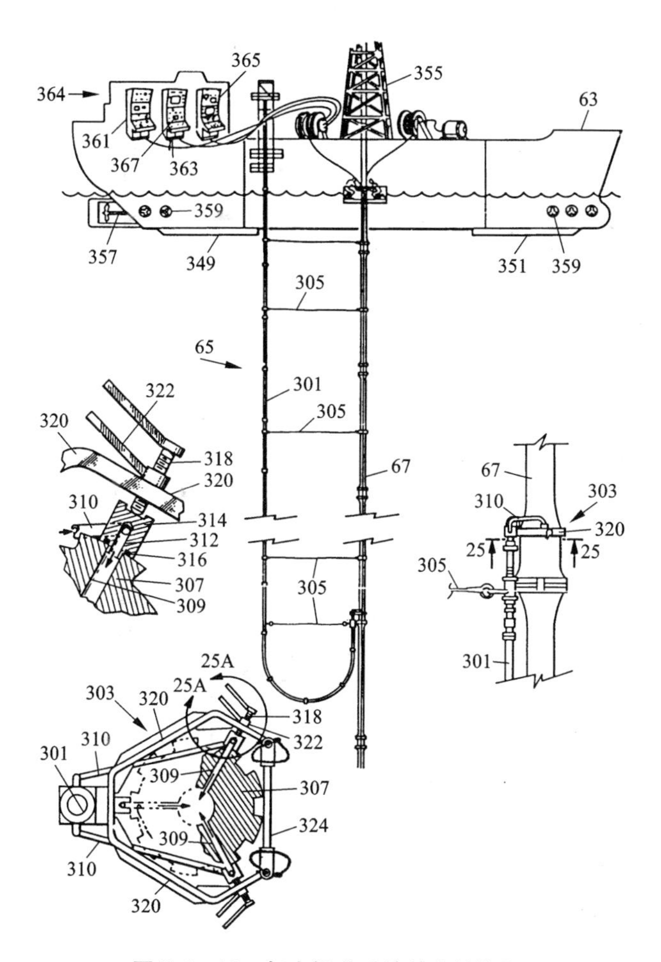

图 5.4-19 气力提升系统基本结构图

355—塔架；357—主推进器；359—侧向推进器；361、363、365—控制台；301—压气管；305—系绳；320—管架；322—锁紧螺母；318—锁紧螺钉；310—分气管；314—支撑；312—进气接头；316—密封件；307—压气注入连接装置；309—接头进气通路；303—提升管接头；324—管架夹紧件

图 5.4-20 扬矿管接头

5.4.2.5 采矿船

(1)基本性能

OMCO 租用美国海军打捞苏联核潜艇的“Glomar Explorer”号打捞船改装成采矿船，外观见图 5.4－21，布局和基本规格见图 5.4－22。该船于 1979 年在太平洋试采多金属结核后封存，到 1996 年改装成钻井船，更名为“GSF Explorer”号，拆去了为打捞任务专门设计的独特设备。这艘长 188.6 m、宽 35.3 m、排水量达 57 153 t 的动力定位船，有 5 台 3 654 kW(514 r/min 时)的 16 缸 Hordberg 型增压柴油机，驱动 5 台 3 500 kW 的 3 相交流发动机。

图 5.4－21　采矿船外观

输出电压为 4 160 VAC；主要供 6 台 1 640 kW 直流电动机直接驱动推进器，其工作电压为 700VDC，线电流 2 480 A，其中 2 台航行推进器在船尾平行布置，采用 4.6 m 直径的 3 桨叶螺旋桨，额定转速为 133 r/min，而动力定位侧向推进器为船首 3 台、船尾 2 台，采用 2.6 m 直径的 4 桨叶螺旋桨，额定转速 218 r/min，每台马达功率 1 305 kW(900 r/min 时)。船满载航速 10 节，最大耐风速 100 节，续航能力 100 天；配备有 178 张床位，以及包括 6 张病床、手术室和医疗器械的医院。这艘在太平洋 5 183 m 水深打捞 1 814 t 海底重物的工程船，专门配置了船中部具有 61 m×22 m×23 m 的中央月池和前后拉开的水密底门系统，用于下放和回收水下设备；月池上方设有高 81 m 的塔架，塔架底部配置提升或下放大尺寸重型水下设备的 6 350 t 液压举升系统、管线升沉补偿万向节平台；主甲板设有 5 182 m 长锥螺纹接头管线接卸转运系统，以及被打捞物体由管线进入月池的“转接立柱”系统，该立柱可向船底伸出 43 m，夹取重物，提升能力达到 3 869 t。此外，配备了海水液压驱动的管端夹钳，抓取力达 1 814 t，以克服海泥对打捞物的约束力。因此，为该船改造成采矿船提供了极好的技术基础。

船上除配备常规航海设备仪器外，还配备了大型起重机、吊放牵引绞车、复合缆收放绞车等。下面重点介绍对采矿系统极为重要的具有特色的升沉补偿吊放

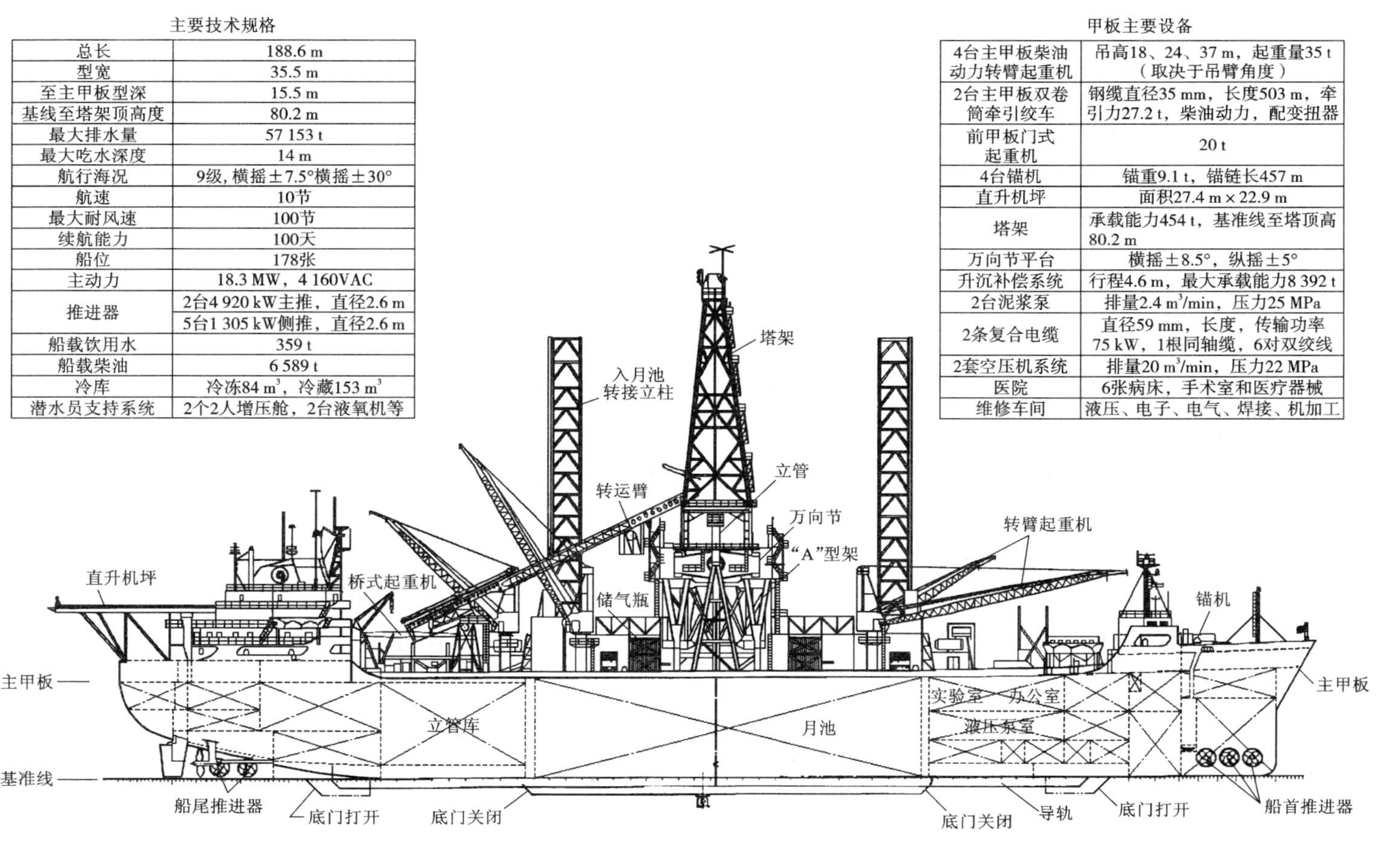

主要技术规格

总长	188.6 m
型宽	35.5 m
至主甲板型深	15.5 m
基线至塔架顶高度	80.2 m
最大排水量	57 153 t
最大吃水深度	14 m
航行海况	9级，横摇±7.5°横摇±30°
航速	10节
最大耐风速	100节
续航能力	100天
船位	178张
主动力	18.3 MW，4 160VAC
推进器	2台4 920 kW主推，直径2.6 m
	5台1 305 kW侧推，直径2.6 m
船载饮用水	359 t
船载柴油	6 589 t
冷库	冷冻84 m³，冷藏153 m³
潜水员支持系统	2个2人增压舱，2台液氧机等

甲板主要设备

4台主甲板柴油动力转臂起重机	吊高18、24、37 m，起重量35 t（取决于吊臂角度）
2台主甲板双卷筒牵引绞车	钢缆直径35 mm，长度503 m，牵引力27.2 t，柴油动力，配变扭器
前甲板门式起重机	20 t
4台锚机	锚重9.1 t，锚链长457 m
直升机坪	面积27.4 m×22.9 m
塔架	承载能力454 t，基准线至塔顶高80.2 m
万向节平台	横摇±8.5°，纵摇±5°
升沉补偿系统	行程4.6 m，最大承载能力8 392 t
2台泥浆泵	排量2.4 m³/min，压力25 MPa
2条复合电缆	直径59 mm，长度，传输功率75 kW，1根同轴缆，6对双绞线
2套空压机系统	排量20 m³/min，压力22 MPa
医院	6张病床，手术室和医疗器械
维修车间	液压、电子、电气、焊接、机加工

图 5.4－22　采矿船改装前布局和基本规格

系统和管线接卸转运系统。

(2)升沉摇摆补偿悬吊系统

该船具有最完备的升沉摇摆补偿悬吊系统，为提升系统与悬吊载荷提供稳定支撑。采用万向节平台确保由于船的摇摆运动引起的提升管线中弯曲载荷最小，采用液压/气动升沉补偿系统使由于船的升沉运动引起的提升管线中轴向动应力降到最低。万向节结构见图5.4－23，升沉补偿系统原理图、系统布置图、升沉补偿缸万向节轴承和液压缸结构见图5.4－24～图5.4－27，升沉补偿器控制系统框图见图5.4－28。

①万向节平台。

万向节平台由内万向(纵摇)环和外万向(横摇)环组成。外环为12.2 m×12.2 m的箱形焊接件，通过122 cm直径空心轴支撑在前后布置的升沉补偿器活塞顶部的"U"形支座上，在外径为2.4 m的3座圈轴承中实现平台的横向摇摆；内环为一"H"形焊接件，用2个122 cm直径的销轴从一侧伸到外环左舷和右舷侧面的类似轴承与外环连接，实现平台的纵摇。升沉补偿器活塞用横在月池上的A型架结构支撑。每个"U"形支座在A型架内侧的垂直导轨槽内保持万向节升沉(总行程4.6 m)。

内环与船的横摇、纵摇和升沉运动无关，是Glomar Explorer船稳定平台的核心。一对提升缸的上端装在内环上。在内环下面，一个箱形结构悬吊着支撑一对重型提升缸下端的支座。这个支撑环底板和提升管起重辅助基础结构也支撑在内环上。万向节系统能调节船与提升管之间的相对运动：升沉±2.283 6 m，横摇±8.5°，纵摇±5°。当这些运动有些过大时，减振系统保护机械结构和提升管。这种设备也能控制和保护万向节系统。

被动式液压/气动升沉补偿系统由安装在船中心线跨越月池的2个大型构架上的1 651 mm向上行程活塞构成的。万向节外环轴承在2个活塞的顶部。升沉运动补偿设计范围为±2.3 m，支撑在升沉补偿器活塞上的系统总重量为1 907 t。系统的弹簧率(对船运动的响应速度)可根据波浪力、船运动特性、平台运动、悬吊载荷大小和提升管线长度的不同加以调节。对于不同作业条件下的系统设计准则列于表5.4－5中。

a. 万向节结构。

如图5.4－23所示，万向节系统由5个主要子结构组成：万向节内环，万向节外环，万向节"U"形支座，机架和机架下部平台。万向节机架及其下部平台轴承和保护下部提升系统。机架下部平台用作下部一对重型提升缸和停车制动的底座。机架的光滑外侧提供纵向软制动配合表面。内环结构基本上是4 877 mm×9 144 mm×2 743 mm的箱式支架，每个拐角有纵向锥形箱式支架，支持上述的塔架底部结构。

表 5.4－5　升沉补偿万向节的设计和工作技术条件

工作状态	技术参数	指标
航行时	海况	9 级(暴风雨)
	风速	100 节
	船纵摇双倍幅度和周期	15°, 8.1 s
	船横摇双倍幅度和周期	60°, 11.5 s
	船升沉加速度	0.12 g
	稳定平台	锁住
	提升系统	不工作
收放水下设备时	海况	4 级 (海浪 1.52 m, 浪涌 1.22 m)
	风速	20 节
	船纵摇两倍幅度和周期	4°, 9 s
	船横摇两倍幅度和周期	4°, 11 s
	船升沉两倍幅度和周期	1.524 m, 8.8 s
	稳定平台	万向节锁住
	提升系统	4536 t
升沉摇摆系统工作	海况	5 级 (海浪 2.44 m, 浪涌 3.66 m)
	风速	25 节
	船纵摇两倍幅度和周期	8°, 7.5 s
	船横摇两倍幅度和周期	15°, 15.3 s
	船升沉两倍幅度和周期	5.18 m, 7.5 s

工作状态	技术参数	指标
升沉摇摆系统工作	稳定平台 万向节纵摇两倍幅度 万向节横摇两倍幅度 升沉补偿双倍幅度 升沉补偿变动负载	不锁住 6° 7° 3.05 m, 行程 4.57 m 8 391.6 t
	提升系统 变动负载(静负载＋动负载, 最大值) 性能负载(最大值)	工作 6 350.4 t 6 350.4 t (在 1.83 m/s 时)
静止不动/刹车上的负载	海况	6 级 (海浪 3.66 m, 浪涌 5.49 m)
	风速	50 节
	船纵摇两倍幅度和周期	15°, 7.7 s
	船横摇两倍幅度和周期	22°, 15.8 s
	船升沉两倍幅度和周期	9.75 m, 7.7 s
	稳定平台	不锁住
	万向节纵摇两倍幅度	10°
	万向节横摇两倍幅度	17.2°
	升沉补偿幅度	±2.13 m, 行程 4.57 m
	升沉补偿变动负载	9 072 t
	提升系统	不工作 (刹车负载)

外环是箱式梁组成的矩形环。每个梁制成重型加强结构，宽 1 219 mm，高 2 743 mm，中心高度达 3 962 mm。锥形结构对于运动间隙是必要的，并在万向节大型轴承座处提供额外的区段。这些大型轴承座确保万向节轴承在载荷下不会变扁。外环船头船尾梁跨骑并通过 2 个纵摇轴销与“U”形支座连接。“U”形支座通过大型弹性轴承装在升沉补偿缸活塞的顶部。每个“U”形支座内侧拐角处为 4 套青铜滑块垫片支承，在 A 型机架垂直导向槽内滑动。滑块垫片支承将侧向、前向

和后向载荷传给 A 型机架导轨。这些垫片和升沉补偿器活塞只连接在万向节移动系统与船的固定结构之间。滑块垫片还安装在弹性垫片上，提供在载荷下与导轨配合表面较好的调准。为了减轻在船上支承甲板以上约 18.3 m 的大重量，所有这些结构，除万向节“U”形支座外，都是用 HY-100 高强度钢焊接而成，HY-100 提供良好的韧性和优良的疲劳性质，而万向节“U”形支座是由 ABS 高强度钢焊接。

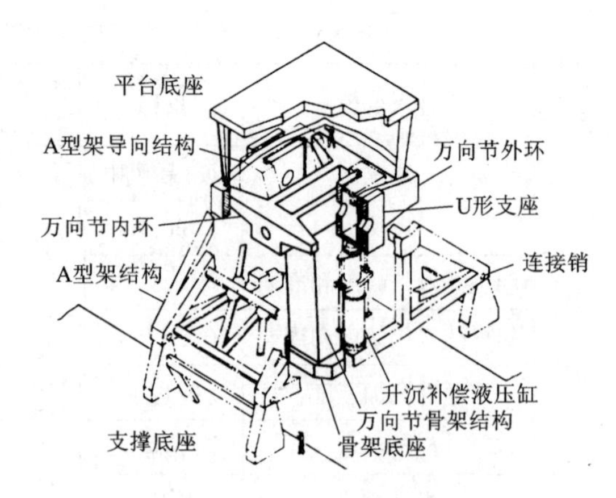

图 5.4-23 万向节结构图

因为这些单元的设计应力高，在制造过程中遵循严格的质量控制过程。每个结构焊接后都要进行 X 射线、超声波和磁粉探伤。其主要子结构消除应力。消除应力之后，重做焊缝磁粉探伤。

影响万向节结构设计主要有三个因素。第一，位于机架底部平台顶部和万向节内环顶部的重型提升缸外壳尺寸和工作行程，规定的整个结构垂直尺寸。机架结构的尺寸尽可能窄，为下部液压缸上方“U”形支座行程提供间隙；第二，结构间隙必须设计得保证万向节需要的运动；第三，最重要的，决定结构型式和几何形状时考虑的静态和动态载荷。结构设计还要考虑载荷下影响万向节轴承同轴性的偏斜。万向节结构的结构分析用“STARDYNE”程序进行。

b. A 型机架/万向节支承系统。

A 型机架结构是支承整个万向节结构重量和管线载荷的基础，提供升沉运动的导轨组。A 型机架为跨越月池的主结构的横向形状，由 2 个主跨组成。锥形箱式梁柱状万向节的“U”形支座导轨结构支承在 A 型机架上。2 个 A 型机架主跨由纵向、对角线和水平构架连接。在 2 个弦杆的每个拐角处拼成支承升沉补偿缸的底座。另外，A 型机架及其机械甲板通常有许多液压和机械支持系统。在每个主跨的末端是 A 型机架与从船甲板抬高的支承底座连接的销轴。A 型机架结构是用 ASTM-A 537 级别 2 钢制作。所有焊缝用 X 射线、超声波和磁粉探伤。

A 型机架是万向节系统整体的一部分，因此必须一体化设计。万向节系统的运动在设计结构的几何形状中起重要作用。与万向节外环类似，对 A 型机架万向节“U”形支座导轨有特殊的横向和轴向载荷要求。例如，朝向船尾的万向节轴承设计在前后方向提供 12.7 mm 的自由行程。这意味着在朝向船尾导轨感受到任何轴向载荷前，正常工作载荷将使导轨结构在前后方向向前偏斜达 12.7 mm。这能使导轨结构分担特别设计的轴向载荷(908 t)。在这种情况下，导轨结构的偏斜被限制在 76.2 mm，与升沉补偿器活塞弹性支承限制一致。

为了分析起见，整个 A 型机架结构建模，并输入到"STARDYNE"程序。另外，为了局部应力分析，各子结构详细建模。

c. 万向节轴承系。

万向节纵横摇轴承用于在预期的高载荷和循环运动使用条件下，使摩擦力最小，提供自调整能力和长寿命。摩擦力必须足够小，使提升管的弯曲和疲劳损坏最低。考虑到制造公差和使用中结构偏斜，自矫正能力是必须的。修理或重装轴承的困难和费用，使轴承的寿命与船的经济寿命相当是必要的。

4 个轴承组件整合在万向节外环结构中，如图 5.4－24 所示。主轴承为专门开发的 FAG 型 3 座圈轴承(见图 5.4－25)。这个外径 2.4 m 轴承额定静载荷为：径向 4 540 t，轴向载荷 908 t。它们是当时世界上最重的轴承(15.9 t)。轴承由 2 个滚道构成。双排球形外滚道提供 1.5°角度误差的调节量。双排圆柱形内滚道

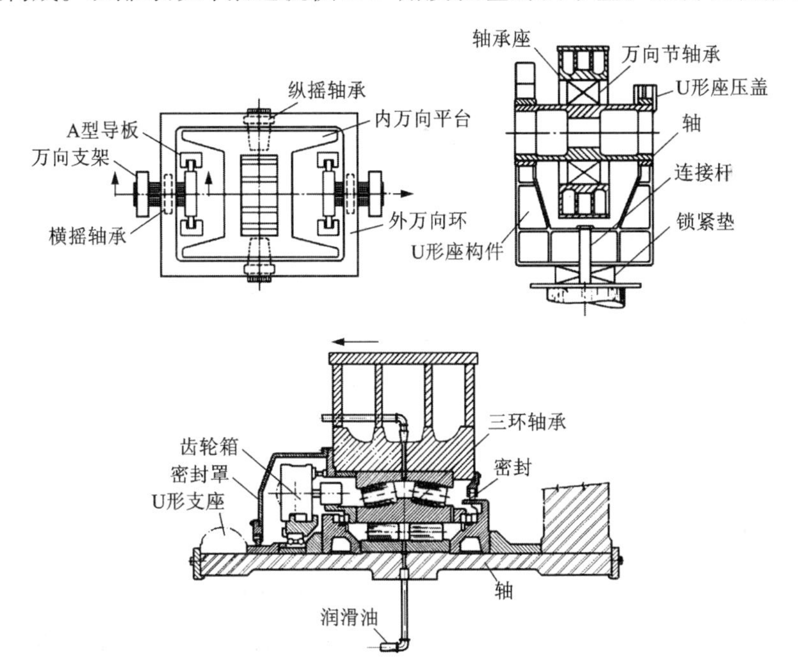

图 5.4－24 万向节轴承配置

允许 50.8 mm 的轴向调节量。纵摇轴上的轴向载荷只由位于右舷纵摇轴承内滚道上的一对推力轴承承受，与图 5.4－24 所示类似。左舷轴承在圆柱形内滚道上自由轴向滑动，适应制造公差和结构偏差。前后横摇轴承组件由一对推力轴承组成，但船尾向推力轴承，在传递载荷之前允许 ±12.7 mm 轴向浮动。为了确保期

望的摩擦力特性、磨蚀最轻和磨损最小，要保持轴承滚子持续旋转。这是由驱动3座圈轴承中间环实现的（见图5.4－25）。每对轴承的旋转方向相反，以尽可能多地抵消每个万向节轴上的驱动摩擦力。油池装在每个轴承箱周围，轴承下部浸入油中。润滑油用位于万向节外环靠近轴承箱的泵单元提供，由齿轮箱驱动通过轴承上部向下连续循环。即使在港口内，仍需每天监测过滤器、温度和压力。重型提升控制中心遥测指示器板提供轴承关键元件的状态数据。

图5.4－25 FAG型3座圈万向节轴承

d. 万向节软止动挡块和锁定系统。

万向节软止动挡块和锁定系统用于保护结构和提升管，如果发生万向节运动过度则用减震保护；锁定或松开万向节系统由插入/拔出锁销实现，在锁定/解锁过程中万向节系统定位；船航行时安全锁定万向节系统。

软止动挡块和锁定液压缸的实际布置示于图5.4－26和图5.4－27中。纵摇软止动挡块和锁定销的作用是在万向节内外环之间。因此，在远洋中万向节纵摇被锁定情况下，升沉补偿缸可充分起作用。另一方面，横摇软止动挡块和锁定销的作用是在万向节机架结构、万向节外环和A型机架之间。因此，万向节横摇锁定和解锁只能在升沉补偿器行程的底部或顶部固定不动时才能进行。

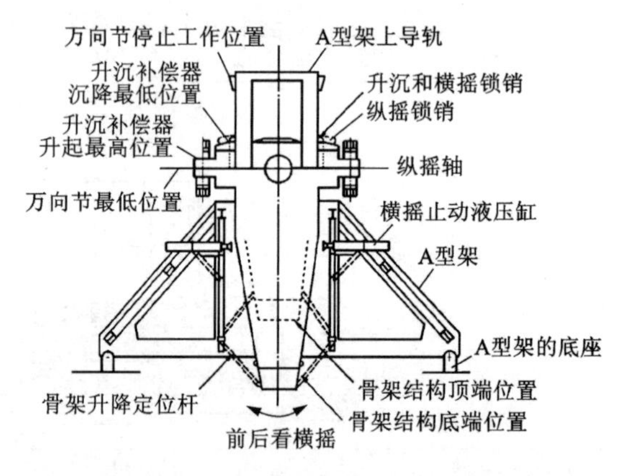

图5.4－26 万向节软止动挡块和前后看锁定装置

当减震器工作时，软止动缸杆保持在伸出几十厘米的位置。这能使万向节在未接触软止动挡块之前，自由纵摇摆动±4.0°，横摇±7.0°。仅在发生万向节角度过大时，软止动挡块才与万向节接触。因此，在正常工作中，万向节与支承结构没有使万向节受约束和提升管可能断裂的机械连接。最后的1.5°摆动是由接触万向节内环平台上的一对软止动缸缓冲的。4个横摇和升沉锁销用于保护和支承万向节 A 型机架导轨。锁销安全保持器可防止锁销滑出。

软止动监视器控制站也位于 A 型机架机械甲板上和重型提升控制室内，另外，控制站位于万向节外环上。监视器面板提供系统关键元件的状态。这些站还提供系统应急操作装置。

②升沉补偿系统。

升沉补偿系统主要由升沉补偿缸、2 台空气压缩机、液压泵站、载荷平衡同步缸、万向节“U”形支座滑块润滑系统和控制系统构成。

a. 升沉补偿器和高压空气系统。

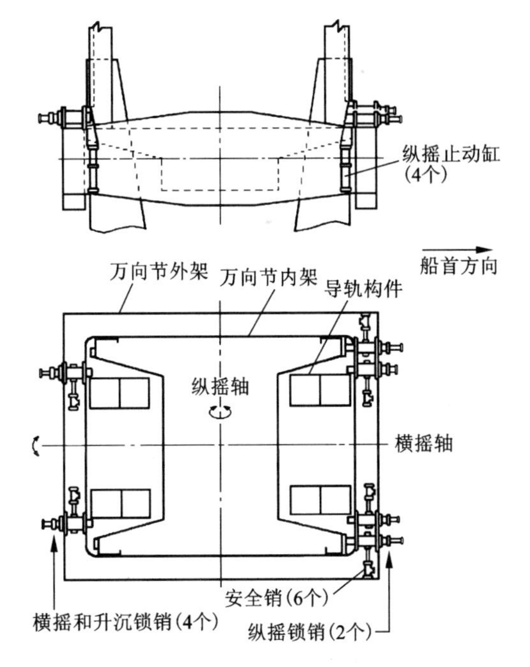

图 5.4－27　万向节纵摇软止动锁装置

“Glomar Explorer”采矿船上的升沉补充系统与钻井船上的类似，属于被动系统，使用 2 个同步补偿缸，静载荷可达 10 000 t，弹簧常数可调，工作行程 ±2.13 m；弹簧常数与载荷成正比，在恒定载荷时变化范围为 70∶1，弹簧常数随行程变化小于 ±1.4%。系统可以锁住，有被动减速阻尼和超行程止挡。补偿系统原理和配置如图 5.4－27 ~ 图 5.4－32 所示。

b. 升沉补偿器缸。

升沉补偿缸的主要部件是 2 个外径 1 638.3 mm、长 6 528 mm、21.1 MPa 压力的空心移动柱塞组件(见图 5.4－30 和图 5.4－31)。液体通过中心立管进出活塞，立管从缸端盖底部伸出 5 588 mm。管子每端的锥形环和移动活塞底部的阻尼环，在每方向行程最后 150 mm 提供液压缓冲。这种缓冲器防止系统活塞超过行程。在管子破裂时，使向上移动的万向节逐渐慢下来，减速限制在 0.8 g。活塞组件两端安装在弹性垫上，在载荷作用下可调节结构偏斜 0.5°。下部垫还作为液体接头，上部垫提供活塞与万向节“U”形支座之间的连接。

c. 升沉补偿器补给单元。

系统有 2 个主液压单元和一个备用液压单元，用于向升沉补偿系统补充因活塞回程时密封泄漏损失的液压油。前后液体系统保持独立，防止相互横向流通。每个活塞有一个主动力单元，备用单元可与任何 1 个或 2 个主单元一起使用。如果活塞泄漏过多，备用单元可提供额外的液压油，主泵维修时也可使用。由于磷酸盐酯液体吸收储能器内的空气，每个主单元都有加热器油箱。这些油箱回收经过滤的泄漏液压油，并加热（达 140℃）以加速除气。没有这种油箱，补给系统将可能被长久积累的气泡所阻塞。

d. 升沉补偿器空气系。

升沉补偿器空气系统由 4 个主要部件组成：2 台压缩机（排量 40.2 m^3/min，压力 22.5 MPa），当下放管段时开动压缩机，因为管线重量增加。当提升载荷时，压缩机停车，利用慢排气阀从系统中自动地定时排气；配备 24 个气瓶，每个气瓶实际容积 0.906 m^3，位于主甲板上 A 型机架 4 个角落，用于根据载荷、水深和海况条件调节升沉补偿器系统刚度，每组气瓶有一遥控阀。所有储能器空气侧相互连接，使两个活塞上的压力相等。

系统的空气压力用排气和快速卸荷阀控制。正常情况下，压力由排气阀自动控制。在紧急情况下，必须排空系统空气，可采用紧急卸荷阀来调整万向节下降速度。

e. 活塞同步系统。

载荷均衡同步缸成对安装在升沉补偿器活塞的任意侧。这种双头活塞杆液压缸，上端与万向节“U”形支座连接，缸体与升沉补偿器底座连接。利用横向连通的前后部面积相等的顶部和底部缸段达到同步，见图 5.4－28～图 5.4－32。

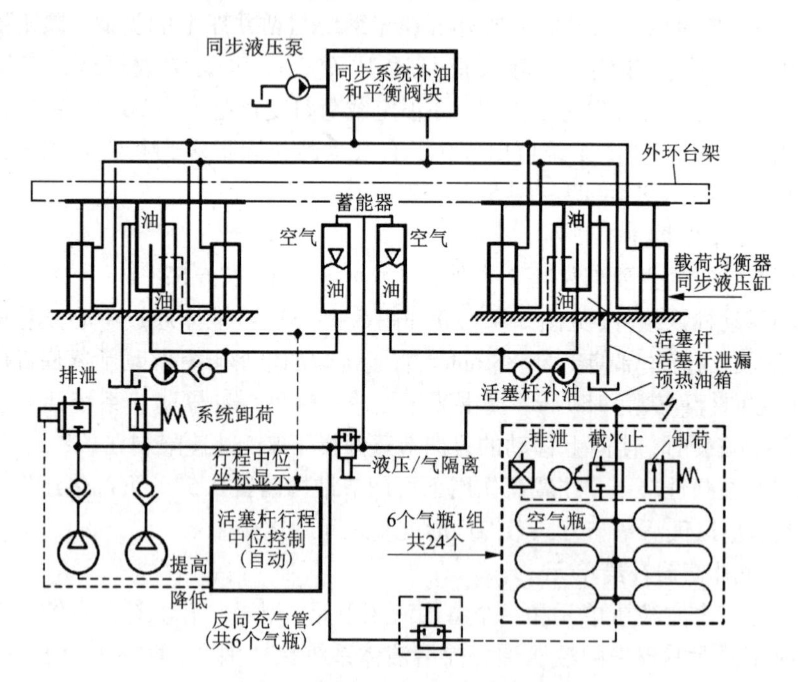

图 5.4－28　升沉补偿系统原理图

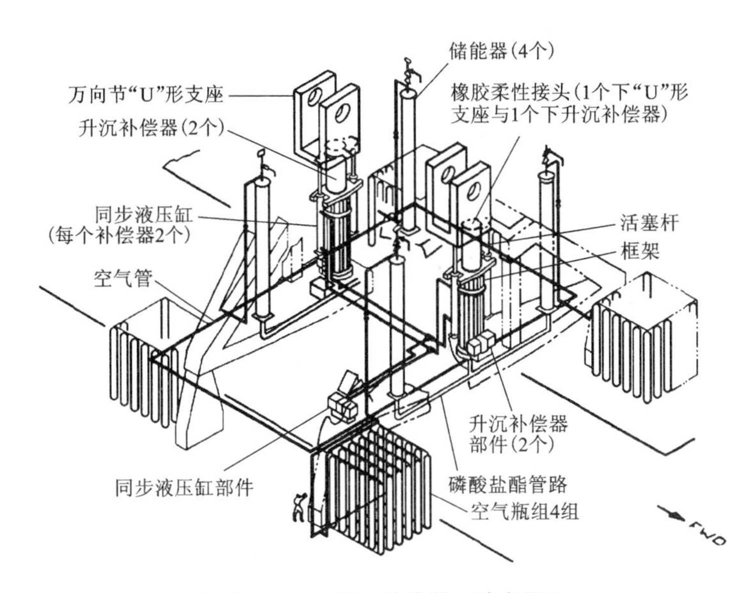

图 5.4－29　升沉补偿器系统布置图

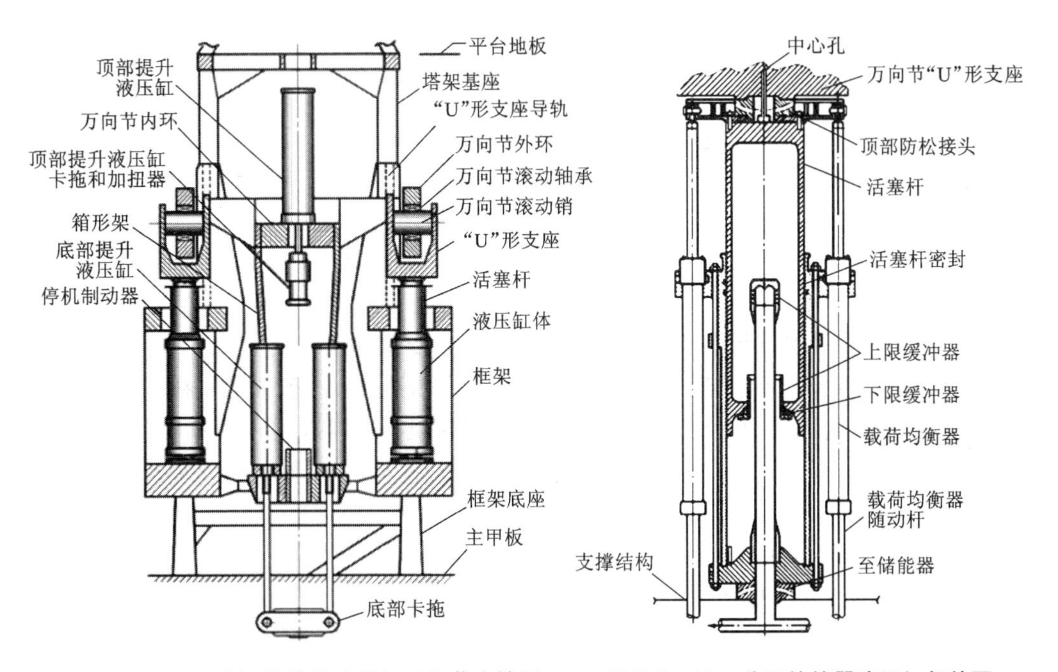

图 5.4－30　升沉补偿器液压缸万向节支撑图　　　图 5.4－31　升沉补偿器液压缸部件图

2 对载荷均衡缸液压油连通，因此当“U”形支座滑动和活塞密封摩擦载荷不均衡时，2 个活塞的移动保持一致。同步情况要加以监视，必要时可以调节。然而，通常被动同步对于保持平台水平已经足够了。在同步系统中有一组隔离阀，使左右舷系统分开，便于运行中维护。

f. 升沉补偿器系统控制。

升沉补充器系统是由位于 Glomar Explorer 甲板下面侧翼的纵向提升控制中心控制的。控制系统逻辑框图见图 5.4－32。控制系统监控升沉补偿系统的功能和进行必要的修正。主要控制功能为活塞行程中点的确定，对系统添加或排除空气，以保持活塞行程中点处于期望的位置。另外的控制功能是操作补油系统和载荷均衡同步系统。这些基本控制功能可以是“手动”或“自动”。在系统弹簧率变化时，也可在操作台上手动控制。控制系统还有设备性能的“故障监视器”，如果运行状况不佳或设备故障，接通音响和视觉警报器。

g. “U”形支座滑块润滑系统。

万向节滑块垫片用循环油系统润滑，油从油箱泵入滑块垫片，然后收集用过的油，经分离水和碎屑、过滤，泵回油箱。

③系统安装调整。

Glomar Explorer 船载升沉补偿万向节系统安装规定了许多要求。需要考虑的主要事项是整体系统要达到部件之间调准；另外要考虑的是大重力部件搬运的周密计划表。

系统安装需要 800 t 的吊车。各部件调准要求概括如下：

- A 型机架主跨之间的平行度（±25.4 mm）；
- A 型机架与导轨结构之间的平行度（任何两个导轨之间 ±6.35 mm）；
- 升沉补偿缸活塞、万向节“U”形支座和 A 型机架导轨之间的平行度和垂直度（±25.4 mm）；
- 万向节横摇轴承中心线与“U”形支座中心线间的前后尺寸（±3.18 mm）。

调准程度用激光束、经纬仪、拉紧绳和钢卷尺测量。一般而言，在固定或焊接之前，用起重机保护和对准。对于 A 型机架导轨，在焊接到 A 型机架过程中，通常用大的支柱调准和保持。焊接顺序遵循焊接变形最小原则。机械部件用隔离片保持尺寸和固定是适当的。

图 5.4－33 为万向节平台在吊装。

(3) 提升管液压升降系统

该系统为安装在万向节内环平台上的 2 对 152 mm 内径、行程 4.6 m 的液压缸，活塞杆端向下，每对活塞杆与“U”形支座连接，而“U”形支座在管接头处支承管线，接头间隔为 9.1 m，上部一对液压缸在下部一对液压缸上面 13.2 m 处转 90°安装，因此上部“U”形支座可在下面一对液压缸之间移动。工作过程中，成对

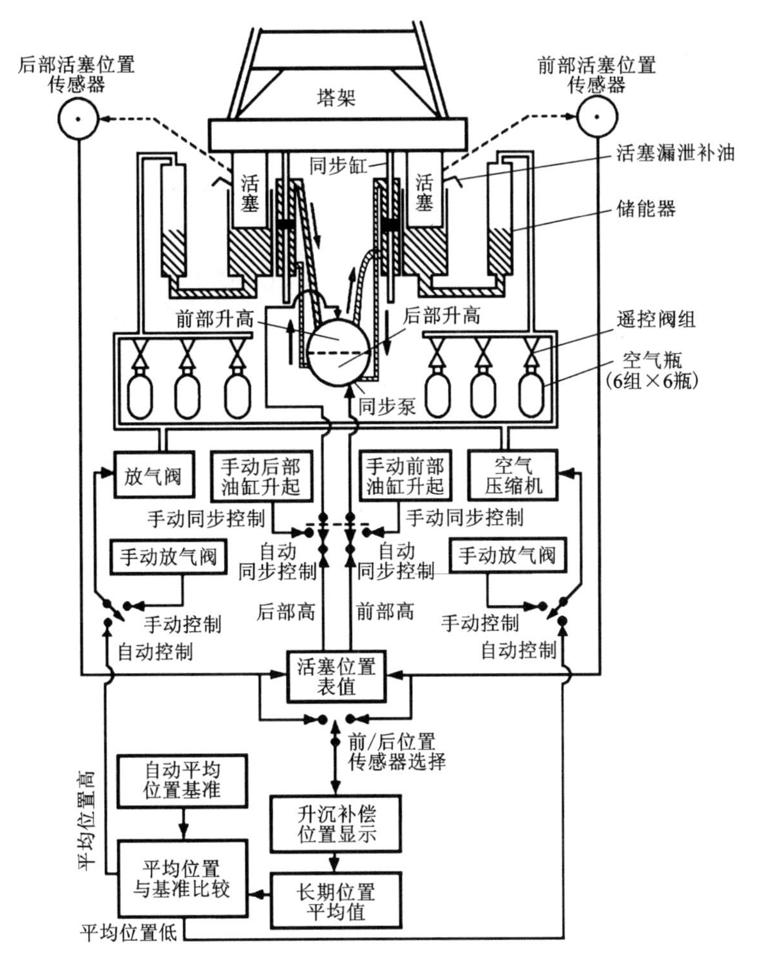

图 5.4－32　升沉补偿器控制系统方框图

的上部和下部液压缸交替地夹持和松开管接头，自动实现管线连续升降。系统设计提升能力为 6 350 t，升降速度为 5.5 m/min，而实际作业时低得多。

“U”形支座有一个净空，中央可以穿过管接头。每个“U”形支座有 2 个滑动机构，用液压推入管接头的平面肩台，设定载荷为 6 350 t。上部“U”形支座还有一个能对接头产生 677.9 kN·m 扭矩的装置，卸扣扭矩可达 1 356 kN·m。

(4)管线接卸转运系统

该系统的转运能力为 18 t，在船横摇 ±3.5°、纵摇 ±3°和升沉 ±1.5 m 条件下，每 10 min 连续接卸和转运 18.3 m 长的管段。

管线接卸过程为：从下甲板存管舱水平位置抓取长度 18.3 m、重 10.9 ~ 18.1 t 的管段；将其转运到主甲板以上 30.5 m 高的塔架底部；提升到垂直位置和

(a)

(b)

图 5.4－33　吊装万向节

(a)万向节吊装；(b)安装后万向节和塔架底部

插入已有管段朝上的母螺纹接头内；用升降机/辅助旋转器下降并旋转管段，拧紧接通螺纹。

该系统包括 6 个独特机构，如图 5.4－34(a)至图 5.4－34(e)所示：

2 台手操作的桥式起重机(左右舷分别布置)。用于从存管舱内的存放架取出 18.3 m 管段，提升到储舱顶部，再转运到中心线升降机管槽。伸缩导向管设置在提升滑车周围，因此使 2 个管子抓钩呈刚性。每台可服务 5～6 个管架。此外，还承担从存管舱前后端的枕垫堆放区取出枕垫放置到管架上或移回到原处作业，由桥式起重机前后端的单轨起重机实施搬运。

中心线升降机。由 2 个 6.4 m 行程、双动液压缸和伸缩导轨组成，通过主甲板舱口将管段举升到转运起重机起吊位置。

转运起重机。用于从主甲板上方 1.5 m 的中心线升降机举起位置将管段转运到右舷放到转运臂车上。该起重机吊臂端部有一抓取装置，抓住管段中部接头处，从升降机管槽吊起并转运到右舷，放到转运车上。该机采用柴油机驱动的并联液压泵作为动力，用齿轮齿条驱动横向移动，用液压缸驱动改变起重臂倾斜角，用液压马达带动螺杆实现管段抓钩的开合。系统采用半自动或全手动控制。

转运臂系统。用于将管段从主甲板右舷转运到万向节底部。转运臂下段支撑在万向节上，允许转运臂前后移动，臂的上端用轴销固定在机架底座上。管段被放到骑在臂上的管段转运车上后，用安装在臂上端的钢缆液压绞车沿转运臂牵引小车，将管段送到塔架底部，其顶端(母螺纹)正好与提升系统中心线成一直线，

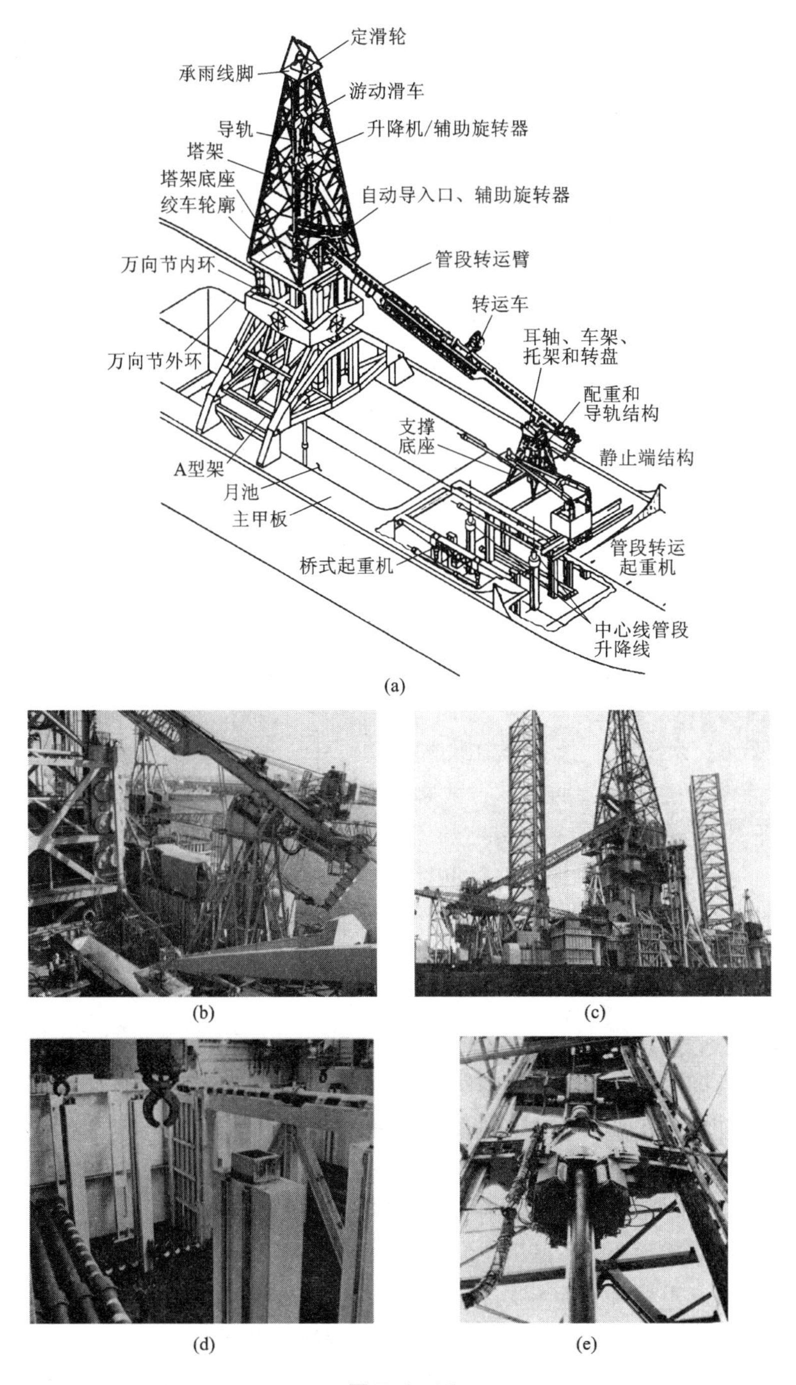

(a)

(b)

(c)

(d)

(e)

图 5.4-34

(a)管段转运设备系统结构简图；(b)上甲板管段转运设备(左舷看)；
(c)上甲板管段转运设备(右舷看)；(d)下甲板管段储存舱和抓取设备；(e)接卸管升降机辅助旋转器

并在2个向上弯曲的“香蕉”形导轨之间。该系统由操作工在机架底座处半自动控制。

塔架接卸管系统。由自动导入口装置和升降机/辅助旋转器2部分组成:“香蕉”形导轨控制提升和穿入自动导入口位置。穿入导向机构严格控制管段下端与上端一样由升降机/辅助旋转器提升进入塔架，自动导入口控制管段下端，并将其导入与系统中已有管段垂直对准。然后，升降机/辅助旋转器带动下降的管段旋转，拧紧螺纹，接好管线，施加的扭矩约为67.8 kN·m。

(5)月池底门

月池用2扇纵向辊子门密封，一扇向前，另一扇向后，门的导轨在船体底部。2扇门为2.7 m深的类似平底船的浮桥，侧面有轮子，门顶边上有双复合物橡胶密封垫，与船体叠盖。调节每扇门自由注水间隔的空气容积，控制其浮力。当门关闭时，门产生浮力，周边衬垫不密封船体，大流量泵从中心月池抽水。当船内外压差达到几米时门被密封。

需打开门时，向月池注入海水，使内外压力相等，并向可注水门间隔注水，使门变为负浮力，下沉几英寸，直到其钢轮接触门导轨为止。门用齿轮齿条装置驱动打开或关闭。一旦门处于完全打开位置，使门的压载箱放空水，则门变为正浮力，并保持相对位置。

5.4.2.6 水下采矿设备存放和布放

水下系统从船上下放回收的方式是采矿作业的关键操作过程。

(1)下放准备

水下系统部件存放在月池内，如图5.4-35所示。中继舱和集矿机分别坐在船底滑动拉门349和51上的支座345和347上，中继舱上部的围栏340在船舱的导入环内；浮力块69用绞车343的缆绳悬吊在空中；绞车344的缆绳挂在集矿机上。

(2)设备入水

月池注水到图5.4-36左上图所示水平，解开缆绳343A，浮力块浮在水中；绞车344提升集矿机离开支座，塔架起重机355提升中继舱离开支座，然后拉开滑动门，集矿机和中继舱通过井口下放；当软管连接系61完全伸出承载集矿机的位置，缆绳353从绞车344上解开，系在提升管上，以便回收时系到绞车上。

(3)集矿机着底

利用塔架起重机和升沉摇摆补偿机构接长提升管，集矿机上的声呐高度计测出接近海底33 m时，打开集矿机前伸臂上的照明灯和摄像头，观察海底地形，利用船的移动寻找合适位置，将集矿机着底，继续下放中继舱，到离底23 m，这取决于软管连接系的长度。

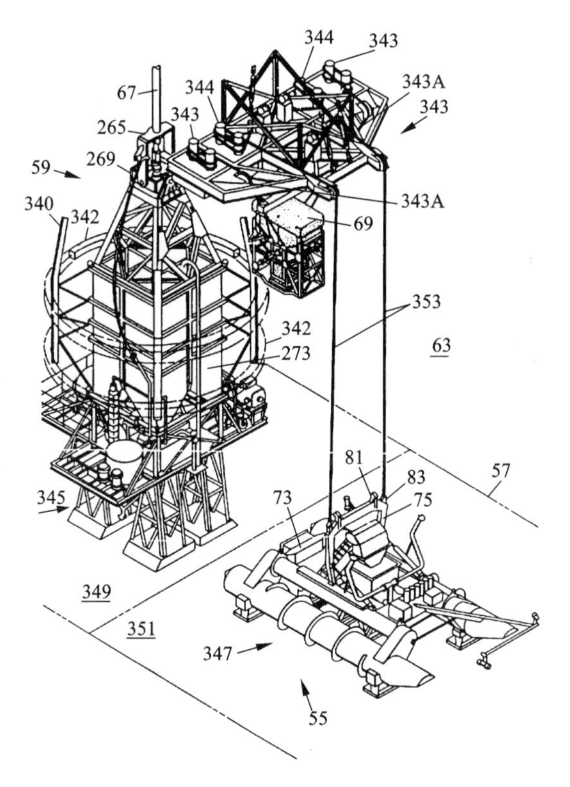

图 5.4-35 水下子系统用牵引绞车吊放前在船月池内存放图

59—中间舱；67—提升管；265—"U"形件；269—万向环；340—防护栏；342—围栏；343—收放浮力块绞车；343A—浮力块吊放缆绳；344—收放集矿机绞车；69—浮力块；273—储矿仓；345—中间舱支撑座；353—集矿机吊放缆绳；63—月池；57—集矿机；73—横梁；75—集矿机起吊架；81—吊环；83—起吊孔；347—集矿机支撑座。349、351—滑动底门

5.4.2.7 测控系统

(1)主要功能

采矿系统测控主要包括水下系统吊放控制和采矿作业控制两大部分。

集矿机作业控制主要包括：集矿机在采区初始位置；集矿机运动速度和方向；挖齿插入海底深度；输送机倾角；采集结核与海泥量；结核与海泥分离；向破碎机输送结核；破碎结核；回收粉料；避障；大块剔除；采矿船跟随集矿机运动的位置；提升系统运行控制主要包括：中间舱给料速度控制；提升系统状态与参数等。

(2)测控台

控制台361是集矿机采集输送控制台，操作者根据摄像头图像和机构运行参数，控制采集过程，以及中间舱给料机向提升管定量给料。见图5.4-37。

控制台363为集矿机行驶控制台，操作者控制集矿机行驶速度和方向，根据中继舱定位声呐测定的集矿机位置，向采矿船发出指令改变船的速度和方向，使

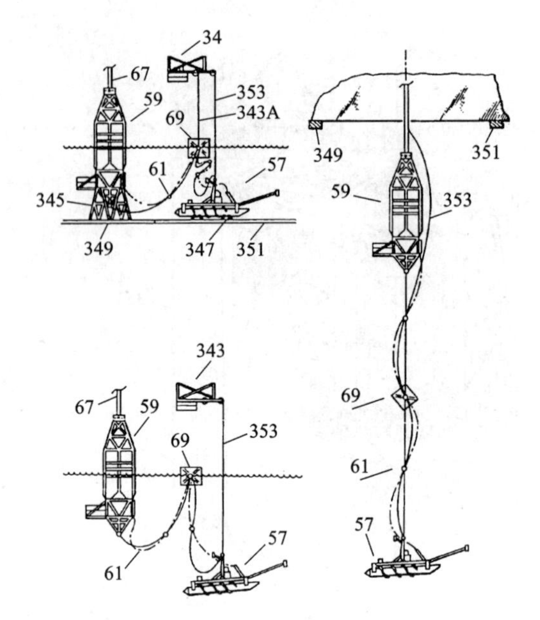

图 5.4－36　水下系统用牵引绞车吊放过程示意图

57—集矿机；59—中间舱；61—软管连接系；67—提升管；69—浮力块；
343—浮力块收放绞车；343A—浮力块吊放缆绳；345—中间舱支撑座；
347—集矿机支撑座；349、351—滑动底门；353—吊放缆绳

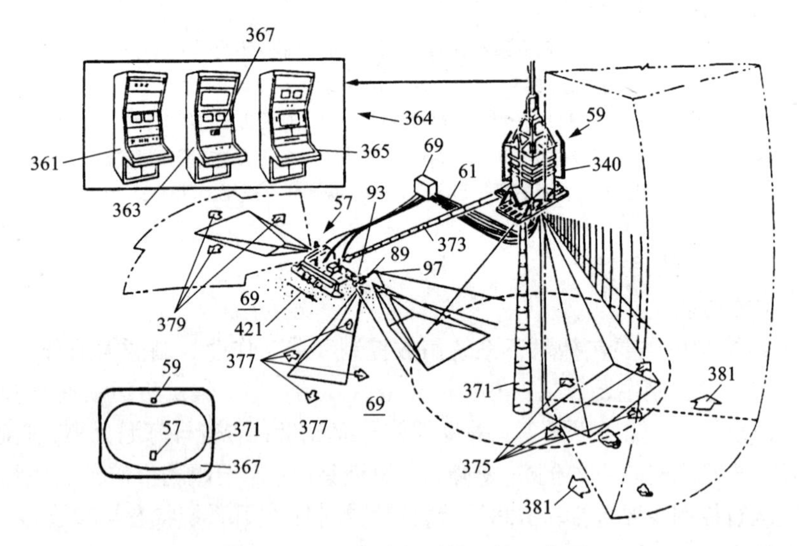

图 5.4－37　集矿机测控系统示意图

364—集矿机控制中心；361—采集控制台；363—行驶控制台；365—避障控制台；
367—显示屏；59—中间舱；61—软管连接系；69—浮力块；340—护板；371—声呐高度计；
375—中间舱上摄像头扫描方向；381—侧扫声呐扫描方向；373—测距声呐；57—集矿机；
93—前伸臂；89—前视摄像头；97—照明灯；377—集矿机前视摄像头扫描方向；
379—集矿机后视摄像头扫描方向；391—集矿机安全工作范围包络线；421—集矿机行进方向

船的运动与集矿机的运动相互协调，保持集矿机在软管允许的包络线内工作。

控制台365是避障控制台，操作者根据侧扫声呐探测的集矿机周围地形，以及摄像头图像、位置和方向参数判断是否需要避障。

(3)采矿系统导航定位

采矿船采用2台4 922 kW主推进器和5台1 305 kW侧向推进器联合实现动力定位(位置保持)。水下目标位置采用超短基线和长基线组合声学定位测量系统确定，参见第6章图6.4－5。

(4)集矿机－中继舱相互位置控制

集矿机与中继舱通过软管系连接，根据其长度和中继舱离海底高度，可允许集矿机相对中继舱中心偏离一定距离作业，这一范围是根据中间舱上的声呐测定的离底高度，集矿机离中继舱的斜距和方位角自动计算出的包络线显示在屏幕上，见图5.5－37。船上操作者根据这些信息使采矿船加速、减速或改变方向，达到集矿机保持在包络线范围内安全行驶。

5.4.3　OMI海试采矿系统

5.4.3.1　系统设计原始条件

采矿现场：中北太平洋，5 km×2 km结核矿带，几个商业上可采矿床；

结核丰度：9.8 kg/m^2；

结核品位：镍1.4%，铜1.10%，钴0.21%，锰28.0%；

生产能力：150万t/a(湿结核)，100万t/a(干结核)；

开采年限：25年；

年工作日：270天，每天生产5 550 t湿结核；

回收金属：镍113.4亿t，铜90.7亿t，钴14.74亿t，锰2 267.6亿t。

5.4.3.2　海试系统组成

海试系统由SEDCO 445采矿船、矿石提升系统、立管系统、海底集矿机、立管海底接头、测控仪器装置等部分组成。

(1)集矿机

中试系统共试验了8种集矿机，主要为3种结构形式：被动式，水力式和机械式。采集宽度为2m和3 m。试验最成功的是水力式。水力式集矿机的结构原理见图5.4－38至图5.4－41。集矿机陆地水池试验见图5.4－42。该集矿机为拖曳式，通过提升立管下端与集矿机相连的软管拖曳，采集机构利用前端10个与行驶方向相反的喷嘴冲起结核进入各自倾斜向上的扁形通道，达到顶端时沉积物通过筛网分离出去，而结核降落到隔筛上，超大块滚落到海底，其余结核落入水力输送装置，集中到中间进入提升立管。供水泵有2台，其中一台备用。海试时集矿机从船尾下放入水，见图5.4－43所示。

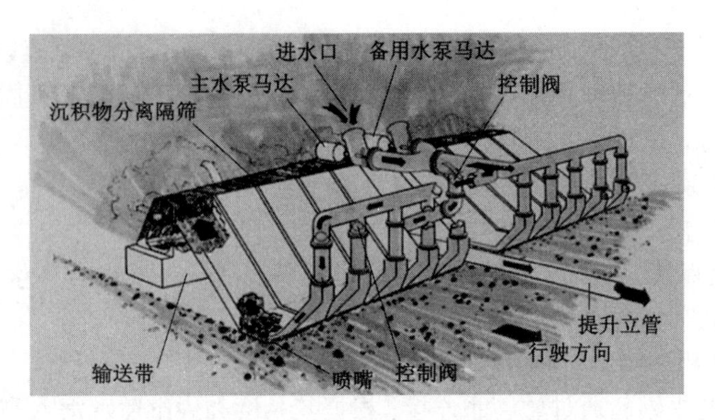

图 5.4-38 水力集矿机结构原理图

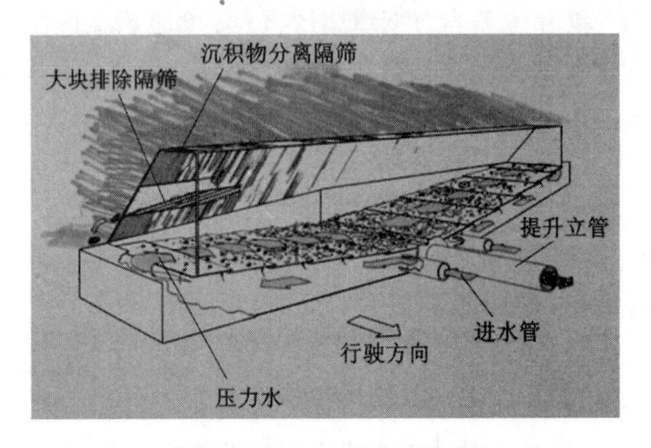

图 5.4-39 水力输送装置

图 5.4-40 海底集矿机系统外形图

图 5.4-41 海底集矿机底面外形图

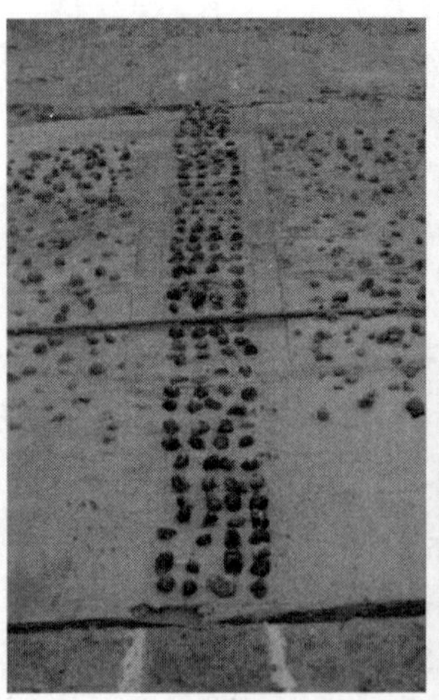

图 5.4-42 集矿机陆地水池试验

图5.4-43　集矿机从船尾下放入水

图5.4-44　提升立管在存储舱内

(2)提升系统

提升系统由提升立管、潜水矿浆泵、卸荷阀、配重和软管接头组成。中试系统能力为50 t/h湿结核，商业系统为220 t/h湿结核，矿浆提升速度4 m/s，固体体积浓度5%~7%。

①提升立管。中试系统立管为9 5/8"(外径244 mm，内径200 mm)标准高强度石油管，商业采矿系统将采用13 3/8"(外径340 mm)标准高强度石油管(见图5.4-44)，采用S135高强度低合金钢，屈服强度930 MPa。总长5 250 m，每节11 m，壁厚：上部17 mm，中部14 mm，下部10 mm。管段间螺纹连接。提升立管从存储舱中取出(见图5.4-45)。

②矿浆泵。矿浆泵为2台混流式泵，每台6段叶轮，总压头为265 m，流量500 m^3/h，充油压力补偿式电动机功率800kW，工作电压4 000 V，转速1 726 r/min，直径0.534 mm，长度6.65 m，质量5.5 t。输送的固体体积浓度5%~7%(见图5.4-46)，两台泵分别安装在880和900 m水深处管道上。商业用3 MW直流电动机驱动。

图5.4-45　提升立管从存储舱中取出送往塔架

图5.4-46　潜水矿浆泵外形图

③卸荷阀。卸荷阀的功能是在提升系统故障如停电或立管出现堵塞时紧急排放立管中结核(见图5.4－47)。

④配重。立管系统配重用于采矿作业时稳定立管和减少海流的动力影响(见图5.4－48)。

⑤刚性立管与集矿机的连接段。该连接段主要作用是：提供两者之间的柔性连接；隔离海面船升沉的动力影响；利用采矿船移动拖曳集矿机行驶；并具有吊放集矿机到海底的强度(见图5.4－49和图5.4－50)。

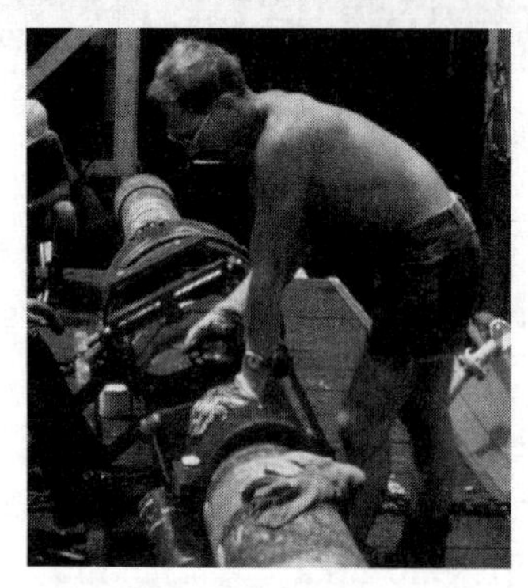

图5.4－47　卸荷阀外形图

图5.4－48　提升立管配重

(3)采矿船

OMI公司海试采用“Sedco 445”钻井船改造成采矿船，见图5.4－51。该船长136 m，幅宽21.3 m，干舷高9.75 m，吃水深度7.6 m，航速12 kn，具有动力定位系统；主发动机功率为5×2 270 kW，主螺旋桨功率为2×3 175 kW，隧道推进器功率为1×600 kW，伸缩式推进器功率为10×600 kW。

图5.4－49　软管连接段与集矿机出矿管的连接

图5.4－50　软管连接段与刚性立管的连接

图 5.4 – 51　Sedco 445 采矿船

改装后的采矿船具有下列基本功能：

- 拖曳采矿系统通过采矿现场。
- 布放回收采矿系统水下部分。
- 作业时悬吊和承受提升系统载荷，并向全船和采矿系统提供可靠的电力。
- 提供矿浆脱水和临时储存矿舱。
- 提供维修设备和备件。
- 提供导航定位、通讯和系统控制。
- 人员食宿。

改动最大的部分为塔架，见图 5.4 – 52：

①换装双桁架立柱塔架。该塔架具有万向节摇摆平衡机构和液压升降机构，用于水下采矿系统布放和作业时悬吊和支承提升管线及动力通信缆。起重能力为 726 t（提升速度 0.19 m/s 时）或 454 t（提升速度 0.24 m/s 时），立管提升行程 14.6 m；

图 5.4 – 52　万向节平衡井架

②万向节摇摆补偿承载能力为 726 t，纵摇允许幅度 ±6°，横摇允许幅度 ±12°。轴承最大载荷达 907 t，最大摆角 12°；

③升沉补偿能力：行程 ±4.4 m，升沉周期 9 s。

控制室为单独的集装箱，如图 5.4 – 53 所示。控制室内布置见图 5.4 – 54 和图 5.4 – 55。

图 5.4－53　控制室集装箱

图 5.4－54　控制台

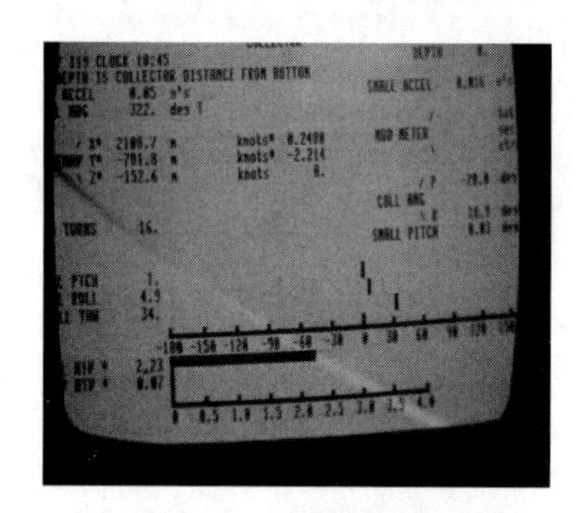

图 5.4－55　控制系统显示屏

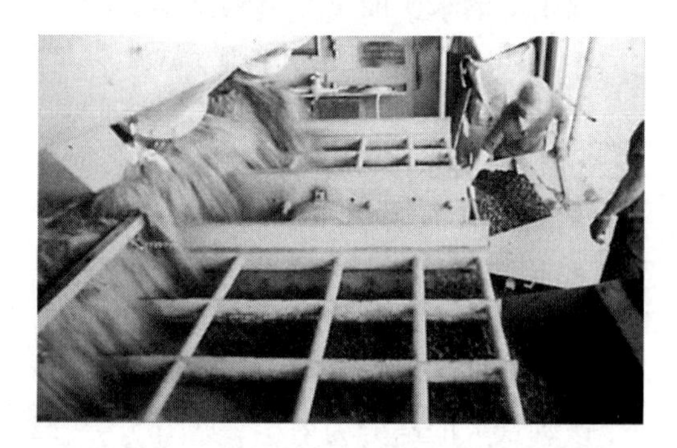

图 5.4－56　中试采集结核进入矿舱

5.4.3.3　采矿系统投资和运营费估计

采矿系统投资和运营费估算分别列于表 5.4－6 和表 5.4－7 中。

表 5.4－6　投资费用

项目	子项	投资费用/亿美元
采矿船系统	船本体	4.0
	业主提供的船用设备	0.5
	业主提供的船上配套采矿专用设备	0.5
	小计	5.0
采矿系统	立管	0.16
	潜水矿浆泵	0.16
	立管水下接头	0.02
	海底集矿机	0.05
	测控和导航仪器	0.12
	小计	0.51
投资费用合计		5.51

表5.4-7 生产费用

项目	子项	投资费用	
		每年/亿美元	每天/万美元
采矿船系统	分期偿还(10年)	0.5	13.7
	保险费(1.5%)	0.076	0.28
	人员工资和差旅费	0.112	3.07
	燃油费	0.115	3.15
	维护和备件费	0.05	1.37
	给养/旅馆费	0.006	0.022
	小计	0.853	23.59
采矿系统	立管	0.08	
	潜水矿浆泵	0.081	
	立管水下接头	0.01	
	海底集矿机	0.02	
	测控和导航仪器	0.15	
	小计	0.206	0.564
生产费用合计		1.059	24.154

5.5 亚洲国家多金属结核采矿系统研发的浅海试验概况

5.5.1 日本多金属结核采矿系统集矿机浅海试验

日本通商产业省(MITI)科学技术厅(AIST)于1981年启动多金属结核采矿系统研发项目。日本资源与环境保护研究院(NIRE)进行了采矿系统原理研究。1982年开始，海洋矿产资源采矿系统技术研究协会承担了采矿系统的研发，直至1997年结束。

日本的多金属结核采矿系统包括海底集矿机、水力/气力提升子系统、水下设备布放回收系统、控制和监测系统。如图5.5-1所示。

集矿机为雪橇拖曳式，由采矿船通过软管和提升硬管组成的管线拖曳。采用康达效应为基础的水射流采集机构(参见第6章图6.2-4)，采集的结核用水射流脱泥后，进入破碎机破碎到适当尺寸，由给料机送入提升管。试验集矿机生产

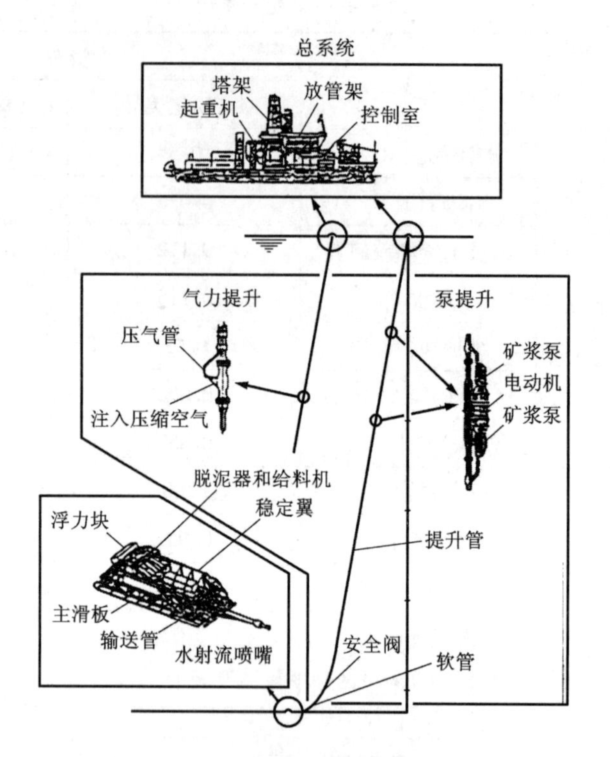

图 5.5－1　日本多金属结核采矿系统简图

能力为 125 t/h，外形尺寸 13.2 m×4.6 m×5.0 m。

提升子系统设计了 2 种提升方式：泵提升和气力提升。泵提升时 2 台潜水电泵分别串接在海面以下 1 000 m 和 2 000 m 提升管道中间（潜水电泵详见 6.3.1.2 节）；气力提升在一定水深处（如 1 800 m）向管道注压缩空气，形成气泡产生上升力而提升结核（气力提升系统参数详见 6.3.2.4 节）。

为了让集矿机单独海试，对样机结构做了一些改动：拆除了破碎机和给料机；卸下 2 组集矿单元，保留 2 组，集矿宽度由 4.5 m 减小到 1 m；结核收集箱能力为 5 t；用铝制蜂窝结构制作减震器等。改动后质量为 26.8 t，水中重力为 124 kN。如图 5.5－2。集矿机上配备方向、姿态角、3 维加速度、高度、海流速度、拖曳力、冲击加速度、结核量、海水浊度和 2 台摄像机等测量仪器。

集矿机海试系统如图 5.5－3 所示。试验船为长 122 m、宽 32 m、载重 16 160 t 的驳船，用总吨位 692 t 的拖船通过直径 50 mm 的钢缆拖航和导航。光纤动力复合缆长 2 827 m，外径 73 mm，有 4 组动力线和光纤，每隔 50 m 用卡具固定在钢缆上。水下设备用高精度超短基线定位系统导航下放和拖曳。

试验现场在北太平洋马库斯－威克海山区，2 200 m 水深的 2 km×0.5 km 海

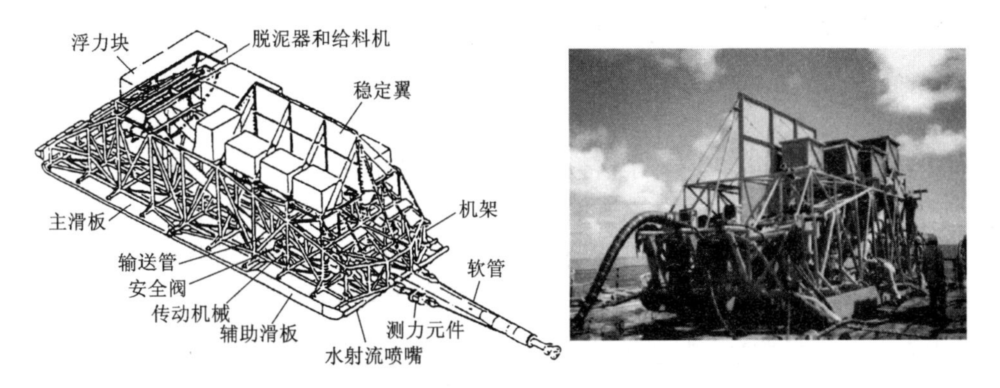

图 5.5－2　日本深海采矿试验集矿机

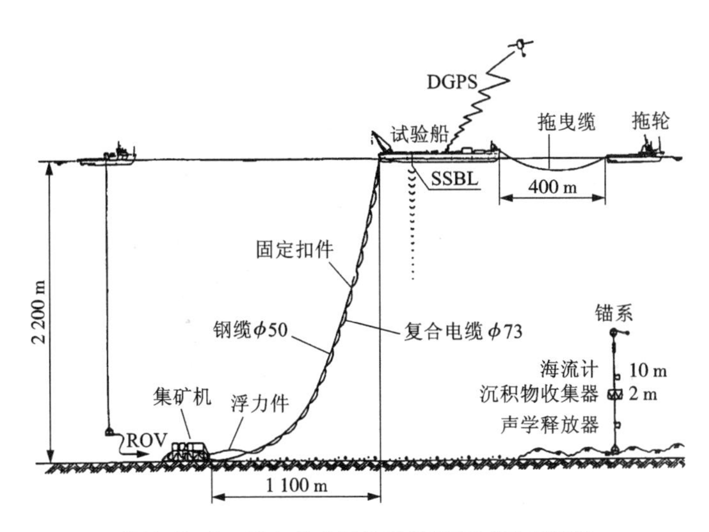

图 5.5－3　日本多金属结核集矿机试验示意图

台，底质为几厘米到几米的钙质沉积物，很硬。海山结核平均丰度 15.6 kg/m^2。日本金属矿业事业团(MMAJ)提供了详细的海底地形和障碍图。

1997 年 6 月 4～10 日进行了集矿机海试，共拖曳 2 次，拖曳距离分别为 215 m 和 320 m，拖曳速度为 0.3～0.8 节。采集结核 7.25 t，据称采集率达到 87%。拖曳时集矿机纵向仰角为 0.7°。但是，由于底质较硬，水射流反射强，这一采集率对于太平洋 CC 区稀软沉积物底质没有代表性，实际上将会明显下降。

日本多金属结核采矿系统总体方案基本上落后世界水平一步，1970 年代研发索斗采矿系统，而 1981 开始研发拖曳式采矿系统，历经 17 年的努力，尽管进行了集矿机海试，试后评价也认为未来集矿机应发展可避障的高可靠性自行式机构，并且在集矿机与提升立管之间设置可控中继舱。

5.5.2 韩国多金属结核采矿系统设备浅海试验

韩国自1993年开始多金属结核开采研发工作。韩国海洋科学技术研究院(KORDI)所属船舶与海洋工程研究所从事集矿机和整体系统研发，韩国地质、采矿和材料研究所从事提升技术研发。经过近20年的基础研究，已开始进入子系统浅海试验阶段。

2009年6月在100 m浅水进行了采矿系统设备试验。试验系统见图5.5－4，采用长51 m、宽19 m的动力定位驳船，在海底铺撒49 t人造结核(直径19 mm)。试验集矿机外形如图5.5－5所示，采集机构与德国VWS的类似，为双排喷嘴水力冲采链板输送集矿机构，绞接在履带车前部，用液压缸调节离底高度，其主要技术性能列于表5.5－1。

图5.5－4 韩国集矿机浅海试验系统配置

图5.5－5 韩国海试模型集矿机

表5.5－1 Mine Ro^{TM}集矿机主要技术性能

参 数	指 标	参 数	指 标
生产能力	8.6 t/h	对地比压	5.6 kPa
质 量	10 t(水中重力50 kN)	行驶速度	0～1.0 m/s
外形尺寸	5 m×4 m×3 m	螺旋推进器	方向控制
功 率	3.3 kVA，水力系统13.5 kW，供电15 kW	RTOS	RX Ⅱ嵌入式控制器
采集机构	双排喷嘴冲采－输送带输送的复合式采集机构	脐带缆	单模光纤动力缆
采集率	80%	布放回收系统	侧弦A型架绞车吊放系统

经过7次试验，取得的结果为：行驶速度达到0.3 m/s，浅水采集率30%，履

带滑转率6%，纵横向姿态角±1°。

在模型机试验的基础上，韩国海洋科学技术研究院于2011—2012年间开发出1/5商业生产能力的MineRO Ⅱ型多金属结核中试采矿系统的集矿机。外形尺寸为6 m×5 m×4 m，整机质量28 t。配备有行驶履带、浮力件、集矿和储矿子系统。结构特点是采用2个具有完全相同机械和液压系统的模块，以便自由调节采集宽度，基本集矿宽度为4 m。每个模块都有2条履带，2个采集结核系统，2台破碎机和1台提升泵。每个模块配备250 kW的双液压动力站。为了监测集矿机。设置了许多传感器：如10个压力传感器，8个流量传感器，10个温度传感器，10个泄漏传感器和4个模拟输入量速度传感器，以及8台摄像机，6盏LED照明灯，陀螺仪和高度计等。这些传感器的数据处理电路安装在4个耐压舱内。该机经过在东海琥珀港的初步试验考核采集效率，检验防水、漏油、执行机构的动作以及整机稳定性和耐久性后，2013年在庆尚北道浦项东南130 km的1370 m水深海域进行了采集模拟结核。下一步，他们将进行扬矿子系统的海试验证。韩国多金属结核中试采矿系统概念图和MIneRo Ⅱ集矿机外形及其破碎输送结构示意见图5.5－6至图5.5－8。

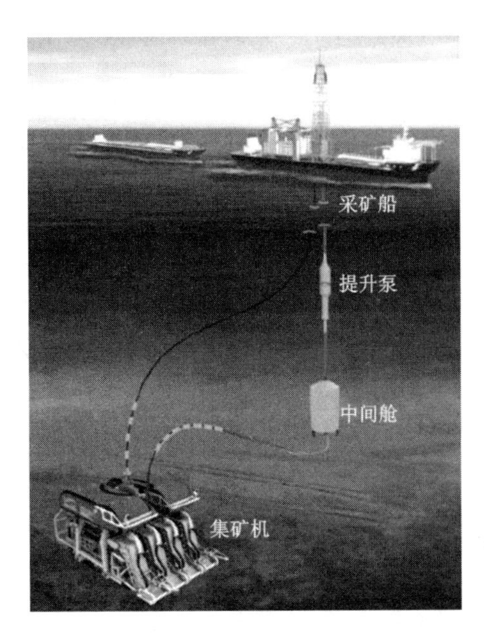

图5.5－6　韩国多金属结核中试采矿系统概念图

图5.5－7　韩国MineRo Ⅱ中试集矿机

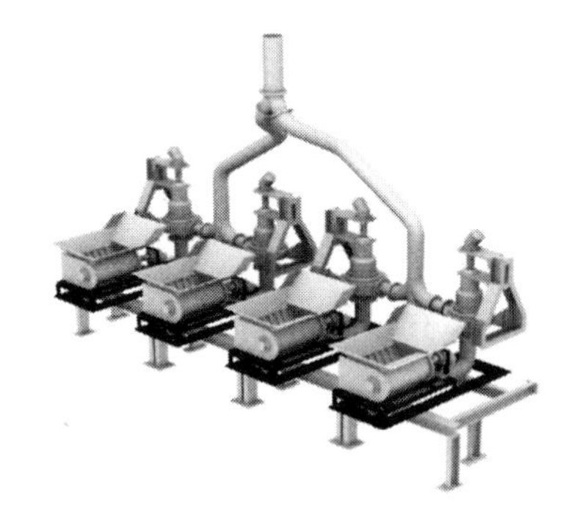
图5.5－8　韩国集矿机的破碎和输送概念图

5.5.3 印度多金属结核采矿系统设备浅海试验

印度自1990年启动深海采矿技术开发，由中央机械工程研究所(CMERI)承担项目，现在海洋技术研究所(NIOT)参与该项工作。经过与德国济根大型结构研究所(IKS)合作，通过近10年基础研究，于1999年完成了6 000 m水深多金属结核采矿系统设计，如图5.5-9所示。系统包括采矿船、软管提升系统、水下集矿机和测控装置四部分。

集矿机为履带自行式，采用2个机械螺旋采集头，清扫海底结核，收集到挖斗下面，铲到倾斜链板输送机上，然后进入料斗，经破碎机破碎到10 mm以下，以矿浆泵送到提升矿舱内。破碎机为双辊式。履带车的2条履带用2台叶片液压马达驱动，由轴向变量液压泵供油。

2000年在410 m水深进行了泵送和集矿机履带车试验，试验系统见图5.5-10。第一阶段试验系统的基本参数列于表5.5-2。

图5.5-9 印度软管提升多金属结核采矿系统概念图

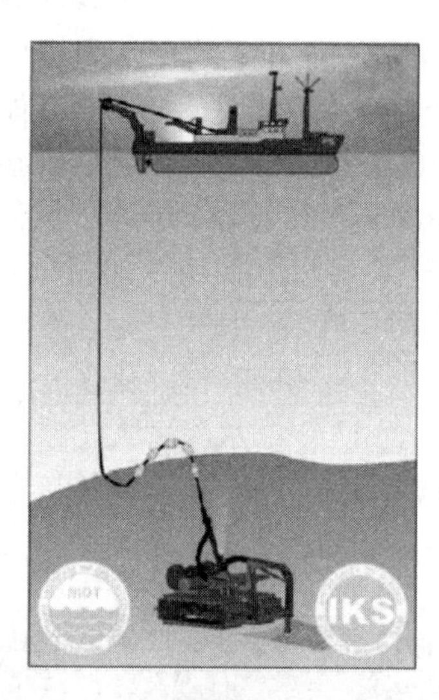

图5.5-10 印度第一阶段多金属结核试验采矿系统

当时安装的是采砂抽吸头，容积式泵，进行了40 min试验。尽管输送能力达10~30 m^3/h，矿浆浓度达到18.5%，但是输送泥沙意义不大。而履带车由于底盘小，对地比压太大，陷入海底泥0.75 m深不能行驶，后改在33 m水深沙滩试验，行驶速度仅能达到0.2 m/s。经过改进，船舶加装动力定位装置，于2006年在印度西海岸安哥利亚(Angria)沙洲进行了3天的履带车试验，达到了采矿船与集矿机协调运行，并检验了国产部件的性能，如压力传感器、数据采集和控制系统及耐压舱等均令人满意。

目前已完成了试验集矿机和破碎机设计，如图 5.5－11 所示。将在 500 m 水深铺撒人造结核进行采集试验。

表 5.5－2　印度多金属结核采矿系统第一阶段试验系统基本参数

<table>
<tr><th colspan="2">参　数</th><th>指　标</th><th colspan="2">参　数</th><th>指　标</th></tr>
<tr><td rowspan="12">集矿机</td><td>总　长</td><td>3.16 m</td><td rowspan="5">软管提升系统</td><td>软管直径</td><td>75 mm</td></tr>
<tr><td>宽　度</td><td>2.95 m</td><td rowspan="2">软管－电缆固定卡间距</td><td rowspan="2">6 m</td></tr>
<tr><td>质　量</td><td>10 t</td></tr>
<tr><td>水中重力</td><td>85 kN</td><td rowspan="2">软管布放回收系统</td><td rowspan="2">绞车能力 0.5 t;
缆绳速度 0.5 m/s</td></tr>
<tr><td>作业水深</td><td>500 m</td></tr>
<tr><td>采集行驶速度</td><td>0.5 m/s</td><td rowspan="7">动力控制仪器系统</td><td rowspan="2">电　缆</td><td rowspan="2">破断力 400 kN;
多芯导线</td></tr>
<tr><td>最大行驶速度</td><td>0.75 m/s</td></tr>
<tr><td>最大爬坡角度</td><td>8.5°</td><td rowspan="2">供　电</td><td rowspan="2">120 kW，
传输 3 000 V 高压电</td></tr>
<tr><td>矿浆流量</td><td>45 m^3/h</td></tr>
<tr><td>矿浆最大浓度</td><td>30%</td><td>信号传输</td><td>2 芯光纤</td></tr>
<tr><td>采矿能力(最大)</td><td>12 t/h</td><td rowspan="2">传感器</td><td rowspan="2">速度，方向，
姿态角，摄像等</td></tr>
<tr><td>采集物料粒径</td><td>8 mm</td></tr>
</table>

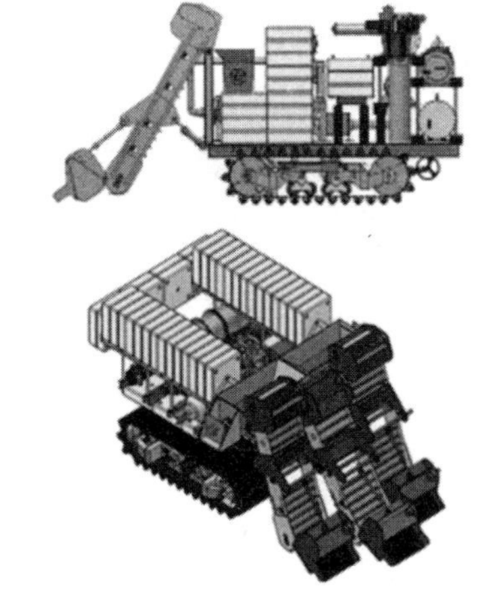

图 5.5－11　印度海试集矿机模型机

5.5.4 俄罗斯多金属结核采矿系统设备浅海试验

俄罗斯针对在太平洋“CC”区的7.5万km^2勘探合同矿区(干结核量4.48亿t，平均品位：镍1.39%，铜1.1%，钴0.23%，锰29.3%)设计用3套年生产能力100万t(干结核)的采矿系统实现年生产300万t规模。系统构成见图5.5-12。由采矿船、矿浆泵水力提升子系统和自行式集矿机3部分构成。

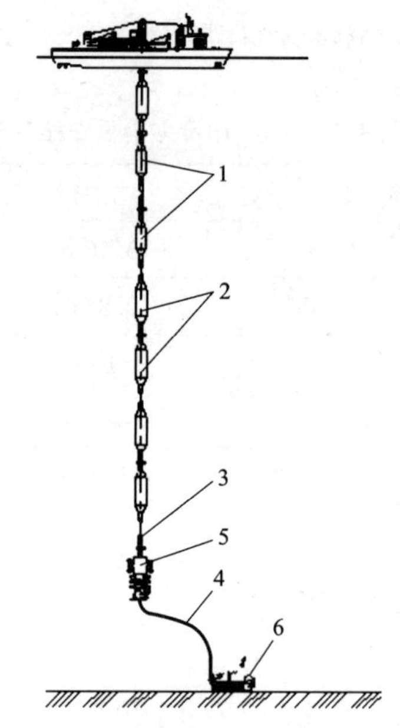

图5.5-12 俄罗斯多金属结核采矿系统

1—矿浆泵；2—提升管道，装有浮力块；3—；4—软管；5—中继平台；6—集矿机

系统配置的采矿船类似于著名的Glomar Explorer，外形见图5.5-13，基本参数列于表5.5-3。集矿机主要技术参数列于表5.5-4。试验模型机如图5.5-14所示。

表5.5-3 俄罗斯采矿船的基本参数

基本参数		指标	
		商业系统	中试系统
主尺寸/m	总长	230.0	173.0
	中部宽度	32.0	27.0
	船体高度	18.0	14.2
吃水深度/m		10.0	8.0
自重/万t		7.0	2.5
载重量/万t		3.0	0.2
发电功率/MW		37.8	24
乘员数		180	180

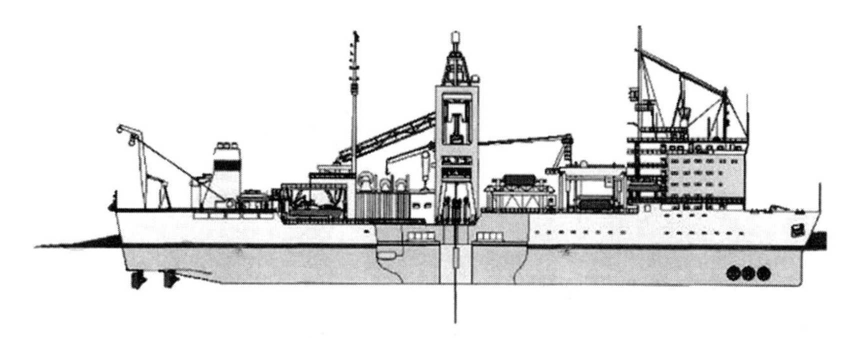

图5.5-13　俄罗斯采矿船示意图

图5.5-14　俄罗斯模型试验集矿机示意图

表5.5-4　俄罗斯集矿机的基本参数

基本参数		指标	
		商业系统	中试系统
生产能力/$(t \cdot h^{-1})$			
行驶速度/$(m \cdot s^{-1})$	采矿时	0.5	0.5
	机动行驶	0.5~1.0	0.5~1.0
越障高度(集矿轨迹不变)/m	自动模式	0.3	0.3
	手动模式	>0.3	>0.3
海底地形变化(不增减管段)		70(200)	70(200)
集矿宽度		20	3~5
集矿机可偏离航线行驶宽度/m	纵向采集行驶	100	100
	横向采集行驶	170	170
功率/kW		—	1990
机重/t		—	30

第6章　大洋多金属结核矿床开采

6.1　开采工艺方法和系统

鉴于目前多金属结核采矿系统仅经过海上中试规模的试验，尚未进入实际生产阶段，这里主要论述最有发展前景的第一代多金属结核商业开采工艺系统，即自行式集矿机—水力提升开采工艺方法和基本设备试验研究、设计制造等基本理论、工程技术基础，列举了一些实例，并给出一些公认的基本参数值和经过试验验证的参考数据。

6.1.1　矿床开采条件

中国大洋多金属结核矿区开采条件和作业环境参考数据列入表6.1－1。

表6.1－1　中国大洋多金属结核矿区开采作业条件

<table>
<tr><th colspan="2">开采条件</th><th>技　术　指　标</th></tr>
<tr><td colspan="2">作业水深</td><td>6 000 m</td></tr>
<tr><td rowspan="3">作业海况</td><td>商业系统
6级海况</td><td>1. 平均风速16 m/s，阵风3σ(持续时间60 s)
2. 海浪：浪高4 m，浪涌周期10 s
3. 海流：海面洋流速度为1.7 m/s；海底流速度为0.15 m/s</td></tr>
<tr><td>中试系统
4级海况</td><td>1. 平均风速8 m/s(国外为10 m/s)
2. 海浪：浪高2.5 m；浪涌周期为10 s
3. 海流：海面洋流速度为1.7 m/s；海底流速度为0.15 m/s</td></tr>
<tr><td>升沉补偿</td><td>补偿幅度±2.5 m(国外最高为±4 m)；补偿周期10 s(国外为8～12 s)</td></tr>
<tr><td colspan="2">海水</td><td>1. 海面水温为22～30.2℃，平均为28.2℃
2. 海底水温为1～2℃
3. 海水密度：表层为1.022 g/cm^2；5 000 m深处为1.052 g/cm^2</td></tr>
<tr><td colspan="2">海底地形</td><td>1. 总体坡度≤5°，局部坡度≤15°，>10°的只占10%
2. 相对高差为100～300 m
3. 绕行障碍：露头或礁石高度>0.5 m；堑沟宽度>1 m</td></tr>
<tr><td colspan="2">海底沉积物</td><td>最小剪切强度≥2.5～3 kPa；摩擦角4.5°～5.6°；湿密度1.2～1.5 kg/m^2</td></tr>
</table>

续表 6.1-1

开采条件	技　术　指　标
结核矿	1. 采集深度 10 cm 2. 采集结核粒径 2 ~ 10 cm 3. 采集结核平均丰度 6 kg/m^2（国外为 10 ~ 15 kg/m）干重，最高达 20 kg/m^2 4. 湿密度 1.7 ~ 2.16 kg/m^3，平均 2 kg/m^3 4. 含水率 30% 5. 抗压强度 5 MPa
矿区尺寸	1. 单个可采矿体宽度 3 ~ 8 km，长度 100 ~ 200 km 2. 最小可采矿块 1 000 m × 10 m

6.1.2　确定开采工艺系统的准则

（1）适应规定的矿区开采条件。

（2）深海采矿在经济上必须合理，与陆地采矿相比有竞争力，因此系统必须简单。

（3）系统必须具有高度可靠性，无故障连续作业时间≥1 000 h。

（4）系统可在矿区任何气候条件下作业并保持完好（而中试系统可按无飓风条件设计）。

（5）第一代商业采矿系统净采矿率≥24%，不得无规则开采或破坏未采区，造成资源浪费。

（6）尽量减少风险投资，充分利用标准型船体，如有可能可以租赁。

（7）自动化程度要高，以尽可能减少海上恶劣环境下的操作人员数量。

（8）将对海洋自然生态平衡的破坏降到可接受程度，满足海洋环境保护法规要求。

（9）以国内外已有的成熟高新技术和产品为基础进行技术集成。

6.1.3　开采工艺系统

6.1.3.1　采矿系统的选定

目前，从实现规模开采的技术实际可行性、经济性、资源回收率、环境保护要求等方面考虑，国际上公认的第一代采矿系统，首选自行式集矿机 - 矿浆泵水力（或气力）提升采矿系统。随着技术进步，未来有可能出现新的实际可行的开采系统。

6.1.3.2　系统功能和组成

采矿系统的基本功能是在海上将海底结核采集起来，提升到海面，并运输到港口。为此，采矿系统由以下 4 个子系统组成：

(1)海底采集子系统。在海底按规定路线最大限度的采集结核，进行去除沉积物和破碎，并送往提升系统。

(2)提升子系统。将结核从海底提升到海面。

(3)监控子系统。开采系统的导航定位、作业控制和管理。

(4)水面支持系统。包括采矿作业平台和运输支持系统。采矿作业平台为海下设备提供存放空间、布放回收、悬挂支承、拖曳、动力、维修，存储矿石和向运矿船转运矿石，以及提供人员生活支持；运输支持系统将矿石运输到港口，向采矿作业平台供应补给品及人员轮换支持。

6.1.3.3 开采生产能力

采矿系统生产能力的选定是极为重要的，它不仅取决于矿床开采条件特别是结核的丰度和品位，而且决定着技术设备的规格和采矿经济效益。

根据目前和可预见的采矿系统设备性能和对金属市场不产生难以承受的冲击，最有经济潜力的年生产能力为 100 ~ 200 万 t 干结核。目前趋于以 2 套 150 万 t 干结核的采矿系统实现年产 300 万 t 矿山生产规模。

考虑到采矿船进入船坞、驶往采区、向运矿船转运矿石、计划维修、气候条件及不可预见的停工时间，采矿系统年有效工作日约为 250 天。每天实际有效作业时间约为 20 h。

6.1.4 开采规划

6.1.4.1 规划原则

根据大洋多金属结核赋存于水深达 4 000 ~ 6 000 m 的海底沉积物表层，尽管总体是比较平坦的，但局部有海山、沟壑等障碍，针对所确定的采矿系统，必须根据结核的分布情况、地形地貌、采矿系统的适应能力等多个因素来确定开采规划。

确定的基本原则是：采集轨迹平行分布好、重叠少，集矿机和船转向少，提升管线没有或只有少许扭曲，辅助作业时间短，剔除不利地形如沟壑、台阶、坡度 >5°等地段，以及结核丰度低和无矿地段。

开采规划的主要依据是由 200 × 200 幅(每幅图 50 m × 100 m)组成的 10 km × 20 km 面积的地形拼图和丰度图。

6.1.4.2 可采单元划分、采集路径的规划方法

首先，根据地形图，排除坡度 >5°的不可采地段，对于宽度 ≤100 m 的小障碍可不予考虑，由集矿机绕过，而整个采矿系统航线不变。再剔除低于边界丰度和无矿区而得到可采区。

然后，利用中间线曲线图法反映可采区，中间线每一点表示距基底的距离。从而得到包括圆弧和曲线的水平影像。根据此曲线图给出可采单元，这些可采单

元是由中间线相连形成的，并按结核丰度、可采矿量、表面积等加以分类，确定开采顺序。在图像分析中，亦可采用数学形态学、离散几何图形学等方法。

最后，是确定每个可采单元回采方式。中间线给出系统轨迹的大方向，得到连续的平行轨迹。这些直线单元，采用"U"形调头，调头过程仍可采集结核。把轨迹太短、采矿系统来回调头耗时太多的单元去掉，最后得到了实际采区的采矿系统的采集路径。参见图6.1－1。

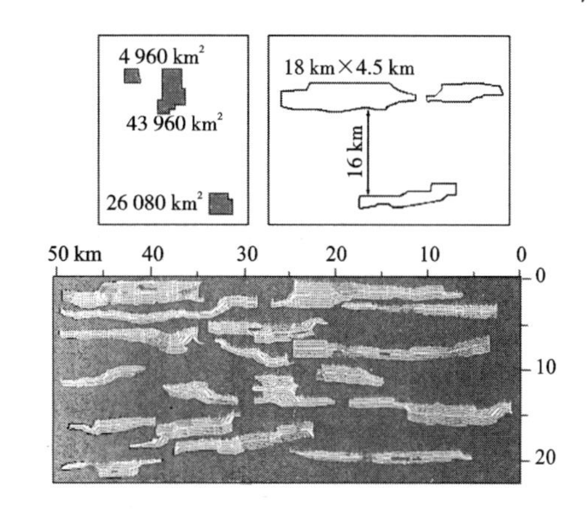

图6.1－1　采集路径规划图

6.1.4.3　回采方式

回采方式有阿基米德螺线、扇形折返、直线折返等。最佳方式是集矿机相对于母船纵向或横向折返式回采方式，见图6.1－2和图6.1－3。

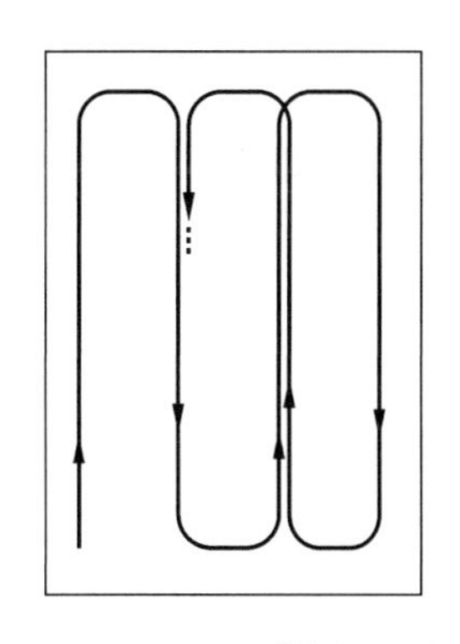

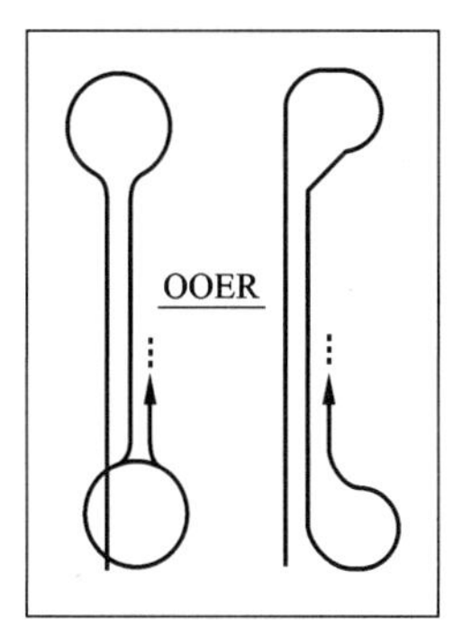

图6.1－2　回采方式

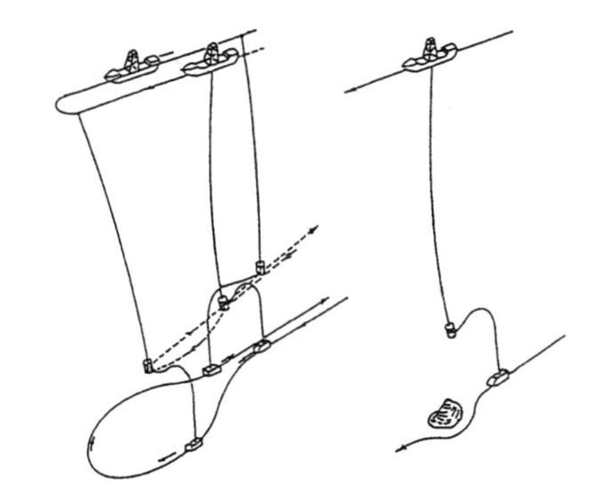

图6.1－3　系统调头和绕障

纵向折返式回采，集矿机与船同向、同速行驶，可长距离采集。遇到障碍时，由于集矿机与离海底约100 m高度的中继舱用软管连接，允许集矿机左右偏离航向约200 m(软管长度400～600 m时)绕过，同时可以保证海底高度变化50 m而无需采用加长或缩短提升硬管长度来改变中继舱离海底的高度；横向折返式回采，集矿机相对船横向左右行驶200 m折返，船不动，当集矿机行驶范围超过软管允许范围时船再向前航行一定距离，行驶速度很慢。

6.1.4.4　总回采率估算

估算总回采率时要考虑的主要因素有：

①矿区内某些地段由于存在断层、悬崖、露头、过大坡度、凹陷，以及由于沉

积物过于软弱、采矿机难以进入的地质因素。目前划定矿区的勘探程度，不足以对所述因素进行精确估计。一般认为，在实际矿区内，不能进行开采的地段估计将占20% ~25%。

②低于开采边界品位和丰度的结核分布因素。目前勘探程度难以精确有效地发现这些无矿点和低丰度区，集矿机无法回避的这类地段至少占整个矿区面积的35%。

③采集机构原理决定的采集率因素。目前技术水平采集率在0.4 ~0.7之间，很难超过0.85。

④受行走机构机动性和控制技术方面限制的采集覆盖率因素。采用拖曳式集矿机时，采集面积率一般只能达到0.4 ~0.5，采用自行式集矿机和定位技术时，采集面积率提高，有可能达到0.7 ~0.75。

因此，工业生产采矿系统的总回采率可按下式估算：

$$H = \eta_s \times \eta_g \times \eta_p \times \eta_f \quad (6.1-1)$$

式中：η_s为不可采地段影响系数，一般取为0.75；η_g为无结核区或低丰度区影响系数，一般取为0.65；η_p为集矿机采集率，目前可达到0.7；η_f为集矿机采集面积率，自行式集矿机和精确定位控制时一般为0.7。

按上述系数计算，得出工业生产采矿系统总回采率为0.24。现有技术可以达到"大洋多金属结核资源研究开发第一期(1991—2005年)发展规划"所规定的净采矿率为0.23的目标。

6.1.4.5 矿区可采储量估计

根据中国结核矿勘探合同区面积共7.5万km^2，总体坡度≤5°，当量边界品位≥1.8%，东区以平均丰度≥5.5 kg/m^2圈定的矿区面积为2.2万km^2，西区以平均丰度≥8.4 kg/m^2圈定的矿区面积为3.8万km^2，干结核量分别为1.37亿t和2.73亿t，整个矿区干结核总量为4.1亿t。

采矿系统年生产能力主要基于冶炼厂经济生产的最小规模，经济分析趋向于年生产能力为300万t，考虑到净采矿率为0.24，则矿区储量足够开采32年。即使净采矿率为20%，也能开采27年，或者矿区结核丰度降到5 kg/m^2也可开采21年。

6.2 集矿子系统技术

6.2.1 基本功能

集矿的主要任务是将结核从海底采集上来，送至提升系统。为完成该任务，集矿子系统应具有如下功能：

①从海底松动结核，拾取并集中；

②输送到破碎机，输送过程中冲洗掉携带的绝大部分沉积物；

③将结核破碎到提升系统要求的粒径，并排除不能破碎的大块；

④结核送至提升系统；

⑤支撑机体在海底可控制地行驶，并确定和避开行驶路径上的障碍；

⑥监测本身的位置和作业状态，并向海面船发送信息和接受控制。

6.2.2　基本技术要求

①适应矿区开采条件，满足采矿系统总体要求（包括生产能力、与提升系统的匹配等）。

②采集结核粒径涵盖粒径分布的95%以上。根据统计结果，一般为2～12 mm。

③采集率高，一般采集率≥85%；单位能耗低。

④采集结核时携带的沉积物最少，冲洗后一般含泥率≤15%。

⑤具有良好的稀软海底可行驶性，可按预定开采路线行驶的可操纵性。一般两平行轨迹间距偏差≤±(0.5～1) m；行驶速度可调，以适应丰度变化时保持生产能力不变。

⑥具有避开障碍物的机动性。一般要能越过0.5 m高的巨砾和1 m宽的堑沟。

⑦具有流体动力稳定性，能安全正确布放、回收。

⑧工作机构对海底扰动和破坏最轻，对水体污染最小。

⑨在海底连续作业1 200 h不减产，平均无故障连续作业时间≥2 000 h。

⑩结构简单、坚固耐用、耐海水腐蚀、重量轻、维修容易、能耗低、可拆卸搬运。

6.2.3　集矿原理和集矿机组成

6.2.3.1　集矿原理

集矿是采矿系统中技术最复杂、最关键的部分。尽管国际上1978年的海上试验验证了采矿技术原则上是可行的，但要获得商业实用的最有效方案的道路仍然是相当漫长的。原因之一是还没有一种集矿机能无故障地连续工作几十小时；二是结构原理造成从海底携带大量沉积物，必将产生羽状流，污染水体，要满足《联合国海洋法公约》关于海洋环境保护的要求仍有一定难度。

迄今为止，尽管出现了上百种采集原理和机构专利，但在技术和经济上有价值的采集原理主要有三类：机械式、水力式和复合式。其原理示意图示于表6.2-1中。

表 6.2-1　集矿原理主要类型

类型		原理图	类型		原理图
机械式	链带耙齿式		水力式	轴流泵吸扬式	
	滚筒耙齿式	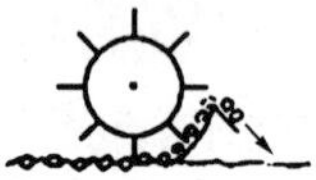		附壁喷嘴吸入式	
	链斗式			射流冲采-附壁喷嘴吸入式	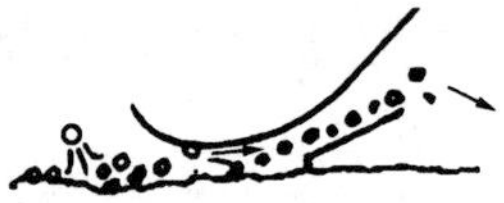
	轮斗式		复合式	单排喷嘴射流冲采-齿链输送式	
	滚筒耙齿-齿链输送式			双排喷嘴射流冲采-齿链输送式	

(1)水力集矿

水力集矿是利用水流分离和移动赋存在海底沉积物表面上的结核。1978 年在太平洋的海试验证了水力式集矿原理的可行性，被认为是第一代商业集矿机最主要的结构形式之一。由于联合国海洋法公约生效，对海洋环境保护的要求更加严格，极大地影响了集矿原理的选择。与其他集矿原理比较评价表明，利用水射流冲采或产生负压抽吸结核，结构简单，经久耐用，集矿头通过各种海底沉积物无需复杂的高度定位控制，其缺点是：由于涡流效应采集效率很低；采集大量沉积物和有机物，对海底和水体产生的环境影响大；消耗功率大。这些都需要进一步改进和创新，才有可能用于商业采矿系统。详见第 5 章 5.4.1 节。

这里主要讨论 3 种水力集矿原理：

①泥浆泵吸扬集矿。这种原理类似于真空吸尘器，如美国 OMA 公司海试集矿机就是采用轴流叶片泵通过扁吸口抽吸结核，并送往矿石提升系统。吸头由双雪橇板支承，通过四连杆平行机构和压下弹簧保持与海底的最小合适高度(弹簧可使吸头浮动 50～100 mm。这种原理机构简单，工作可靠，但是水力效率很低，功耗大。

②水射流附壁效应集矿。最典型的水射流附壁效应集矿原理，如图 6.2-1 所示。集矿头的固体入口与海底不接触，结核在扁平附壁喷嘴低压水射流产生的

负压作用下被松动离开海底，同时抽吸周围海水，有助于举升结核和将其送到斜输送管内。

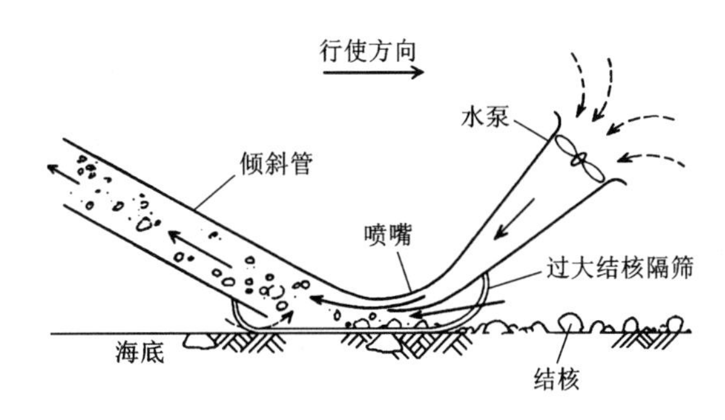

图 6.2－1　附壁喷嘴负压集矿原理图

拾取结核的力是结核自重和沉积物对结核产生的黏着阻力之和。黏着力(或拔出力)由海底箱式取样测定。从沉积物表面拾取单位投影面积结核的黏着力测量结果参见 6.2.4 节的图 6.2－15。形成负压和沿斜管输送结核的关键因素是流速，这一流速至少为结核临界沉降速度的 2.5 倍。

附壁喷嘴吸头入口速度的分布如图 6.2－2 所示，最大速度在射流中心线附近，随着远离中心线距离的加大，射流速度以指数关系衰减。这意味着吸头离底高度对移动物料具有主导作用。因此，入口的设计对吸头采集效率至关重要。另外，从平坦底层移动结核不等于举升和输送结核。正相反，射流将其前面的水体移位，并将结核冲到旁边。为了产生结核向上的运动，需要结核移动后弹起的反向障碍物或反向水射流的支持(见图 6.2－3)，引起结核向上偏转进入输送入口。这就是为什么真空吸尘器有 2 个相反的窄缝隙。

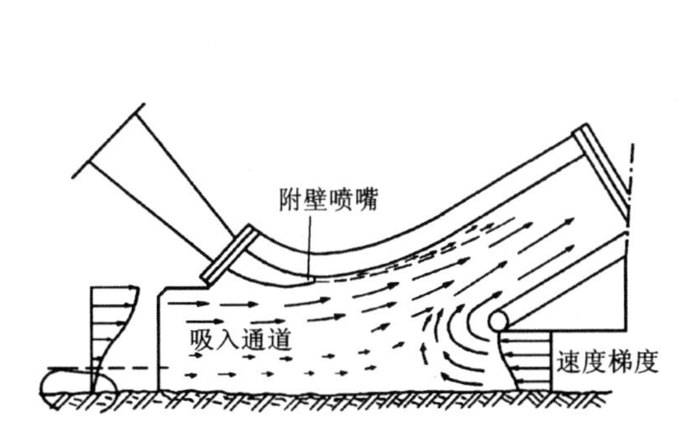

图 6.2－2　吸头入口处速度分布

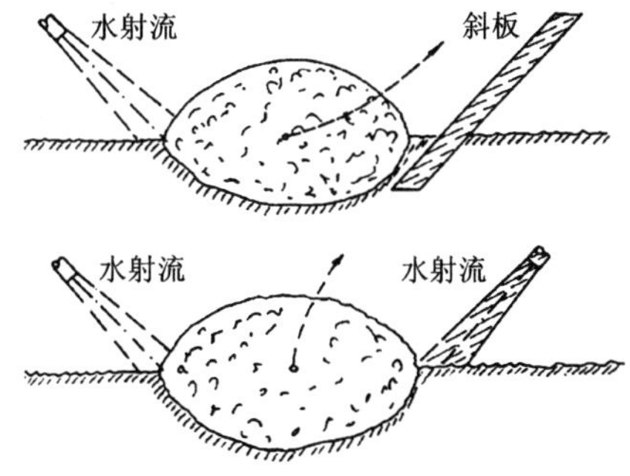

图 6.2－3　结核移动后支持向上运动的辅助方法

日本研制的水力集矿机，为了解决结核的举升问题，在附壁喷嘴前方增设了多个辅助喷嘴，如图 6.2－4 所示。然而，在多数情况下，这种方法的效果并不理想。

图 6.2－5 所示为附壁喷嘴－斜板集矿机，斜通道下部刃口用于从海底移动结核，但是切刃仅刮削沉积物表面，不切削和移走海底沉积物层。由于结核被推

入斜通道入口，在对准入口主喷嘴的水射流作用下携带大量周围海水，使结核沿斜管上升，进入收集箱内。由于输送管内水射流的扰动和流动，结核黏着的沉积物在输送过程中被清洗掉，从斜管顶部筛网排出，结核掉入倾斜分离筛，大块在筛上被排出，合格块度结核通过分离筛送到提升系统。斜管道口也设有栅条，防止大块进入。不采集时提起刃口离开海底，采用大直径橡胶皮囊和返回弹簧很容易实现该过程。集矿时，皮囊能自动膨胀将斜管道推到事先调到希望高度的可调止动块处；停止集矿时，皮囊在弹簧力作用下收缩，斜管道将提升到离底的安全高度。

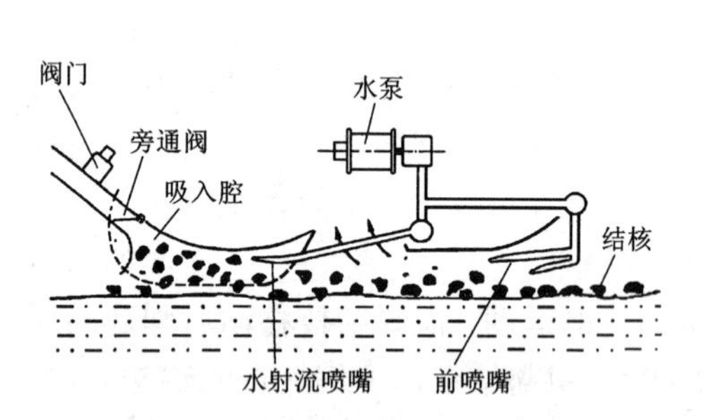

图 6.2－4　日本附壁喷嘴负压集矿原理图

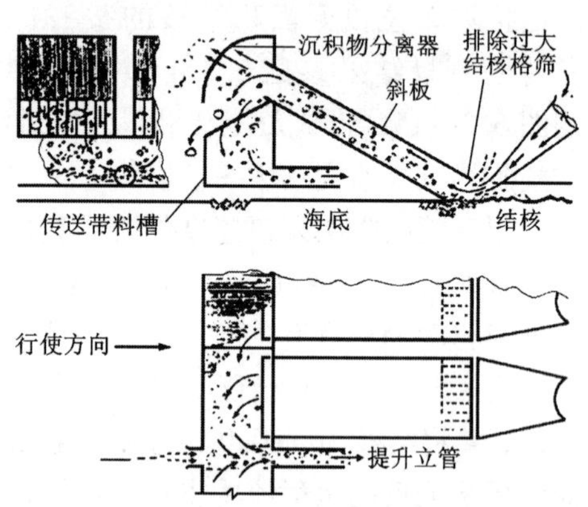

图 6.2－5　附壁喷嘴－斜板集矿

③水射流举升集矿。如图 6.2－6 所示，利用离海底一定高度的前后两排斜向海底喷嘴水射流冲采和举起结核，并带入输送管道。这一集矿原理是德国柏林大学水下工程研究所提出的，工作机理概述如下：

水射流在水中的有效距离相当短，喷口处初始速度传输长度取决于喷口直径，约为 6.2 倍直径。在到达这一距离之后，最大中心速度衰减，要冲走结核，喷口离结核的距离必须相当短。如当喷嘴直径为 25 mm 时，有效传输长度约为 150 mm，如果结核直径较小（距离 <100 mm），喷嘴与结核之间有足够的间隙，如果直径 >200 mm 或结核埋在沉积物中（距离 >150 mm），水射流无效，必须调节喷嘴与结核的间距。图 6.2－7 和图 6.2－8 示出水射流对结核产生的力和移动过程。从图 6.2－9 可以得出，当水射流到达结核时，作用在结核上的力将其推入沉积物中，同时速度场在结核上产生吸力，将其向射流方向推移，当射流偏转分力与底面平行时结束。当射流中心线通过结核瞬间，水平推力突然减小，引起作用在结核上的水射流偏转。在到达结核顶部之前不久，垂直力显著减小，并由于结核上部水射流的偏转分布变为举升力。对这个过程用不同粒径结核和水射流速度做过多次试验，使我们认识到，单喷嘴冲击结核，结核运动的总体方向不会向上，约 90% 结核被移出原位，平行海底位移的距离很短，如图 6.2－10 所示。为了使结核产生向上运动，需要辅助斜板或反向水射流，并通过上导流板和后斜导流板引导进入输送装置，从而形成利用离海底一定高度的前后两排斜向海底水射流冲采和举起结核的集矿原理。这种原理实现的最大困难是流场的涡流，必须以理论分析为先导，以大量实验为基础，才能找到水射流参数、喷嘴空间位置、导流板形态等的最佳匹配。

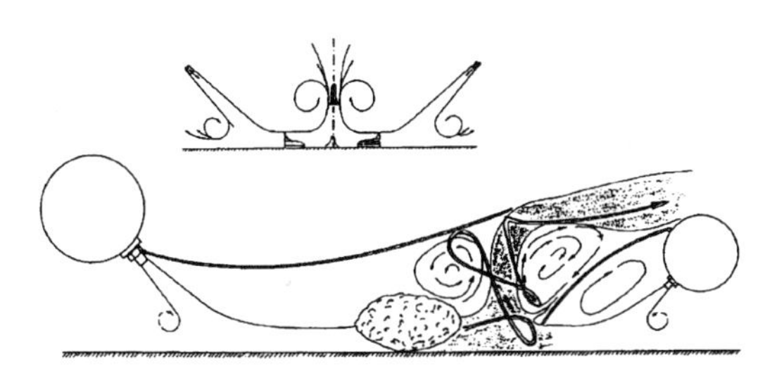

图 6.2-6 双排水射流举升集矿原理图

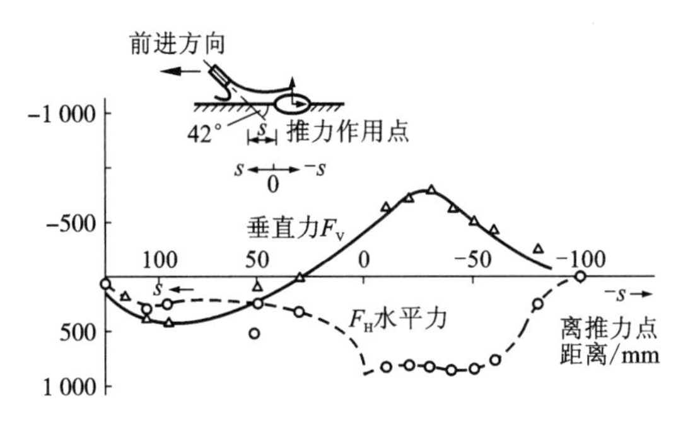

图 6.2-7 水射流作用在结核上的力

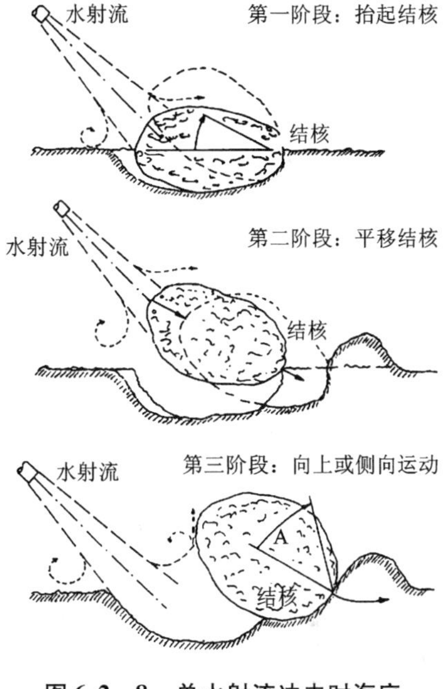

图 6.2-8 单水射流冲击时海底沉积物表面上结核的运动

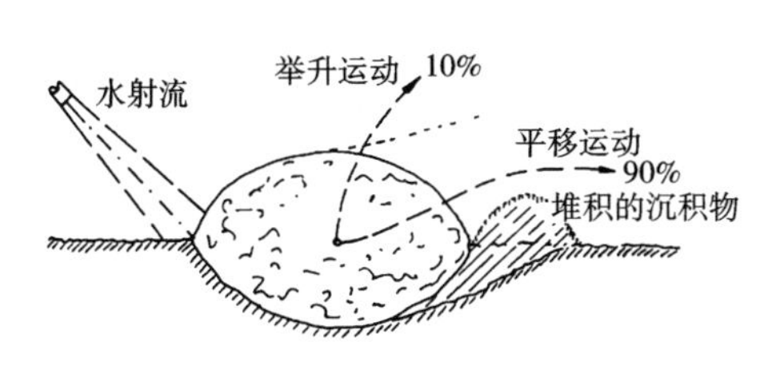

图 6.2-9 单水射流推动海底沉积物表面上结核的运动路径

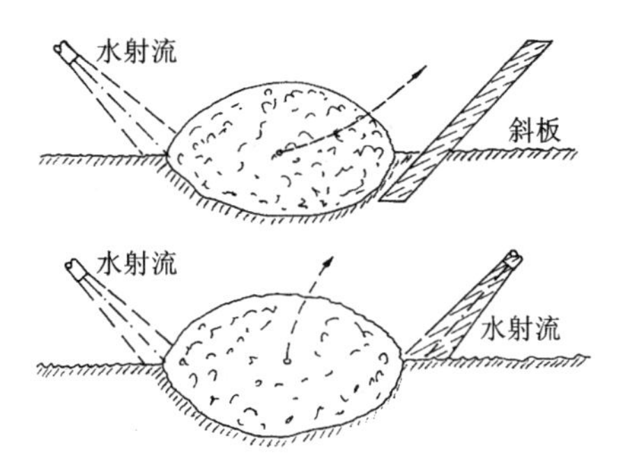

图 6.2-10 水射流反向设置斜板或反向水射流使结核产生升起运动

(1)机械集矿

机械集矿是利用犹如旋转斗轮和链式输送机的机械运动件实现采集和输送结核。实际上，无附加喷嘴或其他水力辅助件配合，纯机械集矿结构是不切实际的，主要原因是纯机械结构会挖取大量沉积物。这里仅讨论2种典型机械集矿原理：

①滚筒铲斗集矿。如图6.2－11所示，采用旋转滚筒上的铲斗从海底挖取结核。这种原理可挖取海底整个上层，包括沉积物和结核。混合物在铲斗中时，用高速水射流冲洗，排出沉积物。干净的结核卸入横向运输机，转运到中心料斗，输往提升立管。挖取的大块结核在两处排出：一处在结核从铲斗落入滚筒中心地点设合适间隔(宽间隔)筛条，防止超大块结核进入滚筒，而留在铲斗内，在铲斗向下旋转半周时被排出；另一处在料斗入口处设排出大块的筛条。

②链带齿耙集矿。如图6.2－12所示，采用倾斜链带齿耙从海底表层挖取结核，沿多孔倾斜板输送到上部，输送过程中在高速水射流的冲洗下沉积物从网孔排出，干净的结核卸到横向输送带上，送往提升系统入口。大块则用位于料斗入口的一系列栅条分离排出。

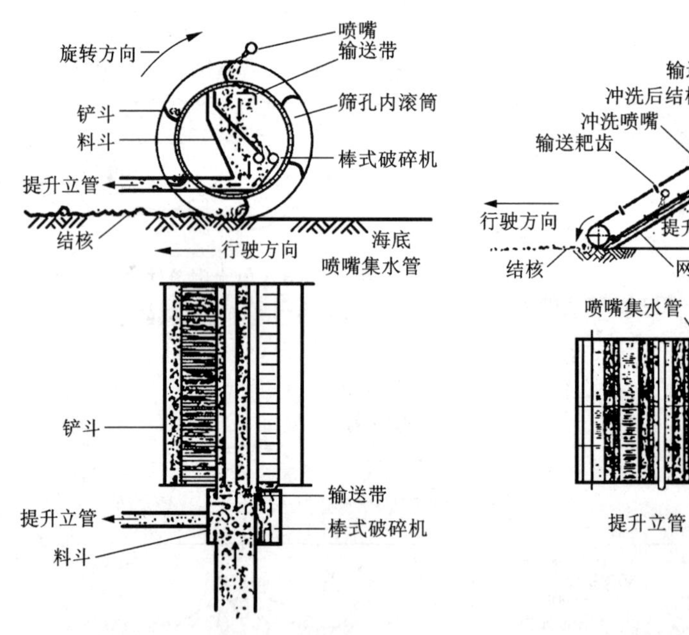

图6.2－11　滚筒铲斗集矿原理图

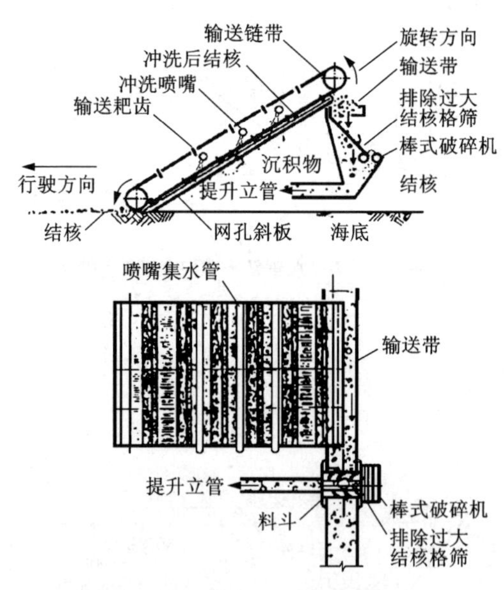

图6.2－12　链带齿耙集矿原理图

机械式的采集效率较水力式的高，对环境的影响是可以接受的，有可能用于商业采矿系统。其缺点是：运动件较多，挖齿容易损坏；集矿口容易被大块堵塞；挖斗式卸载困难，结核易黏在斗内；滚筒耙齿－齿链输送式由于障碍物和置换流作用，结核多半被推入沉积层内。

(3)复合式集矿

复合式集矿主要是利用水射流冲采和倾斜链带输送机输送结核，或利用水射流和机械齿耙联合挖取结核。组合方式可能多种多样。最典型的是双喷嘴冲采、举升结核与倾斜齿链输送机组合，如图6.2-13所示。

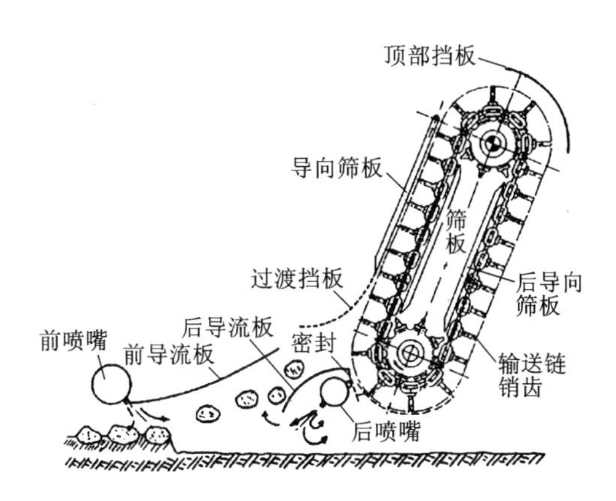

图6.2-13　复合式集矿原理图

复合式集矿的优点是：采集阻力小，通过障碍时采集机构不易损坏；喷嘴冲采过程中使结核上黏附的沉积物大部分被洗掉，齿链输送功率比负压输送功率小得多。其缺点是：集矿口离底的高度变化不能太大，否则影响采集率；水力系统参数和流道形状的确定比较困难，需通过反复试验加以修正。

综上所述，目前最有前景的集矿原理是双排喷嘴射流冲采-附壁喷嘴吸送式和双排喷嘴射流冲采-齿链输送式。

6.2.3.2　承载行驶原理

多金属结核赋存在稀软的沉积物表层，由于沉积物颗粒极细，摩擦系数接近于零，车辆行驶只能靠剪切力产生推进力，且其承载力极低，能适应这种底质条件的承载行驶车主要分为两大类：拖曳式，遥控自行式。见表6.2-2。

表6.2-2　承载行驶原理主要类型

拖曳式	自行式		
	螺旋桨推进式	阿基米德螺旋推进式	履带行走式

(1)拖曳式

拖曳式行驶机构是由海面采矿船通过提升管牵引雪橇式承载底盘行驶。优点是结构简单，工作可靠性高，对海底扰动和破坏小。但是，不能精确定位，无法控制方向和按预定轨迹行驶，海底资源损失大，避开障碍困难，难以根据结核丰度调节行驶速度，单位时间采集结核量变化大，对提升系统运行稳定性有一定的影响。因此，这种承载行驶方式只适于首次在海上做采集原理试验用，不适于商业性系统。

(2)遥控自行式

遥控自行式行驶机构是由采矿船通过电缆供电，操作者按自动、半自动和手动模式遥控行驶。这种行驶机构可控制开采路线，越障或绕行，机动性好，采集覆盖面积大，资源回收率高，能根据结核丰度变化改变行驶速度，保持生产能力恒定，同时降低了提升管的拖曳力。因此，尽管遥控自行式行驶机构具有机构复杂，维修量大，可靠性有可能降低等缺点，但这种行驶机构已成为目前公认的集矿机承载行驶方式。可行的自行方式主要有以下几种：

①螺旋桨推进式。这种机构的结构简单，但是牵引力小，精确定位、慢速行驶困难，对海底扰动严重，有可能将邻近采集路径内的结核吹走或埋入沉积层内，不能适应商业性深海采矿的需要。

②阿基米德螺旋推进式。这种行驶方式最初是美国海军为沼泽地带用车辆开发的。最早的阿基米德螺旋行走车为两条中心距 1.8 m 的螺旋，长度 5.4 m、外径 0.98 m、螺旋叶片高 0.24 m，可载 2 人，载重 980 kg。在软泥地、沼泽、雪地上行走性能良好，但在硬岩上几乎不可能行走。美国 OMCO 公司于 1979 年在太平洋海域结核矿区的稀软沉积物底质中进行了行驶试验，尽管未得到公司的证实，但螺旋有旋入海底的趋势，破坏海底范围大。随后，法国、德国、俄罗斯和中国对阿基米德螺旋行走方式进行了广泛的研究。比较试验得到如下结果：

- 静态压陷深度远大于履带式，即承载能力低，见图 6.2－14。
- 单位车重的牵引力远小于履带式，行走功率远大于履带式，约为 40∶7.4。
- 越障和转弯困难。
- 螺旋凹槽易被沉积物敷住，影响产生牵引力，造成打滑，行走能力下降。

因此，阿基米德螺旋用于实际稀软海底行驶，尚待进一步研究和改进。

③履带行走式。履带车是通用行驶设备，1972 年开始用于海底行驶试验。由于履带接地面积比其他行驶方式的大得多，产生的牵引力也大，底质承载能力越低优越性越明显；履带车的可行驶性(包括越障或绕障)、操纵性、对环境影响程度均能很好地满足稀软海底行驶的要求。因此，成为集矿机首选的行驶方式。

6.2.3.3 集矿机组成

根据对集矿功能的要求和工作原理，集矿机主要由以下主要部分组成：

(1)集矿机构。包括采集、冲洗、向破碎机输送结核等部件。

(2)破碎机构。包括受料口、破碎机本体、大块排出装置等部件。

(3)行走机构。包括牵引、悬挂、转向等部件。

(4)动力供应。包括电力和液压等部件。

(5)测控系统。包括采集、破碎、行驶控制，导航定位，工况参数检测等部件。

(6)对地比压调节构件：浮力件。

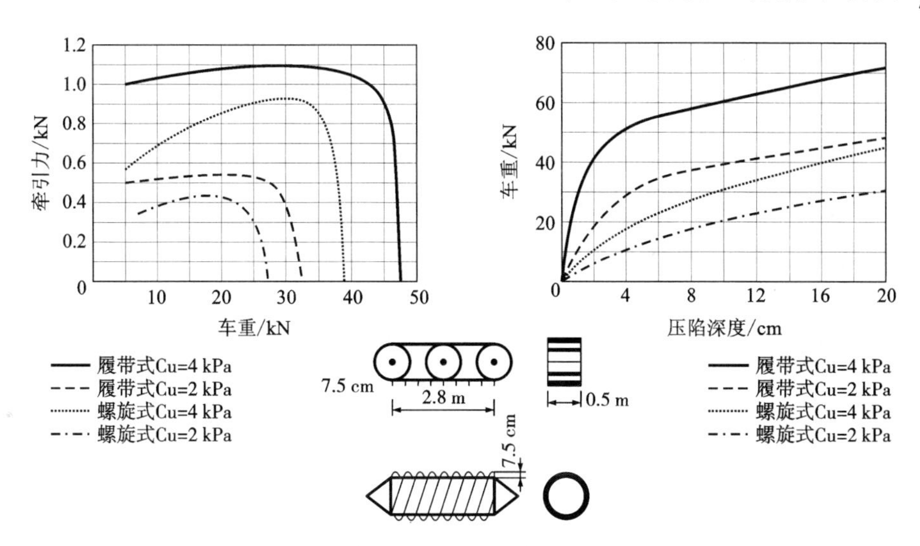

图 6.2-14 履带式与螺旋式行走机构对比试验结果

6.2.4 采集机构设计

采集机构设计应满足采集效率最高，能耗最低，携带沉积物较少和结构简单工作可靠等要求。

6.2.4.1 采集条件参数的确定

(1)采集粒径

采集结核粒径的大小影响集矿的工作参数和结构参数，其值应根据矿区结核粒径分布统计结果确定。根据第3章图3.1-16，若采集95%结核，采集粒径范围为2~10 cm；若采集98%结核，采集粒径范围应为2~12 cm。

(2)结核剥离力

结核黏敷在沉积物中，欲将结核从其中剥离出来，需要一定的剥离力，这是设计水力集矿机构的重要基础数据。根据测定，直径6.4 cm、重0.14 kg的结核，从剪切强度3 kPa和6 kPa沉积物中的剥离力分别为25 N和32 N，而全埋加大一倍，单位面积最大为0.02 MPa，考虑1.5倍保险系数，则设计时取剥离压强为0.03 MPa。最大的12 cm结核的剥离力需达88~110 N。单位面积拾取结核力频率分布参见图6.2-15。

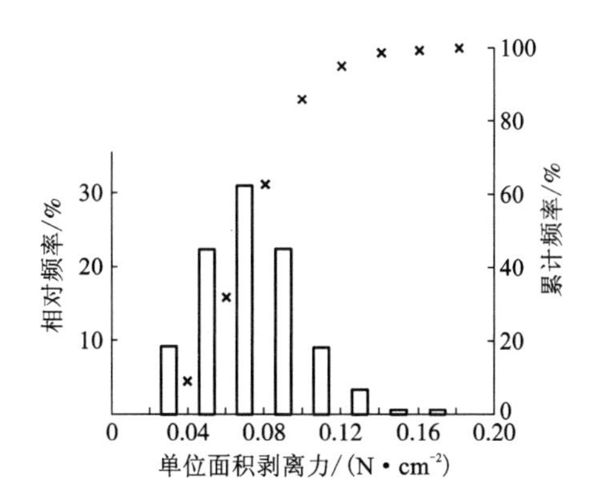

图 6.2-15 结核拾取(拔出)力的频率分布

(Katsuya Tsurusaki, 1999)

(3)集矿宽度

满足生产能力要求的一次行驶采集宽度按下式计算：

$$b = \frac{A}{aV\eta} \tag{6.2-1}$$

式中：A 为生产能力，kg/s；a 为结核平均丰度，kg/m²；b 为集矿宽度，m；V 为采集行驶速度，m/s；η 为采集率，%。

由上式可以看出，当生产能力和矿区结核丰度已经确定的情况下，集矿宽度取决于采集行驶速度与采集率。而行驶速度又取决于行走机构和海底土质特性，以及行走速度对集矿机构效率的影响。对于稀软沉积物底质，履带车行驶速度一般在0.3～1.0 m/s范围内，根据试验研究，在剪切强度为2 kPa时，履带行驶速度超过0.8 m/s时，将出现严重打滑。而阿基米德螺旋行走车可达到1.5 m/s，甚至更高。

6.2.4.2 水力集矿机构设计

这里论述最有应用前景的双排喷嘴冲采－附壁喷嘴负压输送水力采集机构的设计理论基础和工程实践。这种采集机构是由中国研发大洋多金属结核中试采矿系统提出的，自1990年以来，经过20年的试验室原理模拟试验，模型机扩大试验和中试规模集矿机湖试验证，取得了良好效果。

(1)工作原理

双排喷嘴冲采－附壁喷嘴负压输送水力采集机构的原理见图6.2－16。工作原理是：利用离海底一定高度的前后两排相对斜向海底的喷嘴产生的水射流，将结核冲离沉积层，洗掉一部分沉积物，在形成的上升水流作用下将结核举起，并在集矿装置向前移动和附壁喷嘴产生负压的作用下送入破碎机料口。

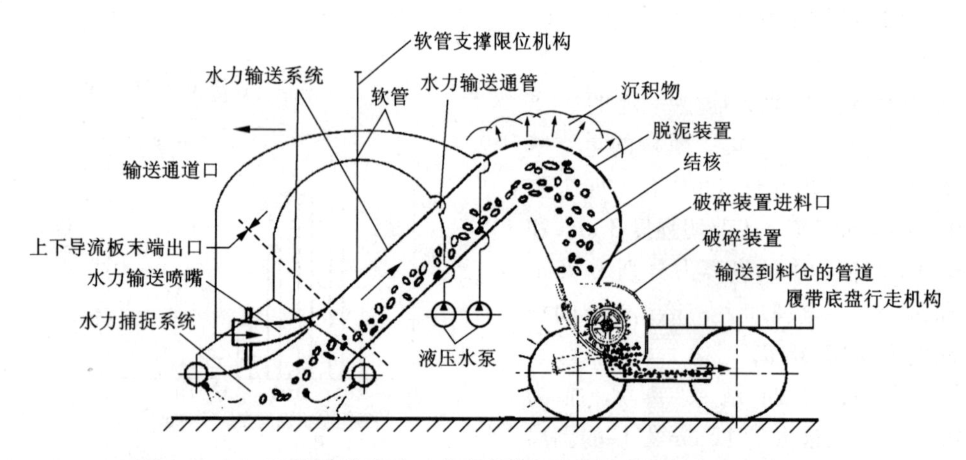

图6.2－16　双排喷嘴冲采－附壁喷嘴负压输送水力采集机构原理图

(2)冲采喷嘴工作参数和结构参数

冲采喷嘴水力参数主要有喷嘴直径、排距、间距、方向角、距底高度(射距)，以及射流压力和流量、车辆行驶速度等。由于流场空间形态复杂，实际设计中这些参数之间的关系都是用半经验公式进行估算的，往往需要通过计算程序进行多方案比较，才能得到最佳匹配范围，然后通过模型试验进行修正。下面列出一些基本参数的估算式。

①喷嘴射距。喷嘴冲采利用起始段，冲击力最大。对于喷嘴直径在2 cm以下、出口压力≤0.1 MPa的水射流系统，保持射流冲击力最大的射距与喷嘴直径的关系如下：

$$L_s=(6.2\sim8)d_0 \tag{6.2-2}$$

②喷嘴出口射流速度。喷嘴出口射流速度可按下式计算：

$$V_0=C_d\sqrt{0.002P_0},\ \mathrm{m/s} \tag{6.2-3}$$

式中：P_0为喷嘴出口处(工作)压力，Pa；C_d为流速系数，试验测得为0.918。

实际设计时，射流速度取10 m/s左右(8～14 m/s)。

③喷嘴流量。单喷嘴流量可按下式计算：

$$Q_0=\mu S_0\sqrt{0.002P_0},\ \mathrm{m^3/s} \tag{6.2-4}$$

式中：S_0为喷嘴出口面积，m^2

$$S_0=\frac{\pi d_0}{4} \tag{6.2-5}$$

式中：d_0为喷嘴直径，m；μ为流量系数，试验确定为0.918。

确定流量时，还必须考虑到保证流道中流速大于结核临界沉降速度，并考虑漏泄量，一般≥5 m/s，以便将结核举起一定高度送入负压输送管道中或齿链输送带上。

④射流压力。射流最小工作压力可按下式计算：

$$P_0=\frac{P_y}{2\varphi},\ \mathrm{MPa} \tag{6.2-6}$$

式中：P_y为射流冲动结核的最优冲击压强，根据试验一般≥0.03 MPa；φ为冲击压强降低系数，对于小直径喷嘴、低压强射流可以近似取为0.3。

⑤喷嘴直径。

$$d_0=0.55\sqrt{\frac{Q/3600}{H_0^{1/2}}},\ \mathrm{m} \tag{6.2-7}$$

式中：Q为射流流量，m^3/h；H_0为射流压头，m。

喷嘴直径大小的确定，要根据其离底高度的变动范围，保证合理的射距。当喷嘴离底高度在60～200 mm范围内时，喷嘴直径大致为10～17 mm。

在车辆行驶速度 U_0 为 0.25、0.5 和 0.75 m/s 和喷嘴离底高度 h_0 为 70、140 和 210 mm 不同条件下进行试验取得的射流压头 H_0、流量 Q 和消耗功率 N 与喷嘴直径 d_0 的关系曲线如图 6.2－17 ~ 图 6.2－19 所示。由图可以看出：喷嘴直径减小，压头加大；当喷嘴直径达到 15 ~20 mm 时，不同行驶速度和离底高度对压头的影响范围很小，主要影响流量；水泵的功率在很大程度上取决于离底高度。对 3 种不同离底高度时的功率进行比较可以得出，离底高度每变化 70 mm，功率变化达 5 ~6 倍；当离底高度为 210 mm，喷嘴直径小于 10 mm 时，则功率消耗太大，难以实现。

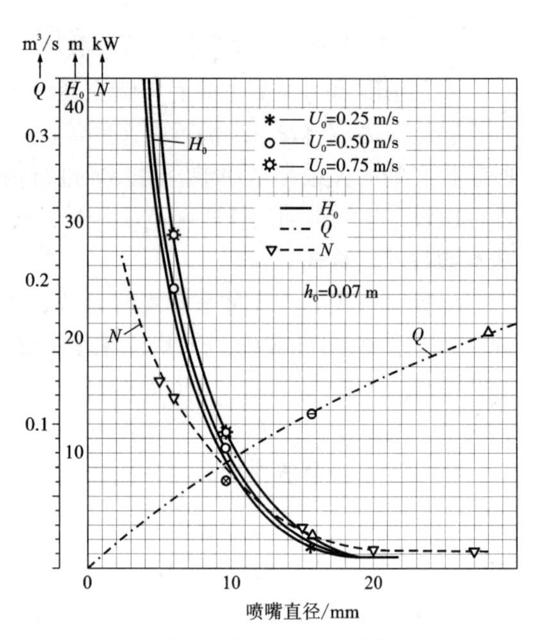

图 6.2－17　离底高度 70 mm 和 3 种行驶速度条件下喷嘴直径与压头、流量和功率之间的关系

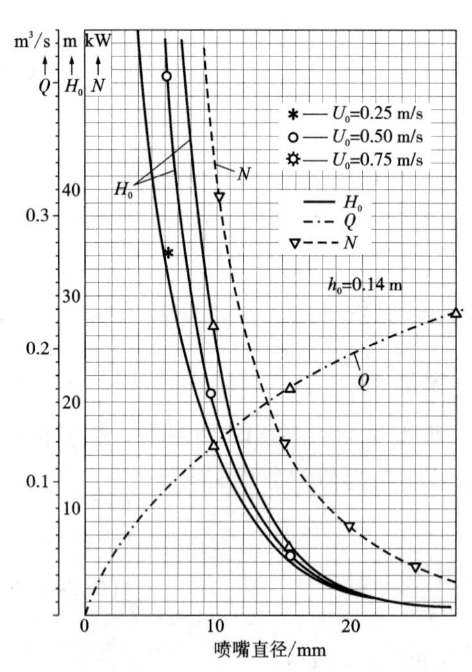

图 6.2－18　离底高度 140 mm 和 3 种行驶速度条件下喷嘴直径与压头、流量和功率之间的关系

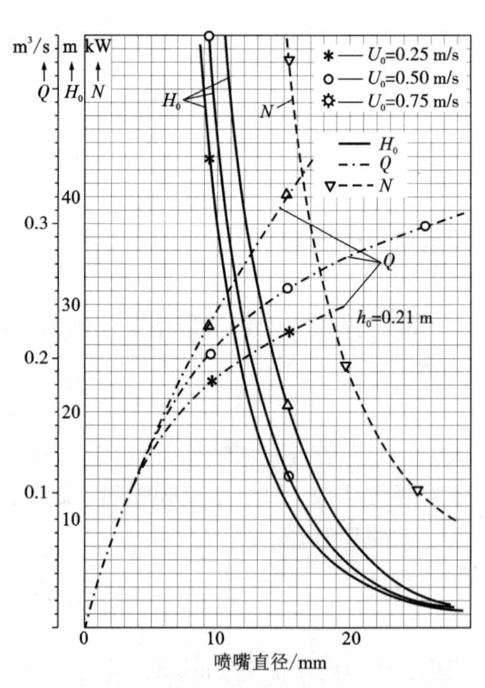

图 6.2－19　离底高度 210 mm 和 3 种行驶速度条件下喷嘴直径与压头、流量和功率之间的关系

⑥射流方向角。通过各种参数组合试验表明，射流从水平向下倾斜角在39°~45°之间，德国倾向于取小值，而中国则倾向于取较大值。

⑦喷嘴离底高度。喷嘴离底高度取决于喷嘴的射距、射流对水平向下的倾角和两射流交点在沉积物以下的深度。对于直径为10~17 mm的喷嘴，喷嘴初始压力为6.2~7.2 N/m^2 时，离底最佳高度为60~140 mm，超过150 mm时采集效率将降低20%。但是，车辆行驶时，有很大的波动，通过试验可以得到，当离底高度超过180 mm时采集效率骤然下降，见图6.2-20。车辆行驶速度对采集效率的影响见图6.2-21。

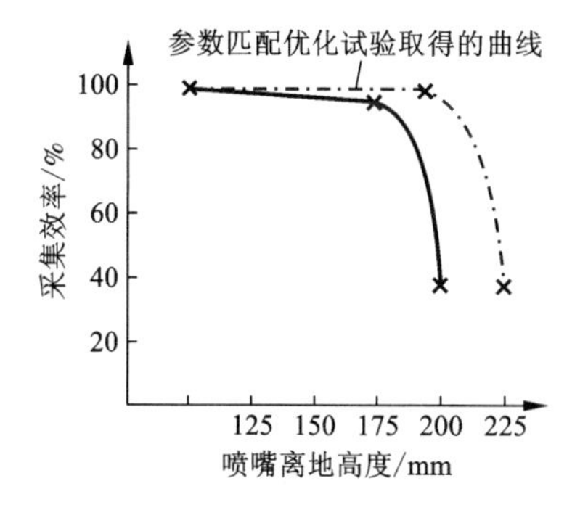

图6.2-20　喷嘴离底高度对采集效率的影响

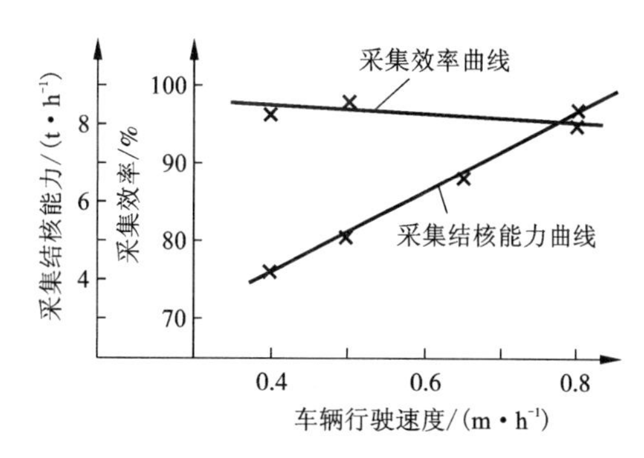

图6.2-21　车辆行驶速度对采集效率的影响

⑧喷嘴排距和间距。喷嘴排距由两射流交点达到沉积物表层以下挖掘深度、最佳射流距离和喷射角决定。按最大离底高度200 mm、向下倾角45°计算，射流到达地面应有一个结核直径的间距，应在50~55 mm之间。

喷嘴间距应考虑喷嘴直径、射流压力、结核丰度等因素，一般为喷嘴直径的1.5~2.4倍，参见表6.2-3。

表6.2-3　每米采集宽度喷嘴个数与喷嘴直径的关系

喷嘴直径/mm	9.5	15.5	17.5	22
每米宽度的喷嘴个数	88	80	66	62

(3)影响采集效率因素的研究和水射流系统参数优化

鉴于影响采集效率的因素较多，关系复杂，目前难以用数学模型准确描述。因此进行不同条件组合下的试验研究成为解决问题的主要手段。主要研究结果概述如下：

①喷嘴结构。商品喷嘴并不比简单的圆柱孔喷嘴好很多。

②沉积物剪切强度对采集率的影响。由图6.2－22可以看出，沉积物剪切强度增加，采集率有所提高。

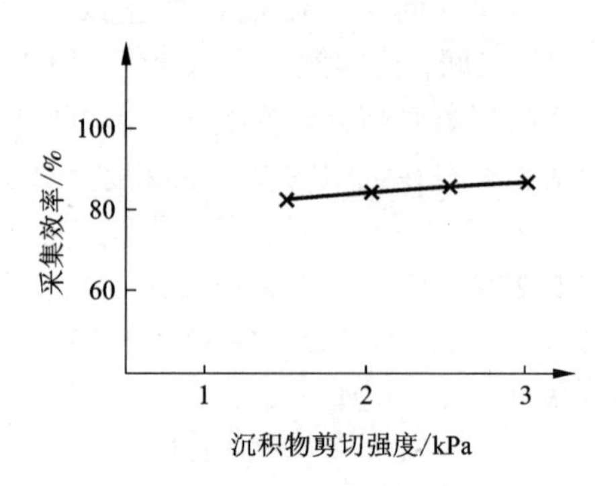

图6.2－22　沉积物剪切强度对采集率的影响

③松动结核的射流速度与采集效率的关系。松动结核所需的射流速度随离底高度的增加、喷嘴直径的加大和集矿机前行速度的加快而增大；采集效率随作用在结核上的射流速度的增大呈指数关系提高。3种喷嘴直径、3种离底高度和3种行驶速度的不同组合试验结果参见图6.2－23至图6.2－30。

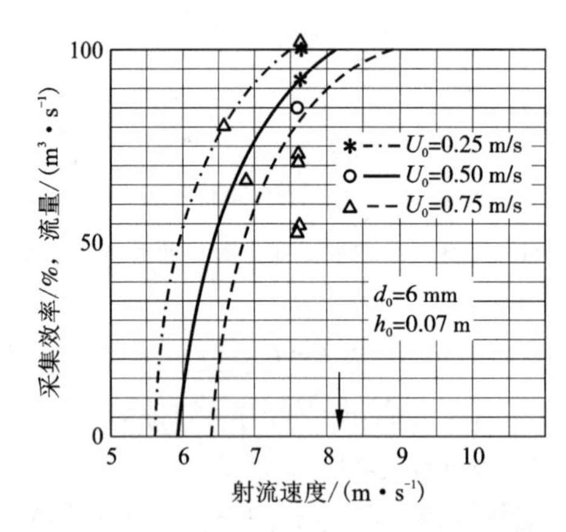

图6.2－23　喷嘴直径6 mm、离底高度70 mm条件下采集效率与射流速度的关系

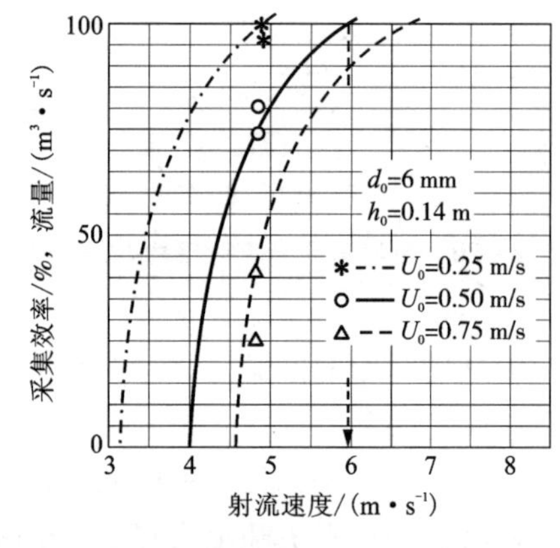

图6.2－24　喷嘴直径6 mm、离底高度140 mm条件下采集效率与射流速度的关系

④射流压头、流量和功率与喷嘴直径的关系。在车辆行驶速度和喷嘴离底高度不同的条件下射流压头、水量和消耗功率与喷嘴直径的关系参见上文图6.2－17～图6.2－19及相关论述。

⑤车辆前进速度和仰角对集矿效率的影响。上文图6.2－21表明，前进速度在0.4～0.8 m/s范围内，采集效率略有下降，但生产能力显著上升。然而，当履带车行驶出现5°纵向仰角时，后排喷嘴离底高度为140 mm时，集矿效率将降低约20%。为了解决这一问题，集矿机构连接到履带车的支承机构时应有调节双排喷嘴对地平行的液压缸。

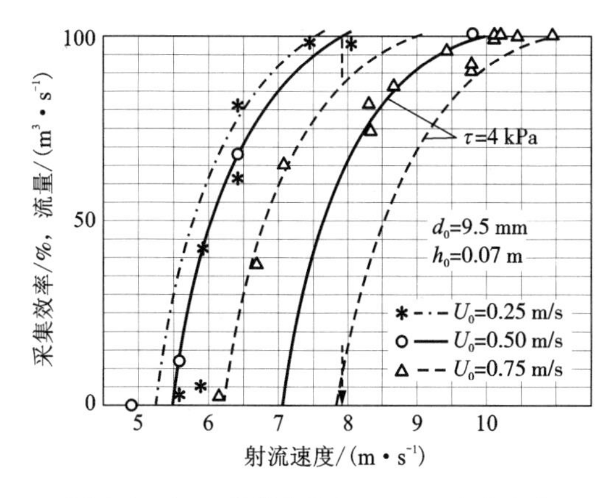

图 6.2－25　喷嘴直径 9.5 mm、离底高度 70 mm 条件下采集效率与射流速度的关系

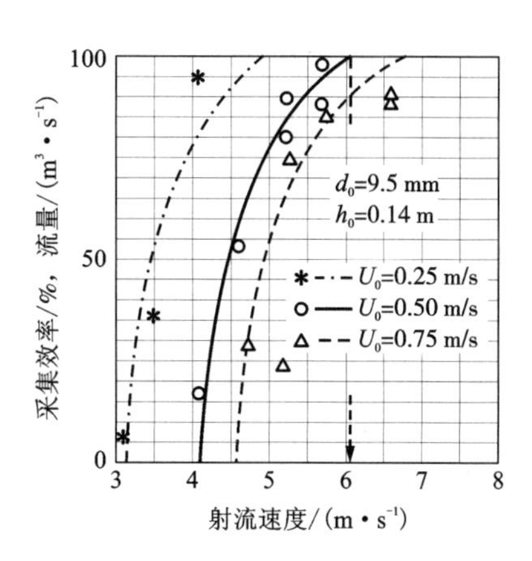

图 6.2－26　喷嘴直径 9.5 mm、离底高度 140 mm 条件下采集效率与射流速度的关系

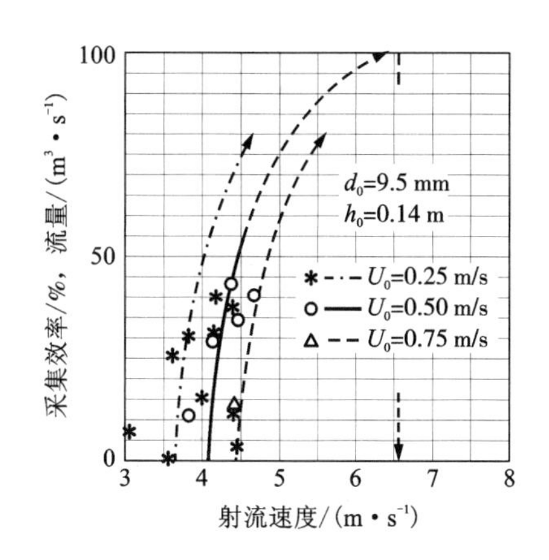

图 6.2－27　喷嘴直径 9.5 mm、离底高度 210 mm 条件下采集效率与射流速度的关系

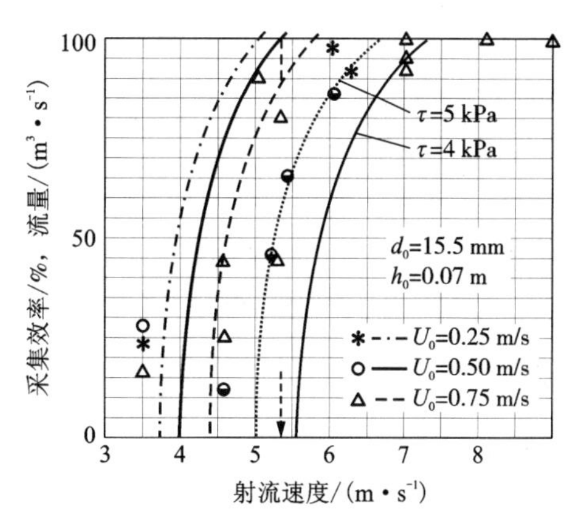

图 6.2－28　喷嘴直径 15.5 mm、离底高度 70 mm 条件下采集效率与射流速度的关系

⑥水射流系统参数优化。通过试验研究，以喷嘴离底高度 140 mm、排距 530 mm 和行驶速度 0.5 m/s 为基本条件，优化出一组水射流系统工作参数，见表 6.2－4。

表 6.2－4　水射流系统参数的优化组合

工作参数名称	喷嘴直径	每米采宽喷嘴个数	喷嘴扬程	流量	功率
工作参数优化值	15.5 mm	2×40	6 m	0.172 m^3/s	12 kW

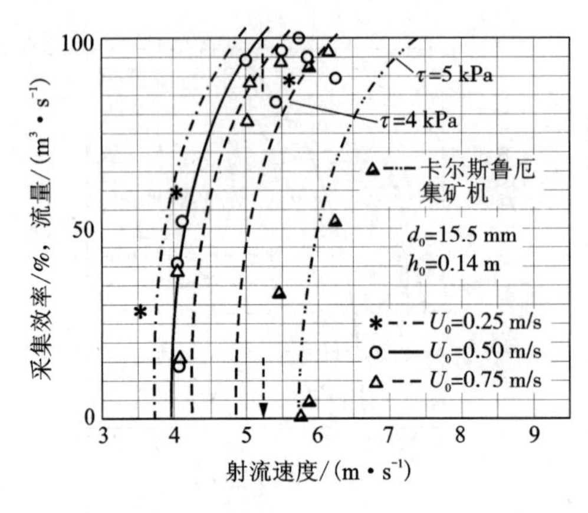

图 6.2-29　喷嘴直径 15.5 mm、离底高度 140 mm 条件下采集效率与射流速度的关系

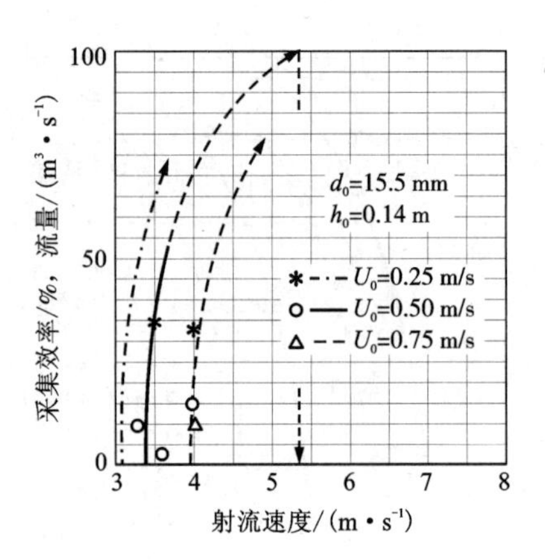

图 6.2-30　喷嘴直径 15.5 mm、离底高度 210 mm 条件下采集效率与射流速度的关系

一系列试验表明，喷嘴离底高度 70～140 mm 效果最好，达到 210 mm 时将严重影响采集效率。采取改变喷嘴排距、加大喷嘴直径和加大射流速度，以提高采集效率是不大可能的。

(4)采集机构结构设计要点

①喷嘴导流罩。为了保证结核顺利进入输送管道，喷嘴两侧和后面均应设置弹性密封挡板，上部导流板形状需通过试验确定，高度尽量低，以保持上升流速达到 2 倍临界沉降速度。

②喷嘴离底高度对集矿效率影响极大，必须有高度保持机构。最好的是雪橇板式浮动机构，利用集矿头自重调节对地比压，随地形变化自动保持喷嘴离底高度。

(5)附壁喷嘴输送系统参数与结构

①附壁喷嘴位置。根据结核运动轨迹图，附壁喷嘴出口应设在下导流板终点至上导流板最小距离的上导流板处，见图 6.2-2。

②喷嘴出口角度。喷嘴出口与输送管壁连接应通过圆弧过渡。

③输送通道。输送通道为扁平结构，首先确定输送通道高度，应为输送结核最大粒径的 1.3～1.5 倍，而宽度近似等于或略小于采集宽度。倾斜输送通道的流体速度为：

$$V_s = \frac{2W_{gt}}{\sin\gamma},\ \mathrm{m/s} \qquad (6.2-8)$$

式中：W_{gt} 为结核临界沉降速度，m/s；γ 为输送管道对水平的倾角，(°)。

对于采集最大粒径为 10 cm 的结核时，一般输送速度≥2.5 m/s。

管道流量为吸入的采集喷嘴流量和输送喷嘴流量之和。流量计算较为困难，一般通过试验确定输送喷嘴的流量和压力，然后校核计算射流速度。试验研究表明，每米采集宽度的输送通道流量为0.23～0.34 m^3/s。

由于输送高度小于2.5 m，因此泵的扬程与采集喷嘴泵的扬程相同，从而统一了采集和输送泵的规格。

6.2.4.3　水力机械复合集矿机构

(1)工作原理与结构

水力机械复合集矿机构是将上述的双排喷嘴冲采机构与齿链输送机构相结合的集矿机构，如图6.2－31所示。这种结构的目的是避免纯机械式挖齿容易损坏和负压输送能耗高的缺点。

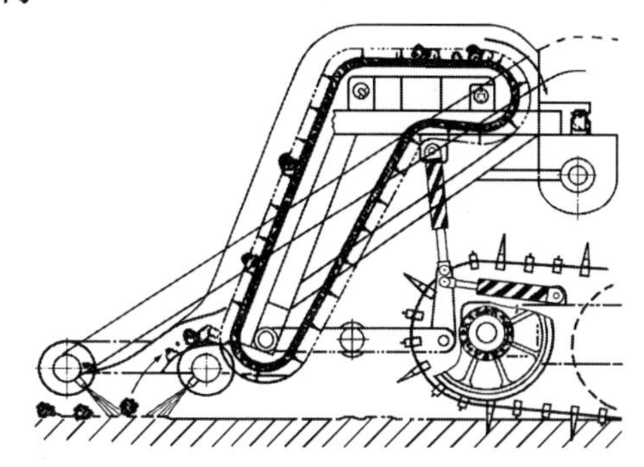

图6.2－31　水力机械复合集矿机构原理图

齿链输送机构主要有两种类型：刮板链(底板固定)和齿板链(底板与链齿一起运动)。

刮板链由刮板牵引链、驱动链轮、导向链轮、张紧链轮、输送台板、机架、侧挡板和驱动马达等组成。

刮板由横板条和上下刮齿组成。多排上下齿相互间隔一定距离固定在横板条上，形成齿耙状。上齿为圆柱形，长度大于最大结核粒径，用于刮送结核，下齿较短，用于清理输送台筛条间隙，避免结核卡塞。多条刮板的两端安装在两条牵引链上。牵引链为耐磨环链，由液压马达驱动星轮带动。台板为筛条结构，便于输送过程中进一步清除掉黏附在结核上的沉积物。

(2)齿链输送机构主要参数

有关双排喷嘴射流冲采机构，已在上节叙述过，这里仅就适应结核输送要求的齿链工作机构主要参数作一概述。

①刮齿参数。

刮齿高度：$h_c=0.8d_{j\max}$(d_j－结核粒径)；

刮齿排距：$l_p=1.2d_{j\max}$；

刮齿和筛条间隙 $l_j=0.8d_{j\min}$；

刮板宽度：$L_d \leqslant b$(采集宽度)。

②导流供料口尺寸。为保证任何时候都有一个齿槽可以进入结核，导流供料口高度 $H_k=2l_p$，最小$=1.5l_p$。

③链轮最小节圆直径和转速。根据保证任何时候都有一个完整齿槽对着进料口的要求，进料口高度为2倍刮齿排距，下链轮一周最少应构成7个刮板槽，则链轮节圆直径近似为：

$$D_1 = \frac{7l_p}{\pi} \qquad (6.2-9)$$

刮板链输送速度与结核丰度和行驶最大速度有关，试验结果表明，刮板链输送速度以 0.5 m/s 较为合适。

④齿链倾角。无盖板刮板链最大倾角为 66°～70°。

⑤牵引计算。以图 6.2－32 为例的牵引计算列于表 6.2－5。

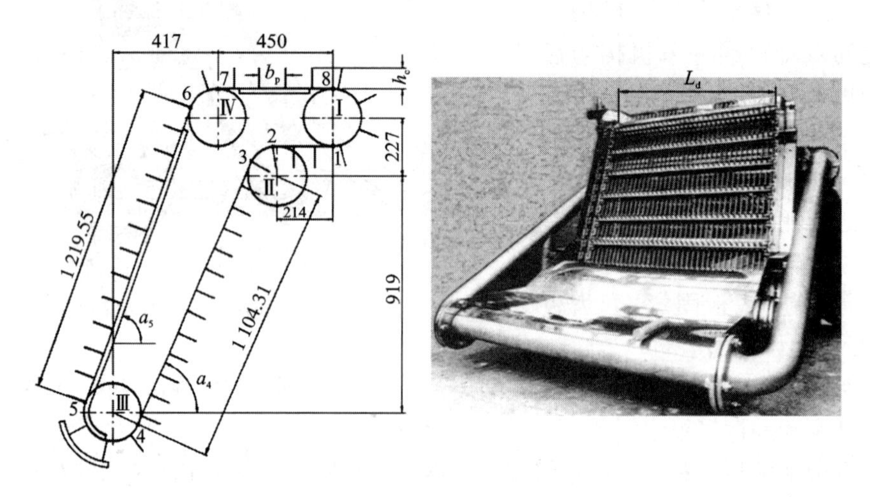

图 6.2－32　刮板链牵引计算简图

6.2.5　履带行驶机构设计

履带行驶机构的设计考虑的主要因素是良好的机动性，即在各种底质特性条件下行驶速度和方向可控，达到转弯半径最小和通过能力最大。

6.2.5.1　履带行驶机构的工作条件

根据大洋多金属结核矿床开采条件，海底集矿机履带行驶机构工作条件与一般陆地履带行驶机构有很大的区别，主要表现在：底质稀软，承载能力很低，从表面到底面以下剪切强度逐渐增加（从海底面至 20 cm 的剪切强度最低为 0～5 kPa，最高为 0～10 kPa），对扰动极为敏感，一次扰动强度有可能降低 80%，而且不同地点差异很大；沉积物颗粒极细（平均为 8 μm），内摩擦角几乎为零；行驶受到水阻力和提升软管牵动阻力的影响等。因此，设计时有必要进行模拟海底的水池模型试验，进一步明确履带工作参数和结构参数之间的关系，为正确选定参数提供基础数据。但是，深海底沉积物在陆地上是没有的，模拟海底采用膨润土分层模拟剪切强度（如德国）；另一种是按深海底沉积物主要成分和粒级配比模拟（如美国 OMCO 公司）。

这里论述的履带行驶机构设计，是针对深海底沉积物特殊条件下的可行驶性展开的，这些知识与常规履带行驶原理和结构设计相结合，将有利于成功开发适合大洋多金属结核采矿系统的履带行走机构。

表6.2-5 齿链输送机牵引计算步骤和公式

<table>
<tr><th colspan="2">计算项目</th><th>计算公式</th><th>单位</th><th>说 明</th></tr>
<tr><td colspan="2">单个刮板槽堆积结核最大质量</td><td>$q_k = L_d h_c b_p \rho_j \varepsilon/2$</td><td>kg</td><td rowspan="18">ρ_j—结核密度，2000 kg/m^3；
ε—装载松散系数，一般取0.7；
L_d—底部装载槽长度，m；
h_c—刮板齿高，m；
b_p—刮板排距，m；
V_S—刮板速度，m/s；
W_L—L_1段刮板链质量，kg；
L_1—刮板链空载段长度，m；
W_Z—L_2段结核质量，kg；
L_2—刮板链重载段长度，m；
L_C—刮板链水平投影长度，m；
L_{12}—1～2段长度，m；其他类推；
f—1～2段垂度，m；
α_4—空载段对水平倾角，(°)；
α_5—重载段对水平倾角，(°)；
ω_k—结核与刮板摩擦系数，0.5；
k_S—水阻力系数，0.935；
n_C—刮板全长刮板槽个数；
η—传动效率，0.85
说明：刮板于下端弧形受矿板的摩擦阻力和提升阻力，近似按两个刮板槽计算</td></tr>
<tr><td colspan="2">刮板输送能力</td><td>$Q_k = q_k V_s/L_d$</td><td>kg/s</td></tr>
<tr><td rowspan="3">单位长度载荷</td><td>刮板链</td><td>$q_0 = W_L/L_1$</td><td rowspan="3">kg/m</td></tr>
<tr><td>装载结核</td><td>$q_z = Wz/L_2$</td></tr>
<tr><td>重载段</td><td>$q = q_0 + q_z$</td></tr>
<tr><td rowspan="8">牵引链张力逐点计算</td><td>1点张力</td><td>$S_1 = S_{min} = (300L_d + L_c)g$</td><td rowspan="12">N</td></tr>
<tr><td>2点张力</td><td>$S_2 = S_1 + k_f q_0 L_{12} g$
$k_f = \dfrac{1}{8f/L_{12}}$</td></tr>
<tr><td>3点张力</td><td>$S_3 = 1.06\ S_2$</td></tr>
<tr><td>4点张力</td><td>$S_4 = S_3 - q_0 L_{34} g\sin\alpha_4$</td></tr>
<tr><td>5点张力</td><td>$S_5 = 1.06S_4 + (2q_k\omega_k + 2q_k)g$</td></tr>
<tr><td>6点张力</td><td>$S_6 = S_5 + qL_{56}g\sin\alpha_5 + q_z L_{56} g\omega_k\cos\alpha_5$</td></tr>
<tr><td>7点张力</td><td>$S_7 = 1.06S_6$</td></tr>
<tr><td>8点张力</td><td>$S_8 = S_7 + qL_{78}\omega_k g$</td></tr>
<tr><td colspan="2">驱动轮曲线段阻力</td><td>$W_T = 0.06(S_8 - S_1)$</td></tr>
<tr><td colspan="2">水阻力</td><td>$W_S = 1/(2\rho_S k_S h_c L_d n_C V^2)$</td></tr>
<tr><td colspan="2">侧板阻力</td><td>$W_C = \omega_k q_k h_c/(L_{58}/b_p)g$</td></tr>
<tr><td colspan="2">总牵引力</td><td>$F_0 = S_8 - S_1 + W_T + W_C + W_S$</td></tr>
<tr><td colspan="2">传动功率</td><td>$N_q = 1.2\dfrac{F_0 V}{1020\eta}$</td><td>kW</td></tr>
</table>

6.2.5.2 履带与底质作用力学基本关系

(1)接地比压

通常，以单位接地面积的整机重量作为名义接地比压。这一指标适用于小轮距、小负重轮和长节距履带，但是随着车速的提高，倾向于采用大负重轮和短节距履带，这时在履带长度范围便出现显著的压力变化，负重轮位置的压力峰值可能达到名义接地比压的 2 ~ 3 倍，而负重轮之间的压力可能很低甚至接近于零。因此，用名义接地比压表征履带对地面的作用，显然不合适。罗兰德(D. Rowland)提出用履带平均最大压力(所有负重轮下最大压力的平均值)作为评价软底履带性能指标，可按下式估算：

$$P_{am} = \frac{1.285W}{2nb\sqrt{Jd}} \tag{6.2-10}$$

式中：W 为整车质量，kg；n 为每条履带上的负重轮数；b 为履带宽，m；d 为负重轮外径，cm；J 为履带板节距，cm。

由式(6.2 - 10)可以看出，增加负重轮数和加宽履带可以显著降低 P_{am} 值。

(2)沉积物承载能力

结核矿床赋存在稀软沉积物海底表层，由于稀软沉积物颗粒很细，摩擦系数非常小(<0.08)，只能利用剪切强度产生牵引力，因此沉积物的剪切强度是决定履带牵引力的关键因素。而沉积物的承载能力是决定履带接地面积、保证不深陷泥中、达到正常行驶的关键因素。根据矿区试验结果，当履齿插入深度为 10 ~ 20 cm 时，沉积物的剪切强度≥2.5 ~ 3 kPa。值得注意的是，沉积物受到搅动后会呈现液化状态，剪切强度仅为原始强度的 1/5，甚至更低。

通常，土壤的剪切强度用莫尔 - 库伦方程表示为：

$$\tau = C + \sigma_n \tan\varphi \tag{6.2-11}$$

式中：C 为内聚力；σ_n为剪切面的法向应力；φ 为内摩擦角。

履带正常行驶时，对地面沉积物施加压力的时间很短，饱和黏性沉积物受压没有时间排水或进水，内摩擦角几乎为零，因此可以认为其强度与沉积物的摩擦特性无关，剪切强度可简单的表示为：

$$\tau = C \tag{6.2-12}$$

鉴于集矿机必须能在整个矿区行驶，所以保守地选择设计用剪切强度是必要的。如果允许履带深入海底 0.2 m，就可以遇到 3 ~ 4 kPa 的剪切强度。

对于受不排水剪切的饱和黏性沉积物，可按下式计算能满足要求的承载能力：

$$q_0 = N_C\tau + \bar{\gamma} Z_d \tag{6.2-13}$$

式中：q_0为承载能力；N_C 为承载能力系数；$\bar{\gamma}$ 为沉积物的有效单位重力(在这种情况下有浮力)；Z_d为沉积物表面下承载面基底深度，即压陷深度。

如果承载面尺寸有限，承载系数可以加大；由于履带行驶中，重力与牵引力的合力不垂直，作用于沉积物的载荷不垂直，则有必要减小该系数。就集矿机而言，承载面的表面基本上与海底表面平行，而且履带上的载荷没有明显偏心。

确定所要求的履带接地面积十分简单。最初可以假设履带基本上没有陷入沉积物中，因此方程(6.2－13)的第二项为零。对于水平条带状底板 $N_C=5.14$。但是，需要按载荷倾角(降低 50%)和履带尺寸(假设长宽比近似为 5，对系数修正 5%)加以修正。因此，如果按压陷深度为 200 mm，沉积物剪切强度最小为 4 kPa 时，其承载能力为：

$$q_0=N_C\tau=1.05\times0.5\times5.14\times5=10.8,\ \text{kPa}$$

采用安全系数为 2，许用承载接地比压为 5.4 kPa。整体机重除以许用接地比压就可简单的确定履带接地面积。务必注意，最初假设的履带间距和长宽比，实际上不会影响履带的最终尺寸。

(3)压陷深度

很多学者已经提出多种载荷－压陷关系式，但是能适应估算大洋海底稀软沉积物上履带行驶的表达式不多，由于海底原位测试难度较大，目前研究程度不充分，而且尚无实际应用的实例，因此无论如何，设计时都要以现场试验数据为依据。这里提到的一些方程仅对于方案设计阶段有参考价值。

如果作用应力低于深海沉积物承载能力，则按弹性理论可合理估算出直接压陷深度。鲍利斯(Bowles, J. E., 1968)等提出了水平的、刚性的、矩形的、均匀的受载面的弹性压陷深度：

$$Z=qB\frac{(1-\mu^2)}{E_s}I_w,\ \text{m} \tag{6.2-14}$$

式中：q 为作用压力，kPa；B 为承载面最小尺寸，m；μ 为泊松比；E_s 为弹性模量，kPa；I_w 为受载面形状影响系数。对于长宽比 12.5 的承载面，$I_w=2.2$。

对于饱和黏土，泊松比可假设为 0.5。有关大洋深海沉积物的弹性性能，公开发表的资料很少。西姆森等人(Simpson, F. et al., 1974)报道，软表面沉积物的正割模量为 240 kPa(被认为是深海沉积物的浅海近似值)。鲍利斯报道了许多不排水强度的深海沉积物弹性模量。选用 $E_S=340$ kPa。

在 $\mu=0.5$ 和 $E_S=340$ kPa 海底沉积物条件下，15 m×1.2 m 履带(在剪切强度为 4 kPa 的海底沉积物深度处)的压陷为：

$$Z=5.4\times1.2\times(1-0.25)\times2.2/340=0.031\ \text{m}=31\ \text{mm}$$

实际上，设计时至少要用大小不一的压板做 2 次压陷试验，以确定具体海底底质剪切强度与压陷深度关系。根据矿区贯入阻力的试验结果，当压陷深度为 15～20 cm时，承压强度约为 5～8 kPa。值得注意的是，车首压陷深度超过履带齿高，并不会明显提高牵引力，只会随着压陷的加深使推土阻力加大。设计中，如果由于机重过大，对地比压超过沉积物承压强度，必须用浮力件调节机器在水中的重力，达到对地比压小于承载强度。

也可利用下式求出压陷深度(不包括履带深入到设计剪切强度初始深度)的近似解：

$$Z = a \cdot \exp(b\sigma),\ \mathrm{cm} \tag{6.2-15}$$

式中：$a = 0.095 - 1.76\tau$；$b = 0.54 - 0.071\tau$；σ 为履带对地比压，kPa；τ 为沉积物剪切强度，kPa。

按该式估算的压陷仅为 4 mm，较上式低很多。

6.2.5.3 履带车基本参数的确定

(1)行驶速度

试验表明，履带车行驶速度超过 0.8 m/s，履带打滑急剧加大。因此，履带车在稀软沉积物海底的行驶速度一般不超过这一极限值。如法国 Gemonod 设计的履带集矿机自行速度为 0.65 ~ 0.75 m/s，德国履带集矿机行驶速度范围为 0.25 ~ 0.75 m/s。

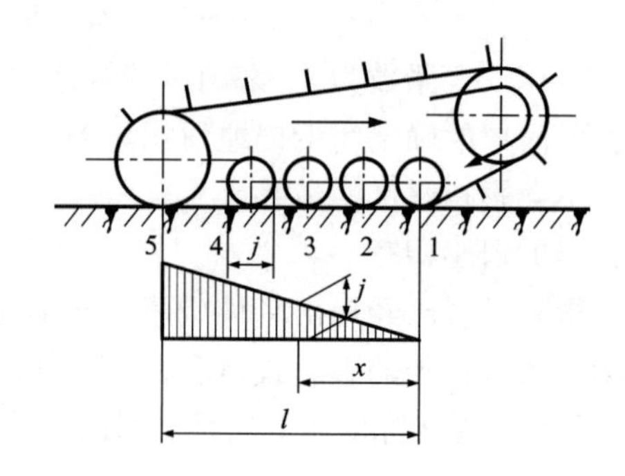

图 6.2-33 履带下土壤的剪切位移

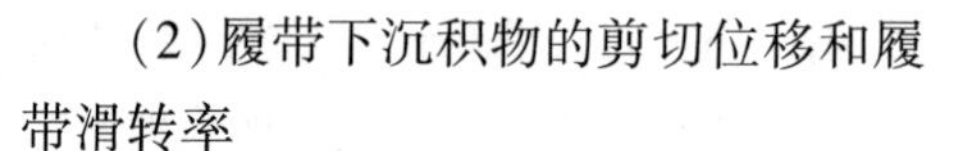

(2)履带下沉积物的剪切位移和履带滑转率

履带接地长度上各点沉积物土壤的剪切位移如图 6.2-33 所示。水平方向位移 j 沿接地长度方向累计，至接地后端达到最大值。

履带滑转率定义为：

$$i = 1 - \frac{v}{r\omega} = 1 - \frac{v}{v_t} = \frac{v_t - v}{v_t} = \frac{v_j}{v_t} \tag{6.2-16}$$

式中：v 为履带实际行驶速度；v_t 为由驱动轮角速度和节圆半径 r 确定的理论速度；v_j 为履带相对于地面的滑转速度。

车辆滑转时，v_j 与车辆行驶方向相反；当车辆滑移时，v_j 与车辆行驶方向相同。由于履带不能拉伸，与地面接触的履带上各点的滑转速度 v_j 都相同。

距履带接地面前端为 x 处的剪切位移为：

$$J = v_j t \tag{6.2-17}$$

式中：t 为该点与地面的接触时间，$t = x/v_t$，因此

$$j = \frac{v_{jx}}{v_t} = ix \tag{6.2-18}$$

可见，接地面上履带的剪切位移从前至后呈线性增加。

剪切应力是剪切变形的函数，可相应确定履带接地长度各点的剪切应力。

值得注意的是，相同接地面积的履带，短而宽的履带比长而窄的履带滑转率大。

当履带牵引力接近沉积物所能产生的最大值时，履带打滑急剧加大，这时不可能立即将速度降下来，从而导致履带深深陷入由于极度打滑被液态化了的沉积

物中。这一极限约在12% ~15%滑转率处。因此，应当在滑转率达到10%左右，即自动地将行驶速度降下来。

(3)爬坡能力

结核矿区总体坡度为5°左右。考虑越障爬坡，设计爬坡能力一般为15°。

(4)最小转弯半径

在采区端部车辆要调头，绕障时要转弯，因此转弯半径是衡量履带车机动性的重要指标。考虑到在稀软海底原地转弯不仅转弯阻力很大，而且车辆会严重下陷不能自拔，一般最小转弯半径≥15 m。法国设计的商业集矿机履带最小转弯半径确定为30 m。

(5)越障能力

越障能力主要指越过台阶和堑沟的能力。

履带越过台阶高度一般认为近似等于前轮中心离地高度，对于集矿机履带爬过障碍高度一般≤0.5 m，过高时绕行。

履带越过沟宽可按下式计算：

$$L_d = \frac{4}{9}[s + 0.7(r_q + r_h)] \tag{6.2-19}$$

式中：s为履带前后轮中心距；r_q、r_h分别为前后轮半径。

一般取越沟宽度≤1/3 履带接地长度。

(6)履带车纵向仰角

车首的压陷近似等于齿高且车尾压陷大于车首压陷时，后部履带齿才能接触到未搅动的沉积物，从而获得最佳牵引力，因此，履带行驶要有纵向仰角。这一角度一般为2° ~3°，最大≤5°。

6.2.5.4 牵引计算要点

履带牵引力取决于行驶阻力，行驶阻力包括内部阻力和外部阻力。

内部阻力为行走动力和行走机构的摩擦阻力。系统传动功率计算时用效率系数加以考虑，一般为0.6 ~0.8。外部阻力除陆地车辆的土壤阻力、爬坡阻力、转弯阻力外，还包括水阻力和输送软管作用力。

(1)牵引阻力计算

①土壤阻力。挤压阻力

$$R_c = b_t \int_0^{Z_{\text{II}}} \sigma d_z, \text{ N} \tag{6.2-20}$$

式中：σ为用沉积物剪切强度代替，Pa；b_t为履带全宽(两条合计)，m；Z_{II}为压陷深度，m。

推土阻力

$$R_b = 2bZ_{\text{II}}\tau[\tan\delta + \tan(1-\delta)], \text{ N} \tag{6.2-21}$$

$$\delta = \arccos\left(1 - \frac{Z_{\mathrm{II}}}{r_{\mathrm{d}}}\right),\ (°) \tag{6.2-22}$$

式中：b 为单履带宽，m；τ 为沉积物剪切强度，Pa；Z_{II} 为压陷深度，m；δ 为进入角，(°)；r_{d}为前轮履带外圆半径，m。

②水阻力。按下列经典公式计算：

$$F_{\mathrm{W}} = \frac{1}{2}\rho K_{\mathrm{W}} A V^2,\ \mathrm{N} \tag{6.2-23}$$

式中：ρ 为海水密度，1 052 kg/m^3；K_{W}为水阻力系数，$K_{\mathrm{W}}=0.9$，详见图 6.2-34；A 为迎水面积，m^2；V 为行驶速度，m/s。

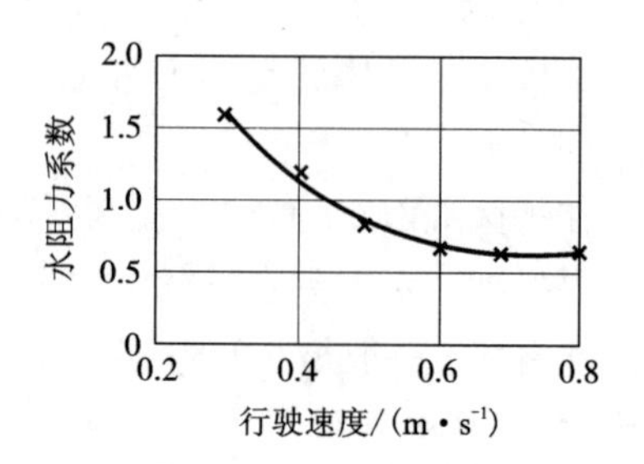

图 6.2-34 水阻力系数与行走速度的关系

③爬坡阻力。

$$F_{\mathrm{P}} = 9.8 W \sin\alpha,\ \mathrm{N} \tag{6.2-24}$$

式中：W 为机重，kg；α 为最大坡度，(°)。

④转弯阻力。对于一条履带制动，另一条履带传动转弯，按下式计算：

$$F_{\mathrm{H}} = 9.8\frac{\mu W L}{2b}\left[1 - \left(\frac{2e}{L}\right)^2\right]^2,\ \mathrm{N} \tag{6.2-25}$$

式中：μ 为履带与地面摩擦系数，对于深海沉积物 $\mu=0.08$；W 为机重，kg；L 为履带车接地长度，m；b 为单履带宽，m；e 为整机重心纵向偏心距，m。一般$e<L/30$。

⑤输送软管对履带车行驶的作用力。试验表明，当软管离履带车 20～30 m 处起挂有浮力件，使其保持垂直向上，以及至中间舱段设有浮力件保持其呈驼峰状，软管对车的作用力很小。只有软管被拉倾斜 45°以上才对履带车产生较大的水平作用力。设计时，一般保持这一作用力 F_{G}不超过总牵引力的 10%。

关于软管的空间形态和对集矿机产生的作用力，可以利用有限元法进行详细分析，见第 9 章 9.1 节。

(2) 所需最大牵引力

$$F_{\mathrm{qmax}} = R_{\mathrm{C}} + R_{\mathrm{b}} + F_{\mathrm{W}} + F_{\mathrm{P}} + F_{\mathrm{H}} + F_{\mathrm{G}},\ \mathrm{N} \tag{6.2-26}$$

(3) 可行驶性验算

稀软沉积物地面可产生的最大推力，按履带对地比压均匀分布计算：

$$F_{\mathrm{tmax}} = 1\ 000 A\tau\left(1 + \frac{2h_{\mathrm{c}}}{b}\right),\ \mathrm{N} \tag{6.2-27}$$

式中：A 为履带接地面积，m^2；τ 为沉积物剪切强度，kPa。试验表明，扰动后沉积物剪切强度有可能降低为原状强度的 1/5；h_{c}为履带齿高度，m；b 为履带板宽度，m。

如果要详细计算，应按每个履齿间不同打滑扰动沉积物后的剪切强度分别计算求和。然而对于工程设计按履带均匀对地比压，考虑一定的剪切强度降低系数，足以满足要求。

为了保证车辆正常行驶，必须满足：

$$F_{qmax} \leqslant F_{tmax} \tag{6.2-28}$$

(4)牵引功率计算

$$N_{max} = \frac{F_{qmax} V}{1\,020 \eta_1 \eta_2}, \text{ kW} \tag{6.2-29}$$

式中：η_1为液压系统效率，一般为0.75；η_2为履带传动效率，一般为0.6；F_{qmax}为所需最大牵引力，N；V为履带车行驶速度，m/s。

6.2.5.6 履带结构设计

(1)履带设计要点

①一条履带接地长宽比(L/b)对附着性能应控制在2.35～2.5之间。

②履带车的转向特性，除了取决于履带长宽比外，还取决于履带长度(L)与轨距(B)比即转向比。对于低速履带车，转向比≤1.5为宜。可按下式估算：

$$\frac{L}{B} \leqslant \frac{2(\varphi - f)}{\mu_B} \tag{6.2-30}$$

式中：φ为最大附着重量利用系数：

$$\varphi = 1.09\varphi_N + f \tag{6.2-31}$$

φ_N为由地面性质决定的系数，对于深海稀软沉积物约为0.4～0.6；f为履带行走机构的滚动阻力系数，对于深海稀软沉积物约为0.12～0.18；μ_B为履带转向阻力系数，对于深海稀软沉积物计算时取为0.7。

③车上应设置可调节纵向位置的部件，以便调节重心的纵向偏心量，使压陷深度、纵向仰角和滑转率达到适当值。

④履带齿设计。由式(6.2-27)可以看出，履带齿高度对于提高牵引力有一定作用，图6.2-35示出纯摩擦类和纯黏性类土壤中履带齿的效应。履带齿在纯摩擦土壤中的作用不大，而在纯黏性土壤中的作用显著。

但是履带齿过高时由上行段转入下行段时对沉积物搅动大，一般在8～12 cm范围内；其两齿的间距为1.4～1.6倍齿高，履带板宽度等于2倍链条节距；履带齿形状以根部大于顶部的微三角齿为最佳。例如齿高13 cm、齿距20 cm、齿根宽4 cm的履带齿，当剪切强度为3 kPa时，履带车可承受的接地比压达5 kPa，履带齿单位面积可产生的牵引力达367 kg/m^2。典型履带见图6.2-36。“人”字形齿有助于防止履带侧滑。

⑤履带张紧力必须达到保证倒车、转向时不脱轨。预紧力一般取整机水中重力的0.6～0.8倍。张紧装置应设计成可调式的，以便根据实际运行情况加以调节。

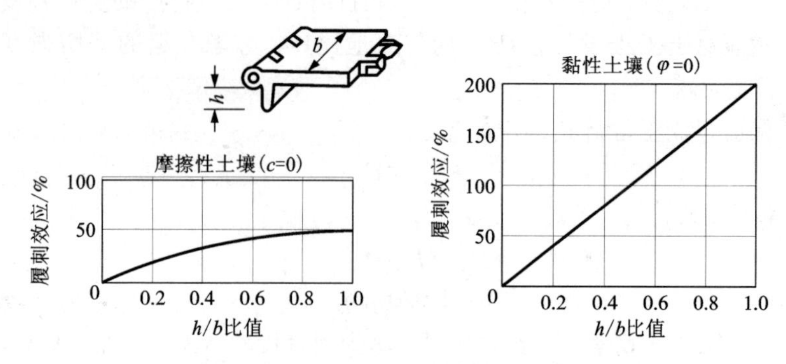

图 6.2-35　履带齿对牵引性能的影响

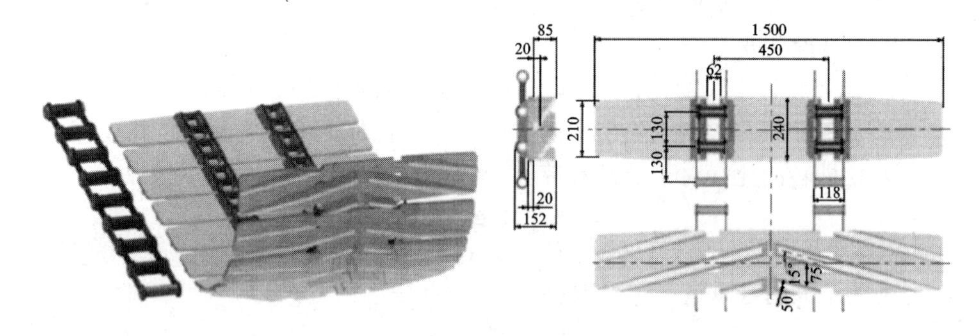

图 6.2-36　履带结构图

⑥驱动轮位置。从避免大部分履带在行驶时承受大牵引力和履带接地段出现波浪形拱起，影响剪切产生的牵引力，以及降低转弯时履带脱落的危险出发，驱动轮宜采用后置方式。从动轮直径应与驱动轮直径相等，以增加履带接地面积。

⑦支重轮的尺寸和布置，应使接地比压分布均匀，为此可采用直径小、个数多的支重轮。但是直径太小，将使滚动阻力加大。直径应在满足接触强度条件下取最小值，一般不小于200 mm。间距尽可能小，以使履带接地应力尽可能均匀，一般为履带板节距的1～1.25倍。

(2)履带悬挂机构

集矿行驶履带机构属低速类型，其悬挂机构的功能在于当地面不平时尽量使下行各履带板与地面紧密接触，以产生足够的牵引力，避免其深陷沉积物中。按支重轮与驱动轮、从动轮和机架的连接关系，履带悬挂机构主要有三种基本类型，见表6.2-6。进一步了解可参考通用底盘技术文献。

表6.2-6 履带悬挂机构

悬挂方式	刚性悬挂	半刚性悬挂	负载平衡杆悬挂	弹性悬挂
示意图				
特点	1. 结构简单、结实 2. 缺点是地面不平时履带下出现应力集中	1. 具有刚性悬挂的坚固性 2. 负载平衡摆动支重轮可明显降低履带下的应力集中	1. 对地支承静力不定，履带必须有预应力 2. 遇到障碍物时可与地面良好接触，履带下应力比较均匀。	1. 既可使履带下应力比较均匀，又可在高速时保持车辆的平稳 2. 结构复杂

6.2.6 破碎机

6.2.6.1 基本功能要求

①生产能力满足系统要求。体积小、重量轻。

②给矿尺寸为采集结核的最大尺寸，一般为15 cm；一般排矿尺寸≤5 cm。

③过粉碎量≤20%。

④具有超硬或过大块自动排放功能。

6.2.6.2 结构类型

根据结构简单、重量轻要求和破碎对象强度低(平均抗压强度5 MPa)条件，选择单齿辊破碎机较为合适。典型的破碎机见图6.2-37，具有液控过载开颚板和联动开底门排放机构。

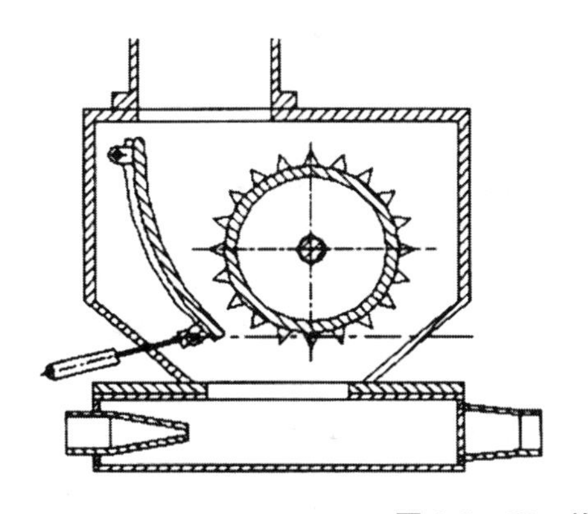

图6.2-37 单齿辊破碎机

6.2.6.3 基本参数

单齿辊破碎机基本参数可按表6.2-7公式计算。

表6.2-7 基本参数计算表

参数	公式	说明
齿辊直径/m	$D_c \approx (0.35 \sim 4) d_{max}$	d_{max}—采集结核最大粒径
齿辊长度/m	$L_c = 0.3 \sim 0.7D_c$；破碎软料 L_c 可达 $1.25D_c$	
齿辊转数	齿辊转数 n 与生产能力和破碎后的块度有关。由于提升系统希望破碎后不产生过多粉碎物，应采用低速方式，齿辊圆周速度一般为 1.2 ~ 1.9 m/s，即转数为 25 ~ 50 r/min	
生产能力	$Q = 188 d\mu evL_c D_c n$ (t/h)	式中： μ—松散系数，$\mu = 0.4 \sim 0.75$ e—排料口宽度，等于排矿粒度，m v—物料密度，一般取 2 t/m^3
电动机功率	$N = kL_c D_c n$ (kW)	$k = 0.85$，液压马达需考虑液压系统效率

6.2.7 集矿机构与履带行驶机构的连接机构

集矿机构与履带行驶机构的连接，除固定集矿机构的位置外，还必须能升降，以便抬起集矿头越过小障碍，并在履带行驶出现大仰角影响集矿效率时调节双排喷嘴对地的平行和高度，保障集矿效率达到最高。

连接机构主要有两种类型：

①平行四边形连杆。如图6.2-38，通过四连杆对角线液压缸伸缩实现集矿头平行升降，采用作为四连杆下连杆的液压缸伸缩，调节双排喷嘴对地面的平行。

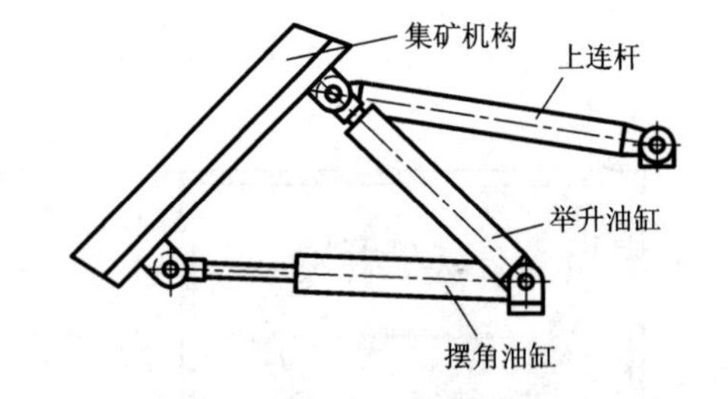

图6.2-38 平行四边形连杆连接机构示意图

②雪橇支承浮动绞接机构。集矿头上端绞接在履带支架上，下端用雪橇板接地，采用弹簧或液压缸调节对地比压，通过自重保持双排喷嘴对地面的平行，如OMA集矿头支承连接机构(详见第5章的图5.4-4)。

6.2.8 几种典型的自行式集矿机

几种典型的履带自行式集矿机样机和设计见图6.2-39 ~ 图6.2-41，以及上一章的图5.4－11。

中国经过湖试的中试集矿机如图6.2－39所示。该机利用集矿宽度2.4 m宽的双排喷嘴低压大流量冲采结核、附壁喷嘴射流负压输送到破碎机口的水力集矿头。配备4台15 kW水泵，流量为960 m^3/h，压力0.05 MPa；结核通过10 kW的单辊破碎机破碎到5 cm排料；作业车采用尖三角金属高齿、工程塑料履带板，2条履带采用液压马达链条分别驱动，由变量液压泵调速。总牵引功率160 kW，接地比压用车载21 m^3浮力材调节到5 kPa；作业车上配备2台控制集矿机向海底布放时保持方位角的1.3 kN推力螺旋桨；集矿头通过四连杆平行机构与作业车相连，用液压缸调节喷嘴离地高度和倾角；整机为液压驱动，由2台175 kW高压电动机带动2台主变量液压泵和4台辅助定量液压泵。行走和螺旋桨马达为闭式液压回路，电液比例阀控制，其余为开式回路。破碎机和水泵马达用调速阀改变转数，破碎机设有防卡回路。全部液压件装在压力补偿箱内。液压系统配有工作参数检测警报传感器。

图6.2－39 中国多金属结核中试采矿系统的集矿机

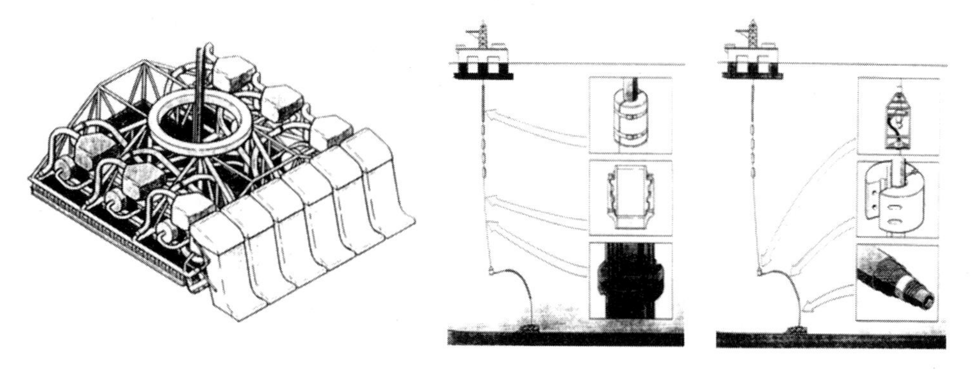

图6.2－40 法国设计的多金属结核商业开采集矿机及采矿系统

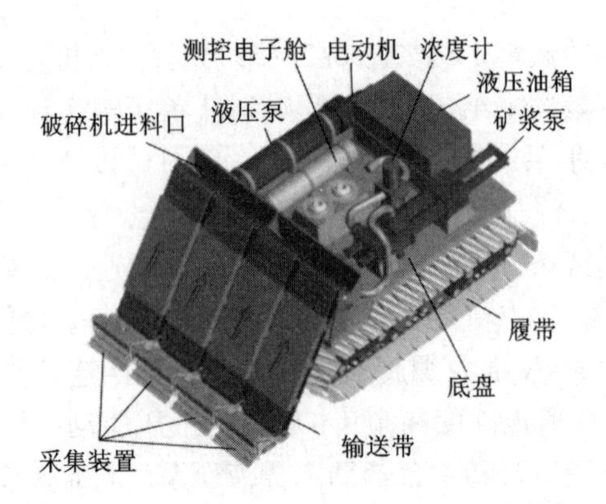

图 6.2-41　德国设计的多金属结核集矿机

6.3　提升子系统技术

6.3.1　矿浆泵水力提升系统

6.3.1.1　提升原理

提升原理是按顺序将矿浆泵串接在不同水深处的提升管道中，通过泵提供的压头提升结核，如第5章图5.3-6所示。第一组泵的位置视空穴作用而定，对于6 000 m深度提升，一般第一组泵位于海面以下1 000～2 000 m左右。为防止突然停电矿浆沉积而堵塞管道，可在适当位置安装旁通阀；也有在管道外安装涡流抑制板，以防止侧面涡流对管道产生的激振。

6.3.1.2　系统工艺参数

提升系统工艺参数是提升系统设计的核心。必须考虑工程系统的经济性、技术先进性、可靠性和现实性。水力提升参数主要有：矿浆浓度，流速，管径，结核粒径，水力坡降、矿浆泵扬程、功率等。这些参数可按下述方法计算，然后进行试验验证。

设计计算时的基本依据主要有：作业水深（扬程）、生产能力，提升结核粒径，矿浆体积浓度，提升泵效率等。

（1）结核粒径

水力提升的结核粒径通常取为3～5 cm。法国提出一种高浓度矿浆柱塞泵输送方案，将结核破碎到1 cm。然而，这一原理的工业实现是相当困难的，以致目前还无法与普通矿浆泵提升相匹敌。

（2）矿浆体积浓度

扬矿浓度的确定主要从扬矿效率和泵的技术性能两方面考虑。扬矿系统效率与扬矿浓度具有以下函数关系：

$$\eta = C_v\left[\frac{\rho_s/\rho_w - 1}{i_t}\right] \tag{6.3-1}$$

式中：η 为扬矿系统效率；ρ_s、ρ_w分别为结核和海水的密度；i_t为扬矿总水力坡降。

由式(6.3－1)可以看出，扬矿系统效率是随矿浆体积浓度的增大而提高的，设计中应尽可能选用高浓度提升。但是增大扬矿浓度 C_v，总水力坡降 i_t也上升，提升效率 η 的增高不是很大，而扬矿阻力，即泵所需的扬程却直线上升。同时，当扬矿量固定，即集矿机生产能力一定的情况下，扬矿浓度越高，提升流量 Q_m越小，这对于粗颗粒结核提升泵所要求具备的技术性能是很不利和难于实现的。

泵的类型	离心泵			混流泵	轴流泵
	低比转数	中比转数	高比转数		
比转数 n_1	$30 < n_1 < 80$	$80 < n_1 < 150$	$150 < n_1 < 300$	$300 < n_1 < 500$	$500 < n_1 < 1\ 000$
叶轮形状	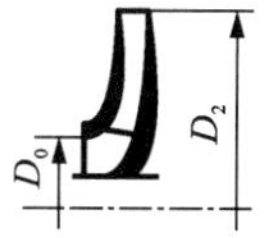 D_0 D_2	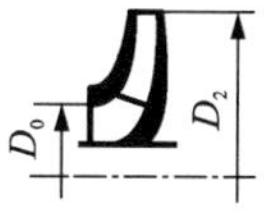 D_0 D_2	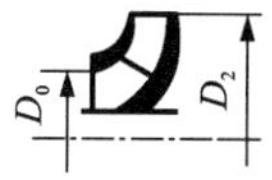 D_0 D_2	 D_0 D_2	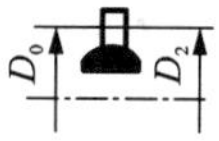 D_0 D_2
尺寸比$\frac{D_2}{D_1}$	≈3	≈2.3	≈1.8～1.4	≈1.2～1.1	≈1
叶片形状	圆柱形叶片	入口处扭曲 出口处圆柱形	扭曲叶片	扭曲叶片	轴流泵翼型
性能曲线形状	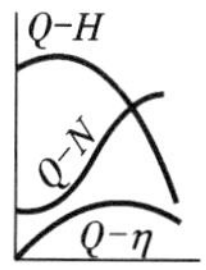 Q－H Q－N Q－η	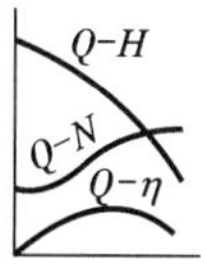 Q－H Q－N Q－η	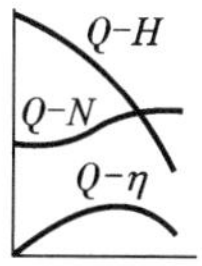 Q－H Q－N Q－η	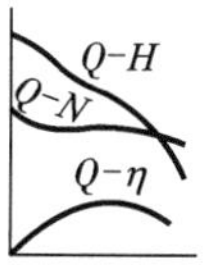 Q－H Q－N Q－η	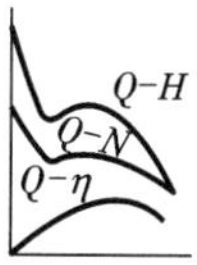 Q－H Q－N Q－η

图 6.3－1　泵的类型与比转数的关系

根据离心泵的工作特点，30～50 mm 粗颗粒结核应采用混流泵提升，其工作叶轮具有半轴流型形状。图 6.3－1 为离心泵工作轮形状与比转数 n_s之间的关系。从图中可以看出离心泵比转数为 $30 < n_s < 300$，混流泵的比转数为 $300 < n_s < 500$，轴流泵的比转数为 $500 < n_s < 1\ 000$。

比转数 n_s与泵的特性参数有以下函数关系：

$$n_s = 3.65\,\frac{n\sqrt{Q}}{H^{3/4}} \tag{6.3-2}$$

式中：n 为泵的转速；Q 为泵的流量；H 为泵的扬程。

式(6.3-2)表明，提高泵的转速和流量，降低泵的扬程可增大泵的比转数，使其达到或接近混流泵的范围。但是提高泵的转速 n 会增大泵的磨损和结核的破碎粉化程度。因此，只能通过提高泵的流量 Q 和降低泵的扬程 H 来增大泵的比转数 n_s，这是粗颗粒物料水力提升参数设计中需要考虑的一个重要问题。降低扬矿浓度 C_v 正好可以达到增加泵的流量和降低泵的扬程的目的。

离心泵输送矿浆的体积浓度一般不大于10%，最高有可能达到15%；柱塞泵可达到50%。

(3)提升矿浆流量 Q_m

$$Q_m = \frac{Q_s}{\rho_s \cdot C_v}, \ \mathrm{m^3/h} \tag{6.3-3}$$

式中：Q_s 为提升的结核量，$\mathrm{m^3/h}$。

(4)提升速度 V_m

矿浆提升速度必须大于结核最大颗粒临界沉降速度，一般为临界沉降速度的2.5~3倍，最低=2.5 m/s，软管由于有较大弯曲段应≥4 m/s。

不规则形状结核单颗粒临界沉降速度：

$$W_t = 1.601 S_f^{0.815} \left(gd \frac{\rho_s - \rho_{sw}}{\rho_{sw}} \right)^{1/2}, \ \mathrm{m/s} \tag{6.3-4}$$

结核颗粒群临界沉降速度：

$$W_{gt} = W_t \mathrm{e}^{-(2.65C_v - 3.32C_v^2)}, \ \mathrm{m/s} \tag{6.3-5}$$

其中：S_f 为结核颗粒形状系数，$S_f = \frac{c}{\sqrt{ab}}$，$a$ 为长轴，b 为短轴；天然结核 S_f 约为0.8；ρ_s、ρ_{sw} 为结核和海水密度，$\rho_s = 2\ 000\ \mathrm{kg/m^3}$，$\rho_{sw} = 1\ 028\ \mathrm{kg/m^3}$。

实验证明，实际结核的临界沉降速度低于光滑球体的。根据法国Demonod研究结果，当直径为5 cm时，两者的速度比为1∶2.4。因而需要的输送压力要低一些(约2%~3%)，所需功率则约低8%。

图6.3-2给出了不同直径模拟结核在200 mm和500 mm输送管道中临界沉降速度试验曲线，可供设计参考。

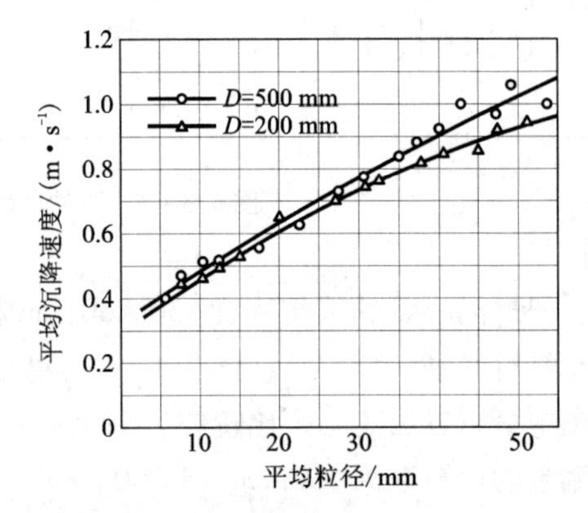

图6.3-2 不同粒径模拟结核在200 mm和500 mm直径管道中的临界沉降速度

(5)扬矿管内径 D

管径是提升系统设计中的一个关键因素。它不仅影响提升效率，而且与矿浆提升速度、体积浓度有密切关系，如图6.3-3所示，当提升速度一定时，小管径提升的体积浓度高，给定管径时，较高的体积浓度导致提升速度降低。提升管内径可用下式计算：

$$D=\left(\frac{4Q_{\mathrm{m}}}{\pi V_{\mathrm{m}}}\right)^{1/2},\ \mathrm{mm} \tag{6.3-6}$$

提升管内径是以功率、压力最小和水力效率最高为目标，确定最佳流动条件。一般根据给定的提升量，针对不同输送浓度和管径，计算压力、流速、功率的结果作为评价泵工作特性和进行设计的依据。

管径有一最大值，超过该值会因管子体积和重量大造成装卸、提升、存放不切实际。图6.3-3和图6.3-4给出各种可能管径的参考曲线。

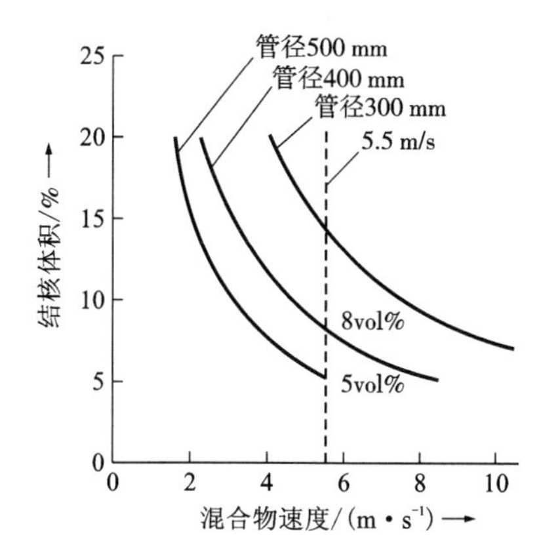

图6.3-3 提升管各要素之间的关系

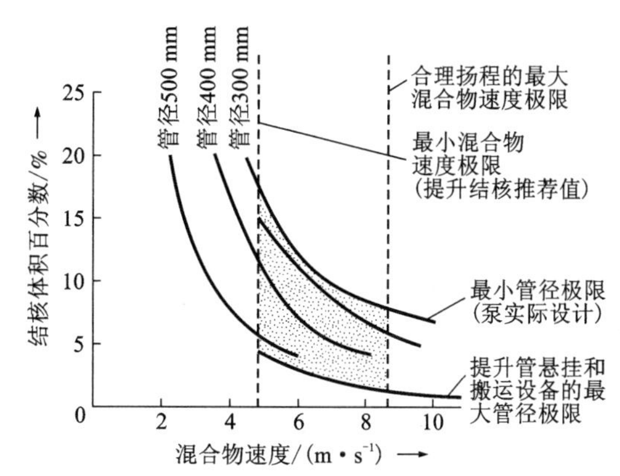

图6.3-4 提升结核能力为300 t/h的容许管径

（6）结核浆体提升水力坡降计算

结核浆体提升水力坡降由位能水力坡降和摩阻水力坡降两部分组成，可按下列公式计算：

$$J_{\mathrm{m}}=C_{\mathrm{V}}\frac{\rho_{\mathrm{s}}-\rho_{\mathrm{sw}}}{\rho_{\mathrm{w}}}+1.236\left[\lambda_{\mathrm{w}}+0.257\left(\frac{\sqrt{gD}}{V_{\mathrm{m}}-W_{\mathrm{gt}}}\right)^{2.9514}C_{V}^{1.1108}\frac{\rho_{\mathrm{s}}-\rho_{\mathrm{sw}}}{\rho_{\mathrm{sw}}}\right]\frac{V_{\mathrm{m}}^{2}}{2gD}\quad \mathrm{m}\ 水柱/\mathrm{m} \tag{6.3-7}$$

式中：C_{V}为矿浆体积浓度，%；ρ_{s}、ρ_{w}、ρ_{sw}分别为结核、清水、海水的密度，kg/m³；D、d分别为管道内径、结核粒径，mm；V_{m}为矿浆实际提升速度，m/s。按结核最大颗粒沉降速度的2.5～3倍计算；Δ为管道粗糙度，一般为0.18 mm。

试验结果表明：当提升流速大于3 m/s以后，结核粒径对摩擦阻力的影响很小，提升结核的粒径可采用$d\leqslant 50$ mm；当斜管垂向夹角为10°时，其摩擦阻力较垂直管的摩擦阻力增值在 4% 以内；提升流速为 3 m/s 时，摆动管摩擦阻力增值不超过 10%，升沉管摩擦阻力增值为 5.16%。

(7)扬矿总扬程

扬矿总扬程以提升管长为基础，考虑采矿船航行和海流造成的扬矿管弯曲变形而引起的管线长度和总扬程的增大加以确定。在没有管线形态分析之前，可以取 1.1 ~ 1.2 的近似系数，则扬矿总扬程为：

$$H_m = 1.2LJ_m,\ \text{m 水柱} \tag{6.3-8}$$

式中：L 为扬矿管长度，m。

根据试验结果，泵压值与提升浓度之间关系可用下式表示：

$$\psi_v / C_v = a = \text{常数} \tag{6.3-9}$$

式中：ψ_v 为泵压损失值；C_v 为矿浆浓度；a 为常数(与粒径有关)。

对于商业采矿系统，可以认为结核粒径最大为 40 ~ 50 mm 是适宜的，对应此粒径的系数 $a = 0.35$。于是 $\psi_v = 0.35C_v$。可以看出，泵压会因为矿浆浓度的增加而提高。对于提升矿浆浓度 15%、提升管径 382 mm、固体流量 500 t/h 的情况，泵的特性比清水特性约高 6%。

(8)扬矿总功率

扬矿总功率是指提升管道提升结核矿浆需要的功率。

$$N_m = \frac{Q_m H_m}{102},\ \text{kW} \tag{6.3-10}$$

(9)扬矿主泵电机总功率

$$N_e = \frac{N_m}{\eta_p \eta_e \cos\varphi},\ \text{kW} \tag{6.3-11}$$

式中：η_p 为泵效率，一般为 0.5；η_e 为电动机效率，一般为 0.88；$\cos\varphi$ 为功率因素，一般为 0.85。

(10)扬矿过程结核破碎与粉化

中国所做的试验表明，扬矿浆体经过沉降排入海中的溢流水悬浮物含量为 0.589 g/L，造成的结核损失为干结核产量的 0.314%。

6.3.1.3 系统主要部件

(1)垂直提升管

①提升管材料。提升管选材，主要考虑保证其强度和降低自重两个因素。一般采用高屈服强度钢管，也可选择其他材料，如钛合金材料等。国外几次海试和设计的扬矿管材质和有关技术数据列入表 6.3-1。推荐设计采用国产 D_{75} 级 API 石油钢管，对应钢号为 P110，抗拉强度为 900 MPa。国产石油管标准列入表 6.3-2。

表6.3-1 国外扬提升管线技术数据

技术参数	OMI海试扬矿管线	OMA海试扬矿管线	OMCO海试扬矿管线	日本设计海试扬矿管线	Preussag红海试验扬矿管线	法国商业设计扬矿管线
内径/mm	215~224（上至下）	241~160（上至下）	150	226~148（上至下）		382
外径/mm	245	298~178	450	298~168	127	406
每节长/m	11	11	30	12		27
总长/m	5 250	4 422	5 000	5 160	2 200	4 800
材料	S135	P110	高强度钢	高强度钢		高强度钢
屈服强度/MPa	931	774		1 030		
抗拉强度/MPa	1 000	879		1 050		
联接方式	螺纹	螺纹与夹持器	螺纹	螺纹	螺纹	快速接头
管线总重/t				666/580		750
试验时间	1978	1979	1979	1978 制造	1979	—

表6.3-2 国产石油管钢级及物理机械性能

性能	钢级					
	D_{60}	D_{50}	D_{55}	D_{60}	D_{65}	D_{75}
抗拉强度 σ_b/MPa	650	700	750	780	800	900
屈服极限 σ_S/MPa	380	500	550	600	650	750
延伸率 σ_S/%	16	12	12	12	12	10
延伸率 σ_{10}/%	12	10	10	/	10	10
断面收缩率 φ/%	40	40	40	/	40	40
冲击韧性 a_k/MPa	40	40	40	/	40	40
API 对应钢号	J55	C75	N80			P105/P110

②外径。提升管线外径设计主要考虑以下因素：很大的自重和下部悬吊设备的静载荷；因船的移动（自行集矿机及船调头惯性）或海流影响产生挠性变形的弯曲应力；在8~14 s波浪周期下船舶升沉摇摆运动（即使有升沉补偿也不可能全部抵消）的动载荷。

在初步设计时，按静载拉应力，考虑升沉动载系数和弯曲应力系数计算管道壁厚。管段壁厚是变化的。为了减轻重量，一般分为4~8段分别确定壁厚。在4或5级海况作业时，升沉动载系数：有升沉补偿时约为1.1，无升沉补偿时≥1.4。弯曲应力系数1.2。

基本参数确定后，对管线进行动力学分析，根据分析结果进行修正。

算例：5 000 m扬矿管分为四段计算壁厚，若中继舱选50 t、100 t两个等级，泵重8 t×2，电缆重10 kg/m，每节管长20 m，螺纹联接，接头重取管重10%，许用应力选抗拉强度的40%。计算结果列于表6.3－3。另一设计实例是，内径338 mm、总长6 000 m管线，顶端壁厚17 mm，底段壁厚8.5 mm。而法国的4 800 m提升管，总重750 t，底端有100 t的配重，用以改善管线的动态特性，并在水深2 000 m以上分布管状浮力块，以减轻管线重量。

表6.3－3　提升管结构参数计算结果

技术参数	第一段管线	第二段管线	第三段管线	第四段管线
水深/m	5 000~3 500	3 500~2 000	2 000~1 000	1 000~0
管道钢号	D_{75}	D_{75}	D_{75}	D_{75}
抗拉强度 σ_b/MPa	900	900	900	900
每节管长/m	20	20	20	20
管道内径/mm	206	206	206	206
管道外径/mm	226	232	238	250
管道承载能力/t	244	322	402	575
管道自重/t	80	116	97	138
水下设备重/t	100	—	—	16
电缆重/t	20	15	10	10
总重(水中重力)/t	180	294	382	524
联接方式	螺纹	螺纹	螺纹	螺纹

③管段和连接方式。管线由若干管段组成，每段长度一般为20~30 m，个别在20 m以下，如图6.3－5所示，两端分别为公母锥螺纹接头，中部有套管，用于提升管布放回收时夹持承载。管段过短则接卸麻烦，影响作业时间，而加大长度则受采矿船和吊放塔架的限制。

管段连接方式除螺纹连接外，另一种是快速卡箍，见图6.3－6。连接凸缘用螺纹永久固定到钢管端头，并用环氧树脂黏合剂密封，再用4个螺栓将两个半环卡箍卡住钢管凸缘连成一体，凸缘断面用“O”形圈密封。

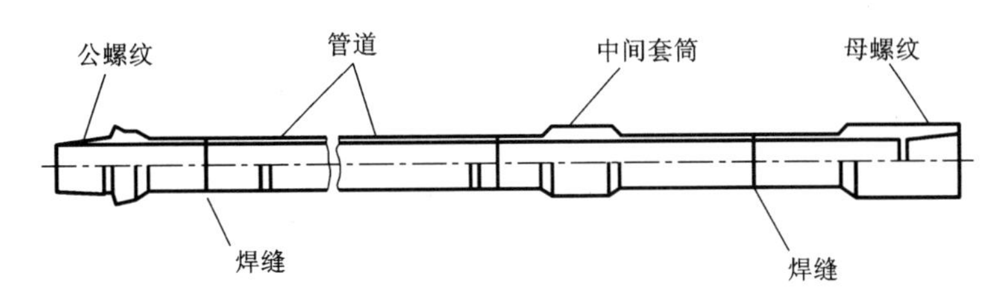

图 6.3－5　日本提升立管结构

管接头设计不仅要考虑强度、断面密封，接头应有肩台，用于布放回收时承担全部管重和管线所承受的动载荷。为了满足承受巨大轴向载荷，可采用半梯形螺纹，如第 5 章图 5.4－19 所示。

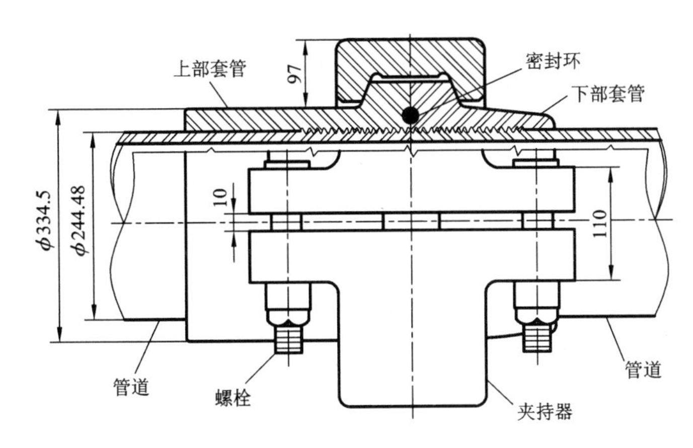

图 6.3－6　快速卡箍接头(OMI 海试管接头)

(2)立管提升泵

①泵的结构。国外 20 世纪 70 年代末采矿系统海上试验所使用的矿浆泵与通用潜水泵及配有混合流叶片的立式井泵基本相似，但根据水力提升系统要求做了如下适应性改进：

- 为了保证提升管中各点流体速度明显高于结核(粒径 5 cm)的沉降速度，泵中流体通过速度最小值定为 2.5 m/s。
- 每级最高工作压力限定为 6 kg/cm^2，保持足够的寿命。
- 为了保证结核顺利通过，泵内通过断面最小尺寸为 75 mm，叶轮为 3 片。
- 泵内流体路径偏离轴线小，通路形状有利于泵送或逆流时不堵塞。泵级剖面如图 6.3－7 所示。
- 叶轮外边圆周速度尽可能低，以降低转数和磨损。

• 泵的形状和尺寸应适合于安装在管道段之间。泵的结构示意图见图 6.3－8。

• 泵流量－压力曲线平滑，合理工作点区间大，如图 6.3－9 所示。

这种泵最初由德国 KSB 公司制造。排量 500 m^3/h、扬程 265 m、转数 1 726 r/min，功率 800 kW，外径 534 mm，长 6.65 m，重 5.5 t。泵主要部件材料：叶轮，第一级为不锈钢(A296－69Gr CF－8M)，其他级为碳钢(A27－70Gr U60－30)；外壳为不锈钢(A296－69Gr CF－8M)；调节通道为含苯酚树脂石棉；节流口，外壳衬环为特种不锈钢(成分：25% Cr，5% Ni，2% Mo，3% Cu，C≤0.004%，布氏硬度 260)，叶轮抗磨环材料相同，但进行表面硬化和退火处理，布氏硬度 250～350；传动轴为普通铬钢(含 13% Cr)。

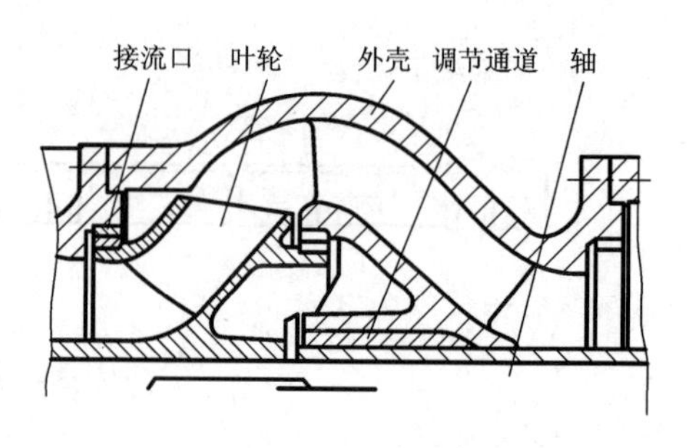

图 6.3－7　泵级剖面

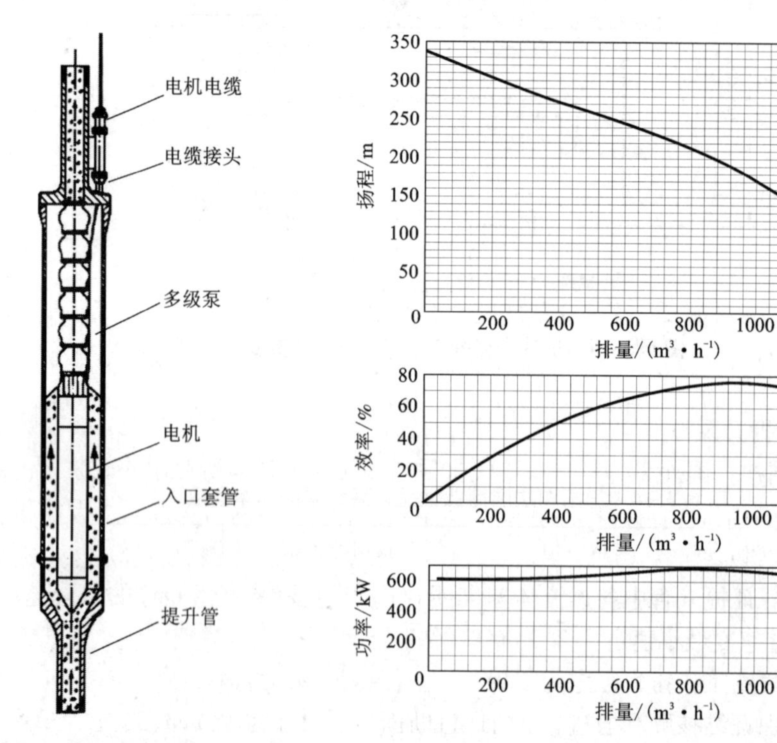

图 6.3－8　矿浆泵结构示意图

图 6.3－9　德国 KSB 矿浆泵工作特性曲线

法国为量产 150 万 t 干结核工业采矿系统设计的 4 台沿管道间隔串联泵，直径 1.1 m，长度 15 m，重 27 t。

②泵的磨损。在泵提升过程中，因结核通过泵级时所产生的细粒物而造成的磨损是最为严重的问题。首要的薄弱部位是隔离衬环密封件。各种物料的磨损试验表明，用陶瓷代替铬钢，隔离环的寿命可大为改善，将提高 16 倍。

③提升系统泵的设计实例。

a. 德国商业性提升系统矿浆泵。德国 preussag 公司和法国 Gemonod 专项研究组针对结核提升量 m_s = 500 t/h、输送体积浓度 C_V = 15%（最大 20%）作出了商业性提升系统泵的设计。根据优化确定的提升管内径为 382.5 mm 及提升管线的特性曲线，泵工作点的压力 P_{ges} = 11.3 MPa，相应的输送流量 V_{ges} = 1 667 m^3/h，如图 6.3－10 所示。确定的矿浆泵基本参数见表 6.3－4。

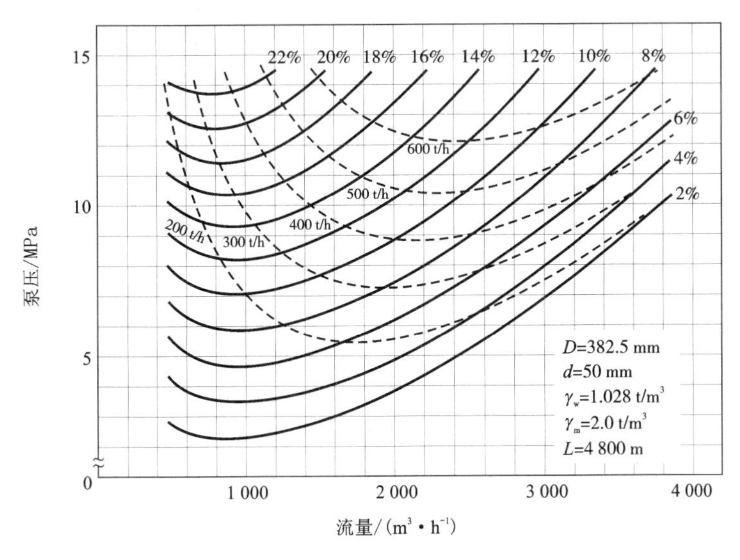

图 6.3－10　德国商业提升系统泵配套提升管特性曲线

表 6.3－4　德国和法国商业性提升系统泵的基本参数

技术参数	取　值	技术参数	取　值
泵台数	4	每台泵额定功率	2 000 kW
每台泵级数	5	比转数	61
每级压力	0.5 MPa	转子类型	半轴流式
每级清水扬程	53.9 m	转子外径	478.5 mm
额定转数	1 480 r/min	泵内自由通经	~90 mm

泵的特性曲线如图 6.3－11 所示。若最高转数限制在 1 652 r/min 之内，最下

面的泵下潜 1 200 m 就足够了，上面的泵以相隔 300 m 来配置。泵工作点效率为 74%。

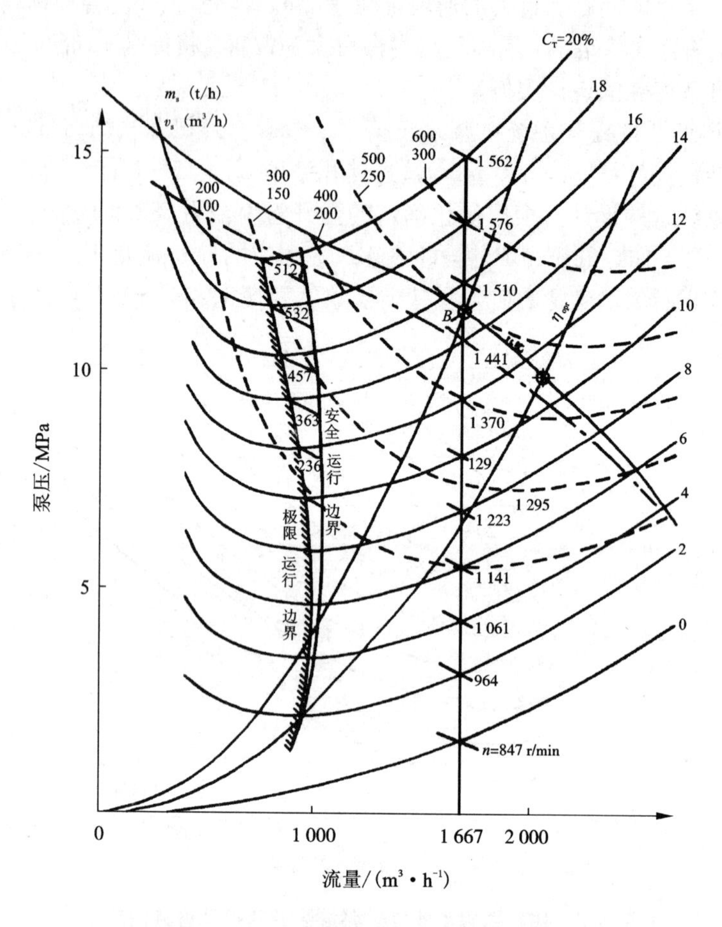

图 6.3－11　德国商业提升泵特性曲线

b. 日本矿浆提升泵。日本荏原公司为日本多金属结核采矿系统研制的矿浆泵由上下两泵和中间潜水电动机组成，如图 6.3－12 所示。单泵为 4 级工作叶轮，下泵出口与上泵入口用管段串接，泵断面如图 6.3－13 所示。为了耐磨采用陶瓷轴承，同时尽量加大壳体与叶轮间的通道。泵的主要技术参数：口径 200 mm，8 级叶轮，全扬程清水 715 m 水柱，矿浆 760 mm 水柱，流量 450 m³/h，转速 1 450 r/min，外形尺寸：直径 1.3 m，长 2.8 m。

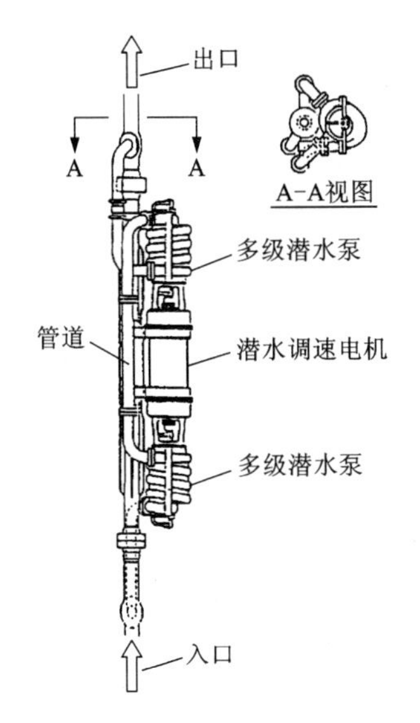

图 6.3-12 日本矿浆泵示意图

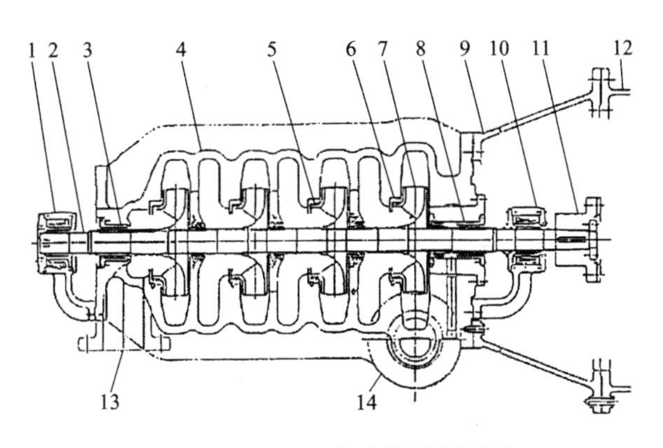

图 6.3-13 日本矿浆泵断面图

1—主轴承；2—轴；3—密封套；4—外壳；5—导向盘；
6—壳体密封环；7—叶轮；8—密封轴套；9—支架；
10—主轴承；11—联轴节；12—潜水电动机(未示全)；
13—入口法兰；14—出口法兰

配用的潜水电动机由日本明电舍太田厂研发，断面如图6.3-14所示。整体结构为全封闭式，采用波纹管压力补偿装置来保持机壳内外压力平衡，轴端采用双重机械密封，其主要技术参数见表6.3-5。

表 6.3-5 日本矿浆泵潜水电动机主要技术参数

参　数	1号电动机	2号电动机
工作环境	水深1 000 m，水温4℃	水深2 000 m，水温2℃
工作转速	1 485 ~ 1 337 r/min	1 485 ~ 1 337 r/min
轴向推力	向上24 kN，向下46 kN	向上20 kN，向下40 kN
额定电压	6 000 V	6 000 V
供电频率	50 Hz	50 Hz
磁场级数	4级	4级
额定输出功率	1 700 kW	1 200 kW
尺寸	ϕ1.6 m×3.0 m	ϕ1.6 m×2.8 m
重量	15 t	14.5 t

(3)中继舱

①作用与功能。中继舱安装在提升立管底端，一般离底高度为100 ~ 150 m，

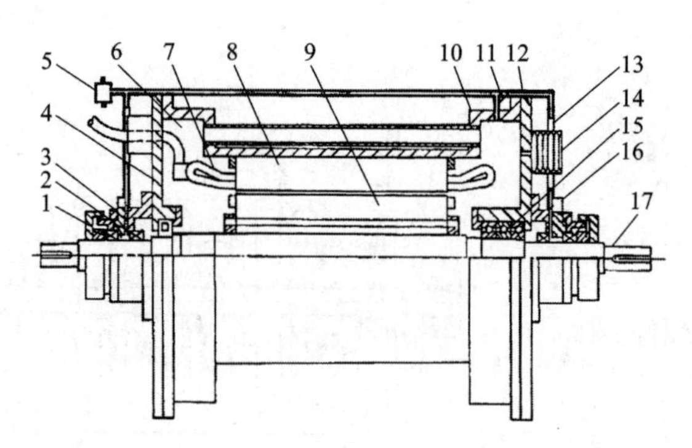

图 6.3－14　日本矿浆泵潜水电动机断面图

1、2—机械密封；3—外壳；4—密封端盖；5—水槽；6—绝缘油；7—绕组；8—定子；9—转子；10—机架；11—通道；12—管孔；14—压力补偿装置；15—轴承；16—通孔；17—轴

并通过输送软管与集矿机的破碎机出口相连，主要作用和功能如下：

• 矿仓定量连续地向提升立管给料，避免受到由于结核丰度变化引起的集矿量波动对提升系统运行的影响，保证扬矿工艺参数稳定，扬矿效率高。

• 为采矿水下系统提供设备仪器安装平台。

• 起配重作用，有助于保持管线的垂直，改善管线的动态特性。根据模型试验得出，如果重量、形状设计合理，有可能使管线系统因船舶升沉产生的垂直位移和轴向应力分别降低 50% 和 17%。

②组成与结构。其主要由联接装置、框架、矿仓、给料机、设备安装平台等部件组成，参见第 5 章图 5.4－17。

• 矿仓：矿仓容积一般依采集路径无结核≥15 min 的供矿量确定。仓顶开口，下部为锥形，要有利于排矿，防止结拱或设置破拱机构；仓内设置料位计。

• 给料机：较好的给料机是弹性叶片轮给矿机，可以解决卡堵现象，达到均匀给料，给料误差 <5%。见图 6.3－15。

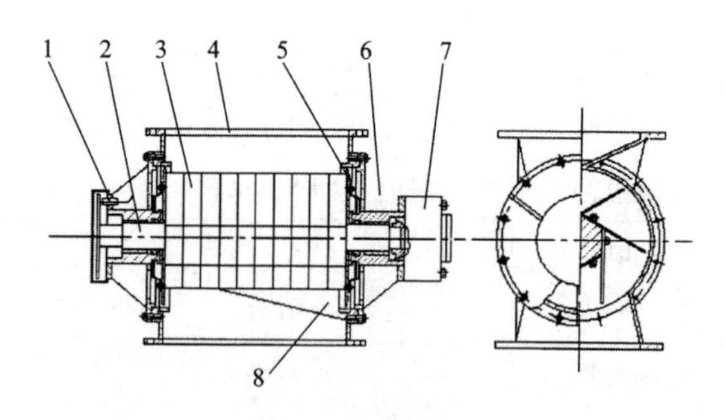

图 6.3－15　给料机

1—转数传感器；2—主轴；3—弹性叶片；4—机壳；5—端面密封；6—轴承座；7—驱动液压马达；8—出料口

• 紧急排放阀：安装在给料机与垂直提升管连接处下端。基本原理为电液关闭弹簧重锤开启阀。当系统停电或故障时，自行打开，排出提升管内的结核，防止提升管被沉积结核堵死，不能再次启动运行。

- 设备安装平台：主要安装软管输送系统中的矿浆泵，输配电系统中的变压器，水密电子舱，液压系统，以及定位声呐等。

(4) 软管系统

①软管系统的功能。

- 从集矿机向中继舱输送多金属结核；
- 保证集矿机有一定的自由活动区域，并有效隔离来自采矿船的扰动；
- 在集矿机下放及回收过程中充当起重缆索和挂钩，集矿机故障时拖曳集矿机；
- 捆绑水下电缆。

②软管输送方式。

软管输送方式有压送式和吸送式两种方式：压送方式，输送泵安装在集矿机上，管内压力高于管外海水静压，软管径向承受张力，这种输送方式对软管的受力状态比较有利；吸送方式，输送泵安装在近洋底中间舱上，管内压力低于管外海水静压，它既要求具有较高的强度，又要求具有较好的柔性。从软管输送角度，采用压送方式较好，如法国系统。但是，一台重约 2 t，功率达 150 kW 的输送泵安装在集矿机上，必然使集矿机的尺寸、重量和功率增大，给集矿机的设计带来很大的难度，特别是要用浮力材料降低机器对地比压；而输送泵安装在中继舱还能起到一定的配重作用，泵的选型也可不受限制，中国系统采用这种方式。

③空间形态设计。

软管空间几何形态随集矿机与中继舱之间的相对位置的变化而变化。为了满足集矿机与中继舱之间相对位置变化的要求和有利于软管输送，利用在软管上合理布置浮力材料使其保持上拱形态(法国系统，参见图 6.5－3)或驼峰形态(中国系统，参见图 6.6－1)。并在集矿机以上几十米处布置一定数量的浮力块，保持软管下端垂直，减小软管对集矿机行驶的影响。法国采用均匀分布的浮力材料，中国采用分两处集中悬挂浮力材料，第一处在离中继舱 70 m 处，另一处在离中继舱 150 m 处。

④软管长度和直径。

确定软管长度主要考虑的因素为：允许集矿机在海底相对中继舱的自由运动范围，不改变提升立管总长可补偿地形变化高差值，有利于采矿船修正航迹，以保证集矿机正常作业。

软管越长，自行式集矿机的活动范围越大，输送阻力也越大，软管的空间形态也越难以控制。同时，软管受到流体动力作用增大，对集矿机行驶产生一定的影响。因此软管不宜过长。根据中继舱离地高度为 150 m，集矿机相对中继舱左右偏离 100 m，补偿地形高差变化 100 m，软管长度一般为 400～600 m，最大不超过 600 m。

软管直径应与提升立管相同，但是考虑到软管输送的阻力较大，输送速度应大于3.5 m/s。

⑤软管结构。

软管设计应满足以下条件：具有足够的抗拉能力（吊放或故障时拖曳集矿机）；具有抗管内外压差能力（1～1.5 MPa）；具有规定的最小曲率半径，扭曲性好；在水中应保持中性。

目前，能同时满足这些条件的是法国生产的海底采油金属橡胶软管。软管的结构为：里层是耐磨密封输送软管，外层是保护层，由耐磨橡胶或耐磨的高分子弹性材料制成。第二层为左右缠绕双层抗径向压力层；第三层为抗拉力层，由扁钢带绕制成类似蛇皮管的具有一定间隙的扣环状，以满足最小弯曲半径要求，见图6.3－16，右图为拉力层扣环断面。典型软管结构见图6.3－17。软管可以制成整根绕在卷筒上储存。为消除扭矩用球铰接头与集矿机和中继舱连接。并用浮子平衡重量。

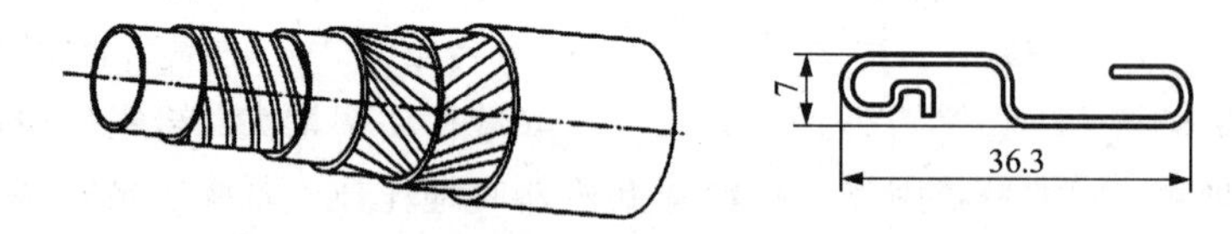

图6.3－16　软管结构示意图

⑥软管泵。

软管输送的特点是：开采过程中软管的形态是变化的；随着结核丰度和集矿机产量的变化，软管输送浓度也随之变化，从而引起输送参数的不稳定。当软管空间形态变化或浓度高引起输送阻力加大时，泵的流量或管内流速就会下降，导致输送困难甚至堵管。因此，软管输送泵应具有硬工作特性，在管网阻力（输送压力）变化时，流量保持不变或变化很小。

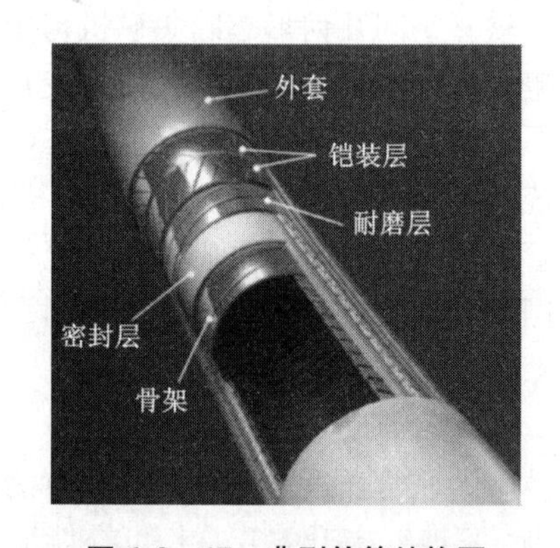

图6.3－17　典型软管结构图

容积泵是具有完全硬特性的输送泵，但输送粗颗粒物料时有可能在活塞缸内产生沉淀，通过阀腔比较困难，甚至很可能出现卡住的现象，工作可靠性较差。

离心泵结构简单，作业连续，工作可靠。但是输送粗颗粒物料要求叶轮通道足够宽，即工作轮叶片少，流道短而宽，要用高比转数离心泵或混流泵。这种泵的特点是具有软工作特性，扬程低，流量大，往往采用多级泵的形式。对于软管输送距离不长(约 400 ~ 600 m)、提升高度不大(约 100 ~ 200 m),采用单级泵或双级泵就可满足输送扬程的要求。采用离心式矿浆泵时,泵作业点的扬程应按输送最不利条件下所需的最大扬程设计。同时,为了更好地适应软管输送特性的需要,可考虑进行泵的自动调速。

一般趋向于采用高比转数离心泵或混流泵。

软管输送泵的扬程和功率的确定参见提升立管的相关部分。

⑦软管空间形态对输送摩阻影响的试验研究和总摩阻损失的计算。

由于软管空间形态复杂,为了有效地解决软管运动状态下的输送参数计算问题,在开发中试采矿系统过程中,用内径 150 mm、长度 96 m 的软管,进行了对水平 -90° ~ +90°的倾斜输送试验、大曲率 180°回转弯管输送试验、软管摆动输送试验和在 3 个 30 m 高门架上做驼峰空间形态输送试验,试验装置示意见图 6.3 - 18 ~ 图 6.3 - 21。

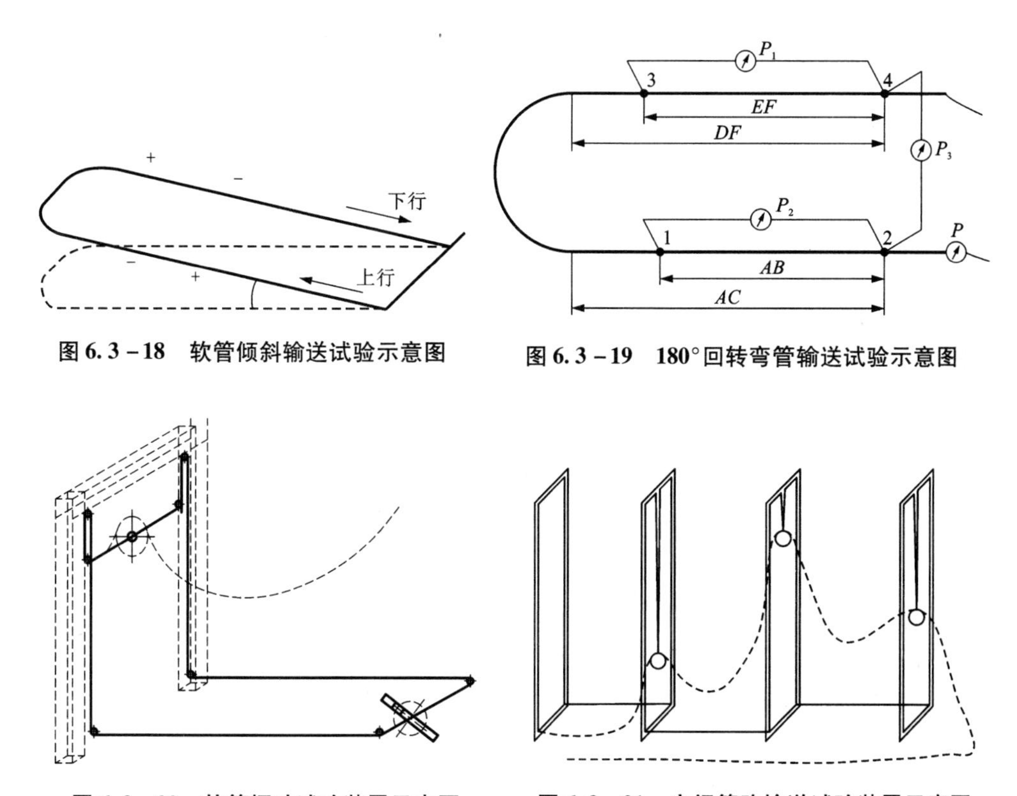

图 6.3 - 18　软管倾斜输送试验示意图

图 6.3 - 19　180°回转弯管输送试验示意图

图 6.3 - 20　软管摆动试验装置示意图

图 6.3 - 21　空间管路输送试验装置示意图

试验采用 20、30 和 50 mm 粒径模拟结核不同比例混合料,以 4.62%、8.34%和 14.06% 的矿浆浓度与 2.20 ~ 3.71 m/s 输送速度范围分组试验,取得了不同倾角、输送速度和体积浓度的摩阻坡度关系曲线族，结果示于图 6.3－22～图 6.3－27。从这些曲线图可以看出，在上行段，摩阻坡度随输送速度的增加而升高，随倾角的增大而降低；在下行段，摩阻坡度随输送速度和倾角的增大而升高。这是因为在上行段管内颗粒速度随倾角的增大而变小，在下行段则反之。

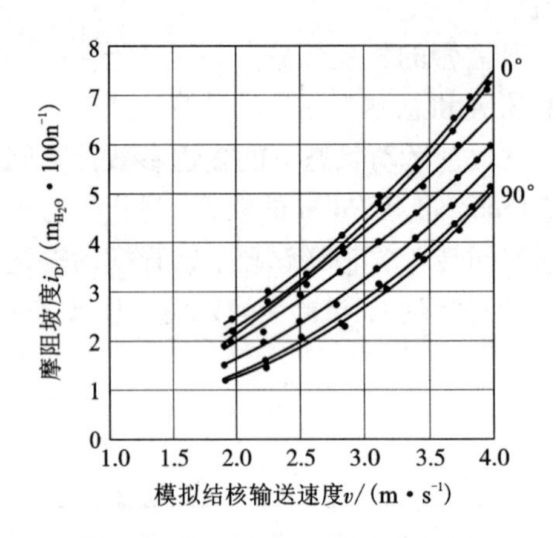

图 6.3－22　浓度 4.62%时上行段输送速度与摩阻坡度的关系曲线

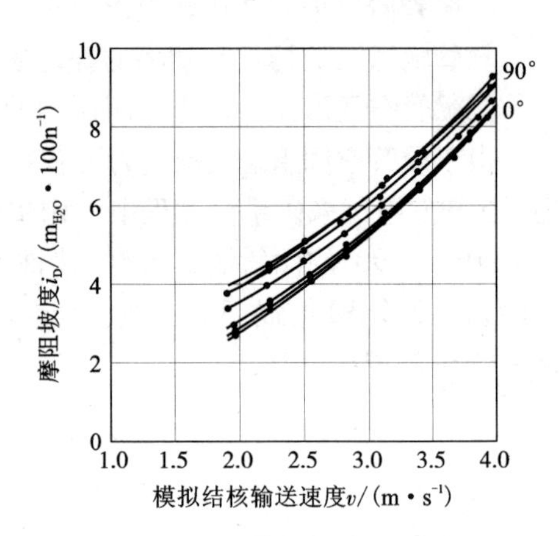

图 6.3－23　浓度 4.62%时下行段输送速度与摩阻坡度的关系曲线

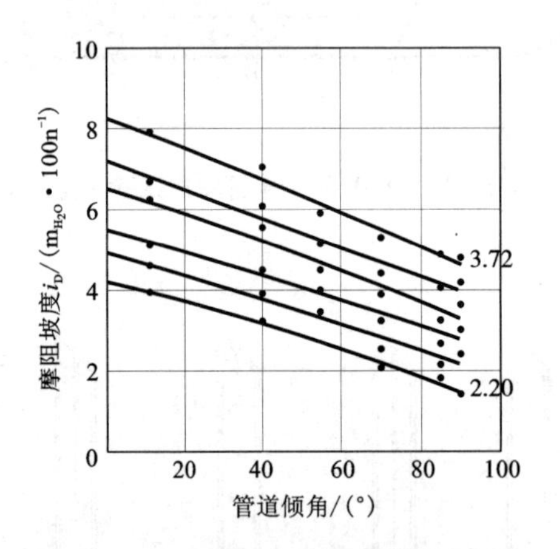

图 6.3－24　浓度 8.34%时上行段软管倾斜角度与摩阻坡度的关系曲线

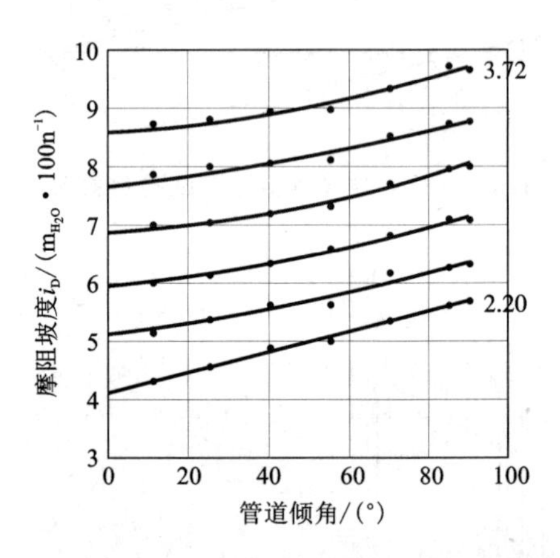

图 6.3－25　浓度 8.34%时下行段软管倾斜角度与摩阻坡度的关系曲线

软管摆动试验表明，周期在 9～30 s 之间的摆动，对输送摩阻坡度的影响很小，约在 4% 以下。

利用试验取得的摩阻坡度，沿流向积分就可求得空间曲线软管输送总摩阻的损失。利用离散积分计算的总摩阻损失比实测值略大，最大偏差约 5%。

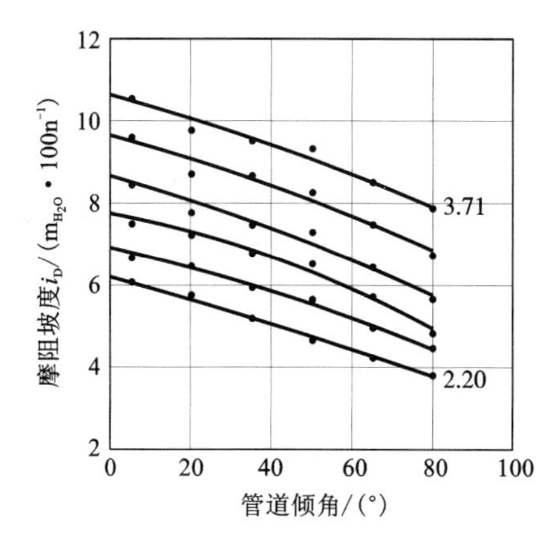

图 6.3－26　浓度 14.06%时上行段软管倾斜角度与摩阻坡度的关系曲线

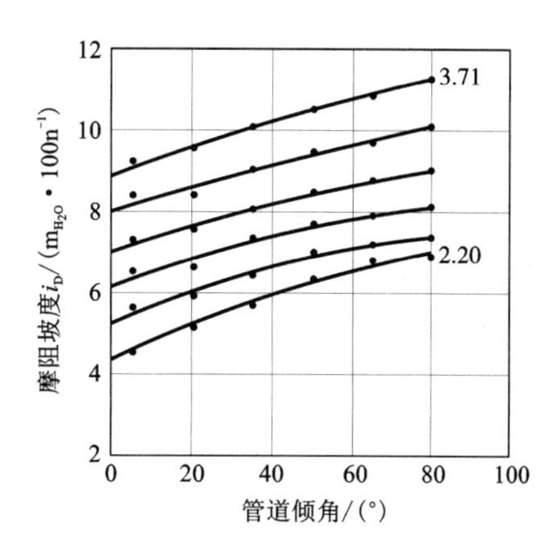

图 6.3－27　浓度 14.06%时下行段软管倾斜角度与摩阻坡度的关系曲线

6.3.2　气力提升系统

6.3.2.1　气力提升原理

气力提升原理是在一定水深处向提升管内注入压缩空气，使管道内产生负压，带动底部的结核向上运动，如图 6.3－28 所示。在注入口之上所输送的为结核、空气和水混合物的三相流，在注入口之下输入的为水和结核混合物的两相流。

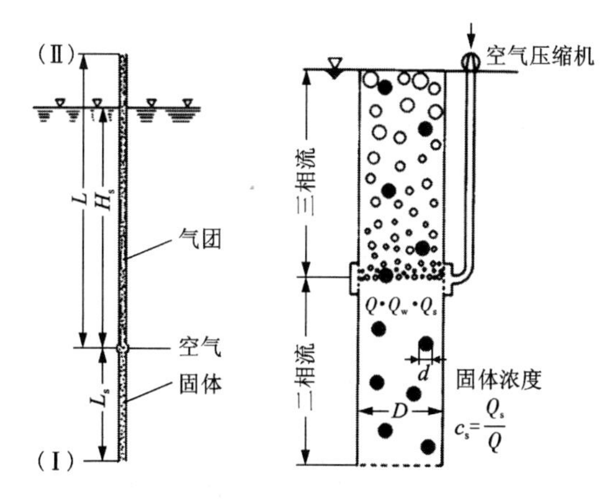

图 6.3－28　气力提升原理

在气、液两相流中，当空气比较少时，空气产生的小气泡上升到液体中，集聚成大气泡，最终充满管道全断面，使液体只沿管道壁形成一圈环状薄膜，从而使管内气体和液体成断续状态即“活塞流”。固体在三相流中，就是借助活塞流提升上去的。当空气量不断增加，液体变成薄膜状，沿管壁上升，并逐渐成为水滴浮在空气中，最后使液体雾化沿管内上升。由于空气量过多，从而产生不连续的提升固体状态。为此，空气注入深度和空气量的选择非常重要。同时，还必须考虑在上升管道途中设置气水分离装置，或在船上设立减压阀以控制空气膨胀。

6.3.2.2 系统基本参数计算

决定系统提升能力的主要因素有：最佳压缩空气供气量，空气注入口水下深度，提升管径、长度和倾角，固体的物理特性，输送流体的密度等。供气量是否恰当直接影响提升效率，而供气量也是最难控制的。

鉴于中国未进行工程实际气力提升系统的研究设计，气力提升系统的基本参数多数引用国外经验公式或由试验曲线确定。

(1)颗粒结核临界沉降速度

上升水流垂直运送比液体重的固体颗粒，液体流速必须大于颗粒临界沉降速度。单个颗粒的临界沉降速度可参照水力提升系统计算。在管径一定的情况下也可按下式计算：

$$v=\left(1-\frac{d^2}{D^2}\right)\sqrt{\frac{4}{3}\times\frac{gd(\gamma_s/\gamma_f-1)}{C_D}},\ \mathrm{m/s} \tag{6.3-12}$$

式中：D 为管道直径，m；γ_s为固体密度，kg/m^3；γ_f为液体密度，kg/m^3；C_D为阻力系数；D 为固体颗粒平均直径，cm；g 为重力加速度，m/s^2。

当固体颗粒周围是层流时($Re<2\times10^5$)，阻力系数 $C_D\approx0.47$；是紊流时($Re>2\times10^5$)，$C_D\approx0.1$ 以下。固体颗粒的形状、大小不同时，即使在直径相同的管道中，颗粒的临界沉降速度也不同。实际上，这是颗粒群在管壁、颗粒、液体三者之间相互作用下运行，临界沉降速度在理论上很难确定，只能通过实验找出。

(2)两相流的压力损失

在固液两相流输送中，颗粒浮游必须克服固体颗粒、液体与管壁碰撞的压力损失，但是主要应考虑水混合物密度(水+固体)的增加(P_s)和固体体积浓度 F_s 低(10%以下)时近似单相流体的摩擦损失(P_r)。

当 $F_s\ll1$ 时，

$$\omega_{fo}-\frac{\omega_{so}}{F_s}\approx v,\ \mathrm{m/s} \tag{6.3-13}$$

式中：F_s为固体体积浓度,%；ω_{fo}为单一水在管内流动的速度，m/s；ω_{so}为单一固体在管内流动的速度，m/s；v 为固体颗粒和水的相对速度，m/s。

当 ω_{fo}和 ω_{so}已知时，可以确定 F_s，求出水混合物的密度增加值(P_s)。

同样，当 $F_s\ll1$ 时，假设已知单一水的压力损失 h_1，可按赫尔曼(Hermann)求出第二项的压头损失：

$$h_1=\frac{\Delta P}{\gamma}=\lambda\times\frac{L}{D}\times\frac{\omega_{fo}^2}{2g},\ \text{m 水柱} \tag{6.3-14}$$

式中：$\lambda=0.0054+0.396Re^{-0.3}$；$L$ 为管道长度，m；D 为管道直径，m；ΔP 为压力损失；γ 为结核真密度，kg/m^3。

举例：管道直径 $D=0.25$ m，固体颗粒直径 $d=0.05$ m，密度 $\gamma=2\ 660$ kg/m^3

的球体（设 $C_D=1.2$）。压气流量等于水流量的2～10倍，水流速 $\omega_{fo}=2.3$ m/s，水的密度 $\gamma_f=1\ 025$ m/s，固体流速 $\omega_{so}=0.02$、0.04、0.06 m/s，固体输送量 $G_s=2.61$、5.22、7.83 kg/m³。计算出的压力损失（P_s+P_r）和水流速 ω_{fo} 的关系示于图6.3－29中，可以看出，$\omega_{fo}\approx3\sim3.5$ m/s时，其压力损失最小。

（3）压气注入口以上三相流压力计算

水、固体百分率（F_r+F_s）和空气三相流摩擦损失的总水力坡降 $h_{Ⅲ}$ 可按下赤川的实验公式计算：

$$\frac{1-(F_f-F_z)}{F_f+F_z}=A\frac{\omega_{go}^n}{\omega_{fo}^m} \tag{6.3-15}$$

式中：ω_{go} 为假定只是气体在管道中流动的流速，m/s。

$$\omega_{fo}<0.5\text{ m/s}\quad A=0.82\quad n=0.96\quad m=0.69$$

$$\omega_{fo}>0.5\text{ m/s}\quad A=0.67\quad n=0.78\quad m=0.69$$

$$h_{Ⅲ}=\xi h_1$$

$$\xi=(F_f+F_S)^{-1.51} \tag{6.3-16}$$

采用上述同样条件，ω_{so}、ω_{fo} 保持一定而改变 ω_{go}^n（1个大气压下单纯空气流动的速度）时，空气注入口的压力和相应深度的静水压力进行比较，如图6.3－30所示，由 $\omega_{fo}=3$ m/s和 $x=4\ 000$ m的交点可以证实，从6 000 m海底提升密度 $\gamma_s=2\ 660$ kg/m³的固体颗粒，提升量为2.61 kg/s（9.6 t/h），当空气注入口设在海面下2 000 m处、注入空气速度 $\omega_{soa}=15.8$ m/s时，水流速 ω_{fo} 也是3 m/s。

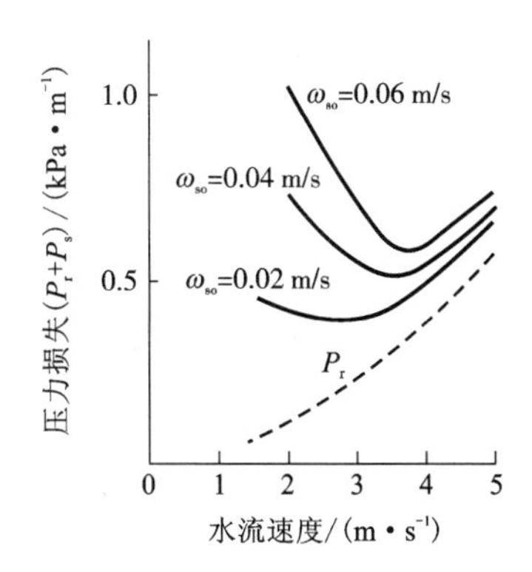

图6.3－29　两相流压力损失和水流速的关系

（东京大学加藤）

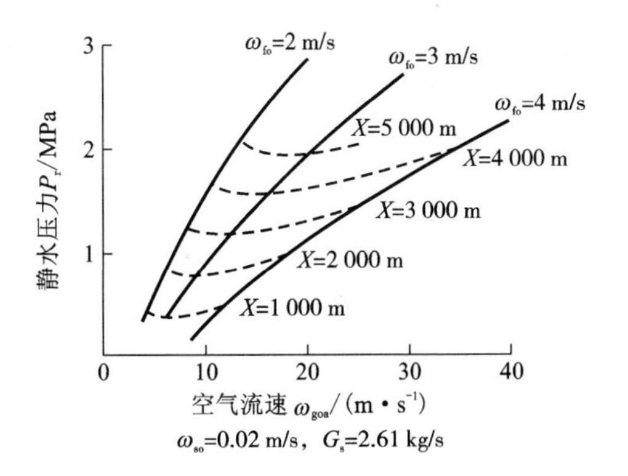

图6.3－30　固体流量、空气流速、空气注入口压力（静水压力）的关系

（东京大学加藤）

（4）高压水中的空气压缩率和溶解度

在深海高压下的气力提升，不仅要重视海面下温度和气柱量的影响，还要考

虑空气的压缩率和在水中的溶解度。

空气注入口在 2 000 m 水深处，水中空气的饱和浓度 K_∞ 是 1 kg/cm^3(20℃左右)。

$$K_\infty = 1.8\times10^{-2}, \ \mathrm{m^3}(\text{空气})/\mathrm{m^3}(\text{水})$$

根据亨利(Henrry)-多尔托(Dalton)法则，在温度一定时，其饱和浓度与压力成正比，在水深 2 000 m 处，1 m^{3}水中溶解 3.6 m^{3}空气。

气液两相流上升时，有一高压区，但时间短，其溶解速度可用下式表示

$$\frac{\mathrm{d}K}{\mathrm{d}t} = \alpha(K_\infty - K_\mathrm{t}) \tag{6.3-17}$$

式中：K 为空气的溶解量，m^{3}空气/m^{3}水；K_∞ 为空气的饱和溶解量，m^{3}空气/m^{3}水；T 为时间，s；K_t 为某时间的空气溶解量，m^{3}空气/m^{3}水；α 为常数，α = 0.297 m^3/h(Montgomerry, Thom, Cookuru)。

用 K_t 表示的空气溶解量，即空气的损失量，因此仅仅需要增加输送 K_t 值所必需的空气量。

图 6.3-31 所示为压力、流速、空气溶解量的关系。从图中可看出，慢速(1 m/s)情况下，注入口水深在 2 000 m 多，损失的空气量相当大，而速度快(5 m/s)时，注入口在 1 000 m 以下，可忽略空气量的损失。

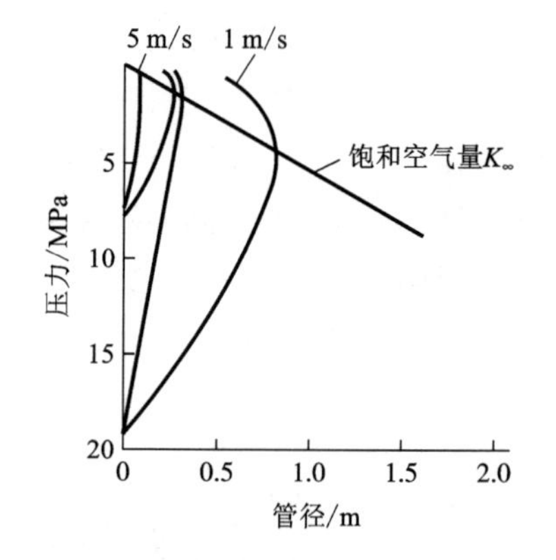

图 6.3-31　压力、流速、溶解空气的关系

(C. Boes, R. During, E. Waberroth)

(5)效率

效率是固体颗粒上升所需要的功 E_out 和压缩空气所做的功 E_in 之比，在理想状态下可用下式表示：

$$\eta = \frac{E_\mathrm{out}}{E_\mathrm{in}} \times \frac{\omega_\mathrm{so}}{\omega_\mathrm{goa}} \times \frac{(\gamma_\mathrm{s} - \gamma_\mathrm{f})L}{P_\mathrm{a}\ln(P/P_\mathrm{a})} \tag{6.3-18}$$

式中：ω_so为纯水在管中的流速，m/s；ω_goa为 1 个大气压下纯空气在管中的流速，m/s；γ_s为固体颗粒密度，kg/m^3；γ_f为液体密度，kg/m^3；L 为管道长度，m；P_a为大气压；P 可以用 $\gamma_\mathrm{f}L$。

图 6.3-32 表示在管道下部各流速 γ_f 和各固体百分率 F_s 时，空气注入口深度浅时，效率成陡坡增加，随深度加大而变平缓。同时，随深度加大，速度提高，摩擦阻力加大，效率下降。可以看出，固体百分率增加的同时，效率总是提高的。图 6.3-33 表示空气注入口在 2 000 m 深度以下的情况，管道下部各流速 γ_f 和各固体百分率 F_s 时的管道直径 D 和效率 η 的关系。可以看出，管径加大，效率随之提高。

(6)压气量与固体提升量的关系

压气量是气力提升系统最难控制的物理量，它的大小对提升效率有直接影响。采用内径 155.4 mm、长 40 m 的提升管输送模拟结核时的压气量与提升固体重量的关系示于图 6.3－34 中。提升矿量下降率与浓度的关系如图 6.3－35 所示。气力提升与水力提升管径的比较见图 6.3－36。

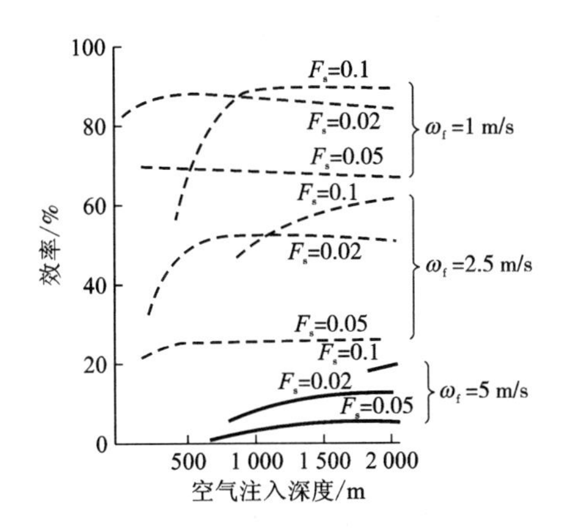

图 6.3－32　下部管道流速、固体体积浓度、空气注入空气注入深度和效率的关系

(C. Boes, R. During, E. Waberroth)

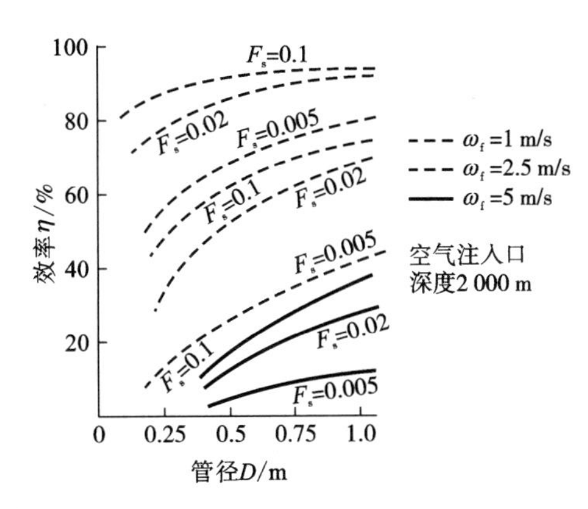

图 6.3－33　下部管道流速、固体百分率、管径和效率的关系

(C. Boes, R. During, E. Waberroth)

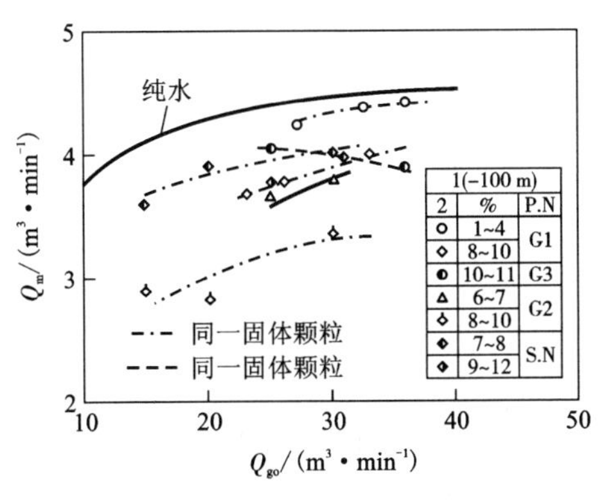

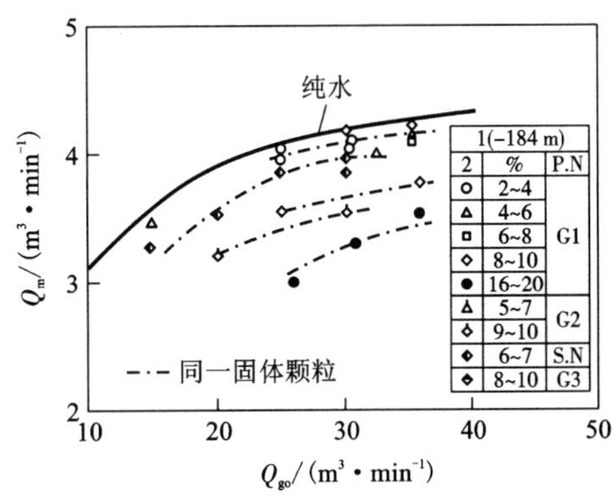

图 6.3－34　提升矿量与供气量的关系

(日立造船株式会社清水贺之)

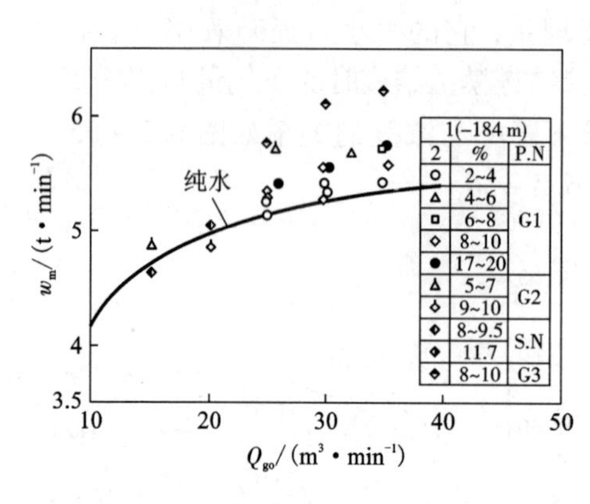

图 6.3-35　提升矿量下降率与浓度的关系

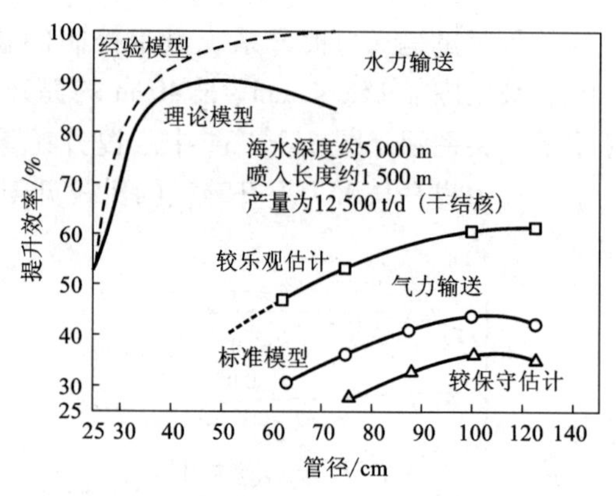

图 6.3-36　气力提升与水力提升管径的比较

6.3.2.3　系统主要部件

(1)空气压缩机

气力提升系统可用工业常用空气压缩机。如活塞式空气压缩机无故障连续运行时间可达 20 000 h，透平式空气压缩机可达 10 000 h 或连续运行一年以上，但排气量直接影响提升的固体重量和提升效率。未来的商业气力提升系统需要研制大排量(100 万 m^3/h)和高压力(25 MPa)的透平空气压缩机及其发动机。

(2)提升管

气力提升管在注气口以下的管段与水力提升管基本一样，不同的是管径较大些，如图 6.3-36 所示。注气口以上管段为双层套管，内管壁上有许多小孔，其目的是产生小气泡以提高提升效率。

6.3.2.4　气力提升系统性能参数实例

(1)海试气力提升系统性能参数

这里列举了国外 20 世纪 70 年代末海试气力提升系统参数：

例如美国 OMA 海试气力提升系统主要参数：设计生产能力 45 t/h，提升立管长 4 422 m，2 000 m 以下的管内径为 160 mm，上端逐渐扩大到 240 mm，用直径 50 mm 的供气管输送到水下 2 300 m 处注气，注气装置为双层套管，内层管均匀布置 300 个直径 4.8 mm 的进气孔。提升立管内水流速大于 5.2 m/s(海水密度 1 022 kg/m^3)，矿浆速度达 1.4 ~2.8 m/s。1978 年海上试验采用两台往复式空气压缩机，每台 6 级压缩，排气压力为 21 MPa，最大排气量 119 m^3/min，每台功率 8 948 kW。

美国 OMI 海试气力、泵提升系统主要参数：设计生产能力 50 t/h，提升立管长5 250 m，管内径180～225 mm，用直径50 mm的供气管输送到水下2 000 m处注气，矿浆速度2.5～2.6 m/s。配备3台四级压缩机，排气量42.5 m^3/min，功率1 470 kW。

日本设计的气力提升系统主要参数：设计生产能力36 t/h，提升立管长5 160 m，管内经为148～226 mm，矿浆浓度8%，用直径76 mm的供气管输送到水下1 800 m处注气。配备3台空气压缩机，排气压力为15～18 MPa，功率5 450 kW。为了降低提升管内三相流体的船上出口流速，在出口处设置0.3～0.5 MPa背压，使船上管道结核流速在20 m/s以下。

综上所述，可以得出气力提升系统主要参数的取值范围：

①空气注入口一般在水下1 800～2 300 m处。

②供气管径为50～75 mm。

③供气压力为15～21 MPa。

④在平均生产能力25～36 t/h(0.085～0.122 m^3/s)、提升管长4 500～5 000 m、矿浆流速1.4～2.8 m/s、水流速5.2 m/s、提升立管内经180～225 mm条件下，压缩空气排量约为120 m^3/min。

(2)德国商业性气力提升系统设计参数

德国提出的商业性气力提升系统是按年生产能力300万t(500 t/h)设计的。

在其对设计参数做了广泛的变换后，选出了一种对直径进行分级处理为特征的管线配置。主输送钢管的内径为590 mm。扩径的管段内径为800 mm，始于水面以下20 m处。所有的计算都是按一种半经验方法进行的。设计计算的原始数据见表6.3－6，正常工作条件下系统的工作点参数见表6.3－7。压缩机的计算规格参数见表6.3－8。

三相混合物的出口速度：空气V_e = 33.1 m/s，水V_w = 11.6 m/s，固料V_s = 10.9 m/s。

根据压缩机压力17 MPa、空气量54 000 m^3/h，选择径向压缩机，计算规格见表6.3－8。

图6.3－37给出了输送能力与空压机压力和排气量的关系曲线，图6.3－38给出了一定输出能力下输送浓度与空压机压力和排气量的关系曲线，而图6.3－39示出了接近500 t/h的正常固料输送量的运行情况。

压缩机可能达到的最大压力为23 MPa，因而足以实现运行启动，实际上对于此类启动有18 MPa的压力就已足够了。

当输送浓度为11%左右时，结核最高输送能力为515 t/h。

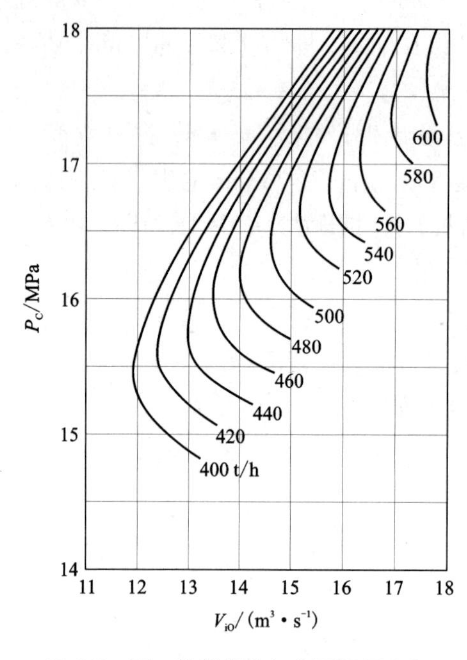

图 6.3-37　输送能力与空压机压力和排量的关系曲线

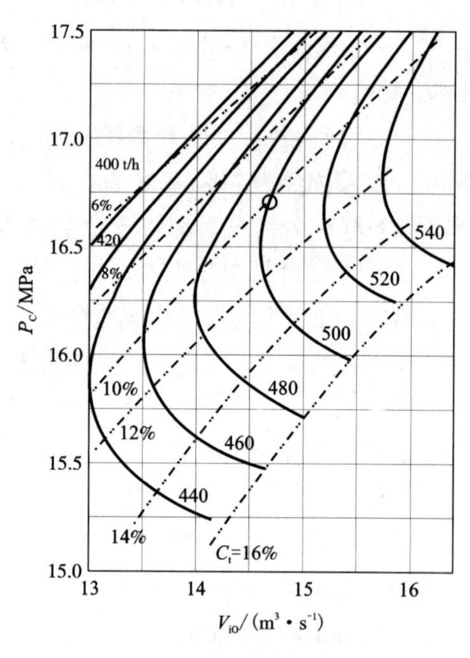

图 6.3-38　一定输送能力下输送浓度与空压机压力和排量的关系曲线

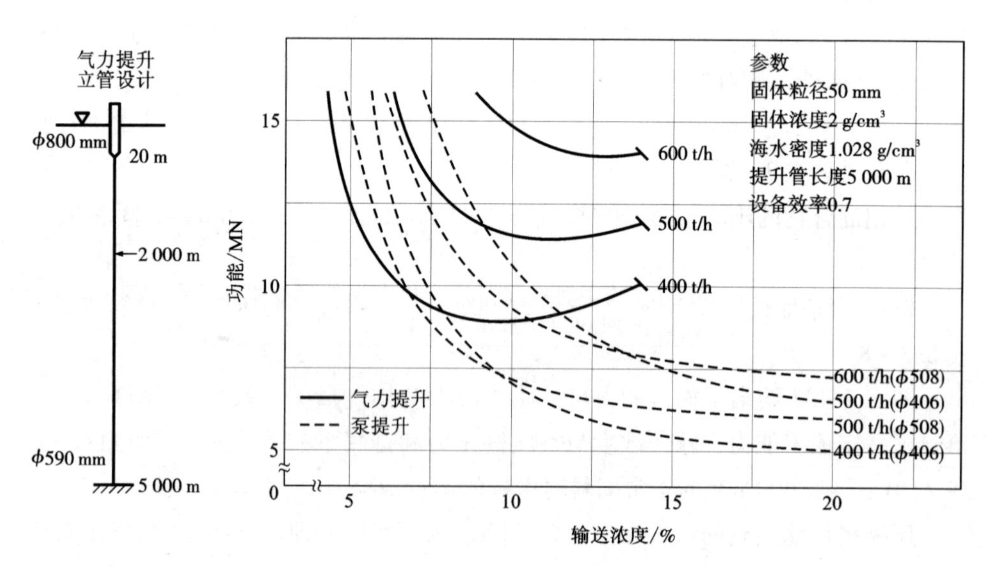

图 6.3-39　在一定输送浓度下功耗与输送浓度的关系曲线

表 6.3-6　德国商业性气力提升系统设计计算的原始数据

输入参数		参数值
固料	密度	1 970 kg/m^3
	临界沉降速度	0.675 m/s
	粒径	50 mm
水	外部密度	1 039 kg/m^3
	内部密度	1 050 kg/m^3
管道	水面以上高度	14.0 m
	水面以下长度	5 000 m
	空气注入口深度	2 000 m

表 6.3-7　德国商业性气力提升系统工作点参数

技术参数	指　标	技术参数	指　标
结核输送能力	$M_c = 500$ t/h	注入空气压力	$P_e = 163.6$ kg/cm^2
输送浓度	$C_t = 10.0\%$	注入口处功率	$N = 7\ 381.6$ kW
体积浓度	$C_s = 12.7\%$	压缩机压力	$P_c = 16.68$ MPa
正常条件下空气容积流量	$V_{io} = 14.7$ m^3/s	压缩机输出功率	$N_c = 7\ 409.0$ kW
管线出口处的空气比分	$EI = 87.8\%$		

表 6.3-8　压缩机的计算规格参数

性 能 参 数	技　术　规　格		
生产厂家	曼彻斯特-德马克公司，杜伊斯堡		
压缩机类型	具有中间冷却器的三机壳涡轮压缩机，型号：12MH6C + 06MH6C + 05MV6B		
动力	3 台独立电动机驱动 3 机壳中的压缩机，总功率 13 100 kW		
压缩室	低压	中压	高压
压缩室型号	12MH6C	06MH6C	05MV6B
介质	空气	空气	空气
吸入压力/(kg·cm^{-2})	1	10.57	65
吸入温度/℃	40	30	30

续表 6.3-8

性能参数	技术规格		
相对湿度/%	80	100	100
吸入体积/($m^3 \cdot h^{-1}$)	54 000	4 660	571
吸入量/($kg \cdot h^{-1}$)	58 760	35 678	56 556
最终压力/MPa	1.067	6.52	17
冷却温度/℃	20	20	20
空气冷却器冷却水量/($m^3 \cdot h^{-1}$)	595	360	118
油冷却器冷却水量/($m^3 \cdot h^{-1}$)	63	63	63
压缩机联轴节功率/kW	5 150	3 880	2 280
压缩机转数/($r \cdot min^{-1}$)	8 165	13 580	13 580
原动机额定功率/kW	5 700	4 500	2 700
原动机转数/($r \cdot min^{-1}$)	1 500	1 500	1 500

6.3.3 气力提升与泵提升的比较

对于结核商业开采系统选择合适的提升系统，既要考虑技术方面的准则，也要考虑到经济方面的准则。要在这两种提升系统之间作一比较显然有些困难，因为只有少数准则可以量化，比如能耗及投资等。关于设备安装或拆卸时的“搬运”，目前尚无经验，必须以可近似地进行比较的实例加以估测(如 OMI 在红海进行的工业性试验或海洋矿泥开采试验)。

德国和法国按当今的认识，共同对这两种提升系统的优缺点进行了评价。各准则的加权数从5(意义最大)到1(意义一般)分级。评价也相同，即5(很好)~1(合格)。

此外，经济方面准则的意义与技术方面准则的意义相比，为3:2的比例。

结果，在总分为330分的情况下，气力提升以206分略领先于获得187分的泵提升，见表6.3-9。

气力提升的主要优点在于对系统无技术上的要求，即水下无运动部件。所需的压缩机相当于当今的技术水平。其主要缺点是：设备效率低，管径粗，起吊和搬运困难。

与此相反，泵提升的优点在于效率相当有利(见图6.3-39)以及能够采用直径较小的管线；缺点是其所要求数量级的固料泵远远超出了当今的技术水平。

表 6.3-9　气力提升与泵提升的加权平分比较

准　　则	加权	评　估		结　果	
		气力提升	泵提升	气力提升	泵提升
技术准则(加权系数：2)					
达到商业生产能力 500 t/h 的实际性能	5	2	3	10	15
管道尺寸(重量、流阻、动态特性)	3	2	3.5	6	10.5
提升设备搬运	2	4	2	8	4
可利用技术	2	4.5	3	9	6
控制(适应性)	2	3	2	6	4
磨损、疲劳(提升管、设备)	3	4	2	12	6
磨损与处理	1	4	3	4	3
小计	55×2=110　48.52=97				
经济准则(加权系数：3)					
可靠性 MTBF(平均无故障间隔时间) MTBO(大修间隔时间)	5	4	3	20	15
投资	2	3	3	6	6
作业成本(动力消耗、维修、成本、备品)	3	2	3	6	9
小计	32×3=96　30×3=90				
总计(理论最高分=320)	206　187				

最后，可以确定的是，按目前的认识水平，这两种提升系统中没有一种能够取得无可置疑的领先地位。谁胜谁负只有在实际条件下进行对比试验，方能见分晓。然而，目前多数比较倾向于泵提升系统。

6.4　供电与测控子系统技术

深海采矿系统是一个复杂的以串联为主、并联为辅的机械电气系统。供电和测控对象包括水下集矿机、中继舱、立管提升泵、系统布放回收、导航定位及采矿船与集矿机跟随运动，以及矿石转运等。供电相对简单，而测控系统则十分复杂，涉及计算机、电子、电气、电力、机器人、水声、长距离通信、导航定位、传感器、船舶航行和动力定位等多学科，以及流体力学、多刚体力学、控制论、虚拟现实等多种理论。然而，随着现代科学技术的发展，已能提供足够满足测控要求的元器件、控制电路和新的控制理论，但是水下系统的受力状态分析还远未达到满意程度。具体的控制理论和电路已超出了本书的范畴。本节仅涉及与深海采矿工艺和设备直接相关的水下供电与测控的特殊技术要求、配置和基本概念。

6.4.1 水下供电系统

水下采矿系统供电主要分为集矿机供电，中继舱供电，扬矿泵供电和水下控制仪器设备供电。水下供电与陆地供电有许多区别，特殊技术的要求主要是：

- 电缆必须耐水压，具有足够的机械强度，包含动力、数据和图像传输及控制芯线的复合缆；
- 接头采用成品水密插接件，分电箱与变压器为充油压力补偿结构；
- 为了降低输电电压的损失和电动机的重量，采用高压送电，充油压力补偿电动机驱动，船上变频器控制。

(1)集矿机动力与供电

集矿机行走机构驱动功率大，两条履带一般采用各自独立的闭式回路液压系统驱动，液压站电力由发电机发出低压交流电，经两路低压变频器(起动和调速) - 升压变压器(如 380/3 300 V 或 380/6 000 V) - 电缆绞车滑环 - 复合电缆送到水下集矿机充油压力补偿分电箱 - 主高压电动机，实现驱动闭式回路行走液压泵和辅助泵。

水力采集和输送水泵、破碎机、液压缸、下放方位调整推进器等均采用液压马达驱动，由串接在主液压泵上的几台液压泵分别提供压力油，经压力补偿液压阀箱的比例阀控制驱动。

(2)中继舱供电

中继舱软管抽吸矿浆泵电动机的供电方式类似于集矿机主电动机。矿浆泵电动机同时驱动液压泵，向给料机提供液压动力源。

(3)扬矿泵供电

位于不同水深处立管提升泵高压电动机的供电方式与集矿机主电动机供电类似。

(4)仪器设备供电

集矿机、中继舱、扬矿泵处的仪器设备的低压电和水下摄像照明电，均由各自的分电箱 - 充油压力补偿变压器或耐压舱内小型干式变压器提供。

6.4.2 测控系统

6.4.2.1 测控系统控制对象

测控系统的对象是集矿机、扬矿系统、水面支持系统及采矿船。包括采矿系统下放/回收、集矿机行驶、采集作业、扬矿系统运行、水下系统导航定位和采矿船的协调航行控制等方面。

6.4.2.2　采矿系统控制功能

(1)集矿机测控系统的功能和控制方式

1)集矿机测控系统应具备的主要功能

①对集矿机设备进行起动和顺序、连锁控制，并实现设备运行的参数监测和保护。

②集矿机下放和回收控制。调节下放速度，保持姿态、方位，实现平稳着底。

③集矿机行走路线和定位控制。以不受磁场干扰的光纤激光陀螺导航和声学定位修正控制为原则，根据预先规划的采集路径，实时探测采集前方结核丰度、是否存在障碍和可能中断作业的不利地形、履带压陷深度，控制集矿机的行驶速度，进行直线行驶或绕障、转弯调头，避免相邻采集路径重叠和保持间距最小，并实时显示和记录行走轨迹及相对中继舱的位置，确保集矿机在软管长度允许的范围内机动行驶。

④集矿作业控制。按照作业程序控制集矿机构采集、输送、冲洗、破碎的过程，调节工作参数实现高效率采集和供矿。主要监测工作参数包括：水力采集头离底高度或耙齿采集头插入海底深度、输送速度、冲洗喷嘴压力、破碎机转数和载荷、向软管供矿状态，以及采集前方海底结核丰度和海底地形特别是障碍图像等；并对采集作业参数、作业环境与工况数据进行实时采集、传输和处理，显示、打印、存贮和报警。

2)控制方式

①行驶控制。集矿机行驶控制应配置手动、半自动和自动操作方式：

- 单条履带手动控制。两个手柄分别控制两条履带各自的速度和行驶方向。
- 手动操纵转弯、自动直线行驶控制。一个手柄控制车速，另一个手柄控制转弯。
- 陀螺导航和声学定位自动控制。预先设置车速和路径，自动行驶。

一种以模糊控制、神经元网络控制和专家智能决策相结合的典型自动行驶控制原理见图6.4-1。这是一种包括主路径环、方位环和速度环的三环串级控制系统。

路径设定：根据开采计划预计的开采路径设定起点、方位角、行驶速度、终点和回转行程。

路径控制：根据陀螺测定的方位角和行驶速度，计算行程和位置，然后进行路径的反馈控制，实现轨迹跟踪。系统利用路径环调节器的输出作为方位环设定值的修正量，以便根据路径偏差及时改变方位角的设定值，并以方位环调节器输出作为左右履带速度设定值的修正量，以便根据方位角的偏差及时改变左右履带的速度设定值，从而改变行驶方向，实现路径控制，如图6.4-2所示，正向行程

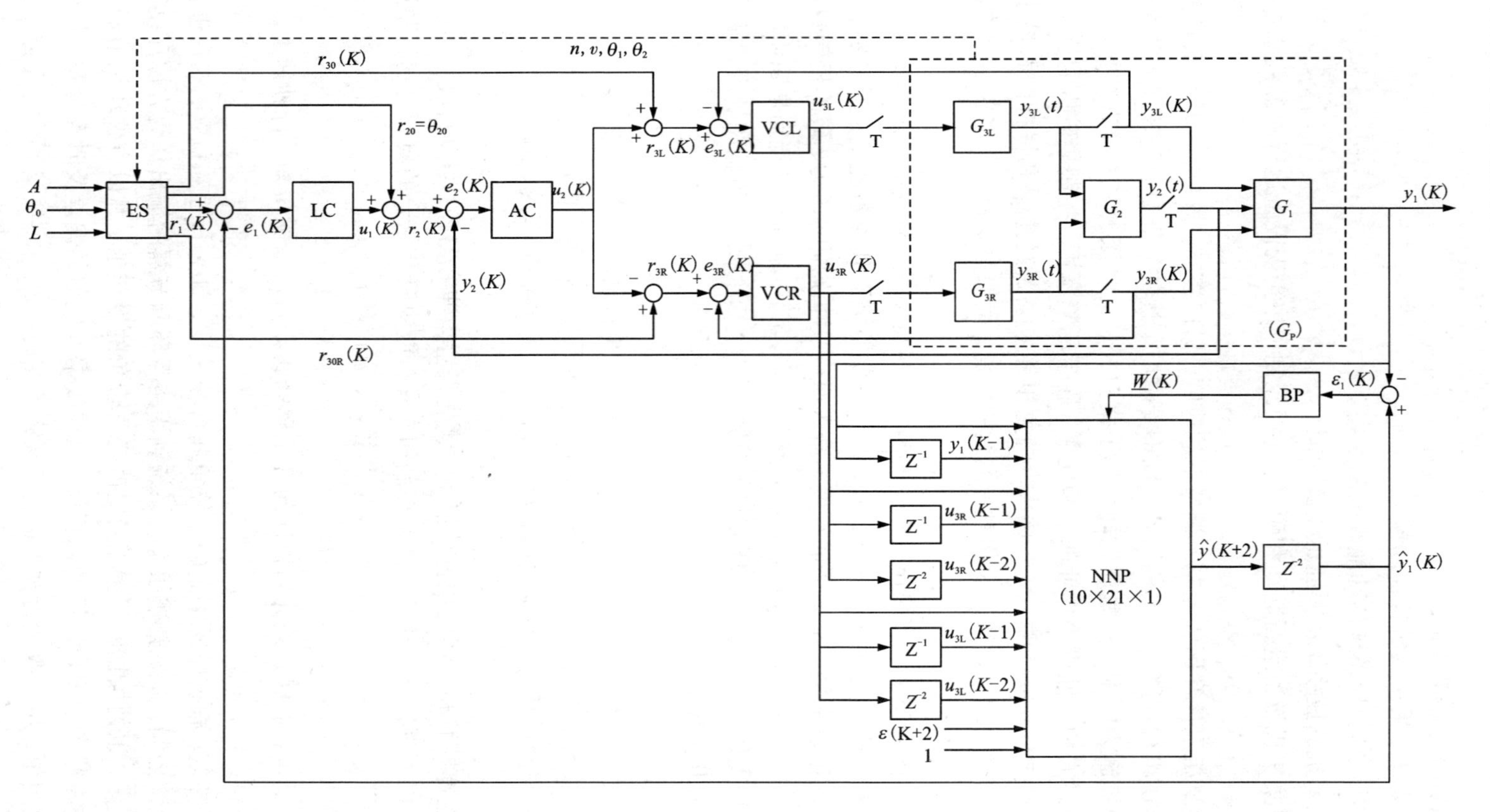

图 6.4－1　作业车行驶自动控制原理图

算法框图见图6.4－3。

路径修正：当行驶距离较长时，用声学定位系统测定的位置坐标加以修正，消除陀螺计算的累计误差，以达到控制误差在5%左右。行驶导航原理参见图6.4－4。

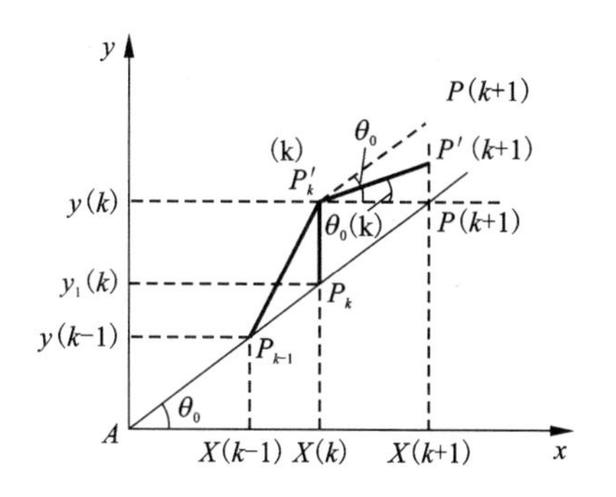

图6.4－2　路径控制原理

②收放时集矿机方位控制。收放过程中，集矿机受到浪、涌、下放速度和采矿船运动的作用，为保证平稳下放，避免下放过程中因机体转圈损伤管线，或横移寻找合适地点着底，需要实时监测集矿机的状态、方位角、下潜速度、潜入深度、离底高度等参数，根据以激光陀螺导航为基础测得的信息，进行手动和自动控制螺旋推进器的速度和旋向，保持机体方位或平移。其操作方式为：

- 单螺旋推进器手动控制；
- 双推进器手动控制；
- 陀螺导航方位自动控制；
- 陀螺导航自控制和手动为主横向移动控制。

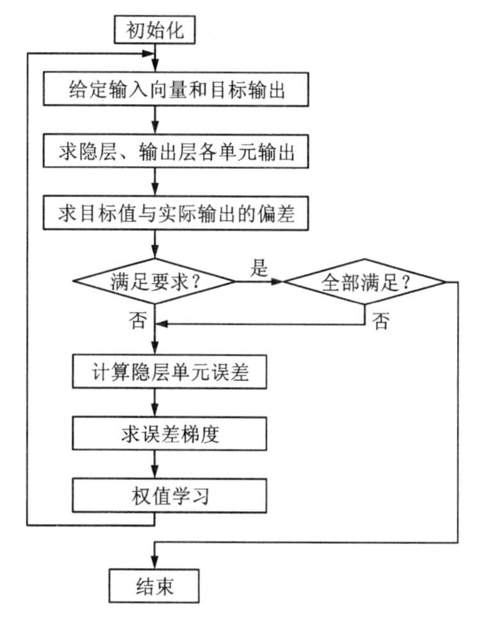

图6.4－3　路径控制程序框图

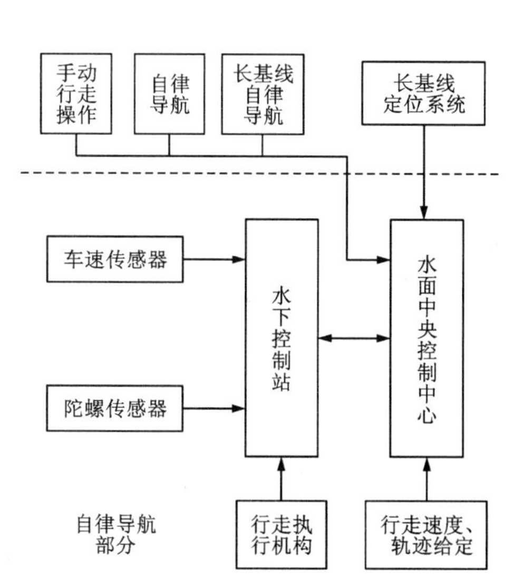

图6.4－4　作业车海底导航原理框图

(2)扬矿作业测控系统的功能

①对扬矿系统设备进行启动和顺序、连锁控制，并实现设备运行的参数监测和保护。

②扬矿管内工艺过程参数—压力、流量、流速、浓度进行实时监控，并计量提升的干结核量。

③对扬矿管吊点应力进行实时监测和过载报警。

④进行管线形态监测，管线和中继舱位置定位。

⑤对中继舱的给料机定量给料和料斗破拱机构进行控制，保证扬矿系统运行稳定。

⑥具有故障诊断、报警、趋势图显示、作业报表打印的功能。

(3)水面支持系统测控功能

①采矿船航行与定位控制。精确采矿船的坐标，检测其航速、航向，根据气象、海况和采矿系统动力学特性，控制主推进器和动力定位推进器，使采矿船跟随集矿机运动，保持采矿船与集矿机之间合理的相对位置。

②水下设备在船上的搬运、存放、吊放回收过程和相应吊运设备控制。布放的顺序依次为：集矿机、软管、中继仓、硬管、扬矿泵、硬管，而复合缆同时下放。回收顺序则相反。动力与通信不能中断。除了集矿机姿态调节、收放速度等极少数几项可实施闭环自动控制外，一般不进行闭环自动控制。

③采出结核脱水或分离空气和海水、存储过程和设备控制。

④升沉补偿设备参数调节与控制。

⑤结核转运到运输船的过程控制。可能采用结核制浆水力输送转运或干矿石带式运输机转运。

⑥生产过程集中监视、数据处理、协调调度与控制。具有生产统计、报表、开采计划安排、故障分析以及开采技术经济分析评价等功能。

(4)导航定位系统功能

导航定位系统主要用于测定采矿船在海面的位置坐标和水下设备与采矿船的相对位置坐标或其大地绝对坐标(包括水中设备离海底高度)。

6.4.2.3　测控系统配置和结构

(1)控制系统配置

控制系统根据功能要求配置如下测控部件：

①测控系统供电、起动、保护系统。

②集矿机作业、扬矿管道、中间舱运行及作业参数监测系统。

③地形、结核丰度和工作机构运行状态观察摄像系统。

④地形观测声学测量系统。与电视摄像系统联合为避障提供依据。

⑤全球卫星导航定位和水下设备声学定位(三维坐标)系统。全球卫星导航定

位系统主要测定采矿船的经度、纬度、方位、速度、航向等。水下设备声学定位(三维坐标)系统主要测定中间舱、集矿机的坐标和离底高度，以及软管空间形态。

⑥采矿船动力定位系统。与全球卫星导航定位、水下设备声学定位系统和水文气象(风、浪、流)信息联合控制采矿船跟随集矿机航行。

⑦水下设备吊放控制系统。根据水文气象信息调节升沉补偿器参数，控制起吊设备，实现水下设备平稳下放和着底，以及回收。

1)系统配置的主要传感器

①集矿机配置的传感器和检测仪表参见表6.4-1和表6.4-2。

②中间舱配置的传感器和检测仪表参见表6.4-3。

③垂直扬矿管配置的主要传感器和检测仪表有上端应力、管内流量、浓度、压力、管底端位置等。矿浆体积浓度测定范围0~25%。

表6.4-1　集矿机配置的主要传感器和检测仪表

监测参数和仪表		量程和精度
车行驶速度，多普勒声呐或光学摄像		0~1.5 m/s，±0.5%，水深6 000 m
左/右履带速度，马达转数传感器		0~1.5 m/s，±0.5%，水深6 000 m
车前地形与障碍	前、后视云台摄像机	视距5 m，x/y摆头170°，水深6 000 m
	前视声呐	视距100 m，分辨率0.5 m，水深6 000 m
行走和工作机构监视，侧视摄像机		视距5 m，x/y摆头170°，水深6 000 m
履带压陷深度，回声探测器		0~1 m，±1%，水深6 000 m
高度计，回声探测器		0~500 m，±1%，水深6 000 m
深度计，压力盒		0~5 000 m，±1%，水深6 000 m
照明灯		150~250 W，水深6 000 m
激光陀螺(包括方位、纵横向倾角)		0°~360°，±0.1°/姿态角±25°，±0.5°
电缆连接器上提升力，测力计		
软管扶正器上横向力，测力计		0~8 t
水下压力舱漏水检测仪		
电气绝缘检测仪		
电源欠压及缺相检测		
集矿头离底高度/插入深度		0~500 mm
水泵压力、转数		0~0.5 MPa
水泵电机漏水报警		开关量
破碎机转速、负载		0~80 r/min
结核流量音频监视		

表 6.4-2 集矿机液压系统的主要监测仪表

监测参数和仪表	量程	监测参数和仪表	量程
主油泵输出压力	0~40 MPa/60 MPa	油箱出油油温	0~70 ℃
主油泵流量	0~250 L/min	油箱回油温度	0~70 ℃
辅油泵输出压力	0~40 MPa/60 MPa	滤油器压差	
主电机电压	0~3 500 V	补偿器油位	
主电机电流	0~250 A	行走油马达压力	0~40 MPa/60 MPa
主电机温度	0~7 0℃	破碎机油马达压力	0~40 MPa/60 MPa

表 6.4-3 中间舱配置的主要监测仪表

监测参数和仪表	量程	监测参数和仪表	量程
油泵输出压力	0~40 MPa/60 MPa	油箱出油油温	0~70 ℃
油泵流量		油箱回油温度	0~70 ℃
给料机转数、负载		滤油器压差	
软管抽吸泵电机的电压、电流、温度	0~3 500 V, 0~70 ℃	补偿器油位	
		集矿机定位声呐	

2)水面控制中心主要配置

水面控制中心的配置有操作台，控制手柄、按钮和开关，各类显示器，微控制器及 I/O 接口，主工业 PC 机及服务器，打印机及录像机等。

控制台包括集矿机行驶控制台、集矿作业控制台和系统管理控制台。控制台面上的主要配置有：前视、工作机构摄像机监视器，测障声呐监视器，行驶轨迹监视器，工况/运行参数监视器，盘装监控仪表，行驶/下放、摄像机云台和各种执行机构的控制手柄、按钮及开关，各类起停、连锁、切换和按钮/旋钮，警报信号。

控制模块单元包括集矿机作业控制、软管输送压力(2 个)及流量控制、发配电及起动设备控制用输入、输出模块。应配备有 GPS 定位系统接口，水下基线定位系统接口，冗余 CPU，重要冗余 I/O 模块。

3)导航定位系统配置

主要配置有采矿船定位的全球卫星定位系统(GPS)或岸基差分全球卫星定位系统(DGPS)和水下设备声学定位系统。

鉴于无线电波、激光在水中的衰减很快，深水距离测定只能用声波测定。由于计时误差和声速的变化，目前难于达到高精度定位。

水下目标声学定位系统主要有 3 种类型：长基线定位系统，短基线定位系统和超短基线定位系统，以及 3 种的组合。见图 6.4－5。

①长基线系统。长基线定位系统是利用船体下面安装的声发射器参数信号，触发海底布放的 3 个或以上独立应答器（信标）组成的阵列响应。测量发射器和应答器之间声波的传播时间，船载计算机根据水深和声速计算出船与信标之间的距离（d_1，d_2，d_3），确定平面位置。当水下集矿机（或中继舱）发出全向询问脉冲，各应答器以自己频率发射应答脉冲，测量出从集矿机到各应答器的往返总时间，进一步求出各个斜距值。最后根据已知的各个深度、应答器间距和斜距，列出 3 维几何空间数学方程，由计算机求解方程得到集矿机在基阵中的位置。正常工作中信标使用不同频率信号询问，取决于水深（一般为 10 kHz，高频为 50 ~ 100 kHz）。信标可以通过声控释放配重，借助浮力返回海面回收。

这种定位方法特别适于深水，集矿机相对于信标定位精度≤1 m，有时可达到 0.01 m。长基线系统测量的位置是参考海底的，因此不需要垂直参考单元。

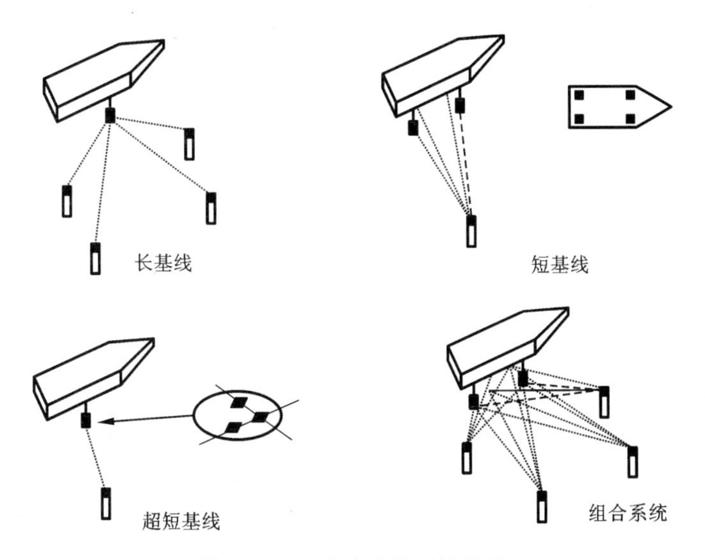

图 6.4－5　水声定位系统类型

②短基线系统。短基线定位系统将 3 个或以上水听器安装在船体下面（不在同一连线上），集矿机上安装的同步声发射器发出精确定时脉冲声波，船上水听器接收后，与主时钟脉冲比较，便可知道传播时间，通过脉冲信号到达各个水听器的时间差，船上计算机处理系统可以求出集矿机相对于水面船的深度、距离和方位。计算中还必须考虑船的纵横摇和偏航，加以修正。

2台水听器之间的连线为基线，长度至少为待勘探区平均长度的1/5。基线位置精度极为重要，最大定位误差为15万分之一，还需要稳定的水平基准面。因此系统体积较为庞大、复杂和昂贵。

短基线系统以声发射模式或发射应答模式工作。测量的位置是相对于船的，因此需要垂直参考单元和陀螺罗经输入。

③超短基线定位系统。超短基线定位系统是将声发射器和水听器放在约20 cm直径的垂直圆柱支架上(图6.4-6)，海底应答器仍然是需要的。测量原理与前两种不同(测量脉冲)，超短基线接收的时间是由收到的信号相位差决定的(频率约为30 kHz)。这就意味着其定位精度比短基线低得多。然而，良好结构的超短基线定位系统的精度约为1%，并保留了标准短基线定位系统的优点。

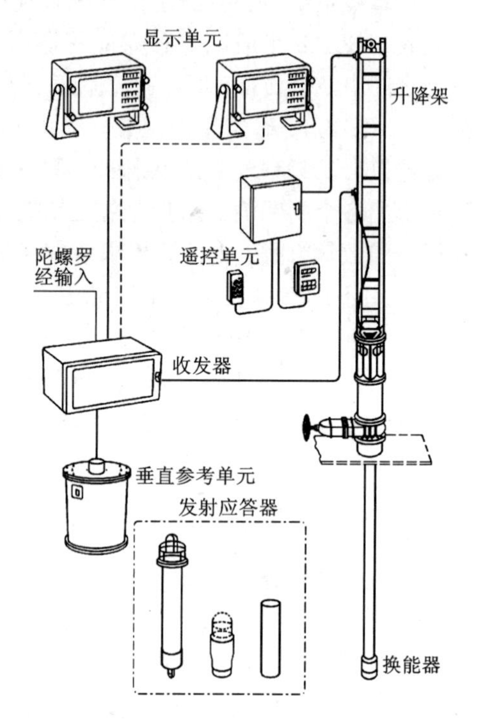

图6.4-6　超短基线定位参考系统

超短基线系统以声发射模式或发射应答模式工作。测量的位置也是相对于船的，因此需要垂直参考单元和陀螺罗经提供海底位置参考，如图6.4-6所示。

三种水声定位系统的平均特性比较列于表6.4-4。

表6.4-4　三种水声定位系统平均特性比较

基线类型	信号频率/kHz	相对精度/%	海底信标最少个数	船载发射器/接收器最少个数
长基线	6~20	>1	3	1
短基线	9~25	>1	1	3
超短基线	12~30	≈1	1	1

声速随水深显著变化。水声导航定位必须采用声速剖面仪测定不同水层声速来进行修正。最常用的是“CTD”测量电导率、温度和深度。根据这些变量直接计算声速：

$$C = 1449.2 + (4.6t) - (0.055t^2) + (0.00029t^3) + (1.34 - 0.01t)(S - 35) + 0.016d$$

式中：C 为声速，m/s；t 为水温，℃；S 为盐度，‰；d 为深度，m。

图6.4-7给出了水下车辆导航定位系统的实例。

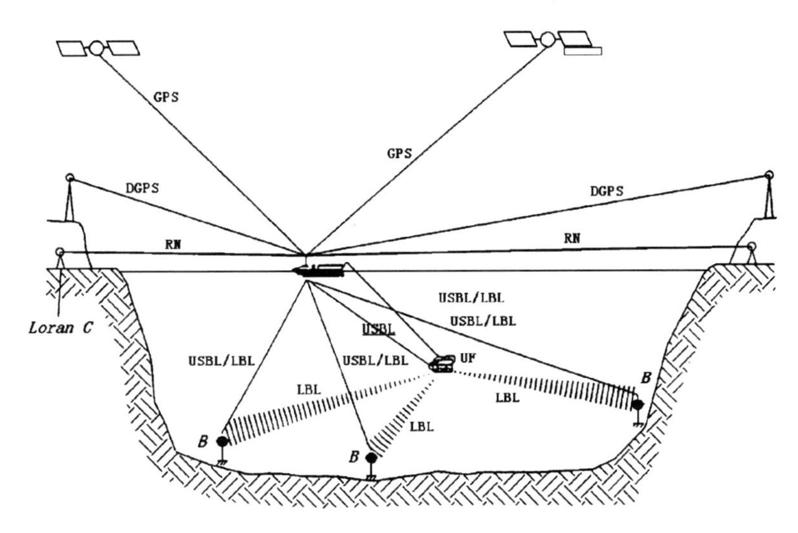

图6.4-7 水下车辆导航定位系统实例

GPS—全球卫星定位系统；DGPS—岸基差分全球卫星定位系统；LBL—长基线定位系统；USBL—超短基线定位系统；Loran C—长程航行测位雷达C系统岸站；RN—无线电导航；B—海底声学信标

4）软件配置

测控系统配备系统组态、显示、通讯、动画制作、数据库管理等一体化监控软件，以及专用自动控制软件。

（2）控制系统结构

控制系统主要采用集散系统（DCS），分层数据总线和高速公路结构。工作站结构设计成开放式，以便能根据需要很方便的扩展。采矿系统测控与动力配置结构框图见图6.4-8。

①船上控制中心。系统最顶层为船上控制中心。由大容量高速工业和个人计算机、集散系统、记录显示和实时图像分析处理装置等构成。实施信息的输入/输出、控制和与水下设备的通讯。

控制中心设主控制台，主要包括主计算机和相应的显示器，摄像或声呐图像监视器，车辆行驶控制手柄及按钮，通讯系统硬件等；另设一辅助控制台，主要包括辅助计算机及相应的显示器，集矿和扬矿作业控制手柄及按钮、扩展接口，备份辅助设备等。整个控制中心放在集装箱控制室内。

②水下工作站。水下工作站为一具有数字量、模拟量和开关量处理能力的计

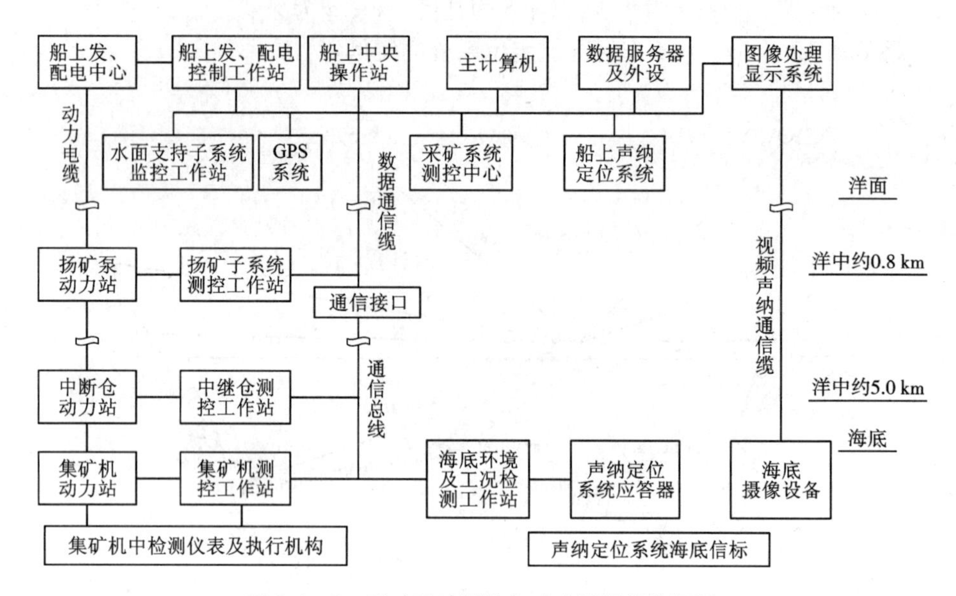

图 6.4-8　采矿系统测控与动力配置结构框图

算机控制系统。它由 CPU、I/O 模件、I/O 接口、网络模件、通讯模件、电源变压器，以及侧扫声呐、陀螺和姿态、高度、深度等各类传感器组成。水下工作站装在水密耐压仓内，执行向车上测控设备提供低压交流或直流电，采集水下传感器的信号，进行履带车行走的闭环控制，驱动所有传动装置，与船上控制系统通讯等功能。

③中继舱测控工作站。中继舱测控工作站类似于集矿机工作站。主要包括给料机、定位声呐信息采集和控制。

6.5　水面支持系统

6.5.1　对水面支持系统的基本要求

(1)满足中国矿区开采条件和采矿工艺要求。

(2)具有能在 6～7 级海况下正常航行的能力。

(3)满载航速不低于 13 节。

(4)在 4 级海况并考虑短时出现 6 级海况下，支持水下开采安全作业。

(5)具有足够的贮存湿结矿能力，一般按 3～5 天的采矿量选择运输船。

(6)配备全球导航定位和声学定位系统。

(7)具有动力定位功能，定位误差 < ±30 m。

(8)具有良好的航行稳定性与回转性能。

(9)船上设置水下采矿设备的布放、回收、悬吊系统，动力及控制系统。

(10)配有包括风、浪、涌、水深及海流计等水文气象测量系统。

(11)船中部设置收放设备的月池，具有足够的存放水下设备的空间及操作场地，并配有机械电气维修间。

6.5.2 水面支持系统的类型

水面支持系统主要有两种类型：大型采矿船；半潜平台。

6.5.2.1 大型采矿船

(1)采矿船基本参数

根据船载水下采矿系统的重量、贮存湿结核矿石量、船上增设配套设备的重量，以及这些设备存放的面积和空间、作业时船体的稳定性，选择采矿船的基本参数。

对于年生产能力150万t的采矿系统，采矿船的总载重量一般≥5万t，总长度达180~230 m，宽度达30 m，吃水深度约10 m，储存湿结核量达到4万t，用软管以矿浆形式向运输船转运能力应达到0.5 t/s。

以法国提出的动力定位船设计为例，配备输出功率约为3 000 kW的2个艉推进器和3个艏推进器，输出功率为5 000 kW的变螺距侧向推进器，航速达12节，推进和动力定位总功率达25 MW。动力定位主要为X/Y模式。

配备30 MW的柴油发电设备。海洋采矿设备需要的功率约为12 MW。

耐波性 —浪高$(\xi)_{1/3}$为2.5 m。

(2)船上采矿系统专用结构和配套设备

船上采矿系统专用结构和配套设备见图6.5-1。

①大型月池。在船升沉摇摆运动最小的位置(中部)设置月池，用于集矿机、脐带缆、中继舱、提升钢管、扬矿泵等水下作业设备的布放回收和吊挂。月池的尺寸根据下放的设备大小决定，一般≥15 m×10 m。在月池下船底板开口处设活动拉门，合上后既可承载设备又可做工作平台。

②重型吊运设施和工作平台。在月池上方设置类似于钻井设备的采矿系统安装、收放和维护的塔架与工作平台，塔架顶部配备提升机、动滑轮和吊钩。即使一定长度提升立管扣挂浮力材料以减轻扬矿钢管的重量，吊挂的水下载荷也会达600~800 t。

③扬矿管悬吊、接卸和升沉摇摆补偿设备。通常采用配备万向悬架支承水下作业系统，接卸立管的升降液压缸和行程两端的液压卡、降低船舶升沉产生的动载荷的气压-液压缸升沉补偿装置。详细结构参见第5章采矿船内容。

④电缆吊放绞车。在塔架甲板附近设置滑环电缆绞车。用于布放400 m、

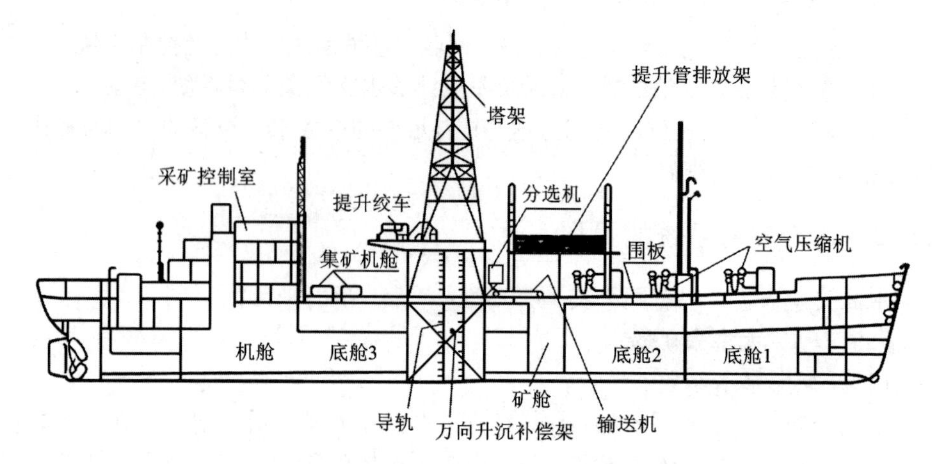

图 6.5－1　船上采矿系统专用结构和配套设备示意图

800 m 深处矿浆提升泵控制的光纤动力缆，布放 5 000 m 海底中继舱和集矿机控制的光纤动力缆。

⑤管架。在塔架侧面设置排管架，排放提升钢管和软管。

⑥结核脱水系统及输送设备。塔架附近配备来自扬矿管的结核矿浆脱水系统，见图 6.5－2。矿浆流进入格筛，大块结核从筛上滚到输送带上，被送往矿舱内，泥浆通过筛孔进入旋流器，粉矿由下口排入矿舱内，废水由上口用水泵排入水下。矿舱内积水适时用水泵排入水下。为减少对海洋上层水体生态环境的影响，排入深度应达到 600～1 000 m 水深处。

⑦导航定位设备。船上配备的导航设备主要有：GPS 系统、陀螺、磁罗经、全自动劳兰—C 导航仪、计程仪、测深仪、风速风向仪、流速流向仪、自动航迹仪、导航雷达等。

⑧通讯设备与计算机网络系统。

⑨甲板设备。包括各种锚泊设施、起重机、牵引绞车、A 型架、维修间等。

6.5.2.2　半潜采矿平台

半潜采矿平台的优越性在于更适于在支承桩之间吊放水下设备，而且受浪和涌作用产生的运动比采矿船小。

半潜平台的结构类似于钻井平台。法国提出的设计方案基本参数为：总长度 110 m，宽度 70 m，高度 40 m，吃水深度 22 m，航移时排水量 28 600 t，作业时的排水量 41 600 m。如图 6.5－3 所示。

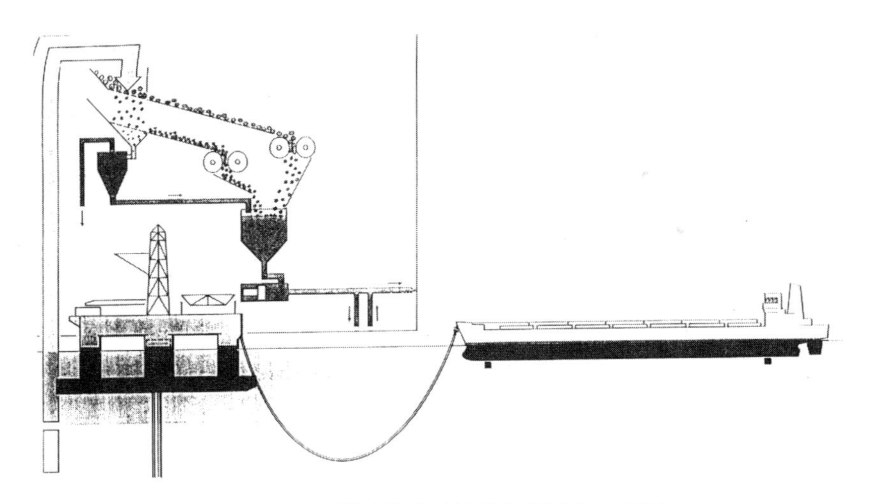

图6.5-2 结核脱水系统及输送设备示意图

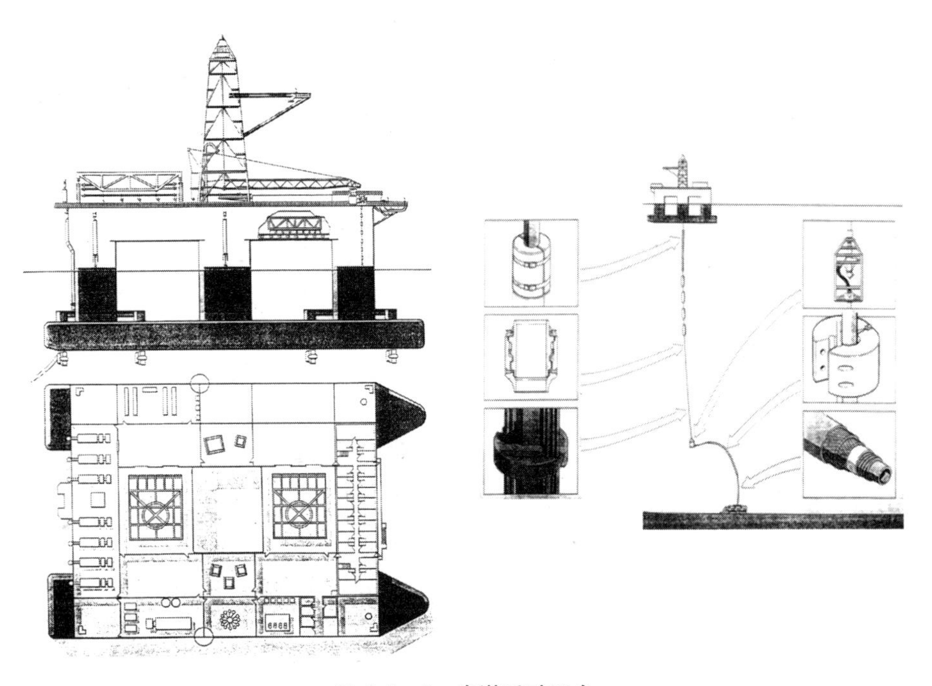

图6.5-3 半潜采矿平台

6.6 中国中试采矿系统

中国“大洋多金属结核中试采矿系统”是按商业系统生产能力1∶10设计的，由集矿子系统、矿浆提升子系统、测控与动力子系统和水面支持子系统组成，见图6.6－1。

6.6.1 系统结构

6.6.1.1 集矿子系统

集矿子系统主要包括集矿机构及连接机构、破碎机、履带行驶底盘及机架、输送软管接头、液压站及阀箱、电子控制舱、供电接线盒、浮力构件、各种检测传感器和仪器等。

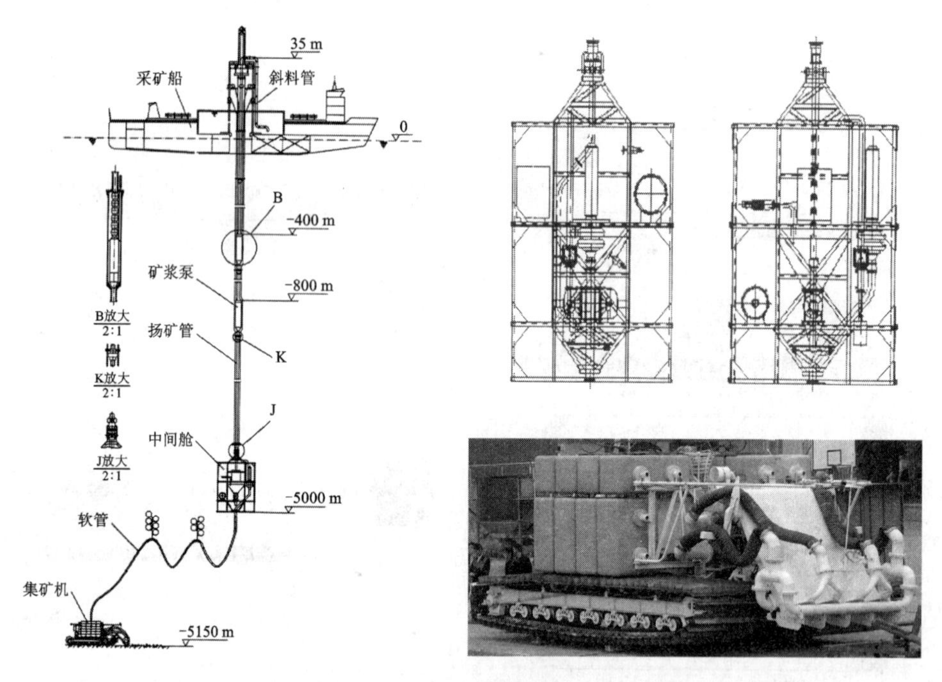

图6.6－1 中国大洋多金属结核中试采矿系统及中间舱、集矿机

集矿利用宽度2.4 m的双排喷嘴低压大流量冲采结核、附壁喷嘴射流产生的负压输送到破碎机口的水力集矿头，配备4台15 kW水泵，流量为960 m^3/h，压力0.05 MPa。结核通过10 kW的单齿辊破碎机破碎到粒径5 cm以下排料；作业车采用装尖三角金属高齿的工程塑料履带板，2条履带采用液压马达链条分别驱

动，由变量液压泵调速。总牵引功率 160 kW，接地比压用车载 21 m^3浮力材调节到 5 kPa；作业车上配备 2 台控制集矿机下水时防旋转的 1 300 kN 推力螺旋桨；集矿头通过四连杆平行机构与作业车相连，用液压缸调节喷嘴离地的高度和倾角；整机为液压驱动，由 2 台 175 kW 高压电动机带动 2 台主变量液压泵和 4 台辅助定量液压泵。行走和螺旋桨液压马达为闭式液压回路，电液比例阀控制，其余为开式回路。破碎机和水泵马达用调速阀改变转数，破碎机设有防卡回路。全部液压件装在压力补偿箱内。液压系统配有工作参数检测警报传感器。

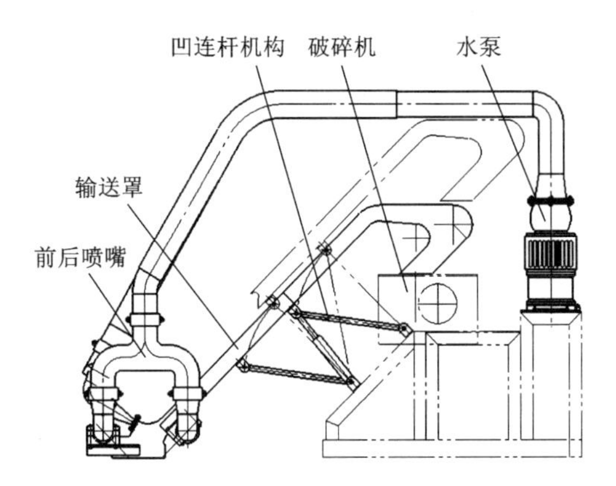

图 6.6－2　集矿机构简图

集矿机构见图 6.6－2。其主要技术参数列于表 6.6－1 中。

表 6.6－1　集矿机构主要性能参数

参数名称		参数值	参数名称		参数值
基本性能	集矿能力	30 t/h	双排冲采喷嘴参数	喷嘴直径	17.5 mm
	集矿效率	85%		前后排喷嘴总数	2×80
	适应结核丰度	5～20 kg/m^2		喷嘴对地倾角	45°
	集矿宽度	2.4 m		前后排喷嘴间距	530 mm
附壁输送喷嘴参数	宽度×高度	4 个×0.6 m×12 mm		射流速度	10 m/s
	在喷嘴口以上高度	300 mm		射流压力	0.05 MPa
	流速	9.9 m/s		喷嘴离底高度范围	0～200 mm
	压力	0.05 MPa		泵总流量	2×500 m^3/h
	泵总流量	2×500 m^3/h		泵功率	2×15 kW
	泵功率	2×15 kW			

集矿机构通过四连杆机构支承在履带车前部，在对角线设升降液压缸，全缩回时保持喷嘴离地 100 mm，全伸出时四连杆平行上升，最大抬起高度 0.5 m。四连杆机构下杆为摆角液压缸，中位保持双排喷嘴对地平行，伸出或缩短可调节喷嘴对地的仰角或俯角。

破碎机为单齿辊式，基本参数见表 6.6－2。

表 6.6－2　单齿辊式破碎机基本参数

设计原始条件		主要性能参数	
生产能力	30 t/h	齿辊直径	350 mm
给矿最大尺寸	150 mm	齿辊长度	430 mm
排矿尺寸	≤30～50 mm	齿辊转速	50 r/min
过粉碎比	<20%	实际生产能力	74 t/h
破碎结核平均抗压强度	5 MPa	总功率	8.5 kW

通过试验研究提出了履带齿的基本结构参数：齿高 13 cm，齿距 20 cm，齿根宽 4 cm。当剪切强度为 3 kPa 时，履带车可承受的接地比压达 5 kPa，履带齿单位面积可产生的牵引力达 3 670 N/m^2。齿形如图 6.6－3 所示。

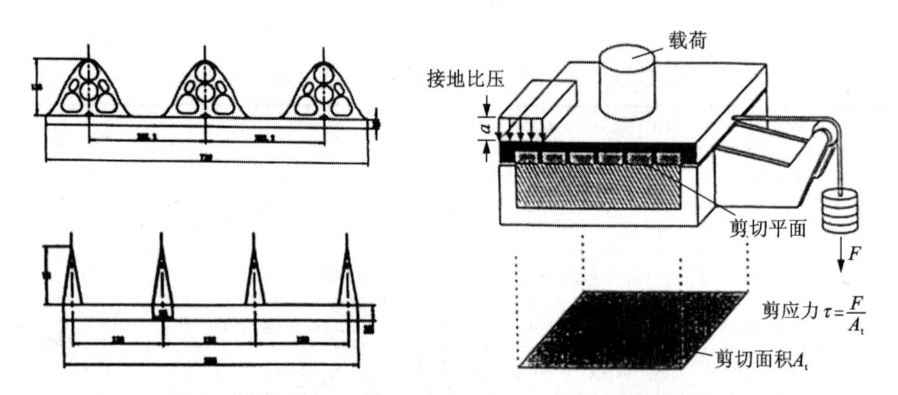

图 6.6－3　不同履带齿压陷深度与牵引力试验

6.6.1.2　矿浆提升子系统

矿浆提升子系统由软管输送段、中继舱、硬管输送段和船上脱水与储存 4 部分构成。

(1) 输送软管

输送软管连接集矿机顶部中间出矿口与中继舱料舱入口，管长 300 m、内径 15 cm，其上装有浮力件，使软管在水下呈驼峰形，将软管对集矿机的影响力降到最低，并隔离来自采矿船升沉和摇摆的动载力。

(2) 中继舱

150 kW 软管输送泵安装在中继舱上，从集矿机破碎机出口抽吸结核矿浆送入中间舱矿仓，流量255 m^3/h，扬程80 m，输送速度为3.5～4 m/s，体积浓度10%；中继舱通过万向节连接到硬管下端，离海底约150 m，内设13 m^3容积的上部开口矿仓，可存储15 t湿结核，相当于20 min的采集结核量。矿仓下部为额定给矿能力44 t/h的弹性叶轮给矿机，由10 kW液压马达驱动，电液比例阀无级调速，实现给料调节，保持向提升立管定量供矿，使矿浆提升系统运行稳定。矿仓内设有破拱和料位检测装置。

(3)提升立管

矿浆提升硬立管段，全长5 000 m。单根长20 m，内径为20.6 cm。2台800 kW四级硬管提升矿浆的半轴流管道泵分别安装在水下400 m和800 m处的硬管中间，流量360 m^3/h，扬程350 m，8级叶轮，效率0.5，质量约10 t；在软管输送泵出口和中继舱以上20 m处各安装1台紧急排放阀，当提升系统运行出现故障或突然停电时自动快速打开，将管道中的结核排入海中，防止管道和泵的堵塞。矿浆流速为3 m/s，体积浓度5%～10%。

目前已完成两级泵样机制造，外形和性能曲线见图6.6－4。

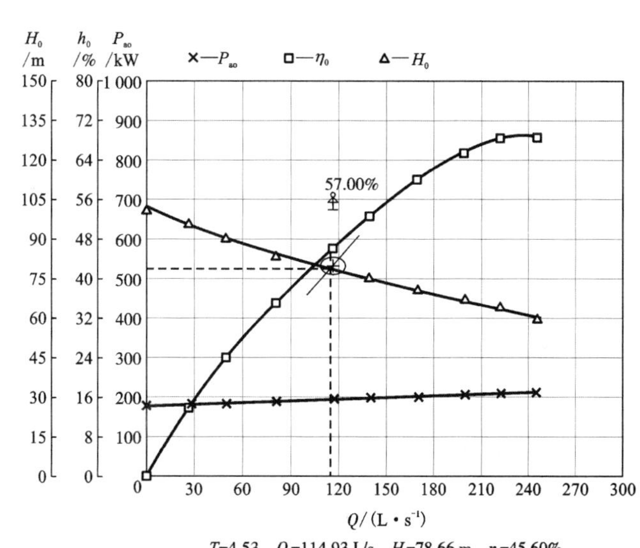

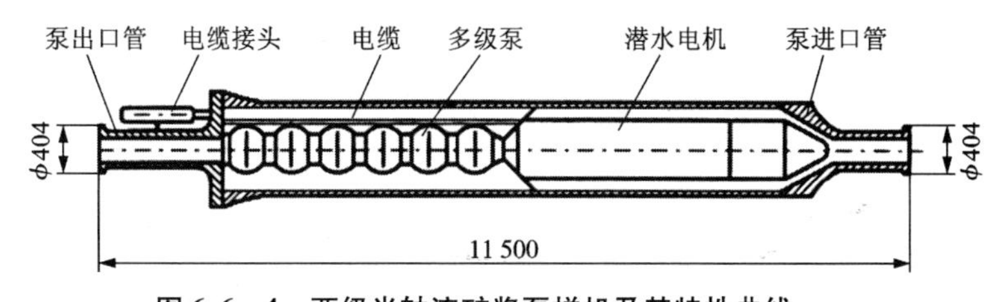

图6.6－4　两级半轴流矿浆泵样机及其特性曲线

6.6.1.3 测控与动力子系统

(1)供电系统配置

其包括船上 3.2 MVA、380 V 发电机组，变配电站，用干式变压器升压至 4 000 V，经 2 台 6 000 m 电缆绞车和 1 台 1 000 m 电缆绞车分别送至集矿机、中继舱和硬管提升泵。集矿机、矿浆泵电动机与本地压力补偿式分电箱直接相连，由船上低压侧的软启动器控制起停，低压用电由相应分电箱经变压器提供。1 000 m 海试供电系统参见图 6.6－5。

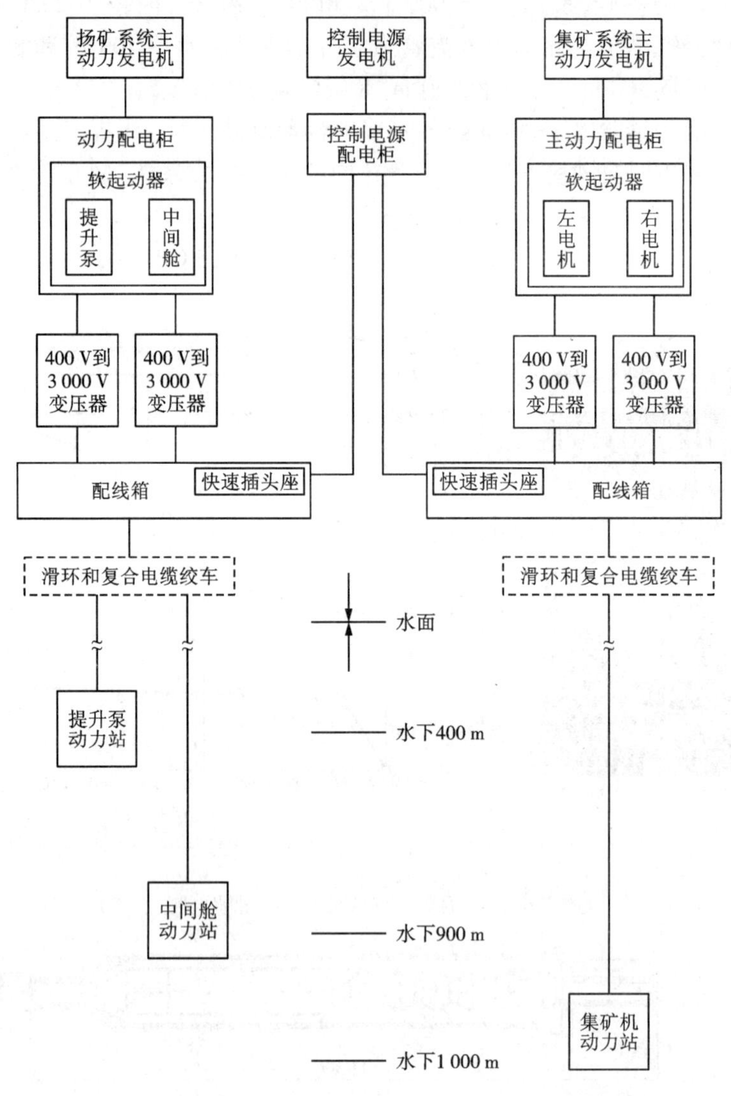

图 6.6－5　中国 1 000 m 海试采矿系统的水下设备供电框图

(2)控制系统配置

在船上设控制中心，在水下集矿机、中继舱、扬矿泵处设3个计算机控制站，他们之间形成集散结构，采用光缆数字通讯。水面控制中心包括总控制台、集矿机与矿浆提升控制台、水面支持系统控制台；水下控制站为一装在圆筒形压力舱内的具有数字量、模拟量和开关量处理能力及高速网络通讯能力的微控制器系统，执行向控制装置提供低压交直流电、采集传感器信息、控制驱动装置、接受控制中心指令和上行传递信息数据。

(3)集矿系统控制

在控制中心集矿机操作台上操作自动顺序起停集矿系统；以罗盘导航和声学定位修正实现按预定开采路径行驶，利用电视摄像和图像声呐在线监测障碍与辅助寻找上次相邻轨迹，自动、半自动及全自动控制履带车行驶。手动控制绕障和调头，并根据观测到的结核丰度及海底地形调节车速；手动调节集矿头离地高度；手动、自动控制集矿机下放过程的方位角和实现纵横向位移；操纵员通过监视器借助图形、图像、曲线、图表和动态画面实施如下作业过程监测：作业车下放速度、潜入深度、离底高度、管线受力监视，作业车行驶姿态、方位角、车速、压陷深度、履带张力与打滑率、行走轨迹的监视，车前地形与障碍物图形及参数监视，摄像头焦距、云台、照明的控制与显示；集矿机液压动力站工况及参数的监视，故障定位指示及声光报警等。集矿机遥测遥控系统和水下定位原理框图分别见图6.6－6和图6.6－7。集矿机耐压密封电子舱见图6.6－8。

(4)矿浆提升系统控制

在控制中心矿浆提升操作台上操作自动顺序起停提升系统；控制中继舱给料机转数，调节矿浆浓度；通过显示器监视矿浆浓度与流速；矿仓破拱、系统故障紧急排料监控；设备工况及参数监视。

(5)水下系统布放与回收控制

通过控制中心操作台与塔架升降悬吊系统、电缆绞车本地控制站联合控制集矿机与电缆收放、提升管接卸、浮力件拆装的协调进行。

(6)采矿系统运行总体控制

根据开采路线图和集矿机相对采矿船的安全作业位置包络图，按采矿船跟踪集矿机原则，利用全球卫星定位系统、水声基线定位系统、自动驾驶仪与动力定位系统，通过总控制台和船驾驶台实施采矿船－矿浆提升系统－集矿机协调运行控制与监视；并实施船上结核脱水与矿仓均衡存矿控制。

6.6.1.4　水面支持系统的基本配置

初步确定排水量约为1.7万t的宽体船，主尺度为长度110 m、宽度30 m，航速13节，动力定位误差≤±30 m。船中央设12 m×12 m月池，设备出入水用双层船底，配备20～30 m高塔架和升沉摇摆补偿悬吊装置、600 t液压升降接卸管

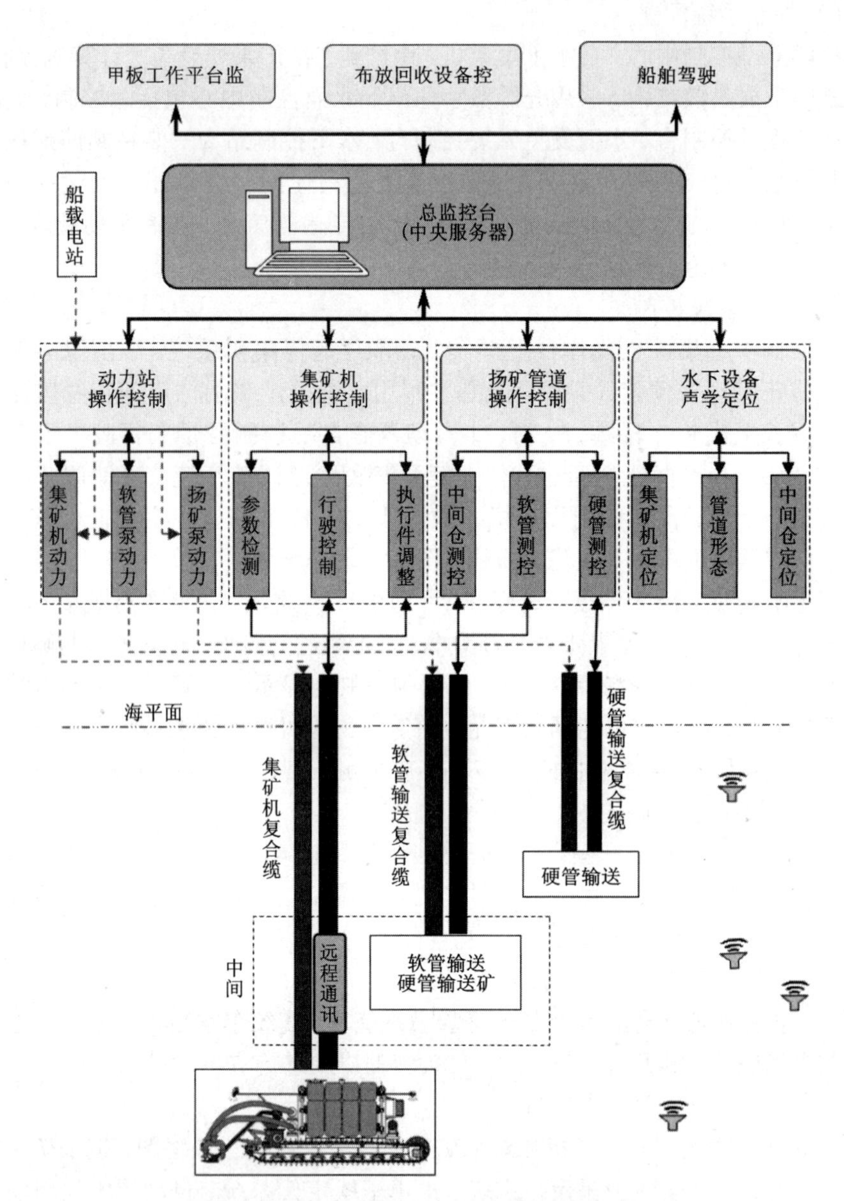

图 6.6－6　中国 1 000 m 海试采矿系统的测控原理框图

机构，吊车、储管架、结核脱水和 3 000 t 储矿仓等采矿专用设备，相应的实验室、维修间，水下设备存放空间，以及通用船用设施。

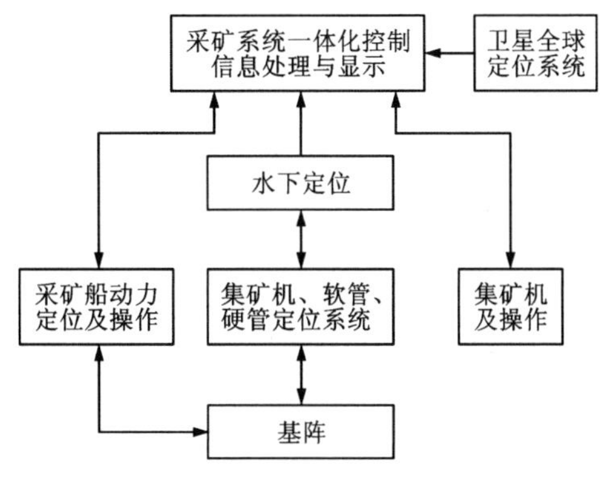

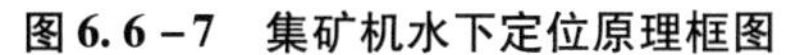
图6.6-7 集矿机水下定位原理框图

图6.6-8 集矿机测控耐压水密电子仓

6.6.2 系统的主要技术性能

中国大洋多金属结核中试采矿系统的主要技术性能列于表6.6-3中。

表6.6-3 中国大洋多金属中试采矿系统的主要技术性能

<table>
<tr><th colspan="2">主要参数</th><th>指 标</th><th colspan="2">主要参数</th><th>指 标</th></tr>
<tr><td colspan="2">设计生产能力</td><td>15×10^4 t/a</td><td colspan="2">软管矿浆浓度</td><td>11%</td></tr>
<tr><td colspan="2">作业水深</td><td>6 000 m</td><td colspan="2">立管矿浆浓度</td><td>7%</td></tr>
<tr><td colspan="2">海况</td><td>4级，短时6级</td><td colspan="2">采矿船定位精度</td><td>±30 m</td></tr>
<tr><td rowspan="4">海底地形</td><td>坡度</td><td>≤15°</td><td colspan="2">存储湿结核能力</td><td>3 000 t</td></tr>
<tr><td>相对高差</td><td>100~300 m</td><td rowspan="5">系统功率</td><td>装备功率</td><td>2 100 kW</td></tr>
<tr><td rowspan="2">绕行障碍</td><td>高度>0.5 m</td><td>集矿机</td><td>350 kW</td></tr>
<tr><td>沟宽>1 m</td><td>软管泵</td><td>140 kW</td></tr>
<tr><td colspan="2">海底沉积物剪切强度</td><td>≥3 kPa</td><td>硬管泵</td><td>800×2 kW</td></tr>
<tr><td colspan="2">采集结核粒径</td><td>2~10 cm</td><td>中间舱给料机</td><td>10 kW</td></tr>
<tr><td colspan="2">采集深度</td><td>10 cm</td><td rowspan="6">外形尺寸</td><td>集矿机</td><td>8.4 m×5.2 m×3.3 m</td></tr>
<tr><td colspan="2">采集结核的最大丰度</td><td>20 kg/m³</td><td>中间舱</td><td>4.5 m×4.5 m×10 m</td></tr>
<tr><td colspan="2">采集覆盖率</td><td>75%</td><td rowspan="2">软管</td><td rowspan="2">内径150 mm
长度10 m，30根</td></tr>
<tr><td colspan="2">集矿头采集率</td><td>86%</td></tr>
<tr><td colspan="2">矿区矿石总回收率</td><td>24%</td><td rowspan="2">硬管</td><td rowspan="2">内径206 m
总长5 000 m</td></tr>
<tr><td colspan="2">采集结核含泥率</td><td>≤15%</td></tr>
</table>

续表 6.6-3

主要参数	指标	主要参数		指标
扬矿管矿浆浓度	7% ~12%	部件重量	集矿机	30(水中16)t
集矿机行驶速度	0~1 m/s		中间舱	30(水中25)t
集矿机行驶轨迹偏差	±1 m		软管	15(水中12)t
软管矿浆流速	4 m/s		硬管和泵	460 t
立管矿浆流速	3 m/s	年作业时间		250 d/a, 20 h/d

6.6.3 浅水试验

(1)试验地点与条件

浅水试验是在扶仙湖西北区域300 m×100 m范围内进行的。水深130 m，湖底平均坡度1°，湖底沉积物厚度约2 m，取样测定的剪切强度为1.8~5.0 kPa(200 mm深处为3.74 kPa)，200 mm直径压板在20~60 MPa静压下的压陷深度为60~90 mm。湖底模拟结核粒径4~5 cm，近似球形，密度1.9~2.05 t/m^3。利用船载总宽度达10 m的9台振动放矿机通过4个航次27个航段铺撒，共铺撒302 t，经CR-02水下机器人摄像、声呐扫描和取样证明，结核铺撒平均丰度为5 kg/m^2(4.2~10.5 kg/m^2)。结核铺撒船和铺撒结果见图6.6-9~图6.6-11。

图6.6-9 结核铺撒船全貌

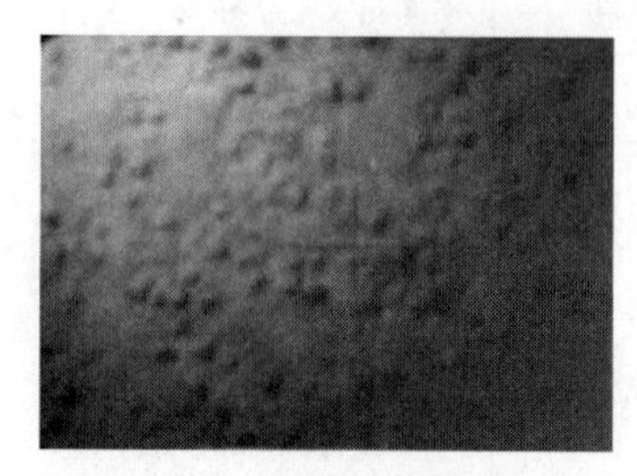

图6.6-10 铺撒结核后湖底照相

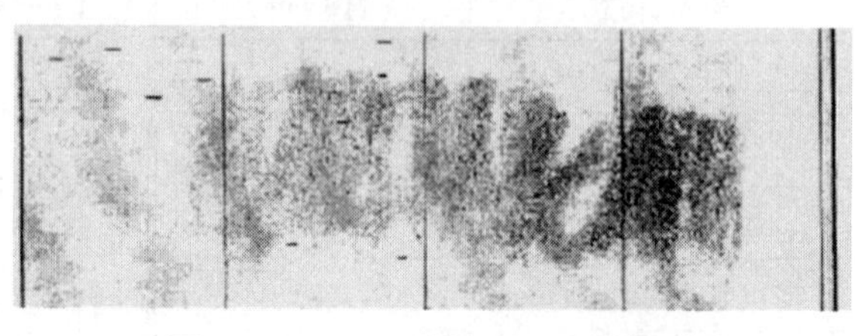

图6.6-11 300 m×100 m试验区铺撒结核后声呐扫描图象

(2)湖试系统

湖试系统由中试采矿系统的集矿子系统、软管输送子系统、测控及动力子系统和满足系统试验的简易水面支持子系统组成，如图6.6－12～图6.6－15。

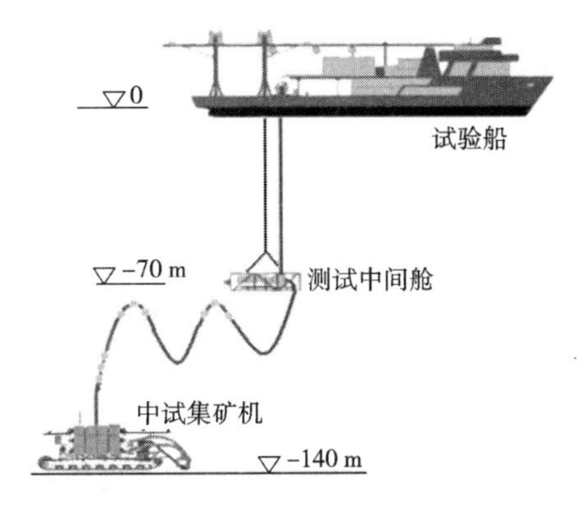

图6.6－12　湖试系统简图

输送系统采用60 m软立管和220 m软管连接中间泵站与集矿机。软管内径150 mm，耐外压1.3 MPa，每根管段长度10 m，之间用法兰连接。为了简化试验系统中继舱仅装扬矿泵，采用扬程43 m、流量360 m^3/h离心砂砾泵，最大通过粒径127 mm，质量1.1 t，功率140 kW。中间泵站外形尺寸为4 m×1 m×1 m。

图6.6－13　集矿机外形

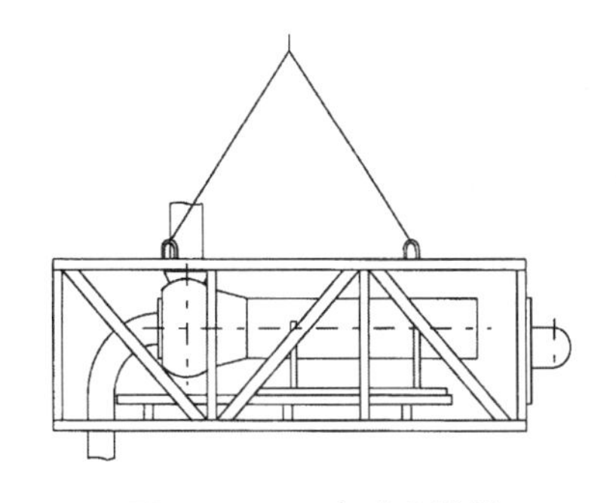

图6.6－14　湖试中继舱

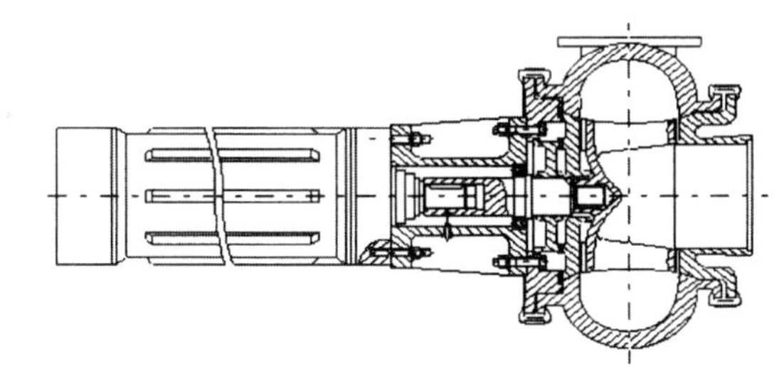

图6.6－15　湖试软管提升泵

供电由640 kW集装箱柴油发动机、集装箱高压变压器和集装箱控制室经主脐带缆送往集矿机3 300 V高压电。扬矿泵则由320 kW发电船经电缆、收放绞盘提供380 V低压电。

水面支持系统利用750试验场已有船只稍加改造构成，包括380 t主作业船、180 t发电船、转运集矿机的40 t浮吊和储存采集模拟结核的泥驳，以及交通供应艇，如图6.6－16～图6.6－18。

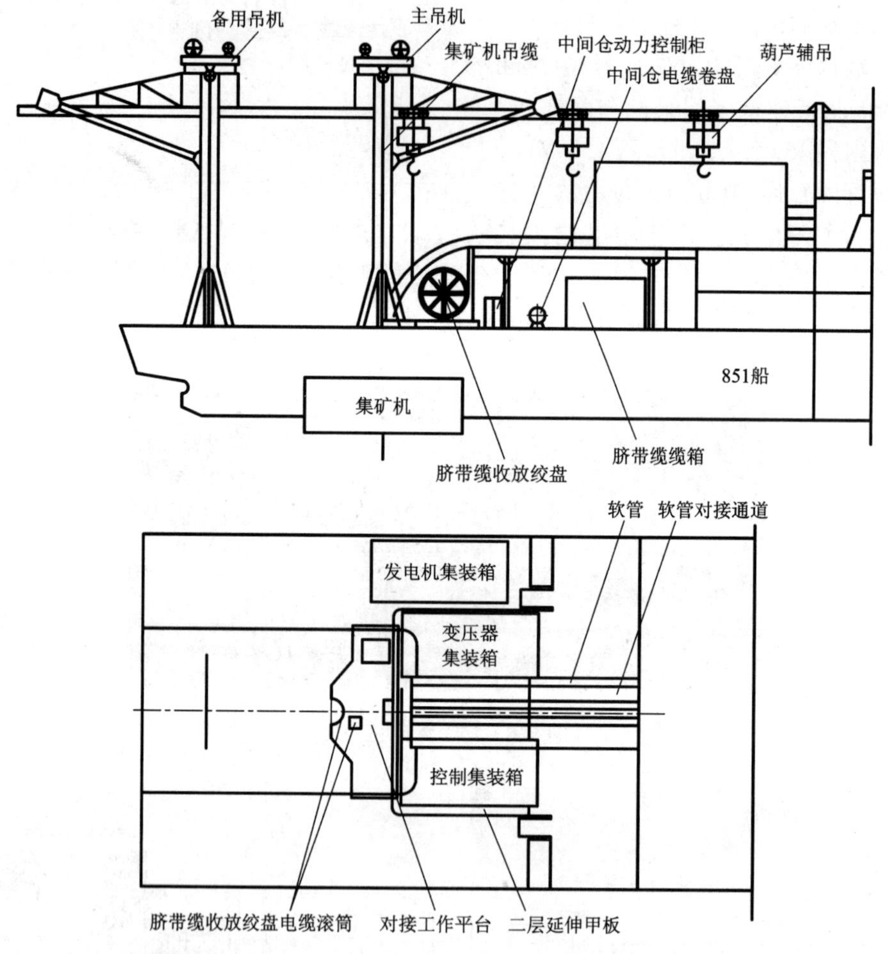

图6.6－16　851主试验船采矿设备布置正视图和俯视图

(3)试验

2001年6月～9月，对中试采矿系统的子系统和整体系统分别进行了试验。湖试获得了圆满成功，打通了采矿系统工艺流程，设备运转正常，成功实现了从湖底采集并输送模拟结核到水面船。初步验证了我国确定的大洋多金属结核采矿系统技术上是可行的，性能基本达到了技术设计要求和预定目标，同时取得了大量技术数据，为海上试验积累了宝贵经验。图 6.6－19 ~ 图 6.6－26 示出了设备下放、监控画面、采集结核场景，以及采后湖底履带车轨迹。

图 6.6－17　改造后湖试 851 主试验船全貌

图 6.6－18　配套 755 发电船

图 6.6－19　集矿机由 40 t 浮吊经水下转吊到主试验船

图 6.6－20　下放软管和电缆

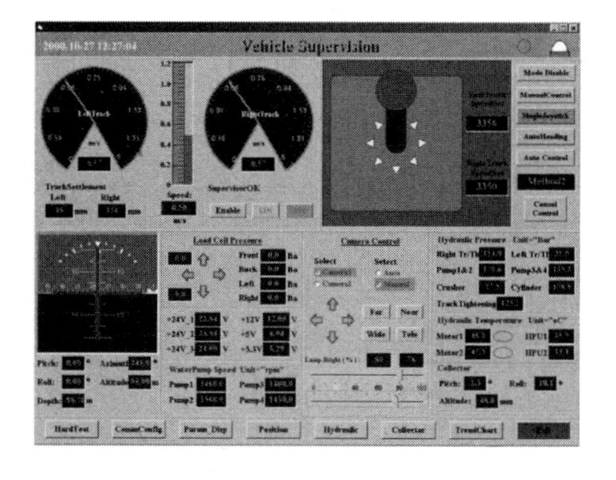

图 6.6－21　控制台监视屏

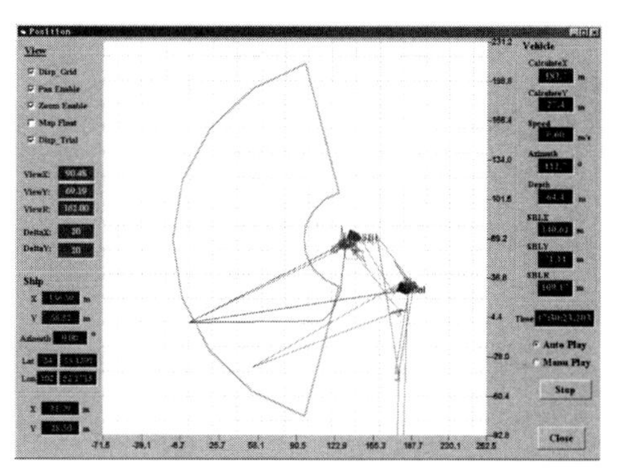

图 6.6－22　短基线定位声呐监视集矿机与船的相对位置

图 6.6-23 扬矿管道提升的矿浆

图 6.6-24 采集的结核

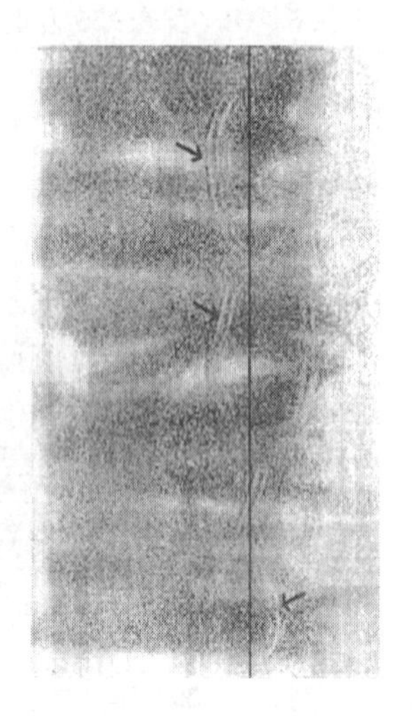

图 6.6-25 CR-02 机器人声呐扫描的履带车行驶的轨迹

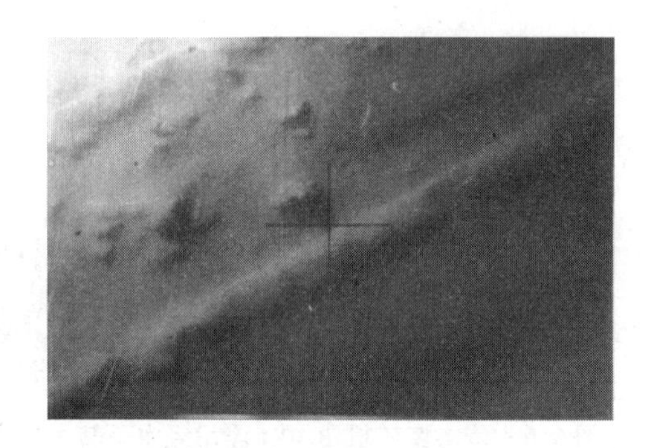

图 6.6-26 CR-02 机器人拍照的湖底履带压痕

(4)若干试验结果分析举例

①行驶平稳性。试验室和浅水试验中，履带车在平坦稀软沉积物底面上行驶的纵横向摆角数据列于表 6.6-2。从表中可以得出结论：集矿机行驶非常平稳。

表 6.6-2 履带车行驶纵横向摆角

参数	指标	
	试验室	浅水试验
履带车纵向摆角	-1°~+2°	0~+2°
履带车横向摆角	+1°~+2°	+3°~+4.5°

②行驶直线性。试验室和浅水试验中，履带车在平坦稀软沉积物底面上行驶的直线性偏差比较列于表6.6－3。从表中可以看出，自动行驶的直线性很好。而长距离行驶出现的轨迹偏差超过设计值，是由于租用的短基线定位系统在液压站开机时受电磁干扰工作不正常，无法即时进行位置修正所致。

表6.6－3　履带车行驶直线性

<table>
<tr><th rowspan="2">参数</th><th colspan="4">指　标</th></tr>
<tr><th>试验室</th><th colspan="2">浅水试验</th><th>设计值</th></tr>
<tr><td>行驶距离</td><td>30 m</td><td>30 m</td><td>100 m</td><td rowspan="2">±1 m</td></tr>
<tr><td>轨迹偏差</td><td>±0.5 m</td><td>±1 m</td><td>±1 m</td></tr>
</table>

③履带车压陷。在湖试条件下，正常行驶履带压陷深度保持在110～130 mm范围。根据试验数据做出的行驶速度与履带压陷深度的关系曲线示于图6.6－27。由图可以看出，在湖试条件下，最低压陷深度为90 mm，行驶速度超过0.3 m/s以后，压陷深度随行驶速度成正比，速度达到0.8 m/s时，压陷深度达到210 mm。

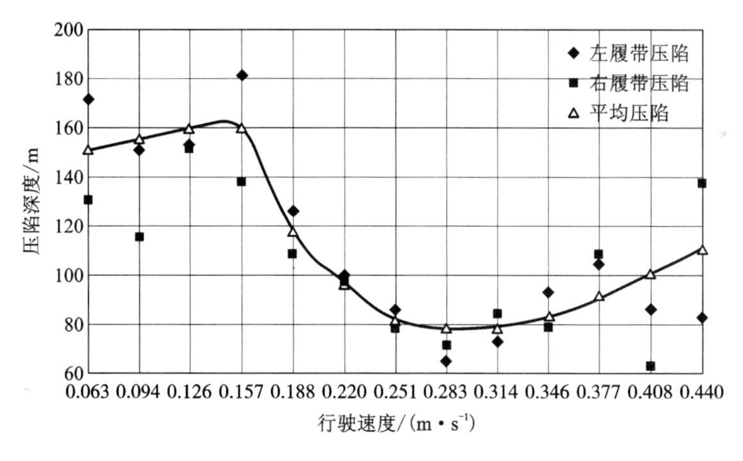

图6.6－27　行驶速度与履带压陷深度关系曲线

④履带滑转率。在湖试条件下，履带滑转率与行驶速度的关系曲线如图6.6－28所示。由图可以看出，启动时滑转率最大，然后逐渐降到最低值。正常行驶之后，滑转率随行驶速度的增大而加大。

在行驶速度为0.25 m/s时，滑转率最低为10%；行驶速度提高到0.5 m/s时，滑转率达到15%～20%；当行驶速度超过0.8 m/s时，滑转率则达到30%以上，牵引力显著降低。

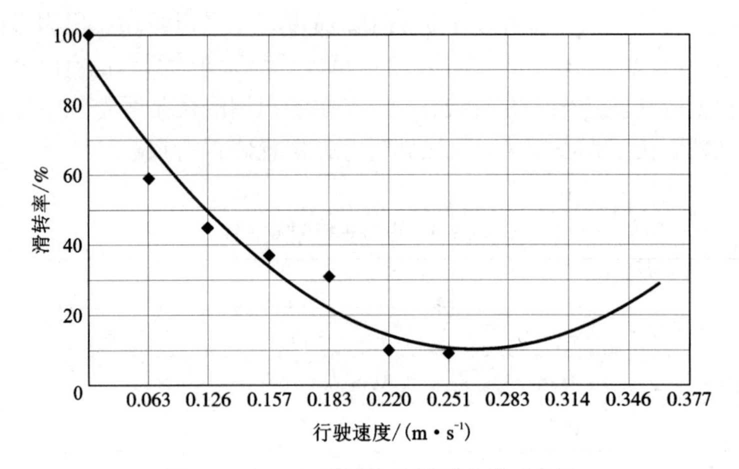

图 6.6－28　行驶速度与滑转率关系曲线

⑤软管空间形态及允许的集矿机偏离中继舱范围。浅水试验中，集矿机至中继舱的输送软管长度为 220 m，系有 64 个浮力球，使软管形成双驼峰空间形态。试验表明，集矿机距中继舱的距离范围为 20～164 m，均能保障系统正常运行。在这一区间，软管作用在集矿机上的水平力不超过 320 N，验证了力学计算的正确性和浮力球系挂位置是适宜的。

⑥软管输送运行参数。由实时数据输出表可以看出，当系统输送流量为 207 m^3/h 时，矿浆泵入口压力为 190 kPa，而出口压力为 659 kPa。系统输送流量波动为 ±3%，泵压力波动为 ±2.5%，证明系统运行稳定。

6.7　开采多金属结核的投资和运营费估计

开采多金属结核投资和运营成本费估算如表 6.7－1 和表 6.7－2 所示。

表 6.7－1　开采多金属结核初始投资估计/百万美元

子系统	220 万 t/a 生产规模
	投资费
采矿系统	202.6
矿石处理	—
运输	142.7
冶炼加工	417.0
子系统合计	762.3

续表 6.7－1

	1999 年因素	2004 年因素	2006 年因素
持续支出	177.1	133.2	198.6
运营资金	219.8	275.5	355.6
总投资	1 159.2	1 171.0	1 316.5

表 6.7－2　开采多金属结核运营费估计/百万美元

子系统	220 万 t/a 生产规模		
	1999 年因素	2004 年因素	2006 年因素
采矿系统	45.4	56.3	71.5
矿石处理	—	—	—
运输	27.1	39.5	57.5
冶炼加工	53.5	25.4	74.2
合计	126.0	61.6	203.2

第7章　富钴结壳矿床开采

7.1　富钴结壳矿床开采条件和技术难点

7.1.1　富钴结壳矿床开采条件

富钴结壳矿床开采条件中的决定因素是：海底大地貌和微地形；基岩类型；矿体厚度和连续性；沉积物分布；富钴结壳和基岩的物理机械特性。中国现在尚未最后圈定富钴结壳开采矿区，根据靶区的勘查资料列出了富钴结壳矿床开采条件的参考数据，如表7.1-1所示。

表7.1-1　富钴结壳矿山矿床开采地质条件参考数据

开采条件	技　术　指　标
作业水深	800~3 500 m
海底地形	1. 总体坡度：≤10°，局部坡度≤15°，坡度≥10°的只占10%； 2. 相对高差：100~300 m； 3. 绕行障碍：露头或礁石高度≥0.5 m；堑沟宽度≥1 m
海底沉积物	表面剪切强度3~14 kPa；摩擦角：3.1°~18.5°；湿密度：1.2~1.5 kg/m^2
基岩	抗压强度度：20~50 MPa；密度：1.76~2.75 kg/m^2
结壳矿	1. 厚度：平均4 cm，最大采掘厚度10 cm； 2. 平均丰度：60 kg/m^2（干重）； 3. 湿密度：1.7~2.16 kg/m^2，平均为2 kg/m^2； 4. 含水率：30%； 5. 抗压强度：≤8 MPa
矿区尺寸	1. 单个可采矿体宽度3~8 km，长度100~200 km； 2. 最小可采矿块10 km×1 km

7.1.2　富钴结壳矿床开采难点

根据对富钴结壳矿床的赋存地质条件和结壳与基岩物理力学特性的分析研究，富钴结壳的特性类似于煤，如果不考虑地形因素，用截煤机方法完全可以从基岩上剥离破碎结壳，无须再对剥离破碎方法进行研究。然而，富钴结壳矿床赋存的地质条件极其复杂，除了一部分矿区在山顶边缘 2 ~ 3 km 地带较为平坦外，绝大部分富矿区都在坡度为 10° ~ 20° 的坡面上，存在着 3 ~ 5 m 高的悬崖峭壁、3 ~ 5 m宽的断裂、高达 100 m 的海蚀平台。微地形波动非常大，加之结壳厚度很薄，平均厚度只有 4 cm，因此，对富钴结壳的实际开采，在技术上比从海底收集结核困难得多。研发适应微地形变化的剥离破碎头，成为研发效率高、损失贫化低的剥离破碎机构的主要技术难点。研发中必须解决的关键技术主要有以下几点：

①适应微地形波动非常大的剥离薄层结壳的破碎方法、破碎头结构和适应性控制技术。要使回收的结壳中含基岩尽量少，以免因贫化而显著降低矿石的品位，同时应尽量少的漏采结壳，以降低资源损失。目前，可以考虑采用机械原理的浮动刀头或随动控制技术，以及两种方法相结合的技术加以解决，或许类似电动的三头浮动剃须刀结构更能适应微地形切割。

②截割深度检测和切割一定厚度结壳的控制技术。主要解决破碎刀头不超切基岩或漏切结壳，达到采集的矿石贫化损失率最低。目前，可以考虑利用超声波或放射性辐射传感器探测结壳厚度和采用智能随动控制技术根据微地形变化控制进刀机构加以解决。

③剥离破碎机构工作参数的匹配和工程设计计算方法。参数匹配应以额定工况为基准，并考虑破碎对象条件的变化，确定机构参数的可调范围，以便在工作过程中加以适应性调整。

7.2　富钴结壳矿床开采规模和能力

7.2.1　生产能力确定

根据已知的工业开采设计和可能的技术方案，目前宜于研发年生产能力为 25 万 t、50 万 t 和 100 万 t 干矿石的采矿系统。企业的开采年限一般为 20 年。

7.2.2　总回采率估算

7.2.2.1　影响净采矿率的主要因素

（1）地质因素

矿区或矿址内某些地段由于存在断层、悬崖、玄武岩露头、过大坡度、海蚀凹陷，以及沉积物过于软弱难以支承采矿机械，而无法进行开采，必须事先清除沉积层或剔除不采。目前，划定矿区的勘探程度，不足以对所述因素进行精确估计。一般认为，在勘探评估划定的矿区内，实际上不能进行开采的地段将占 20% ~25% 。

（2）结壳厚度及其分布因素

结壳厚度变化范围一般为 2～12 cm，4～6 cm 厚度的矿体最稳定，只有在平顶海山支脉和卫星平顶海山范围内才形成厚度超过 8 cm 的结壳，并且具有明显的斑点特征。目前查明的结壳最大厚度为 24 cm，4～6 cm 厚的约占 32%，6～8 cm 厚的占 8.5%～13.1%，大于 8 cm 的占 11.6%～24.3%。因此，很难采集结壳全部厚度，由此产生了损失贫化。

(3)结壳品位和丰度分布因素

低于边界品位和丰度的区域必须从矿区内剔除。从勘探数据可以看出，结壳丰度变化在很短的距离内也很明显，其间也有许多无结壳的空白点。实际上，目前勘探程度难以精确有效地发现这些空白点和低丰度区。采矿机无法回避的这类地段至少占整个矿区的 35%。

(4)技术因素

采矿的效率取决于 2 个主要因素：损失贫化率，采集覆盖率。

由于结壳厚度分布和微地形的变化，采掘机构原理、机器行驶性能因素的影响，切割头不可能完全切下薄层结壳，从而产生损失贫化，一般认为损失贫化率在 15% 左右。而破碎后的粉矿不可能完全被收集，根据俄罗斯所做的剥离破碎后粉矿粒度分析实验数据，小于 1 mm 的约占 10%，即收集损失率约为 10%。

由于行驶机构的机动性和控制技术方面的限制，自行式集矿机的采集覆盖率有可能达到 90%。

7.2.2.2 净采矿率的估算

根据上述分析，结壳回采率 η_H 可按下式估算：

$$\eta_H = \eta_s \times \eta_g \times \eta_p \times \eta_f \tag{7.2-1}$$

式中：η_s 为不可采地段系数，取为 0.8；η_g 为无结壳区或低丰度区影响系数，取为 0.75；η_p 为采矿机采集率，取为 0.75；η_f 为采矿机采集覆盖率，取为 0.9。计算得出结壳回采率约为 40.5%。

提升损失率：根据实验，有 10% 小于 1 mm 粒级的粉矿将随同溢出水一起排出而损失。

转载运输损失估计为 10%。

综上所述，得到采矿系统净采矿率约为 33%。

7.2.3 不同生产能力所需矿床面积

根据企业生产能力，所需矿床面积可按下式计算：

$$S = n\frac{Q}{\varphi\eta} \times 10,\ \mathrm{km}^2 \tag{7.2-2}$$

式中：n 为矿区开采年限，y；Q 为年生产能力，万 t/y；φ 为干结壳丰度，kg/m^2，一般为 60 kg/m^2；η 为净采矿率，0.33。

计算得到，对应于年生产能力为25万t、50万t、100万t的企业，开采20年所需矿床面积分别为252、505、1 010 km^2。

7.3　开采工艺方法和设备

富钴结壳开采包括5道作业工序：剥离，破碎，提升，挑选，分离。

国外通常讨论的回收方法是海底履带采矿机、水力提升管系统和海面船组成的系统。采矿机提供自身前进力和约20 cm/s的移动速度。机体上铰接剥离结壳的滚筒切割头，剥离下的材料在提升前通过重力选矿机选矿，剔除采集的基岩。

其他可能的方法包括连续索斗法、水射流法和原地浸出技术等。这些开采系统需要进一步研究其可能性。这里仅阐述3种可行性最大的采矿系统。

7.3.1　履带自行多滚筒截割采矿机－管道水力提升采矿系统

7.3.1.1　开采系统组成

这种采矿系统是美国提出的，由2条船（采矿船和运矿船）、矿石转运管线、海底采矿机和矿石气力提升系统组成，如图7.3－1所示。除采矿机为单独研制以外，其余部分与大洋多金属结核采矿系统基本一致。设定的开采条件见表7.3－1。

表7.3－1　履带自行多滚筒截割采矿机－管道提升矿石采矿系统设定的开采条件

<table>
<tr><th>条件参数</th><th>指标</th><th colspan="2">条件参数</th><th>指标</th></tr>
<tr><td>矿床赋存深度</td><td>800～2 400 m</td><td colspan="2">生产规模</td><td>100万t/y</td></tr>
<tr><td>海底面坡角</td><td>平均10°（最大20°）</td><td rowspan="5">年作业时间</td><td>连续作业时间</td><td>225天</td></tr>
<tr><td>矿床面积</td><td>10～50 km²</td><td>恶劣天气时间</td><td>35天</td></tr>
<tr><td>结壳矿床覆盖率</td><td>60%</td><td>故障时间</td><td>25天</td></tr>
<tr><td>结壳厚度</td><td>平均4 cm（最大10 cm）</td><td>船补给时间（船入坞等）</td><td>35天</td></tr>
<tr><td>矿石金属品位</td><td>Co 0.9%，Ni 0.5%，Mn 28%，Pt 0.4 g/t</td><td>开采及技术条件准备时间</td><td>45天</td></tr>
</table>

7.3.1.2　采矿机

采矿机具有切割结壳、吸取及破碎矿石、向软管输送矿石的功能，主要由牵引车、剥离破碎机构和采集机构组成。牵引车有4条浮动履带；剥离破碎机构为布置在前后履带之间的多个悬臂式双滚筒截割头；采集机构为水力吸送系统。采矿机主要技术参数见表7.3－2。

在采矿过程中，采矿船跟随沿海底移动的采矿机航行。采矿系统的操纵性和移动速度能适应水深变化 100 m。

表 7.3-2　采矿机主要技术参数

主要技术参数		指标
在海底行驶速度		0.2 m/s
机构功率	采矿机行驶	≈ 900 kW
	抽吸破碎矿石	500 kW
	向软管输送矿石	200 kW
外形尺寸	长度	13 m
	宽度	8 m
质　量		100 t

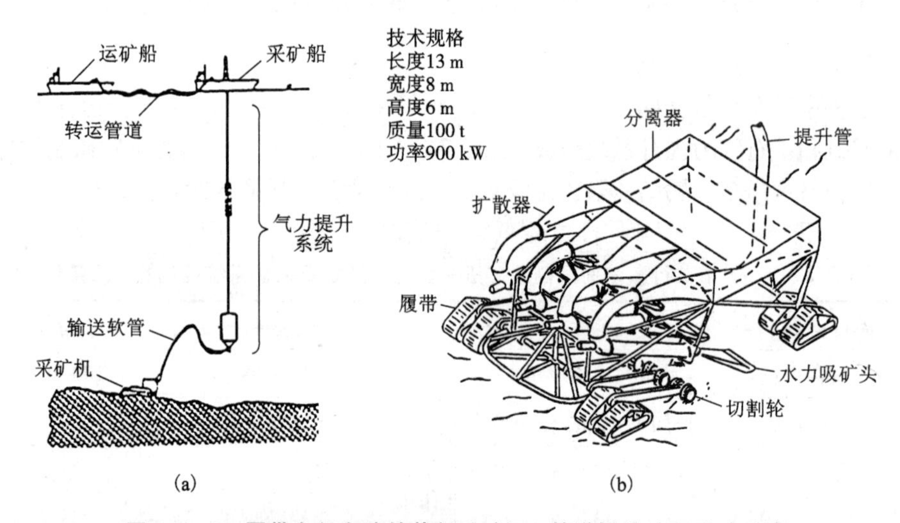

图 7.3-1　履带自行多滚筒截割采矿机-管道提升矿石采矿系统

(a)系统图；(b)采矿机简图

(菲尔莫尔 C.F.埃尔尼，海洋矿产资源，81 页，海洋出版社，1991)

这种采矿系统对于开采微地形变化莫测的富钴结壳而言，是一种比较有效的方式，但必须解决切割头随微地形变化的浮动技术。

7.3.2　绞车牵引挠性螺旋滚筒截割采矿机-管道水力提升采矿系统

7.3.2.1　系统组成

这种由俄罗斯提出的采矿系统，由采矿船、垂直提升管、潜水中继矿仓、提升软管和绞车牵引挠性螺旋滚筒截割采矿机组成。如图 7.3-2 所示。

7.3.2.2　采矿机

采矿机挠性螺旋滚筒由左、右螺旋两部分组成，每个螺旋的两端置于轴承座内，两螺旋滚筒分别由位于其外轴承座处的电动机经减速机驱动。螺旋滚筒外面装有切割刀和截齿，里面装有叶片，构成轴流泵。螺旋滚筒切割刀和截齿外面沿轴向设有两个弹性外罩，外罩用橡胶加固，用金属骨架铰接在一起，隔一定间隔用拉杆将螺旋滚筒轴与弹性外罩壁板连接起来。整个滚筒两端轴包括吸入管和软管与浮动机架相连，支承在行走轮上，通过几根索链与牵引钢丝绳相连。见图7.3-3。

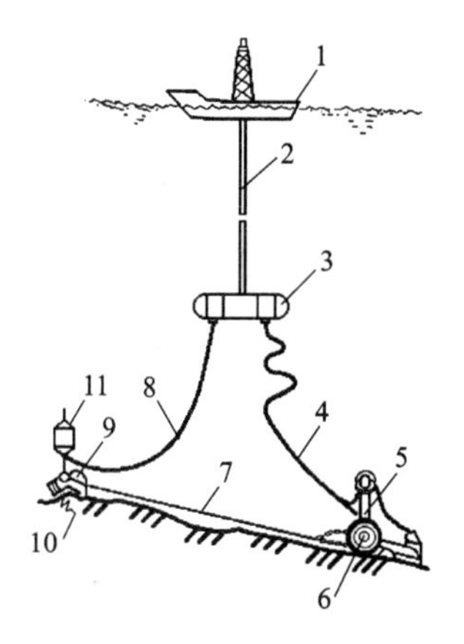

图7.3-2　绞车牵引挠性螺旋滚筒截割采矿机-管道提升矿石采矿系统

1—采矿船；2—提升管；3—潜水平台；4—输送软管；5—浮动机架；6—挠性螺旋滚筒截割采矿机；7—牵引钢丝绳；8—缆绳；9—牵引绞车；10—锚固绞车座；11—浮力体

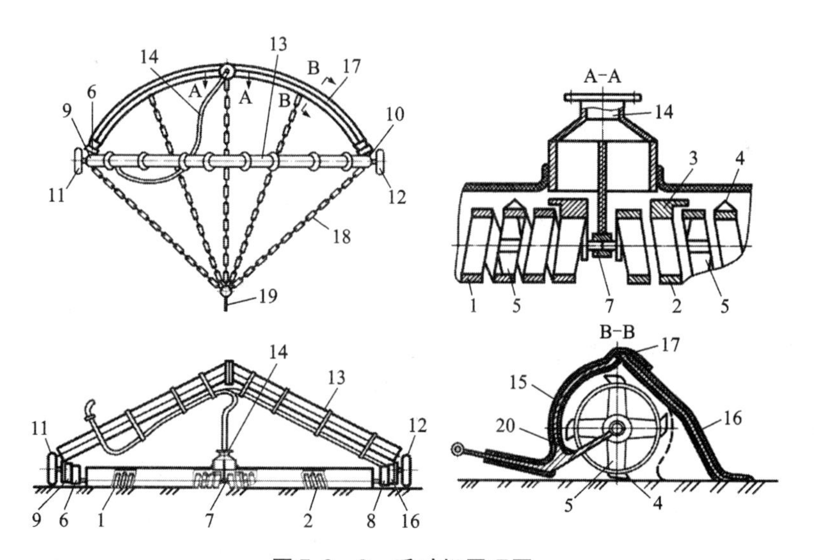

图7.3-3　采矿机原理图

1、2—左右螺旋滚筒；3—切割刀；4—截齿；5—泵叶轮；6、7、8—滚筒轴轴承座；9、10—左右电动机和减速机；11、12—左右行走轮；13—浮动机架；14—破碎结壳吸入管；15、16—前后弹性外罩板；17—前后弹性外罩连接铰链；18—索链；19—牵引钢丝绳；20—挠性螺旋滚筒与外罩板的拉杆

7.3.2.3 矿石提升系统

矿石提升有两种方案：

第一种方案是泵提升。提升上来的矿石在船舱内沉积，而具有 +3°C 左右温度的澄清水和极细粒级结壳一起排入400～1 000 m 的水深处。船舱装满矿石后，采矿设备回收到船上，船驶回港口，在港口卸矿和为下一航次做好准备。如果采用运输船，在船内从矿浆中分离矿石并将其转运到散装运矿船内。

第二种方案是索斗提升。泵入管道内的矿石，沉积于挂在垂直钢丝绳上的管内筛网料斗内提升，空载段在管外下行。当筛网料斗的设计网孔为 0.2 mm × 1.0 mm，料斗直径 0.2 m，筛分面积 0.126 m^2时，为达到过滤矿石为60 L/s，1 分钟有 20 个料斗卸载，则索斗提升驱动功率约为 250 kW。这种方案的优点是降低了提升能耗，由于管道内外压力相同减轻了管道重量，只有单条管道有可能单独移动采矿机，管道可在海底架设支架，简化了采矿作业的控制，并减少了对环境的不利影响。

这种采矿系统对于开采微地形变化莫测的富钴结壳而言，机构简单，是一种有前景的采矿系统。

7.3.2.4 系统开采作业方法

这种开采系统的作业方法如下：采矿船驶抵矿区，下放提升管、潜水平台，然后采矿机从潜水平台下放到海底。采矿船后退一定距离，装设用缆索与潜水平台连接的锚固绞车座。启动电动机，通过减速机驱动螺旋滚筒轴，滚筒上的切割刀和截齿切割结壳。相邻截线的切割刀有一定重叠，避免漏切。当刀轴旋转时，泵叶片也旋转。叶片相互分开安装，以便保证沿外罩长度方向均匀分布吸入力，其数量要足够克服外罩下固液混合物运动的流体阻力。提升泵在从外罩吸入水和固体物料时，保证了外壁对海底所需的吸入力，可调节滚筒轴对工作面的力。外罩壁在外部压力的作用下，借助铰链和拉杆保证滚筒轴对工作面所施加的力。外罩前后壁由铰链连接，具有足够的挠性，可以靠紧各种地形的海底面。开采过程中，整个装置用绞车通过索链和钢丝绳拉向锚固绞车座。同时，滚筒轴的旋转要使整个装置在旋转力作用下也尽量朝向锚固绞车座方向移动。为了不使滚筒轴折叠和不缩小横移带宽，安装了浮动机架，其上部比水轻，因此它处于垂直状态。由于滚筒轴具有对地面施加的设计计算压力，可以切割相当坚硬的结壳，而不能切割在其上生长结壳的较坚硬的基岩。在切割进路结束时移动锚固绞车座，重复上述过程。

7.3.2.5 系统技术参数

这种采矿系统的技术参数见表 7.3－1。

表7.3-1 绞车牵引螺旋挠性滚筒截割采矿机-管道提升矿石采矿系统技术参数

<table>
<tr><th colspan="2">技术参数</th><th>指标</th><th colspan="3">技术参数</th><th>指标</th></tr>
<tr><td rowspan="13">采矿机</td><td>生产能力</td><td>30 m^3/h</td><td rowspan="3" colspan="2">开采工作面</td><td rowspan="2">切割分层高度</td><td rowspan="2">5~6 cm(结壳厚度4~24 cm)</td></tr>
<tr><td>一次切割分层厚度</td><td>6 cm</td></tr>
<tr><td>切割力</td><td>60 kN</td><td>工作线长度</td><td>2~3 km</td></tr>
<tr><td>钝刀单位切割阻力</td><td>2.5 MPa</td><td rowspan="7" colspan="2">水泵</td><td>台数</td><td>2台</td></tr>
<tr><td>滚刀切割器直径</td><td>0.6 m</td><td>排水量</td><td>220 m^3/h</td></tr>
<tr><td>切割功率</td><td>27 kW</td><td>压头</td><td>71×2 m</td></tr>
<tr><td>推进力</td><td>20 kN</td><td>转数</td><td>1450 r/min</td></tr>
<tr><td>垂直切割力</td><td>42 kN</td><td>通过断面</td><td>55 mm</td></tr>
<tr><td>移动速度</td><td>0.028 m/s (100 m/h)</td><td>电动机功率</td><td>75×2 kW</td></tr>
<tr><td>切割宽度</td><td>5 m</td><td>质量</td><td>296×2 kg</td></tr>
<tr><td>管道直径</td><td>250 mm</td><td rowspan="5">开采总回收率</td><td rowspan="4">回采损失率</td><td>未采全厚损失</td><td>≤50%</td></tr>
<tr><td>提升速度</td><td>1.24 m/s</td><td>微地形不平损失</td><td>10%~15%</td></tr>
<tr><td>通过最大块度</td><td>50 mm</td><td>采集机构工作不协调损失</td><td>5%~10%</td></tr>
<tr><td rowspan="4">提升系统</td><td>固液比</td><td>1:6</td><td>合计</td><td>25%</td></tr>
<tr><td>矿浆密度</td><td>1.095 t/m^3</td><td colspan="2">提升损失率</td><td></td></tr>
<tr><td>排水量</td><td>180 m^3/h</td><td rowspan="2" colspan="2">系统总功率</td><td>生产能力25万t时</td><td>300 kW</td></tr>
<tr><td>系统压头</td><td>114 m水柱</td><td>生产能力50万t时</td><td>400 kW</td></tr>
</table>

7.3.3 采矿机破碎-链斗管道提升采矿系统

这种采矿系统利用多排冲击器破碎结壳，破碎后的矿石由采矿机拖动提升链斗直接挖掘矿石并提升到海面，见图7.3-4。该系统的采矿机能适应微地形变化莫测的富钴结壳开采条件，但是链斗挖掘则有一定困难，不是丢失很多矿石就是挖掘过多的废石，系统协调运行复杂，不如用水力送入中继舱再用链斗提升更切合实际。

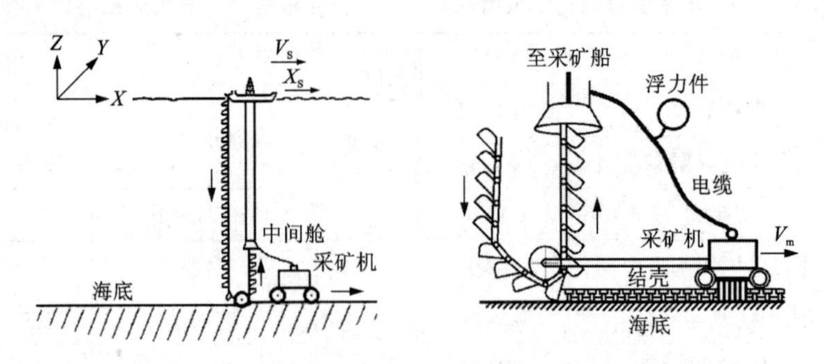

图 7.3－4　采矿机破碎－链斗管道提升采矿系统示意图

7.4　滚筒截割机构设计

7.4.1　采掘机构必须满足的技术条件

①生产能力，t/h。目前趋向于年生产能力为 100～150 万 t；
②切割分层厚度，cm。一般为结壳厚度；
③地形坡度(°)和适应微地形变化值(每平方米面积内的起伏高度和间距)；
④海底底流速度，m/s；
⑤结壳：丰度，覆盖率，品位，物理力学特性值；
⑥基岩物理力学特性值；
⑦沉积物覆盖厚度及其物理力学特性；
⑧采集损失贫化率。

7.4.2　滚筒截割机构的主要参数

在给定生产能力和选定约定条件后，以保证截割能耗最小和破碎质量最优为基础，选择工作机构的主要参数。

7.4.2.1　计算生产能力

根据给定的生产能力，考虑采掘时的损失率、贫化率和结壳含水率，工作机构的计算生产能力为：

$$Q_{js} = \frac{Q_{ed}}{\eta_p \eta_s \eta_w}, \text{ t/h} \tag{7.4-1}$$

式中：Q_{ed}为干结壳额定生产能力，t/h；η_p为贫化率系数，一般取 0.85；η_s为损失率系数，考虑截割厚度的损失 10%、微地形损失 15%、收集输送损失 10%，工作机构运行不协调损失 5%，总损失系数可取为 0.6；η_w为结壳含水率系数，取 0.65。

7.4.2.2 截割破碎阻力

截割阻力是用标准刀具(截角40°，后角10°，刃宽20 mm)，装在刀杆上，绕立柱作弧形截割，用传感器测量一定深度所需的力，从而得到单位切屑厚度所对应的截割阻力，即：

$$A = \frac{Z}{h}, \text{ N/mm} \tag{7.4-2}$$

式中：Z 为截割阻力，N；h 为刀具切入岩层的深度(切屑厚度)，mm。

结壳的抗压强度一般≤8 MPa，最高不超过 18 MPa。相当于岩石硬度系数 $f=0.8\sim1.8$，类似中硬煤层，一般截割阻力为 120 ~ 200 N/mm，最高不超过240 N/mm。

截割单位体积岩层消耗的能量称为截割比能耗，可用下式表示：

$$H_{\mathrm{W}} = \overline{Z} \cdot L \cdot \gamma / G, \text{ J/m}^3 \tag{7.4-3}$$

式中：$\overline{Z}$ 为平均截割阻力，N；L 为截割路径，m；γ 为结壳密度，kg/m^3，平均为2 000 kg/m^3；G 为截割破碎的结壳质量，kg。

截割比能耗、截割阻力和单位截割路径的破碎结核量，都随着截割条件和截割参数的不同而变化，它们之间不存在简单的比例关系。

7.4.2.3 截割机构功率

由于影响截割机构载荷的因素非常多，精准确定相当困难，实际上多利用比能耗的实验资料，按下式确定截割机构功率：

$$N_{\mathrm{q}} = \frac{60 Q_{\mathrm{js}} H_{\mathrm{W.B}}}{k_1 k_2}, \text{ kW} \tag{7.4-4}$$

式中：Q_{js}为计算生产能力，t/min；$H_{\mathrm{W.B}}$为采掘结壳的比能耗，根据国内采煤机截割 f = 1.5 ~ 2 煤层测试数据为 0.76 kW·h/t，用于截割的比能耗国际上一般取 0.56 kW·h/t；k_1为功率利用系数，单机驱动时取1；k_2为功率水平系数，与走刀速度的调节方式、电动机的超载能力等因素有关，当超载能力为 2.0 ~ 2.2 时取0.8。

7.4.2.4 牵引(走刀)速度

根据生产能力按下式确定牵引速度：

$$V_{\mathrm{q}} = \frac{Q_{\mathrm{js}}}{B_{\mathrm{q}} \cdot h_{\mathrm{p}} \cdot \gamma_{\mathrm{j}}}, \text{ m/min} \tag{7.4-5}$$

式中：B_{q}为截割宽度，m；h_p为截割深度，m，即采掘结壳的厚度，额定截割厚度一般为0.04 m；γ_{j}为结壳湿密度，为2 t/m^3。

现代滚筒式截煤机的走刀速度一般最大为6 ~ 10 m/min。当牵引速度超过合理范围时，必须利用加大截割总宽度予以调整。

7.4.2.5 截齿及参数

(1)截齿类型

截齿的质量、工作性能、正确选用和安装，对提高采矿机的生产能力和降低生产成本具有重要的意义。

对截齿的基本要求是：

a. 耐磨性好；

b. 截齿的几何形状要能适应不同的岩性（结壳和基岩）和切割条件，截割单位能耗低；

c. 装卸简便迅速，固定可靠；

d. 结构简单，便于制造和维护。

滚筒式采矿机所用截齿，基本分为两大类：扁截齿（径向截齿）和镐型截齿（切向截齿）见图 7.4－1。

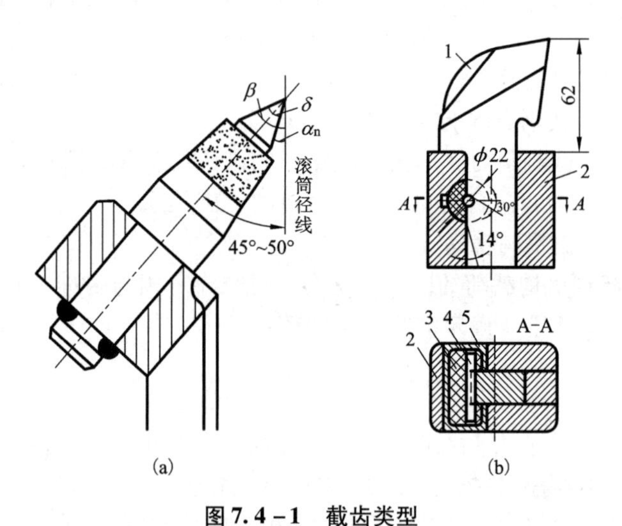

图 7.4－1 截齿类型

（a）切向（镐型）截齿；（b）径向截齿

①扁截齿。前面是平的，截刃是直的。虽然硬质合金片镶焊得比较牢固，但截刃和侧刃不锋利，截割阻力大，生成粉尘多；前面呈屋脊状的扁截齿，强度较高，截割时形成的密实核较小，故截割阻力较小，生成的粉尘也较少。但因前面向两侧倾斜，侧向力较大，且两侧受力可能不平衡。同时，作用在径向截齿尖上的截割阻力和进刀力的合力，与齿尖运动轨迹切线之间的夹角约为 25°～40°，故齿身受到较大的弯矩。

②镐型齿。为锥形，可转动，工作时磨损均匀，不会发生磨损面。齿身轴线位于齿尖合力作用方向的变化范围内，因而齿身受到的弯矩小，不易折断。工作时截角较小，对降低单位能耗有利，且形状简单，制作方便。但齿身和齿座的长度限制了截齿的安装密度。

因此，现代滚筒采矿机，多数采用镐型截齿。根据截煤机的经验，一般选择齿尖角为70°～90°的硬质合金镐齿。

(2)截齿破碎工艺参数

①截齿的截割速度。根据大量截煤机的实验数据可知，破煤时齿尖线速度一般为2.8～3.3 m/s；破岩时为1.85～2.7 m/s。考虑到有时会切割基岩，一般选定滚筒截齿的截割速度为2 m/s。

②滚筒截齿刀头的外圆直径和转数。初步确定滚筒截齿刀头外圆直径时，一般可以取 $D_0=0.6$ m。

按下式计算滚筒转数：

$$n_{zs}=\frac{60V_j}{\pi D_0},\ \text{r/min} \tag{7.4-6}$$

式中：D_0为滚筒截齿刀头外圆直径，m；V_j为滚筒截齿截割速度，m/s。

③单齿一次截割过程的转角。由于破碎结壳与截割煤层不同，一次截割深度较浅，单齿一次截割过程的转角很小，根据图7.4-2推导出计算式如下：

$$\alpha=\arccos\left(1-\frac{h_f}{r}\right),\ (°) \tag{7.4-7}$$

式中：r为截割轮截齿处半径，cm；h_f为截割分层厚度，cm。

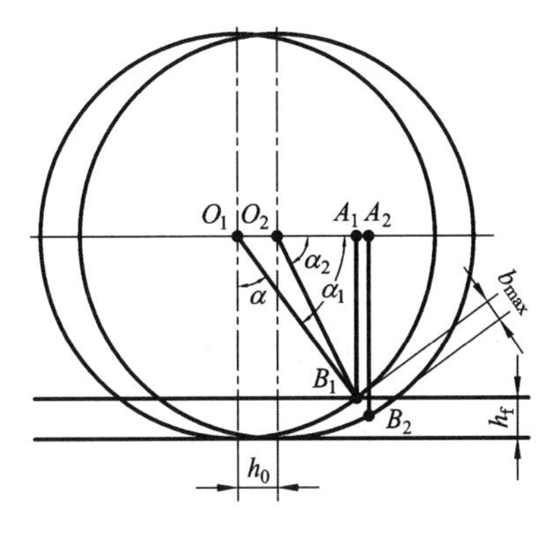

图7.4-2　截齿截割参数计算图

④每条截割线上的齿数。根据转动角 α 确定每条截割线上的齿数 m_{xc}：

$$m_{xc}=\frac{360}{90-\arccos(1-h_f/r)} \tag{7.4-8}$$

⑤单齿一次截割过程截割轮的走刀(牵引)距离

$$h_0=\frac{V_q}{m_{xc}\times n_{zs}},\ \text{m} \tag{7.4-9}$$

⑥最大截割厚度

$$h_{max}=r-\sqrt{\left(\sqrt{r^2-(r-h_f)^2}-h_0\right)^2+(r-h_f)^2} \tag{7.4-10}$$

⑦截齿的计算宽度。镐齿截割部分为锥形，截齿的计算宽度按下式计算：

$$b_j=(2\Delta\sin(\beta/2)/\sin\delta)\times(\cos\beta+\sin\beta\cdot\cot\alpha_h)^{1/2} \tag{7.4-11}$$

式中：Δ 为接触高度的平均值，$\Delta\approx0.45h^{1/2}$；β 为刀尖角，70°；δ 为截割角，80°；α_h为后角，10°。

⑧平均截割厚度。平均截割厚度近似为：

$$h_p = 0.64h_{max} \tag{7.4-12}$$

⑨截距。最佳平均截距($h > 1$ cm)按下式计算：

$$t_{zj} = (1.25h_p + b_j + 1.25)k_c \tag{7.4-13}$$

式中：k_c为脆性程度影响系数，取1.05。

截煤机截齿的截距一般为4～6 cm。对于边齿可取$t \leqslant 0.5t_p$。

(3)截齿的结构参数

①同时工作截齿数。同时工作齿数$n_t = n_{jx}$。

②截线数。截线数为：

$$n_{jx} = \frac{B_q}{t_p} + 1 \tag{7.4-14}$$

式中：B_q 为截割宽度，m；T_p 为平均截距，m。

③截齿数。

$$n_c = n_{jx}m_{xc} \tag{7.4-15}$$

式中：n_{jx}为每个滚筒截线数；m_{xc}为每条截线截齿数。

④镐齿安装角。借鉴截煤机经验，镐齿安装角一般为45°左右。

⑤刀具伸出刀座长度。刀具伸出刀座长度必须不小于最大截割分层的厚度，其中要考虑镐齿安装角影响的加长值。

7.4.3 刀具受力的估算

结壳的机械性质数据较少，且波动范围大，但是总体来看类似于煤，可以借鉴采煤机的估算方法。而对采煤机刀具的受力分析，同样因煤岩性质的变异、截割过程中受到较大的动载和随机性，用解析法有很大困难。目前主要用实验和数理统计方法，可以采用比较完善的前苏联国家标准(OCT12.47.001—73)进行刀具受力的估算。

7.4.3.1 刀具上的平均载荷

(1)锐刀上的平均截割阻力

$$Z_0 = \overline{A}h_p t_p \frac{0.35b_p + 0.3}{(b_p + h_p\tan\psi)K_\varphi} K_m K_\alpha K_\tau K_c K_\nu \frac{1}{\cos\beta} \tag{7.4-16}$$

式中：Z_0为锐刀上的平均截割阻力，kN；$\overline{A}$ 为结壳平均截割阻力，kN/m，一般为250 kN/m；h_p为平均截割厚度，m；t_p为平均截距，m；b_p为截齿计算宽度，m；ψ为截槽侧向崩裂角，(°)，

$$\tan\psi = (0.45h_p + 0.023)/h_p \tag{7.4-17}$$

K_φ为脆塑性系数，按具有一定脆性考虑为1；K_m为工作面暴露系数，当t_p大于最佳截距时，

$$k_m = \left[1 + 21 \times h_p \left(\frac{t_p}{t_{zj}} - 1\right)^2\right] K_p \qquad (7.4-18)$$

式中：$K_p = 0.32 + 0.002/h_p$；K_α为刀具截割角影响系数。系数值如下：

截割角	50°	60°	70°	80°	90°
系数值	0.85～0.89	0.9～0.92	0.93～1.06	1.08～1.28	1.24～1.34

K_τ为刀具前面形状系数，根据刀具前面为圆弧形取为0.92；K_c为刀具配置影响系数。顺序配置为1，棋盘式为1.25；K_ν为压张影响系数。按下式计算：

$$K_\nu = K_\nu' + \frac{J/H - c}{J/H + d} \qquad (7.4-19)$$

式中：K_ν'为工作面边缘处的压张系数，按脆性取0.36；J为工作机构的切深，m。对于富钴结壳平均截割厚度4 cm，h_{max}为0.486 cm；H为平均截割结壳玄长，m，对于平均截割厚度4 cm时玄长为11 cm；c、d按脆性分别取为0.36、0.1。

按截割厚度4 cm计算，K_ν为0.43。

β为刀具相对走刀方向的安装角，镐形齿为45°。

(2)钝刀上的平均截割阻力

$$Z = Z_0 + f'(Y_p - Y_0) = Z_o + \sigma S_m k_r \qquad (7.4-20)$$

式中：f'为抗截割阻力系数。通常为0.38～0.44，截割阻力大时取小值；σ为岩石抗压强度，MPa；S_m为截齿磨钝面在截割平面上的投影面积，m^2；k_r为矿体应力状态体积系数：$k_r = 0.8 + \frac{a'}{S_m}10^{-4}$；$a'$为脆性岩取0.3，韧性岩取0.35。

也可按下式计算：

$$Z = Z_0 + f' Y_0 C S_k$$

式中：C为参数，范围为3.2～1.4，一般取3；S_k为截齿磨钝面在截割平面上的投影面积系数，当$\overline{A} = 200 \sim 300$ kN/m时相对应为1.2～0.75，一般取1.2。

(3)锐刀上的平均进刀阻力

$$Y_0 = K_b Z_0,\ \text{kN} \qquad (7.4-21)$$

式中：K_b为锐刀进刀阻力与锐刀截割阻力的比值，随截割厚度的增大以双曲线形式下降，并随脆性的减小而增大，借鉴截煤机截割韧性煤取为0.7，脆性取0.6。

(4)钝刀上的平均进刀阻力

$$Y = Y_0(1 + CS_m),\ \text{kN} \qquad (7.4-22)$$

式中：C为参数，范围为3.2～1.4，一般取2.3；S_m为截齿磨钝面积即刀具磨钝面在截割平面上的投影面积，m^2；

(5)平均走刀阻力和压下阻力

平均走刀力：

$$F_q = Z\cos\alpha,\ \text{kN} \qquad (7.4-23)$$

平均压下力：

$$F_y = Y\cos\alpha, \ \mathrm{kN} \tag{7.4-24}$$

已知 α，将单个锐刀上的平均进刀力和钝刀上的平均进刀力分别代入上式，得到单个锐刀上的平均走刀力与加压力和同时接触锐刀上的平均走刀力与加压力合力。

(6)截齿上的平均侧向力

平均侧向力是由截齿两侧面积上作用力之差所产生的，它与岩性、截割形式、截齿几何形状和磨钝程度有关。

对于顺序截割形式的侧向力可按下式计算：

$$X = Z\left(\frac{1.4}{h+0.3} + 0.15\right)\frac{h}{t}, \ \mathrm{kN} \tag{7.4-25}$$

7.4.3.2 截齿上的最大载荷

参照 OCT 12.44.093—77，截齿上的最大载荷可按下式计算：

$$Z_f = \frac{5200(1+3.36h)t}{t+1.8}k_{bz}k_{yz}k_{cz} \tag{7.4-26}$$

$$\overline{Z}_f = \frac{5200(1+2h)t}{t+2.5}k_{bz}k_{yz}k_{cz}k_{\varphi z} \tag{7.4-27}$$

$$Y_f = \frac{20\,000(1+0.29h)t}{t+3.7}k_{by}k_{\varphi y}k_{ky} \tag{7.4-28}$$

$$\overline{Y}_f = \frac{15700(1+0.26h)t}{t+3.4}k_{by}k_{\varphi y}k_{ky} \tag{7.4-29}$$

式中：Z_f、$\overline{Z}_f$、Y_f、$\overline{Y}_f$ 分别为标准截齿($b_p = 2$ cm，$\delta = 50°$，矩形截割刃)上的截割力和进刀力的最大峰值及平均值，kN；k_{bz}、k_{yz}、k_{cz} 分别为截齿宽度、截割角和截齿后刃面形状对截割力的影响系数；k_{by}、$k_{\varphi y}$、k_{ky} 分别为截齿宽度、截割角和截齿后刃面形状对进刀力的影响系数；$k_{bz} = 0.5 + 0.25b_p$；$k_{by} = 0.3 + 0.35b_p$；$k_{yz} = [0.7\delta/(150-\delta)] + 0.65$；$k_{\varphi z} = 0.58(\alpha_k - 100)/(\alpha_k - 60)$；$k_{\varphi y} = 0.64 + 0.002\alpha_k$；$k_{ky} = 0.85 \sim 0.9$(椭圆形主刃的截齿)；$k_{cz} = 1$(顺序截割形式，棋盘式截割为1.2)；$\alpha_k$ 为截齿前刃面的楔角，10°。

值得注意的是，在多次截割硬包裹体时，截割力的最大值有可能超过平均值的 15 倍，而进刀力则超过 10 倍。

7.4.3.3 截齿强度计算

根据刀具的受力、伸出刀座的长度，并考虑动栽系数和结构特点，确定危险断面的最大弯曲应力，校核选定的刀具杆体强度。杆体受到截割力和进刀力的联合作用，考虑台阶影响系数 0.78，动载荷系数 3，求得杆体直径。不能满足要求时，可采取更换材料、改变热处理工艺或加大杆径，但加大杆径时，必须考虑布齿密度的可能性。

7.4.4　工作机构的最大装备功率

根据平均和最大截割力(kN)、同时工作齿数、滚筒半径(m)，计算得到截割机构平均和最大扭矩(kN·m)。然后根据滚筒转数(r/min)，计算得到截割机构装备功率(kW)。而按比能耗估计的功率(kW)，选用液压马达时必须考虑 1.5 倍的过载能力。

7.4.5　牵引机构最大牵引力的确定

牵引力主要考虑走刀力、车辆行驶阻力、启动惯性阻力，可按下式计算：

$$F_{qy} = F_q + F_f + F_g = F_q + f_j G_c g + G_c \frac{dv}{dt} \tag{7.4-30}$$

式中：F_q为走刀力，kN；F_f为车辆行驶摩擦阻力，kN；F_g为车辆行驶惯性阻力，kN；f_j为车轮摩擦系数。考虑轮缘在轨道上的摩擦，滚动轴承时静摩擦系数为 0.04；G_c为牵引车质量，t；g 为重力加速度(9.8 m/s^2)；dv/dt 为启动加速度(0.05 m/s^2)。

7.4.6　截齿的排列与截割图

7.4.6.1　截齿在工作装置上的位置

可分为径向截齿和切向截齿。

在径向出刀量相同时，径向截齿的截割部长度较小，能保证纵向有很大的刚度和由侧向力产生的弯曲力臂较短。

采用切向截齿，可以很简单地解决齿座破损的问题。同时，截齿上的合力方向与截齿轴方向相近，从而使截割力和进刀力形成的弯矩值减小，改善了镶嵌硬质合金刀刃的工作条件。

7.4.6.2　截割形式

由于破碎体表面形态(裸露面的数目及其相互位置)、主刃面相对破碎表面的方位、切槽间距即截距和切屑厚度的不同搭配，将形成不同的截割形式，如图 7.4-3 所示。

(1)封闭(掏槽)截割形式[图 7.4-3(a)]

截割时形成切槽，相邻切槽互不影响，侧壁不会崩落。因此，单位能耗最高。这种情况仅在截冠等钻削式刀具工作中出现。

(2)半封闭(角状)截割形式[图 7.4-3(b)]

截割时截齿的一侧受到破碎体壁面的限制，切槽的这一壁面不会崩落，另一侧可以自由崩落。因此，具有很大的侧向挤压载荷和较高的能耗，但是比封闭式截割要小一些。这种情况多半在边缘刀具处出现。

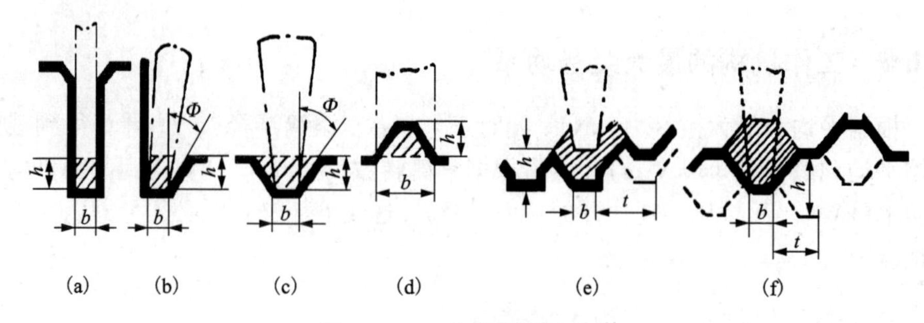

图 7.4－3　典型的截割形式

(a)掏槽截割形式；(b)角状截割形式；(c)平面截割形式；
(d)自由截割形式；(e)顺序重复截割形式；(f)棋盘重复截割形式

(3)平面截割形式[图 7.4－3(c)]

截齿截割平坦表面破碎体时，切槽两侧可以自由崩落，当截距 $t > b + (5 \sim 6)h$ 时，相邻切槽互不影响，就产生这种截割形式。由于截割后表面不会再保持原有的平坦状态，这种形式不大可能出现。但是，平面截割则作为评价的标准状态。

(4)自由截割形式[图 7.4－3(d)]

截割时刀刃只有一面与破碎体接触，其余各面都是自由的，且切屑厚度与截齿宽度相接近时，形成自由截割形式。实际上不会出现这种切割条件。

(5)重复截割形式

截割时破碎体有两个自由面，相邻切槽相互有影响，切槽能向两侧崩落，而形成重复截割形式。大多数刀具在重复截割形式下工作。

在连续截割情况下，破碎体表面不平坦，重复出现一定的表面形状。当截割厚度为($b < t < b + 2h\tan\psi$)时，在表面后的各层中，切屑将形成固定断面，而在每一个分层中破碎形状将等距地重复。

根据刀具的配置情况，切屑的断面形状是不同的。主要有两种：

①顺序重复截割形式[图 7.4－3(e)]。截齿一个紧挨着一个进行截割，在进刀方向的相邻截齿之间不能超前截割，切槽两面发生崩落。因而，截齿受到很高的侧向力。

②棋盘重复截割形式[图 7.4－3(f)]。截齿按一个跳过一个的顺序进行截割，两相邻切槽都已超前切出，其厚度为该截割厚度的一半。每个齿两侧的载荷基本平衡，截割断面较大，形状接近对称，有利于降低截割单位能耗和侧向力。

7.4.6.3　截齿的排列与截割图

从采矿的单位能耗和破碎块度的观点出发，合理的截齿排列，首先是在给定条件下能用最少的截齿剥落尽可能大的切屑断面积，并在保持最佳 t/h 比值条件下使各个截齿的载荷减小和以均匀的次序进行切割。

截齿在滚筒上的排列，主要有3种形式：棋盘式，顺序式和组合式排列。

①棋盘式排列。两个相邻的截割之一必定是超前的，其超前值接近于单截齿一次截割过程的截割转动角的一半。截割时可见切槽的两侧露出，每个齿两侧的受力基本是平衡的，切屑断面较大，形状接近对称，有利于降低截割单位能耗和截齿的侧向力。

②顺序式排列。实际上截齿没有相互超前，切槽的露出总是单侧的，因此出现单向的侧向载荷，并有较大的值。

③组合式排列。出现在两个相邻的截割之一的超前值不等于截割厚度的一半；截齿配置成截齿组以棋盘顺序进行截割，在组内单个截齿按顺序截割。

由于煤层厚，截煤机工作时滚筒截齿刀头直径与煤层接触为180°，而结壳薄，工作时最小外径的滚筒截齿刀头与结壳接触只有25°～35°，按每条截线接触区有一个截齿，截煤机滚筒每条截线上为2个齿（即双头），而结壳采矿机最小外径筒齿的每条截线上至少为12～14个齿（即多头），布齿的密度很大，最小筒齿外径必须根据截齿伸出刀座长度、刀座高、筒内传动机构尺寸加以确定。以7条截线、每条截线12个齿、截距4 cm、滚筒截齿刀头最小外径0.6 m为例，可行的4种典型截齿配置和截割断面见图7.4－4。a、b两种为顺序式排列，c、d两种为棋盘式排列。以a种截齿配置的最大截割力为基准，4种配置的截齿最大截割力及其波动率（载荷均匀度）比较列于表7.4－1中。可以看出，d种配置的最大截割力最小，c种配置的最大截割力波动最小，综合衡量采用c种配置较好。

截齿均匀分布的可能性与通过截齿尖的覆盖率有关。覆盖率可用下式表示：
不能覆盖时

$$(t/\tan\alpha_1)n_{jx} \leqslant \pi D_0/m_{xc},$$

不完全覆盖时

$$2\pi D_0/m_{xc} > (t/\tan\alpha_1)n_{jx} > \pi D_0/mxc,$$

完全覆盖时

$$(t/\tan\alpha_1) = 2\pi D_0/m_{xc},$$

式中：t为截距；α_1为螺旋角；n_{jx}为截线数；D_0为滚筒截齿处外径；m_{xc}为每条截线上齿数。

不能覆盖的条件：一条螺旋线的最后一个截齿和下一条线的第一个截齿沿圆周的距离等于螺旋线上截齿之间的距离。

完全覆盖的条件：一条螺旋线的截齿尖（在圆周上）投影，准确地位于另一截齿尖投影之间的中央。

截割圆的合理参数和滚筒式采矿机截割方法推荐的参数分别见表7.4－2和表7.4－3。

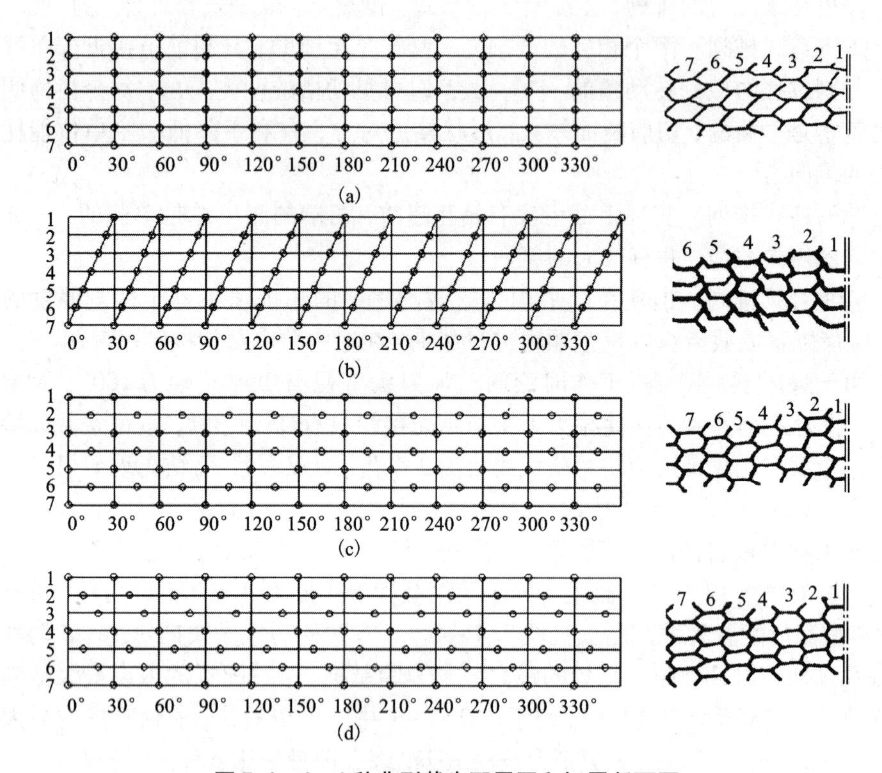

图 7.4-4　4 种典型截齿配置图和切屑断面图

(a)轴向直线排列；(b)螺旋顺序排列；(c)直线棋盘混合排列；(d)螺旋棋盘混合排列

表 7.4-1　不同截齿配置方式最大截割力的比较

截齿配置方式	最大截割力比值/%	最大截割力波动率/%
a	0 ~ 100	100
b	64.3 ~ 76.2	18.5
c	71.4 ~ 78.6	10.1
d	62.0 ~ 71.4	15.5

表 7.4-2　截割图的合理参数

工作机构	切屑面积/cm^2	切屑厚度/cm
滚筒式	15 ~ 30	3 ~ 6

表7.4-3 滚筒式采矿机截割方法推荐参数

切屑平均断面/cm^2		12	15	20	30
切屑最大厚度/cm	范围平均	3.5~5 4.5	4.5~6.3 5.5	5.5~7.7 6.2	6.9~9 7.5
切屑平均厚度/cm	范围平均	2.3~3.2 2.9	2.9~4 3.5~	3.5~5 4.0	4~5.7 4.8

7.5 开采富钴结壳的投资和运营费估计

开采深海矿产资源的经济评价是非常困难的，不仅涉及矿床质量、矿石运输距离、采矿和加工工艺方法、设备技术水平，更重要的是国际经济和金属市场变幻莫测。这里仅就开发采矿系统的基建投资和运营费作一概略估计，如表7.5-1和表7.5-2所示。

表7.5-1 富钴结壳开采初始投资/百万美元

子系统	91万t/a生产规模		
	投资费		
采矿系统 选矿 运输 冶炼加工	107.3 28.5 45.7 224.0		
子系统合计	405.5		
	1999年因素	2004年因素	2006年因素
持续支出 运营资金	127.3 86.9	114.6 119.4	165.3 152.8
总投资	619.7	639.9	723.6

表7.5-2 富钴结壳开采运营费/百万美元

子系统	91万t/a生产规模		
	1999年因素	2004年因素	2006年因素
采矿系统 选矿 运输 冶炼加工	16.9 4.3 9.2 19.2	24.3 6.7 11.9 25.4	31.2 10.2 16.0 30.0
合计	49.7	68.3	87.4

第 8 章　多金属硫化物矿床开采

目前，世界上发达国家正在着手海底块状多金属硫化物矿床的开采和加工研究。特别是世界上两个海底硫化物商业采矿公司鹦鹉螺矿物有限公司和海王星矿物有限公司，已为2010年后进入实质性商业开采做了充分的准备，包括矿床的详细勘探与地质经济评价，采矿对环境影响的评价，采矿许可证的申请，开采技术方案、关键技术试验研究及采矿系统的设计与制造。

8.1　海底块状多金属硫化物矿床开采

8.1.1　矿床开采的有利条件和可行性

国外一些采矿公司通过海底块状硫化物矿床的开采可行性初步研究，得到的基本认识概括如下：

①遥控观测、水下定位和水下技术装备的不断创新和完善提高，采矿机已经可以在几千米水深海洋进行开采工作。

②硫化物矿床赋存水深较浅，仅为结核矿水深的一半。在浅水低温热液喷口附近发现了高品位金和银，其含量为陆地经济可采矿床的10倍以上，经济价值十分可观。

③大部分硫化物矿床位于专署经济区内(如巴布亚新几内亚、日本、所罗门群岛和斐济等)，不受国际海底管理局约束。

④酸性矿水可被碱性海水中和，开采对环境的影响相对较小。

⑤具有成本优势。不需陆地矿山采尽时废弃的基建工程(昂贵的竖井掘进费[~1 万美元/m]和巷道费[1 000~2 000 美元/m]以及大量综合建筑)。大型采矿船或运输船可从一个矿点移动到另一个矿点，较小的矿体均便于开采。

⑥在上述情况下，初步估算，年产200 万 t、开采10 年即可盈利。

8.1.2　矿床开采已步入生产勘探和采矿系统准备阶段

鹦鹉螺矿业有限公司于2008 年2 月完成了 Solwara 1 矿床资源评价，2009 年通过了环境评价，2011 年1 月取得了巴布亚新几内亚政府颁发的世界上第一个深海开采许可证，首期租赁20 年，面积约59 km^2，查明资源量220 万 t，探示资源量78 万 t(铜品位6.8%，金4.8 g/t)，计划生产能力130 万 t/a(包括铜8 万 t，金

15～20 万盎司）。由于技术和成本问题，深海采矿在过去几十年间步履艰难。到2012 年 10 月鹦鹉螺公司股票从 2.6 猛跌到 0.9，现金流不到 1 亿美元，而整个项目仅完成 55%，公司受到经济危机影响，面临资金短缺，不得不决定推迟 Solwala1 项目，取消采矿系统和采矿船的投资合同。随后公司又与巴新政府发生权益争议。经过 2 年的努力，公司终于解决了与巴新国的争端，于 2014 年 6 月达成合作协议，成立了 Eda kopa（solwara1）有限公司控股的合资企业，并代表巴新政府向鹦鹉螺公司支付 700 万美元作为 Solwala 1 项目首次达到生产的勘探投资的 15% 利息，并向托管者支付 1.13 亿美元，以获取 15% 的股权，从而使该项目起死回升，并通过海洋资产公司找到中国福建马尾造船建造采矿船，鹦鹉螺公司租赁，现已预支 1000 万美元的租金，租船合同于 2015 年 2 月生效。该公司力争 2018 年进入试采。

海王星矿业有限公司自 2000 年获得了新西兰 Havre 海槽北部的勘探许可证后，针对 Kermadec 07 矿床进行了详细勘探和开采系统的研究和初步设计，以应对 2010 年后适时进行商业开采。此外，如日本已把伊豆诸岛附近的 900 万 t 储量的黎明（sunrise）矿床列为开采对象。俄罗斯将大西洋洋中脊的 2 个矿区列为首先开采对象。

8.1.3　采矿系统的研究和设计

海底块状硫化物回采的针对性设计还在研发中，尽管提出多种设想，但是从工程可行角度出发，基本上是过去为开采多金属结核和结壳设计的采矿系统的混合物，包括根据陆地采煤和海洋金刚石开采方法改进的技术。然而，由于海底块状硫化物矿床赋存条件不同，回采方法和采矿机仍需进行针对性的研发和设计。

目前可行的海底块状硫化物采矿系统方案，基本上为 2 种类型：①大型铲斗或抓斗挖掘；②滚筒式或掘进机式切割头破碎回采（海底自行式采矿机）的水力提升系统。即使矿床深度较浅，海底采掘系统的控制比结核采集系统预想的技术更加复杂，需要更多的创新。

本节仅重点论述海底块状硫化物采矿系统与结核和结壳采矿系统不同的采矿机设计原则，并列举了鹦鹉螺和海王星公司正在开发的采矿系统，鉴于第一代硫化物采矿系统的专属性，不可能作详尽的论述。其具体设计计算可参考多金属结核和结壳采矿系统设计的有关章节，以及采煤机设计相关书刊。

（1）矿山开采地质条件

海底块状硫化物矿床开采主要地质条件如下：

①作业水深 <2 500 m。

②开采主要集中在面积较小（大小类似于大型露天体育场）的海底表面或浅表层，一定深度（可达 20～30 m）。储量约为几千吨到上亿吨，要达到开采规模需十几个矿点。

③回采不必剥离覆盖层，矿体由烟囱、烟囱倒塌物和致密熔凝矿物如再结晶硫化物与沉积物层组合构成，海底地形可能高低不平，需要按露天矿分台阶进行回采。

④矿石湿密度平均为3.3 t/m³，抗压强度低(3.1～38 MPa)。需要研究高水压下岩屑生成过程与扩散状态(参见图8.1－1)，确定破碎岩屑颗粒符合要求的刀具结构与工作参数，合适的抽吸装置结构与位置。

陆地切屑产生状态

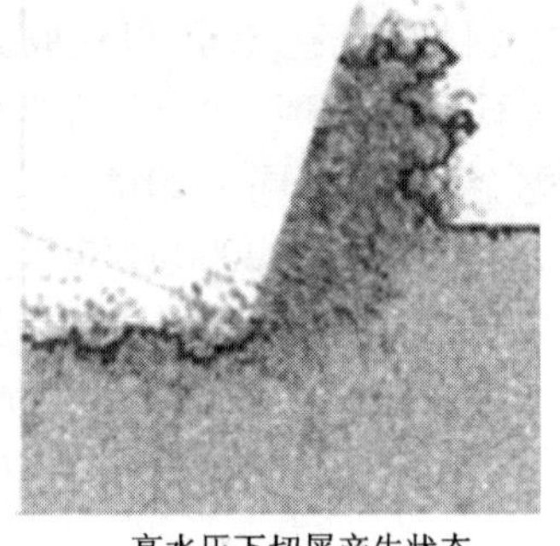

高水压下切屑产生状态

图8.1－1　陆地和高水压下切屑产生状态比较

(2)采矿系统设计的基本要求

采矿系统设计的基本要求，可参见结核和结壳采矿系统设计，在此不做赘述。

(3)采矿能力和所需矿床矿量的确定

根据鹦鹉螺公司对 Solwara 1 矿床评价、日本学者对日本专属经济区内 Sunrise 矿床技术经济分析，年产200万t、开采10年即可赢利(内部收益率17%)。因此，目前认为年生产能力200万t为宜，若再高则不仅投资大，确认的矿床储量也很难满足要求，而低于150万t则有可能亏损。

确定年产200t矿石所需矿床矿量，必须考虑采矿系统的总回采率，可按下式计算：

$$\eta = \eta_1 \eta_2 \eta_3 \tag{8.1-1}$$

式中：η_1为漏采率。考虑地形、行驶机动性、切割头切割控制精度等因素未能采掘的损失，一般为5%；η_2为抽吸采集损失率。主要考虑抽吸破碎岩屑装置漏吸和部分破碎细颗粒(<0.5 mm)成为羽状流扩散的损失。一般为5%；η_3为输送脱水损失率。主要考虑船上脱水和向运输船转运时细粉流失，如果采用格筛、旋流器和沉淀澄清，水力输送到运输船上损失率为8%，如果采用格筛、旋流器和压滤机脱水，滤饼转到运输船上损失率约为5%。

按上述估计采矿系统总回采率最好为87%，一般可达到80%，不会低于70%。

因此，按年产 200 万 t，开采 10 年，所需矿量为 2 500 万 t。国外估计所需矿量为 2 000 万 t，未考虑回采率因素，实际上最多能满足开采 8 年的矿量。

(4)采矿机的设计

海底采矿机是有缆遥控自行式回采设备，主要组成部分为采矿头(包括抽吸采集装置)，行驶底盘和机架，水下动力和控制单元。

由于硫化物表面土质软，易于破碎，目前提出的采矿机基本上是与采煤机类似的截齿式遥控连续采矿机。

①切割头设计。当前，破碎硫化物主要有 2 种切割头方案：采煤使用的滚筒切割头；海底金刚石开采使用的 3 头螺旋切割头。滚筒切割头上的截齿设计应满足岩石破碎和产生过细颗粒最少的切屑要求，根据水力提升要求，切割破碎块度平均应为 50 mm、最大不超过 70 mm。

矿物中的天然晶粒尺寸取决于成矿过程，范围为 10 ~ 600 μm，可是“当早先形成的矿物受热液再作用不断地再结晶时”，可能形成较大尺寸(Herzig 和 Petersen，2000)。因此，截齿接触岩石处始终会产生过细颗粒(<10 μm)，从而有可能形成羽状流。鹦鹉螺公司海底试验表明，80% 切屑尺寸小于 25 mm，而 20% 在 25 ~ 50 mm 之间。

切割头齿距和排列是受待采矿石的破碎特性支配的，截齿插入岩石，在破碎力作用下产生细破碎物，并在齿与岩石之间形成“压力球壳”，随后破碎，形成希望的岩石碎片(ATS，2006)。

滚筒切割头制造费不高，且容易修改，但是开式结构仍然会产生羽状流问题，必须在滚筒后部增设抽吸装置。如果采用 3 头螺旋切割头可使破碎的矿石移动到 3 头的中部，在此处设置抽吸口，将破碎矿石送往提升软管口，从而减少羽状流。

例如，根据硫化物的抗压强度为 3 ~ 38 MPa(岩石硬度系数 f = 0.3 ~ 4)，最大单位能耗约为 1 ~ 1.2 kW·h/t，切割功率近似 500 ~ 700 kW，不同矿床的精确值应通过水下切割试验确定。2006 年 6 月鹦鹉螺公司将掘进机式切割头装在 ROV 上，在海底进行了采掘试验验证，如图 8.1 - 2 所示。具体设计计算参见截媒机设计有关资料[54,55]。

图 8.1 - 2　装在 ROV 上的海底试验掘进机式切割头

②自行式底盘和机架。当前，采矿机自行式底盘主要有 2 种类型：履带式行驶底盘；迈步式行驶底盘。

履带式行驶底盘基本借鉴大洋底通讯缆铺设挖沟机底盘或海洋金刚石采矿机底盘。与多金属结核集矿机履带底盘不同的是履齿结构和对地比压按硬海底设计。

迈步式行驶底盘为内外框架结构，切割头用安装在内框架上的液压支臂支承，由支臂上下摆动切割分层的一个条带的矿石。外框架四角有伸缩液压缸，内框架有底座，由纵向滑轨与外框架连接。通过液压缸伸缩和内外框架的纵向相对滑动的配合实现底盘行驶，底座横移实现工作面宽度方向的回采(概念图见下文)。由于采矿机纵向推进速度约7 m/h，这种底盘也是很实用的。

(5)采矿机初次着底

由于海底地形高低不平，采矿机初次着底有一定困难，可能需要专用ROV削平底面第一层，为采矿机着底做好采准工作。如果找到相对平坦或坡度在允许范围内，可直接下放采矿机，利用自身切割头平场，经过采掘一个采矿机底盘长度后，工作面达到平坦。

8.1.4 鹦鹉螺公司 Solwara 1 矿床采矿系统

(1)设计开采条件

①作业水深1 600 m

②年产量200万t。矿山寿命10年，开采矿量2 000万t。首套系统年产130万t。

③年作业时间5 000 h，采矿能力400 t/h。

④Solwara 1矿床由2个高品位露头构成，长度分别为900 m和400 m，宽度变化为80～200 m。矿床有500多个烟囱和破碎倒塌烟囱，烟囱高2～10 m，最高18 m。

⑤单个矿体尺寸为200 m×200 m×20 m，矿石量平均200万t。满足10年采矿量需多个矿体。

⑥采矿船停在一个地点锚定一年，或包括几个矿床的更多矿区。采用分层回采方式，一个矿点开采完毕后，采矿系统整体移动部署到其他区域，移动距离可能达几公里。

⑦矿石品位：铜6.8%，金4.8 g/t，银170 g/t，锌0.4%。

(2)采矿系统

鹦鹉螺矿物公司的采矿系统几经修改，2009年提出的采矿生产系统由海底采矿机组、容积泵管道提升子系统和水面采矿船组成，如图8.1-3所示。

①海底采矿机。海底采矿机组由3台设备组成：辅助采矿机，主采矿机和收矿机。

辅助采矿机。具有灵活的动臂切割头的履带行驶遥控机械，用于采准工作，连续截割处理不平坦地形和为主采矿机平整出平坦工作面，往往在有烟囱存在的 20°～30°坡度上作业，整机质量约 250 t，如图 8.1－4 所示。同时还将处理主采矿机不能达到的或有效开采的台阶边缘部分。

主采矿机。类似采煤用的滚筒式截煤机，在辅助采矿机开拓出台阶工作面后放入海底，具有较高的切割能力，如图 8.1－5 所示。机重 250t，滚筒宽度 5 m，外径 2 m，平均生产能力 100 m^3/h，最大生产能力为 6 000 t/天。截齿按破碎颗粒平均尺寸为 50 mm（最大 70 mm）要求设计，不产生或少产生细微颗粒。

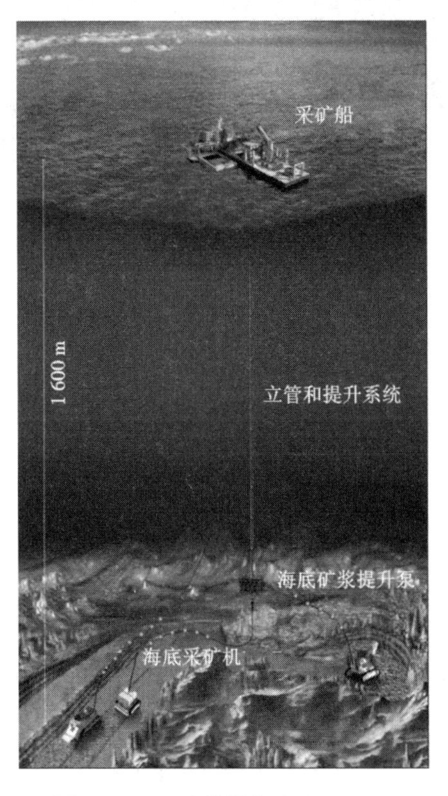

图 8.1－3　鹦鹉螺公司 Solwara 1 矿区生产采矿系统示意图

辅助采矿机外形图

辅助采矿机进行采准工作示意图

图 8.1－4　采矿系统示意图

收矿机。也是一台大型履带行驶遥控机械，用内装泵从海底抽吸收集 2 台采矿机截割下的矿物，以矿浆形式泵送到立管系统底部，如图 8.1－6 所示。

鹦鹉螺公司与英国 SMD（Soil Machine Dynamic）公司签订了海底采矿机及相关的船上配套设备设计制造合同，已实施了 2 年。3 套专用采矿机 8 400 万美元，包括控制系统及相关的脐带缆、收放设备和甲板设备。

②立管与矿石提升子系统。提升系统由大型容积泵和船上悬挂的钢制立管组成。用于将来自收矿机的矿浆经内径 308 mm 立管泵送到海面采矿船。如图 8.1 - 7 所示。立管与压力海水管固定管箍版和立管接头连接分别见图 8.1 - 8 和图 8.1 - 9。

图 8.1 - 5　主采矿机

图 8.1 - 6　收矿机

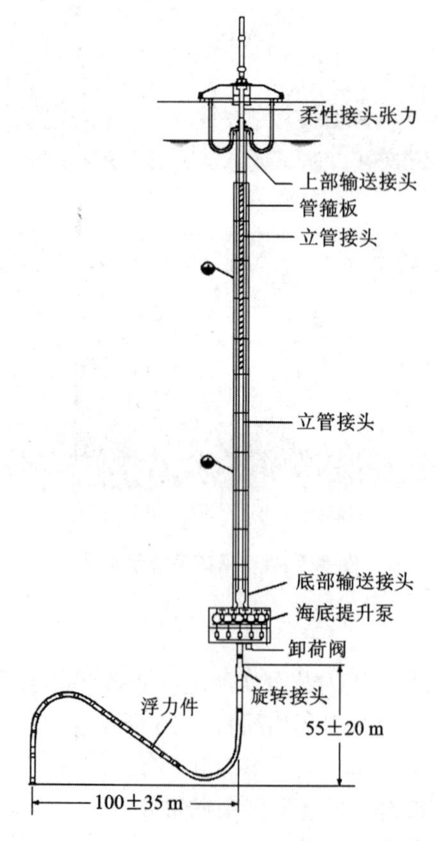

图 8.1 - 7　主提升立管和压力海水管系统

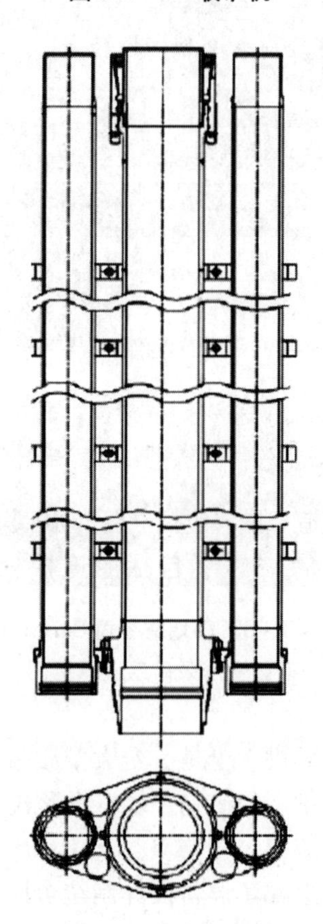

图 8.1 - 8　立管和压力海水管固定管箍板

容积泵采用压力水驱动的多腔室容积泵，由 GE Hydril (Houston, TX) 设计和建造，如图 8.1－10 所示。该泵悬吊在垂直管下端，它由 2 组 5 腔室容积泵组成，以保持压力恒定和足够的输送能力，用内径 280 mm、长度 150～200 m 的软管与收矿机连接，将收集的矿石与海水混合的浆体从收矿机输送到海底提升泵，经立管被泵送到海面采矿船上。泵送系统由海底电子单元接收海面控制单元的动力和控制信号进行控制。泵组件装有自动卸荷阀，在系统故障时打开，将矿浆排入海中，防止堵管。提升泵质量约为 129t，外形尺寸为 5.2m×6.4m×3.7m。

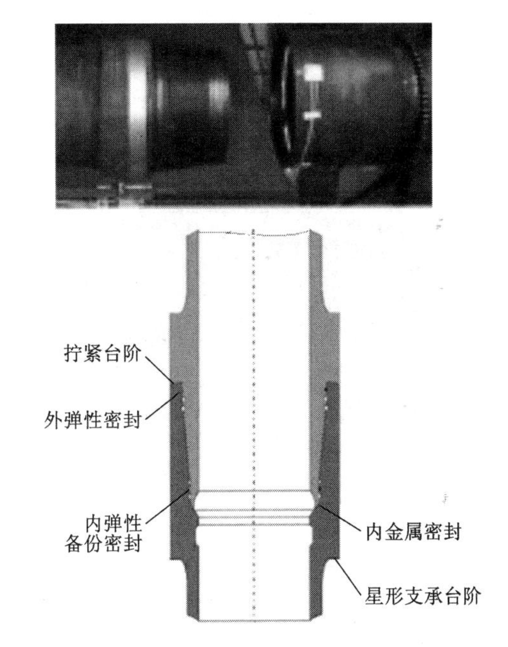

图 8.1－9　提升立管连接

矿石脱水的海水在排入海水中之前用作驱动容积泵的液压动力，因此在提升立管上附加 2 条直径 194 mm 的压力海水管，参见图 8.1－8。驱动容积泵后的海水排入海底，可防止影响温暖的海面海水发生变化。

立管由船上塔架和布放回收系统放到海底，如图 8.1－10 所示。在 500 m 水深以上海流强烈区段，立管外壁有螺旋片，防止立管出现涡旋振动，从而可能引起系统损坏。

鹦鹉螺公司在 2008 年与美国 Technip 公司签订了立管和提升系统的工程、采购和监造合同，包括立管布放回收设备(塔架和绞车，如图 8.1－11 所示)、容积式矿浆泵、立管(包括船连接处底板和挠性接头)，合计 1.16 亿美元，已完成 80%。

③采矿船。海面采矿船如图 8.1－11。采矿船除具有常规导航定位、通讯、气象、水下探测仪器设备和甲板设施及生活设施外，具有动力定位能力，并专门配备有水下采矿设备供电、吊放塔架及设备，包括立管存放和搬运设备，矿石脱水设施，废水排放管线和用水力(管道)和机械(运输带)将矿石转运到海运船上的设备。更重要的是要有存储 1 天生产能力的矿舱。采矿船采取福建马尾造船公司建造公司租赁方式。船长约 227 m，宽 40 m，总功率 31 MW，可容纳 180 人住宿。

图 8.1－10

图 8.1－11　布放回收系统的塔架和绞车外观图

图 8.1－12　海面采矿船外观图

提升到船上的矿石含水量达 90%，脱水后含水量约为 8%。利用 3 段脱水工艺：

第一段：过筛－采用双筛面振动筛；

第二段：分离砂子－采用水力旋流器和离心分离机；

第三段：过滤－采用压滤机。

来自振动筛、离心分离机和压滤机的脱水矿石，通过输送带连续卸到系泊在母船旁的运输驳船。

④矿石海运。选冶工厂建在腊包尔，海运距离 45 km，采用 8000 t 自航运矿船。船上配备卸矿设备，如图 8.1－13 所示。卸矿和选冶工厂概貌如图 8.1－14 所示。

图 8.1－13　矿石海运航线及运输船

图 8.1－14　港口卸矿和矿石装卸与仓储设计概貌图

(3)投资和运营费估算

详细经济分析是不公开的，这里仅介绍评估结果。

鹦鹉螺公司开采 Solwara 1 矿床计划费用概算列于表 8.1－1。除表中所列费用外，根据巴布亚新几内亚 1992 年采矿(特许开采权)法，需向政府支付土地使用费为全部矿物冶炼产品价值的 2%，还需向矿产资源管理局支付 0.25% 的使用费。此外还应包括 17.5% 的不可预见费。

表 8.1-1　鹦鹉螺公司开采 Solwara 1 矿床计划费用概算表

收支项目		金额/亿美元	说　明
支出	支出合计	9.19	未包括税收、银行利息、工资、保险、销售等费用
	采矿船	0	所有权属于北海海运控股公司并运营，鹦鹉螺公司无需投资
	采矿设备	1.2	包括海底采矿机、1800 m 立管、矿浆泵和电缆等
	选冶、港口设备等	1.6	准备在腊包尔建选冶工厂
	采矿和海运费	5.4	到岸矿石为 75 美元/t，4 年×180 万 t/年×75 美元/t=5.4 亿美元
	冶炼加工	0.99	4 年×180 万 t/年×13.7 美元/t=0.99 亿美元
收入	当前情况	42.12	按当前市场金属价格综合 585 美元/t 计算，4 年×180 万 t/年×585 美元/t=42.12 亿美元
	长期情况	23.76	按长期市场金属价格综合 330 美元/t 计算，4 年×180 万 t/年×330 美元/t=23.76 亿美元

(4)降低开采对环境影响的措施

根据鹦鹉螺公司 2013 年所做的采矿作业计划，按每条采矿系统最大采矿能力为 5900 t，Solwara 1 矿山寿命约为 30 个月。采矿作业不可避免地对环境产生影响。鹦鹉螺公司对开采活动产生的环境影响和采取的对策进行了评估，概述如下。

①矿区生物。海洋生物随水深而不同，Solwara 1 矿区，0~200 m 之间的上层水体中养育有深海鱼类，包括金枪鱼、鱿鱼和鲨鱼，还存在海豚、海龟和迁徙的鲸鱼；在 200~1000 m 的中层水体中有鱿鱼，寻找猎物的金枪鱼和迁徙的鲸鱼都有可能偶然短时出现；超过 1000 m 的底部深水区中，典型的动物是热液喷口区的腹足类，如虾、蟹、藤壶等。

②生态系统的重新繁育。从下面的自然现象可以看出生态系统是一个动态的自然活动过程：根据 1994 年腊包尔火山爆发，火山灰和泥石流严重破坏了沿岸区域珊瑚礁的生态系统的繁育。然而 1996 年珊瑚礁已广泛地繁育起来；在 3 年的环境调查研究中，发现喷发热液喷口与停止喷发喷口之间是交替的。在一些停止喷发区域发现有死蜗牛堆集，表明这些区域不再支持这些依赖喷发物的物种。在勘探扰动后，发现恢复了喷发。在短短几天内开始重组烟囱阵。这种交替变化不利于依赖喷发物生存的生物群落长期、稳定繁育。

③开采对生态环境影响。评估认为影响主要来自海底作业机具，矿石提升系统及海面船。海底采矿机具将直接采走海底土层，引起栖息地及其动物的丧失；

海底和沉积物的扰动，将在海底上方产生羽状流；矿石脱水的废水加压后作为驱动海底矿浆泵的动力，然后水平排放到海底以上 25 ~ 50 m 深度，可以使产生的羽状流最少，且提高了沉降到海底的速度，模拟试验表明，排放的废水不会上升到 1300 m 水深以上，因此不会影响远洋金枪鱼、近岸珊瑚礁及传统捕鱼业；对海面浮游动物的潜在影响是由海面船正常作业引起的。这些影响与一般海运相似；机械噪声通过水体传播可能对海洋动物如海龟和鲸鱼造成“丧害”，巴新国专属经济区为鲸鱼保护区，因此需特别关注。

④降低开采对环境影响的措施。为了促进生态系统的重建，降低生物多样性和地方特性的损失风险，鹦鹉螺公司提出下列措施：

在靠近 Solwala 1 的纳苏，建立一个不开采的参照区，以提供繁育的母体和环境监控现场。在 Solwala 1 内建立一个逐步恢复的临时避难所。

加强重新繁育，有些动物会从未开采区迁移到完全采掘的地点。

如果合适，将建立人工培养基，提供重新繁育的栖息地。

预计，在这一背景下，Solwala 1 矿区生态系统通过几年的过渡之后会重新建立起来。

8.1.5　海王星公司采矿系统

海王星矿物公司委托法国 TECHNIP 公司进行水深为 1 200 ~ 2 500 m 范围内块状硫化物矿床商业开发工艺技术的评估和系统集成工程研究。TECHNIP 公司以海上油气项目数据资料和经验为基础，对中试和全规模开发方案和预算费用进行了详细分析，重点进行了海底采矿设备和开采策略(岩石在海水高压下切割动态特性，切割头，履带车，抓岩机等)、矿石提升方案(间歇式提升，气力提升或泵提升)和矿石海面预处理等方面的比较和确定，以及开采对环境影响的可接受性分析研究。开采选择包括现有海洋设备和工艺技术的有效性、作业可靠性、能力和环境问题的评估，以及全规模开采验证的中试计划。海王星公司于 2008 年 4 月完成了矿石切割破碎、原矿提升、脱水等采矿技术的评价；在此基础上，提出了海王星公司采矿系统的概念设计。这一设计包括一艘具有动力定位的采矿船、柔性管道和气力提升泵组成的矿石提升系统，以及遥控水下切割破碎采矿机机。该系统设计生产能力为每年 200 万 t，计划采矿时间为 10 年。2008 年 5 月，海王星公司开始为采矿系统的制造及运行寻找承包商。

(1)设计开采条件

①开采目标区。2008 年向新西兰提出的第一个采矿许可证申请矿区，新西兰近海 Kermadec 07 和 Colville – Monowai 07 勘探区。

②作业水深 <2 500 m。

③矿床由高达 13 m 的硫化物烟囱和海底硫化物堆包括倒塌的碎块构成，山

丘长 180 m。

④设计年生产能力 200 万 t，开采 10 年。中试规模为 50 万 t。

⑤年作业时间 300 天。

⑥矿石品位平均约为金 11.2 g/t，银 122 g/t，铜 8.1%，锌 5% 和铅 0.5%。

(2)采矿系统

中试采矿总体系统示意如图 8.1－15 所示。系统由遥控抓斗和自行式采矿机两个采掘设备、作业型 ROV、软管气力提升子系统、海面脱水子系统和海面采矿船构成。

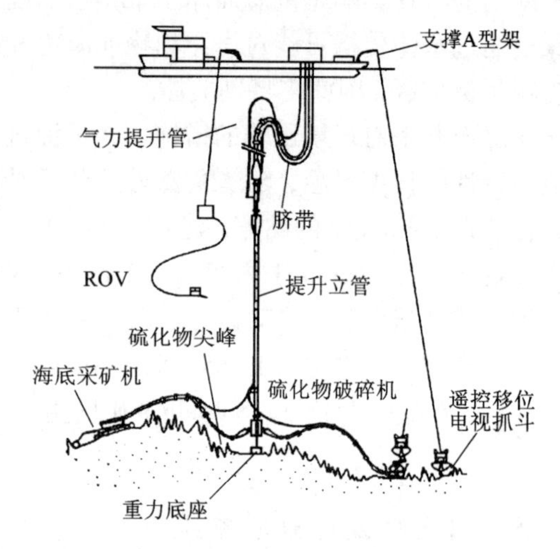

图 8.1－15 海王星公司采矿系统示意图

①海底采掘设备。为了适应海底块状硫化物矿石类型的多样性，配备两套海底采掘设备：

a. 遥控螺旋推进器可视抓斗（典型的来自 Seatools, Nethrlands 公司）。作为初始回收硫化物烟囱和矿床顶层的基本设备，见图 8.1－16。抓斗由采矿船上的 A 型架布放和支持，保持在海底，并在采矿区与海底岩石破碎分级机（典型的来自英国 MMD 公司）之间游移，使筛下矿物尺寸在 25～50 mm 之间。

b. 履带自行式海底采矿机。配有切割工具、切屑吸取和将破碎矿石输送到提升立管底部的矿浆泵，能够用台阶方式采掘平坦工作面矿石，切割头和采矿机如图 8.1－17 所示。典型的支持车辆是来自 Nexans（挪威）的 Spider。这种车辆已经适应 1 500 m 水深的海底作业，并且已广泛用于 Ormen Lange 天然气田开发达 2 年之久。切割工具为滚筒式。采矿机装备有仿真可视化系统。

②矿石提升子系统。海王星公司根据效率、成本、可靠性和安全性评估，首选气力提升子系统，因为这种系统已在海上油气田中使用，经过了生产实践考验。

矿浆通过软管输送到海平面以下 1 200～2 500 m 的软提升立管底部。压缩空气在 1 000 m 深度注入立管内，将矿浆提升到船甲板上。该公司认为，柔性管比钢管抗磨，并容易回收和安装。

图 8.1－16　遥控螺旋推进器可视抓斗

图 8.1－17　海底采矿机外貌图

鉴于开采的矿体范围小(不超过 200 m)，采矿时采矿船不动，因此提升立管底端用底锚固定。

空气、水和固体混合物流入采矿船上的压力分离器，在这里空气以 0.8 MPa 排出，浆体通过堰闸箱降到 1 个大气压力，并通过振动筛捕获大颗粒。底流通过水力旋流器进一步处理和真空带式过滤器脱水。筛上物和滤饼经运输带运到储矿舱，储矿舱具有几天的储矿能力。尾流中所含固体颗粒小于 50 μm，通过下到 200 m 以上水深的管道排放到海中。

③海面采矿船。采矿船包括住舱、主动力间、空气压缩机、脱水设备、立管接卸和提升设备、水下设备下放回收和采矿机与作业级 ROV 的维修设备。

采矿船可采用合适吨位的标准抛锚定位的二手船或专门建造的具有动力定位系统的采矿船，示意见图 8.1－18。中试系统采用包租的动力定位船，加以改装，从而大大降低投资费用。

④矿石海运。设想用 2～3 艘 1～1.5 万 t 驳船将矿石运输到码头。这取决于采矿地点离码头的距离和往返周期。

(3)投资估计

目前，初步估计到 2011 年达到年产 200 万 t 能力的采矿设备费约为 2.88 亿美元，如果新建冶炼厂估计约 1.2 亿美元，考虑 20% 不可预测费，总计投资需 4.7 亿美元，包括全部投资费和生产费的总生产成本约为 162 美元/t，其中开采、提升和排水生产费用为 91 美元/t(6 000 t/d)。详见表 8.1－2。

(4)防止环境污染措施

针对海底采矿和海面处理产生的羽状流危险，采矿本身采用预先用真空净化沉积物、岩石破碎机和海底切割设备连续抽吸及废水精细过滤等措施。

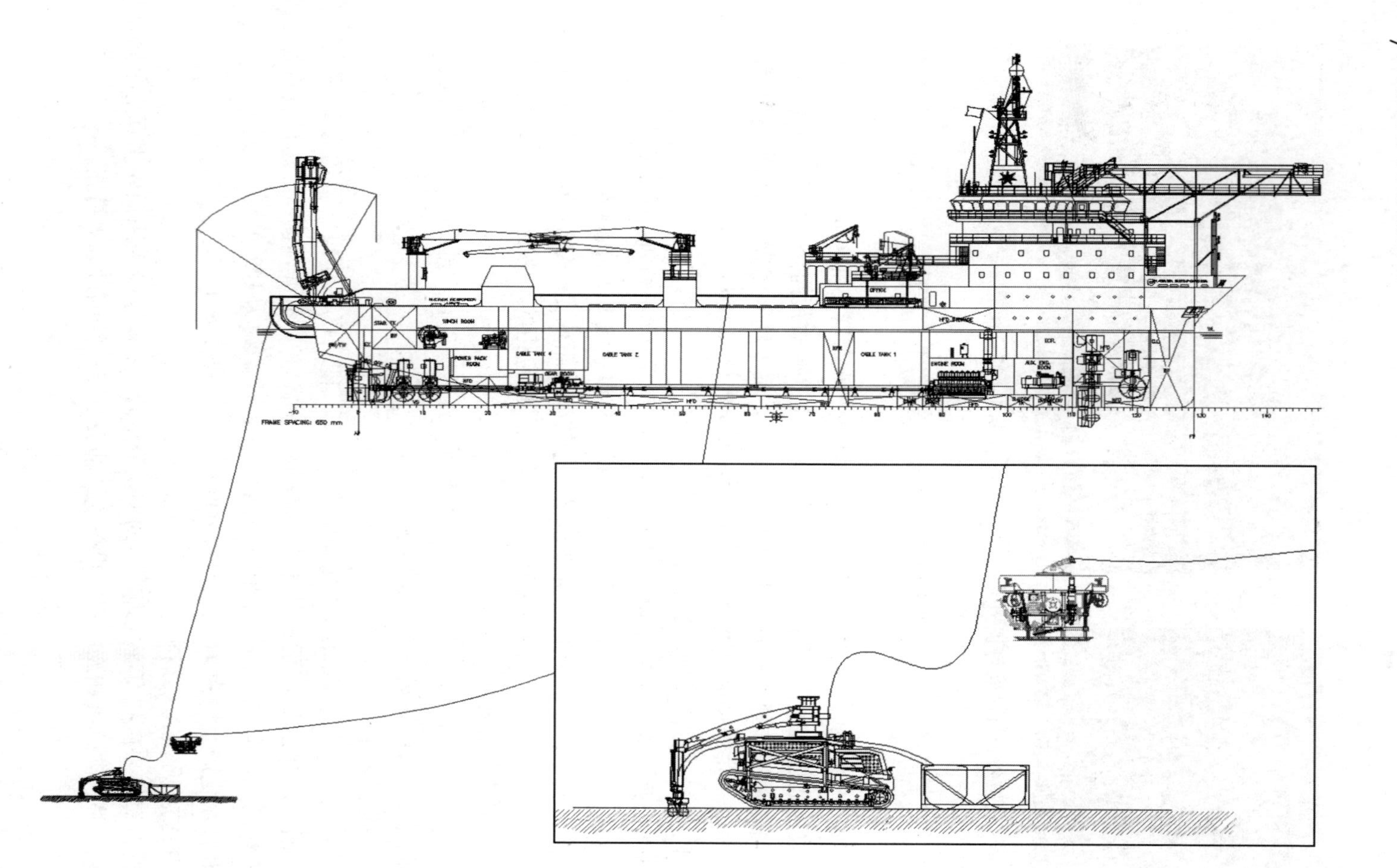

图 8.1-18 采矿机和采矿船结构示意图

表8.1－2　海王星公司在新西兰专属经济区开采海底硫化物矿投资和运营费估算

费用支出项目	估计费用	估算依据
试采投资费	2.5亿美元，租用采矿船	Genesis公司估算2.1亿美元，加20%不可预测费
试采周期	按2010年末启动，4个月	海王星/Genesis估算
试采产量	50万t/年，包括矿石处理	海王星/Genesis估算
全规模采矿升级费	4.7亿美元。包括1.2亿美元选矿机。租用采矿船	Genesis公司估算2.88亿美元，加20%不可预测费，和选矿机费
生产经营费	1 000万美元/年	Genesis公司估算海洋设备维修费290万美元/年。甲板设备费200万美元/年。外加不可预测费和选矿机维修费
采矿设备补充和更换费	1.8亿美元。寿命5年，10年2套	Genesis公司估算，加不可预见费
全规模采矿启动费	按2011年3季度投产，2012年达到全规模产量	FDC估算，用于试采后中断3个月
全规模采矿能力	200万t/年，生产寿命10年	
所需矿床矿量	2 000万t。矿石品位：铜6%，金6 g/t，银100 g/t，锌4%	
回收率(包括采矿稀释)	铜和锌85%，金和银70%	FDC保守估计
管理费	20美元/t矿石	FDC估算
采矿成本	80美元/t矿石，包括租船费	Genesis公司估算，采矿/管理/人员费约100美元/t
冶炼加工成本	20～30美元/t矿石	海王星保守估计
至选矿厂运输费	20美元/t矿石	海王星保守估计
精炼/熔炼/运输费		
税金	利润的30%(获利前无税金)	
特许采矿权费	1% NSR	新西兰政府法规

8.2　红海多金属沉积物(软泥)矿床开采系统

8.2.1　试采前研究工作

1970年代初，对于深度超过2 000 m的红海多金属沉积物矿床储量，以及开采和细颗粒海泥选矿、精矿冶炼和富卤水浓缩液生产适销对路产品等技术尚未确定。因此“红海委员会”资助了将软泥泵送到浮动平台、转运到陆地选矿厂和回收所含金属的研究。1975 年制定了提炼价值 1.7 亿美元金属的第一期开采计划，并与联邦德国普鲁萨格公司签订了 2 000 万美元的开发可行性研究合同。

在进行采矿系统开发的同时，进行了环境影响研究。特别关注尾料的性状，根据取得的所有数据评估表明，商业规模生产的废水排放深度小于 1 000 m，对环境有不可接受的损害。

为了确定回收精矿中所含大多数有价值金属的最佳工艺流程，小规模试验了几种可能的回收工艺方法。普鲁萨格公司认为：最有希望的流程是泡沫浮选获得精矿后，用高压氧浸出和沉淀回收在活性粉末木炭上的金；用溶剂萃取和电积法回收铜；用铜 - 铅银沉淀回收在粉末锌上的银；用溶剂萃取和电积法回收锌，钴、镉和石膏也是适销产品被回收。

预计开采 20 年，内部收益率可达 17% 。

8.2.2 采矿系统

红海委员会确定矿山开采规模为年产 300 万 t，生产锌 6 万 t，铜 1 万 t，银 100 t。

普鲁萨格公司根据矿床赋存条件和特性，研制出“振动吸头采集 - 矿浆泵管道提升开采系统”。该系统由采矿船、振动抽吸装置、提升立管与矿浆泵、浮选设备和脱水与尾矿排放管组成，采矿系统配置示意见图 8.2 - 1 和图 8.2 - 2。

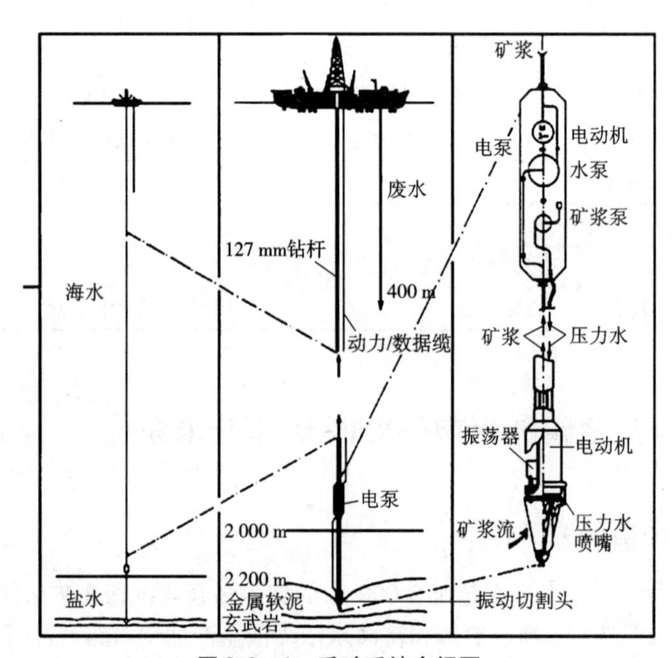

图 8.2 - 1　采矿系统全视图

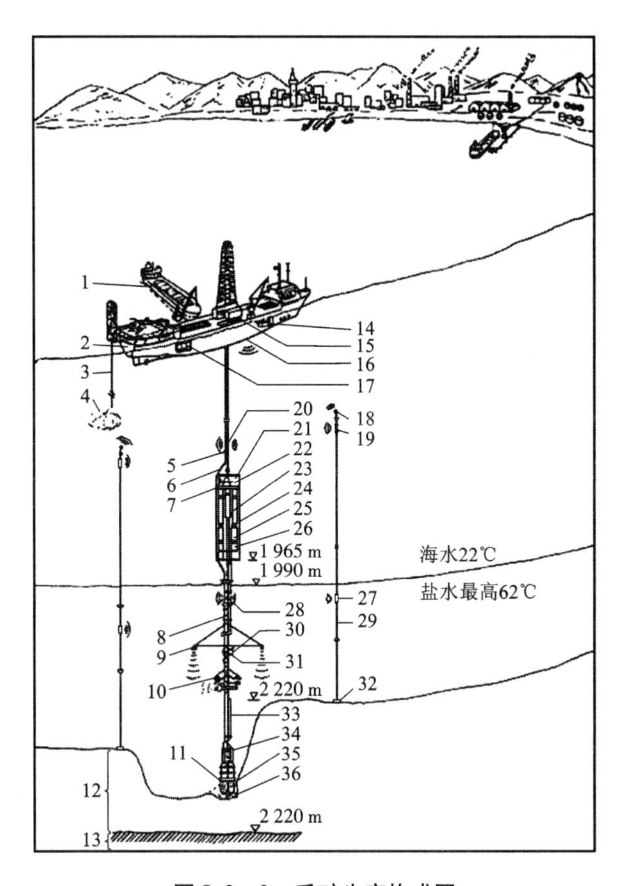

图 8.2-2　采矿生产构成图

1—运输船；2—采矿船；3—尾矿管；4—尾矿羽状流；5—动力数据缆；6—95/8″提升立管；7—泵站；8—测量仪器段；9—声呐定位系统；10—主动定位推进器；11—喷嘴抽吸头；12—金属沉积物；13—海底岩石；14—平台；15—电缆绞车；16—换能器；17—精矿输送装置；18—浮标；19—发射应答器；20—换能器；21—应力接头；22—微处理器盒；23—采矿泵；24—电动机；25—冲洗水泵；26—电动机；27—发射应答器；28—换能器；29—发射应答器绳索；30—固体含量分析仪；31—微处理器盒；32—锚定重块；33—冲洗水管；34—电动机；35—笼形切割器；36—水射流

吸矿管由软泥泵、高压泵和钢管等组成，通过高压泵使钢管内形成很强的抽吸力，将软泥从海底提升到采矿船上。抽吸装置呈圆锥状，是钻采软泥的主要部件，它由钻采头、振动筛、水射流管和振动马达等组成。浮选设备安装在船上，由浮选槽、电动搅拌器和进气装置等组成。采矿作业时，采矿船先定位，然后从船上下放一根2 000多米长的钢管(5″地质钻杆)，管端安有抽吸装置。抽吸装置内的电控振动筛，通过振动使黏稠软泥变稀，从而钻采头穿入软泥层。同时，抽吸装置内的管口喷射出高压海水，使黏稠软泥进一步变稀，然后通过吸入口将软泥吸入管内，经管道提升到采矿船上。稀泥在船上通过浮选处理，富集成含锌32%、铜5%、银0.074%的技术浓缩物。浓缩物运往冶炼厂，经金属氯化物浸滤，就可得到主要金属。系统主要设备性能参数：

采矿船：Sedco 445深海钻井船，配备承载能力500 t的升降与钻具悬吊系统，升沉幅度±3 m的补偿装置。

提升立管：管径127 mm(5″地质钻杆)，总长2 200 m。

矿浆泵：6级管道泵，输送矿浆浓度1.25 t/m^3，流量30～50 m^3/h(转速2 850～3 560 r/min)，扬程750 m，电动机功率535 kW，电压3 000 V。

尾矿管：内径150 mm，每节长6 m，总长400 m。

8.2.3 试采

普鲁萨格公司受红海委员会委托，于1979年3～6月进行了试采规模工艺试验，在红海4个矿点从2 200 m深的海底采出15 780 m^3的矿泥，用盐水稀释，泵送到海面。船上浮选平台浮选出4 t精砂，含锌30%、铜4%、银600 g/t。回收率达70%。试采验证了采矿系统的可行性。

1985年扩大规模，进入中间试验阶段，试验2周后曾经出现泵轴承损坏。后来，由于开采成本高，而停止开采。

第 9 章　深海采矿设备设计的若干力学和计算问题

9.1　管线动力学分析

9.1.1　输送软管空间形态和对集矿机行驶性能影响分析

我们在采矿系统开发中分析了输送软管空间形态，并研究其对集矿机行驶的影响，采用把软管作为“梁”处理的方法，充分考虑软管的抗拉、抗弯、抗扭转及抗剪切能力，建立了非线性大变形的空间“梁”数学模型，通过计算实例、模型实验和湖试验证表明，这种方法比采用“索”单元更符合实际。软管空间形态分析见图 9.1－1。

9.1.1.1　输送软管受力

软管的受力及其计算见表 9.1－1。

表 9.1－1　软管的受力及其计算

软管受力	单元力表达式	符号说明
重力	$\boldsymbol{G}_e=-\Delta l\gamma_s\boldsymbol{n}_g$　(9.1－1)	Δl—单元长度，γ_s—单位长度软管重量，$\boldsymbol{n}_g$—整体坐标系中 Z 方向的单位矢量
浮力		浮力块和管壁产生的浮力
内摩擦力	$\boldsymbol{F}=\Delta lf\boldsymbol{n}_v$　(9.1－2)	f—单位长度所受的内摩擦力，$\boldsymbol{n}_V$—矿浆流动方向的单位矢量
离心力	$\boldsymbol{F}_\rho=Kv^2m_e\boldsymbol{n}$　(9.1－3)	v—矿浆流速，m_e—单元内矿浆质量，$\boldsymbol{n}$—单元主法向单位向量，K—曲率
哥氏力	$\boldsymbol{a}_k=2\boldsymbol{wv}$　(9.1－4) $\boldsymbol{F}_k=2m_e\boldsymbol{\omega v}$　(9.1－5)	$\boldsymbol{\omega}$—软管转动角速度，$\boldsymbol{v}$—矿浆流速，$\boldsymbol{a}_k$—哥氏加速度
外部流体阻力	$\boldsymbol{F}_{dn}=1/2(C_D\rho D\mid\boldsymbol{v}_n\mid\boldsymbol{v}_n$　(9.1－6) $\boldsymbol{F}_{dt}=1/2(C_f\rho D\mid\boldsymbol{v}_t\mid\boldsymbol{v}_t)$　(9.1－7)	ρ—外部流体密度，D—软管直径，$\boldsymbol{v}_n$ 和 $\boldsymbol{v}_t$—外部流体对软管的法向和切向速度，C_D 和 C_f—法向(0.6～1.2)和切向(C_D/30)阻力系数。$\boldsymbol{v}_r$、$\boldsymbol{v}_c$、$\boldsymbol{v}_\rho$—外部流体相对软管的速度、外部流的速度、软管运动速度，$\boldsymbol{v}_r=\boldsymbol{v}_c—\boldsymbol{v}_p$

续表 9.1-1

软管受力	单元力表达式	符号说明
附加质量力	$\boldsymbol{F}_{mn}=C_m\rho\dfrac{\pi D^2}{4}\ddot{\boldsymbol{v}}_n$ (9.1-8) $\boldsymbol{F}_{mt}=\alpha C_m\rho\dfrac{\pi D^2}{4}\ddot{\boldsymbol{v}}_t=\boldsymbol{F}_{mm}/120$ (9.1-9)	C_m—附加质量系数，α—常取 1/120，$\ddot{\boldsymbol{v}}_n$、$\ddot{\boldsymbol{v}}_t$—软管的法向和切向加速度
约束力	中间舱和集矿机施加给软管的力	1. 指定约束力时，直接加到软管两端； 2. 指定两端位移时，可以同内力一起计算出
内力		每个单元内力增量可在整个软管位移增量求出后计算求得

9.1.1.2 软管动力学分析有限元模型

利用空间梁单元离散输送软管，其动力分析有限元方程如下：

$$[\boldsymbol{M}]\{\ddot{\boldsymbol{u}}\}+[\boldsymbol{C}]\{\dot{\boldsymbol{u}}\}+[\boldsymbol{K}_T]\{\Delta\boldsymbol{u}\}=\{\boldsymbol{F}\}-\{\boldsymbol{N}\} \qquad (9.1-10)$$

式中：$\{\ddot{\boldsymbol{u}}\}$为软管节点加速度向量；$\{\dot{\boldsymbol{u}}\}$为软管节点速度向量；$\{\Delta\boldsymbol{u}\}$为软管节点位移增量向量；$[\boldsymbol{M}]$为质量矩阵，它包含了软管自身的质量以及软管内外流体的附加质量；$[\boldsymbol{C}]$为阻尼矩阵；$[\boldsymbol{K}_T]$为切线刚度矩阵；$\{\boldsymbol{F}\}$为外力；$\{\boldsymbol{N}\}$为内力。

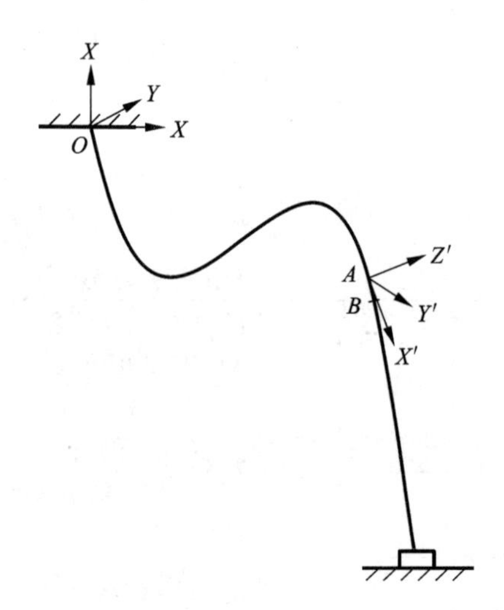

图 9.1-1 软管空间形态分析简图

采用集中质量法，局部坐标下单元质量矩阵为一对角阵：

$$
[\boldsymbol{M}_e]=\begin{bmatrix}
m_1+m_2+\alpha m_3 & & & & & & & & & & & \\
& m_1+m_2+m_3 & & & & & & & & & & \\
& & m_1+m_2+m_3 & & & & & & & & & \\
& & & 0 & & & & & & & & \\
& & & & 0 & & & & & & & \\
& & & & & 0 & & & & & & \\
& & & & & & m_1+m_2+\alpha m_3 & & & & & \\
& & & & & & & m_1+m_2+m_3 & & & & \\
& & & & & & & & m_1+m_2+m & & & \\
& & & & & & & & & 0 & & \\
& & & & & & & & & & 0 & \\
& & & & & & & & & & & 0
\end{bmatrix}
$$

式中：m_1、m_2、m_3分别为单元软管质量、管内和管外流体的附加质量的二分之一。

假设节点附近软管的运动速度与节点的运动速度相同，局部坐标下单元阻尼矩阵：

$$
[\boldsymbol{C}_e]=\begin{bmatrix}
\alpha_1|\dot{u}_{r1}| & & & & & & & & & & & \\
& \alpha_2(\dot{v}_{r1}^2+\dot{w}_{r1}^2)^{1/2} & & & & & & & & & & \\
& & \alpha_2(\dot{v}_{r1}^2+\dot{w}_{r1}^2)^{1/2} & & & & & & & & & \\
& & & 0 & & & & & & & & \\
& & & & 0 & & & & & & & \\
& & & & & 0 & & & & & & \\
& & & & & & \alpha_1|\dot{u}_{r2}| & & & & & \\
& & & & & & & \alpha_2(\dot{v}_{r2}^2+\dot{w}_{r2}^2)^{1/2} & & & & \\
& & & & & & & & \alpha_2(\dot{v}_{r2}^2+\dot{w}_{r2}^2)^{1/2} & & & \\
& & & & & & & & & 0 & & \\
& & & & & & & & & & 0 & \\
& & & & & & & & & & & 0
\end{bmatrix}
$$

式中：$\dot{u}_{r1}$、$\dot{v}_{r1}$、$\dot{w}_{r1}$、$\dot{u}_{r2}$、$\dot{v}_{r2}$、$\dot{w}_{r2}$为两节点相当于流体的运动速度：$\dot{u}_{r1}=\dot{u}_1-\dot{u}_c$，$\dot{v}_{r1}=\dot{v}_1-\dot{v}_c$，$\dot{w}_{r1}=\dot{w}_1-\dot{w}_c$，$\dot{u}_{r2}=\dot{u}_2-\dot{u}_c$，$\dot{v}_{r2}=\dot{v}_2-\dot{v}_c$，$\dot{w}_{r2}=\dot{w}_2-\dot{w}_c$；$\dot{u}_1$、$\dot{v}_1$、$\dot{w}_1$、$\dot{u}_2$、$\dot{v}_2$、$\dot{w}_2$ 为节点的绝对速度；$\dot{u}_c$、$\dot{v}_c$、$\dot{w}_c$ 为来流速度在局部坐标系下的 3 个分量；$\alpha_1=\frac{1}{4}\rho DC_f\Delta l$，$\alpha_2=\frac{1}{4}\rho DC_d\Delta l$；$\rho$、$D$、$C_f$、$C_d$、$\Delta l$ 分别为外部流体密度、软管外径、切向阻力系数、法向阻力系数、单元长度。

切线刚度阵：

$$[K_T] = [K_0] + [K_\sigma] \tag{9.1.11}$$

式中：$[K_0]$、$[K_\sigma]$为线性刚度阵和几何刚度矩阵（初应力刚度阵），在局部坐标系下：

$$[\boldsymbol{K}_{0e}] = \begin{bmatrix}
\frac{EF}{L} & 0 & 0 & 0 & 0 & 0 & \frac{EF}{L} & 0 & 0 & 0 & 0 & 0 \\
0 & \frac{2}{A_Y L} & 0 & 0 & 0 & \frac{1}{A_Y} & 0 & \frac{-2}{A_Y L} & 0 & 0 & \frac{-1}{A_Z} & \frac{1}{A_Y} \\
0 & 0 & \frac{2}{A_Z L} & 0 & \frac{-1}{A_Z} & 0 & 0 & 0 & \frac{-2}{A_Z L} & 0 & 0 & 0 \\
0 & 0 & & \frac{GJ_d}{L} & 0 & 0 & 0 & 0 & 0 & \frac{-GJ_d}{L} & 0 & 0 \\
0 & 0 & \frac{-1}{A_Z} & & \frac{D_Z}{A_Z} & 0 & 0 & 0 & \frac{1}{A_Z} & 0 & \frac{C_Z}{A_Z} & 0 \\
0 & \frac{1}{A_Y} & 0 & 0 & 0 & \frac{D_Y}{A_Y} & 0 & \frac{-1}{A_Y} & 0 & 0 & 0 & \frac{C_Y}{A_Y} \\
\frac{EF}{L} & 0 & 0 & 0 & 0 & & \frac{EF}{L} & 0 & 0 & 0 & 0 & 0 \\
0 & \frac{-2}{A_Y L} & 0 & 0 & 0 & \frac{-1}{A_Y} & 0 & \frac{2}{A_Y L} & 0 & 0 & 0 & 0 \\
0 & 0 & \frac{-2}{A_Z L} & 0 & \frac{1}{A_Z} & 0 & 0 & 0 & \frac{2}{A_Z L} & 0 & \frac{1}{A_Z} & 0 \\
0 & 0 & 0 & \frac{-GJ_d}{L} & 0 & 0 & 0 & 0 & 0 & \frac{GJ_d}{L} & 0 & 0 \\
0 & \frac{-1}{A_Z} & 0 & 0 & \frac{C_Z}{A_Z} & 0 & 0 & 0 & \frac{1}{A_Z} & 0 & \frac{D_Z}{A_Z} & 0 \\
0 & \frac{1}{A_Y} & 0 & 0 & 0 & \frac{C_Y}{A_Y} & 0 & \frac{-1}{A_Y} & 0 & 0 & 0 & \frac{D_Y}{A_Y}
\end{bmatrix}$$

式中：$A_Y = \dfrac{(1+12R_Y)L^2}{6EI_Z}$；$R_Y = \dfrac{EI_Z}{L^2\mu_Z GF}$；$C_Y = \dfrac{L(1-6R_Y)}{3}$；$D_Y = \dfrac{2L(1+3R_Y)}{3}$；

$A_Z = \dfrac{L^2(1+12R_Z)}{6EI_Y}$；$R_Z = \dfrac{EI_Y}{L^2\mu_Y GF}$；$C_Z = \dfrac{L(1-6R_Z)}{3}$；$D_Z = \dfrac{2L(1+3R_Z)}{3}$

$$
[\boldsymbol{K}_{\sigma e}] = P\begin{bmatrix}
0 & 0 & 0 & 0 & 0 & -0.1 & 0 & 1.2 & 0 & 0 & 0 & -0.1 \\
0 & -1.2 & 0 & 0 & 0.1L & 0 & 0 & 0 & 1.2 & 0 & 0.1L & 0 \\
0 & 0 & -1.2 & 0 & 0 & 0 & 0 & 0 & 0 & 0 & 0 & 0 \\
0 & 0 & 0 & 0 & 0 & 0 & 0 & 0 & 0 & 0 & 0 & 0 \\
0 & 0 & 0.1L & 0 & \frac{-L^2}{7.5} & 0 & 0 & 0 & -0.1L & 0 & \frac{L^2}{30} & 0 \\
0 & -0.1 & 0 & 0 & 0 & \frac{-L^2}{7.5} & 0 & 0.1L & 0 & 0 & 0 & \frac{L^2}{30} \\
0 & 0 & 0 & 0 & 0 & 0 & 0 & 0 & 0 & 0 & 0 & 0 \\
0 & 1.2 & 0 & 0 & 0 & 0.1L & 0 & -1.2 & 0 & 0 & 0 & 0.1L \\
0 & 0 & 1.2 & 0 & -0.1L & 0 & 0 & 0 & -1.2 & 0 & -0.1L & 0 \\
0 & 0 & 0 & 0 & 0 & 0 & 0 & 0 & 0 & 0 & 0 & 0 \\
0 & 0 & 0.1L & 0 & \frac{L^2}{30} & 0 & 0 & 0 & -0.1L & 0 & \frac{-L^2}{30} & 0 \\
0 & -0.1 & 0 & 0 & 0 & \frac{L^2}{30} & 0 & 0.1L & 0 & 0 & 0 & \frac{-L^2}{7.5}
\end{bmatrix}
$$

式中：P 为单元所受的轴向压力。

9.1.1.3　求解方法

对有限元方程(9.1－10)需要在时间域内逐步积分求解。参见图9.1－2，用 $\{\Delta u_{i+1}^{j}\}$ 表示从 t 时刻到 $t+\Delta t$ 的第 j 次迭代增加的位移增量，用 $\{\Delta u^{j}\}$ 表示第 j 次迭代比 $j-1$ 次迭代增加的位移增量，得到

$$\{\Delta u_{i+1}^{j}\} = \sum_{j-1}\{\Delta u^{j}\} \tag{9.1-12}$$

完成由 $t-\Delta t$ 时刻到 t 时刻求解相应的位移增量及其他需求的物理量后，进入求 t 时刻到 $t+1$ 时刻的位移增量及其他物理量。迭代开始时，利用 t 时刻结构的位置、速度、外力、内力求解方程(9.1－10)的系数矩阵 $[M]$、$[C]$、$[K_T]$ 及 $\{F\}$ 与 $\{N\}$，进而解出 t 到 $t+\Delta t$ 时刻的位移增量 $\{\Delta u^{j=1}\}$ 及结构的速度、内力等物理量的近似值。然后进入下一步迭代，直到迭代求得的位移增量 $\{\Delta u^{j}\}$ 小于规定的误差为止。

9.1.1.4　工况动力学分析、初始条件和边界条件

主要分析4种工况：

①中间舱不动，给定集矿机在海底的运动。这种情况下，软管两端的边界条件为：上端(中间舱端)6个位移都为0，即6个速度也为0。软管下端，3个转动约束反力矩为0，转动位移待求；3个平动自由度边界条件：垂直方向位移为0，指定(集矿机)水平方向位移随时间的变化规律。

②中间舱运动，集矿机不动。软管上端给定6个位移随时间的变化规律；下

端指定3个转动约束反力矩为0，3个平面位移为0。

③中间舱位移，集矿机自由。软管上端条件与第二种情况相同，下端垂直位移为0，其余5个自由度指定约束反力(矩)为0。

④中间舱和集矿机同时给定运动。软管上端边界条件与第二种情况相同，下端边界条件与第一种情况相同。

对于动力学问题，不仅要给出行驶路线，还要给出行驶路线上的速度和加速度。时域求解动力学问题涉及到初始条件，开始阶段无法找到一种满足平衡及连续条件的运动中的初始条件，故初始状态采用静平衡状态。这时，初位移是已知的，初速度为0，由静力学程序预先算出。最简单的软管静平衡位置是软管垂直向下，不受任何外力。通过分步、比例加载重力、浮力，逐步计算出平衡位置和约束反力，参见图9.1-3。

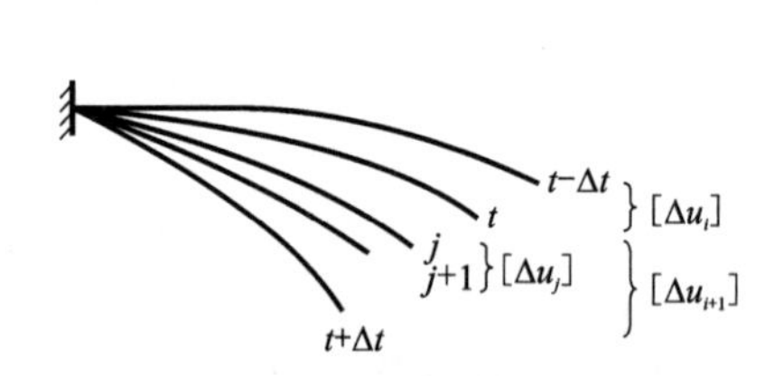

图9.1-2　时间域迭代的位移增量

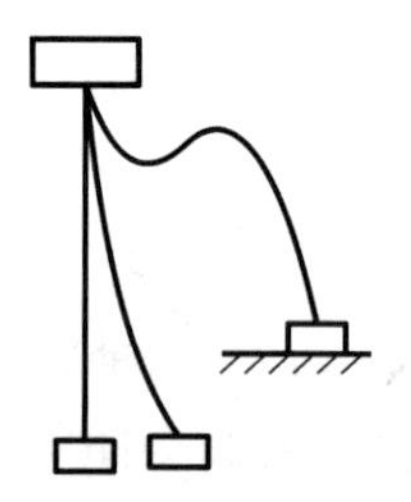

图9.1-3　初始平衡位置寻找过程

采用静平衡状态作为初始条件，针对不同运动工况，通过时间域内逐步积分的处理方法对动力学问题进行分析计算，得到了软管对集矿机和中间舱的作用力和软管的空间形态，以及集矿机相对于中间舱的安全行驶区域。

举例：针对集矿机行驶速度为0.5 m/s、中间舱离海底高度为100 m、软管长度500 m、内摩擦阻力0.008 kN/m、海流速度0.3 m/s的条件下，仿真结果得到：正常作业时集矿机端所受的水平力≤5 k N，软管弯曲半径>5倍管径。软管的空间形态、集矿机安全行驶区域和突然停车时集矿机端约束反力变化见图9.1-4~图9.1-6。

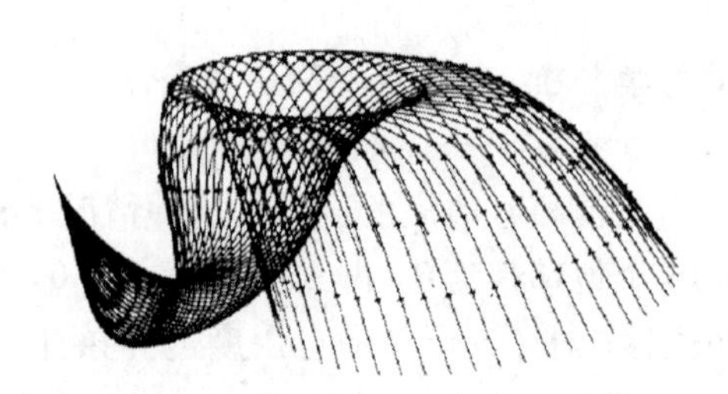

图9.1-4　软管3维空间形态图

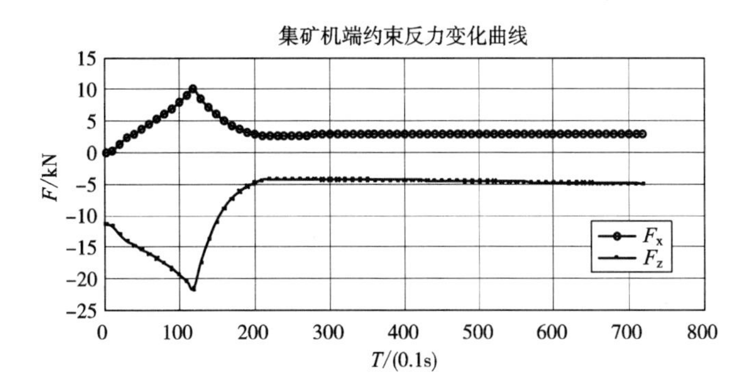

图 9.1－5　集矿机遇障碍物时集矿机端约束反力变化曲线

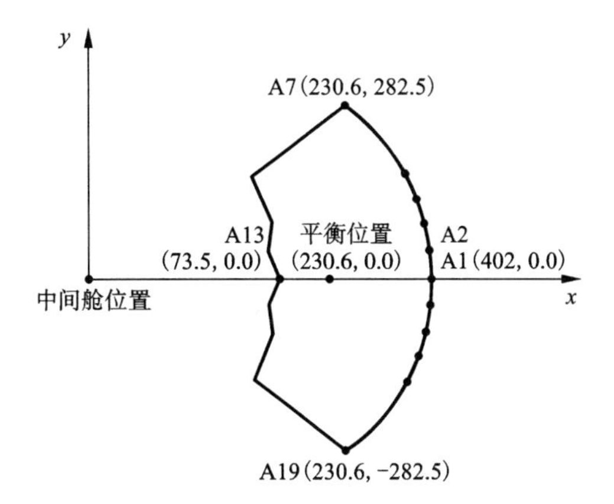

图 9.1－6　集矿机安全行驶区域

9.1.2　管线系统动力学“吊索”数值分析法

海洋中管线(石油管线和钻井船钻杆)动力学数值分析方面有很多比较实用的方法和计算程序。鉴于一些专用程序运用复杂，采矿系统管线曲率半径大，而影响弯曲刚度的因素主要是惯性载荷、轴向张力和外加力，因此可以使用具有类似悬链线特性的“吊索”法和程序(法国石油研究所 FLEXAN 程序)进行非线性大位移的时域仿真，这样每个节点的自由度减少到 3 个，计算简单快捷。这里对该分析法概述如下。

9.1.2.1　方法原理

(1)“吊索”单元

作用于潜入水中的吊索单元的流体动力(阻力和惯性力)用莫里松(Morison)公式计算。这些力与重力和浮力一起沿单元平均分布，并作为分布合成载荷 W_1

施加到吊索单元。单元2个节点和合成载荷 W_1 的方向确定了单元的局部平面(图9.1-7)。

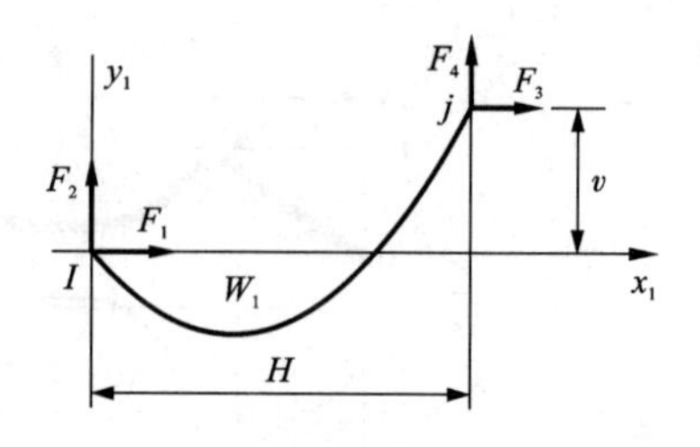

图9.1-7 吊索单元局部平面图

在局部平面中，悬链线方程的迭代解得出了几何尺寸、端部力 F_1 和局部刚度矩阵。然后，将这些结果变换为全球坐标系统。

外部力可视为恒定力，由于具有真正的悬链线形状，这种类型单元与一般用于吊索分析的铰接直链环模型相比较可以更长。

(2)静力分析

FLEXAN 程序采用改进的牛顿-拉普森(Newton-Raphson)迭代法寻找下述模型的平衡构型：

$$(\boldsymbol{Q})=0 \tag{9.1-13}$$

式中：$(\boldsymbol{Q})$ 为节点非平衡力矢量。平衡结点位置通过连续修正求出：

$$(X^{i+1})=(X^{i})+(DX^{i}) \tag{9.1-14}$$

$$(|\boldsymbol{K}_t^i|+|\boldsymbol{R}^i|)(D\boldsymbol{X}^i)=(\boldsymbol{Q}^i) \tag{9.1-15}$$

式中：$\boldsymbol{K}_t$ 为全球切线刚度矩阵；$\boldsymbol{Q}$ 和 $\boldsymbol{K}_t$ 通过局部实体的经典汇编获得；$\boldsymbol{R}$ 为任选用户规定控制收敛速度的对角线矩阵。

(3)动力分析

惯性反作用力(质量+附加质量)集中在产生对角线矩阵 $|\boldsymbol{M}|$ 的节点上。时域分析通过采用通用 Adams 分布法对下式进行直接积分进行：

$$|\boldsymbol{M}|(\ddot{X})=(\boldsymbol{Q}) \tag{9.1-15}$$

加之有效的时间步监控，这种算法具有很好的稳定特性。

9.1.2.2 分析实例

采矿系统结构如图9.1-8所示，模拟如图9.1-9(a)所示。吊索分为15个单元，自由度共42个。集中载荷、点质量和点阻力系数都加在相当于中间站的节点上。针对6 000 m垂直提升钢管、100 t重中间舱、600 m长配浮力件的软管，集矿机正常行驶速度0.75 m/s条件下的以下三种工况进行模拟：

①集矿机恒定速度行驶因故障突然停车[图9.1-9(b)]。

②正常作业过程中，采矿系统“U”形调头[图9.1-9(c)]。

③集矿机绕过障碍或横向采集[图9.1-9(d)]。

分析结果表明：

①集矿机突然停车时，为了保持中间站接近集矿机，避免集矿机受到过大的拖力，采矿船减速、停车和加速倒车达到0.75 m/s速度为止，软管空间形态如

图9.1－10所示。中间舱水平移动约120 m，集矿机软管连接处的最大水平分力达75 kN，参见图9.1－11。

②当集矿机以0.5 m/s速度、100 m半径转弯调头时，采矿船倒车，这时系统的动力偏移见图9.1－12。中间舱与集矿机软管连接处的拉力及其对集矿机的纵向和横向作用力如图9.1－13和图9.1－14所示。产生的产量损失相当于几分钟的作业。

③当采矿船以1 m/s速度航行和集矿机以0.2 m/s横向避开100 m×100 m大障碍物时，动力偏移见图9.1－15，集矿机和中间舱的轨迹见图9.1－16，集矿机的横向受力见图9.1－17。

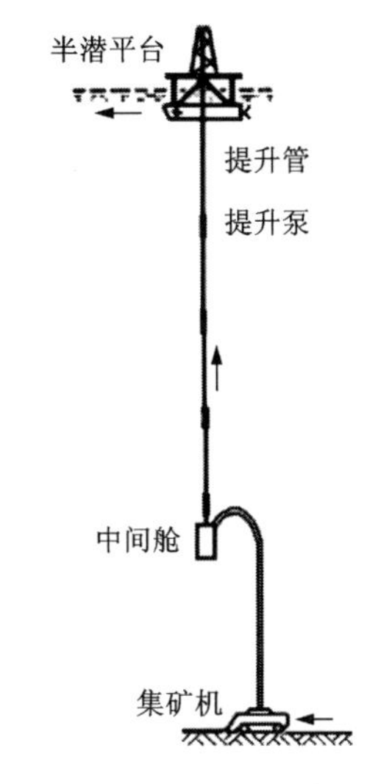

图9.1－8　采矿系统结构

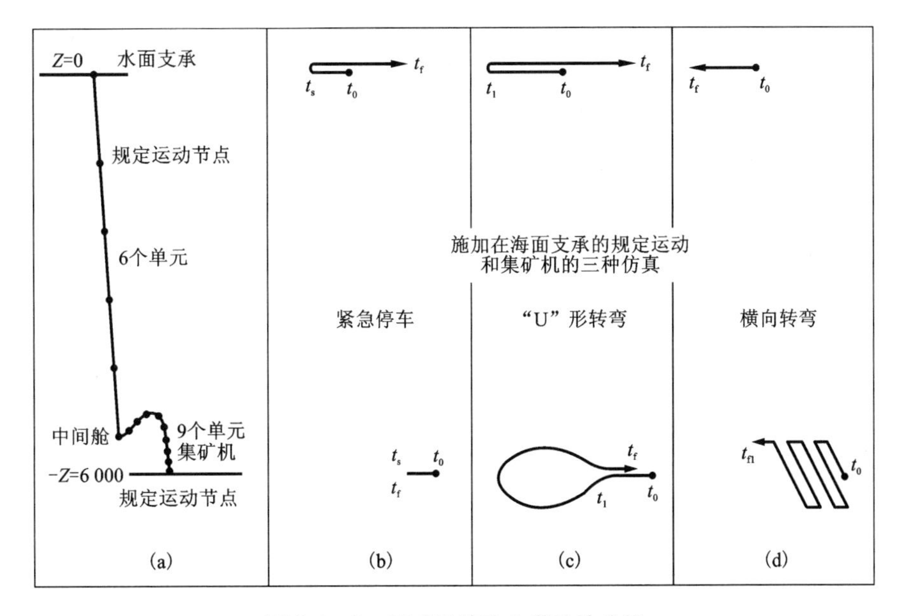

图9.1－9　采矿系统动力学特性分析

(a)系统模拟；(b)集矿机故障紧急停车；(c)系统“U”形转弯调头；(d)集矿机横向采集

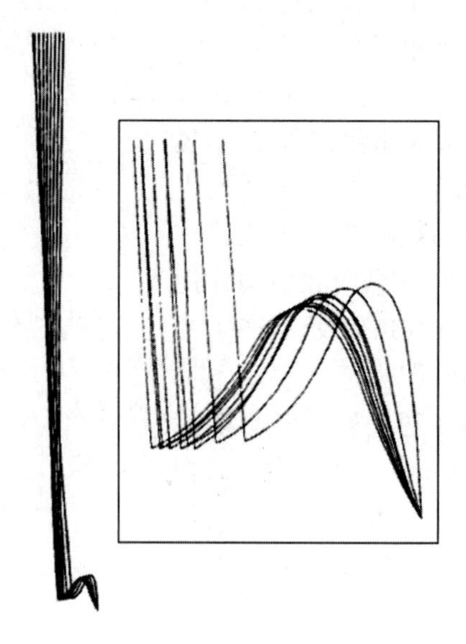

图 9.1－10　集矿机突然停车时软管空间形态图

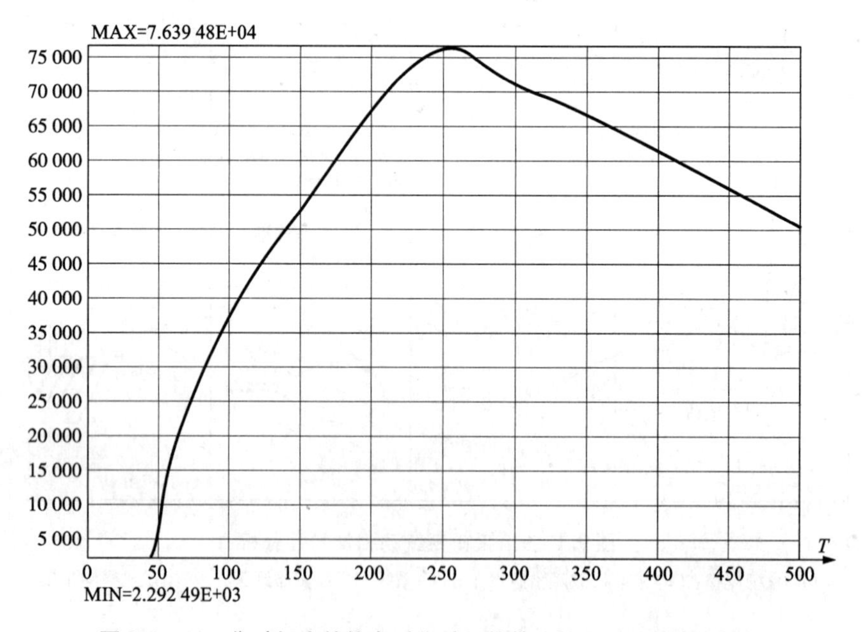

图 9.1－11　集矿机突然停车时集矿机软管连接处受到的水平拉力

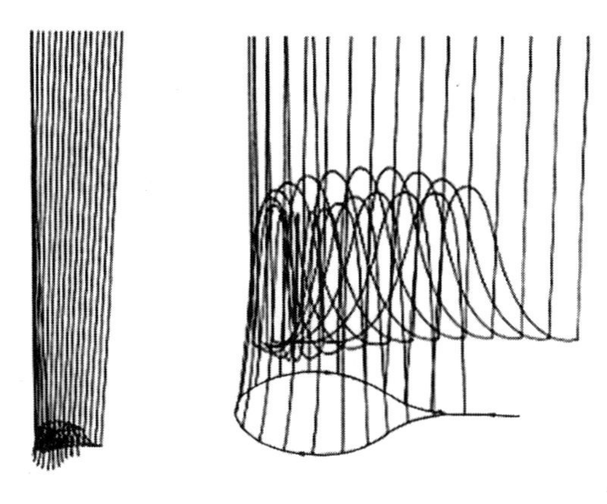

图 9.1－12　系统“U”形调头时的动态偏转

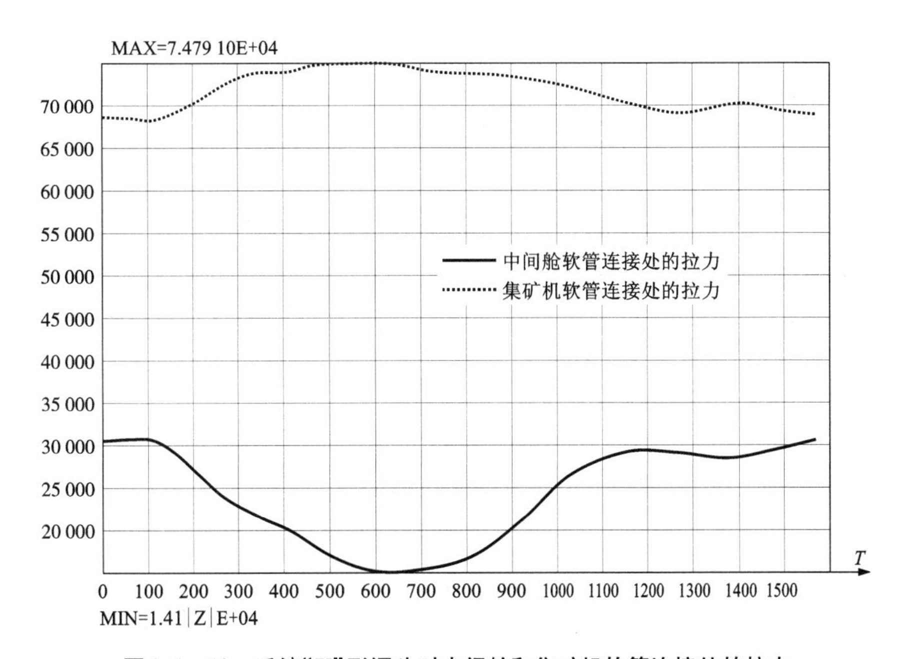

图 9.1－13　系统“U”形调头时中间舱和集矿机软管连接处的拉力

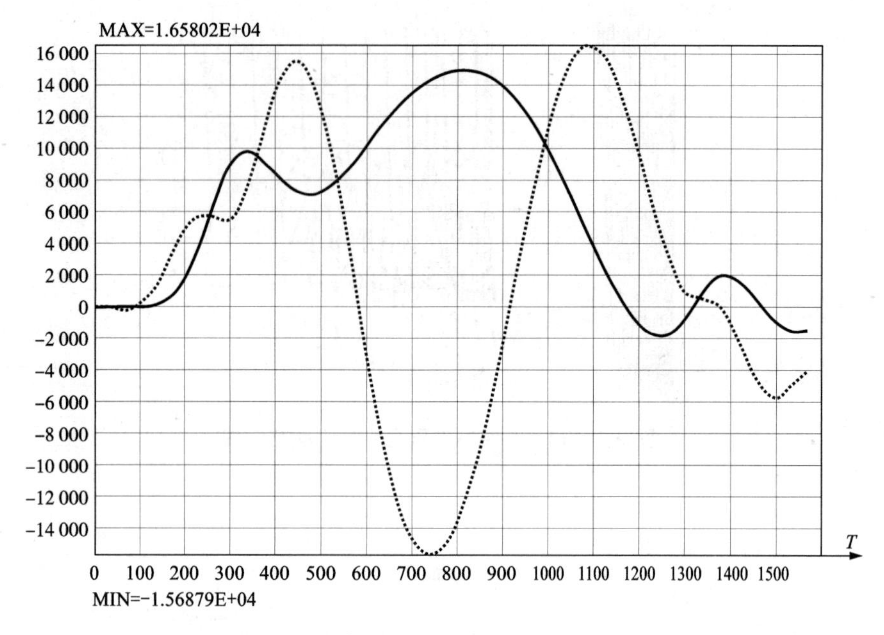

图 9.1 – 14　系统“U”形调头时集矿机上的水平拉力

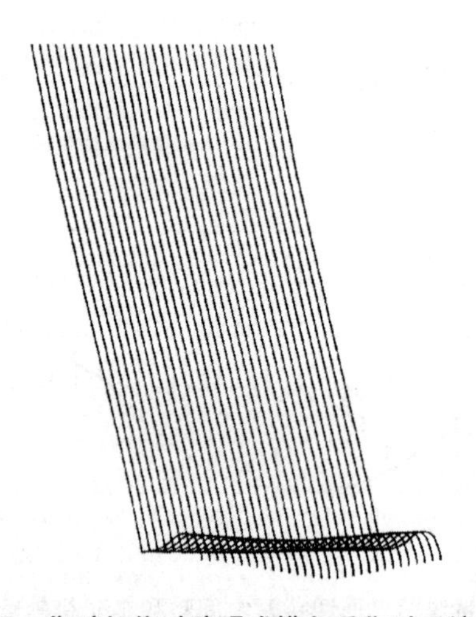

图 9.1 – 15　集矿机绕过障碍或横向采集时系统动态偏转

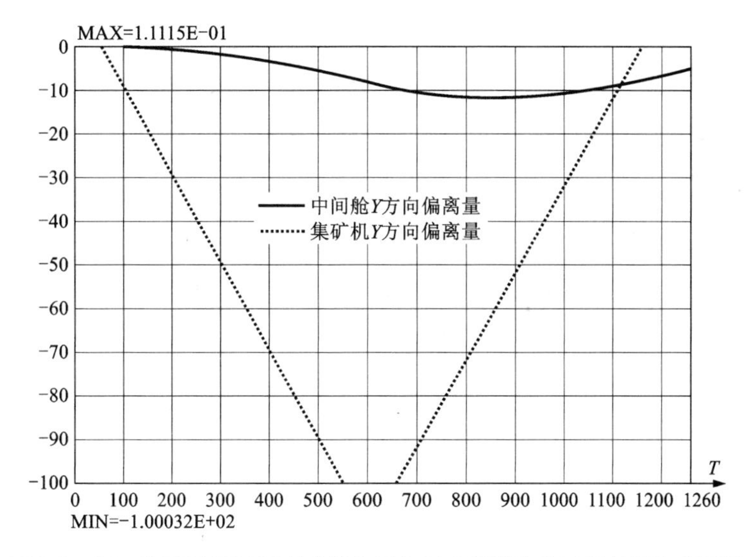

图 9.1-16　集矿机绕过障碍或横向采集时中间舱和集矿机的横向偏离量

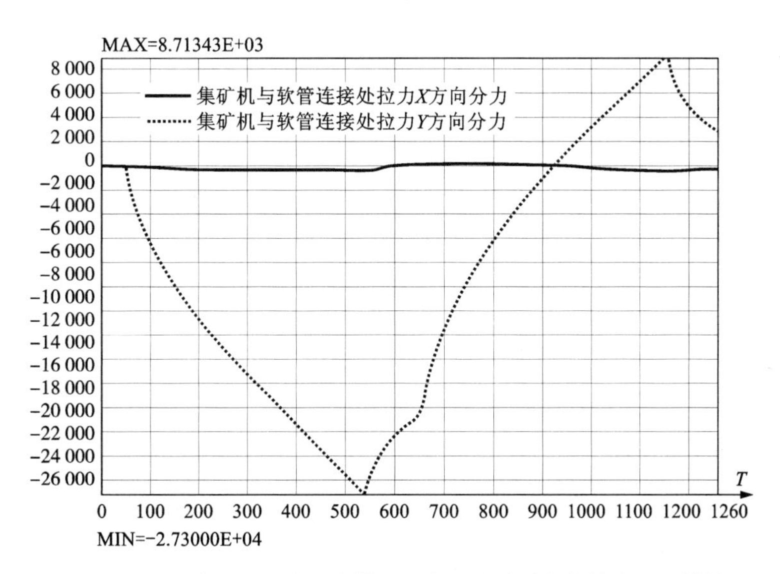

图 9.1-17　集矿机绕过障碍或横向采集时集矿机与软管连接处的拉力

9.2　升沉补偿器系统的力学分析计算

采矿船上的升沉补偿系统主要用于降低或抑制水下设备吊放和作业支承提升立管系统时因船舶升沉运动产生的动载荷，或者用缆绳吊放水下设备时保持在水中的希望位置，并保持缆绳中张力稳定。

升沉补偿系统按控制方式分为被动式和主动式两种类型。被动式利用简单的气缸或液压缸的弹簧阻尼实现运动补偿，当活塞杆上张力增加时活塞收缩，借助缸内压力变化降低张力和保持位置近似稳定。为了使张力变化小，弹簧常数必须相当小，活塞位移就要很大。同时，要考虑被吊放载荷的自然频率高于船舶升沉频率，以避免系统共振。当支承的载荷大、允许的提升力变化小到5%以下时，将导致气体容积非常之大，补偿系统重量急剧增加到难以接受的程度。在弹簧容积和工作压力可接受的条件下，被动式补偿系统的载荷变化不低于10%是可以实现的。主动式补偿系统，利用运动参数传感器及其输出，通过与设定的系统状态进行比较，控制补偿缸活塞的运动，使之与设定的状态接近一致，实现载荷位置固定和所受张力稳定。传感器包括高度计、深度计、加速度计和张力计等，传感器的精度、重复性和采样速率是系统成功的关键。主动式补偿系统的储气量比其被动式系统降低60%，最高可做到载荷变化±0.5%，一般情况下可使动载荷变化降低90%以上。

这里介绍三种典型的升沉补偿系统的力学分析计算。

9.2.1 气动弹簧升沉补偿器系统

(1)升沉补偿器参数计算

气动弹簧升沉补偿器系统如图9.2-1所示。气动弹簧以波浪频率(0.1~0.25 Hz)循环，气体压缩和膨胀速度比热传导率快得多，可以认为是绝热过程。因此理想气体的气动弹簧绝热压缩和膨胀的热力学关系为

$$PV^n = \text{cont} \qquad (9.2-1)$$

式中：P 为压力；V 为弹簧容纳气体的体积；n 为多变指数，理想气体为1.4。

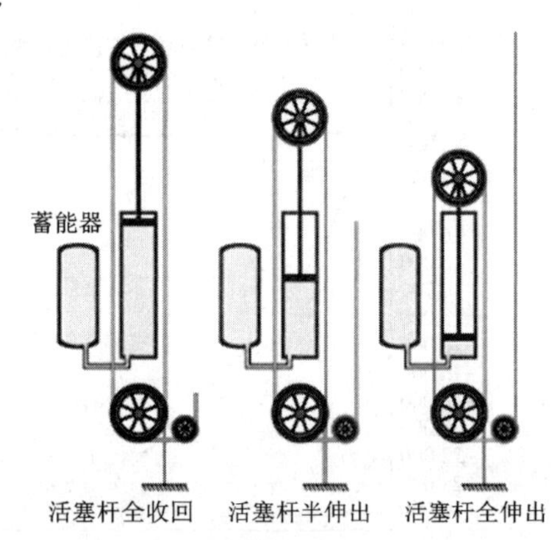

图9.2-1 吊笼安装升沉补偿系统示意图

为了达到希望的弹簧张力-位移特性，用储能器增加系统体积。其体积是由规定的储能器张力范围确定的。如果张力中值等于所支承的重量 W_T，张力极限值(刚刚要碰撞停止端以前)为 $W_T \pm kW_T$，根据方程(9.2-1)储能器的体积为：

$$V_R = \frac{A_P \delta_T}{a\left(\frac{1+k}{1-k}\right)^{\frac{1}{n}} - 1} \qquad (9.2-2)$$

式中：k 为规定的 W_T 的几分之一；A_p 为活塞面积；a 为缆绳缠绕补偿器的圈数；δ_T

为补偿系统总放绳量(升沉补偿幅度)。

储能器的非线性张力-位移关系为:

$$T_{\mathrm{HC}}=\frac{W_{\mathrm{T}}(1+k)}{\left[\left(\frac{1+k}{1-k}\right)^{\frac{1}{n}}\left(1-\frac{\delta}{\delta_{\mathrm{T}}}\right)+\frac{\delta}{\delta_{\mathrm{T}}}\right]^{n}}+C_{\mathrm{pd}}\dot{\delta} \tag{9.2-3}$$

式中: T_{HC}为储能器缆绳中的张力; δ 为缆绳放出长度; C_{pd}为线性阻尼常数; $(\dot{\delta})$为缆绳放出长度的一次导数。

张力-位移曲线方程(9.2-3)第一项与缠绕圈数 a 无关, 非线性斜率表示升沉补偿器的刚度。$k=0.2$ 和 $k=0.4$ 的关系曲线示于图 9.2-2。对于不变的 k, 刚度(张力-位移曲线斜率)随 δ_{T}的减小而增加。相反, 对于给定的 δ_{T}值, 有效刚度将随 k 的增大而减小。因为张力随缆绳放出长度的增加而非线性加大, 静平衡时活塞并非位于 $\delta_{\mathrm{E}}=0.5\delta_{\mathrm{T}}$ 处, 而是出现在:

$$\delta_{\mathrm{E}}=\frac{(1+k)^{\frac{1}{n}}-\left(\frac{1+k}{1-k}\right)^{\frac{1}{n}}}{\left(1-\left(\frac{1+k}{1-k}\right)^{\frac{1}{n}}\right)}\delta_{\mathrm{T}} \tag{9.2-4}$$

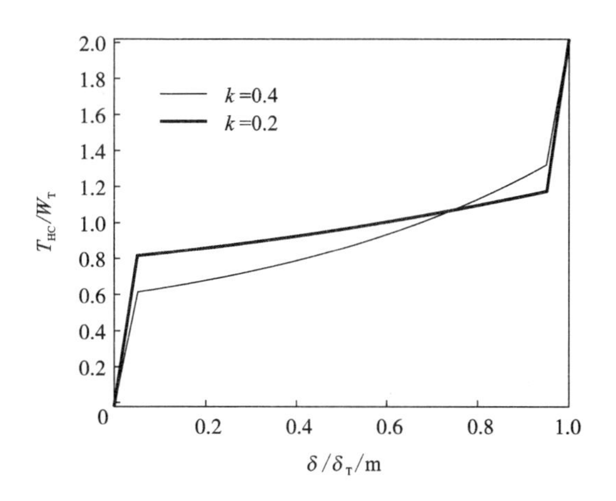

图 9.2-2　气动式被动补偿器弹簧力与位移关系

例如, 若 $k=0.4$ 和 $n=1.4$, 则 $\delta_{\mathrm{E}}=0.67\ \delta_{\mathrm{T}}$。静平衡时, 系统压力由 $P_{\mathrm{eq}}=aA_{\mathrm{P}}W_{\mathrm{T}}$确定。储能器内缆绳段的刚度一般比储能器的大 500~1 000 倍, 其长度比系统中缆绳总长度短。因此, 它的弹性和惯性特性对被吊放系统的影响可以忽略, 不必进行仿真。

(2)系统动态仿真

对于缆绳垂直吊放系统, 被吊放载荷的位置和船上吊点缆绳张力的模型示于

图9.2－3中。这里以位于平均海平面的单一惯性参考坐标系建模，下向位移为正，假设已知垂直运动，按施加在缆绳上端规定的位移函数进行仿真。缆绳间断地向下进入在节点处相连的线性－弹性单元（端部节点）。每个单元的惯性质量（包括缆绳内附连水质量）在其节点处“集总”相等。对于圆柱切向流动的附加质量为零。而施加在每个节点上的力，是由作用于连接单元上或内的黏性阻力、内应变、内阻尼、重量和浮力引起的。假设每个节点上的张力－应变关系是线性的。这个用离散单元集总质量表示的公式，允许补偿装置作为单元插入任何位置而容易进入模型。根据施加到连接点的力，仿真补偿器的效果。对于具有气动弹簧和线性阻尼器的补偿器单元，使力方程离散化。

$$f_{\mathrm{HC}}^{(1)}=\frac{W_{\mathrm{T}}(1+k)}{\left(\left(\frac{1+k}{1-k}\right)^{\frac{1}{n}}\left(1-\frac{Z_i^{(2)}-Z_i^{(1)}}{\delta_{\mathrm{T}}}\right)+\frac{Z_i^{(2)}-Z_i^{(1)}}{\delta_{\mathrm{T}}}\right)^{n}}+C_{\mathrm{pd}}(\dot{Z}_i^{(2)}-\dot{Z}_i^{(1)}) \tag{9.2-5}$$

和

$$f_{\mathrm{HC}}^{(2)}=-f_{\mathrm{HC}}^{(1)} \tag{9.2-6}$$

式中：$Z_i^{(1)}$ 和 $Z_i^{(2)}$ 分别为补偿器单元 i 节点的上下端垂直位置。方程（9.2－5）精确地描述出补偿器（图9.2－3）的力－位移关系的分析表达式。

完整的模型由 $N+1$ 个节点组成，N 是单元数。每个节点的运动，由二阶微分方程控制。规定自第一个单元运动起，系统完全由 N 个二阶微分方程组描述。时间响应由根据 $2N$ 个一阶方程组得出的 N 个二阶方程进行计算，以具有适当步长的4～5阶龙格－库塔法求解这个初始值问题的数值积分。

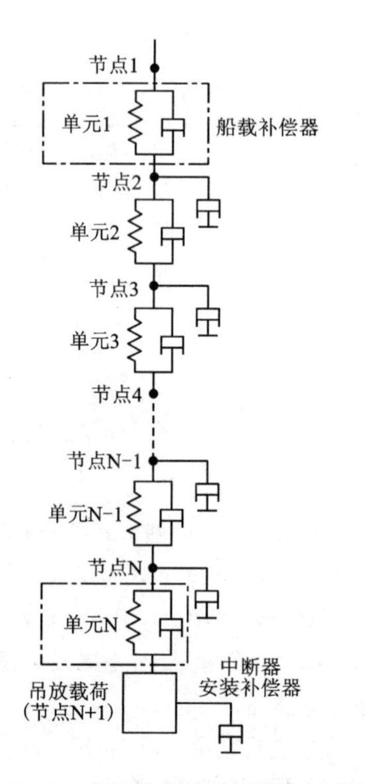

图9.2－3　有限元集总质量模型示意图

（3）实例分析

这里以ROPOS型号ROV吊放系统为例分析船载气动升沉补偿系统。吊放缆绳直径为3 cm，质量为3.05 kg/m，弹性模量96 000 MPa，最大工作载荷和破断强度分别为200 kN和550 kN。针对1 000 m、2 500 m和5 000 m水深，用模型求气动升沉补偿性能。缆绳分50个单元。按 $k=0.2$ 和补偿器内缆绳收放长度变化 $\delta_T=3\sim10$ m，使补偿器活塞行程最短，计算结果示于图9.2－4。由图可以看出，采用补偿器可使吊点缆绳动张力降低77%，而水下载荷位置变动降低25%。

9.2.2　油气弹簧升沉补偿器系统

普遍采用的被动式油气张力弹簧运动补偿器如图9.2－5所示。系统由压力罐内的平均压力产生预张力，该平均值的波动大小由下列因素决定

①气动弹簧率；

②旋转软管和钢管内的液体摩擦力；

③密封的静摩擦力。

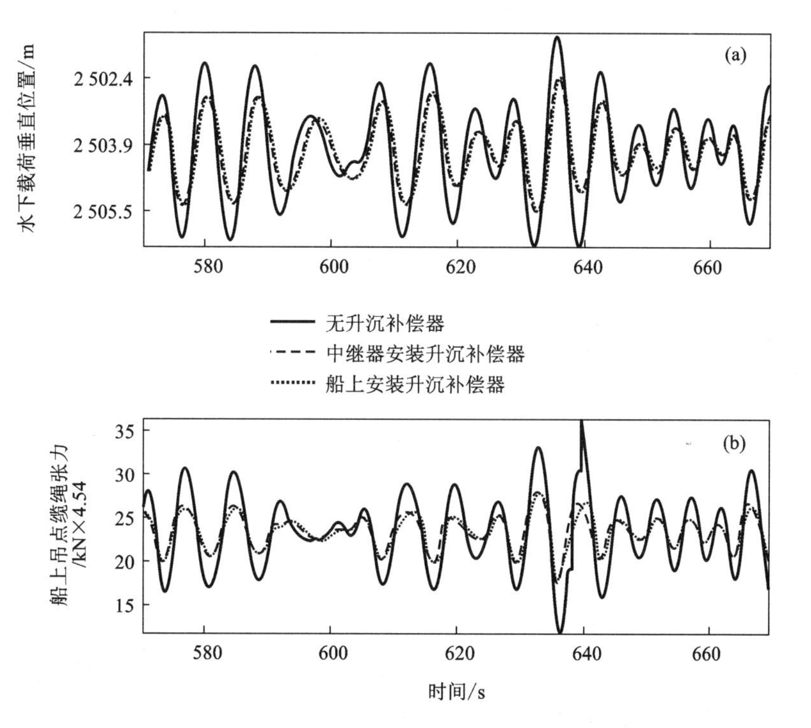

图9.2－4　升沉补偿系统的水下载荷运动(a)和船上吊点缆绳张力(b)

假设船按正弦波升沉运动，振幅为 q_0，角频率为 ω，刚性提升立管，管线内的张力分量可用下列数学方程表示：

$$T_m=A_cP_0 \tag{9.2-7}$$

$$\delta T_a=\frac{P_0}{1-C_1q_0\sin\omega t}C_1q_0\omega t \tag{9.2-8}$$

$$\delta T_b = C_2\omega^2\cos\omega t\,|\cos\omega t| \tag{9.2-9}$$

$$\delta T_c = F_c(\sin\omega t \text{ 的符号}) \tag{9.2-10}$$

式中：A_c为升沉补偿器活塞有效面积；P_0 为气瓶内气体的平均压力；$C_1 = nA_c/V_0$为常数；C_2为活塞速度与液体摩擦力的关系常数；F_c为库伦摩擦力；V_0为气瓶内气体平均容积；n 为气体定律的多变指数，取 1.4。

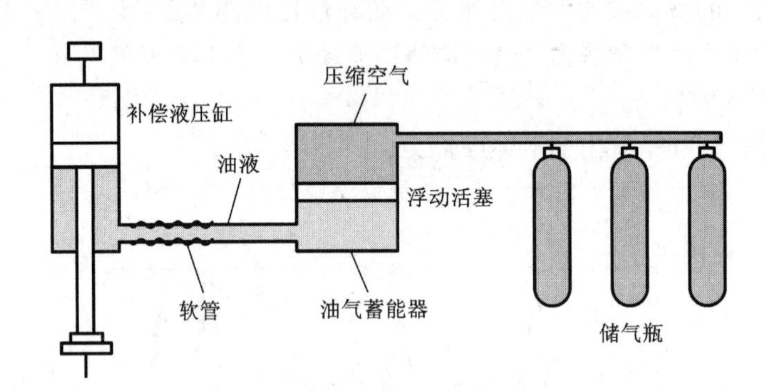

图 9.2－5　被动式补偿器工作原理

可以看出，气动弹簧微分向量 δT_a 取决于升沉振幅，液体摩擦力向量 δT_b取决于升沉速度，库伦摩擦力向量 δT_c 为常数，符号取决于方向。

对于任何瞬间求解提升管组内的张力为

$$T = T_m + \delta T_{a,b,c} \tag{9.2-11}$$

分量 $\delta T_{a,b,c}$可用矢量表示。

液体的摩擦阻力很重要，并决定着升沉峰值力的相位。

典型的被动式补偿器的特性曲线示于图 9.2－6 和 9.2－7 中。

鉴于被动式补偿系统要保持载荷变化率很小，则所需的储气量极大，造成系统体积、重力庞大，制造成本猛增，主动式补偿系统显现出明显的优势。主动式补偿将气动弹簧平均压力的变化转变为补偿器缸内压力变化的跟踪参考系统。代表性的主动式补偿系统如图 9.2－8 所示。Glomar Challenger 调查船上安装的主动升沉补偿控制系统示于图 9.2－9。液压动力装置为 2 台最大排量 132.5 L/min 的变量液压泵，用 55 kW 三相交流电动机驱动，油箱为 1 136 L。动力单元用于控制油气弹簧的容积，因此补偿器的位置与储能器的位置相关。主液压泵斜盘角度由电液伺服阀控制，该阀由控制单元内伺服放大器驱动，控制单元从压差传感器接收前进行程信号。补偿缸与油气储能器之间的液压管为 2 根 102 mm 内径软管，升沉补偿缸的进油管上安装了“防喷”阀，当软管爆裂或提升管线断裂时，迅速关闭补偿缸内压力油，保持支承的载荷原位不动。设计技术条件如下：

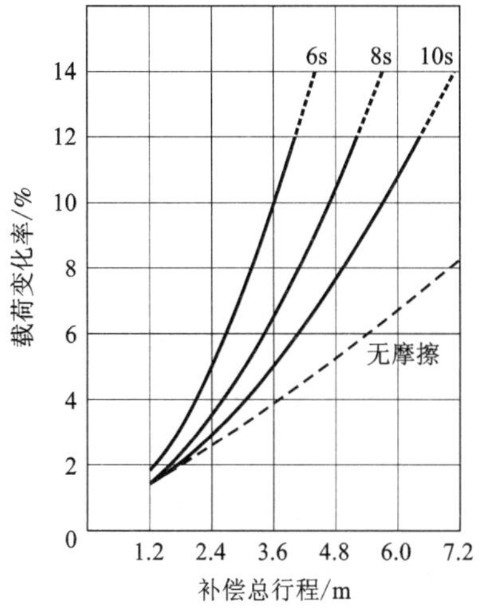

图 9.2－6　气动弹簧容积 7 m³、补偿器载荷 2 180 kN 的典型被动式补偿器，不同升沉周期的载荷变化率与补偿器行程的关系曲线

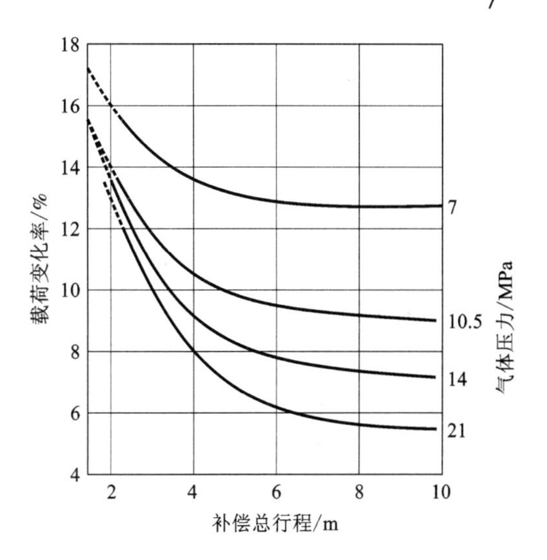

图 9.2－7　典型被动式补偿器不同压力下载荷变化率与气动弹簧容积的关系曲线

总行程 3.6 m，升沉周期 8s

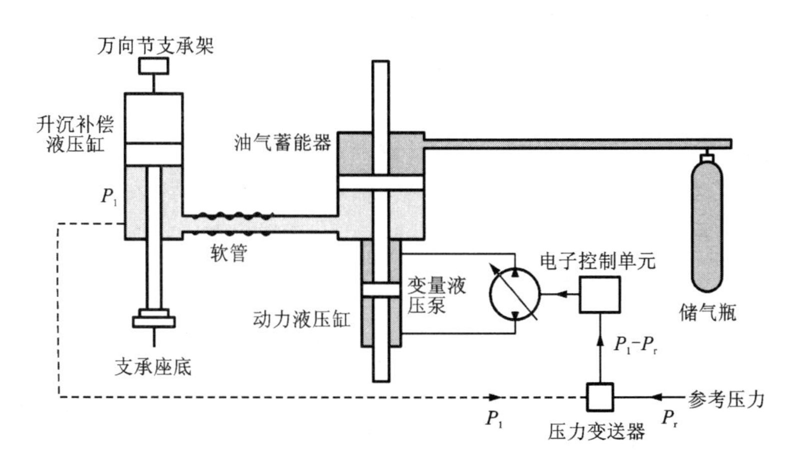

图 9.2－8　伺服控制主动补偿器工作原理

额定工作载荷	1 820 kN
最大工作载荷	2 720 kN
在 1 820 kN 和 ±1.5 m 行程条件下的载荷变化	±11.35 kN
最大载荷合计	4 540 kN
系统额定压力(4 540 kN 时)	19.3 MPa
系统最大压力	29 MPa
最大工作行程	±2.3 m

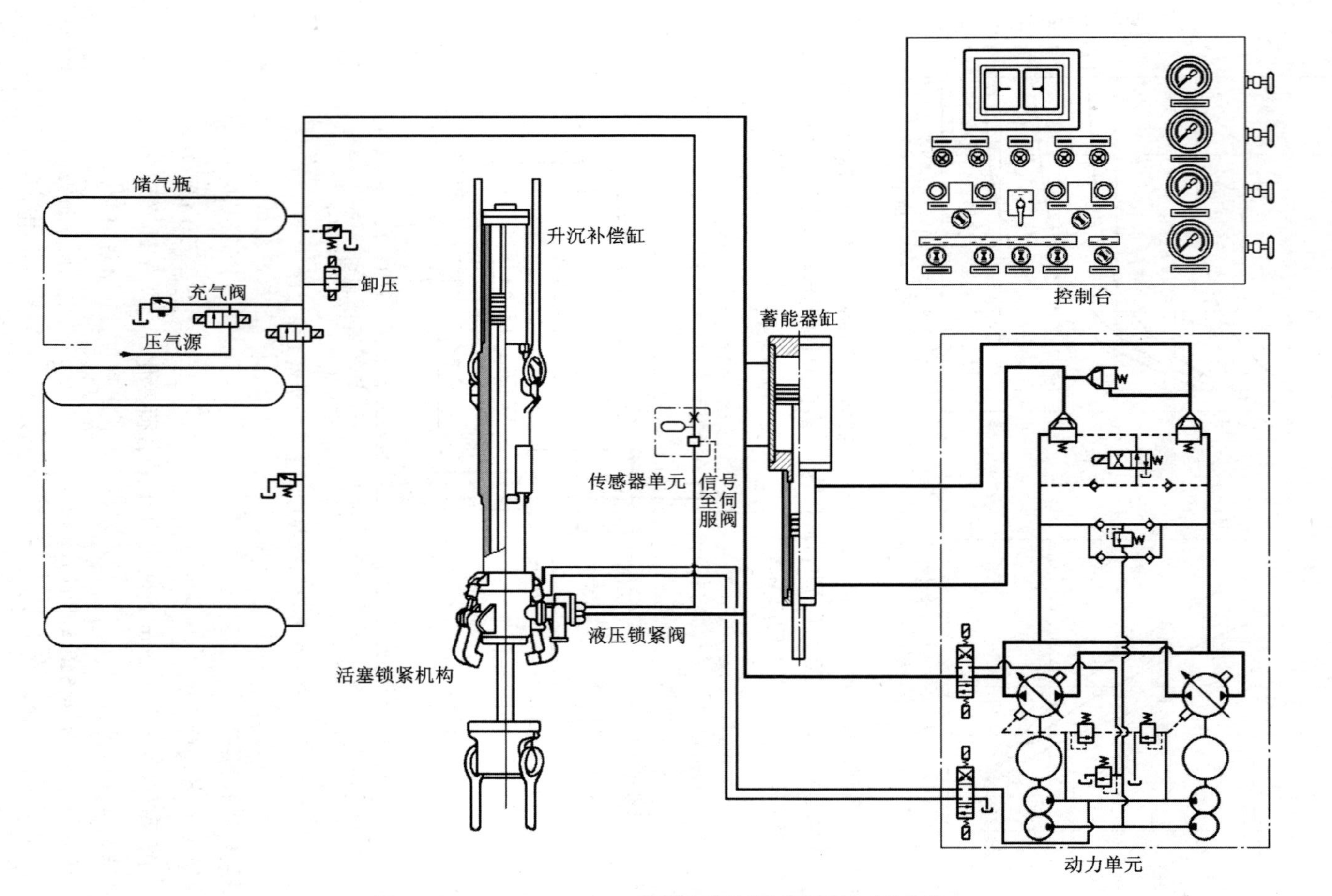

图 9.2－9　Glomar Challenger 调查船安装的伺服控制主动补偿器

设 P_r 为设置的参考压力，一般等于气体弹簧的平均压力，P_1 为补偿缸内液体压力，则 (P_1-P_r) 为系统误差，用压差传感器测量，该信号通过信号调节器传输到比例阀控制变量泵的伺服放大器，从而调节执行机构的行程速度。假设提升管为刚性，忽略二次项，则系统的控制方程为：

$$\dot{q}_2 = K_1(P_1 - P_r) \tag{9.2-12}$$

式中：K_1 为系统放大系数。

该式表明，补偿器的有效静弹簧率为零；补偿缸内的压力变化与升沉速度和放大系数 K_1 成正比。实际上，这意味着吊点力的变化完全受放大器的放大系数支配，而液体和静摩擦阻力被伺服执行机构所抵消，但是影响系统的功率消耗。

仿真建立的数学模型如图9.2-10，系统方程如下：

$$\frac{m_1}{3}\ddot{q}_1 + \frac{c_1}{3}\dot{q}_1|\dot{q}_1| + k_1 q_1 = A_c \delta P_1 \tag{9.2-13}$$

$$q_2 = \frac{A_c}{A_S}(q_0 - q_1) \tag{9.2-14}$$

$$\dot{q}_2 = K_1(\delta P_1 - \delta P_r) - K_2(\delta P_0 - \delta P_r) \tag{9.2-15}$$

$$\delta P_2 = \delta P_1 - c_2 \dot{q}|\dot{q}| \tag{9.2-16}$$

$$\delta P_3 = \delta P_0 + c_3 q_2 |\dot{q}_2| \tag{9.2-17}$$

$$\delta P_0 = P_0\left[\left(\frac{V_0}{V_0 - A_S q_2}\right)^n - 1\right] \tag{9.2-18}$$

$$\delta P_r = f(\delta P_0, \delta P_r) \tag{9.2-19}$$

式中：m_1 为提升管线的质量（包括管道泵，中间舱，电缆及其他部件）；q_1 为提升管顶端对地的垂直位移；q_2 为从动储能器活塞对缸体的位移；δP_0 为气瓶内压力增量；δP_1 为升沉补偿器缸体内液体压力增量；δP_2 为从动储能器缸体内液体压力增量；δP_3 为从动储能器缸体内气体压力增量；δP_r 为参考压力增量；c_1 为提升管线平方律阻尼常数；c_2 为液压管中阻力系数；$c_2\dot{q}_2|\dot{q}_2|$ 为液压管中压力降；c_3 为主气管中阻力系数；$c_3\dot{q}_2|\dot{q}_2|$ 为主气管中压力降；k_1 为提升管刚度；A_S 为储能器活塞有效面积。

假设管线为刚性的，非线性方程组(9.2-7)～(9.2-13)的时间域解，可用近似解和线性化方程求解。输入升沉幅度 ±1.8 m，升沉周期 8 s，不同载荷变化率时，功率消耗与气动弹簧容积及总行程的关系曲线分别见图9.2-10和图9.2-11。与 Glomar Challenger 调查船上类似的主动补偿器典型时间域解示于图9.2-12和图9.2-13。

Glomar Challenger 船载升沉补偿器系统已用于5 000 m水深中，吊点平均载

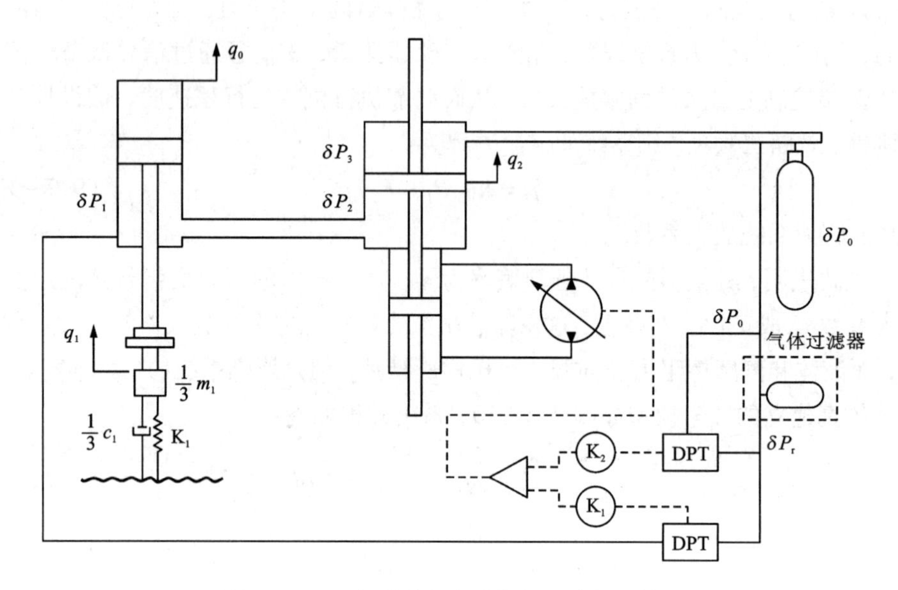

图 9.2-10 伺服控制主动补偿系统数学模型

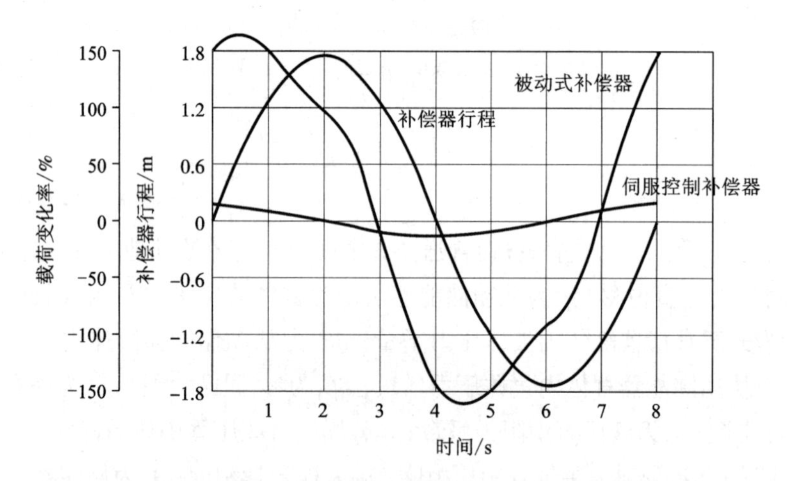

图 9.2-11 被动式和伺服控制升沉补偿器载荷变化率与时间的关系曲线

升沉周期 8s，总行程 3.6 m，气动弹簧容积 6.75 m^3，补偿器载荷 2 180 kN

荷 1 362 kN 情况下，在升沉达 1.98 m 和摇摆 3°时，载荷变化量保持在 6 810 N 以内，即变化率在 0.5% 以内。

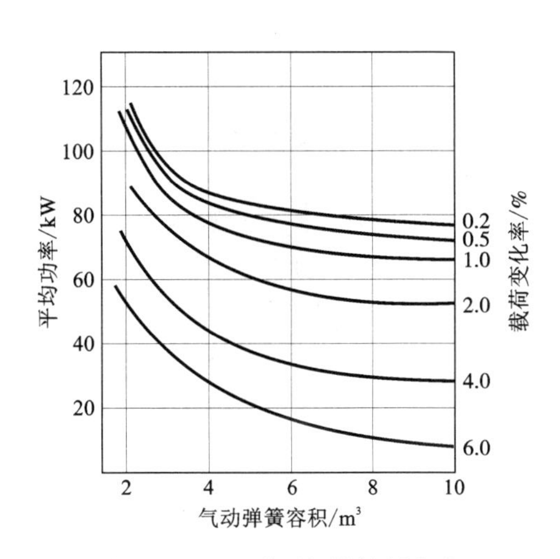

图9.2-12　典型伺服控制主动补偿器不同载荷变化率时平均功率与气动弹簧容积的关系曲线

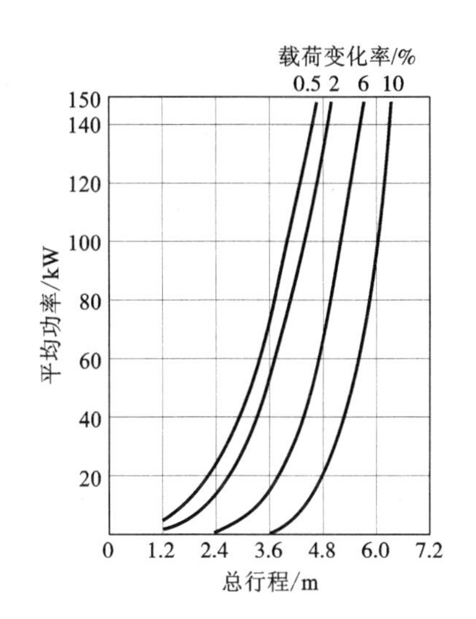

图9.2-13　典型伺服控制补偿器不同载荷变化率时平均功率与总行程的关系曲线

升沉周期8 s，气动弹簧容积6.75 m³，补偿器载荷2180 kN

9.3　深水设备部件耐水压设计若干问题

9.3.1　压力补偿

9.3.1.1　压力补偿的目的

压力补偿的目的是将外部海水压力转化为内部液体压力，使内外压力平衡，达到不用高压舱结构，保证液压油箱、油管、电机壳体等在外部高水压下不会变形损坏，并补偿液压缸动作、液压油的压缩和热膨胀以及允许的油泄漏而产生的油液体积变化。

9.3.1.2　压力补偿器类型及原理

实际应用的压力补偿器主要分为两大类：内外压力平衡式；预加内压式。内外压力平衡式利用隔膜或皮囊的变形补偿体积变化，这种压力补偿器结构简单，重量轻。隔膜式补偿容积小，而皮囊式补偿容积较大；预加内压式同样利用隔膜、皮囊、金属波纹管的变形或活塞位移补偿容积变化，与内外压力平衡式的区别是封闭油箱或者空腔内注油后利用弹簧预加0.1~0.2 MPa的压力，密封不良时可防止海水进入液压油中。其中活塞式略有渗漏，弹簧加压皮囊式应用较多。典型压力补偿器见图9.3-1。

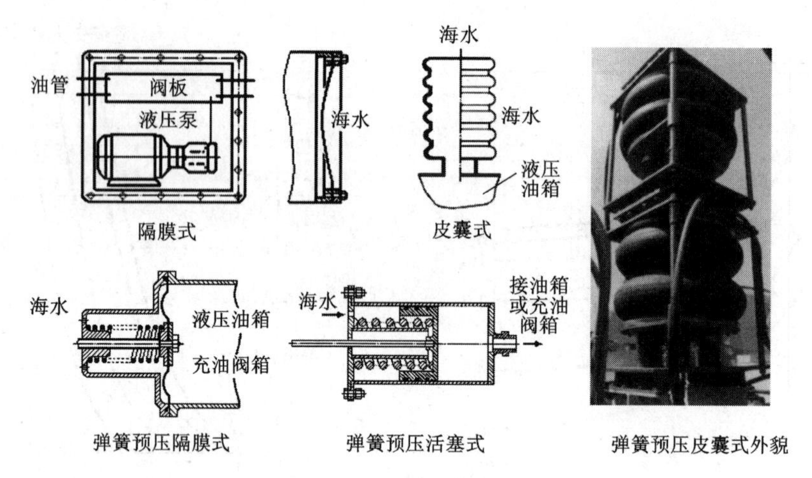

图 9.3－1　几种典型压力补偿器

9.3.1.3　补偿容积的计算

压力补偿实质上是液压油容积变化补偿。以液压油为补偿介质时，补偿体积变化主要包括以下 4 个方面：

(1)液压油在高压下的压缩变化

液压油在高压下，体积压缩量可按下式计算：

$$\Delta V_{\mathrm{p}} = -\beta_{\mathrm{p}} V_0 \Delta P,\ \mathrm{m}^3 \tag{9.3-1}$$

式中：β_p为液压油体积压缩系数(体积弹性模量 E_0的倒数，MPa)，mm^2/N。理想状态液压油的 $E_0 = 1.2 \sim 2 \times 10^3$ MPa；含气泡的非理想状态时 $E_0 = (0.7 \sim 1.4) \times 10^3$ MPa；V_0为液压油的原始体积，m^3；ΔP 为压力变化量，MPa。

计算表明，1 m^3体积液压油受到 60 MPa 压力作用的压缩量为：理想状态下达 30 ~ 50 L；非理想状态下达 43 ~ 86 L。可以看出，其压缩量达到 3% ~ 8.6%，相当可观，而且保持液压油处于理想状态也是非常重要的。

(2)液压油热膨胀体积变化

温度变化主要由以下工况产生：常温(如 20℃)加油，设备在船上受阳光照射而升温，进入深水温度降为 4℃左右。

液压油温度变化，引起的体积变化量可按下式计算：

$$\Delta V_{\mathrm{t}} = \beta_{\mathrm{t}} V_0 \Delta T,\ \mathrm{L} \tag{9.3-2}$$

式中：β_t为液压油温度膨胀系数，L/℃。石油基液压油 $\beta_t = 8.75 \times 10^{-4}$ L/℃；ΔT 为液压油温度变化量，℃。

计算表明，1 m^3 体积液压油温度变化为 20℃，体积变化达 17.5 L，约变化 2%。

(3)液压缸工作产生的油箱内液压油的体积变化

由于液压缸一侧有活塞杆，工作时两腔进排油量不等，造成油箱内液压油的体积发生变化。设计压力补偿器时必须对同时工作液压缸两腔体积变化之和进行补偿。

(4)液压系统允许的液压油泄漏

任何液压系统都不可能做到完全不泄漏。特别是外露的活塞杆的动密封处、接头静密封处等，工作一段时间或多或少都会出现微量泄漏。设计压力补偿器时，用余量系数加以考虑。

9.3.2　耐压密封舱

9.3.2.1　主要用途

主要用于水密封装不耐高压或不能用压力补偿的电子元器件。

9.3.2.2　基本结构

基本结构为两端具有水密封头的厚壁圆筒。对于深水载人潜水器舱则为圆球形结构。封头通过水密电缆接头对舱内供电和进行测控信息交流。

9.3.2.3　选材

主要用耐海水腐蚀的不锈钢、高强度铝、钛合金。极少数用碳纤维和金属陶瓷。

9.3.2.4　密封

封头典型密封结构如图9.3－2所示。

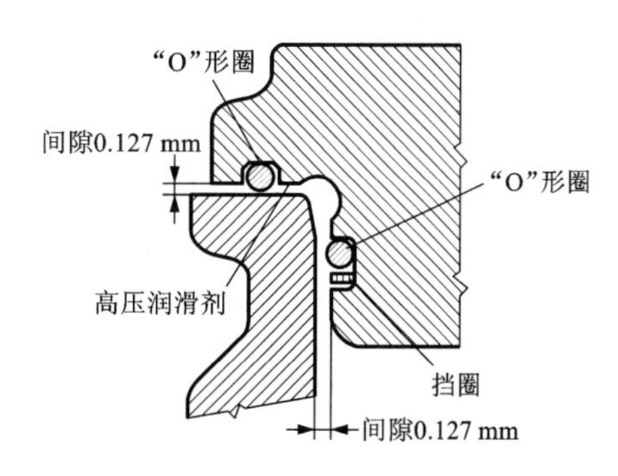

图9.3－2　封头密封结构

为了提高可靠性，应尽可能安装2个“O”形圈。端面“O”形圈用螺栓轴向压紧，浸入水中后由水压压紧，第二道为径向压紧。

“O”形圈有不同的材料，取决于环境介质(酸、油、盐水，气体)、压力和成本。VITON和NITRILE是最普通的材料。VITON的寿命(20年)比NITRILE(4年)的高，而材料压缩反应VITON比NITRILE更好。因此，所有密封应选择VITON材料的“O”形圈。

9.3.2.5　强度计算

密封耐压舱的强度计算，按压力容器国家标准或行业标准推荐的方法进行。

9.3.2.6　耐压试验

为了检验耐压和水密性，每个耐压容器都必须在充满水的压力舱中进行耐压试验。耐压试验步骤和技术要求见表9.3－1。

表 9.3-1　耐压容器压力试验

静压试验		动压试验	
1	用千分尺测量几何形状	1	容器充满 90% 的油
2	容器充满 90% 的油	2	容器放入压力试验舱内
3	容器放入压力试验舱内	3	以 1.2 MPa/min 的速率升高压力舱中的压力，到最大工作压力的 0.825 倍
4	压力舱中水温降到 2℃	4	保温保压 1 h
5	以 1.2 MPa/min 的速率升高压力舱中的压力，到最大工作压力的 1.1 倍	5	以 1.2 MPa/min 的速率将压力舱的压力降到大气压力
6	保温保压 24 h	6	保持大气压力 1 h
7	以 1.2 MPa/min 的速率将压力舱的压力降到大气压力	7	反复试验 10 次
8	从压力试验舱内取出试验容器	8	从压力试验舱内取出试验容器
9	用千分尺测量几何形状	9	用千分尺测量几何形状

9.3.3　高压下运动副公差配合与选材

9.3.3.1　深海高压条件下物体尺寸和形状的变化

深海环境下，物体在各个方向上都受到压力作用，体积将发生微小变化。所有尺寸都是以同一比例变化，物体形状保持相似。

一般情况下，同种材料制造的运动副组合，在深水高压和低温环境下，配合间隙变化并不大。但是采用不同材料组合的轴与轴承、轴承与轴承座、活塞与缸筒时，配合间隙变化可能超过允许公差范围，造成运动副卡死，因此有必要放大间隙。

9.3.3.2　深海高压下运动副配合间隙变化量

高压和低温条件下，运动副配合间隙变化量用无量纲形式表示如下：

$$\Omega=\frac{\Delta h}{r_{\mathrm{N}}}=(\alpha_{\mathrm{A}}-\alpha_{\mathrm{B}})(T-T^{*})-(\beta_{\mathrm{A}}-\beta_{\mathrm{B}})(P-P^{*}) \tag{9.3-3}$$

式中：Ω 为单位半径的间隙变化；Δh 为配合间隙变化量；r_{N} 为半径额定尺寸值；α_{A} 为运动副 A 材料的线性热膨胀系数；α_{B} 为运动副 B 材料的线性热膨胀系数；β_{A} 为运动副 A 材料的压力弹性系数；β_{B} 为运动副 B 材料的压力弹性系数。

9.3.3.3　运动副选材

深海设备运动副选材的基本原则：

①尽可能选用同一种材料。

②必须选择不同材料时，应选取 α 和 β 值相近的两种材料。最佳组合为钛合金/不锈钢，不锈钢/碳钢；最不利的组合是铝壳与陶瓷活塞。

③尽可能少选铸造件。

④应选用各向同性均质材料。

9.4　水下设备吊放缆绳载荷的预测

9.4.1　物体水中重力

物体完全浸入水中的重力等于物体空气中的重力减去被物体置换的水产生的浮力。如果两者相等，物体为零浮力，如果物体空气中的重力小于在水中置换的水产生的浮力，物体具有浮力，将浮到水面上。

9.4.2　流体动阻力

完全浸入水中的物体以恒定速度 V(m/s)运动的流体动阻力可按下式估算：

$$D=\frac{1}{2}\rho C_{\mathrm{D}}AV^2 \tag{9.4-1}$$

式中：D 为流体动力阻力或拖曳力，N；ρ 为水质量密度。在 2 000 ~ 5 000 m 水深，水的质量密度取决于水深、温度和盐度，常规情况下海水的密度为 1 032 ~ 1 052 kg/m^3；C_{D}为阻力系数。典型形状物体可查表，一般需通过试验测定；A 为实验得到阻力系数的物体迎水面积，m^2。

物体各种形状(球体、圆柱体、平板等)流体阻力系数参考相关文献，缆绳和长圆柱体的纵向阻力系数也已经被广泛研究。其值为 0.2(粗糙圆柱体) ~ 0.002 5(光滑圆柱体)。

如果“S”是缆绳放出的长度，船端准静态拉力 $T(S)$ 可按下式计算：

$$T(S)=W_{\mathrm{p}}+W_{\mathrm{L}}S+(1/2)\rho C_{\mathrm{c}}\pi D_{\mathrm{c}}SV|V|+(1/2)\rho C_{\mathrm{P}}A_{\mathrm{P}}V|V| \tag{9.4-2}$$

式中：W_{P}为有效载荷水中重力，N；W_{L}为单位长度缆绳水中重力，N/m；C_{c}为缆绳纵向阻力系数；D_{c}为缆绳直径，m；C_{p}为有效载荷常态阻力系数；A_{p}为有效载荷常态横断面积，m^2；V 为缆绳恒定速度，牵引为正，下放为负；$|V|$为 V 的绝对值。

如果缆绳放出数量和下放速度足够大，缆绳和有效载荷阻力的合力可能变得像缆绳和有效载荷水中质量一样大。缆绳中的拉力则为 0。

对于给定的下放速度 V，为了产生松弛状态必需的缆绳长度，用设定 $T(S)=0$(公式 9.4-2 中)，对 S 求解。

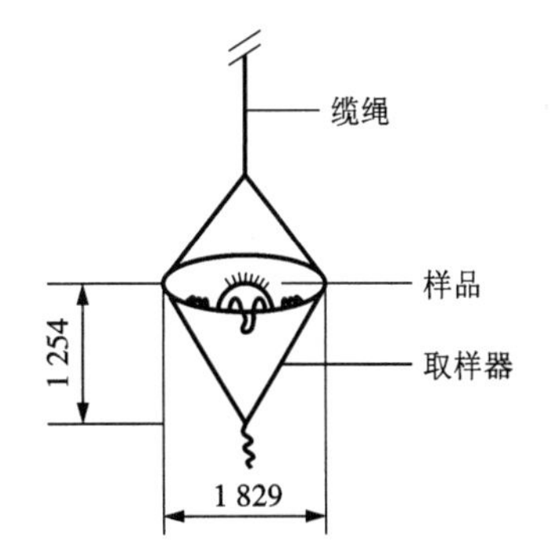

图 9.4-1　生物取样器

下面举例说明公式(9.4-1)的使用。

原始条件：生物取样器用直径9.53 mm、3×19股钢丝绳下放到2 000 m水深，然后以100 m/min恒定速度拉上来，求启动瞬间之后缆绳上端的拉力和纯静止载荷拖曳所增加的百分率。应用以下数据：

缆绳水中重力	2.81 N/m
缆绳阻力系数	0.01
取样器形状	圆锥体，锥底朝上，充满水，直径1.83 m，长度1.52 m
取样器水中重力	908 N，质量145.3 kg
取样器阻力系数	1.0

计算：

缆绳水中总重力	$=2.81\times2\,000=5\,620$ N
取样器水中重力	$=908$ N
静拉力	$=5\,620+908=6\,528$ N
牵引速度	$=100/60=1.66$ m/s
缆绳表皮面积	$=\pi\times9.53\times2\,000/1\,000=60$ m^2
缆绳拖曳力	$=0.5\times0.01\times60\times1.66^2\times1\,032=853$ N
取样器横断面积	$=0.785\times1.83\times1.83=2.63$ m^2
取样器拖曳力	$=0.5\times1.0\times2.63\times1.66^2\times1\,032=3\,740$ N
总拉力	$=853+3740=4\,593$ N
缆绳上端的拉力	$=6\,528+4\,593=11\,121$ N

拖曳而增加的百分率 $=4\,593/6\,528=70.3\%$

9.4.3 末速度

在末速度 W 时，物体水中重力等于物体的拖曳力，因此物体末速度可按下式确定：

$$V_T=\sqrt{\frac{2W}{\rho C_D A}} \tag{9.4-3}$$

例如：按下列条件求末速度：

(1)上述生物取样器，采用尖头向下的阻力系数 $C_D=0.2$。

(2)2 000 m长、9.53 mm直径的3×19股钢丝绳拖带取样器，采用 $\rho=1\,032$ (kg/m^3)

计算：

(1)取样器的末速度

根据以前的估算，取样器水中重力 $=908$ N，横断面积 $=2.63$ m^2，于是

$$末速度=\sqrt{\frac{2\times908}{1\ 032\times0.2\times2.63}}=1.83$$（1.83 m/s 或 109.8 m/min）

(2)缆绳和取样器联合末速度

根据以前的估算，缆绳水中重力 =5 620 N，缆绳表皮面积 =60 m^2，缆绳阻力系数 =0.01，于是

$$末速度=\sqrt{\frac{2(5\ 620+908)}{(60\times0.01+0.2\times2.63)\times1\ 032}}=3.35(m/s)$$

这个例子说明，放缆速度超过 109.8 m/min 时，在钢丝绳下端将引起松弛状态。同样地，向下速度超过 11 m/s 时(由于放缆速度和船下向摇摆同时作用很容易达到)，在 1 000 m 长缆绳两端将产生松弛状态。

9.4.4　虚质量(惯性载荷)

加速一个浸没水中物体，不仅必须使物体加速，而且还要使附近或物体前面一定数量的水被加速。结果加速水中物体所需的力比在空气中加速同样物体所需的力大得多。该力可用下式表达：

$$\boldsymbol{F}^1=(m+m^1)\boldsymbol{a}>m\boldsymbol{a}$$

式中：m 为物体质量；m^1为附连水的附加质量；$\boldsymbol{a}$ 为物体加速度。

附加质量通常用下式计算

$$m^1=C_m\rho(V_{01})\qquad(9.4-4)$$

式中：C_m为附加质量系数；ρ 为水质量密度；V_{01}为水中物体置换水的体积。

对于线加速度和振荡加速度，不同形状物体(球体、圆柱体、平板等)的附加质量系数是以试验为基础加以确定的。关于缆绳下放问题公布的附加质量系数值可在参考文献[4]中找到。

虚质量 m_v是物体质量和附加质量之和：

$$m_v=m+m^1$$

例如，采用的基本参数：$\rho=1\ 033\ kg/m^3$和 $C_m=1.5$，求：①上述生物取样器虚质量；②设取样器在 8 s、2 s 内从静止向海面加速到速度为 2.44 m/s，求缆绳下端的惯性力和端头静载荷增加的百分比。

计算：

①取样器的虚质量。

取样器的体积 =1/3π ×0.915^2 ×1.53 =1.34（m^3）

取样器水中置换水的质量 =1.34 ×1 033 =1 384（kg）

附加质量 =1.5 ×1 384 =2 076（kg）

取样器结构质量 =145.3（kg）

虚质量 =1 384 +2 076 +145.3 =3 605.3（kg）

②惯性力。

情况 a：谨慎的操作者在 8 s 内达到全速产生的载荷。

平均加速度为：

$$\frac{2.44\ \mathrm{m/s}}{8\ \mathrm{s}}=0.305\ \mathrm{m/s^2}$$

则平均惯性力为 3 605 ×0. 305 =1 099. 5(N)。

取样器质量水中运动产生的动载荷超过静载荷 90. 8 kg，则增加的百分率为 1 099. 5/908 =1. 21 或增加到 121%。

情况 b：其他操作者在 2s 内达到全速产生的载荷。

平均加速度为：

$$\frac{2.44\ \mathrm{m/s}}{2\ \mathrm{s}}=1.22\ \mathrm{m/s^2}$$

则产生的惯性力为 3 605 ×1. 22 =4 398(N)。

增加的百分比为：4 398/908 =4. 84，或增加到 484%。这几乎是静止时取样器水中重力的 5 倍。

9.4.5 缆绳上作用的所有力

在恶劣海况下收放设备时，要求出船端缆绳中的拉力，实际上首先假设牵引速度为 0(绞车被锁定)。假设有效载荷和缆绳的行进路径垂直(或近似)，顶部滑轮上的动态拉力 $T(s,t)$，则可以借鉴莫里松方程计算，即

$$T(s,t)=W_{\rho}+W_{L}S+1/2(C_{c}\pi D_{c}S+C_{P}A_{P})V|V|+(m+m^{1})\frac{\mathrm{d}V}{\mathrm{d}t} \tag{9.4-5}$$

式中：S 为放出缆绳的长度；V 为在时间 t 内顶部滑轮速度的垂直分量；m 为缆绳和有效载荷的质量；m^1 为缆绳和有效载荷的附加质量；$\mathrm{d}V/\mathrm{d}t$ 为在时间 t 内顶部滑轮的垂直加速度。

方程(9.4 - 5)把缆绳当作刚性杆看待。尽管这过于简单化，表达式(9.4 -5)用于计算预期的缆绳拉力最大值是有用的。

首先得出作为船的几何尺寸、波幅和频率函数的入水滑轮垂直速度和加速度的表达式。这些表达式则被代入公式(9.4 -5)，而数值 $T(s,t)$ 是以全波浪周期根据离散时间间隔从头至尾计算得出的。最大动态拉力出现时间则可以目测求出。

接着是计算由于牵引速度产生的拖曳力准静态分布。计算 $T(s,t)$ 最大时的滑轮速度。牵引速度则是针对特定滑轮速度计算的，然后计算拖曳产生的拉力。下一步，对 $T(s,t)$ 最大时求出滑轮的加速度，还要计算相应的惯性力。

瞬时最大拉力则是总拖曳力、惯性力和缆绳与有效载荷水中重力之和。

一旦针对特定船舶的这些计算完成，使用这些技术方法得到的结果以表格形式很容易达到精简表述。例如，图 9.4－2 和图 9.4－3 表示在平静和 3 级海况下从 ATLANTIS Ⅱ 调查船上牵引 CDT 仪器设备时的计算峰值拉力。

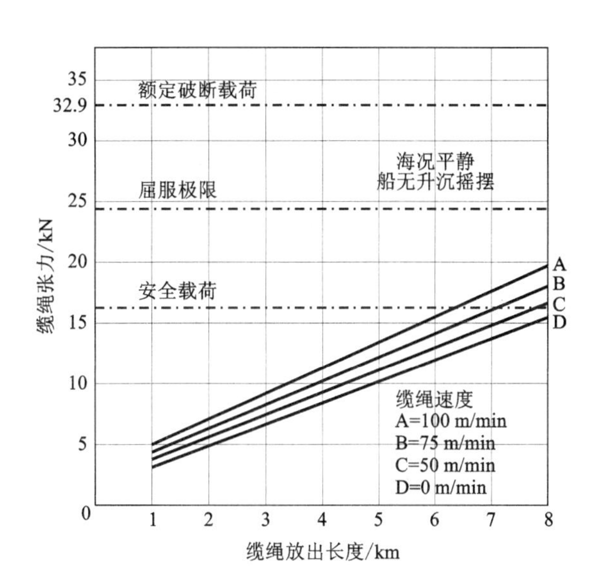

图 9.4－2　顶部滑轮上的尖峰拉力与缆绳放出长度的关系

缆绳特性：质量 219/km，直径 7.7 m，阻力系数 0.01，断裂强度 33.17 kN

仪器设备特性：水中重力 1569 N，迎水面积 0.9 m^2，阻力系数 1.0，虚质量 306.5 kg

9.4.6　瞬时载荷

一个简单的弹簧质量模型（图 9.4－4），可以用于预测瞬时载荷的发生和计算随后的缆绳拉力。这个模型中作了如下假设：

- 有效载荷运动完全垂直（1 个自由度系统）。
- 缆绳的质量假设是设备质量的一小部分，这将是缆绳长度较短的情况（几百米，而不是几千米），或缆绳轻（例如凯夫拉绳索），或有效载荷拖带许多水。
- 缆绳的动作像线性弹簧，拉力“T”正比于缆绳的伸长率“ΔL”，即

$$T = k\Delta L \tag{9.4-6}$$

在缆绳伸长的弹性范围内，弹簧常数由下式确定：

$$k = \frac{EA}{L},\ \text{N/m}$$

式中：E 为缆绳的弹性模量，N/m^2，常用钢缆绳的弹性模量约为 124.1 GPa（1.241×10^{11} N/m^2）；A 为缆绳的材料面积，m^2；L 为缆绳未拉伸的长度，m。

设备运动的水阻力是非线性的，计算式为：

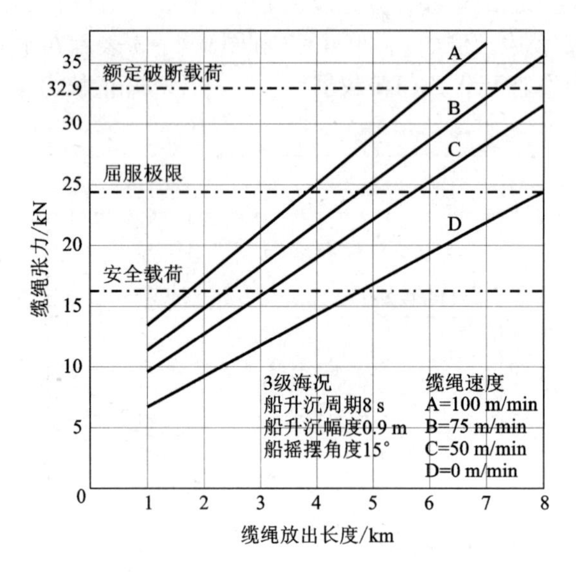

图 9.4－3　顶部滑轮上的尖峰拉力与缆绳放出长度的关系

缆绳特性：质量 219 kg/km，直径 7.7 mm，阻力系数 0.01，断裂强度 33.17 kN

仪器设备特性：水中重量重力 1569 kg，迎水面积 $0.9m^2$，阻力系数 1.0，虚质量 306.5 kg

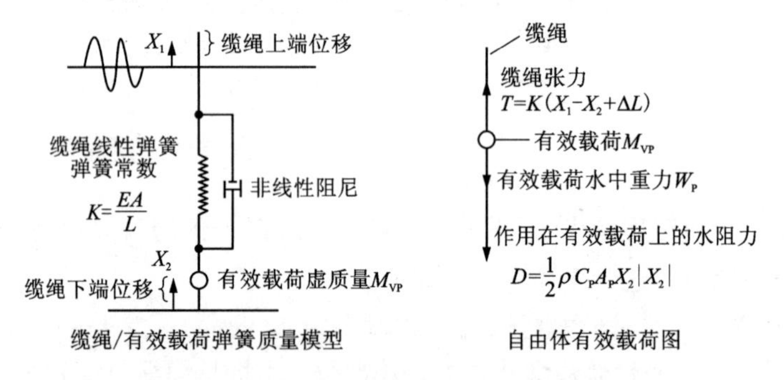

图 9.4－4　缆绳和有效载荷的弹簧质量模型

$$D = \frac{1}{2}\rho C_P A_P V|V|$$

假设设备运动的水阻力比缆绳运动的水阻力大得多；缆绳上端的垂直位移可用时间的显函数表达（例如正弦曲线）。

牛顿定律用于有效载荷质量 m_{VP}（见图 9.4－4），得到下列运动方程：

$$k(X_1 - X_2 + \Delta L_s) - W_P - (1/2)\rho C_P A_P \dot{X}_2 |\dot{X}_2| = m_{VP}\ddot{X}_2$$

式中：k 为缆绳弹簧常数，N/m；X_1 为缆绳上端位移，m；X_2 为缆绳下端位移，m；ΔL_s 为纯净载荷下缆绳伸长率，m；W_P 为有效载荷水中重力，N；m_{VP} 为有效载荷虚质量，kg；$\dot{X}_2$ 为有效载荷的瞬时速度，m/s；$\ddot{X}_2$ 为有效载荷的瞬时加速度，m/s^2。

注意到 $k\Delta L_s = W_P$，该运动方程简化为：

$$k(X_1 - X_2) - 1/2\rho C_P A_P \dot{X}_2 |\dot{X}_2| = m_{VP}\ddot{X}_2 \tag{9.4-7}$$

有效载荷端，缆绳的瞬时拉力用下式确定：

$$T = W_P + k(X_1 + X_2) \tag{9.4-8}$$

有效载荷运动，质量以 $T>0$ 为条件按方程(9.4-7)计算。

如果按方程(9.4-8)计算的 $T=0$，则有效载荷不再被缆绳牵引，一个新的运动方程将有效。对自由运动的有效载荷应用牛顿定律，得到

$$-W_P - 1/2\rho C_P A_P \dot{X}_2 |\dot{X}_2| = m_{VP}\ddot{X}_2 \tag{9.4-9}$$

系统可以假设初始为静止状态，当 $t=0$ 时，缆绳的上端开始向上运动。随后的有效载荷运动，采用合适的数值积分方法对方程(9.4-7)积分求得。已找出了满足规定时间增量小的欧拉算法。

简要地说，这种算法中有效载荷关于时间增量 ΔT 的加速度由下式确定：

$$\ddot{X}_2 = \text{合力}/m_{VP}$$

速度则为：

$$\dot{X}_2 = \dot{X}_{2(t-\Delta T)} + \ddot{X}_2\Delta T$$

同样地，位移则是

$$X_2 = X_{2(t-\Delta T)} + \dot{X}\Delta T$$

利用方程(9.4-8)对每一时间间隔计算拉力。如果为正，方程(9.4-7)再次有效。当转换为新方程时，速度和位移当然是以转换过后的时间间隔计算。

举例说明这种方法的使用：

考虑表 9.4-1 中列出的特定有效载荷/缆绳的反应。

表 9.4-1　有效载荷/缆绳特性

缆绳特性		有效载荷特性	
类型	3×19 钢丝绳	类型	重型仪器设备
尺寸	9.53 mm，长 914 m	质量	1 905 kg
水中重力	914×2.81 = 2 568 N	水中重力	9 861 N
弹性模量	1.241×10^{11} N/m^2	附加质量	175 kg
金属面积	64.5 mm^2	法向面积	0.29 m^2
破断强度	66 337 N	阻力系数	1.0

输入缆绳上端垂直位移假设用下式确定：

$$X = 7\sin\frac{2\pi}{4}t$$

即：位移幅度 =2. 13 m，周期 =4 s。

计算：

在瞬间之后，系统的反应（由上文所述的实际应用方法的计算机程序计算得到的）如图 9. 4 –5 所示。根据该图可知缆绳下端垂直位移为 –1. 06 ~4. 51 m，而上端为 –2. 1 ~2. 1 m。松弛周期之后达到的拉力峰值为 36 774 N，或为静态载荷（9 080 N）的 4 倍。

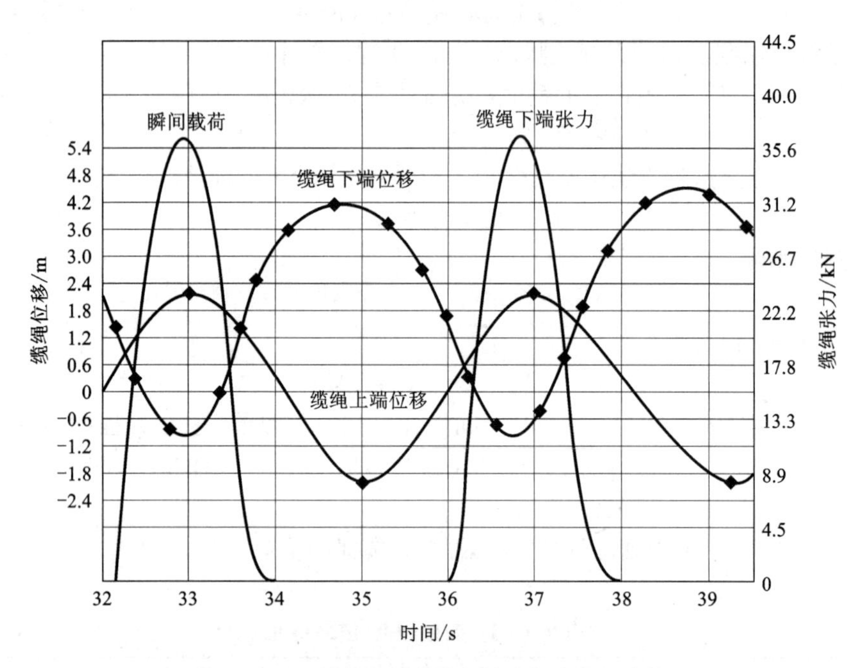

图 9. 4 –5　缆绳下端位移和拉力与上端位移的函数关系（有效载荷水中重力为 9 080 N）

静载荷下缆绳安全系数足够，为 67 192/9 080 =7. 4。

冲击载荷条件下，该安全系数降低很多，为 67 102/36 774 =1. 83。

9.4.7　缆绳安全工作载荷和安全系数

9.4.7.1　术语

1）公称破断载荷（NBL）：制造厂公布的缆绳最小破断载荷。

2）测试破断载荷（TBL）：根据缆绳拉力试验测定的实际破断载荷。需要做固定端和自由旋转条件下的测试。

3)指定破断载荷(ABL):是公称破断载荷和测试破断载荷两者中的最低值。实际上, ABL 将等于 TBL, 除非测试表明 TBL < NBL。大于 NBL 的 TBL 值可能永远不会采用。根据预期使用的缆绳吊放水下设备情况, 可能是固定端的和自由旋转条件下的 2 种 ABL 值。

4)安全工作载荷(SWL):在正常工作条件下, 允许施加到缆绳的最低拉力。

5)安全系数(FS):为 ABL/SWL。

6)弹性极限(elastic limit):材料的弹性极限或屈服点是一种应力, 在该应力作用下材料开始变形。当应力大于屈服点之前, 材料为弹性变形, 应力解除后, 材料恢复到其原始形状。如果变形超过屈服点, 某一小部分缆绳构件将发生永久变形, 并且是不可逆的。对于钢丝绳和电缆而言, 这是一种引起钢丝永久变形的载荷。

7)瞬时载荷(transient loads):由缆绳夹带泥浆、海水的重力, 拔出载荷, 绞车牵引被吊放仪器设备的特性和绞车拖曳速度产生的载荷。

8)动态载荷(dynamic loads):由船舶运动(升沉, 纵摇, 横摇等)产生的载荷。

9)垂直重力加速度"g":正常的静载荷(无动态效应)"g" = 1.0。考虑到船舶运动和拖曳仪器设备的动态效应, 这时的载荷为单纯静载荷乘以高于 1.0 的系数。根据美国船级社标准, 对于不同的用途, 一般该系数为 1.75 ~ 2.0。静载荷是仪器设备和缆绳的质量, 而不是重量。

10)固定端(FE):缆绳抗拉构件的两端固定, 不旋转。大多数缆绳的 NBL 值是以 FE 为基础的。固定端应用实例为拖曳一个拖网。

11)自由旋转:缆绳抗拉构件的端部自由旋转, 一种旋转是在抗拉构件端部, 或系在抗拉构件上的仪器设备可能旋转。用于自由旋转的抗拉构件, 一般 NBL 低于固定端的 NBL。自由旋转用途实例为下放 CTD 装置。

12)诱发旋转:当外力施加到抗拉构件上引起扭矩时, 产生诱发旋转。这种情况的实例是拖曳运载器。拖曳时旋转, 而运载器与抗拉构件隔离时则不发生旋转。如果取样器的尾鳍弯曲则会发生这种情况。在没有为此目的专门设计的抗拉构件上绝对不允许发生诱发旋转。

13)自动补偿(auto-render):在预先设定的最低拉力下, 绞车自动放缆的能力, 用以防止抗拉构件载荷超过允许设定的拉力。

14)放缆和恢复(render/recover):绞车用交替放缆和收缆自动保持预先设定拉力的一种方法。通常收缆恢复被限制到初始放缆点。

9.4.7.2　影响缆绳安全系数的诸因素

影响缆绳安全系数的主要因素如下:

1)众所周知, 当钢丝绳和电缆通过一个滚动滑轮时, 破断强度可能降低

30%。如果缆绳的名义破断载荷为100 000 N，则强度降低30 000 N，若采用1.5的安全系数，安全工作载荷为66 667 N，正好在预期降低的强度之上。由于所有海洋缆绳至少通过一个滑轮，这是安全系数不超过1.5的主要根据。

2)材料的屈服点是不再增加载荷情况下发生持续变形点。而弹性极限是导致永久变形的载荷。对于钢材而言，屈服点和弹性极限对于所有实际目的本质上是相同的。然而，对于其他材料这两个点可能是不同的，如合成纤维和玻璃纤维。由于钢丝绳和电缆由绳股捻制而成，而不是实心钢棒，精确的屈服点很难通过试验确定。众所周知，在应力－应变曲线上采用0.2%偏移屈服的点代替。

3)对于具有铜导线的电缆而言，屈服点一般发生在50%～55%的破断强度范围内(安全系数1.8)，在该点导体的性能恶化。这是具有铜导线的安全系数不超过2.0的基本依据，目的是在电缆寿命期间维持导线的性能。

4)对于钢丝绳而言，屈服点一般约发生在75%破断强度处(安全系数=1.33)。这是钢丝绳安全系数不超过1.5的另一个原因，目的是维持钢丝绳的有效寿命。

5)在海洋调查中采用低安全系数时，抗拉构件检测系统捕捉和显示动载荷的能力变得至关重要。因为这一点，UNOLS标准中分为4个主要级别(表9.4－3至表9.4－6)；随着安全系数的降低，对监测系统的要求越来越严格。如果监测系统不能可靠地捕捉峰值(或低的)动载荷，则所选的安全系数必须使抗拉构件的载荷保持在其屈服点以下。

例如，具有破断强度200 kN的钢丝绳，屈服点约为200×0.75＝150 kN。采用安全系数2.5，许用载荷为200/2.5＝80 kN。如果系统不能可靠地捕捉动态效应，那么1.75倍静载荷的最坏情况就必须假设“g”＝1.75，或80×1.75＝140 kN。140 kN在近似屈服强度150 kN以下。这样缆绳的完整性可以被保护。图9.4－6的图说明了这一点，并且是安全系数2.5作为表9.4－6中下限的理由。

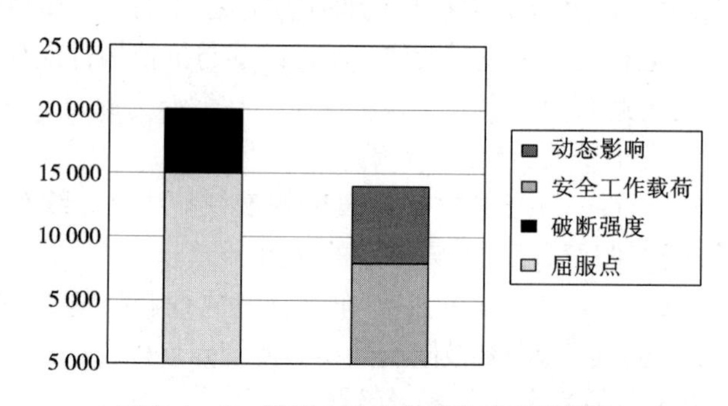

图9.4－6　缆绳2.5安全系数确定的基础

6）当缆绳监测系统不可用时，迫使采用最小安全系数为5.0。动载荷估计缆绳拉力必须基于质量，而不是重量。通常，仪器设备、夹带的海水和电缆或钢丝绳的空气中重量大致等于质量。动载荷估计不使用水中重量。

调查船上可能在缆绳与仪器设备之间设置薄弱环节或“自动放缆装置”，用以确保所选缆绳安全系数最好地满足作业要求。对于薄弱环节可能被缠住或深埋在底土内，“自动放缆装置”应当是消除应变的首选方法。

7）根据具体的吊放系统和船舶类型，当NBL等于或小于吊放系统中所有部件的安全工作载荷时，薄弱环节或“自动放缆装置”被设置到所希望的满足表9.4－3至表9.4－6中作业要求的安全系数。当ABL高于吊放系统中所有部件的安全工作载荷时，则薄弱环节或“自动放缆装置”可能被设置到等于或低于最薄弱部件的安全系数。

当安全系数低于5.0的工作缆绳，导致人员和设备危险性显著提高。为了控制较高的危险性，使其保持在可控水平，因此提出了表9.4－3至表9.4－6。这些表中概述的程序和设备要求，在不同安全系数范围下作业必须做到位。这是操作者选择安全系数方面的自由决定权，只要作业是在满足安全系数要求条件下进行。

8）缆绳路径中的滑轮直径影响抗拉构件的使用寿命，并显著影响安全性。对于较高载荷，如用低于5.0安全系数工作，具有足够大直径的滑轮至关重要。研究表明，承载辊的直径同样对抗拉构件使用寿命有重大影响。因此在表表9.4－3至表9.4－6要求中包括了对承载托辊的要求。

9.4.7.3　缆绳破断载荷测试

由于系统设计的结果，电缆路径和导缆器的排列因船而有很大差异，而且在短期内（从一个航次到另一个航次）和船舶寿命期会有改变。要建立试图量化对破断载荷或抗拉构件寿命的精确影响的一套标准是不可能的。

测试计划应基于业主选择的安全系数，该系数又基于所用吊放系统的使用和特点。业主应有指定使用每个抗拉构件安全系数的文件。

1）试样

试样应送到公认的检测机构测试，并保持统计资料的一致性。

样品长度应为5 m，两端接到现场常用的终端接头上。如果现场终端接头没有足够的破断强度，可以使用标准的浇注环氧树脂的终端接头。

抗拉构件样品应当“干净”，“代表性”长度取自未来使用端，而不是紧靠近现有终端接头。这也许不是作业过程中的最低载荷位置，从作业角度来看，这是确定ABL的实用方法。

缆绳使用者还应当与试样一起提供缆绳历史或缆绳日记资料副本，至少应包括下列内容：

• 缆绳验收人。

• 绞车和系统制造厂。

• 自上次测试以来，下放次数和每次下放持续时间。

• 每次下放的最大拉力。

• 每次下放的最大长度。

• 缆绳行进的路径说明：绞车与海水之间的滑轮数量。每个滑轮的材料和“D”及“W”值。

2)破断载荷的确定

TBL的测试应遵照ASTM A931－96《钢丝绳和绳股拉力试验的标准方法》，或相应的国标进行。应当做一端抗拉构件自由旋转试验。每个试样的TBL测试结果的硬拷贝和电子副本及ABL都应提供给用户。

• 初始ABL应当是在使用前通过试样加以确定。如果初始测试结果ABL<NBL，应予退货。

• 如果后续测试结果TBL≥ABL，则初始TBL可用于船上作业。

• 如果后续测试结果TBL<初始ABL，则新的TBL应取代初始ABL用于船上作业。

9.4.7.4 安全系数分级和采用时的控制条件

我国目前尚未制定海洋调查缆绳安全系数和安全工作载荷标准。下面介绍美国标准。

1)美国船级社(2000年版)缆绳安全系数标准

美国船级社于2000年颁布了海洋调查缆绳安全系数标准，见9.4.－2表。

表9.4－2 美国船级社2000年颁布的各种缆绳不同工作状态的安全系数

缆绳类型	缆绳工作状态	安全系数
钢缆	可扭运动缆绳	≥4.7
	阻扭运动缆绳	≥6.1
	不动缆绳	≥4.0
光缆和合成缆	运动缆绳	≥7.0
	不动缆绳	≥5.0
尼龙缆	运动缆绳	≥9.0
	不动缆绳	≥7.0

这些安全系数是以系统额定能力、放出缆绳重量、被提升的载荷与缆绳破断

强度的比值为基础确定的。额定载荷是收放系统在额定速度下和设备技术规格中规定参数(油压、电流、电压等)组合下可以提升的最大重量。这一标准颁布后，受到美国很多钢丝绳厂家的质疑，认为在深水吊放中缆绳重力的增加，使其有效提升载荷大大降低，难以在这一安全系数下实现重型设备的吊放。

2)美国 UNOLS(2011)缆绳安全系数和安全工作载荷修订标准

鉴于美国船级社颁布的安全系数，在实际使用中难以实现，美国国家大学海洋实验室系统于 2011 年 7 月 7 日提出了安全系数分级及其使用时的相应控制条件。这一标准应用起来更加灵活、适用。

安全系数的分级和使用时的相应控制条件，分别列于表 9.4 -3 至表 9.4 -6 中。

表 9.4 -3　钢丝绳或电缆安全系数 5.0 或以上

总则	只要坚持了下列预防措施，钢丝绳或钢丝铠装电缆可以用指定破断载荷的安全系数 =5 条件下工作，包括瞬时和动载荷
	当最小安全系数达到 5.0 时，必须停止下放，或必须采用表 9.4 -4 描述的下一级标准
	海况和由此产生的船舶运动，产生的瞬时载荷将对缆绳产生影响。因此，在布放之前应评估当时天气走势，应满足上述规定的限制。
拉力监测	拉力可由仪器重量、钢丝绳重量和拖带海水的体积、包括瞬时和动载荷计算确定，只要业主确信安全系数 5.0 不妥协。如果没有关于仪器设备阻力和船舶加速度的其他方面精确信息，船舶操作者应当使用美国船级社的"g"系数 1.75 作为最小值
警报装置	无
滑轮和承载托辊	滑轮和托辊直径应尽可能大
甲板安全	甲板上人员在钢丝绳和运行中绳索附近工作时，应遵循良好的安全准则
测试	没有常规断裂测试要求。钢丝绳每两年必须对所希望的安全工作载荷进行测试，并与吊放系统一起进行
航海日记	至少，业主应保持说明钢丝绳整个使用寿命期间截短、卷绕作业、润滑、缆系描述和最大载荷(对于每次投放由监测系统或通过计算确定)的日记。如果钢丝绳拆除和存放，或转移到另一台绞车或业主，日记应与钢丝绳一起移交
绞车操作者	船舶的业主和船长必须以正式文件形式确认所有绞车操作者是称职的。"确认称职"是指业主和船长两者都确信的，规定绞车细目和全部操作方案(天气状况，被布放的设备等)，绞车操作者必须有安全操作绞车的经验

表 9.4－4　钢丝绳或电缆安全系数(5.0～2.5)

<table>
<tr><td rowspan="4">总则</td><td>只要坚持了下列预防措施，钢丝绳或钢丝铠装电缆可以用指定破断载荷的安全系数＝2.5 条件下工作，包括瞬时和动载荷</td></tr>
<tr><td>当最小安全系数达到 2.5 时，必须停止下放，或必须采用表 9.4－5 描述的下一级标准</td></tr>
<tr><td>海况和由此产生的船舶运动，产生的瞬时载荷将对缆绳产生影响。因此，在布放之前应评估当时天气走势，应达到上述规定的限制</td></tr>
<tr><td>运动补偿可用于使动载荷降低到允许的极限值以下，或偶然降低到“零载荷”状态</td></tr>
<tr><td>拉力监测</td><td>拉力必须在绞车操作室用最低分辨率 3 Hz(每隔 330 ms 采样一次)的显示器监测。系统还必须能以最低频率 3 Hz(每隔 330 ms 一次)记录拉力数据。拉力测量系统至少每 6 个月校准一次，施加的载荷等于所选择安全系数确定的载荷。拉力测量系统的精度必须保持为 4% 施加载荷以内</td></tr>
<tr><td>警报装置</td><td>布放系统应配置听觉和视觉拉力报警器，在安全系数＝2.8 指定破断载荷时预先发出声音和灯光预警信号。报警装置状态必须是自动的，包括自动记录数据</td></tr>
<tr><td>滑轮和承载辊</td><td>D/d 比值至少为 40∶1 或 400 d1(钢丝直径)其中最大的。滑轮槽应尽量靠近“d”的实际值，一般不大于 1.05 d</td></tr>
<tr><td>甲板安全</td><td>操作者应当确定拉力作用下钢丝绳周围的“危险区域”。在可能范围内，规定作业特性，包括所有人员不得进入这些区域，以免突然发生故障造成伤害</td></tr>
<tr><td>测试</td><td>来自靠近端头的钢丝绳样品应当每 2 年送检一次，一般与吊放系统安全工作载荷测试一起进行。如果发现 ABL 降低 10%，则测试应增加到每 1 年检测一次。另外，业主可截短和重新测试一个新的代表性长度</td></tr>
<tr><td>航海日记</td><td>至少，业主应保持说明钢丝绳整个使用寿命期间截短、卷绕作业、破断测试、润滑、缆系描述和最大载荷(对于每次布放由监测系统或通过计算确定)的日记。如果钢丝绳拆除和存放，或转移到另一台绞车或业主，日记应与钢丝绳一起移交。</td></tr>
<tr><td>绞车操作者</td><td>绞车业主必须确认所有绞车操作者是称职的。“确认称职”是指业主必须有书面文件说明操作者经过并顺利通过正式的业主/经营商制定的绞车、吊放仪器设备和监测系统的培训计划。系统供应商或业主根据系统的复杂性，可以进行正式的培训计划。认证必须每年更新。船长应当查验证书，并指定批准的绞车操作者</td></tr>
</table>

表9.4-5 钢丝绳或电缆安全系数(2.5~2.0)

总则	只要坚持了下列预防措施，钢丝绳或钢丝铠装电缆就可在指定破断载荷的安全系数=2.0条件下工作，包括瞬时和动载荷
	当电缆最小安全系数达到2.0时，必须停止下放，或必须采用表9.4-6描述的下一级标准
	海况和由此产生的船舶运动，产生的瞬时载荷将对缆绳产生影响。因此，在布放之前应评估当时天气走势，应满足上述规定的限制
	运动补偿可用于使动载荷降低到允许的极限值以下，或偶然降低到“零载荷”状态
拉力监测	拉力必须在绞车操作室用最低分辨率10 Hz(每隔100 ms采样一次)的显示器监测。系统还必须能以最小频率20 Hz(每隔50 ms一次)记录拉力数据。拉力必须在绞车操作室采用“拉力趋势图”连续检测。拉力测量系统至少每6个月校准一次，以载荷等于所选择的安全系数施加的载荷。拉力测量系统必须保持3%施加载荷的精度
警报装置	布放系统应配置听觉和视觉拉力警告器，在缆绳ABL的安全系数=2.2之前，发出声音和灯光预警信号。报警装置状态必须是自动的，包括自动记录数据
滑轮和承载托辊	D/d比值至少为40:1或400 d1(钢丝直径)其中最大的。滑轮槽应尽量靠近“d”的实际值，一般不大于1.05 d，以提供足够的支持
甲板安全	操作者应当确定拉力作用下绳索和钢丝绳周围的“危险区域”。在可能范围内，规定作业的特性，包括所有人员不得进入这些区域，以免突然发生故障造成伤害。警示标记应显示在进入危险区的位置。该位置设置物理和视觉障碍是必要的。现有的门和进入区域的通道可能应当紧闭。
测试	来自靠近端头的钢丝绳样品应当每年送检一次。如果发现ABL降低10%，则测试应增加到每6个月一次。另外，业主可截短和重新测试一个新的代表性长度
航海日记	至少，业主应保持说明钢丝绳整个使用寿命期间截短、卷绕作业、破断测试、润滑、缆系描述和最大载荷(对于每次投放由监测系统或通过计算确定)的日记。如果钢丝绳拆除和存放，或转移到另一台绞车或业主，日记应与钢丝绳一起移交。
绞车操作者	绞车业主必须确认所有绞车操作者是称职的。“确认称职”是指业主必须有书面文件说明操作者已经通并顺利通过正式的业主/经营商制定的绞车、吊放仪器设备和监测系统的培训计划。系统供应商或业主根据系统的复杂性，可以进行正式的培训计划。认证必须每年更新。船长应当查验证书，并指定批准的绞车操作者

表 9.4-6　钢丝绳或电缆-安全系数(2.0~1.5)

总则	只要坚持了下列预防措施，钢结构钢丝绳就可在指定破断载荷的作安全系数=1.5 条件下工作，包括瞬时和动载荷
	一旦安全系数达到2.0，应当对钢丝绳的载荷进行定期检查，这需要以合适的间隔(~500 m)中断下放，并进行缓慢的牵拉，直到确定和核实正常及峰值拉力为止。然后必须决定是否以安全系数=1.5 极限值为基础继续进行作业。当最小安全系数达到1.5 时，必须停止下放
	海况和由此产生的船舶运动，产生的瞬时载荷将对缆绳产生影响。因此，在布放之前应评估当时天气走势，应达到上述规定的限制
	运动补偿可用于使动载荷降低到允许的极限值以下，或偶然降低到“零载荷”状态
拉力监测	拉力必须在绞车操作室用最低分辨率 10 Hz(每隔 10 ms 采样一次)的显示器监测。系统还必须能以最小频率 20 Hz(每隔 50 ms 一次)记录拉力数据。拉力必须在绞车室采用“拉力趋势”曲线图进行连续监测。拉力测量系统至少每 6 个月校准一次，以载荷等于所选择的安全系数施加的载荷进行。拉力测量系统必须保持 3% 施加载荷的精度
警报装置	布放系统应配置听觉和视觉拉力警告器，在缆绳 ABL 的安全系数=1.7 之前，发出声音和灯光预警信号。警报装置状态必须是自动的，包括自动记录数据
滑轮和承载托辊	D/d 比值至少为 40∶1 或 400 dl(其中最大的)。滑轮槽应尽量靠近“d”的实际值，一般不大于 1.05 d，以提供足够的支持
甲板安全	操作者应当确定拉力作用下绳索和钢丝绳周围的“危险区域”。在可能范围内，规定作业的特性，包括所有人员不得进入这些区域，以免突然发生故障造成伤害。警示标记应显示在进入危险区位置。该位置设置物理和视觉障碍是必要的。现有的门和进入区域的通道可能时应当紧闭。
测试	来自靠近端头的钢丝绳样品应当每年送检一次。如果发现指定破断载荷降低 10%，则测试应增加到每 6 个月检测一次。另外，业主可能截短缆绳和重新测试一个新的代表性长度
航海日记	至少，业主应保持说明钢丝绳整个使用寿命期间截短、卷绕作业、破断测试、润滑、缆系描述和最大载荷(对于每次投放由监测系统或通过计算确定)的日记。如果钢丝绳拆除和存放，或转移到另一台绞车或业主，日记应与钢丝绳一起移交。
绞车操作者	绞车业主必须确认所有绞车操作者是称职的。“确认称职”是指业主必须有书面文件说明操作者已经通并顺利通过正式的业主/经营商制定的绞车、吊放仪器设备和监测系统的培训计划。系统供应商或业主根据系统的复杂性，可以进行正式的培训计划。认证必须每年更新。船长应当查验证书，并任命批准的绞车操作者

9.4.7.5　举例

1）使用安全系数 5.0 的例子

没有拉力测量系统或系统不好用，或者滑轮/辊子与缆绳直径比小于要求的情况。

表 9.4－7　抓斗吊放缆绳安全系数为 5.0 的工作载荷校核

原始条件：抓斗，系在 500 m 长、0.25″(6.35 mm)直径的 3×19 钢丝绳上，采用安全系数 5.0		
指定破断载荷(自由旋转)/N	30 000	
安全系数	5	
安全工作载荷 = ABL/FS/N	6 001	
抓斗海水中重力/N	778N	
样品海水中重力/N	111	
钢丝绳重力(海水中) = 1.26N/m × 500 m	630	
静载荷合计/N		1 520
准静载荷(阻力)/N		156
抓斗质量/kg	90.7	
拖带泥浆质量/kg	22.7	
500 m 钢丝绳质量/kg = 0.148kg/m × 500 m	74.2	
系统总质量/ kg	187.6	
动载荷(总质量 ×0.75，对于 g = 1.75)/N		1 379
收缆的瞬时载荷/N	444.5	444.5
估计的最大载荷/ /N		3 500
由于估计的最大载荷为 3500 N，低于安全工作载荷 6 001 N，用这个抓斗进行作业可以接受		

表 9.4－8　CTD 吊放缆绳安全系数为 5.0 的工作载荷校核

原始条件：CTD，系在 500 m 长、0.322″(8.18 mm)直径的电缆投放，采用安全系数 5.0		
指定破断载荷(自由旋转)/N	44 453	
安全系数	5	
安全工作载荷 = ABL/ES/ N	8 891	
CTD 海水中重力/N	2 667	
样品海水中重力/N	—	

续表 9.4-8

拉力构件海水中重力/N = 2.1 N/m × 500 m	1 054	
静载荷合计/N		3 720
准静载荷(阻力)/N		1 334
CTD 质量/kg	454	
样品质量/kg(= 24 瓶 × 10L × 1 kg/ L)	240	
拉力构件质量/kg = 0.26 kg/m × 500 m	130	
系统总质量/kg	824	
动载荷/N(总质量 × 0.75，对于 g = 1.75)		6 056
瞬时载荷/N		–
估计的最大载荷/N		11 110
由于估计的最大载荷为 11 110 N，高于安全工作载荷 8 891 N，用这个 CTD 进行作业不可接受。		
船舶运营者必须：知道整套设备上的实际动载荷(基于船舶的位置、阻力、天气状况等)，或满足较低安全系数要求进行作业		

2)满足工作要求的安全系数估计

表 9.4-9　重力活塞取样器布放和回收缆绳安全系数校核

原始条件：重力活塞取样器，系在 4 000 m 长、9/16″(14.29 mm)钢丝绳上，ABL 为 144 472 N，绞车和 A 型架额定载荷 222 264 N		
取心器海水中重力/N	8 891	
样品海水中重力/N	445	
4 000 m 钢丝绳海水中重力/N = 6.2 N/m × 4000 m	24 965	
静载荷合计/N		34 301
准静载荷(阻力)/N		1 334
取心器质量/kg	1 179	
泥浆样品质量/kg	159	
4 000 m 电缆质量/kg(= 0.732 kg/m × 4 000 m)	2 928	
系统总质量/kg	4 266	
动载荷/N(总质量 × 0.75，对于 g = 1.75)		31 355
收缆瞬时载荷/N		8 891

续表 9.4－9

估计的最大载荷/N		75 681
安全系数＝指定破断载荷(144 472N)/估计最大载荷(75 681 N)		1.91
为了继续用该取心器，要求必须满足在安全系数为 1.5 下作业的要求		
由于用这种作业有缠住的实际风险，应由船舶经营者选择薄弱环节，以保护钢丝绳		

3)作业前计算可能发生的动载荷数量，当最小安全系数达到 2.0 时必须停止作业情况。

表 9.4－10　CTD 采水器布放和回收缆绳安全系数校核

原始条件：36 瓶 CTD，计划用 0.322″(8.18 mm)直径电缆布放 6000 m，钢铠装电缆，自由旋转，ABL 为 44 453 N。吊放系统安全工作载荷 44 453 N。电力机械缆的最小许用安全系数为 2；因此电缆许用的最大拉力为 22 226 N		
CTD 海水中重力/N	4 445	
样品海水中重力/N	—	
拉力构件海水中重力/N＝2.1 N/m×6 000 m	12 642	
静载荷合计/N		17 087
准静载荷(阻力)/N		2 223
CTD 质量/kg	680	
样品质量/kg(36 瓶×10L×1 kg/ L)	360	
6 000 m 电缆质量/kg＝0.26 kg/m×6 000 m	1 560	
系统总质量/kg	2 600	
动载荷/N(总质量×0.75，对于 g＝1.75)		19 110
瞬时载荷/N		-
估计的最大载荷/kg		38 420
安全系数＝指定破断载荷(44 453 N)/估计最大载荷(38 420 N)		1.16
6 000 m 长、0.68″(17.3 mm)电缆布放 36 瓶玫瑰花状 CTD，安全系数在 2.0 以下，只能在良好天气下或采用运动补偿完成投放		
注意：很明显，CTD 采用 0.322”电缆深水作业，在恶劣天气下或用大型/重型 CTD 时要求缆绳的安全系数很容易超过 2.0，而实际上则容易低于 1.5。如果安全系数达到这个水平，电缆会因为内部导线失效而断裂或降低寿命。经营者应尽可能降低船舶或吊放系统的运动，可采用运动补偿装置或绞车运行速度慢下来，以降低动载荷。作为一种选择，可能考虑更强的电缆，尽管最强的电缆还更重，见下一个例子		

表 9.4 – 11　alVAR CTD 布放和回收缆绳安全系数校核

<table>
<tr><td colspan="3">原始条件：aIVAR CTD，计划用 0.68″(17.3 mm)直径电缆布放 6 000 m，钢铠装电缆，自由旋转，ABL 为 164 475 N。吊放系统安全工作载荷 200 038 N。电力机械缆的最小许用安全系数为 2；因此电缆许用的最大拉力为 82 238 N</td></tr>
<tr><td colspan="3">船舶经营者选择使用安全系数为 2.0。经营者必须知道整套仪器设备上的实际动载荷(基于船舶位置、阻力等)和/或监控电缆拉力接近表 9.4 – 6 中所要求的，或使用运动补偿器降低动载荷</td></tr>
<tr><td>CTD 海水中重力/N</td><td>4 445</td><td></td></tr>
<tr><td>样品海水中重力/N</td><td>—</td><td></td></tr>
<tr><td>拉力构件海水中重力/N = 8.1 N/m × 6 000 m</td><td>48 382</td><td></td></tr>
<tr><td>静载荷合计/N</td><td></td><td>52 827</td></tr>
<tr><td>准经载荷(阻力)/N</td><td></td><td>2 223</td></tr>
<tr><td>CTD 质量/kg</td><td>680</td><td></td></tr>
<tr><td>样品质量/kg(= 36 瓶 × 10L × 1 kg/ L)</td><td>360</td><td></td></tr>
<tr><td>6 000 m 电缆质量/kg = 1.03 kg/m × 6 000 m</td><td>6 181</td><td></td></tr>
<tr><td>系统总质量</td><td>7 221</td><td></td></tr>
<tr><td>动载荷(总质量 × 0.75，对于 $g = 1.75$)</td><td></td><td>53 074</td></tr>
<tr><td>瞬时载荷</td><td></td><td>—</td></tr>
<tr><td>估计的最大载荷/磅力</td><td></td><td>108 124</td></tr>
<tr><td>安全系数 = 指定破断载荷(164 475 N)/估计最大载荷(108 124 N)</td><td></td><td>1.53</td></tr>
<tr><td colspan="3">6000 m 长 0.680″(17.3 mm)电缆布放 36 瓶玫瑰花状 CTD，对于深海投放安全系数比用 0.322″缆绳稍好。用破断载荷约 204 483N 和比 0.680″略重的 0.681″缆绳可达到较高的安全系数。满载 36 瓶 CTD 可以在系数“g”高达 1.4 条件下以安全系数 = 2.0 吊放。</td></tr>
<tr><td colspan="3">注意：在所用情况下，CTD 采用钢铠装电缆全海深投放时，由于电缆布放的重量和质量，将要求采用安全系数在 2.0 和 2.5 之间的表 9.4 – 5 中程序。拉力监测水平可使操作者根据实际动载荷决策是否继续投放</td></tr>
</table>

第 10 章　深海设备设计中若干材料的选择

10.1　浮力材料

浮力材料是深海设备不可或缺的组成部分。在深海采矿系统中，主要用于降低集矿机/采矿机的对地比压，减轻提升系统硬管在水中的重力和保持软管段垂直悬浮状态或形成必要的空间形态（“S”形或驼峰形）。

10.1.1　类型

浮力材料一般分为两大类：液体浮力材料和固体浮力材料。

液体浮力材料由金属容器和注入的轻介质液体组成。由于轻介质液体密度比海水小而获得正浮力。多数以汽油或煤油作为充填介质，优点是价格低廉，容易获得；特点是可以调节浮力。主要用于载人潜水器调节重心或水下调节浮力，在采矿系统中基本不用。

固体浮力材料主要有 4 种型式：①轻金属空心球或两头球形封头的空心圆筒；②合成泡沫塑料浮力材料；③金属陶瓷浮力球；④深海中空玻璃浮球。

10.1.2　合成泡沫塑料浮力材料

（1）结构和组成

合成泡沫塑料浮力材料是由空心微珠和树脂黏合剂组成。空心微珠有玻璃微珠、树脂微珠和碳微珠等，多数用 50～150μm 粒径的中空玻璃微珠；此外，还含有部分大粒径玻璃纤维增强塑料球，内充提供抗压强度的高分子发泡材料；为了增加微珠充填量，减少树脂数量，从而达到密度低和强度高的效果，采用不同粒径微珠组合。树脂黏合剂有环氧树脂、聚氨酯或强度、耐温及柔性适当组合的其他聚合物。典型微珠粒径和组合显微放大图见图 10.1－1。这种浮力材料的特点是密度低、承受的静水压力高、吸水率低、局部损坏不会造成整体失效、可以加工成需要的形状，是一种广泛应用的浮力材料。

美国 ECCM 公司生产的 ETD 202 型号和 3M 公司生产的 B35D 合成泡沫塑料浮力材料中空心玻璃微珠直径配比见图 10.1－2。

（2）合成泡沫塑料浮力材料技术性能

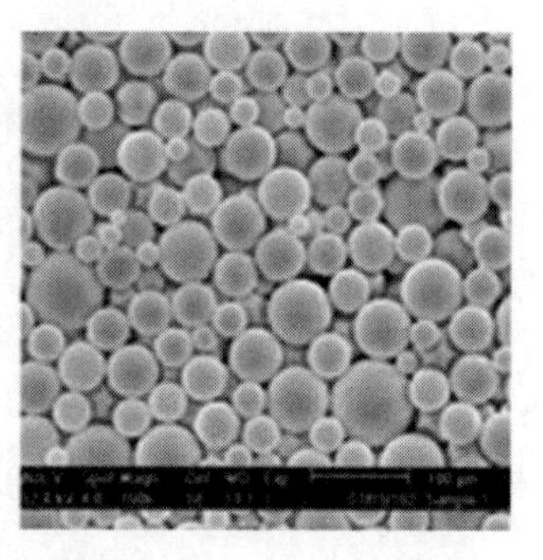

图 10.1-1　中空玻璃微珠及粒径组成显微放大图(10～100 μm)

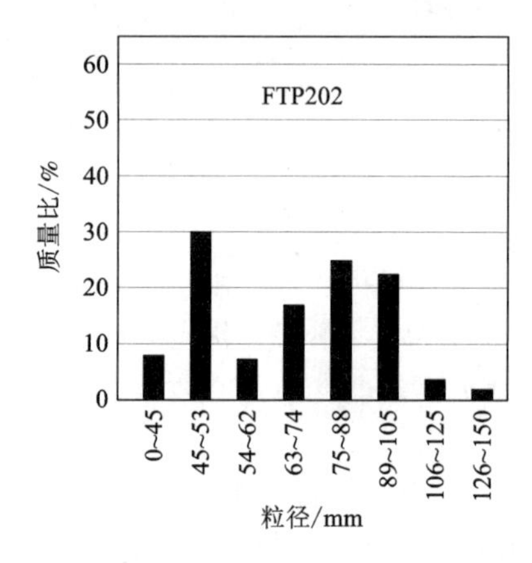

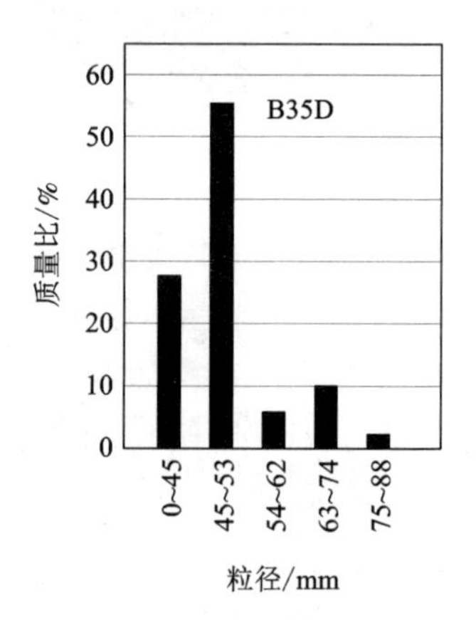

图 10.1-2　合成泡沫塑料浮力材料中空玻璃微珠直径配比

合成泡沫塑料浮力材料最主要的性能参数为工作水深、密度或单位体积可提供的浮力，以及强度与使用寿命。

适用于不同水深的典型合成泡沫塑料浮力材料的性能参见表 10.1-1。

试验研究表明，中空玻璃微珠承受压力时，破坏率大致与工作压力成正比，破碎试验结果见表 10.1-2；而浮力材料的吸水量同样与工作压力相关，当压力约为浮力材料强度的60%时，吸水量急剧增加。在浮力材料出水后这些水分会蒸发掉，对工作无影响，但是抗压强度略有下降。浮力损失与工作时间的关系见图 10.1-3。

(3)产品实例

世界上代表性浮力材料生产厂及其产品列于表 10.1-3。

美国爱默生和卡尔明合成材料公司(ECCM - Emerson & Cuming Composite materials)自 20 世纪 40 年代开始研究合成泡沫塑料浮力材料，目前可生产绝缘性好、强度高、重量轻、纯度高的直径 5 ~ 200 μm 的空心玻璃微珠。

表 10.1 - 1　美国 SM 公司合成泡沫塑料浮力材料产品主要性能

型号	适用水深/m	密度/($kg·m^{-3}$)	抗压强度/MPa	强度安全系数	压缩模量/MPa
AM - 28	1 000	449	23.30	2.33	1 374
AM - 30B	2 500	481	35.16	1.41	1 792
AM - 32A	3 000	513	48.26	1.61	2 200
AM - 34	3 960	545	41.37	1.04	1 613
AM - 37	4 870	593	—	—	—
AM - 40B	6 100	641	75.84	1.24	2 900

表 10.1 - 2　空心玻璃微珠受外压破坏率测试结果

标号	密度 /($kg·m^{-3}$)	承压系数 /%	破坏体积率/%		
			6.9 MPa	10.3 MPa	13.8 MPa
607002	330	64	1	12	27
607003	335	62	1	7	21
702101B	330	63	1	14	27

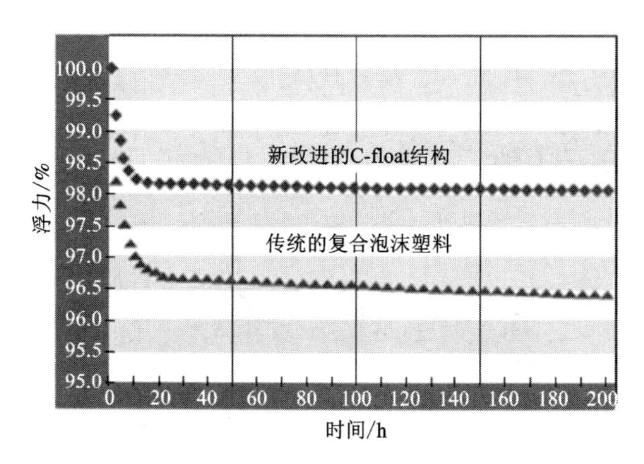

图 10.1 - 3　浮力材料在静水压下浮力损失与时间的关系

几种代表性成品浮力件见图 10.1 - 4 ~ 图 10.1 - 6。

表 10.1－3　世界上代表性浮力材料生产厂及其产品

厂　家	最大水深/m	密度/($kg \cdot m^{-3}$)	抗压强度/MPa	吸水率/%
美国 ECCM	8 200	490	130	<3
美国 ET	6 000	—	—	—
SM	6 100	640	76	<2
英国 CRP 公司	3 000	490－650	—	<3
英国 BG	8 200	670	—	<3
日本油研	6 000	630	105	—
俄罗斯	6 000	650	—	<3

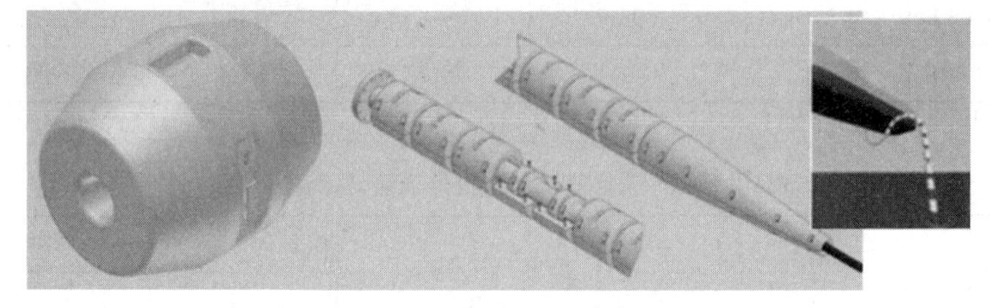

图 10.1－4　脐带缆软连接浮力件

图 10.1－5　海洋管线浮力件

图 10.1－6　单件水下浮力件

MB 型浮力件的外形尺寸、重量和产生的浮力如表 10.1－4。

(4)合成泡沫塑料浮力材料选择

合成泡沫塑料浮力材料选择要点：

①确定最大工作水深。一般按浮力材料抗压强度除以安全系数 1.5 来确定。安全系数最小不得小于 1.25。

②确定浮力材料的体积和尺寸。一般根据密度即单位体积能提供的浮力确定所需体积，但是需考虑长时间工作后因吸水率和个别微珠破坏造成的浮力损失。一般损失系数为 1%。

表 10.1－4　MB 型浮力件的外形尺寸、重量和产生的浮力

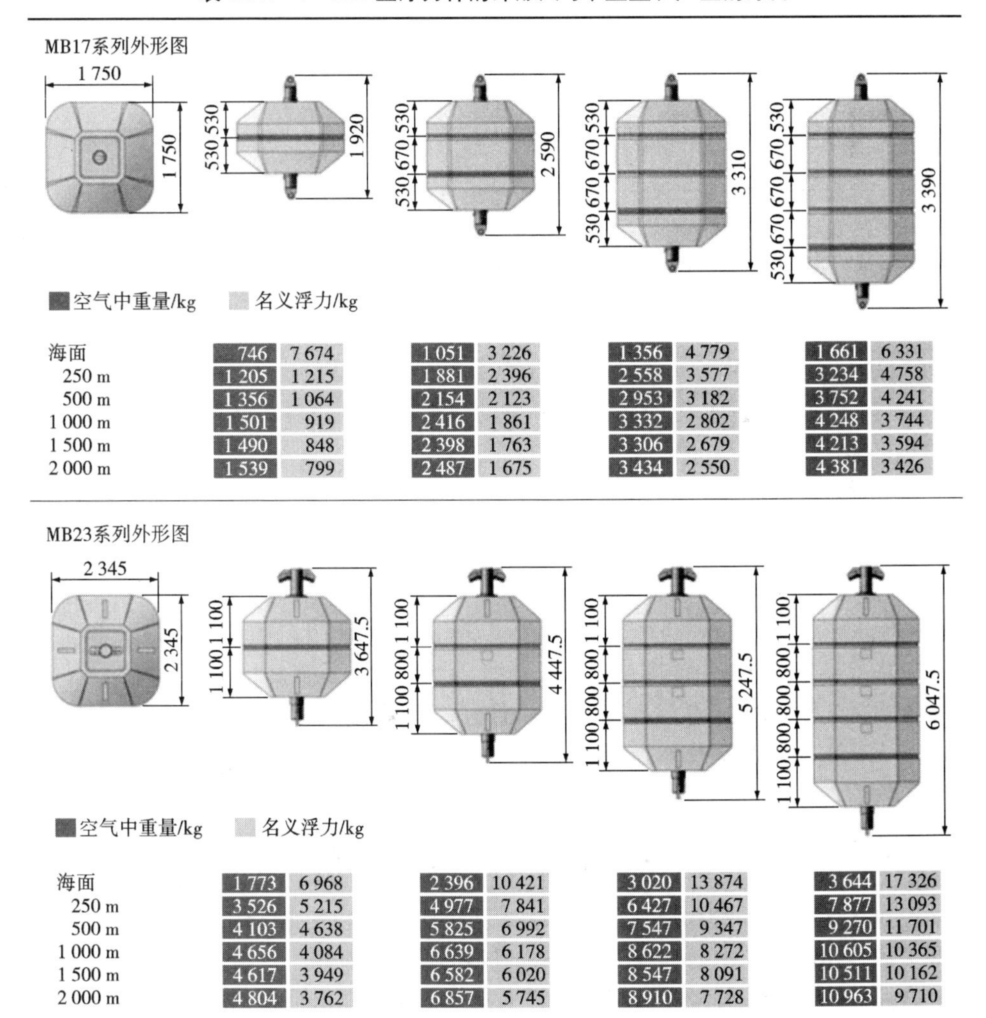

MB17系列（空气中重量/kg｜名义浮力/kg）

	空气中重量/kg	名义浮力/kg	空气中重量/kg	名义浮力/kg	空气中重量/kg	名义浮力/kg	空气中重量/kg	名义浮力/kg
海面	746	7 674	1 051	3 226	1 356	4 779	1 661	6 331
250 m	1 205	1 215	1 881	2 396	2 558	3 577	3 234	4 758
500 m	1 356	1 064	2 154	2 123	2 953	3 182	3 752	4 241
1 000 m	1 501	919	2 416	1 861	3 332	2 802	4 248	3 744
1 500 m	1 490	848	2 398	1 763	3 306	2 679	4 213	3 594
2 000 m	1 539	799	2 487	1 675	3 434	2 550	4 381	3 426

MB23系列（空气中重量/kg｜名义浮力/kg）

	空气中重量/kg	名义浮力/kg	空气中重量/kg	名义浮力/kg	空气中重量/kg	名义浮力/kg	空气中重量/kg	名义浮力/kg
海面	1 773	6 968	2 396	10 421	3 020	13 874	3 644	17 326
250 m	3 526	5 215	4 977	7 841	6 427	10 467	7 877	13 093
500 m	4 103	4 638	5 825	6 992	7 547	9 347	9 270	11 701
1 000 m	4 656	4 084	6 639	6 178	8 622	8 272	10 605	10 365
1 500 m	4 617	3 949	6 582	6 020	8 547	8 091	10 511	10 162
2 000 m	4 804	3 762	6 857	5 745	8 910	7 728	10 963	9 710

续表 10.1－4

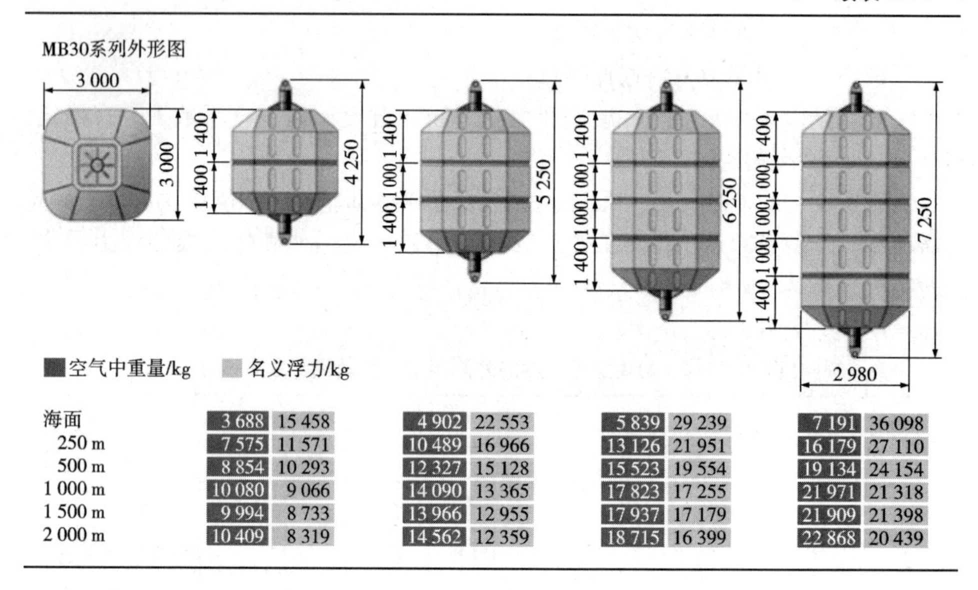

③形状的确定。根据安装位置和工作受力状态进行具体设计。如提升管用两个半瓦状扣件，集矿机上为多个块状组合，在拖体上个别浮力块可能要修形，且必须定制。

10.1.3 金属陶瓷中空浮力球

金属陶瓷中空浮力球是由高纯度氧化铝(99.9% Al_2O_3)和强度高、质量轻的陶瓷铸造而成，是当今可买到的适于水深超过 4 000 m 的性能最好的浮力产品，其质量轻与强度高的独特结合适于世界上全海深潜水器和科学仪器平台的需要。

深海动力与照明公司(DeepSea Power & Lights)生产的金属陶瓷中空陶瓷浮力球(SeaSpheres 商标)是中空、无接缝结构，有助于保证制造质量、寿命长和工作可靠；特点是：质量轻、强度高，不可压缩，浮力随深度加大而增大，零维护，工作水深可达 11 000 m，有多种尺寸。而且，氧化铝也是一种极好的电器绝缘体，可穿透无线电频率和耐海水腐蚀。SeaSpheres 金属陶瓷浮力球产品的技术规格见表 10.1－5。

伍兹霍尔海洋研究所在 HROV 上采用 1 750 个外径 91 mm 的陶瓷浮力球(每个提供 2 720 N 浮力)置于外壳内，历经 11h 横跨 11 000 m 马里亚纳海沟。这些浮球经过了 210 MPa 的检验，在 175 MPa 连续压力下经受 1 000 h，在 140 MPa 下循环寿命达 10 000 h。而外径 218.4 mm 的浮球成功地用于斯克里普斯海洋研究所的全海深沉积物取样器上，经受住了 2 m/s 自由降落海底的冲击。

表 10.1－5　深海动力与照明公司 SeaSpheres 金属陶瓷浮力球产品技术规格

浮力球直径/mm	90(3.6″)	128(5.0″)	152(6.0″)	216(8.5″)	
额定水深/m	11 000	11 000	11 000	6 000	11 000
密度/(kg·m^{-3})	350	360	350	240	360
浮力/N	2.7	7.1	12.4	41.2	35.2
质量/kg	0.14 ±1 g	0.39	0.65	1.28	1.89
浮力对空气中重力比值	1.93	1.86	1.90	3.22	1.87
材料	99.9% 纯度氧化铝(Al_2O_3)				
孔隙率	0%				
防护罩					
是否有防护罩	有	无	无	有	
防护罩类型	柔性搭接对分式			多面体海贝壳	
材料	Versaflex 40			线状低密度聚乙烯	
材料密度/(g·cm^{-3})	约 0.89			约 0.93	
模块密度/(g·cm^{-3})	0.49			0.34	0.43
模块浮力/N	2.9			41.8	35.8
模块质量/kg	0.27			2.08	2.65
模块浮力对空气中重力比值	1.09			2.01	1.35
填充模块浮力对体积比值				340 kg/m^3	
模块尺寸	102 mm 圆形			26.6 mm×26.6 mm	

10.1.4　深海中空玻璃浮球

玻璃浮球是由 2 个高精度中空玻璃半球合成一体构成的，内部抽成真空，其空气绝对压力低于 0.3 个大气压力。抽完真空后，接缝涂密封剂、用胶带封上，用这种方法密封的浮球，由于大气压力或水压作用在上面的力几乎不存在密封不佳现象。如直径 43.2 cm 的浮球，该力超过 8.8 kN，见图 10.1－7。

中空玻璃球主要采用具有标准物理、化学、电子和光学特性的 3.3 级别硼硅酸盐玻璃制造。配合表面须经三重磨削加工：金刚石磨削，手工研磨和抛光，以确保结合面精密配合。

目前可买到直径 25.4 或 33 cm 的浮球，工作水深可达到 9 000 m；较大的直径

43.2 cm 的浮球工作水深可达 7 000 m，而现在已经可以达到 9 000 和 11 000 m。

中空玻璃浮球的优点是强度与重量比好，耐海水腐蚀，制造成本低等，而缺点是脆性，受冲击易损坏。因此玻璃球生产需要高质量原料，先进的制造技术和工艺。中空玻璃浮球用聚乙烯硬帽保护，见图 10.1－8。硬帽由 2 个带法兰单元用不锈钢螺栓连成一体。法兰也可用螺栓固定到机架上，用绳卡或链节固定到锚系上。

图 10.1－7　中空玻璃浮球

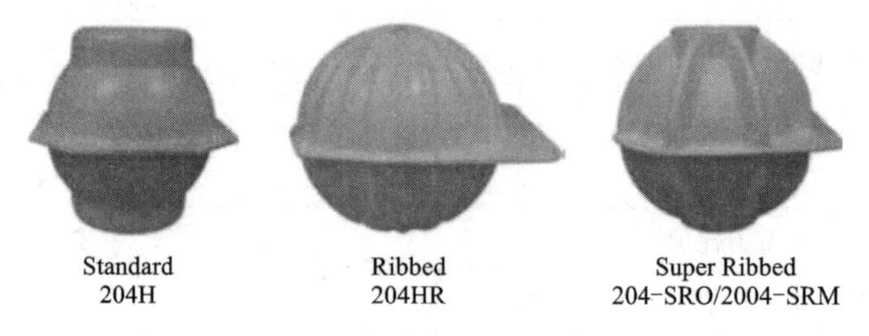

图 10.1－8　玻璃浮球聚乙烯硬外壳

玻璃原料和中空玻璃浮球的基本参数分别列于表 10.1－6 和表 10.1－7。

代表性产品如 Benthos 专利产品 VacuSealed 型玻璃浮球，Nautilus Marine Service 公司 VITROVEX 型号玻璃浮球。

表 10.1－6　玻璃原料的规格性能

材料类型	低膨胀硼硅酸盐	泊松比	0.20
热膨胀系数	3.8×10^{-6}/℃	折射率	1.48
密度/($g\cdot cm^{-3}$)	2.22	导热系数	0.96 W/(m·K)
杨氏模数	62 GPa	比热	cal/g·℃

表10.1－7　中空玻璃浮球的基本参数

型　号	2040－10V	2040－13V	2040－17V
外径/cm	25.4	33	43.2
内经/cm	23.6	30.5	40.4
质量/kg	4.1	9.07	17.7
净浮力/N	45	104	254
工作水深/m	9 000	9 000	6 700

10.2　深海采矿系统设备耐腐蚀性材料选择

10.2.1　深海采矿系统设备制造材料选择必须考虑的因素

深海采矿系统设备类似于海洋石油和天然气开发设备，长期接触海水和盐雾(海面以上设备)，处于严重的腐蚀环境下工作。众所周知，从 316 到 6Mo 不锈钢和超级硬铝并不总是耐海水腐蚀。可能立即或稍后发生间隙腐蚀和点腐蚀。例如，海船中 24Cr07Ni 优质双相不锈钢管状热交换器，在 6 个月内出现间隙腐蚀。在天然海水中，金属表面将发育生物薄膜，促进海水的腐蚀性。电化学腐蚀也是海上的主要问题。

选择设备材料时，不仅要考虑结构强度，还要考虑耐腐蚀性(包括工作介质，温度，流速等)、单位体积重量比、价格、可提供的坯料和制造难易程度。与陆地设备选材的最大区别是耐腐蚀性。

可以选用的设备制造材料主要有 7 大类：

①不锈钢。从 316L、双相组织不锈钢到 6Mo 不锈钢。316L 被认为耐海水腐蚀性能差；在温度不超过 20℃ 的情况下，最低选择是双相组织 2205 不锈钢。在温度达到 40℃ 的热水中，对于被氯化的海水最低要求是优质双相组织不锈钢。即使选用优质双相组织不锈钢和 6Mo 不锈钢，间隙腐蚀也是至关重要的。

②不锈钢和可控阴极保护。在一定环境下，可控阴极保护如 RCP 阳极，对于避免局部腐蚀和电化学腐蚀产生很好的作用。采用阴极保护，选择的材料可以降低等级，从而节省成本。

③铜合金。如铜镍铁合金和铜镍合金。这种合金仅仅用在低流速或死水的情况。在高流速或湍流区发生侵蚀腐蚀，例如在热交换器中。

④玻璃钢(玻璃纤维增强塑料)。在海水环境中不会腐蚀。对于复杂几何形状和结构如管状热交换器不适用。对于机械冲击或振动可能敏感。

⑤钛合金。在海水环境中不发生腐蚀。如果阴极保护系统或电化腐蚀使钛极化太多，氢化是可能的。采用钛合金的缺点是价格高和交货时间长。

⑥不涂层碳钢。没有阴极保护，腐蚀率达到 1 mm/年以上。对于内部管道系统，由于阳极距离太近不适于选择阴极保护。而且阴极保护所需电流比不锈钢大得多。设计时需要考虑留有足够的腐蚀余量。

⑦涂层碳钢。适应于船的内部，但是不适于管道系统内部、热交换器和小零件。

一些金属材料在天然和污染海水中的腐蚀性能比较列于表 10.2－1 中。

表 10.2－1　一些金属材料在自然和污染海水中腐蚀性能比较

腐蚀形式	铜基合金	不锈钢 316	不锈钢 6Mo	钛合金
均匀腐蚀	耐腐蚀/敏感	耐腐蚀	耐腐蚀	耐腐蚀
间隙腐蚀	敏感	敏感	敏感（>25℃）	耐腐蚀（<80℃）②
点腐蚀	敏感	敏感	耐腐蚀	免腐蚀
应力腐蚀	敏感①	敏感（>60℃）	耐腐蚀	耐腐蚀③
腐蚀疲劳	敏感	敏感	敏感	免腐蚀
电化腐蚀	敏感	敏感	耐腐蚀	免腐蚀
微生物腐蚀	敏感	敏感	敏感	免腐蚀
焊接/热影响区腐蚀	敏感	敏感	敏感	耐腐蚀
侵蚀腐蚀	敏感	耐腐蚀	耐腐蚀	高度耐腐蚀

附注：①取决于污染程度/海水化学；

②等级 7、11、12、16、17、20、21、24、28、29 耐腐蚀温度至少 200℃；

③标准等级 5 具有有限的敏感性，等级 23（ELI）改进了冲击韧性 K1scc 值。

金属材料在海洋环境中使用的腐蚀速率受到海水相对流速的影响很大，在表 10.2－2中列出了一些金属材料在海洋环境中使用的腐蚀速率与海水相对流速的关系。在表 10.2－3 中列出了一些金属材料密度比较。这些数据可供选材时参考。

从经济因素考虑，形成两种选材思路：

①低初始成本思路。主要以碳钢和铸铁为基础，在使用中需要相当大的维修量。选择的理由是劳动力成本低和材料容易采购。

②以合金材料为基础思路。如果设计和制造恰当，需要的维修量最低和功能可靠，但设备成本上升。对于投资大的需要高可靠性设备和关键部件，趋向于这种思路。

实际上，许多设备采用两种思路相结合选材。尽管海水腐蚀金属材料，一般不会引起灾难性事故。例如，浸入海水的碳钢腐蚀率为 0.1 mm/年，因此大部分用碳钢和铸铁制造的海洋设备满足海洋使用技术要求是可能的。

下面将对几种主要耐海水腐蚀材料选用的关键方面做一概述。

表 10.2-2　一些材料在海洋中使用的腐蚀速率与海水相对流速的关系

合金类型	平静海水(流速 0~0.6 m/s)		流速 8.2 m/s	流速 35~42 m/s
	平均腐蚀速率/($mm\cdot a^{-1}$)	最大点蚀/mm	腐蚀速率/($mm\cdot a^{-1}$)	
碳钢	0.075	2.0	—	4.5
灰铸铁	0.55	4.9	4.4	13.2
炮铜(青铜)	0.027	0.25	0.9	1.07
Ni-Al 青铜	0.055	1.12	0.22	0.97
70/30 Cu-Ni+Fe	<0.02	0.25	0.12	1.47
316 不锈钢	0.02	1.8	<0.02	<0.01
6Mo 不锈钢	0.01	0	<0.02	<0.01
400 型 Ni-Cu 合金	0.02	1.3	<0.01	0.01

表 10.2-3　一些金属材料密度强度比较

材料	密度	杨氏模量/GPa	屈服强度/MPa	强度-密度比
纯钛	4.51	105	250~450	50~100
Ti-6Al-4V	4.43	112	900~1 100	200~250
碳钢	7.8	200	350~450	45~60
铝合金	2.8	70	100~350	35~125

10.2.2　海洋用不锈钢

不锈钢由于具有耐腐蚀、制造容易和机械性能良好的特性，而在海洋设备中应用。

10.2.2.1　海洋用不锈钢主要型号和物理力学性能

(1)常用不锈钢的化学成分

几种常用不锈钢的成分列于表 10.2-4 中。

(2)常用不锈钢的力学性能

几种常用不锈钢的力学性能列于表 10.2-5 中。

表 10.2-4　几种常用不锈钢的化学成分

类别	牌号	国别	标准	化学成分/%									
				C≤	Si≤	Mn≤	P≤	S≤	Ni	Cr	Mo	Ti或其他	N
奥氏体型	0Cr18Ni9	中国	GB	0.07	1.00	2.00	0.035	0.03	8.00~11.00	17.00~19.00			≤0.10
	304	美国	AISI	0.08	0.75	2.00	0.045	0.03	8.00~10.50	18.00~20.50			
	00Cr19Ni10	中国	GB	0.03	1.00	2.00	0.035	0.03	8.00~12.00	18.00~20.00			≤0.10
	304L	美国	AISI	0.03	0.75	2.00	0.045	0.03	8.00~12.00	18.00~20.00			
	0Cr17Ni12Mo2	中国	GB	0.08	1.00	2.00	0.035	0.03	10.00~14.00	16.00~18.50	2.00~3.00		≤0.10
	316	美国	AISI	0.08	0.75	2.00	0.045	0.03	10.00~14.00	16.00~18.00	2.00~3.00		
	00Cr17Ni14Mo2	中国	GB	0.03	1.00	2.00	0.035	0.03	12.00~15.00	16.00~18.00	2.00~3.00		≤0.10
	316L	美国	AISI	0.03	0.75	2.00	0.045	0.03	10.00~14.00	16.00~18.00	2.00~3.00		
	0Cr18Ni10Ti	中国	GB	0.03	1.0	2.00	0.035	0.03	9.00~12.00	17.00~19.00	2.00~3.00	≥5×C%	≤0.10
	321	美国	AISI	0.03	0.75	2.00	0.045	0.03	9.00~12.00	17.00~19.00	2.00~3.00	5×(C+N)%，最大0.70	
	SSC-6Mo	美国	AISI	0.01	0.30	0.40	0.02	0.001	24.3	29.6	6.3	0.25 Cu，Fe余量	0.21
双相型	00Cr18Ni5Mo3Si2	中国	GB	0.03	1.3~2	1~2	0.035	0.03	4.50~5.50	18.00~19.50	2.50~3.00		
	Avesta 2205	美国	AISI	0.03	0.75	2.00	0.030	0.02	4.50~6.50	21.00~23.00	2.50~3.50		0.08~0.2

表 10.2－5　几种常用不锈钢的力学性能

类别	牌号	国别	标准	$\sigma_{0.2}$ /MPa	σ_b /MPa	δ_5 /%	ψ /%	A_k /J	HRB	固溶处理 /℃
奥氏体型	0Cr18Ni9	中国	GB	205	520	40	60		90	1 010 ~ 1 150
	304	美国	AISI	210	520	≥35			≤HV200	快冷
	00Cr19Ni10	中国	GB	177	480	40	60		90	1 010 ~ 1 150
	304L	美国	AISI	210	520	≥35			≤HV200	快冷
	0Cr17Ni12Mo2	中国	GB	205	520	40	60		90	1 010 ~ 1 150
	316	美国	AISI	205	529	≥35			≤90	快冷
	00Cr17Ni14Mo2	中国	GB	177	480	40	60		90	1 010 ~ 1 150
	316L	美国	AISI	175	480	≥35			≤90	快冷
	0Cr18Ni10Ti	中国	GB	205	52	40	50		90	920 ~ 1 150
	321	美国	AISI							快冷
	SSC－6Mo	美国	AISI	380	738	48	60		90	
双相	00Cr18Ni5Mo3Si2	中国	GB	390	590	20	40		30	920 ~ 1 150
	Avesta 2205	美国	AISI							快冷

10.2.2.2　不锈钢在海水中的耐腐蚀性能和防腐措施

如前所述，从 316 到 6Mo 不锈钢并不总是耐海水腐蚀，可能立即或稍后发生由氯化物引起的间隙腐蚀、点腐蚀和应力腐蚀裂纹。可能发生的腐蚀概述如下。

(1)海水对不锈钢的腐蚀作用

①局部腐蚀。在海洋环境中，不锈钢并非均匀地腐蚀。最常发生局部腐蚀，即点腐蚀和间隙腐蚀。局部腐蚀往往受微生物薄膜的生长而加速发展。

a. 点腐蚀。点腐蚀是一种在表面产生空穴的局部凹坑腐蚀形式。这些空穴可能被腐蚀物填充，腐蚀物在凹坑上可形成“帽状物”。如果保护膜下的金属不完全耐腐蚀，就会发生点腐蚀。

奥氏体不锈钢耐点腐蚀可能直接与合金成分有关(铬、钼和氮的重量百分数)。如果含氯海水在25℃以下时，对于双相组织2205 不锈钢和较高耐点腐蚀当量数(PREN)的合金不会产生点腐蚀。PREN 值 = % Cr + 3.3%　Mo + X% N。式中 X 值：双相不锈钢 = 16，奥氏体不锈钢 = 30。较高 PREN 值，耐点腐蚀性好。几种不锈钢 PREN 值列于表 10.2－6。

b. 间隙腐蚀。间隙腐蚀是在裂纹内可能出现的从小凹痕到整个表面的广泛腐蚀形式。

由于海水的电阻率低(约为0.35 Ω·m)，间隙腐蚀是海洋环境中的主要问题，甚至6Mo 不锈钢在 30℃海水中也会遭受间隙腐蚀。在 SSC－6Mo 不锈钢中钼和氮含量高，对于在遭受氯化物、氧化和酸性溶液时，耐间隙腐蚀有利，在海水中的耐间隙腐蚀也比316L、2205和904L好得多。

表10.2－7中列出了若干种不锈钢在10%氯化铁溶液中临界间隙腐蚀温度的试验结果。从这些数据可以看出不同合金的耐间隙腐蚀能力。例如SSC－6Mo明显好于316L。

表10.2－6 几种不锈钢PREN值

合金	Cr	Mo	N	PREN
304	18.0	—	0.06	20
316L	16.5	2.1	0.05	25
合金20	20.0	2.5	—	28
217L	18.5	3.1	0.06	30
904L	20.5	4.5	0.05	37
2205	22.0	3.0	0.20	38
SSC－6Mo	20.5	6.2	0.22	48

表10.2－7 在10%氯化铁溶液中间隙腐蚀开始温度/℃

合金	Cr	Mo
316L	27	－2
合金825	27	－2
317L	35	2
317LMN	68	20
2205	68	20
904L	68	20
合金G	86	30
SSC－6Mo	95	35

②应力腐蚀裂纹。在氯化物影响下产生的应力腐蚀裂纹是一种最严重的局部腐蚀形式。升高温度和降低pH都有可能增加应力腐蚀裂纹。温度超过60℃时，304和306不锈钢对氯化裂纹敏感。双相组织不锈钢和6Mo不锈钢对这种现象敏感性低得多，然而在极端条件下，即高温、高应力和冷变形时可能产生应力腐蚀裂纹。已经确定，由于镍和钼含量分别提高到12%以上和3%以上，使耐应力腐蚀裂纹能力增强。因此，SSC－6Mo不锈钢的耐应力腐蚀裂纹优于标准3××系列奥氏体不锈钢和某些双合金不锈钢。在温度低于121℃时，耐应力腐蚀裂纹能

力很强。应力腐蚀裂纹的起始温度，随氯化物含量的降低而提高。当温度高于121℃时，选用SSC－6Mo不锈钢时必须谨慎。

有时应力腐蚀裂纹从外表产生，特别是纵向焊接管在较高温度时，在绝缘之下对这类腐蚀敏感。

③电化腐蚀。当两种不同化学成分导电材料连接和暴露在导电溶液中时发生这种类型腐蚀。例如铁与铜连接，Fe^{+2}进入溶液，剩余电子传导到铜，结果在表面形成氢氧离子OH^-。由于该离子在金属－金属结合处集中于次贵金属，因此很有破坏性。由于通过电解液路径短，电阻低，所以在接合处可能通过很大腐蚀电流。

如同间隙腐蚀一样，海水电阻率低也促使强烈地电化腐蚀。电化腐蚀被看作材料在海洋环境中性能的主要关注点。不锈钢也有可能遭受电化腐蚀，或对其他次贵合金引起电化腐蚀。众所周知的例子是船中的青铜轴承，为了保护钢船体的电化腐蚀，必须用(锌)牺牲阳极保护。下面列举发生电化腐蚀和采取防止措施的典型例子：

a. 不锈钢如果与钛合金连接，会遭受电化腐蚀。

b. 如果不锈钢与碳钢连接，将引起碳钢的电化腐蚀。然而，不锈钢零件与碳钢/不锈钢紧密连接反而会防止局部腐蚀。实际上，碳钢零件充当了不锈钢零件的牺牲阳极。

c. 海水提升泵和海水立管通常用双相组织不锈钢制造。在泵与潜水箱之间的窄缝的顶点，将出现碳钢的快速腐蚀，即使潜水箱采用多层环氧树脂涂层保护。其防止措施是对双相组织不锈钢立管施加涂层和在其上装设手镯式锌或铝阳极。立管涂层将显著降低牺牲阳极的消耗速度。

d. 双体渡船体已经用铝合金制造。喷射器本体为不锈钢结构。不锈钢可能引起铝船体迅速电化腐蚀。在这种情况下防止措施是在不锈钢圆锥筒上安装铝阳极，再用聚四氟乙烯薄板和垫圈将两种零件相互绝缘。

e. 铸铁蝶阀腐蚀极快。腐蚀破坏分析证实，这是由电化腐蚀引起的。阀安放在玻璃纤维增强塑料管内与巨大的双相组织不锈钢海水冷却器紧密接触。阀用电机操作，阀和冷却器接地，用地线测量电化电流为340 mA。为了安全和经济，接地连接不变，选择不锈钢阀，或在玻璃纤维增强塑料管内安装牺牲阳极。

为了防止电化腐蚀用聚四氟乙烯进行电气绝缘，不一定能完全保证防止腐蚀，而阴极保护则需要专家进行设计。

④一般腐蚀。这是一种普通腐蚀形式，金属所有表面以类似速率腐蚀。暴露的金属受到离子(如氯离子)的强烈氧化，直到金属变薄损坏为止。

SSC－6Mo耐醋酸、蚁酸、磷酸及亚硫酸氢钠的腐蚀性能极好。在草酸、氢氧化钠和Sullfamic酸中稳定，但是在10%硫酸溶液中不稳定。SSC－6Mo在沸腾试验溶液中的耐一般腐蚀优于316L和317L，而与904L和276不锈钢相当。在整体温度上升到沸点时，SSC－6Mo对稀硫酸(低于15%)耐应力腐蚀裂纹，而低温时奥氏体不锈钢对浓溶液(高于85%)耐应力腐蚀裂纹良好。在纯硫酸中，SSC－6Mo明显优于316L，略好于904L。其性能相当于最昂贵的镍基合金中的合金20和合金825。

在磷酸工业生产含卤化物杂质液流中，需要SSC－6Mo的优良耐腐蚀性。在经受住45%以上磷酸浓度情况下，通常采用合金20和合金825。

⑤微生物腐蚀。众所周知，微生物薄膜主要促进在天然海水和其他天然水(含盐水，河水以及其他)中的滞后腐蚀。天然海水饱和氧，而正常嗜氧微生物薄膜促使阴极腐蚀反应：

$$O_2 + 2H_2O + 4e \longrightarrow 4OH^-$$

因此，不锈钢的静止电位将提高，而最终的点腐蚀将随阴极反应而开始：

$$M \longrightarrow M^{n+} + ne^-$$

式中：M＝金属，例如铁、铬、镍和钼。

阴极保护降低了不起化学反应安全区的反向静止电位，因此有助于防止微生物腐蚀和局部腐蚀。

微生物薄膜特性需要的电流，可用BIOX生物薄膜监视器加以说明。不锈钢表面与锌的阳极连接，一个电阻器(例如1Ω)在不锈钢与阳极之间开和关，电阻器上的电压降表示阳极电流，根据欧姆定律，100 mV＝100 mA。如果微生物薄膜正在形成，电位降和阳极电流将增加，因此提供了微生物薄膜需要的电流。在出现该氯酸盐迹象之后，微生物薄膜被破坏，电位和电流返回原始值。

许多微生物提高了天然水的腐蚀性。然而，众所周知的是硫酸盐族减少了细菌、厌氧菌，但是往往出现在嗜氧菌水中，因为嗜氧微生物薄膜层掩护着他们。换句话说，许多微生物聚合体互相促进生长。这种微生物薄膜引起局部性极端酸性环境，$pH < 2$，从而造成极端的迅速酸性腐蚀，这种微生物薄膜可能在双相组织不锈钢2205中发生。例如双相组织不锈钢废水管系统中(水的$pH = 7.5$，$T = 35℃$)，在3个月内厌氧微生物薄膜生成4 mm，使管壁穿透。另一个例子是废水回收厂316L不锈钢地下管线，管线内含有80℃的干燥空气，管线外部被含盐的地下水环绕着(电阻率113 Ω·cm)，这是引起极度腐蚀的理想环境。如同温暖的管壁一样繁殖细菌很多，开始产酸作用，6个月内在多处穿透管壁。在不锈钢中出现厌氧菌腐蚀是很典型的。形成含金属硫化物的铁锈帽，在帽下面可能$pH < 3$。含酸的铁会滴到铁锈帽范围之外，在铁锈帽周围形成褐色环状铁锈堆积物。

(2)防止微生物腐蚀措施

①水氯化处理。值得注意的是游离氯剂量过量也会提高水的腐蚀性。氯化处理的正确使用很重要。

②水的闪蒸处理。在 60℃以上不会出现微生物腐蚀。

③阴极保护。阴极保护防止微生物腐蚀。

不锈钢的阴极保护。不锈钢在海洋环境中的大多数腐蚀问题，都可用抑制电流和牺牲阳极加以保护。后种方法通常是有益的，因为这种方法更经济，减少了对破坏的敏感。保护不锈钢需要的电流仅为几 mA/m^2，而碳钢为 $-25\ mA/m^2$。碳钢必须防止均匀腐蚀，因此需要的电流高，不锈钢极化仅需要 100 mV，以保持在不起化学反应安全区的电位在点腐蚀电位以下。

如果牺牲阳极与不锈钢连接，电流太高会导致阳极消耗快和不锈钢的氢带电。后者可能导致双相不锈钢、钛(氢化)和铁素体/马氏体不锈钢的氢脆。由于这个原因，阳极电流必须用电阻器(RCP 阳极)或二极管控制。为了保证性能最好，需要适当的阴极保护设计。

10.2.2.3　海洋用不锈钢选用要点和应用实例

选择海洋用材料通常要保证结构的强度和耐腐蚀。选择合适等级不锈钢的要点如下：

①奥氏体不锈钢 316 及其派生牌号适于海岸环境，海水溅飞区和间断接触海水的设备应用。316L 为低碳型，用于大型焊接件(厚度≥6 mm)。

②尽管 316 及其派生牌号不锈钢从前作为“海洋级别”不锈钢，现在不再推荐用于长期浸入海水用途，而推荐采用含 6% 钼的优质奥氏体不锈钢。

③双相组织不锈钢可用于含盐水环境，即水中氯化物含量低于外海的河口环境。

④优质双相组织不锈钢也可用于与海水接触设备。

表 10.2－8 举例说明不锈钢在海洋环境中的用途。

表 10.2－8　不锈钢在海洋中应用实例

用　　途	类　型	牌　号
船上甲板零件：信号灯，锚索固定卡，设备舱，锁扣，扶手	奥氏体	AISI 316 AISI316L
推进器轴	奥氏体	
潜水零部件：管线，格栅，上下水道，提升立管，船上热交换器，船体附加设备，水下采矿机传动件、连接件、耐压密封仪器舱等	含 6% 钼奥氏体	SSC－6Mo
长期接触海水部件：泵，绞车	含 6% 钼奥氏体	SSC－6Mo

10.2.3　海洋用钛合金

钛合金由于具有下列诸多优良特性，已越来越多地应用于海洋现场：

①强度高。其抗拉强度达 686 ~ 1 176 MPa，密度仅为钢的 60%，比强度很高。

②硬度较高。退火状态为 HRC32 ~ 38。

③弹性模量低。退火状态为 10.78 ~ 11.76 MPa，约为碳钢和不锈钢的一半。

④高温和低温性能优良。新型耐热钛合金的工作温度可达 550 ~ 600℃；在低温下强度反而比常温时增加，韧性良好，即使在 -253℃时还保持良好的韧性。

⑤耐腐蚀性极好。耐腐蚀性优于大多数不锈钢。

钛合金材料成本高，几种主要类型金属材料的价格比见表 10.2 -9。

表 10.2 -9　几种主要类型金属材料价格比

金属材料	碳钢	不锈钢	铝合金	钛合金
相对价格	1	6 ~ 11	2.5 ~ 6.5	30 ~ 60

尽管钛合金件初次成本高，但给海洋生产带来看得见的好处却极大。如海洋平台，水线以上部分节省 1 t 重量，可节省 16 万美元（约 110 万人民币），悬吊重量的降低，可使平台结构、浮力系统和锚泊系统重量相应降低 65% ~ 80%。实际上，对于海水环境的应用，没有其他金属能够在经济上和技术上满足钛合金所提供的性能。即使不考虑强度，耐高温，耐腐蚀性能就是选择钛合金的主要因素。

10.2.3.1　海洋用钛合金主要型号和物理力学性能

几种主要钛合金力学性能和化学成分列于表 10.2 -10 中。

10.2.3.2　钛合金在海水中的耐腐蚀性能

钛合金在海水、卤水、无机盐、漂白剂湿氯气、碱性溶液、氧化酸和有机酸等各种环境中都具有极好的耐腐蚀能力：

①钛与氟化物、强还原酸、很强的苛性碱溶液和污水氯气是不相容的。钛不会释放有毒离子到溶液中，因此有助于防止污染。

②钛合金在盐水中具有极好的耐间隙腐蚀性。在任何 pH 下温度低于 80℃时不会出现间隙腐蚀。

③在氯化钠溶液中具有极好的耐应力腐蚀裂纹能力。

④尽管钛是活性金属，由于表面形成的钝化膜极其稳定。在与其他金属连接时起阴极作用，钛不受电化腐蚀，而其他金属会加速电化腐蚀。

⑤钛合金免受微生物腐蚀。但是会黏附微生物，可以用氯化加以控制。

⑥钛合金在速度达 40 m/s 液流作用下，具有极好的耐侵蚀性。

10.2.3.3　海洋用钛合金选用要点和应用实例

钛合金的选用主要考虑 2 个方面因素：耐腐蚀和结构强度：

(1)钛合金的耐腐蚀选择

对于耐腐蚀用途，从经济因素考虑通常选用钛合金。钛合金设备的投资要比不锈钢、黄铜、青铜、铜镍合金和碳钢都高。作为选择的准则，必须是钛设备能带来低运营费、长寿命或显著减少维修量，即必须使寿命周期的总成本低。

商业纯钛可以满足耐腐蚀使用要求。在某些防腐用途中可能首选 ASTM 标准等级7、8、11。

(2)钛合金的强度和耐腐蚀选择

对于高性能用途钛合金，根据载荷参数、腐蚀环境、工作温度、可买到的产品形状、加工特性和可靠性要求等因素进行选择。高性能钛合金比纯钛加工要求更严格，成本也高。如海上钻井设备、载人潜水器球壳、生物取样器、防止采水污染的万米钛合金绞车缆绳是海洋工程中高强度钛合金的典型用途。

表10.2-10　几种主要钛合金力学性能和化学成分

合金类型		ASTM 标准等级	热处理	抗拉强度 ≥MPa	屈服强度 ≥MPa
α	Ti-5Al-2,5Sn	6	退火	790	760
	Ti-5Al-2,5Sn-ELI		退火	690	620
α+β	Ti-6Al-4V	5	退火	900	830
	Ti-6Al-4V-ELI	23	退火	830	760
	Ti-6Al-2Sn-4Zr-6Mo		退火	1170	1100
β	Ti-3Al-8V-6Cr-4Mo-4Zr	19	退火	900	850
			固溶+时效	1668	1570
	Ti-15V-3Cr-3Al-3Sn		退火	1000	960
			固溶+时效	1241	1172

合金类型		杂质限度/%(重量)					名义成分/%(重量)				
		N	C	H	Fe	O	Al	Sn	Zr	Mo	其他
α	Ti-5Al-2,5Sn	0.05	0.08	0.02	0.50	0.20	5	2.5			
	Ti-5Al-2,5Sn-ELI	0.07	0.08	0.0125	0.25	0.12	5	2.5			
α+β	Ti-6Al-4V	0.05	0.10	0.0125	0.30	0.20	6				4V
	Ti-6Al-4V-ELI	0.05	0.08	0.0125	0.25	0.13	6				4V
	Ti-6Al-2Sn-4Zr-6Mo	0.04	0.05	0.015	1.0	0.20	6	2	4	6	
β	Ti-3Al-8V-6Cr-4Mo-4Zr	0.03	0.05	0.20	0.25	0.12	3		4	4	6Cr,8V
		0.01	0.01	0.01	0.12	0.09	3.5		3.8		7.6V,6.2Cr
	Ti-15V-3Cr-3Al-3Sn	0.05	0.05	0.015	0.25	0.13	3	3		3.7	15V,3Cr

截至目前为止，标准等级的 Ti－6Al－4V（$\alpha+\beta$ 相）约占钛合金用量的 45%，广泛用于潜水钟舱门，深水摄像、电子组件和声呐的封装外壳。而 Ti－6Al－4V$_{ELI}$（超低孔隙合金）是用于厚壁高强度零件的最通用的合金等级，如法国“鹦鹉螺”号和日本“Shinkai”载人潜水器壳体、柔性立管、地热管等。Ti－6Al－4V 的使用温度限定在 400℃。Ti－6Al－4V 与 Ti－6Al－4V$_{ELI}$ 合金代表性的断裂韧性比较见表 10.2－11。

表 10.2－11　Ti－6Al－4V 与 Ti－6Al－4V$_{ELI}$ 合金代表性的断裂韧性比较

ASTM 合金等级	平均抗拉强度 /MPa	断裂韧性 K_{1C}（空气中）/（$MPa\cdot m^{-1/2}$）	断裂韧性 K_{1C}（海水中）/（$MPa\cdot m^{-1/2}$）
标准等级 5	895	55～75	35～65
ELI 等级 23	828	85～110	75～90

对于高温用途，最通用的合金是 Ti－6Al－2Sn－4Zr－2Mo＋Si。主要用于燃气轮机部件。

近年来，开发了多种型号的钛合金，如 Ti－8Al－1Mo－1V、Ti－5Al－2.5Sn、Ti－6Al－2Zn－4Zr－2Mo、Ti－6Al－2Sn－4Zr－6Mo 等。用于航空发动机、导弹和太空飞船制造。

钛合金焊接时，由于内部缺陷使疲劳强度降低，降低程度比钢大。而用气体保护钨极电弧焊接可以得到优良的疲劳特性。

（3）使用钛合金时的特别提示

①钛合金不可直接与活性金属和合金如镁、锌、铝连接，或在温度超过 75℃的酸性硫化物水中与不锈钢连接，若与这些金属连接，就必须采取防电化腐蚀措施。

防电化腐蚀的方法包括：

a. 接点附近采用钛合金涂层，降低阴极/阳极比；

b. 采用不导电垫圈和套筒式螺栓使钛合金部件绝缘；

c. 活性金属抑制化学腐蚀；

d. 安装容易更换的大壁厚贱金属隔层。

②当钛的相邻零件为薄壁焊接（如热交换器）或强烈应力循环零件时，必须选择产生负电位低于－0.85 V 的牺牲阳极。当钛合金相邻零件应力水平低和断面厚度超过 6 mm 时，可以采用铝和锌牺牲阳极。但不使用镁阳极，因为负电位太大。

③在温度超过 80℃时钛合金会吸收氢，因此对氢脆敏感，但是导致裂纹或破坏还是罕见的；所有钛合金都会被氢氟酸（浓度很低和 pH 低于 7 的含氟溶液）腐

蚀；甲醇是少有的引起钛合金应力腐蚀裂纹的环境。在干燥甲醇、甲醇/酸和甲醇/卤化物混合物中也会引起应力腐蚀裂纹。水是一种有效抑制剂。

10.2.4 海洋用铝合金

铝是与氧亲和力较高的金属，但是由于其表面形成坚固的铝氧化膜，在大多数环境和多种化学溶剂中具有高耐腐蚀性，腐蚀速率随时间的延长迅速降低，腐蚀速率为碳钢的1/100。加之密度仅为碳钢的1/3，而且强度可接近碳钢水平，加工容易，因此在海洋设备中得到应用。铝合金与钢的物理性能比较见表10.2－12。

表10.2－12 铝合金与钢的物理性能

物理参数	铝合金	结构钢	说明
密度/($kg \cdot m^{-3}$)	2 700	7 850	铝结构轻，有利于降低装机功率和相对于钢结构节省费用
杨氏模量/GPa	72	205	铝合金在塑性区内可更多变形。这需要采用更硬元件保持应变降到可接受值
热导率/($W \cdot m^{-1} \cdot K^{-1}$)	235	79	以热源为基础的焊接方法用于铝合金效果低于钢材
熔化温度/℃	550～650	～1 500	铝合金熔化液流动性大，并有中断趋势。耐火性差
氧化物熔化温度/℃	2 065(Al_2O_3)	800～900 (FeO，Fe_2O_3，Fe_3O_4)	在接缝处存在氧化铝，对焊接引起明显的麻烦(处理困难和可能黏着)
电阻率/($\Omega \cdot cm$)	～2.65×10－6	～10×10－6	电阻焊用于铝合金困难
相对磁导率	<1	80～160	铝合金加工过程不磁化，不能用磁力探伤
晶体结构	单相(顺磁性)	双相(铁磁体)	通常，铝合金不经历相变，仅有沉淀现象

10.2.4.1 海洋用铝合金主要型号和物理机械性能

几种主要铝合金化学成分和力学性能分别列于表10.2－13和表10.2－14中。

表 10.2-13　海洋用铝合金化学成分

合金类型		化学成分/%（质量分数）									
		Si	Fe	Cu	Mn	Mg	Cr	Zn	Ti	其余	Al≤
5052	AlMg2.6	0.25	0.4	0.1	0.1	2.2~2.6	0.15~0.35	0.1	~	0.15	余量
5083	AlMg4.5Mn	0.4	0.4	0.1	0.4~1.0	4.0~4.8	0.05~0.25	0.25	0.15	0.15	
5383		0.25	0.25	0.2	0.7~1.0	4.0~5.2	0.25	0.40	0.15	0.20	
5383NG		0.25	0.25	0.10	0.8~1.1	4.3~5.3	0.15	0.4	0.15	0.05~0.2	
5059		0.45	0.50	0.25	0.6~1.2	5.0~6.0	0.25	0.4~0.9	0.20	0.05~0.25	
5456		0.25	0.4	0.1	0.5~1.0	4.7~5.5	0.05~0.2	0.25	0.2		
6005A		0.5~0.9				0.4~0.7			≤0。1		
6061	AlMg1SiCu	0.4~0.6	0.7	0.15~0.4	0.15	0.8~1.2	0.04~0.35	0.25	0.15	0.15	
6082	AlSi1MgMn	0.7~1.3			0.4~1.0	0.6~1.2			≤0。1		
7075	AlZn6MgCu	0.4	0.5	1.2~2.0	0.3	2.1~2.9	0.18~0.28	5.1~8.1	0.2	0.15	

附注：1. 6005A 合金中 Cu + Fe + Zn≤0.85，Mn + Cr = 0.12 - 0.50；

2. 6082 合金中 Cu + Fe + Cr + Zr≤1.05

表 10.2-14　海洋用铝合金代表性力学性能

合金牌号	回火状态	屈服强度/MPa	焊后屈服/抗拉强度/MPa	抗拉强度/MPa	伸长率/%	疲劳强度/MPa	断裂韧性/(MPa·m$^{-1/2}$)
5083	H116/H321	215	125/275	305	10	148	43
5383		220	145/290	305	10	167	
5383NG		220	160/290	305	12	168	
5456		255		350			
5059		270	160/330	370	10		
5086		207		290	12		49
6061	T6	241		290	8~10		
6082		260	115/205	310	8~10		
6005A		225		270	8		

10.2.4.2　铝合金在海水中的耐腐蚀性能和防腐措施

尽管铝及其合金在大多数环境中具有良好的耐腐蚀性，但是随着镁含量的增加，在机械强度得到明显提高的情况下，则耐腐蚀性降低。为了正确选择合适的合金牌号和提高其耐腐蚀性，必须对铝合金在海水环境中的腐蚀性有充分的认知。

（1）均匀腐蚀

这种普通腐蚀形式可用下列几种方法加以保护：选择适当的材料或施加覆盖层；采用抑制剂（铝合金情况下用铬酸）；应用阴极保护（锌牺牲阳极）。

（2）电化腐蚀

电化腐蚀是在两种不同化学成分导电材料连接或暴露在导电溶液中发生的腐蚀。当铝与铜或黄铜连接时，在严峻或适度大气中和浸水条件下，铝会被这些材料加速电化腐蚀。在干燥大气中铝与不锈钢连接，铝的腐蚀仅略有增加，而在潮湿大气中特别是海洋条件下，这种腐蚀显著增强。

防止这种腐蚀的简单方法，同样是用绝缘材料（如氯丁橡胶）将两种金属隔离。

（3）间隙腐蚀

铝的间隙腐蚀甚微，可能由于铝的析出，限制了腐蚀物继续进入腐蚀凹坑。

（4）点腐蚀

对于铝而言，钝性仅在近似中性溶液中体现，因此在具有低和高 pH 的溶液中，氧化物将被溶解而导致腐蚀。在含卤化物阳离子例如（氯离子）的中性溶液中，铝将以局部腐蚀形式被析出，析出的气体可能引起缺陷面积的扩大。

（5）晶间腐蚀

这是以晶界优先侵蚀表现的特殊腐蚀形式。如果晶界区域在成分上与合金主体有区别，就会发生晶间腐蚀。这种成分的区别是在热处理、时效或焊接过程中因原子扩散和第二相沉淀而发生的。晶间腐蚀往往在间隙腐蚀或点腐蚀处开始。双向凹坑环境导致晶界区域优先腐蚀。例如 5 × × × 系列铝合金晶界处的 Al - Mg，遇到盐水，该相优先溶解，大量晶粒分离。如果更多贵金属沉淀在晶界处，就出现晶间腐蚀第二机理，如 6 × × × 系列铝合金中的 CuAl12。

（6）片状剥落腐蚀

片状剥落腐蚀是一种沿窄的多路径发生的选择性特殊腐蚀形式。在热轧或冷轧过程中晶粒被过大变形展平（不发生再结晶）时发生的，是 2 × × ×（Al - Cu）、5 × × ×（Al - Mg）和 7 × × ×（Al - Zn）系列合金特有的腐蚀形式，对于应力腐蚀裂纹不敏感的一些铝合金（Al - Mg - Si）可能遭受片状剥落腐蚀。然而，如果晶粒结构各方向大小相等，通常不会发生片状剥落腐蚀。

（7）应力腐蚀裂纹

应力腐蚀裂纹是静拉伸应力与特定环境联合作用下产生的金属晶间或穿晶裂纹腐蚀。这种腐蚀是铝及其合金的克星，往往在应力水平低于正常破断应力情况下，出乎意料的发生损坏。应力腐蚀裂纹需要3个条件同时存在才能发生：第一，易受腐蚀影响的合金；第二，潮湿或水环境；第三，扩展和传播裂纹的拉应力。一般认为，许多重要因素的任意组合都可能促使应力腐蚀裂纹发生。

(8)腐蚀疲劳

在循环应力和腐蚀的同时作用下，强度的降低大于分别作用相加的效果。尽管可对受静态应力的金属零件提供适当的保护，但是多数表面膜很容易脱落，或在循环载荷下分裂。在腐蚀疲劳条件下，所有类型铝合金的强度降低的百分率相同。在氯化钠溶液中试验，108 次循环的疲劳强度降到空气中的 25% ~35% 之间。

(9)丝状腐蚀

这是一种在未保护金属表面或在表面覆盖层下面的任意不分叉的腐蚀产物的白色穴道。往往损伤外表，而不是强度。尽管薄箔可能穿孔，复合板的腐蚀可能使铝合金心部耐腐蚀性更差。

铝合金的防腐方法主要有 4 种：

①阳极化处理。在铝合金产品表面产生氧化铝(Al_2O_3)保护膜的化学方法。

②包层。用纯铝或合金铝薄层覆盖铝合金产品的表层。如果包层对铝合金基本元素是阳极，该产品被称为包铝。7072 - Al - Zn 合金用作 Al - Mg 和 Al - Mg - Si 合金的包层。

③涂漆。

④阴极保护。

不需焊接处采用的高强度铝合金，由于耐海水腐蚀性低，为了保证使用寿命，必须采取保护措施。

10. 2. 4. 3 海洋用铝合金选用要点和应用实例

海洋用铝合金选材时必须考虑强度、耐腐蚀、成本和加工性。

满足上述综合要求的海洋级变形铝合金主要是 5 × × × 系列(铝镁合金)和 6 × × × 系列(铝镁硅合金)。

(1)5 × × × 系列铝合金的选用

5 × × × 系列铝合金是不可热处理铝镁合金，在海洋环境中耐腐蚀性和可焊接性很好，可成形性良好、阳极化处理和加工性满意、焊接强度高的铝合金，而铜焊性差。耐腐蚀性比 6 × × × 系列合金要好。通用海洋合金牌号为：基本合金 5083, 5456, 5086, 5059。美国最通用牌号为 5083。5052 和 5086 为低强度合金，用于低强度部位；5083、5456 为高强度合金，海军最通用。不同牌号合金的屈服强度和延伸率与合金中镁含量的关系见图 10. 2 - 1。

基本牌号5083铝合金在海洋中和在pH为4～9的水溶液中应用，其耐腐蚀性极好，可用阳极氧化加厚表面保护膜改善耐腐蚀性；由于韧性好，故成形容易；用气体保护钨极电弧焊容易焊接，焊接后在热影响区的抗拉强度和屈服强度降低到退火状态；退火温度350℃，加热时间和冷却速度不重要，很少需要释放应力，但是可在约220℃温度下完成释放应力，如果强度是至关重要的，应进行应力释放试验。海洋用途需要的特殊性能与合金的热处理状态相关，就镁含量≥3%的铝镁合金而言，普遍采纳H116和H321回火。这两种方式达到的机械性能水平相同，均能满足海洋级别耐腐蚀标准要求，可在温度≤65℃下连续使用。几种典型铝合金不同热处理状态的机械性能和焊接前后的强度比较分别见表10.2－15和表10.2－16。

1995年以来，对基本合金的改进取得了令人注目的进展，主要采取三项措施，即：降低硅和铁的最大允许含量；采用较高的锰最低允许含量；较高的铜、锌和锆的最大允许含量，使铝合金焊后强度提高15%，同时提高了疲劳强度，并保持了较好的耐腐蚀性，而成形性相同。这种合金牌号为5383。另外，对合金化学成分稍作调整，允许较高的镁和锰范围，较低的铬和铜最高含量以及稍高的锆含量，导致5083升级为5383NG。这一变化，进一步提高了焊后屈服强度，从125 MPa提高到145 MPa，最终达到160 MPa。现在开发的5059合金(含铜稍高些)达到的焊后强度类似，疲劳强度也比5083高，在非水平对接焊缝(板厚6 mm)循环次数10^7条件下，5083和5383合金的疲劳强度分别为148和167 MPa，而5059耐疲劳强度比5083要高20 MPa。

(2)6×××系列铝合金的选用

6×××系列铝合金是可热处理镁硅铝合金，经常用于挤压成形件，可以挤压成多孔形状。热处理后焊接性、耐腐蚀性和强度组合较好，可以热锻造。海洋通用6×××系列合金牌号为：6005，6061，6082，最通用的是6061合金，6082是澳洲和欧洲最通用的挤压成形合金。机械强度很大程度取决于回火热处理，如表10.2－15所示。6×××系列铝合金焊接后强度不稳定，焊缝附近为6061－O，强度损失80%，如果材料预加热可恢复到T4状态或整件退火达到T6状态，如表10.2－15所示。

低强度合金6005A，6063用于低应力部位。不需焊接时采用高强度铝合金，要求抗拉强度达到480～550 MPa时采用7×××系列，但是耐腐蚀性低，需采取保护措施。

从表10.2－16中列出的3种最通用铝合金焊接前后强度比较可以看出，5456合金焊接强度最高，而且耐腐蚀性也好，是海洋设备结构用途中可优先选择的铝合金材料。

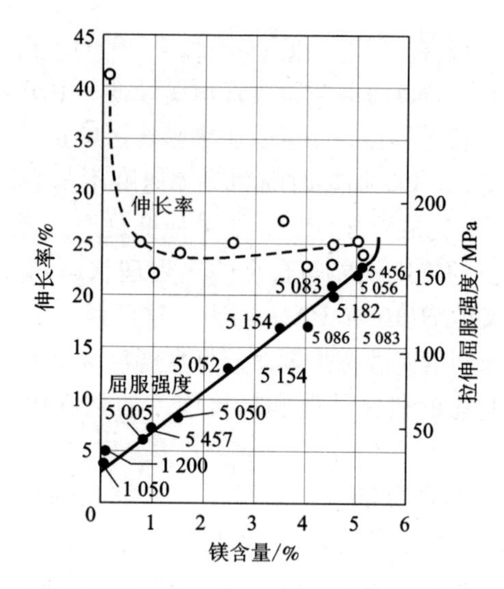

图 10.2－1　不同牌号合金的屈服强度和延伸率与合金中镁含量的关系

表 10.2－15　两种典型铝合金不同热处理状态的机械性能比较

合金类型	热处理状态	抗拉强度/MPa	屈服强度/MPa	延伸率/%
5083	O(退火)	275～350	125～200	14
	H112(变形硬化，1/4 硬度)	275	125	10
	H116(变形硬化，3/4 硬度)	305	215	10
	H321(变形硬化，低温加热自然时效)	305～385	215～295	10
6061	O(退火)	≤125	≤55	25～30
	T4(固溶热处理＋自然时效)	≤207	≤110	16
	T6(固溶热处理＋人工时效) T651(固溶＋应力释放伸长＋人工时效)	≤290	≤241	10(厚板) 8(板厚≤6.5 mm)

表 10.2－16　3 种最通用铝合金焊接前后强度比较

牌号	屈服强度/MPa	焊后屈服强度/MPa
5083－H116	214	165
5456－H116	228	179
6061－T6	241	138

第 11 章　深海采矿对海洋环境的影响

11.1　深海底采矿对海洋环境的可能影响

海洋采矿在海底形成“羽状流”，使水柱混浊和海底沉积物传播到海面，从而导致海洋生态环境改变。据(Sharma，1993)估计，年产 300 万 t 结核，每年将扰动 300 ~ 600 km^2 面积的海底，从海底每采 1 t 结核将使 2.5 ~ 5.5 t 沉积物悬浮(Amos 和 Roels，1977)。相邻区域不但沉降速率高，而且悬浮物可能保持长时间并横向传播，引起区域内深海底有机生物摄取食物的过滤器官阻塞。由于沉积物羽状流和采矿排放物产生的悬浮物大量增加，将使这些海水混浊度加大，还可能影响浮游生物的生存。

与提升和输送矿物的海水混合的有机物残骸和沉积物，将被带到海面，使海水混浊。它们被海流传播导致其光合作用的可用阳光降低，对生物生产率产生长期影响，同时将导致营养价值高的海底水人为上升，增加了海面微生物的生产率。

深海底采矿对海洋环境的影响包括海底、水体和海面三部分：

(1)对海底的影响

①采矿机采集轨迹的直接影响。采矿机采掘过程中，海底表面存在的生物群落被搅动的沉积物埋入海底面以下或者由于搅动扩散到羽状流中，以及被结核矿石带走。

②深海底生物群落随羽状流远离结核、结壳和硫化物现场沉积下来而被窒息或被掩埋。

③海底悬浮食物被带入海泥中，沉积的食物源被稀释，影响生物的生存。

(2)对水柱的影响

①使生活在中水深度或昼夜、季节性移往这一深度的浮游动物死亡。

②中层或中深海底鱼类和其他自由生物的捕食受到沉积物羽状流或相关金属的直接或者间接影响。

③对深潜哺乳动物的影响，如影响捕食的丰盛程度。

④由于中层或中深海底区内细粒沉积物的增加，影响浮游细菌。

⑤由于依附在浮游微粒上的细菌发育，损耗氧。

⑥沉积物或微量金属影响鱼类的习性和营区死亡。

⑦浮游动物死亡或物种发生变化。

⑧重金属(如铜和铅)在含氧最低区分散和混入到食物链中。

⑨水柱滤除的微粒有可能使浮游动物死亡。

(3)对上部水柱的影响

如果接近海面排放尾矿、沉积物和污水，对水体将产生附加影响。

①采矿排放的微量金属有可能积聚在海面的水中。

②由于海面排放，浮游植物发暗，降低了初级生长速率。

③海面排放的微量金属影响浮游植物。

④采矿作业影响了哺乳动物的习性。

如果采矿废料和污水排放到温度突变层以下深水区域(特别是海面至1 000 m深度)和海底，使这一区域海水发生化学变化，造成区内浮游生物不迁移或迁移到这些区域的浮游生物大量死亡。

11.2 采矿对环境影响研究概况

自20世纪70年代以来，随着深海多金属结核勘探和开发活动的日益频繁，深海采矿可能引起的环境问题引起了国际社会的广泛关注。根据《联合国海洋法公约》的规定，为了保护和保全深海生物多样性和海洋自然环境，防止、减少和控制采矿活动对海洋环境的破坏、污染及其危害，参与国际海底区域勘探和开发活动的国家和组织必须进行深海勘探活动对海洋生态环境影响的监测和评价。

最初的环境影响研究，始于20世纪70年代大洋多金属结核采矿系统半工业试验。在随后的十年，于太平洋和印度洋做了几次海底扰动试验。这些研究包括在可能的采矿区域内收集环境基线数据，试验区扰动试验和影响的周期性监测，目的是预测采矿对不同环境参数的影响程度，评估深海环境恢复及动物群落重新集聚的过程。

目前，环境研究已达到基本了解了采矿对动物群落及其环境的影响。并通过总结所做研究工作确定未来研究区域，进一步收集工程数据，为按扰动后新环境设计采矿系统提供依据。

过去的一些主要试验工作概述如下：

(1)美国深海采矿环境研究(DOMES项目，1972—1981)

美国国家海洋和大气局对OMI和OMA于1978年在太平洋进行大洋多金属结核采矿系统半工业试验过程中的环境影响进行了监测。主要测量了集矿机产生的羽状流中颗粒浓度、对海面和深海底水中生物的影响。

对表层水域羽状颗粒云团的监测结果表明：采矿废水排放产生的颗粒云团在距采矿船2 km之内可见，宽度达300～400 m。用浊度计可在7～8 km以外测到云团存在。距采矿船 70 m 处颗粒密度为 0.9 g/L，在 8 km 处下降为 70 mg/L（表层水基线颗粒为 30 mg/L）。5 小时后扩散到长 4 km、宽 1 km。未漂移前颗粒下沉到水下 20 m，排放的温度从 4.4～5.2℃。表层水域的颗粒在排放 1 小时后可减少 40%。海底水的排放对海水的营养影响甚小。现场微细颗粒的平均沉降速度为 6×10^{-2} m/s。

对海底排放物的研究结果包括集矿机引起海底扰动的观测数据。海底颗粒云团主要由悬浮颗粒组成（跟随底流的漂移速度为 2.1～5.2 cm/s）。试验区的云团厚度为 10 m，持续数天，长度可延续 10 km，甚至在远离 16 km 处仍可发现其轻微的影响。影响面积达 50 km^2。

（2）德国扰动与生物恢复试验和工艺技术对东南太平洋深海影响研究（DISCOL 和 ATESEPP 项目，1988—1998）

德国汉堡大学科学家在秘鲁海盆进行了扰动和生物恢复试验。主要收集了东南太平洋（88°W－07°S）10.8 km^2圆形面积内用犁耙产生扰动前后环境基线数据，监测了扰动后 6 个月、3 年和 7 年后的影响和生物恢复状况。所用的犁见图 11－1，对 8 m 宽地带横向犁 78 次，约 20% 沉积物被犁深 1 cm 和全部翻动。根据沉积物柱状样、深拖照相和 CTD 测量结果表明，经过一个时间周期，某些深海生物数量恢复，但动物种群与未扰动前不同，这意味着在扰动区内密度和多样性方面种群完全恢复是一个缓慢过程，且某些深海有机生物可能需要更长时间才能恢复。随后的试验，收集了沉积物被搬移，底质机械和地球化学方面影响的附加信息。发现对沉积物顶部 20 cm 结构的地球化学状态影响很大。DESCOL 试验区宏生物和微生物恢复情况参见图 11－2 和图 11－3。工艺技术对东南太平洋深海影响项目在海洋学（沉积物传输到现场附近和远离现场）、土壤力学和地球化学方面影响的附加信息扩大了 DISCOL 的结果。观察到在深海底顶部 20 cm 沉积物结构扰动后对地球化学特性影响显著。试验结果证实扰动和调查范围仍然太小。这种试验花费高，因此需要许多集团精诚合作，共享试验成果。

（3）美国国家海洋和大气局深海底层环境影响试验（NOAA－BIE 项目，1991—1993）

美国国家海洋和大气局于 1991—1993 年在太平洋 CC 区内成功地进行了 2 次深海底环境影响试验。在重新研究设备之后，1993 年与俄罗斯南方地质勘探工程联合体科学家合作，在 CC 区（12°56′N，128°36′W）水深 4 800 m 的参照区进行了二期试验。

这一区域海丘和海谷高差达 200 m，测量取得的 2 年海流数据显示，海流正北向（平均流速 3.2 cm/s，最大 13.4 cm/s），具有永久半天潮汐，流速 1.4 cm/s。区内海流逆向与中尺度旋涡通过相关，具有一周到一月的周期。

在预选区内基线调查后利用犁耙在 150 m×3 000 m 区域内拖曳 49 次（速度

图 11-1 DISCOL 试验使用的犁

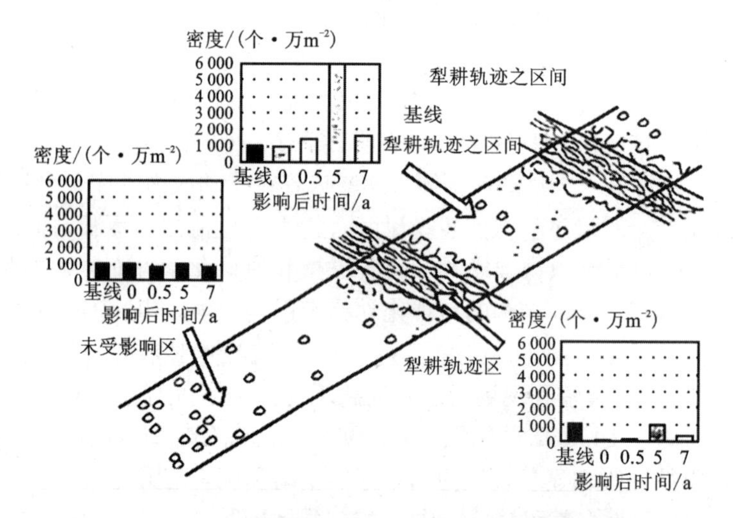

图 11-2 DISCOL 试验区内宏生物恢复情况

约 0.5 m/s)，98 h 后(19 天周期中不规则)，扰动海底沉积物 4 000 m^3。扰动器顶部管排放浓度 33.3 g/L(干重)，以 125 L/s 的速度泵出；扰动起来的物质干重约 1 450 t。排放管位于海底以上 5 m 处，可是浅海试验表明羽状流达到海底以上 10 m。目标覆盖区域约 2 km^2范围具有大量沉积物，沉积物厚度从 10 mm 逐渐降低到 1 mm。用 18 个沉积物捕获器(高 1 m，断面 80 cm^2，捕获器口位于海底以上 2 m；每个锚系 2 个同样的柱状捕获器)借助应答器阵导航测量沉积物的扩展。由于海流可能逆流，它们放在拖曳区的两侧，各 3 排，离拖曳区 50、150 和 400 m。2 个带有浊度计(通道长 25 cm)的海流计放在海底以上 2 m，而沉积物捕获器放在海底以上 5 m。在工作过程中回收 3 个沉积物捕获器和 1 个海流锚系，以便监

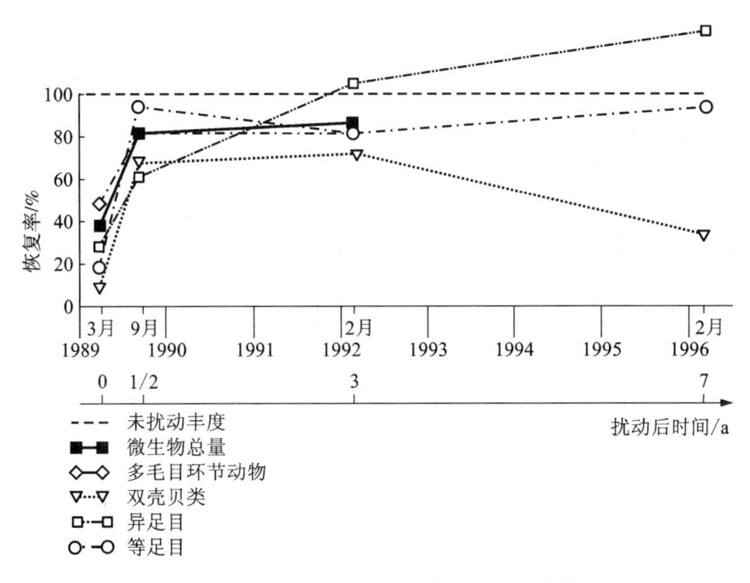

图 11－3　DISCOL 试验区内微生物恢复情况

视沉积物羽状流扩散过程。试验后测定了捕获器中沉积物量：①用甲板上的复制筒离心过滤含量，然后岸上称重；②第二个筒保有含量，通过 2 μm 过滤器过滤，并称重。用箱式取芯器完成全部区域扰动前后取样，以便进行生物和沉积物颗粒尺寸分析。

沉积物捕获器样品分析显示，沉积物的平均数量从 50 m 的 1 094 mg 迅速降到 300 m 的 360 mg，轨迹向北。向南同一距离，观测到沉积物捕获器内沉积物的质量从 252 mg 降到 24 mg；浊度计指出扰动器通过的明显标志；图像数据确定最大的沉淀在离轨迹 50 m 之内。可以推断，一部分沉积物由于近海底沉积物密度高迅速沉淀。拖曳区周围海底地形变化的影响也是造成快速沉淀的原因；附加的 CTD 估算和沉积物核心的放射性核素分析用于绘制沉积物羽状流图及其再沉淀模式。CTD 估算不成功，因为难于完全查找羽状流，但是希望放射性同位素测量带来更多的信息。

9 个月后影响评估表明，一些较小型底栖生物大量降低，大型底栖生物数量增加。因此，可以预计再沉积对深海底有机生物的影响，而影响不可能是一般化的。1994 年夏季观察到和海流计锚系收集到深海生物体的重新迁移和沉积物结构恢复。

(4) 日本深海环境影响试验(JET 项目，1994—1997)

日本金属矿业会社与俄罗斯中央海洋地质和地球物理探险队合作，于 1994 年夏天在太平洋 CC 区日本采矿保留区(9°14′N，146°15′W)水深 5 300 m 的较平坦海谷进行了犁耙扰动试验。在1 600 m长的2条平行轨迹上的19个断面进行了扰动。根据沉积物取样、海底照相、沉积物捕获器和CTD测量，显示小型底栖生物大量降低，2年后恢复到原来水平，但种群构成不同。个别巨型和大型底栖生物数量仍然比未扰动前少。观察资料进一步确定，在适应海底条件变化方面，某些群落比另一些群落更易受影响。

(5)海金联海底环境影响试验(IOM - BIE)

海金联于1995年利用犁耙在太平洋CC区内2 000 m×2 500 m区域内进行了14次拖曳扰动试验，并用深拖照相和沉积物取样观察影响。试验表明，再沉积区域内小型底栖生物的密度和种群结构变化不大，可是扰动区内小型底栖生物聚集发生变化。这表明扰动强度和邻近现场远近对动物群组合成分的影响是变化的。

(6)印度海洋环境影响试验(IDEX，1995—1997)

印度国家海洋研究院于1997年7～8月在中印度洋底200 m×3 000 m区域内进行了26次犁耙扰动试验，期间沿88 km有6 000 m^3沉积物再次悬浮。2001—2003年进行了三次扰动后监测，结果表明沉积物似乎恢复到了类似扰动前的状态，但是海底有机物的数量和密度仅恢复到临界值，穴居活动增加，较小底栖生物密度增加，显示区域内迁移开始。有机物、蛋白质和碳水化合物逐渐增加，显示细菌数量要较长时间才能恢复。总之，经过一段时间周期后才开始再次迁移和海底自然状态重新恢复。

(7)韩国海洋环境影响试验(KODOS，1995—)

主要目的是建立水柱和底层生态系统环境基线和评价扰动对底层环境的影响。目前集中在一般的基线调查研究方面。

(8)中国海洋环境影响调查研究(NaVaBa，1995—2000)

中国自1995年开始实施了研究海洋生态系统及其年际变化的“基线及其自然变化(NaVaBa)”计划。收集了生物、化学、物理和地质资料，基本了解和掌握了中国开辟区环境基线的变化规律，为今后采矿试验对环境影响的评价分析提供了依据。

11.3 降低深海采矿对环境影响的主要有效措施

降低深海采矿对环境影响必须采取的有效措施主要有：

(1)采矿机压入沉积物中的深度应最小。

(2)避免扰动比较坚固的低氧化沉积层。

(3)降低被旋起而进入近底层海水中的沉积物数量。

(4)促进采矿机后面羽状流的高速再沉积。

(5)使输送到海面的沉积物和结核细粉最低。

(6)减少排放到深水或海底的废料或污水量，确定最佳排放水深。

(7)提高废料的沉降速度，减少废料的漂流。

11.4　采矿环境监测

11.4.1　环境基线参数

尽管现在并不确切地知道开采多金属结核等深海资源的实际工艺方法，但是开采技术原理已很清楚，在一定程度上可以预测对环境的扰动。因此，国际海底管理局发布了采集环境基线数据的指导原则，有助于正确评估采矿对海洋环境的可能影响。对基线数据的要求见表 11.4－1。

表 11.4－1　对环境基线数据的要求

<table>
<tr><td rowspan="3">海洋物理</td><td colspan="2">1. 表征海洋学状态的基本参数包括海底以上的海流、温度和浊度，用于确定采矿羽状流的可能影响
2. 在排放深度测量海流和颗粒物，用于预测排放羽状流的状态
3. 表征基线环境条件需要在上层进行这些调查</td></tr>
<tr><td>海底水物理状态</td><td>1. 观测海流时要考虑地形和区域上层水柱中与海面流体力学活动的影响
2. 至少需 4 个锚系，1 个达到密度跃层深度，锚系阵间隔 50～100 km。对于多变性必须测量上层海流和温度场
3. 锚系上的海流计数量取决于海底地形特征，最底的海流计离底一般 1～3 m，上层海流计位置应超过地形最高点乘以 1.2～2 系数；
4. 海流计离底高度分布为 5、15、50、200 m
5. 浊度计附在所有海流计上，记录微粒浓度</td></tr>
<tr><td>排放深度和上层海流状况</td><td>1. 长锚系上至少 4 个海流计，1 个在密度跃层，1 个在排放深度以下
2. 从海底至海面测量 CTD 剖面，用于表征全部水柱分层特性。海流和温度场可用长锚系数据和 ADCP 剖面及其他海流测量法数据辅助推知
3. 了解区域内大概海面活动和大比例现象可用人造卫星数据分析</td></tr>
<tr><td rowspan="2">海洋化学</td><td>海底水化学</td><td>1. 结核附着的海水用化学表征，用于评估沉积物和水柱之间的化学变化过程
2. 应测量溶解氧浓度及营养物包括磷酸盐、硝酸盐、亚硝酸盐和硅酸盐、总有机碳(TOC)</td></tr>
<tr><td>水柱化学</td><td>1. 水柱化学特性对于评估向海水排放之前基线是最基本的
2. 需要测量 TOC 垂直剖面、营养物包括磷酸盐、硝酸盐、亚硝酸盐和硅酸盐，以及温盐和溶解氧浓度及其随时间的变化
3. 如果是季节性的微量金属不需确定，年度之间的变化可忽略</td></tr>
</table>

续表 11.4－1

<table>
<tr><td rowspan="3">沉积物特性</td><td colspan="2">1. 确定沉积物基本特性，包括土力学测量，对于充分描述地表沉积物沉淀和深水羽状流可能来源是必需的
2. 沉积物取样至少需 4 个站位，测量水的成分、密度、容积密度、剪切强度和颗粒尺寸，以及从氧化物变为低值氧化物状态的沉积物深度
3. 应至少在沉积物 20 cm 或次氧化层以下测量沉积物中有机和无机碳，以及营养物（磷酸盐，硝酸盐和硅酸盐）、碳酸盐（碱度）和空隙中氧化还原系统
4. 间隙水和沉积物的地质化学应至少在 20 cm 以下或次氧化层以下测定</td></tr>
<tr><td>生物扰动率</td><td>1. 测量生物扰动即沉积物与生物体混合，用于分析开采前后表面沉积物数量
2. 速率由 Pb－210 放射性剖面计算出，每个区域至少 5 个多管取样器，每个管单独随机定位下放。放射性剩余量以每个管至少 5 个深度（0～1，2～3，4～5，6～7，9～10，14～15 cm）为基础计算
3. 生物扰动率和深度由标准平流或扩散模型直接计算</td></tr>
<tr><td>沉淀</td><td>1. 上部水柱的物质流入深海，对海底栖息的有机生物的食物循环有重大影响
2. 推荐布放有 2 个沉积物采集器的双锚系，一个采集器在 200 m 以下，用于描述来自透光区域的颗粒流；另一个在海底以上 500 m，用于测量到达海底的物质流
3. 沉积物采集器至少放置 12 个月，每月采集一次样品，以检测季节性变化</td></tr>
<tr><td rowspan="5">海底生物</td><td colspan="2">海底采矿对海底生物群落有重大影响。海上调查计划应结合适当，最少 4 个站位的取样设计。关键环境因素如结核量过多、地形地貌和深度都应纳入区域设计。每个站内随机取样。为了评估时间变化率，至少一年一次连续观测 3 年</td></tr>
<tr><td>宏生物</td><td>1. 大型动物分布、数量、种类和多样性数据应以每个调查现场最少 5 张覆盖 1 km 长、单张 2 m 宽、最小尺寸分辨率 >2 cm 的照片为基础确定
2. 照片还可评估结核丰度、尺寸分布和沉积物结构
3. 侧扫声呐深拖照相在海底以上 3 m 航行，绘出区域生态的一般情况
4. 大型动物、微量有机生物和表面沉积物结构记录可用于选择参照区和调查区</td></tr>
<tr><td>微生物</td><td>1. 微生物（>250 μm）丰度、物种、数量、多样性和深度分布（0～1，1～5，5～10 cm）以每个调查区 10 个多管取样器（0.25 m^2）为基础确定
2. 微生物一般应用 500 和 250 μm 滤网过滤</td></tr>
<tr><td>较小底栖生物</td><td>1. 较小底栖生物（>32 μm 而 <250 μm）丰度、物种、数量、多样性和深度分布（深度 0～0.5，0.5～1.0，1～2，2～3 cm）以每个调查区 10 个多管取样器（0.25 m^2）为基础确定，每个管单独下放
2. 较小底栖生物应用套装的 1 000、500、200 和 32 μm 滤网过滤处理</td></tr>
<tr><td>微生物数量</td><td>应采用腺苷三磷酸或其他标准化验确定，每个调查区 10 个随机分布多管取样器，间隔 0～1 cm，每个管单独下放</td></tr>
</table>

续表 11.4 – 1

海底生物	结核动物群落	结核动物群落的丰度和种类以每个调查区 10 个箱式样随机取 10 个结核进行分析
	底部食腐动物	1. 每个调查区放置定时照相机至少 1 年，用于确定表面沉积物的物理动态、记录大型动物活动程度和再悬浮现象的频率 2. 诱饵照相机系统可用于描述水底食腐动物群落特性
	底栖、中和深水有机物中微量金属	
浮游生物	深水浮游生物	1. 必须评估深水浮游动物的构成和羽状流深度周围与深海底边界层中鱼类 2. 推荐以至少 3 个深度分层取样为基础，评估 1 500 m 以上鱼类群落。一昼夜重复取样，评估随时间的变化率
	海面水浮游生物	1. 应描述 200 m 以上水柱中浮游生物群落的特征。测量浮游植物构成、数量和生长速率，浮游动物的构成、数量，以及浮游细菌的数量和生长速率 2. 应调查上部海水中浮游生物群落的时间变化率 3. 遥感可用于扩大调查范围，结果的核准和数据有效性应予以评估
	海洋哺乳动物	在基线调查中要记录海洋哺乳动物的视域，建议对站间横断面记录海洋哺乳动物的数量和习性。应评估随时间的变化率

11.4.2 采矿试验及环境监测

国际海底区域矿床开采承包商应向国际海底管理局提交试采计划。这个计划包括工程试验初期特征和合同有效期内实施的监测措施。试验详细资料(包括降低对环境影响的措施和附加的基线调查)必须经由法律和技术委员会审查，最后得到管理局的认可。

11.4.2.1 环境影响评估参照区

为了评估承包者在“区域”内进行海底矿产资源试采活动对海洋生态环境的动植物区系产生的影响和及其变化规律，需要设立 2 个参照区：

(1)保全参照区。不得进行采矿，以确保海底的生物群落具有代表性和保持稳定的区域。设立保全参照区的原则是：①位置在采矿试验区外；②面积要足够大，排除受当地自然环境变化的影响；③生物种类和组成与采矿试验区有可比性，又有特殊性；④在采矿羽状流的上游，不受其影响的区域。

(2)影响参照区。反映“区域”特性，用在评估承包者在“区域”内进行采矿活动对海洋环境影响的区域。设立影响参照区的原则是：①选择能代表矿区环境特征的区域，包括底栖生物种类和组成以及群落结构与合同区其他区域具有相似性；②底质环境与合同区其他区域具有相似性。

11.4.2.2　采矿系统特性

国际海底管理局最关注的是采矿系统两方面特性的评价：

(1)评价采矿系统对环境影响降低到已进行第一代工艺技术环境影响分析的程度；

(2)提供影响预测模拟试验工作的数据。

因此，与结核采集、深海底排放或海面排放相关的采矿系统特性都要进行试验。国际海底管理局关注的工艺方法与参数见表11.4－2。

表11.4－2　管理局关注的工艺方法与参数

序号	工艺方法与参数	序号	工艺方法与参数
1	结核采矿方法	6	结核向海面输送方法
2	挖入海底的深度	7	采矿船上结核与粉矿分离系统和溢流排放
3	海底行驶机构	8	船上结核粉矿保留方案
4	海底沉积物分离包括结核冲洗方法(在海底以上排放深度和排放体积速率)	9	评估的平均结核回收率
		10	从海底采集结核的速度
5	结核破碎方法	11	结核生产能力的评估，包括每小时多少吨

11.4.2.3　采矿试验前提交的数据

承包商至少应在试采2年前向管理局提交下列数据：

(1)试验现场的位置和边界。

(2)试验方案(即开采方式和集矿机的速度)。

(3)区域内的运输通道。

(4)评估的海面和海底排放特征，包括排放点的几何形状、速度及随时间的变化、成分和密度、排放温度，以及悬浮颗粒的尺寸分布。

11.4.2.4　试采过程中的环境监测

试采过程中环境监测的目的是确定这些影响是否与现有环境评价预测的相一致，以确保发现未曾预料到的有害情况。最重要的是监测结果将成为采矿影响评价的重要基础。

试采之前、过程中和之后，都应收集基线参数。要得到正确的统计数据，应根据科学原则确定监测周期。

试采过程中环境监测的项目见表11.4－3。

尽管进行了采矿对环境影响试验，并以有限数据计算了未来采矿活动对环境的可能影响，由于试验研究范围有限，许多问题仍然未能解决，主要有：

(1)海面排放的废水或尾矿与海底水混合的影响如何。

(2)集矿机构或采矿机/集矿机履带在海底运动的影响如何。

(3)废水排放到自由海面以下水柱中的可接受程度如何。

(4)由结核输送管和悬浮在水柱中的其他子系统(如中间舱)流出的废水影响如何。

(5)近海底产生的悬浮沉积物的再沉降或再分布情况如何。

(6)不同子系统/深海采矿活动对不同深度区域海洋食物链的影响如何。

(7)大量深海矿物尾矿是否应寻找另外用途。

表 11.4－3　试采过程中环境监测的项目

序号	监测项目	说　　明
1	深海底的影响和动物群落自然演替	取样、照相、电视或其他方法的数据有助于确定对海底生物的影响。可以判别影响显著性问题和开发适当的商业回采减轻影响的措施。开采之后动物群落自然演替资料可以确定受采矿影响的海底种群恢复的可能性。数据应包括开采前后当前试验区内、在选择的远离已采区和采后选定时间的样品，用于确定海底羽状流的影响
2	对浮游生物的影响和微量金属的效应	为了完整地判定对浮游植物和浮游动物的影响和微量金属效应，有必要进行水下监测、船上和实验室实验相结合
3	表层水生物群落观测	羽状流对表层水其他影响的信息可以用观测不寻常事件推断，如采矿排放区内鱼类因栓塞死亡，鱼类、哺乳动物和鸟类不寻常的集中
4	再沉淀厚度	采矿排放引起的沉积物埋藏厚度信息有助于确定排放不利影响最低的最佳采矿模式和建立再沉淀厚度与动物群落自然演替之间的关系
5	垂直透光分布	垂直透光分布直接影响透光带的初级生长速率。垂直光强度剖面将显示排放的颗粒对光衰减的影响
6	水中颗粒物分布	采矿排放的固体分布数据将改变现有的分布模型，达到精确地预测羽状流特性和有助于根据试采的羽状流特性推断商业规模开采的羽状流特性
7	原位沉淀速度	对于中深水和近海底中采矿排放颗粒物的原位沉淀速度的了解，有助于验证和改进中深水和海底羽状流精确预测数学模型的性能

主要参考文献

[1] 联合国国际经济与社会事业局海洋经济与技术组. 海底矿物丛书(1~5卷). 金建才等译. 中国大洋矿产资源研究开发协会, 1995.

[2] 深海采矿技术文集. 盛桂浓等译. 中国大洋矿产资源研究开发协会, 1995.

[3] 谢龙水. 深海多金属结核采集技术的研究(调研报告). 长沙矿山研究院, 1993.

[4] 谢龙水. 深海多金属结核扬矿技术的研究(调研报告). 长沙矿山研究院, 1993.

[5] 德国普鲁萨格石油与天然气股份公司. 多金属结核开采技术的发展. 芮钟英译. 长沙矿山研究院, 1998.

[6] 大洋多金属结核资源勘探报告(DY85-4). 国家海洋局, 1995.

[7] 大洋多金属结核资源勘探报告(阶段Ⅰ). 中国大洋协会, 1997.

[8] 大洋多金属结核资源勘探阶段(Ⅱ)DY95-8航次现场总结报告. "大洋一号"科学考察船, 1998.

[9] 大洋多金属结核资源勘探阶段(Ⅱ)DY95-9航次现场总结报告. "海洋四号"科学考察船, 1998.

[10] 大洋矿产资源勘查航次报告(DY95-6、DY95-8). 国家海洋局第二海洋研究所, 1999.

[11] 中国大洋协会. 进军大洋十五年. 北京: 海洋出版社, 2006.

[12] [俄]俄罗斯联邦地质和资源利用委员会. 世界大洋钴结壳勘探规范性文件集. 王维德等译. 长沙矿山研究院, 1996.

[13] 扎多尔诺多. M. M. 钴结壳-新型矿物原料. 王维德译. 莫斯科: 俄罗斯联邦地质和资源利用委员会, 1996.

[14] [俄]俄罗斯联邦地质和资源利用委员会. 大洋锰结核钴结壳调查规范性文件(俄罗斯, 1992). 倪轩译. 中国大洋矿产资源研究开发协会, 北京.

[15] (美)菲尔莫尔 C. F. 埃尔尼. 海洋矿产资源. 北京: 海洋出版社, 1991.

[16] 张富元等. 大洋多金属结核资源评价原理和矿区圈定方法. 北京: 海洋出版社, 2001.

[17] 朱克超等. 大洋多金属结核勘探技术与评价方法. 北京: 地质出版社, 1998.

[18] 于蕴昌等. 采矿工程师手册. 北京: 冶金工业出版社, 2009.

[19] 维利奇科等. E. A. 世界大洋的地质和矿产. 王长恭译. 北京: 海洋出版社, 1983: 172.

[20] 崔清晨等. 海洋资源. 北京: 商务印书馆, 1981.

[21] 朱而勤. 海底矿产. 济南: 山东科学技术出版社, 1980.

[22] Bramley J. Murton. A global review of non-living resources on the extended continental shelf. Rev. Bras. Geof., 2000, 18(3).

[23] International Seabed Authority. Marine Mineral Resources, 2003.

[24] International Seabed Authority. polymetallic sulphide, 2003.

[25] International Seabed Authority: ISBA/8/A/1, Summary presentations on polymetallic massive

sulphide deposits and cobalt - rich ferromanganese crusts, 9 may 2002.

[26] Комитет Российской Федераций по геологий и использованию недр: ТЕХНИКО - ЭКОНОМИЧЕСКИЕ СООБРАЖЕНИЯ (ТЭС): О целесообразности постановки поисково - разведочных работ на кобальтомарганцевые корки в пределах поля магеллановы горы (С проектом оценочных кондиций), 1994.

[27] Shaping the Future Deep - Sea Minerals and Mining, March, 9 - 13, 2008, Aachen - Germany.

[28] Minerals of the Ocean - 5 & Deep - Sea Minerals and Mining - 2, Joint International conference (Abstracts), 28 June - 01 July, 2010, VNID keangelogia, St. Petersburg, Russia.

[29] Technical paper for ISAWorkshop on "Polymetallic Nodule Mining Technology - Current Status and Challenges Ahead," Feb. 18 - 22, 2008, Chenai, India.

[30] Prepared by ISA. Proposed Technologies for Deep seabed Mining of Polymetallic Nodules. August 3 - 6, 1999. Kingston, Jamaica.

[31] ISA. Mining of Cobalt - Rich Ferromanganese Crusts and Polymetallic Sulphides - Technological and Economic Considerations. Backround Paper prepared by the Sscratariat, 31 July to 4 August 2006. Kingston, Jamaica.

[32] United Nations Division for Ocean Affairs and the Law of the Sea, Office of Legal Affairs, marine mineral resources - Scientific Advances and Economic Perspectives, International Seabed Authority, 2004.

[33] Mineral Resource Estimate Solwara 1 Project Bismarck Sea Papua New Guinea for Nautilus Minerals Inc. Golder Associates, 2008.

[34] Kristi Birney at al. Potential Deep - Sea Mining of Seafloor Massive: A Case Study in Papua New Guinea.

[35] Peter A. Rona. The Changing Vision of Marine Minerals. Ore Geology Reviews, 2008, 33: 618 - 666.

[36] A. Avramov. The Alternative - Deep - Water Polymetal Nodules in the Pacific. Journal of the University of Chemical Technology and Metallurgy, 2005, 40(4): 275 - 287.

[37] Management and Conservation of Hydrothermal Vent Ecosystems. Report from an InterRidge Workshop, 2000.

[38] United Nations Division for Ocean Affairs and the Law of the Sea, Office of Legal Affairs. marine mineral resources. International Seabed Authority, 2004.

[39] Edward, N. Marine controlled source electromagnetics: principles, methodologies, future commercial applications. Surveys in Geophysics, 2005, 26: 675 - 700.

[40] Wynn J. C. The Application of induced Polarization to Sea - floor Mineral Exploration. Geophysics, 1988(53): 386 - 401.

[41] Corwin R. F. Offshore use of the self - potential method, Geophysical Prospecting. 1976(24): 79 - 90.

[42] Cairns G. W. at al. A Time Domain Electromagnetic methods for use on the sea floor: Research in Applied Geophysics. University of Toronto, 1989(46): 1 - 138.

[43] Cheesman, S. J. A short baseline transient electromagnetic method for use on the sea floor. Ph. D. thesis. University of Toronto, 1989.

[44] Cheesman, S. J. at al. On the theory of sea floor conductivity mapping using transient EM systen. Geophysics, 1987, 52: 204 - 217.

[45] Cheesman, S. J. at al. A test of a short - baseline sea floor transient electromagnetic system, Geophys. J. Int., 1990, 103: 431 - 437.

[46] Edwards, R. N. at al. Two - dimensional modeling of a towed transient magnetic dipole - dipole seafloor EM system. J. Geophysics, 1987, 61: 110 - 121.

[47] McGregor, B. A. at al. Magnetic anomaly patterns on Mid - Atlantic Ridge crest at 26° N. J. Geophys. Res., 1977, 82: 231 - 238.

[48] Webb, S. C. at al. A seafloor electric field instrument. J. Geomag. Geoelectr., 1985, 37: 1115 - 1129.

[49] Webb, S. C. at al. First measurements from a deep - tow electromagnetic sounding system. Mar. Geophys., 1993, 15: 13 - 26.

[50] Wolfgram, P. A. at al. Development and application of a short - baseline electromagnetic exploration technique for the ocean floor. PH. D. thesis, University of Toronto, 1985.

[51] Graeme, C. Development of a short - baseline transient EM marine system and its application in the study of the TAG hydrothermal mound. Ph. D. thesis, University of Toronto, 1997.

[52] Wolfgram, P. A. at al. Polymetallic sulfide exploration on the deep sea floor: The feasibility of the MINI - MOSES technique. Geophysics, 1996, 51: 1808 - 1818.

[53] George, S. A comparison of resistivity and electromagnetics as geophysical techniques. African institute for mathematical Sciences, 2008.

[54] Momma H. at al. JAMSTEC/Deep Tow System. Oceans', 1988.

[55] Otsuka K at al. JAMSTEC/Deep Tow Camera System. YOKOSUKA, Japan, 1989.

[56] Marine Seismic Operations. An Overview, IAGC, 2002.

[57] The Academic Research Fleet. A Report to the Assistant Director for Geosciences by the Fleet Review Committee, 1999.

[58] About JAMSTEC - Research and Development, Research Vessels, Facilities and Equipment, JAMSTEC, 2007.

[59] Marieke J. Rietveld. European Research Fleet Developments. NIOZ, the Netherlands, 2007.

[60] W. B. Curry at al. Long Coring on UNOLS Vessels: A Feasibility Study and Workshop Report. WHOI, 2001.

[61] Dr. Frank R. Rack. Technical progress report #1, 2002.

[62] William s. et al. Requirements for robotic underwater drills inU. S. marine geologic research. 2000: 3 - 4.

[63] Texas A&M University Dept. of Oceanography. Feasibility study for remotely operated seafloor drilling equipment for theUS scientific community. 2000 .

[64] The Development and Application of a New ROV Operated Seabed Drilling and Coring System.

Perry Slingsby Systems Inc. , 2008.
[65] Undersea Vehicles and National Needs. National Academy Press, Washington, D. C. , 1996.
[66] Dr. Peter H. et al. Technical requirements for the exploration and mining of seafloor massive sulphides deposits and cobalt – rich ferromanganese crusts.
[67] Implementation of a Network of Ocean Observatories. Enabling Ocean Research in the 21st Century, Washington, D. C. , 2003.
[68] Ocean Observatories Initiative Facilities Needs from UNOLS. Report of the UNOLS Working Group on Ocean Observatory Facility Needs, 2003.
[69] I. G. Priede & M. Solan. European Seafloor Observatory Network. University of Aberdeen, 2002.
[70] R. Detrick et al. Does Moored Buoy Observatory Design Study. National Science Foundation, 2002.
[71] M. Hendry – Brogan. Design of a Mobile Coastal Communications Buoy. Massachusetts Institute of Technology, 2004.
[72] 陈鹰等. 海底观测系统. 北京：海洋出版社, 2006.
[73] 深海底矿产资源采矿业的前景. 国际海底信息, 2007. 1, 第 31 期.
[74] Nautilus 公司向斐济和汤加申请海底探矿执照. 国际海底信息, 2007. 1, 第 31 期.
[75] Georghion L. Arab Silver from the Red Sea Mud, New Scientist. 1981, 89.
[76] Amann H. Development of ocean mining in the Red Sea. Marine mining, Crane Russak, New York, 1985.
[77] 采矿项目总师组王明和等. 中试采矿系统总体设计(研究设计报告). 中国大洋矿产资源研究开发协会, 1999.
[78] 采矿项目总师组王明和等. 中试采矿系统湖试试验报告. 中国大洋矿产资源研究开发协会, 2001.
[79] Erry, B. , Johnston at al. Seabed Mining: A Technical Review. Greenpeace Research Laboratories, 2000.
[80] Jin s. Chung. Deep – ocean mining technology: Development Ⅱ. Proceeding of sixth(2005) ISOPE Ocean mining symposium, Changsha, China, 2005: 9 – 13.
[81] C. G. Welling. An Advanced design deep sea mining system. OTC 4094, 1981.
[82] G. Herrouin et al. A Manganese nodule industrial venture would be profitable: Summary of a 4 – year study in France. OTC 5997.
[83] H. Amann et al. Sift ocean mining. OTC 6553.
[84] Mining methods according to the present situation. southgeologiya – preussag – ifremer, 19.
[85] C. G. Welling. Manganese Nodule Design Concepts. International Seminar on Deep Sea – bed Mining Technology, Beijinh, 1996.
[86] H. Yamada. Japans' Ocean Test of the Nodule Mining System. Proceeding of the Eighth(1998) International Offshore and Polar Engineering Conference Montreal, Canada, 1998: 24 – 29.
[87] James F. McNaryet al. A7500 Ton Capacity Shipboard Completely Gimbaled and Heave

Compensated Platform. OTC 2630, 1976.

[88] Leibniz – Institut fur Meereswissenschaften an der Universitat. Shaping the Future Deep – sea Minerals and Mining(Abstracts). Aachen – Germany, March, 2008: 9 – 13.

[89] Phil Jankowski. Independent Technical Assessment of Sea Floor Massive Sulphide Exploration Tenements in Papua New Guinea. Fiji and Tonga, Nautilus Minerals Ltd, 30 January 2007.

[90] 王明和，简曲等. 复合式集矿方法和模型机的研究(研究报告). 长沙矿山研究院，1995.

[91] 李力等. 自行式海底作业车的研制(研究报告). 长沙矿山研究院，2001.

[92] 唐红平等. 集矿机构和破碎机的改进与完善(研究报告). 长沙矿冶研究院，1999.

[93] Bekker M G. Introduction to Terrain – Vehicle. The Univ. of Michigan Press. Ann Arbor, Michigan, 1969.

[94] 张克键. 车辆地面力学. 北京：国防工业出版社，2002.

[95] (德)W. Merhof 等. 履带车辆行驶力学. 北京：国防工业出版社，1989.

[96] Gunther Dorfler. Untersuchungen Der Fahrwerk — boden — interaktion zur Gestaltung von Raupen – Fahrzeugen fur die Befahrung Weicher Tiefseeboden. Reihe F/Heft 43, Karlsruhe, 1995.

[97] Terence J. Hirst et al. Analysis of Deep – Sea Nodule Mining – Seafloor Interaction. OTC 2241, 1975.

[98] Ingo Rehorn. Entwicklung eines Tiefeeraupenfahrzeugs und Untersuchung seiner inneren Fahrwiderstande. Verlag Shaker, 1994.

[99] G. Dörfler. Untersuchungen der Fahrwerk – Boden – Interaktion zur Gestaltung von Raupen – Fahrzeugen für die Befahrung Weicher Tiefseeböden. Universitat Fridericiana in Karlsruhe, 1995.

[100] W. Schwarz. Geo – und ingenieurwissenschaftliche Erforschung der Nutzungskonflikte am Tiefseeboden. Universität Siegen, 1994.

[101] H. U. Oebius. Entwicklung eines umweltschonenden Manganknollenabbau – und – gewinnungsverfahrens. Versuchsanstalt fur Wssserbau und Schiffbau, Berlin, 1993.

[102] H. U. Oebius. Deep – Sea Mining and its Environmental Consequences, Versuchsanstalt fur Wssserbau und Schiffbau. Berlin, 1997.

[103] Georgy Cherksshov and A. Kondratenko. The setting, morphology and physical properties of massive sulfide deposits: Important parameters for future mining technology. 38Th annual conference of the Underwater mining Institute, University of Mississippi. The International marine Minerals Society present UMI, 2008.

[104] MD 149/ SUMATRA AFTERSHOCKS on board Marion Dufresne. Institut Polaire Francais, 2005.

[105] H. U. Oebius. Entwicklung eines umweltschonenden Manganknollenabbau – und – gewinnungsverfahrens. Versuchsanstalt fur Wssserbau und Schiffbau, Berlin, 1993.

[106] 邹伟生等. 扬矿硬管系统工艺与参数研究(研究报告). 长沙矿冶研究院，1999.

[107] 金星等. 软管输送系统工艺和参数研究(研究报告). 长沙矿山研究院，1999.

[108] (联邦德国)赫尔姆特·舒尔茨. 泵-原理、计算与结构. 北京：机械工业出版社，1991.
[109] 唐达生等. 硬管系统设备可行性研究报告. 长沙矿冶研究院，1999.
[110] 中国大洋协会办公室. 2001'中国大洋矿产资源研究开发学术研讨会论文集. 中国大洋协会办公室，2001.
[111] Hughes Glomar Explorer. ASME, Houston, 2006.
[112] R. Kaufman et al. The Design Operation of a Pacific Ocean Deep - Ocean mining test Ship: R. V Deepsea Miner Ⅱ. OTC 4901, 1985.
[113] Mining Strategy. GEMONOD, 1994.
[114] A. montanvert, J. M. Chassery, C. Charies. Nodule mining strategy by image analysis. The 6th Scandinavian conference on image analysis, Finland, 1989.
[115] [苏]保晋 E. 3. 等. 采煤机破媒理论. 王庆康译. 煤炭工业出版社，1992.
[116] [苏]多库金 A. B. 等. 采煤机械参数选择. 翟培祥等译. 煤炭工业出版社.
[117] Nautilus and Placer Prepare to test Subsea Mining Potential. PNG Resources Issue 4, 2004.
[118] Technology Development for Seafloor Massive Sulphide Mining. Nautilus, 2008.
[119] David Heydon. Exploration for and Pro - feasibility of Mining Polymetallic Sulphides - A Commercial Case Study. Nautilus, 2004.
[120] 简曲等. 输送软管对集矿机行驶性能影响研究(研究报告). 长沙矿山研究院，1999.
[121] 张文明等. 深海采矿扬矿管运动学和动力学研究(研究报告). 北京科技大学，2000.
[122] 郭小刚等. 深海采矿软管空间运动形态动力学分析(研究报告). 长沙矿山研究院，1999.
[123] C. Charleset al. Numerical Study of the Dynamic Behavior of a Deep Sea Mining System Using Hydraulic Lift. OTC 5238, 1986.
[124] FLEXAN Cray User's guide. CISI Petrole Services. Engineering Degipt., May 1984.
[125] Schoentgen. Flexan: static and dynamic analysis of underwater cables and flexible pipes systems. Structural Analysis Systems, Vol. 3, ED. A. Nikulari, Pergamon Press Ltd, to be published 1986.
[126] Sven Hoog. Ein Beitrag zur dynamischen Analyse der hydroelastischen Eigenschaften Kabelgebundener Tiefseegeratetrager. Berlin, 2005.
[127] Christopher Lee Nickell. Modular Modification of a Buoyant AUV for Low - Speed Operation. The Virginia Polytechnic Institute and State University, 2005.
[128] F. R. Driscoll atal. The Motion of a Deep - Sea Remotely Operated Vehicle System. Ocean Engineering, 2000. 27: 29 - 76.
[129] Henning Grebe. Allgemeines mathematisches Modell fur Strangverbidungen zwischen mobilen Tiefseegeraten und ihren Mutterstationen. Shaker Verlg, Aachen, 1997.
[130] Michael J. Purcell at al. Bobbing Crane Heave Compensation for the Deep Towed Fiber Optic Survey System. Society of Naval Architects and Marine Engineers New England Section Fiftieth Anniversary Proceedings, Wood Hole, 1994.
[131] J. W. Dalmaijer at al. Heave Installation Compensation System for Deep Water Installation.

http://WWW. gustomsc. com/download/paper DOT 2003% 20AHC - Dal. pdf.
[132] C. K. Beningtonet al. A Servo - Controlled Motion Compensator for the Offshore Drilling Industry. OTC 2231, 1975.
[133] John F. Bash. Handbook of Oceanographic Winch, Wire and Cable Technology. Third Edition, 2001.
[134] Hoerner, S. Fluid Dynamic Drag, Published by Author. Brick Town. New Jersey, 1965.
[135] Design Guidelines for Diver Handling Systems. Naval Sea Systems Command, Volume XVIII, Issue 1, 2004.
[136] J. D. Stachiw. Aluminum Ceramic 10 in Flotation Spheres for Deep Submergence ROV/AUV Systems. Oceans 2005 Conference, September 2005.
[137] Bengt Wallen. Corrosion of Duplex Stainless Steel in Seawater. Avesta Sheffield AB, Avesta, Sweden, 1998.
[138] Maarten Langbrock at al. Seawater System Designed with Stainless Steel and RCP Anodes. Stainless Steel World Conference, 2003.
[139] Yashito Yamashita at al. Manufacturing Technology and Application of Titanium Alloy Wire Rod to Deep - Sea Cable. Nippon Steel Technical Report No. 62 July 1994.
[140] Data Sheet of Titanium. Titanium Information Group, 1998.
[141] Stainless Steel Applications—Marine. International Stainless Steel Forum.
[142] John A. at al. Titanium—Properties, Advantages and Applications Soving the Corrosion Problems in Marine Service. U. S. Navy & Industry, Corrosion Technology Information Exchange, July, 17, 2001.
[143] G. M. Raynaud, Ph. Gomiero. Aluminium Alloys for the Marine Market. Aluminium and its Alloys, 1996, 79: 73.
[144] G. M. Raynaud, Ph. Gomiero. The Potential of 5383 Alloy in Marine Application. proceedings of Alumitech 97, Atlanta, 20 - 23 May, 1997, p. 353.
[145] A. Duran, A. Bennet. Advantages of High Strength Marine Grade Aluminium Alloys for Marine Structure. Ausmarine - Pechiney and NGA, Paper. Doc., 2003: 1 - 24.
[146] J. A. Jankowski and W. Zielke. Data Support for the Deep - Sea Mining Impact Modeling. Universität Hannover, 1996.
[147] J. Magne markussen. Deep Seabed Mining and the Environment: Consequences, Perceptions, and Regulation. Green Globe Yearbook, 1994.
[148] Recommendations from the Workshop to Develop Guidelines for the Assessment of the Possible Environmental Impact Arising from Exploration for Polymetallic Nodules in the Area. International Seabed Authority, 1999.
[149] DOMES. Summary of the Minutes of the DOMES Mining Industry Meeting. NOAA Pacific Marine Environmental Lab, Settle, 12 pp, 1976.
[150] Foell EJ et al. DISCOL: A Longterm Largecale Disturbance Recolonisation Experiment in the Abyssal Eastern Tropical Pacific Ocean. Proc Offshore Technology Conference, Houston,

1990, Paper No. 6328, pp 497 - 503.

[151] Fukushima, T. overview - Japan Deep - sea Impact Experiment - JET. Proc Ist(1995)ISOPE Ocean Mining Symp, Ysukuba, Japan, ISOPE, 1995: 47 - 53.

[152] ISA. Deep Seabed Polymetallic Nodule Exploration: Development of Environmental Guidelines. Proc ISA Workshop, Sanya, China, 1 - 5 June1998, The International Seabed Authority, Pub No ISA/99/02, 1999: 222 - 223.

[153] Tkatchenko G at al. A. Benthic Impact Experiment in the IOM Pioneer: Testing for Effects of Deep - sea Disturbance. Int. Seminar on Deep Sea - bed Mining Tech, China Ocean Mineral Resources R&D Assoc, Beijing, 1997: C55 - C68.

[154] Trueblood DD. US Cruise Report BIE - Ⅱ Cruise. NOAA Technical Memo OCRS 4, National Oceanic and Atmospheric Administration, Colorado, USA, 1993: 51.

[155] Trueblood DD at al. The Echological Impacts of the Joint US. Russian Benthic Impact Experiment. proc Int. Symp Environmental Studies for Deep - sea Mining, Metal Mining Agency of Japan, Tokyo, 1997: 237 - 243.

[156] Yamazaki T at al. Deep - sea Environment and Impact Experiment to It. Proc 9th Int Offshore and Polar Eng Conf, Brest, France, ISOPE, 1999, 1: 374 - 381.

[157] ISOPE Special Report OMS - EN - 1. Deep Seabed Mining Environment: Preliminary Engineering and Environmental Assessment. 2002.

[158] Deep Seabed Mining Environment: Preliminary Engineering and Environmental Assessment. ISOPE, 2002.

图书在版编目(CIP)数据

深海固体矿产资源开发/王明和编著.
—长沙:中南大学出版社,2015.12
ISBN 978-7-5487-0168-2

Ⅰ.深... Ⅱ.王... Ⅲ.海底矿物资源-资源开发
Ⅳ.P744

中国版本图书馆 CIP 数据核字(2010)第 261890 号

深海固体矿产资源开发

SHENHAI GUTI KUANGCHAN ZIYUAN KAIFA

王明和 编著

□责任编辑 胡业民
□责任印制 易红卫
□出版发行 中南大学出版社
社址:长沙市麓山南路 邮编:410083
发行科电话:0731-88876770 传真:0731-88710482
□印 装 长沙超峰印刷有限公司

□开 本 720×1000 1/16 □印张 33.75 □字数 676 千字 □插页
□版 次 2015 年 12 月第 1 版 □2015 年 12 月第 1 次印刷
□书 号 ISBN 978-7-5487-0168-2
□定 价 160.00 元